机械工程前沿著作系列 HEP MEF
HEP Series in Mechanical Engineering Frontiers

制造业技术创新过程与方法丛书

C-TRIZ及应用

——发明过程解决理论

C-TRIZ and Its Application

Theory of Inventive Process Solving

檀润华 著

高等教育出版社·北京

内容简介

本书以TRIZ为基础，构建了发明过程解决理论，即C-TRIZ，C-TRIZ——发明过程解决理论，是以苏联的“TRIZ——发明问题解决理论”为基础，根据国内区域与企业培养创新工程师及同时产出新技术、新工艺及新产品的要求所构建的新一代技术创新方法，主要内容包括：C-TRIZ基本概念、发明过程分类、发明的机遇发现与转换、基本发明过程、裁剪再造发明过程、功能及技术集成发明过程、专利规避发明过程、问题导向的发明过程、目标导向的发明过程、再设计过程创新方法以及面向企业的技术转移模式等，对支持区域与企业的创新驱动发展具有重要意义。

本书适用于区域与企业创新工程师、创新方法师资与创新方法咨询师的学习与培养，也可供企业工程师再教育、高校各工科专业教师、研究生及科研院所研发人员参考。

图书在版编目（CIP）数据

C-TRIZ及应用：发明过程解决理论 / 檀润华著. --北京：高等教育出版社，2020. 4

ISBN 978-7-04-053330-9

Ⅰ. ①C… Ⅱ. ①檀… Ⅲ. ①创造性思维－研究 Ⅳ. ①B804.4

中国版本图书馆CIP数据核字（2020）第019297号

策划编辑 刘占伟　责任编辑 刘占伟 任辛欣　特约编辑 罗春平　封面设计 杨立新
版式设计 杜微言　插图绘制 邓 超　责任校对 刁丽丽　责任印制 韩 刚

出版发行	高等教育出版社	网　址	http://www.hep.edu.cn
社　址	北京市西城区德外大街4号		http://www.hep.com.cn
邮政编码	100120	网上订购	http://www.hepmall.com.cn
印　刷	北京汇林印务有限公司		http://www.hepmall.com
开　本	787mm×1092mm 1/16		http://www.hepmall.cn
印　张	30.5		
字　数	700千字	版　次	2020年4月第1版
购书热线	010-58581118	印　次	2020年4月第1次印刷
咨询电话	400-810-0598	定　价	99.00元

物 料 号 53330-00

作者简介

檀润华 (1958—)，男，博士 (浙江大学机械系)，河北工业大学教授、博士生导师。现任国家技术创新方法与实施工具工程技术研究中心主任，兼任河北省政府参事、河北省工程技术创新研究院院长、国际信息处理联合会 (IFIP) 计算机辅助创新组织 (WG5.4) 副主席、创新方法研究会专家委员会委员、技术创新方法专业委员会理事长、TRIZ 研究会理事长，以及《机械工程学报》《计算机集成制造系统》等期刊编委。主持完成国家支撑计划 1 项、863 计划 2 项、创新方法工作专项 4 项、国家自然基金 8 项、河北省及天津市项目多项。获得“十一五”国家科技计划执行优秀团队奖 1 项、河北省科技进步一等奖 1 项、省部级其他奖励 5 项、中国产学研合作创新奖 2 项；2016 年获 TRIZ 领域最高荣誉“阿奇舒勒勋章”。出版创新方法相关著作 11 部，申请专利 100 项，在 *Journal of Engineering Design*、*Computers in Engineering*、*Computers and Industrial Engineering* 等期刊及相关会议发表论文 450 余篇。多年来致力于 C–TRIZ/TRIZ 理论及面向企业的技术转移模式的研究，带领团队在中船重工、中国化工、锐捷网络、中信重工、三一重工、中车–唐车、华北油田、长城汽车、河钢集团、包钢集团、广州无线电集团、新奥集团、天冠集团、科都电器、岷山集团等知名企业以及北京、上海、天津、广东、浙江、江苏、河北、河南、黑龙江、内蒙古、青海等省市的其他 2 000 多家企业实施技术转移，培养了一批创新工程师，并产生了一批新技术、新工艺与新产品，提升了企业的自主创新能力与竞争力，创造了很高的经济价值与社会效益，所形成的研究成果和技术转移模式在国内外产生了重要影响。

前言

苏联 Altshuller 的“TRIZ——发明问题解决理论”自诞生 60 多年来已传播到世界 50 多个国家, 很多国际著名企业已应用 TRIZ 解决研发中的发明问题并形成创新, 多年的实践已证明 TRIZ 是提升企业创新能力的有效方法学。但 TRIZ 在全世界传播的广度和深度与诞生于日本丰田的“精益生产”相比有很大差距。国际 TRIZ 界的学者们不得不反思这种现状。

工业界经过多年的发展, 各行业已经形成了相对完善的创新流程, 为了使 TRIZ 更有效地推广应用, 必须与这些流程融合并形成其中的一部分, 而只有进一步发展 TRIZ 才有可能实现这种融合。本书正是进一步发展 TRIZ 的产物, 其特色是跳出 TRIZ “解决发明问题”这一基本架构, 提出将“发明过程及其解决方案”作为主要研究内容的基本思想。相对于国际 TRIZ 领域已出版的著作, 本书的思想是全新的。

本书的基本思想来源于笔者及所带研发团队多年来向广东、浙江、天津、河北、内蒙古、青海等地区及中船重工、中车–唐车、河钢、包钢等企业转移以 TRIZ 为核心的技术创新方法的实践。地方及企业不仅要求培养创新工程师, 同时还要求产出新技术、新工艺及新产品。这种高的需求使技术转移过程不仅包括理论知识的讲授, 还要指导工程师选择科研课题及后续的研究工作, 其本质是要求 TRIZ 与已有创新或研发流程进行融合。但 Altshuller 的经典 TRIZ 及国际上正在形成“现代 TRIZ”均不具备与企业已有创新流程融合进行过程。因此, 需要进一步发展 TRIZ, 即需要理论创新。

为了填补理论的空白, 满足我国工业界创新驱动发展对技术创新方法不断增长的需求, 过去 10 年, 经过连续的研究与不断实践的交互, 形成了新的理论体系 C–TRIZ, 称为发明过程解决理论。C–TRIZ 不仅有自己的定义及内涵, 而且已总结归纳了 11 类发明过程, 包括基本发明过程 5 类、辅助发明过程 3 类、核心发明过程 3 类, 并完成了这 11 类发明过程实现的模型构建与案例研究; 同时还包括首创的一类批量“创新工程师–发明”技术转移模式, 该模式已在国内很多企业的技术转移过程中成功应用。

本书是 C–TRIZ 理论研究与技术转移成果的总结, 包括基本概念构建、发明过程分类、模型构建与实现、案例研究的全过程。本书将向创新工程师们提供一类系统化的技术创新方法, 该方法以 TRIZ 为基础, 以多种发明过程模型为核心, 以确定发明与后续创新为目标。2002 年、2004 年、2010 年笔者分别出版了《创新设计——TRIZ: 发明过程解决理论》(机械工业出版社)、《发明过程解决理论》(科学出版社)、《TRIZ 及应用》(高等教育出版社), 完成了从西方向国内引进 TRIZ 的过程。在引进消化吸收并推广应用 TRIZ 的同时, 笔者及所带领的团队从未停止过关于 TRIZ 进一步发展的研究。本书正是以上述 3 部 TRIZ 著作为基础的新发展。

本书共分为 13 章。第 1 章绪论, 定义了发明过程与发明过程解决理论 C–TRIZ, 完成了发明过程的分类。第 2 章及第 3 章是 C–TRIZ 基础, 包括基本概念与发明的初始机遇转换过程。第 4 章介绍了 5 类基本发明过程及其过程模型。第 5~7 章是 3 类辅助发明过程, 即裁剪再造发明过程、功能与技术集成发明过程、专利规避发明过程。第 8 章及第 9 章是问题导向的发明过程, 分别为单冲突与多冲突方法, 这两章给出了渐进性发明的系统化方法。第 10 章及第 11 章是目标导向的发明过程, 分别给出了突破性发明过程与破坏性发明过程的系统化方法。第 12 章为再设计过程创新方法。第 13 章是批量"创新工程师–发明"模式的详细介绍。

笔者已指导了 34 名博士毕业生, 如今他/她们有的已成为教授、教授级高级工程师, 有的成为企业家或企业领导, 他/她们当年的研究或后来的一些研究成果成为本书的部分素材。对本书做出一定贡献的有孙建广教授级高级工程师、张建辉教授、曹国忠教授、张换高教授、刘芳副教授、李辉副研究员、刘伟博士、张鹏副教授等。本中心一些研究生的硕士论文也为本书提供了部分素材。感谢他/她们辛勤且富有成效的研究工作。

过去 10 年, 笔者每年都去国外参加以 TRIZ 为主题的国际会议, 2018 年还在天津主办了 AI TRIZCON–2018II 国际会议, 同时不断地邀请 TRIZ 专家到河北工业大学国家技术创新方法与实施工具工程技术研究中心交流, 特别是与美国 Altshuller Institute 的 Isak Bukhman、法国 INSA Strasbourg 的 Denis Cavallucci、中国台湾"清华大学"许栋梁教授的多次交流, 都加深了笔者对 TRIZ 不同研究观点的认识。意大利 Universit Politecnico di Milano 的 Gaetano Cascini 教授是笔者所承担欧盟项目 (OIPEC) 子项的总项目负责人, 又是笔者所申请 CSC 项目意方导师, 笔者已送 4 名博士研究生到其实验室学习, 其中的 2 名已回国答辩, 获得博士学位, 刘伟博士是其中之一, 并对本书做出了一定的贡献。在此一并感谢。

本书所涉及的研究得到国家自然科学基金 (51675159、51605135、51605134) 和中央引导地方科技发展专项 (18241837G) 的资助。

撰写本书的过程中参考了国内外很多学者的论文或著作, 正是与学者们的观点融合推进了笔者的研究与写作过程, 但本书只将主要文献列入了每章的参考文献, 希望未被列入的作者给予理解。谨此, 向所有参考文献的作者致以深深的谢意! 向校稿的李辉副研究员、刘伟博士表示谢意! 本书提及的观点及论述可能会存在不妥之处, 敬请读者批评指正!

20 年多年前, 笔者将研究方向由"流体传动及控制"改为"以 TRIZ 为核心的技术创新方法", 之后凝聚科研团队, 先后创建"河北省制造业创新方法工程技术研究中心"和"国家技术创新方法与实施工具工程技术研究中心", 技术转移足迹遍布大半个中国的 2 000 多家企业。工作是辛苦的, 生活是单调的, 但我们的研究与技术转移活动与国家创新驱动发展的主流高度吻合, 时代赋予了我们机遇, 地方与企业对 C–TRIZ/TRIZ 的强烈需求激励我们不能停步, 只能前行! 再一次感谢"国家技术创新方法与实施工具工程技术研究中心”C–TRIZ/TRIZ 研究团队!

檀润华

国家技术创新方法与实施工具工程技术研究中心创始主任

2019 年 5 月 6 日于河北工业大学

目 录

第 1 章　绪　　论

1.1　概述

经济全球化致使技术与产品竞争白热化。为了生存与发展, 很多国家、区域和企业将创新确定为发展战略及提升竞争能力的重要举措。创新是将发明商业性转化与利用的过程, 而发明是以创新思维为基础, 应用自然科学的基本原理或已有技术的重组, 解决工程与生活中的难题而提出的创新性解决方案。显然, 发明是创新的基础与前提, 在各种文献中关于创新及其过程的研究很多, 而对于发明及其过程的研究相对较少。在对创新驱动发展高度期望的今天, 开展关于发明及其过程的专门研究已十分紧迫。本章以制造业需要大量工程师或研发与设计人员学习应用技术创新方法并提升创新能力为背景, 首先定义了发明与创新的基本概念, 然后阐述了关于发明过程的研究成果并构建企业创新主过程, 在此基础上提出 C-TRIZ——发明过程解决理论的概念与基本架构。本章建立的基本概念与分类, 特别是发明过程的分类, 是后续各章展开的基础。

1.2　创新、发明与创造

产品或技术系统是人造物, 是为了满足某种目的而通过设计制造产生的产物。技术系统创新涉及 3 个基本概念, 即创新 (innovation)、发明 (invention) 与创造 (creativity)。这 3 个概念既相互关联, 又有不同的内涵。本节首先给出各自的定义, 并简介其异同。

1.2.1　创新

按照牛津字典的定义, 创新是通过引入某些新的元素, 使已经确定的事物发生变化。Sullivan[1] 将此定义发展为: 创新是对产品改变的过程, 这种改变可大可小, 可以是突破性或渐进性的, 改变的结果要对产品引入某些新变化, 这些变化要为用户增加价值, 同时为开发产品的企业知识库增加新知识。

早在 1912 年, 熊彼特就在其《经济发展理论》一书中提出, 创新是建立一种新的生产函数, 即把一种新的生产要素和生产条件的“新结合”引入生产体系。他认为创新有 5 种表现形式: 引入一种新产品; 引入一种新的生产方法; 开辟一个新的市场; 获得原材料或半成品的一种新的供应来源; 新的组织形式。熊彼特的创新可以是技术创新, 或是商业模式创新、管理创新等。本书仅关注技术创新, 并将创新与技术创新两个术语混用。

Drucker[2] 传承熊彼特的创新理念, 进一步将创新机遇细分为“7 种创新机遇的来源”, 即意外的成功及失败、不协调现象、基于流程需要的创新、产业或市场结构的改变、人口的改变、理解及意图的改变、新知识的应用。这 7 种机遇中, 前 4 种存在于企业内部, 是一些征兆, 但却是已出现改变或只需少量工作便能促成改变的可靠指示; 后 3 种存在于企业外部, 需要有组织, 有计划地引入。

我国学者也对创新理论进行了大量的研究, 并对创新定义进行了不同的诠释。许庆瑞认为, 技术创新不只是一种单纯的技术上的发明或成功, 技术创新的成功还包括个人和组织的因素, 受环境、参与创新的人物、地点和阶段等因素的影响。技术创新在于其第一次商业应用, 一个新产品只有在被用户使用和获得承认后才算是创新成功。毛荐其[3] 将技术创新定义为: 技术创新是以企业为主体, 以市场为导向, 以提高企业经济效益、增强市场竞争力和培育新的经济增长点为目标, 以其创造性的构思和实现市场成功为基本特征的层次性技术经济活动的综合性全过程, 它由设想的产生、研究与开发、中间试验、商业化生产、市场销售与扩散等一系列环节构成。主要内容表现为: 新产品或新工艺的创立和改进、资源的有效开发和利用、新技术的发明和利用、新需求与新市场的开拓和占领。

各国的学者根据不同的标准和维度对创新进行了分类。按照创新强度的不同, 把创新分为渐进性创新 (incremental innovation, II) 和突破性创新 (radical innovation, RI), 也有学者称渐进性创新为可持续性创新、演化性创新。渐进性创新是产品在技术进化过程中在同一条 S 曲线上的创新过程, 主要创新动力在于企业对已有技术路径的依赖性。突破性创新是产品技术进化过程中两条 S 曲线间的自然更迭, 其直接推动力是产品生命周期中退出期的到来。

Christensen[4] 将创新分为持续性创新与破坏性创新。持续性创新 (sustaining innovation, SI) 是渐进性创新和突破性创新的总称, 是产品常规进化的创新过程。破坏性创新 (disruptive innovation, DI) 是产品进化过程中位于成熟期的分支点, 分为低端破坏和新市场破坏, 其直接推动力是产品进化与需求进化的不平衡, 属于非常规创新过程。

上述关于创新定义及分类主要来自技术管理领域。本书主要关注产品或技术创新及流程或工艺创新。这两类创新与企业或行业技术发展紧密相关, 而往往是渐进性、突破性或破坏性创新的结果。

1.2.2 发明

与创新伴随的术语是发明。发明是应用自然科学的规律解决技术领域中特有问题而提出的创新性解决方案或措施、前所未有的装置、部件与零件、制造过程的新工艺和新方法、新的检测与控制方法等, 如造纸术、指南针、火药及印刷术是中国古代对世界具有重大影响的四大发明; 灯泡、留声机、电力系统和有声电影的发明丰富和改善了人类的文明生活, 是美国发明家爱迪生对人类的贡献; 飞机、计算机、照相机、机器人、印刷机、银行卡、互联网等都是促进现代社会发展的发明。

发明与创新不同。前者是新技术、新工艺或新方法的产生; 后者是应用发明所开发

的产品、过程或服务, 并能取得经济效益。二者满足如下的关系:

$$创新 = 发明 + 商业化应用 \tag{1.1}$$

公式中的商业化应用是指将发明转换为能满足用户需求的产品、过程或服务, 并通过市场行为使组织获得经济效益。创新特别强调满足用户需求、为用户创造价值并为实施创新的企业带来效益。

发明如果不能商业化应用就没有任何应用价值。面向企业创新的发明与社会上发明爱好者们的发明有所不同, 在考虑新颖性的同时, 前者必须考虑技术的可实施性、用户的可用性与企业的可延续性。因此, 企业创新需求的发明及其过程需要满足更高的要求。

1.2.3 创造

与创新及发明相伴随并经常出现的另一个术语是创造。创造是孕育原始或与众不同创意 (idea) 或概念 (concept) 的能力或行动, 其结果是创意或概念, 不需要创造价值。创意本身既不是发明, 也不是创新, 而仅仅是一种观念、思想或其集合, 如头脑中的影像、材料、模型、草图或图形等都是创造过程所得到的创意。

创造、发明与创新三者均不同。创造是发明与创新的基础, 发明是创新的前提, 创新是发明得到应用的结果。三者的关系如图 1.1 所示。创造是原始设想的一种表达, 发明是原始设想得到某种技术可行性证明的结果, 创新是发明在某企业商业化开发并通过产品从市场获得收益的结果。

《第五项修炼》的作者彼得认为[5]: "当一个新的设想在实验室被证实可行的时候, 工程师称之为发明, 而只有当它能够以适当的规模和切合实际的成本, 稳定地加以重复生产的时候, 这个构想才成为一项创新"。产生设想只是创新的必要开端, 发明是设想的技术实现, 真正从创新成果中获益的是商业化后的产品及经济效益, 即创新。

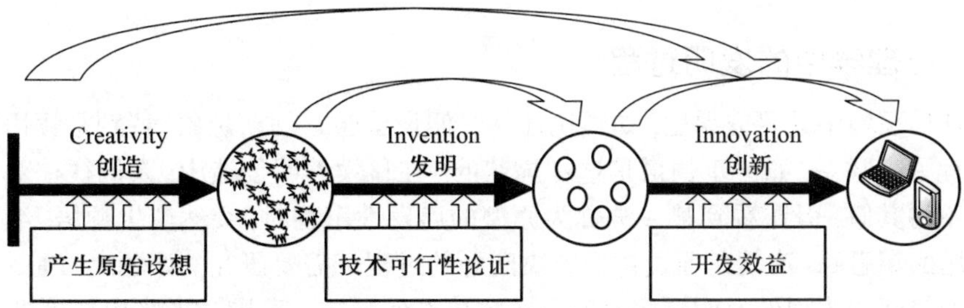

图 1.1 创造、发明与创新的关系

上述基本概念表明, 发明与创造紧密相关, 创造是发明过程的一部分, 发明又是创新的前提, 发明与发明过程处于核心的地位。对发明与发明过程进行深入研究, 其成果如在企业应用, 对加快其创新驱动发展的步伐具有重要意义。

1.3 发明过程

发明过程是新事物或发明产生的过程, 该过程包含创造过程。新事物是如何产生的或发明过程是怎样的? 该问题多年来一直是发明社会学、心理学、技术创新管理、设计方法学、发明问题解决理论 (TRIZ) 等各专业领域中的跨学科研究课题。

1.3.1 发明社会学中的发明过程

发明社会学学者 Rossman[6] 在总结分析 710 位发明者采用的发明过程后, 提出发明过程的一般步骤为 7 步, 即观察到需求或者问题、分析需求、调查所有可以利用的信息、构想所有目标性的解决方案、批判分析以上方案的优点和缺点、产生发明、验证最好的方案并且通过重复之前的步骤筛选和完善最终方案。

另一位发明社会学者 Usher[7] 提出了产生个体发明的四阶段理论。

第一阶段: 感知问题。

认识到一个不完美的、不令人满意的、不能充分满足需要的模式。

第二阶段: 搭台。

通过特殊的搭建和思考将解决问题所必需的要素都汇集到一起, 在实践或者想象中偶然产生能够带来有效的、令人满意的结构, 这是所有提供解决方案的关键数据。这是一个不断试错的实验过程。

第三阶段: 顿悟活动。

找到解决问题的主要方案。Usher 强调了围绕顿悟所需的要素是不确定的, 这些不确定也意味着不可能预测问题解决的时间以及方案的选择。顿悟不是最终结果。

第四阶段: 批判式的修正。

对解答方案进行批判研究, 充分理解, 使得解答更为完善, 这可以让机械变得更为优雅和高效。这一阶段有可能激发起新的顿悟活动。

1.3.2 心理学中的发明过程

心理学领域中的研究课题, 如类比迁移、假设检验、创新想象, 特别是顿悟等都与发明过程紧密联系, 如关于顿悟是这样描述的: 在科学发明创造中, 人们往往对一个问题百思不得其解, 但在看到某一被称为原型的启发性事物时, 突然产生顿悟, 继而发现解决问题的新思路, 这就是通过顿悟解决问题的过程。需要研究的课题之一是: 上述过程中原型与问题出现的时间顺序对问题的顿悟有何影响。我国学者张庆林等[8] 在构建《创造发明实验问题材料库》的基础上系统研究了顿悟产生的原型位置效应。该学者所在的课题组针对 “先呈现问题、后呈现原型” 和 “先呈现原型、后呈现问题” 两种范式, 通过实验研究了问题解决中顿悟的原型位置效应, 结果发现: 在 “问题在先” 的条件下, 问题解决的正确率显著高于 “原型在先” 条件。其研究结果为启发顿悟过程中的原型呈现位置或顺序提供了科学依据。

1.3.3 技术创新管理中的发明过程

技术创新管理是由工程、管理、经济等学科交叉形成的研究与应用领域。技术及相关的管理、通用管理、支撑学科等知识构成了本领域的知识系统。技术、发明与创新过程的研究一直是该领域的重点研究内容, 并已有很多研究成果。

Arthur[9] 研究认为, 发明是一个过程, 该过程连接目的与满足该目的的原理, 目的体现用户需求, 原理是数理化等学科中效应的应用。即发明由以效应为核心的一个或多个解决方案构成, 发明过程可以从用户的迫切需求、新的科学发现或由该发现形成的概念、提供短缺结构部件或原件、提供使能技术的知识或理论开始。发明过程是一个不断发现问题、解决问题的迭代过程, 最后要形成一个新的物理结构或已有物理结构的组合。

模糊前端 (fizzy front end, FFE) 是该领域提出的新概念。Koen[10] 研究认为, 产品创新过程分为模糊前端、新产品开发 (new product development, NPD) 及商业化 (commercialization)3 个阶段或子过程。模糊前端是创意产生的过程, 由外部影响因素、发动机与核心过程组成, 研发人员是发明或创意产生的主体, 并由其完成核心过程, 如图 1.2 所示。核心过程分为 5 个阶段, 即机遇发现与确认、机遇分析、设想产生、设想筛选、概念或创意形成。该阶段形成的创意是后续新产品开发阶段的输入, 并启动后续研发过程。创意本身仅仅是一个可行的设想, 还需要新产品开发中的发明过程将其转变成发明。

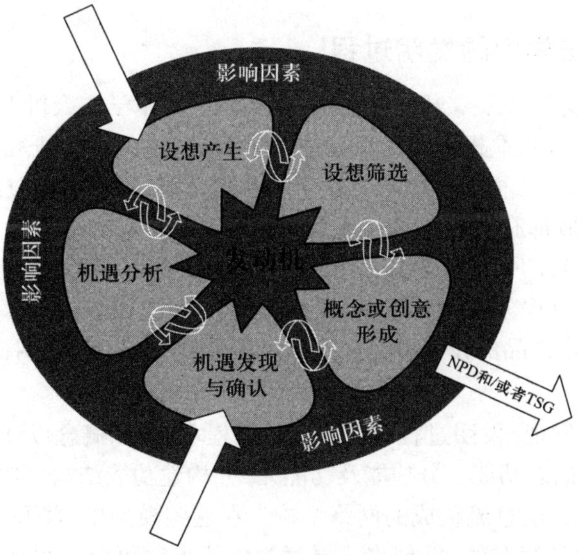

图 1.2 产品创新的模糊前端[10]

企业创新过程可用模型来描述与管理。创新过程五代模型是 Rothwell[11] 从历史发展的观点提出的, 在技术创新管理领域具有一定的影响。他的每代模型都包含了创新的激励因素与全过程, 分别称为技术驱动型、市场拉动型、混合型、集成型与网络型创新过程模型。其中典型的模型是 20 世纪 70 年代到 80 年代中叶出现的第三代模型, 即如图 1.3 所示的混合型模型。处于该历史时期发达国家的公司挣脱了面向个体的 R&D 项目, 市场和 R&D 通过结构化的创新过程紧密融合, 降低成本成为融合的驱动因素。后来又出现了集成型与网络型创新过程模型。在五代模型后, 又出现了开放式创新模型与扩展的开放式创新模型两类。

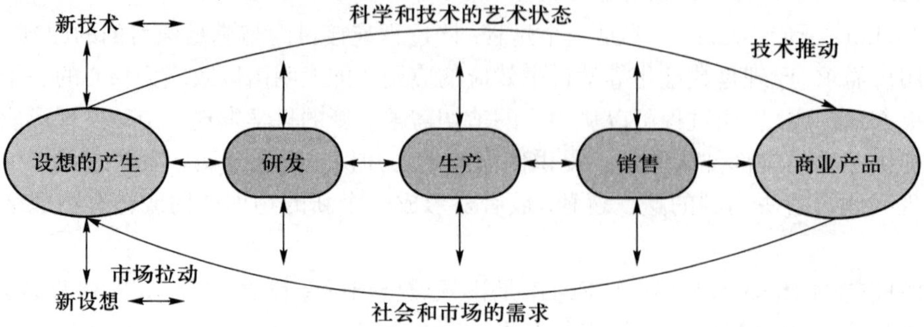

图 1.3 第三代创新过程模型[11]

发展中国家的企业无论管理还是技术均落后于发达国家, 发达国家早期出现的创新过程模型依然适用于今天发展中国家的企业, 如第三代模型对于中国的传统企业依然很有借鉴意义。这些模型描述的是企业创新过程, 包括阶段及活动, 没有直接说明发明过程是如何运用的, 但已经蕴含了发明及其过程, 图 1.3 中的设想的产生及研发两个阶段包含了发明过程与发明。

1.3.4 设计方法学中的发明过程

设计学是一门理、工、文相结合, 集机电工程、艺术学、人机工效学和计算机辅助设计于一体的科技与艺术相融合的新型交叉学科, 其中的一个研究领域是设计方法学 (design methodology)。而设计方法学由于本身研究设计过程的多样性, 已诞生了很多模型, 不同工程领域都有自己的设计过程模型。Gero、Cross 等学者均建立了自己的设计过程模型, 图 1.4 所示的德国 Pahl 和 Beitz[12] 设计过程模型是该领域的典型代表。该模型将设计过程分为项目规划与任务确认、概念设计、技术设计、详细设计共 4 个阶段。一个特定产品的设计可完全按该过程模型进行, 也可选择使用其中的一部分进行。

研究这些模型发现, 发明过程已包含在其过程之中, 如概念设计的核心是建立待设计产品或技术系统的总功能、分功能及功能元, 并构建功能结构。功能结构是由功能元和能量流、物料流、信息流组成的网络结构。在这些模型中, 将总功能分解到功能元, 并认为功能元的解是存在的, 或研发人员通过常规方法可以获得功能元的解或工作原理, 然后将所有功能元的解合成能够形成整体或系统的工作原理。每个功能元的工作原理与合成的系统工作原理均为发明。获得功能元的解的过程及将功能元的解合成的过程均为发明过程。

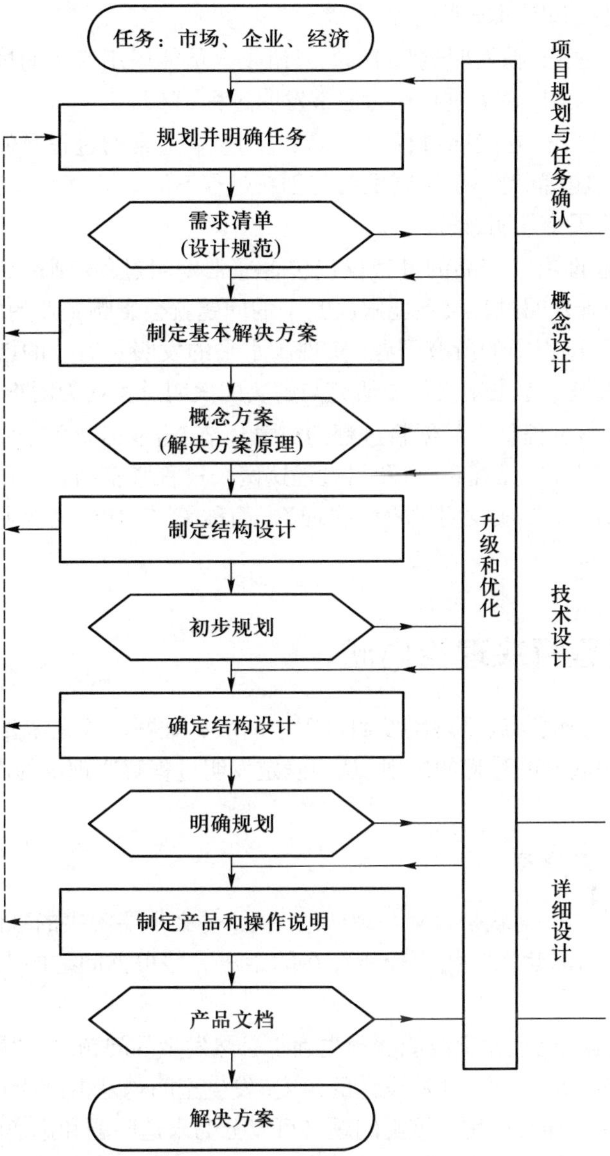

图 1.4 Pahl 和 Beitz 设计过程模型[12]

1.3.5 困难发明过程

对于企业, 发明过程是指发现和解决技术系统或产品创新中的难题并形成新原理或新结构的过程, 该过程的结果应能通过后续的创新活动为用户增加价值, 为企业创造效益并提升企业的竞争力。发明过程要以确定显然的和潜在的用户需求为出发点, 之后应用企业已经熟练掌握的创新过程将其转变成发明与创新, 包括发现问题、解决问题、解决方案的商业化应用。

图 1.2 ~ 图 1.4 所示的过程之中虽未明确显现发明过程, 但已蕴含其中。企业实施发明过程要解决问题, 问题有可能容易解决, 也可能很难解决。因此, 也存在两种发明

过程: 通常发明过程和困难发明过程。

(1) 通常发明过程: 在发明过程中, 如果研发人员能应用通常的过程及领域知识解决所有问题并获得发明, 该类过程称为通常发明过程。

(2) 困难发明过程: 在发明过程中, 如果应用企业通常的过程及领域知识不能解决发明过程面临的问题, 问题不解决则发明与创新过程不能继续, 而只能等待问题的解决, 该类发明过程称为困难发明过程。

如果一个企业推出新产品的过程仅仅包含通常发明过程, 则产品市场竞争能力较低, 面对出现的困难发明过程又不能解决其中的问题就会影响企业的发展。因此, 如何通过解决困难发明过程中的所有问题, 实现高水平的发明及后续的创新已成为提升企业创新竞争力的关键。本书定义所要研究与解决的发明过程均为困难发明过程。

对于企业, 发明过程是产品创新过程的重要环节, 企业需要关于发明过程构造与应用的研究成果。本书将产品创新与发明过程这两个过程紧密结合, 研究发明过程构造、模型表征与应用方法, 形成发明过程解决理论, 简称 C–TRIZ, 为企业研发人员提供专门知识。

1.4 发明过程解决理论内涵

实现高水平创新的障碍是解决发明过程中的所有难题。首先需要研究问题及分类, 确定哪些问题将引起发明过程的出现, 从而确定发明过程解决理论的内涵。

1.4.1 问题及其分类

佐藤允一认为“问题就是目标与现状的差距, 是必须要解决的事情”, 即问题就是“期望状态”与“当前状态”相比较所存在的距离。他根据问题的来源将问题划分为 3 类[13]。

(1) 发生型问题: 已经发生或能够预先确定必然发生的问题, 即“期望状态”与“当前状态”已经明确了的问题。如从设计的角度, 发生型问题是指设计方案实施的结果没有达到设计目标或有异常产生。该类问题又可以分为未达问题和逃逸问题, 前者是指期望的目标没有达到; 后者是指随着时间的推移, 系统状态逐渐偏离期望状态。解决该类问题的关键在于确定产生问题的根本原因。

(2) 探索型问题: 虽然目前未发生问题, 但若提高目标值或水平则会导致问题发生的问题。该类问题可以理解为“当前状态”明确并且满足当前要求, “期望状态”是根据当前状态主观创造的高于现有水平的状态。从设计的角度看, 探索型问题是在设计方案实施结果成功达到原定设计目标后, 出于改善弱点、加强优点的目的人为提高设计目标导致的问题。

(3) 假设型问题: 也是目前未发生的问题, 它是由于设定了至今所没有的、全新的目标而引起的问题。该类问题可以理解为“当前状态”与预计的“期望状态”距离太大, 从而导致“当前状态”与“期望状态”关系模糊, 使“当前状态”对解决问题的可借鉴程度不高, 有时甚至可忽略不计, 即该类问题是“当前状态”与“期望状态”关系不明确的问题。从设计的角度看, 假设型问题是出于产品或工艺开发或防范未来未知风险的目的人为设定的问题, 由于存在较大的不确定性, 现有设计方案很难作为研究起点。

图 1.5 将上述 3 类问题归结为问题导向 (或原因引发) 型与目标导向 (或引发) 型两类问题。

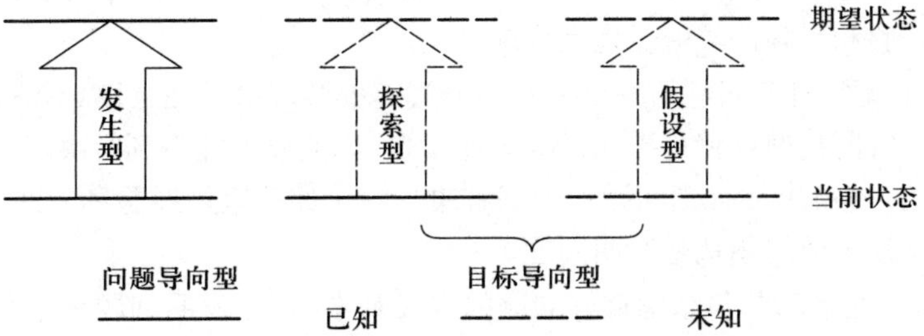

图 1.5 问题导向型与目标导向型问题

第 1 类: 问题导向型问题。

“期望状态”与“当前状态”都明确, 以确定问题发生的原因为关键的问题。发生型问题就是原因引发型问题, 其解决的关键就是要通过问“为什么”找到问题产生的根本原因, 从分析产生该原因的因素入手, 消除问题发生的条件, 以使问题得以解决。

第 2 类: 目标导向型问题。

“期望状态”需要首先进行设计才能产生问题的问题。探索型问题和假设型问题都属于目标导向型问题, 如何创造性地产生期望状态本身就是一个困难问题。一般通过构建“如何改善 (加强)”“如果 …… 则”提出改善状态或创意, 然后形成或引发问题。

1.4.2 结构良好问题与结构不良问题

另一种分类方法是将问题按复杂程度分为结构良好与结构不良两类问题[14]。

(1) 结构良好问题: 具有明确初始状态、目标状态以及解决方法的问题。在基础学习以及学科学习中所学习解决的绝大多数问题往往都是结构良好问题, 比如解数学方程式。由于问题清晰明确, 解法路径清楚, 结构良好问题的解决过程基于人的经验、知识和认知, 将熟练掌握的知识和技能直接以一定逻辑结构甚至基于直觉进行“解法搜索”就能得以解决。

(2) 结构不良问题: 该类问题没有阐述明确的结构或解决途径, 问题的已知条件与要达成的目标比较模糊, 问题所处的情景不明确, 各种影响因素不完全确定, 不能简单直接对应到解决方案, 往往很难得以解决。

结构良好问题的解决需要用到大量专门知识, 但较少用到创造性思维技巧或技术创新方法。若企业在发明产生过程中针对的用户需求属于结构良好问题, 则行业的进入门槛往往较低, 可能会面临激烈的同行竞争。结构不良问题的解决没有明确的途径, 需要应用创新思维与技术创新方法, 其结果往往是高水平的发明。

1.4.3 通常问题与发明问题

Savransky[15] 按照解决问题的困难程度将工程问题分为两类: 通常问题与发明问题。解决通常问题一般不具有创新性, 高水平的发明与创新要解决发明问题。

(1) 通常问题: 所有解决问题的关键步骤及用到的知识均已知, 解决该类问题只需要按照传统经验和步骤按部就班地完成即可。

(2) 发明问题: 对于问题的解至少有一个关键步骤未知, 解的目标不清楚, 含有相互矛盾的需求。所谓关键步骤是指如果缺少此步骤, 则问题不能得到解决。这里的矛盾激化上升为冲突, 不解决冲突则问题得不到解决。对于那些应用经验和方法无法解决, 或者会导致冲突发生的问题就是发明问题。

比较可知, 通常问题与结构良好问题的定义基本吻合, 发明问题是结构不良问题的子集[16]。结构不良问题更适合社科、文、法等广泛学科, 发明问题更适合工科各领域。结构不良问题的概念可以给研发人员一些启发, 发明问题的定义更清晰, 并且容易被企业工程师及设计与研发人员理解。本书选择发明问题的发现及解决为主要研究内容。

按照企业创新目标的要求, 发明过程的核心是解决发明问题。该类过程有如下几个特点。

(1) 过程中的问题界定不清晰。在问题最初给出的情境中缺乏解决问题所需的完备信息, 甚至对问题的实质和边界也没有确切的界定, 需要在问题阐述、问题分析及问题解决的过程中不断补充额外信息使得问题的界定逐渐清晰, 解决方案逐渐凸显。

(2) 问题界定会动态变化。随着新信息的收集和补充, 对所针对的需求或问题的界定会发生变化, 有时需要转换角度甚至重新界定需求或问题。

(3) 需要同时解决多个子问题。没有单一的方法去澄清、阐述和解决问题的所有构成成分, 需要同时探讨多个子问题的解决途径以及处理不同子问题解决的冲突。

(4) 问题解决需要跨学科知识。解决方案的求解不能只局限于某单一学科知识, 往往需要跨学科知识协同使用。

(5) 问题解决没有标准答案。在多个解决方案中不能完全确定所选择的是否是最正确的方案, 所搜集到的信息不完全、不充分, 甚至有些信息存在冲突, 问题的情境和需求也会发生动态变化, 因此每个发明问题都没有确定的标准答案。

1.4.4 发明过程解决理论的研究内容

综合考虑问题出现的原因及困难程度, 通过组合得到图 1.6 所示的 4 类问题:

第 1 类: 问题导向的通常问题。

问题已经存在, 且是通常问题。该类问题的发现及解决都可以应用企业研发人员通常采用的方法解决。通常方法包括企业多年积累的知识与经验的应用、试验纠错法、小组讨论法、头脑风暴法等。

第 2 类: 目标导向的通常问题。

是指“期望状态”需要首先设定才能产生的通常问题。如何创造性地产生期望状态本身就是一个难题。对社会、技术、需求等发展的预测方法均可以用于期望状态的

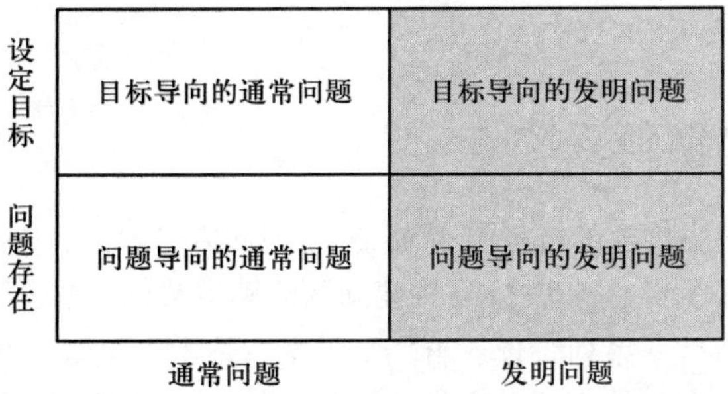

图 1.6 问题分类

设定。期望状态设定后需要确定从目前状态到达期望状态的路径, 该过程会产生很多问题, 如果所有问题均可应用已有的知识经验等方法解决, 则这些问题为目标导向的通常问题。

第 3 类: 问题导向的发明问题。

问题已经存在, 且是发明问题。如果问题隐含在系统之中, 通过系统分析方法解剖系统, 确定出现问题的根原因。从根原因入手, 消除问题发生的条件, 以使发明问题得以解决。

第 4 类: 目标导向的发明问题。

从目前状态实现期望状态的过程会出现很多问题, 如果至少一个问题不能应用已有的知识经验等方法解决, 或这些问题的解决超出了本企业的知识与经验水平, 则这些问题为目标导向的发明问题。

通常问题采用企业已经熟悉的方法即可解决, 后续的产品创新结果往往竞争力不强。发明问题采用非通常方法解决, 其结果将提升企业的竞争力。因为非通常方法企业并不完全掌握, 所以创新过程中解决出现的发明问题成为创新的障碍。问题导向的发明问题与目标导向的发明问题的出现是企业创新中的困难问题, 解决这两类发明问题的过程是企业创新需要克服的障碍, 已经成为企业急需理论指导解决的发明过程。这两类问题的解决是本书研究的重点。

根据本书要重点研究的两类发明问题, 给出如下发明过程解决理论的定义及特征。

发明过程解决理论的定义: 确定问题导向或目标导向的发明问题, 解决这些问题并形成发明过程系统化方法。

发明过程解决理论的特征有如下 3 个。

(1) 由问题导向与目标导向两类发明过程组成。其中, 问题导向的发明过程是原因引发的发明问题的构建与解决的系统化方法。目标导向的发明过程是目标引发的发明问题的构建与解决的系统化方法。

(2) 面向企业工程师或研发与设计人员的应用。工程师或研发人员不仅熟悉企业创新流程, 而且熟悉产品设计制造过程的全部或其中的部分过程, 并了解产品市场、可用资源等创新要素, 同时他们还熟悉问题解决的头脑风暴法、小组讨论法, 已经学习过苏联的经典 TRIZ, 并应用 TRIZ 解决过一些发明问题。

(3) 发明过程与企业创新过程融合。发明过程的构建与企业创新过程紧密结合, 形成创新过程的一部分。

1.5 企业产品创新系统

鉴于发明过程解决理论的特征 2 和特征 3, 因此有必要研究企业创新系统, 包括企业正在应用的创新过程或主创新过程, 构建问题流模型及创新系统模型等。

企业成功的创新是一系列管理、市场、科学、技术、组织、金融、商业及其他活动共同作用的结果。企业外部环境变化、竞争者与企业内部各类人员既相互影响又相互独立的活动使创新成为一个动态的且呈现复杂系统行为的结果, 该系统最明显的特征是包含发明过程和创新过程两部分。发明过程包括环境扫描与决策、研究与发展两个阶段; 创新过程包括生产准备与生产、市场化、产品应用 3 部分。环境扫描与决策是企业在环境竞争压力的驱动下, 对企业内部及外部各种变化的扫描, 发现可能的趋势或某种变化暗示, 通过信息分析及利弊比较, 确定对企业未来创新有影响的机遇, 并决策是否要通过创新抓住这些机遇。

1.5.1 产品主创新过程

产品或技术创新过程在企业内部是一个动态且复杂的系统过程, 但创意开发、新产品开发、市场开发 3 部分是其主要活动或阶段。创意开发在模糊前端阶段实现, 该阶段通过对企业外部与内部的扫描, 发现潜在机遇或初始机遇并产生创意, 所产生的创意成为下一个阶段的输入。新产品开发由产品设计和制造两个阶段组成, 产品设计又分为概念设计、技术设计、详细设计 3 个阶段。新市场开发即上一个阶段所生产产品的商业化是将企业所开发的新产品投放市场, 满足用户需求, 同时为企业带来效益的阶段。由这几个主要阶段构成的过程称为产品主创新过程, 用图 1.7 所示的模型表示。

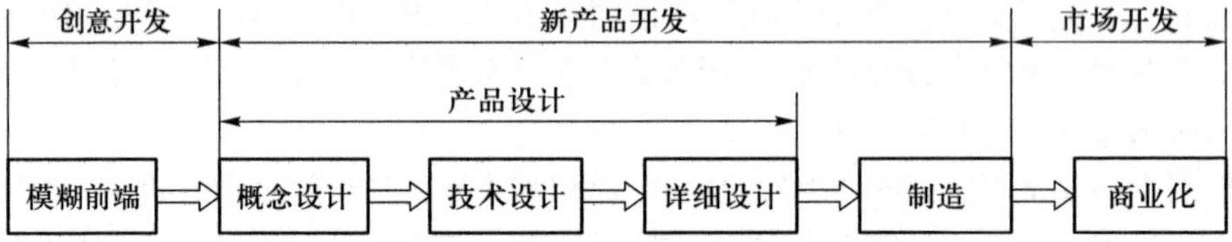

图 1.7 产品主创新过程模型

本书主要面向企业新产品设计与研发人员或工程师的研发活动, 并为他/她们提供发明过程解决方案。从复杂的研发活动中抽出主要的活动, 构建模型并加以研究, 是一个去粗取精的方法。图 1.7 所示的模型滤掉了管理活动, 保留了主要的技术活动, 是一个基本技术创新过程模型, 发明问题、发明过程、发明过程解决理论等均以该模型为基础展开。该模型基本能描述企业的新产品开发过程, 特别在中国很多制造企业是按该过程开发新产品。

1.5.2 产品创新过程中的问题流

引发创新的机遇很多, 如企业生存的需要、更好的投入产出比、降低成本、提高竞争优势、满足用户更高的需求、适应技术的发展、适应人口年龄的变化趋势等。当企业的管理人员或研发人员遇到这些机遇时, 满足这些机遇的技术解决方案很难确定, 因此寻求该类解决方案成为企业面临的挑战。研发过程正是研发人员或工程师们面对挑战, 克服不利条件限制, 跨越挑战的过程。

2010 年 8 月至 2011 年 3 月, 作者工作的"国家技术创新方法与实施工具工程技术研究中心"曾完成一期广东省科技厅组织企业技术创新方法转移, 来自比亚迪、广汽、广州无线电集团、大洋电机等一批企业的 52 名工程师通过了答辩, 圆满完成了课程学习与创新项目实践。该期的成果为: 52 名工程师应用所学 TRIZ 发现并选择了企业中的 52 个难题, 通过应用 TRIZ 解决这些难题形成了多项发明。经过企业评估及对这些发明的后续开发, 大部分已经形成新技术、新工艺与新产品, 并为企业带来了经济效益。这些难题出现的阶段分布如图 1.8 所示[17]: 模糊前端阶段 4 个、概念设计阶段 10 个、技术设计阶段 15 个、详细设计阶段 5 个、制造阶段 18 个。该案例已经说明企业的创新活动起点可以在主创新过程中的任何一个阶段开始。

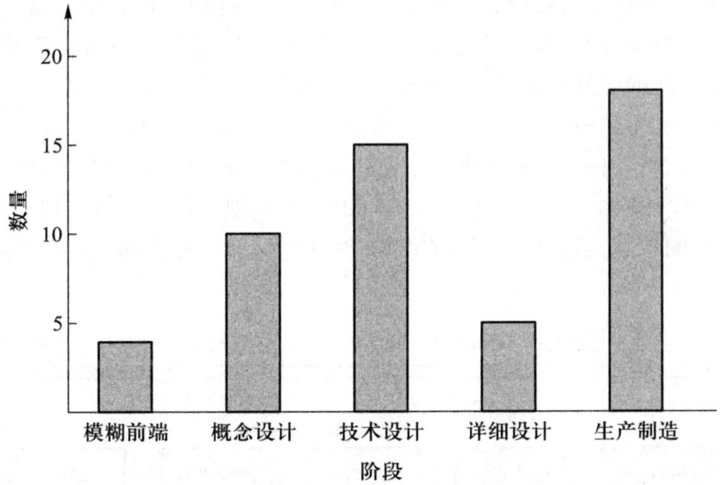

图 1.8 广东省一期技术转移成果分布[17]

分析图 1.8 及所涉及问题的产生发现, 企业外部或内部的变化或初始机遇激发了这些问题, 即这些问题的诱因可以来自主创新过程某一阶段的前面或后面阶段, 也可以由本阶段自身产生, 所有产生的问题形成了问题流, 并构造成图 1.9 所示的问题流模型[18]。

图 1.9 所示的问题流模型中的各种流分为正向流、反向流、自身流 3 类。其定义如下。

(1) 正向流: 问题的诱因发生在主创新过程某一阶段之前的任何阶段, 但必须在该阶段解决。如问题必须由技术设计阶段解决, 但该问题的诱因发生在模糊前端阶段。

(2) 反向流: 问题的诱因发生在主创新过程的某一阶段, 但必须反馈到该阶段之前

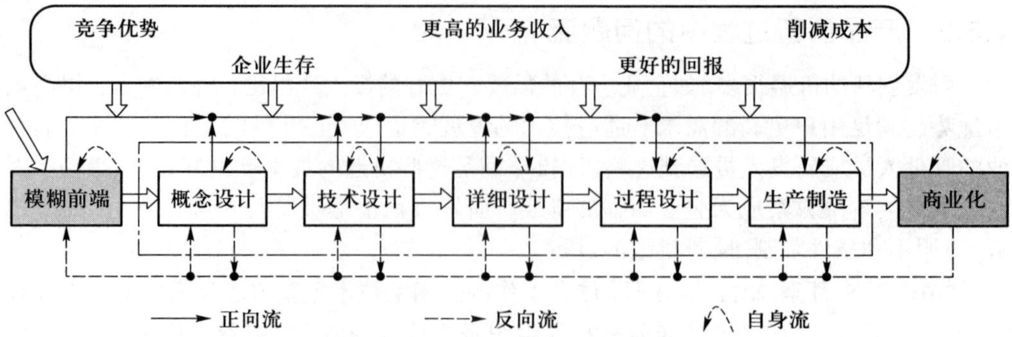

图 1.9　创新过程中的问题流模型[18]

的某阶段解决。如问题的诱因出现在制造阶段, 但必须反馈到技术设计阶段解决。

(3) 自身流: 问题发生在主创新过程的某一阶段, 并在本阶段解决。

1.5.3　企业产品创新系统模型

将图 1.9 所示的问题流模型与图 1.7 所示的主创新过程模型集成, 可以构建如图 1.10 所示的包含发明过程的企业创新系统, 其中发明过程的核心是发现并解决发明问题。企业创新系统由主创新过程及多个发明过程组成, 即发明过程可以出现在概念设计、技术设计、详细设计和制造中的任何一个阶段。每一个发明过程由发现发明问题、解决问题及形成发明组成, 发明是发明过程的结果。问题 C、E、D、M 及发明 C、E、D、M 分别是概念设计、技术设计、详细设计及制造阶段的问题与发明。创新由某一阶段的发明与该阶段之后的主过程完成, 如问题 E 出现在技术设计阶段, 该问题的解为发明 E, 获得发明 E 之后要通过后续的详细设计与制造形成产品, 再经商业化实现创新全过程。

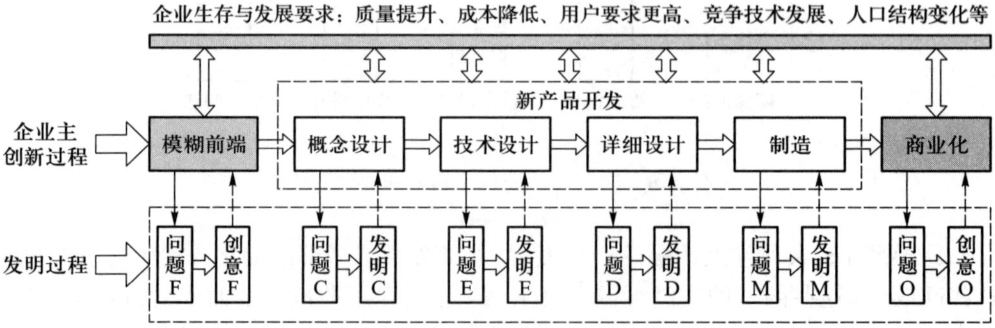

图 1.10　企业创新系统模型

图 1.10 中的模糊前端是从无到有产生创意的阶段, 创意是该阶段遇到的问题 F 的解; 创意不是发明, 不可以用一句话、一个简图等描述; 创意经过评估之后启动新产品开发过程, 形成新产品并推向市场, 完成创新全过程; 因此, 发明包含在创意形成后的设计阶段。商业化是将产品变成商品, 通过市场将商品变成效益的过程, 其中的问题 O 可以由商业模式创新即该阶段的创意 O 解决, 也可能遇到一些问题需要反馈到主创新过

程的某一阶段解决。该图能描述企业主要的创新活动。

1.5.4 企业一次创新与附加过程

企业创新活动总体由一系列单一创新过程组成。单一创新过程包含一个或多个发明过程, 以保证高水平发明及有竞争力的创新的实现。由于发明过程一般要引入外部创新资源, 该过程与主创新过程中的其他活动相比是不连续的, 即不能仅应用本领域已经成熟的方法连续地解决问题。因此, 在出现发明问题的子过程或阶段应有一部分活动是独立于主过程之外的研发活动, 本书称之为附加创新过程。该过程是一个典型的发明过程, 该过程专门解决发明问题, 如图 1.11 所示。根据图 1.9 所示的问题流模型, 主创新过程某一阶段出现发明问题的诱因可以出现在前后任一阶段。

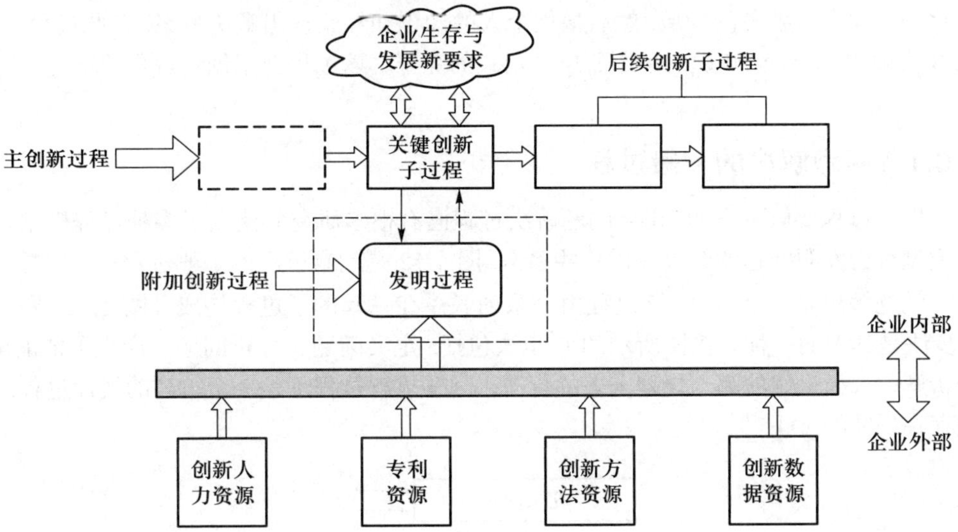

图 1.11　一次创新过程模型

图 1.11 是从图 1.10 中分离出来的一次创新过程模型。该模型中的主过程由虚框表示的未出现子过程、由实框表示的关键创新子过程以及后续创新子过程组成。关键子过程是出现发明问题并需要解决的过程, 该过程是发明过程, 其结果形成高水平的发明。发明过程与主过程分开, 形成独立且与主过程紧密结合的一个附加创新过程, 其优点是可以方便引入企业外部资源, 帮助企业内部研发人员解决发明问题。

在图 1.11 所示的过程中, 首先要决定企业外部与内部变化对主过程的哪一个阶段有影响, 之后确定满足变化需要解决的问题。如果所有问题都是通常问题, 工程师采取企业通常的设计制造过程实现新产品开发。如果问题难度很大, 企业通常的设计制造过程不能解决该问题, 则启动与之对应的附加创新过程, 结果要返回到产生该问题的子过程或阶段, 工程师要应用领域知识完善问题的解, 形成高水平发明, 继续主过程的后续子过程或阶段, 并完成一次创新。

附加创新过程为发现并解决发明问题的过程, 即发明过程。为了高水平地解决发明问题, 工程师经常发现自身的知识和经验不足, 需要引入外部资源, 如创新人才资源、专利资源、创新方法资源、创新数据资源等。因此, 解决发明过程中的所有问题成为一次创新过程的障碍。在企业内部, 高效地引入并利用各种创新资源, 快速提升工程师的水平, 已成为很多企业特别是传统制造业面临的重要课题。

1.6 发明过程解决的障碍

发明过程的核心是根据初始机遇或诱因确定并解决发明问题, 根据目标的实现解决其中的发明问题。发明问题的解决至少要克服冲突, 这样的问题在工程各领域内很少有具体详实的解决方法。如机械设计是机械工程领域最重要的知识组成部分, 但该知识系统中没有关于冲突之类问题的通用解决方法。发明问题的另一个特点是答案不唯一, 有多种答案, 没有最好而只能确定更好的解决方案。按照问题解决的原理, 需要把问题转化到研发人员熟悉的领域, 然后根据个人的知识和经验提出解决方案, 在此过程中存在 3 类障碍: 跨学科知识的运用、思维定式的克服、该过程与主创新过程的融合。

1.6.1 问题解决的一般过程

发明过程要解决发明问题, 问题解决过程已有很多研究并建立了多种过程模型, 这些模型可为发明问题的解决提供一些参考, 图 1.12 是问题解决的一般过程。

问题解决是一个过程, 该过程由一系列联系在一起的子过程构成。图 1.12 所示的 6 步法是其中的一种。该图所示的 6 步法包括: 定义问题、分析问题、产生可能的解、分析解、选择最好的解、规划未来的行动。问题求解过程不是一个单纯的线性过程, 而是存在反馈的过程。

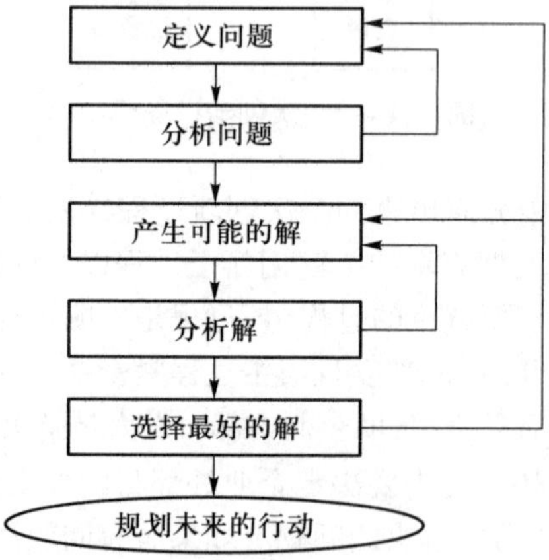

图 1.12 问题求解过程

第 1 步: 定义问题。

解决问题的第一步首先应定义感兴趣的待解决问题。工程师或管理人员要决定希望取得什么结果, 并记录下来。人们的头脑中经常会产生一些问题, 如果没有显然的解决方案, 很快就忘记了, 所以要记录希望解决的问题, 以及希望得到何种结果。不仅记录问题, 还要检查问题是否正确或有意义。通过检查确保所定义的问题是主流问题, 而不是问题的一个侧面, 也不是一个具有显然答案的问题。

第 2 步: 分析问题。

问题解决的第二步是检查现在的位置、问题情境、问题所包含的内容等, 如什么是当前产品、服务、过程的效益? 如何与目前的发展相匹配? 实施问题的答案是否特别重要? 还应制定一系列限制条件评估可能的解, 以确定解能否正常发挥作用。该步骤的主要作用是确定目前的情景及需要改变的内容。

完成了分析问题之后, 还要返回到第一步, 确认问题的定义是否仍然是有效的。有时会发现最初提出的问题不是要解决的根本问题。

第 3 步: 产生可能的解。

采用试验纠错法或头脑风暴等创新技法可以帮助工程师或研发人员发现尽可能多的问题解决设想。该阶段不应对任何设想进行评价, 而应将所产生的每个设想都作为新设想。每个已产生的新设想都是一个可能的解。

第 4 步: 分析解。

研究潜在解的各种影响因素, 记录下对每个解有关系的要点。该阶段不进行解的评价, 主要是发现解的优点, 特别是独一无二的优点。这些优点对未来发展具有重要的作用。

第 5 步: 选择最好的解。

研究每一个解的影响因素, 决定保留或剔出的解。将每个解作为一个整体考虑, 并判断其可用性。有时一些数据、图表或事实可以帮助决策, 有时纯粹是一种感觉或直觉帮助人们决策。

经过第一轮选择后, 已经有一个潜力解 (potential solutions) 的目录, 可以进一步研究该目录中的每一个, 使目录中的数目减少。

经过该过程, 可能获得了一个解、多个解或无解。对于最后一种情况, 需要返回到第 3 步, 重新产生多个解, 并重复后续的过程。或返回到第一步, 检查问题的定义是否有问题, 可以重新定义问题, 并继续后续的过程。

第 6 步: 规划未来的行动。

记录下后续需要进行的事项。已经得到了问题的解, 如何使这些解真正出现并得到应用是后续的工作。

上述解决问题的 6 步过程适合于通常问题的求解。对于发明问题的求解需要更多的知识, 经常超出工程师目前的知识水平。但上述过程对本书所重点研究的发明过程有一定的参考价值。

1.6.2 跨学科知识的运用

发明过程的解决需要跨学科知识的运用, 图 1.13 所示为跨学科知识运用的一个案例。图中所示问题出现在机械工程领域, 一般认为需要力学学科的知识解决, 但研究发现较好的解并不是应用力学学科的知识, 而是应用化学或电子学科的知识。该案例说明, 仅凭着力学学科的知识, 按照问题求解原理, 靠个人力量永远得不到较好的解, 而跨学科知识的运用则成为问题成功解决的关键。

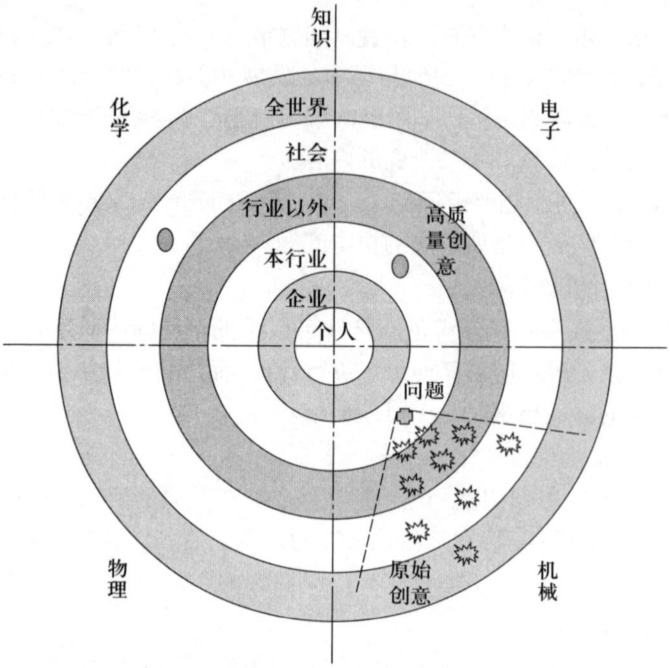

图 1.13 有限的知识域

跨学科知识运用需要跨学科研究 (interdisciplinary research programs) 结果指导[19]。跨学科研究已有多年的历史, 其中研究内容之一是跨学科研究的概念形成。1997 年, Newell 等[20] 指出, 跨学科研究是一项回答、解决或提出某个问题的过程, 该问题的涉及面和复杂度都超过了某个单一学科或行业所能处理的范围, 跨学科研究借鉴各学科的视角, 并通过构建一个更加综合的视角来整合各学科视角下的见解。2004 年, 美国国家科学院、国家工程院给出了一个基于信息整合的跨学科研究的定义[21]: 跨学科研究是团队或个人的一种研究模式, 他们把来自两个以上的学科或专业知识团体的知识、数据、方法、工具、观点、概念和理论综合起来, 加深基本的认识, 或解决那些不能用单一学科或研究实践领域解决的问题。2008 年, Repko[22] 提出跨学科研究要整合跨学科的见解, 形成更加综合的理解, 拓展人们的认知。2013 年, Alexander 等[23] 认为跨学科研究是来自多个专业知识库的理论、方法、工具和概念的整合工作。综上所述, 跨学科研究尽管概念不统一, 但都强调了跨学科研究的组织过程具有集成、共享与合作的特点。

跨学科研究的另一个课题是跨学科知识整合及应用。2010 年, 陈英和等[24] 从心理学的视角指出跨学科知识整合不仅与跨学科研究和跨学科问题解决相关, 而且与跨学科学习以及跨学科教学有着更为基础性的联系, 他们通过扩展一种学科领域的知识整合媒介——概念图的操作性定义, 引入一种可视化的跨学科知识整合工具——跨学科概念图, 该模型可以为自然和社会科学领域的跨学科研究和跨学科问题解决提供智力支持。2013 年, 王晓红等[25] 首先定义了跨学科知识创新中的基本创新单元与创新个体, 前者是指一个具备多学科知识和资源的跨学科团队, 后者是指团队内部每个成员, 之后构建了创新个体心理操作和创新单元知识创新的互动关系模型。

上述文献研究表明, 心理学与技术创新管理领域的研究成果可以为企业研发人员发明过程提供跨学科知识运用的宏观指导, 但微观操作的研究结果太少。该类研究应进一步加强, 以满足企业研发人员开发新产品过程中应用跨学科知识的需求。

1.6.3 思维定式的克服

平时人们思考及解决问题时习惯于依赖过去的知识和经验, 会造成仅用一种思路思考问题的习惯。虽然这种习惯在生活实践中有一定的成效, 能帮助人们很快解决日常事务性的工作, 但久而久之, 会造成思维定式或惯性思维, 也就是思维沿前一思考路径以线性方式继续延伸, 并暂时封闭了其他的思考方向。

在技术领域, 思维定式是一种按照技术研发思维活动所产生的经验教训积累的结果。研发人员反复使用已有的知识和经验形成了稳定和定性化的思维路线、方式、程序、模式, 在环境不变的条件下, 这些模式使人们能够迅速解决问题。而在情境发生变化时, 则会妨碍人们采用新的方法。消极的思维定式是束缚创造性思维的枷锁。

前人因为思维定式付出过许多代价, 也有许多案例展示思维定式出现的前因后果。如 1913 年, 美国著名企业家福特受屠宰场流水作业的启发, 设计了汽车装配流水线, 借助于该流水线, 可以标准化、大批量地生产汽车部件和配件, 高效率地制造出黑色 T 型汽车。这种创新思维催生了管理学上著名的“福特制”。它开创了一个崭新的工业化生产时代, 福特公司因此在世界汽车市场上变得无人能敌。但是, 只生产黑色的 T 型车不幸地成为福特思维中的固定模式。当美国汽车市场渐趋饱和时, 早期购车人需要更新车辆, 对汽车的档次、性能、外观有了更高要求, 福特的“思维定式”让它大吃苦头。美国另一著名企业家、通用汽车公司总裁斯隆把握机会, 制造出不同档次和价格的汽车, 并且首创了“分期付款、旧车折旧、年年换代、密封车身”的汽车制造四原则, 击败福特, 通用公司登上了世界第一汽车制造企业的宝座。

如图 1.14 所示, 每个人在成长过程中, 随着知识的增长及眼界的开阔, 都会形成一定的情感边界、经验边界、知识边界和信念边界, 这些业已形成的知识、经验等都会使人们形成认知的固定倾向, 从而影响后来的分析、判断, 形成“思维定式”, 即思维总摆脱不了已有“框框”的束缚, 表现出消极思维定式。

一些学者试图给出解决思维定式的方法, 如提出了决策过程减少思维定式的如下方法:

(1) 从不同角度考虑问题, 试着换一个出发点或方法来考虑问题, 而不要将思维凝固于一个方面;

(2) 在尝试了多种方式后, 注意发现和总结不同方式间的差异, 取长补短;

(3) 在咨询他人前进行独立的思考, 避免他人的意见成为你的思维定式;

(4) 征询获取尽可能多的意见, 保持思维的创新力, 要具有开放性思维方式;

(5) 向他人征询意见时, 不要过多地告知你自己的主意和倾向意见, 以免造成他人

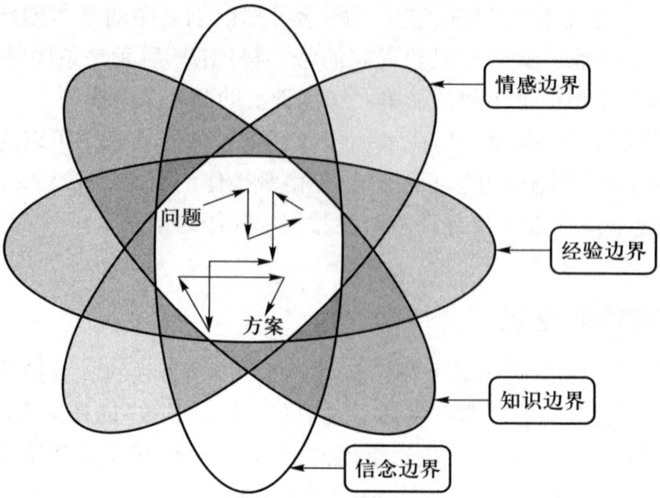

图 1.14 思维定式形成的原因[26]

的思维定式, 否则你可能会自食其果;

(6) 在谈判前作好充分准备, 可以降低受到对方思维定式影响的可能性。

上述过程只是一般方法, 对于企业工程师或研发人员还需要更具体且有针对性的方法。

总之, 从创新的角度分析, 思维定式可以帮助工程师们解决通常问题, 但不能解决发明问题。因此, 发明过程还需引入其他方法。

1.6.4 发明过程与主创新过程的融合

创新过程中的附加过程即发明过程不是一个独立的过程, 而应与出现发明问题的关键创新子过程紧密配合, 形成一体化的过程, 以使问题的解决方案被子过程采用, 这要求附加过程与主创新过程融合, 以完成高水平的发明及后续的创新。由于发明过程要解决发明问题, 需要应用跨学科知识, 需要克服思维定式, 应与主过程之外有大量的信息交流, 以获得跨学科相关创新知识的支持, 因此, 该附加过程如何与关键创新子过程无缝连接是研究与应用面临的课题。企业新产品开发团队在遇到新挑战时, 从研发组织管理到研发过程如何做到从无序变成新的有序, 也是有待研究的课题。

1.6.5 克服障碍的方法

创新技法是建立在认识规律基础上的创新心理、创新思维方法的技巧和手段。常用的创新技法 (ideation method)[27] 即创新设想产生方法分为两类: 直觉的方法 (intuitive method) 和逻辑的方法 (logical method)。直觉的方法是通过激发人的头脑中沉睡的思维过程而产生设想, 其结果很难预测, 但存在取得创新设想的可能性。逻辑的方法或合理化方法包含对问题系统化的分解与分析, 这些方法是基于科学的、工程的原理及应用解的目录。

直觉的方法包含孕育型 (germinal)、转换型 (transformational)、递进型 (progressive)、组织型 (organizational)、混合型 (hybrid) 等方法。常用的方法有形态分析法 (morphological method)、头脑风暴法 (brainstorming method)、K–J 法 (K–J method)、列举法 (checklist)、6–3–5 法 (6–3–5 method) 等。逻辑的方法分为基于历史的方法 (history method)、机械的方法 (mechanistic method)、哲学的方法 (philosophical method)。常用的方法有设计目录 (design catalog)、发明问题解决理论 (TRIZ)、类比法 (analogy methods)、公理设计 (axiomatic design) 等。

TRIZ 即发明问题解决理论, 虽然只是逻辑方法中的一类, 但由于该方法通过系统化的过程应用跨学科知识, 辅以思维工具突破思维定式, 在所有创新技法中脱颖而出, 成为很多国家的企业特别是跨国公司采用的技术创新方法。但 TRIZ 是独立于企业主创新过程的技术创新方法, 因此, 工业界接受 TRIZ 并应用 TRIZ 解决主创新过程中的发明问题是艰难的过程。本书给出的发明过程解决理论 C–TRIZ 试图弥补 TRIZ 的不足。C–TRIZ 以 TRIZ 为基础, 构建面向发明过程解决的跨学科知识体系, 为企业工程师、研发或设计人员提供理论、方法和应用工具。

1.7 TRIZ 及其发展

1.7.1 TRIZ 发展过程

发明问题解决理论 (TRIZ) 是由苏联的阿奇舒勒 (Altshuller) 提出并发展成为系统化的技术创新方法[28]。Altshuller 从 1946 年开始了 TRIZ 的研究, 1956 年他在《心理学问题》期刊发表了“关于技术创造”的论文, 论述了技术冲突、理想化等发现, 是第一篇在苏联官方出版物发表的 TRIZ 基本概念的论文。TRIZ 学术界认为该论文是 TRIZ 发展的起点。1961 年, Altshuller 出版了第一本有关 TRIZ 的著作《怎样学会发明创造》, 1970 年他创办了一所进行 TRIZ 研究和推广的学校, 后来培养了很多 TRIZ 应用方面的专家。在 20 世纪 80 年代中后期之前, TRIZ 仅在苏联范围内研究与推广应用。从 1985 年开始, 早期的 TRIZ 专家中的一部分移民到欧、美等国, 从而促进了 TRIZ 在全世界范围内的传播。

20 世纪 90 年代, TRIZ 在西方首先受到质量工程界、产品开发人员和管理人员的高度重视, 与质量功能展开 (quality function deployment, QFD) 和稳健设计并称为产品设计三大方法; 一批 TRIZ 俄文书籍和文章被翻译成英文, 对 TRIZ 起到了很好的普及作用。同时摩托罗拉、波音、克莱斯勒、福特、通用电气等公司已经利用 TRIZ 进行了产品创新, 并取得了很好的效果。在工业界应用的同时, 学术界对 TRIZ 的改进以及与西方其他创新理论和方法的比较研究也逐步展开, 并取得了一些研究成果, TRIZ 的发展进入了新的阶段。

进入 21 世纪以来, TRIZ 的发展和传播处于加速状态。研究 TRIZ 的学术组织和商业公司不断增多, 学术会议频频召开, 已有 50 多个国家引入 TRIZ 并在企业推广应用。TRIZ 处于发展的黄金时期。

我国 20 世纪 80 年代开始关注 TRIZ, 当时已有译著与介绍 TRIZ 的书籍出版, 但未引起社会与企业的关注。本书作者从 2002 年起出版了一系列相关著作[29–31], 形成了 TRIZ 学习、研究与企业应用的基础, 得到学术界与企业界的关注。天津大学牛占文、东北大学赵新军、亿维讯公司也从不同渠道不同程度地介绍了 TRIZ。黑龙江省利用地缘优势与俄罗斯合作, 向国内介绍 TRIZ。总之, 经过各方努力完成了 TRIZ 向中国的引入。

2008 年, 我国科技部设立创新方法工作专项, 组织国内创新方法理论工作者在企业推广应用 TRIZ, 已经取得了举世瞩目的成果。2013 年, “国家技术创新方法与实施工具工程技术研究中心”由科技部批准在河北工业大学建立, 标志着我国专门从事以 TRIZ 为核心的技术创新方法研究与推广应用的国家级平台诞生。到目前为止, 该中心已在全国各地通过科普及创新工程师培养, 不断地推广应用 TRIZ, 不仅为企业培养了多名创新工程师, 还产出了一批新技术、新工艺与新产品。同时开展理论研究, 发展 TRIZ, 已取得了一批理论成果, C–TRIZ 是该中心理论与推广应用的总结。目前, TRIZ 在我国的应用处于高速发展阶段。

1.7.2 TRIZ 基本原理

自 1948 年起, Altshuller 开始大量研究专利, 他的目标是确认创造性解决方案是处于无规则、无组织的混沌状态思维的结果, 还是某些规则或模式控制着创意或发明产生的过程。他发现仅有 0.3% 的发明属于原始创新, 其特点是这些发明采用了前人未采用过的或近期发现的物理原理; 而 99.7% 的发明采用了前人已采用过的物理或技术原理, 只是实施过程不同而已。他还发现, 数量不多的若干条基本模式或定律支配着大量发明的出现。由此, Altshuller 提出假设, 已有的跨学科发明及创新的知识和经验可以显性地表征, 如以发明原理与技术进化定律的形式表征, 实践中出现的大量发明问题可以应用这些跨学科的知识得以解决。

按照上述发现所提出的方向, Altshuller 及其追随者们开始了发现和发明的基本原理、揭示发明过程的起源、程式化发明问题解决过程的研究。研究结果清楚地表明, 技术进化过程不是随机的, 而由若干条技术进化模式或定律支配; 这些定律适用于不同学科与领域; 突破性解决方案经常是冲突问题的解决结果; 新的创意或发明可以应用前人的经验及解决问题的模式系统化地产生; 发明过程可以由发现并解决问题的技术过程清晰定义, 该过程能避免大量的实验纠错。

总结 TRIZ 诞生的过程, 可以发现该理论依据 3 条重要原理:

(1) 问题及其解在不同的工业部门及不同的科学领域重复出现;

(2) 技术进化模式在不同的工业部门及不同的科学领域重复出现;

(3) 发明经常采用不相关领域中所存在的效应。

这些原理表明: 绝大多数发明不是全新的, 而是一些已有原理或结构在本领域的新应用, 或在另一领域的应用。

这些原理还表明, TRIZ 本身是跨学科关于发明与创新规律的研究结果, 应用 TRIZ 中的方法与工具解决发明问题的过程是应用跨学科知识解决问题的过程。TRIZ 在企业的推广应用是满足企业对跨学科发明与创新知识获取与应用需求的过程。因此, 意义重大。

1.7.3 TRIZ 体系

图 1.15 是 TRIZ 的体系结构, 其分为概念层、分析方法层、问题解决方法层、系统化方法层, 最底层为数据层。数据层中的部分知识库属于 TRIZ 内部, 其他如专利库、数据库等属于 TRIZ 外部。

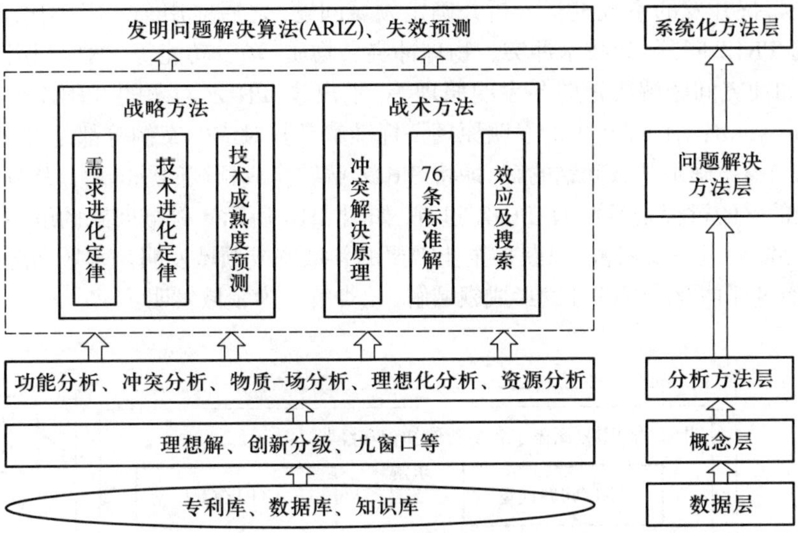

图 1.15 TRIZ 体系结构

分析方法层包含功能分析、冲突分析、物质–场分析、理想化分析和资源分析等, 这些方法用于问题模型的建立、分析和转换。

问题解决方法层主要包括各种基于知识的方法, 例如解决具体技术问题的战术性方法以及解决技术系统长期发展问题的战略性方法。其中, 战术性方法包括发明原理和分离原理、标准解和效应及搜索; 战略性方法包括技术成熟度预测、技术系统进化定律以及 TRIZ 专家 Perov 提出的需求进化定律[32]。这些方法是在积累人类创新经验和大量专利研究的基础之上发展起来的。

系统化方法层主要是发明问题解决算法 (algorithm for inventive-problem solving, ARIZ)及 Ideation International 公司开发的预期失效分析 (anticipatory failure determination, AFD)[33]。ARIZ 是发明问题解决的完整算法, 该算法采用一套逻辑过程逐步将初始问题程式化, 解决问题的过程特别强调冲突与理想解的程式化: 一方面技术系统向着理想解的方向进化; 另一方面如果一个技术问题存在冲突需要克服, 该问题就变成了一个发明问题。应用 ARIZ 取得成功的关键是: 在没有理解问题的本质前, 要不断地对问题进行细化, 一直到确定了物理冲突, 求解该冲突并获得解决方案。

系统化方法层中的第二种方法是失效预测。其问题形式通常为“这种失效发生的根本原因是什么”或者“系统/过程可能发生什么失效”。Zlotin 等采用 TRIZ 及逆向思维方法，开发了 AFD–1 与 AFD–2 两种模板，前者用于已经发生失效的原因分析并提出改进措施，后者用于预测可能发生的失效并提出改进措施。

1.7.4 TRIZ 解决问题的过程

TRIZ 是专门的发明问题解决理论，即对领域中提出的发明问题应用 TRIZ 中的方法与工具解决，其解决的过程如图 1.16 所示。在利用 TRIZ 解决问题的过程中，工程师首先将待开发的系统进行分析并确定领域问题；之后应用第一级类比，即将领域问题变成 TRIZ 问题，如技术冲突、物理冲突、物质–场、功能等，然后利用 TRIZ 中的工具，如冲突问题解决矩阵与发明原理等，求出该 TRIZ 问题的 TRIZ 解或模拟解 (analogous solution)，如找出的发明原理、标准解及其对应的案例等都是 TRIZ 解；再经过第二级类比确定领域问题的解，即将 TRIZ 解转换成领域问题的解。从领域问题到领域问题的解的过程是经典的 TRIZ 过程，如图 1.16 所示。领域问题的解不是企业需要的解，还需要进一步完善，以获得企业需要的领域解或领域发明。领域问题的解通常有多个，经过评估及后续的开发形成领域解，该类解即为领域发明。

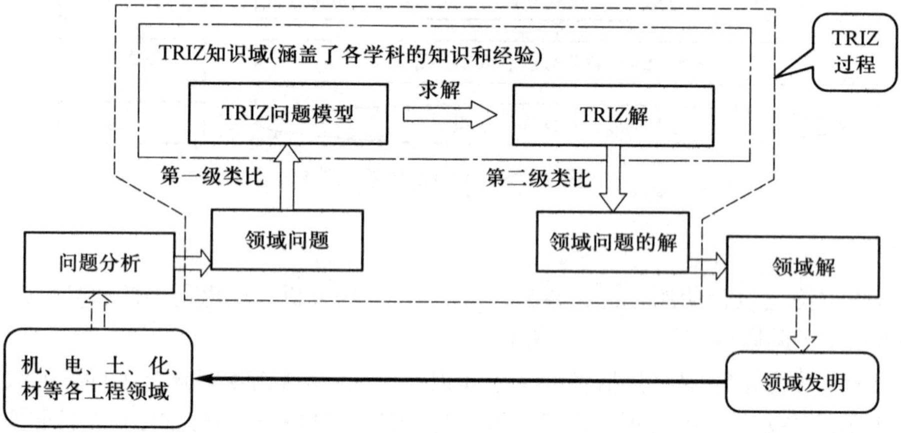

图 1.16 TRIZ 解决问题的过程

学习应用 TRIZ 确实能提高企业工程师的创新能力，产出新技术与新产品。但在企业推广应用 TRIZ 时还存在如下一些问题。

(1) 确定发明问题困难：应用经典 TRIZ 的出发点是各工程领域中存在的领域问题，通过将其变换成 TRIZ 问题，之后应用 TRIZ 解决这些问题。如何将企业面临的各种挑战或机遇转变成能应用 TRIZ 的领域问题本身就是一个难题。

(2) 领域问题的解转变成创新困难：领域问题的解经过完善变成有价值的发明，即领域解，但该发明还不是企业需要的创新，只是经过完善的领域问题的解。如何将领域问题的解返回到出现领域问题的创新关键子过程或阶段，继续后续的创新过程，形成发明及最后形成企业需要的创新, 需要更多的研究。

(3) TRIZ 过程与主创新过程结合困难: 经典 TRIZ 过程独立于企业研发过程之外, 将两者紧密结合是企业应用 TRIZ 需要的研究。

(4) 目标导向的创新困难: 如何将 TRIZ 应用于求解目标导向的发明问题依然需要研究。

由于存在这些困难, 以经典 TRIZ 为基础继续研究, 发展 TRIZ 理论, 使之更好地适应企业的需求, 成为理论界推进 TRIZ 发展的动力。

1.7.5 经典 TRIZ 的发展

为了克服经典 TRIZ 在企业推广应用中存在的问题, 国际 TRIZ 理论界不断发展新的理论与方法, 丰富 TRIZ 理论体系。以经典 TRIZ 为基础继续研发, 已诞生了不少新的 TRIZ 理论, 如美国 Ideation International 公司的 I–TRIZ、荷兰 ICG Training & Consulting 公司的 xTRIZ、德国 Modern TRIZ Academy 的 Modern–TRIZ 等。国际 TRIZ 学会给出的 TRIZ 理论研究的发展趋势如图 1.17 所示。

经典 TRIZ 的特点是针对已发现的领域发明问题, 给出解决问题的方法与工具, 形成正确的创意及概念, 即经典 TRIZ 已能做到正确地解决问题。之后的发展呈现出 3 个阶段: 发现和解决正确的问题、发现需要改进的系统并提出可实施改进方案、发现正确的目标及创造商业价值的解决方案。

第 1 阶段: 发现和解决正确的问题。

该阶段的特点是如何确定需要解决的正确问题及发现可行的解。确定应解决的正确问题, 使创新在正确的轨道上进行。

第 2 阶段: 发现需要改进的系统并提出可实施的改进方案。

确定需要改进的系统及可以实施解的过程与方法。

第 3 阶段: 发现正确的目标及有商业价值的解决方案。

提出确定正确的发展目标及对商业与技术同时有重要影响解决方案的过程与方法。如“主参数 (MVP)”是重要的研究成果之一。

后续这 3 个阶段的发展结果被称为“现代 TRIZ”。现代 TRIZ 虽然能解决企业创新过程中的一些难题, 但不能解决 TRIZ 与企业主创新过程紧密融合的问题, 其推广应用过程依然独立于主创新过程之外。多年的实践表明, 为了在企业推广应用 TRIZ, 这些问题急需解决。为这些问题的解决提出新的方案, 是基于 TRIZ 继续开发及构建发明过程解决理论 C–TRIZ 的目的。

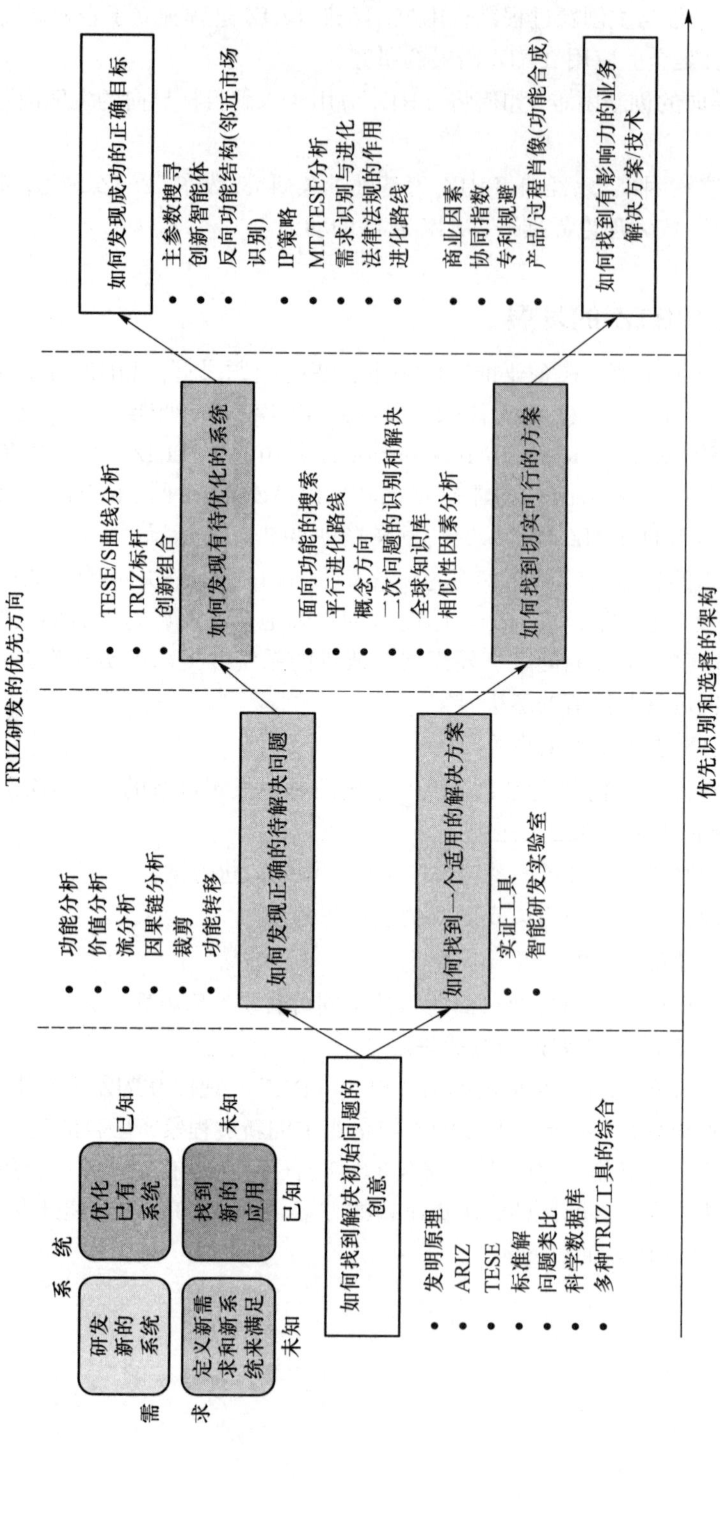

图 1.17 TRIZ 发展趋势

1.8 C–TRIZ 及其组成

1.8.1 C–TRIZ 组成

C–TRIZ 即发明过程解决理论, 其组成如图 1.18 所示。该理论以 TRIZ 为基础, 以企业主创新过程为支持与结合对象, 研究不同发明过程的模型构建与应用。该理论的特点如下。

(1) 层次结构。以经典 TRIZ 及预期失效分析 (AFD)、需求预测、裁剪等为基础, 构建不同层次的发明过程。

(2) 附加过程。发明过程是企业主创新过程的附加过程, 在企业的关键创新子系统出现发明问题时, 启动该附加过程。

(3) 满足企业特殊需求。突破性创新和破坏性创新过程与方法的研究以及推广应用是企业迫切需求, 为此专门构建一类发明过程。

(4) 辅助支撑。集成发明过程与专利规避发明过程等对各类发明过程形成辅助支撑。

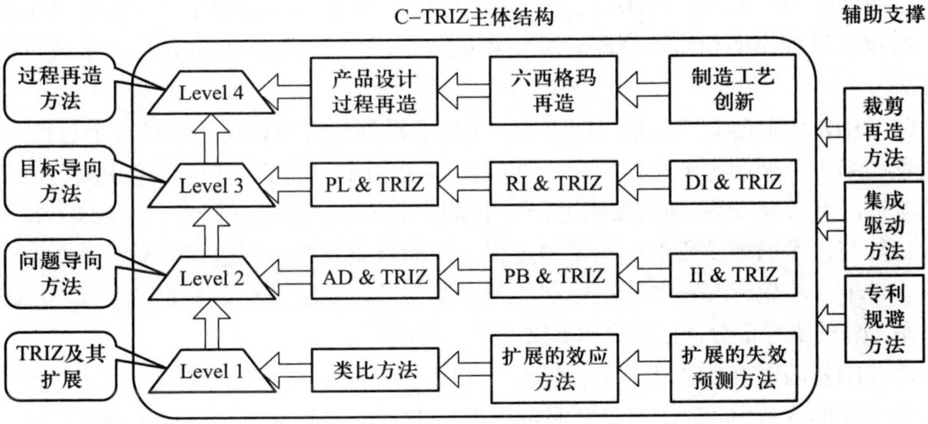

图 1.18 C–TRIZ 体系

C–TRIZ 由主体结构与辅助支撑两部分组成。主体结构分为 TRIZ 及其扩展、问题导向方法、目标导向方法、过程再造方法共 4 层。辅助支撑部分分为裁剪再造发明过程、集成驱动发明过程与专利规避发明过程 3 部分。主体部分层的内容为以下 4 个方面。

第 1 层: TRIZ 及其扩展。

该层的主要研究目标是 TRIZ 本身的发展, 拓展其功能, 使这些方法能更好地适应工业界对创新提出的新需求, 如深入研究 TRIZ 中的类比方法, 将效应、失效预测发展成扩展的效应方法、扩展的失效预测方法等。这些新发展与 TRIZ 共同构成 TRIZ 及其扩展层。

第 2 层: 问题导向方法。

该类方法专门解决问题导向的发明问题, 即应用各种系统分析方法解剖系统,确定出现问题的根原因, 应用 TRIZ 解决问题, 形成问题导向的发明。如公理设计 (axiomatic design, AD) 用于发现发明问题, 而 TRIZ 用于解决发明问题, 从而形成一种发现问题及解决问题的链式方法; 应用 Pahl 和 Beitz 的概念设计过程模型建立功能结构, 但该模型出现的发明问题可能是两个功能之间的冲突, 或功能的实现困难, 需要应用 TRIZ 中的功能搜索方法发现需要的效应, 从而实现 Pahl 和 Beitz 与 TRIZ 的有效集成; 渐进性创新是问题导向的结果, 研究其实现过程与方法。这些新方法均是问题导向方法。

第 3 层: 目标导向方法。

专门解决目标导向的发明问题并形成发明。企业技术创新的"期望状态"或目标是突破性创新、破坏性创新, 即颠覆性创新, 实现这些目标并解决实现过程中的问题需要新的技术创新方法。面向产品生命周期 (product life, PL) 的绿色设计也属于目标导向的设计方法。将技术管理 (Management of Technology, MOT) 中的突破性创新、破坏性创新等概念与 TRIZ 紧密融合所形成各种新过程模型, 这些模型构成目标导向方法。

第 4 层: 过程再造方法。

按照创新的需求, 将 TRIZ 用于已有过程模型改造, 形成新的模型, 如将 TRIZ 用于已有设计过程模型和六西格玛过程模型的改造, 均能构造出新的模型并形成过程创新方法。

C–TRIZ 的辅助支撑包括裁剪再造、集成驱动创新与专利规避创新 3 个过程, 这 3 个过程的结果可能产生渐进性、突破性或破坏性发明。裁剪再造可以应用裁剪的基本原理改造已有系统, 形成新的发明过程。集成驱动发明过程是指通过功能集成、技术集成或功能与技术的集成所形成的发明过程。专利规避发明过程包括针对一个企业产品整体、一个产品族、或一个特定专利的规避发明过程。这 3 个过程形成了 C–TRIZ 4 层体系之外的支撑部分, 也是 C–TRIZ 的组成部分。

C–TRIZ 因以 TRIZ 为基础, 继承了 TRIZ 解决问题过程中应用跨学科知识及克服思维定式的优势, 同时在构建发明过程模型中考虑了与企业主创新过程的融合。因此, C–TRIZ 能更好地满足以大规模培养创新工程师为目标的企业创新驱动发展需求。

1.8.2 C–TRIZ 中的发明过程分类

C–TRIZ 称为发明过程解决理论, 包括 3 大类、11 小类发明过程, 其结构如图 1.19 所示。3 大类包括核心发明过程、基本发明过程、辅助发明过程。其中, 核心发明过程有 3 类, 即问题导向发明过程、目标导向发明过程、过程再造发明过程; 基本发明过程有 5 类, 包括类比发明过程、冲突解决发明过程、功能综合发明过程、物质–场变换发明过程、技术预测发明过程; 辅助发明过程有 3 类, 即裁剪再造、集成驱动与专利规避发明过程。

(1) 核心发明过程。问题导向与目标导向发明过程主要用于企业主创新中的产品设计过程, 是设计过程的附加过程, 与主创新过程一起形成产品创新设计过程, 旨在形成创新设计新方法。过程再造发明过程研究解决企业工艺过程创新与设计过程创新中的

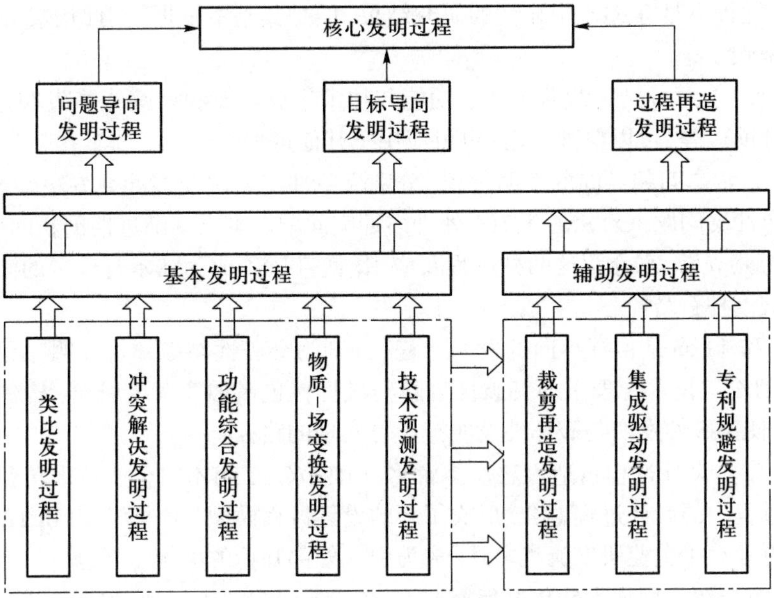

图 1.19　发明过程分类

发明问题解决方法, 旨在创造新过程。

(2) 基本发明过程。基本发明过程中的每一个过程解决一类工程中常见的发明问题并形成发明。这些基本过程还是问题导向、目标导向及过程再造发明过程要调用的发明过程。同时辅助发明过程也要调用基本发明过程。C–TRIZ 第 1 层主要支持基本发明过程的实现。

(3) 辅助发明过程。第 1 类辅助发明过程为裁剪再造过程, 即通过裁剪解决技术系统或产品中存在的问题。第 2 类辅助发明过程通过功能集成、技术集成或混合集成完成发明过程, 为后续实现集成创新提供支持。第 3 类通过专利分析与再设计提供一类发明过程, 即充分利用人类的专利资源实现再创造。这 3 类发明过程的结果可直接形成企业需要的渐进性、突破性、破坏性或工艺创新, 为核心发明过程提供了一类辅助过程。

图 1.19 所示的分类是开放式系统。随着研究的深入, 新的基本发明过程、辅助发明过程或核心发明过程可根据不同行业的特点加入, 从而形成基于该分类系统的扩展。

1.9　本书结构

本书由 13 章组成。第 1 章为绪论, 主要是定义 C–TRIZ 中的发明过程、理论架构及发明过程分类, 为之后各章的展开奠定基础。第 2 章介绍本书所用到的基本概念。本书认为发明与创新的起点是企业内部与外部的变化, 这些变化是诱导发明与创新的机遇, 第 3 章介绍发明机遇发现及转换过程。

第 4 章是基本发明过程, 总结 TRIZ 的研究结果, 形成统一的过程模型。每个过程模型不仅可以单独应用, 也可由后续的多个过程调用。5 个基本发明过程包括类比发明过程，该过程不是 TRIZ 中显性的研究结果，但是其基本依据，因此构成 4 个基本发明过程的基础。

第 5、6、7 章分别为裁剪再造、功能与技术集成、专利规避 3 个发明过程。这 3 个过程是辅助过程，可以单独应用，也可应用于其他过程。

第 8、9 章是问题导向的发明过程，分别为单冲突方法与多冲突方法。经典 TRIZ 主要处理单冲突问题，OTSM–TRIZ 处理多冲突问题。本书从渐进性创新的视角，结合近年来的研究成果，来介绍这两种过程及应用，使 TRIZ 成为技术管理中的渐进性创新概念实现的一种新路径。

第 10 和 11 章是目标导向的发明过程，分别为突破性与破坏性发明过程。这两章将经典 TRIZ 与技术管理中的突破性创新与破坏性创新概念紧密结合，构建可实现的过程模型，使突破性发明与破坏性发明有了可实现的路径。

第 12 章是设计过程再造方法。本章将 TRIZ/C–TRIZ 向企业技术转移过程与企业主创新过程中的设计过程融合，形成了新的设计过程模型。该模型使 TRIZ 培训或技术转移不再独立于企业研发流程之外，成为引入外部知识的关键一部分。

第 13 章介绍一种技术转移过程模型，其特点是批量“工程师–发明”模式。一个企业或一批工程师作为一个整体在同一时间段参加技术转移，通过一个“七阶段”过程，产出一批新技术与新工艺，即产出了一批新发明，同时还有可能产出若干新产品。本章将详细介绍该过程模型。

本书的主要内容来自作者本人及所带领的团队多年来从事技术创新方法研究与实践的成果。

1.10 小结

以苏联的经典 TRIZ 为基础，结合设计方法学与技术管理领域的研究成果，研究各类发明问题的产生，对问题导向与目标导向的发明过程继续分类，从而定义了发明过程解决理论 C–TRIZ。又根据企业批量工程师培养、学习与创新的需求，形成了一系列发明过程，这些过程的详细构建及应用构成了 C–TRIZ 及本书的研究内容。

参考文献

[1] David O, Lawrence D. Applying Innovation [M]. Los Angeles: SAGE Publication Inc., 2009.

[2] Drucker P F. The discipline of innovation [J]. HBR, 1985(8): 95-102.

[3] 毛荐其. 技术创新——进化原理、过程与模型 [M]. 北京: 经济管理出版社, 2006.

[4] Christensen C M, Anthony S, Roth E. Seeing What's Next: Using the Theories of Innovation to Predict Industry Change [M]. Boston: Harvard Business School Press, 2004.

[5] 彼得 · 圣吉. 第五项修炼: 学习型组织的艺术与实践 [M]. 张成林, 译. 北京: 中信出版社, 2009.

[6] Rossman J. Industrial Creativity: The Psychology of the Inventor [M]. New York: University-Books, 1964: 56-63.

[7] Abbott P U. A History of Mechanical Inventions [M]. Boston: Harvard University Press, 1954: 65-77.

[8] 朱海雪, 杨春娟, 李文福, 等. 问题解决中顿悟的原型位置效应研究 [J]. 心理学报, 2012, 44(8): 1025-1037.

[9] Arthur W B. The structure of invention [J]. Research Policy, 2007, 36: 274-287.

[10] Peter A K, Greg M A, Scott B, *et al.* Fuzzy Front End: Effective Methods, Tools, and Techniques [M]//Bellviav P, Griffin A, Somemeyer S. The PDMA Tool-Book for New Product Development. New York: John Wiley & Sons, 2002: 5-36.

[11] Rothwell R. Towards the fifth-generation innovation process [J]. International Marketing Review, 1994, 11(7): 17-31.

[12] Pahl G, Beitz W. Engineering Design –A Systematic Approach [M]. 2nd ed. London: Springer-Verlag, 2000.

[13] 佐藤允一. 问题解决术 [M]. 杨明月, 译. 北京: 中国人民大学出版社, 2010.

[14] Coyne R. Wicked problems revisited [J]. Design Studies, 2005, 26: 5-17.

[15] Savransky S D. Attributes of the inventive problems [C]//AAAI Spring Symposium on Search Techniques for Problem Solving under Uncertainty and Incomplete Information, Stanford University, 1999.

[16] Tan R H. Eliminating technical obstacles in innovation pipelines using CAIs [J]. Computers in Industry, 2011, 62(4): 414-422.

[17] Tan R H. Seven stimuli to identify opportunities of innovation: A practice of training innovative engineers and some findings in China [J]. American Journal of Industrial and Business Management, 2013, 3: 725-739.

[18] Tan R H. Contradiction-oriented problem solving for innovations: Five opportunities for China's companies [J]. Journal of Innovation and Entrepreneurship, 2015, 4: 3 DOI 10.1186/s13731-015-0017-5.

[19] 章成志, 吴小兰. 跨学科研究综述 [J]. 情报科学, 2017, 36(5): 523-535.

[20] Newell W H, Klein J T. Advancing Interdisciplinary Studies [M]// James L R. Handbook of the Undergraduate Curriculum: A Comprehensive Guide to Purposes, Structures, Practices, and Change. New York: John Wiley & Sons Inc., 1997: 393-415.

[21] National Academy of Sciences. Facilitating Interdisciplinary Research [R]. Washington D C: National Academies Press, 2005.

[22] Repko A F. Interdisciplinary Research: Process and Theory [M]. Los Angeles: SAGE, 2008.

[23] Alexander J, Bache K, Chase J, *et al.* An exploratory study of interdisciplinarity and breakthrough ideas [C]//2013 Proceedings of PICMET13. The Technology Management in the IT-Driven Services. Washington DC: IEEE Computer Society, 2013: 2130-2140.

[24] 陈英和, 张淳俊. 基于跨学科概念图的跨学科知识整合模型 [J]. 北京师范大学学报: 社会科学版, 2017(1): 33-44.

[25] 王晓红, 金子祺, 姜华. 跨学科团队的知识创新及其演化特征——基于创新单元和创新个体的双重视角 [J]. 科学学研究, 2013, 31(5): 732-741.

[26] 张换高. 创新设计——TRIZ 系统化创新教程 [M]. 北京: 机械工业出版社, 2017.

[27] 檀润华, 丁辉. 创新技法与实践 [M]. 北京: 机械工业出版社, 2010.

[28] Altshuller, G. The Innovation Algorithm, TRIZ, Systematic Innovation and Technical Creativity [M]. Worcester: Technical Innovation Center, Inc., 1999.

[29] 檀润华. 创新设计——TRIZ: 发明问题解决理论 [M]. 北京: 机械工业出版社, 2002.

[30] 檀润华. 发明问题解决理论 [M]. 北京: 科学出版社, 2004.

[31] 檀润华. TRIZ 及应用 [M]. 北京: 高等教育出版社, 2010.

[32] Petrov V. Laws of development of needs [J/OL]. TRIZ Journal, 2006 [2019-4-6]. https://triz-journal.com/laws-development-needs/.

[33] Kaplan S, Visnepolschi S, Zlotin B, *et al.* New Tools for Failure and Risk Analysis [M]. Farmington Hills, MI: Ideation International Inc., 2005.

第 2 章　技术系统基本概念

2.1　概述

基础与工程各学科为了发展都提出了很多基本概念, 概念是对客观世界本质的概括, 具有与时间无关、抽象、广泛适用、可以用各种案例说明等特点, 构成了各学科的基础。TRIZ 在诞生及发展过程中也形成了一些基本概念, 以此为基础, C–TRIZ 也需要一些基本概念, 以支撑其发展。本章介绍技术系统及其进化、功能及进化、资源与发明的级别等概念。

2.2　技术系统

2.2.1　技术系统定义

技术系统或产品是人造物, 是为了满足某种目的通过设计制造产生的产物, 具有一定的功能和形式。所有的产品均是技术系统。功能与形式是技术系统的两个基本属性, 前者关系到系统的实用性, 能够解决人们的物质需求; 后者是系统的样子, 直接影响人的精神需求。在一个技术系统中, 当功能的分量大于形式时, 技术系统表现为实用性, 反之则表现为装饰性。本书主要研究以实用性为主要特点的技术系统或产品。

投影仪、激光笔、手机、桌椅等均是技术系统或产品。这些技术系统都有一个名称, 名称的概括程度直接决定了技术系统包含的变体数量。如人造光源、LED 光源和单色光 LED 3 个名称直接决定了技术系统包含的产品内容和变体数量是不同的, 人造光源就至少包含了基于燃烧原理的照明灯、白炽灯、日光灯和 LED 灯等多个技术系统。

技术系统实现某项功能是通过实现一定的原理完成的。通常相同功能能够通过不止一种原理或方法实现。这种情况下, 每个实现原理对应一种不同的技术系统。如飞机、直升机和滑翔机的主要功能——飞行是相同的, 但实现原理是不同的, 因此分属于不同的技术系统, 各自按照特定的规律发展或进化。技术系统主要功能描述的抽象程度越高, 则实现同一功能的解就越多。

根据研究目的的不同, 要选择合理的技术系统名称及功能描述, 根据技术系统实现的原理, 可以界定技术系统的范围。

2.2.2 子系统和超系统

技术系统是以实现功能为目的、不同元件相互作用、相互影响组成的整体。一个复杂的技术系统还可细分为子系统，子系统是以实现基本功能为目的的更小的系统。技术系统要与外界有物质、能量、信息的交换，因此，技术系统是在一个更大的系统中发挥作用，这个更大的系统称为超系统。超系统元件是指与技术系统有直接作用的系统外元件。

工程师解决问题时，通常在其头脑中都会产生关于新系统或已有系统的静态影像。仅有这类影像是不够的，如果工程师头脑中有动态影像，会增强他们解决问题的能力。从过去到现在及将来变化的影像为动态影像。九窗口法[1] 又称为系统算子是处理动态影像的具体方法，如图 2.1 所示。

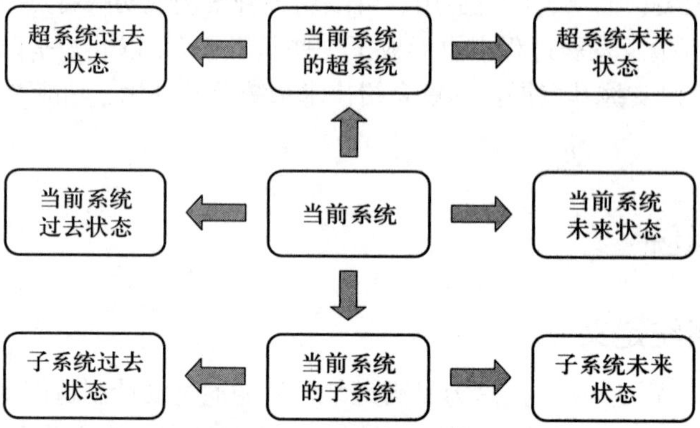

图 2.1 技术系统九窗口[1]

应用系统算子能将系统问题扩展。技术系统并不是孤立存在的，它包含子系统，并隶属于超系统。系统、子系统和超系统又都处于前系统和后系统之间，系统也包括过去状态和将来状态。

系统算子方法考虑系统内问题是否可以转移到所在超系统、子系统及系统的不同时间段。一般当问题在系统内出现时，工程师们通常只聚焦于系统内。应用系统算子将问题边界扩大，很多情况下系统内难于解决的问题换个角度分析则较容易解决，如在超系统、子系统、系统前后过程等可以寻找原问题的替代解决方法。

2.2.3 技术系统的诞生与进化

对于企业，创新是有意识、有目的地寻找企业外部与内部变化，发现并抓住对本企业未来发展有影响的机遇，称为“机遇窗口”或“初始机遇”，之后启动发明与创新过程。

发现机遇之后，企业要通过主创新过程的“模糊前端”产生创意，并作为该阶段的输出。再通过产品设计将创意转变为产品图样，并作为这个阶段的输出。下个阶段是制造，即将设计得到的图样转变为产品的过程。最后，将制造得到的产品通过商业化过程转变为商品并变成企业效益，从而完成了产品或技术系统的创新过程，如图 2.2 所示。

该过程即为技术系统或产品从无到有的过程或诞生过程。

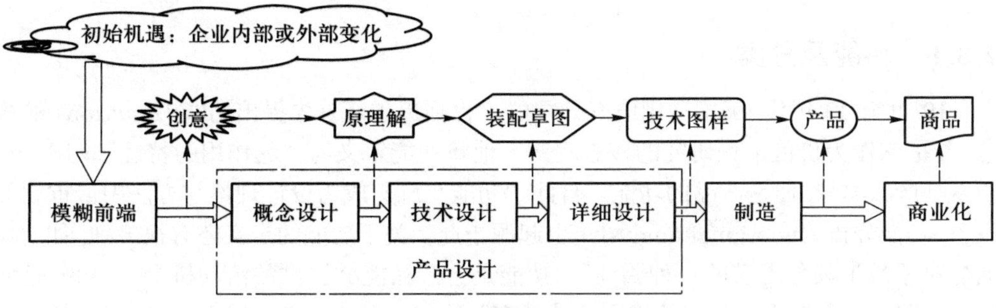

图 2.2 技术系统诞生的过程

图 2.2 还表明, 技术系统从创意到技术图样还有两个中间状态, 即系统的原理解与装配草图。它们分别是概念设计与技术设计的结果。即技术系统或产品从无到有诞生的过程是从模糊的“创意”到逐步清晰的原理解、装配草图、技术图样及产品的变化过程。

技术系统诞生之后, 还需要不断改进即进化过程。一方面, 技术系统刚刚诞生时并不成熟, 需要不断完善, 使其从婴儿期进化到成长期、成熟期, 最后是退出期[1], 并由采用下一代技术的产品替代, 从而实现了产品的技术升级或突破性创新, 如图 2.3 所示。

新诞生的技术系统或其替代系统均实现特定功能, 技术进化的本质为代表功能实现程度的特性参数随时间的变化, 即关键性能的提升。基于某一功能实现原理的产品其性能提高的过程可用 S 曲线描述, 如图 2.3(a) 所示。新系统开始于实现主功能的一个新原理的出现, 由于只有有限的资金和人员参与, 系统性能提升缓慢; 一旦技术突破, 使得新系统进入了市场, 其良好的前景将吸引大量人员、资金的注入, 产品进入性能快速提升阶段; 任何实现功能的原理都有固有的技术极限, 当性能提升到接近其固有的极限时, 系统性能提升的速度降低, 直至停滞, 或者被基于新原理的新系统替代, 开始一条新的 S 曲线, 如图 2.3(b) 所示。实现同一特性参数的不同技术系统的进化过程表现为 S 曲线族。

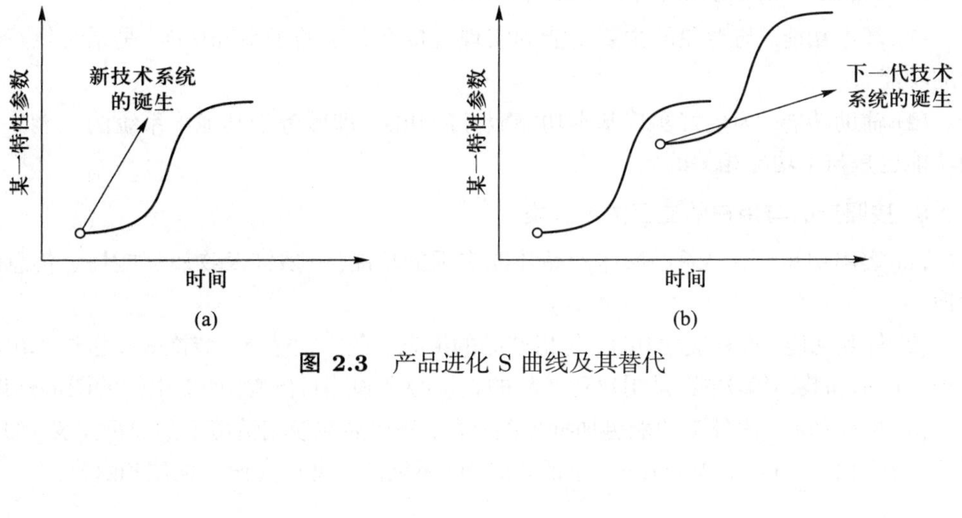

图 2.3 产品进化 S 曲线及其替代

2.3 技术系统功能模型

2.3.1 功能及分类

19 世纪 40 年代, 美国通用电气公司的工程师迈尔斯首先提出功能 (function) 的概念, 并把它作为价值工程研究的核心问题。他将功能定义为“起作用的特性”, 用户买的不是产品本身, 而是产品的功能。自此“功能”思想成为设计理论与方法中最重要的概念, 功能分析 (functional analysis) 也起源于此。关于功能的定义还有很多种, 如“功能是对象满足某种需求的一种属性”“功能是指产品能够提供的活动机会”“功能是向用户表明产品在使用过程中的物质运动形态”等。由上述定义可以看出, 功能是技术系统存在的目的, 是对产品具体效用的抽象化描述, 体现了用户的某种需要, 应是产品创新首先考虑的因素。

功能的分类有不同的方法, 如可以按照功能在系统中的主次、关系等进行不同的分类[2]。

1. 按照系统功能的主次分类

(1) 主要功能: 对象建立的目的或用途, 即发明或创新的对象就是为实现这一功能而创建的, 如小汽车的载客与载货功能。

(2) 附加功能: 赋予对象新的应用功能, 一般与主要功能无关, 如汽车内部增加音响、空调等。

(3) 潜在功能: 技术系统并不总按照指定用途使用, 而是执行即时功能, 如警察用汽车设置路障。

产品的主要功能可以正常实现是用户对产品的最低要求。附加功能有“锦上添花”之意, 附加功能实现程度可以较低, 对用户满意度影响较小。当附加功能实现程度达到市场中同功能产品的性能时, 附加功能会转变为主要功能。例如手机引入的照相功能在早期就是附加功能, 但当其拍照性能接近或达到市场中数码相机的性能时, 会替代数码相机, 原来的附加功能变成主要功能。

2. 按照某一功能与系统主要功能的关系分类

(1) 基本功能: 与对象的主要功能的实现直接有关系的子系统功能, 是系统执行部分的功能。

(2) 辅助功能: 为更好实现基本功能服务的功能, 即服务于其他子系统的功能。辅助功能也是与主功能相关的。

3. 按照产品与用户的交互关系分类

(1) 实用功能: 用户通过操作产品才能实现的功能, 一般涉及物质、能量、信息的变换。

(2) 外观功能: 也称美学功能, 是指产品的形态、色彩、材质、装饰等直接体现出的标识、提示和装饰等功能, 是用户对产品的直接心理和感官体验, 如卫生间的图形标识。

(3) 象征功能: 比外观功能更加抽象的功能, 是产品在使用情境下的象征意义, 如鸽子象征着和平, “Louis Vuitton”象征着时尚, 还象征着奢侈身份、地位和财富。

2.3.2 层次型功能模型的建立

1. 功能表征

待开发技术系统或产品的功能一般用“动词 + 名词”的形式来表达。动词为主动动词 (active verb), 表示产品所完成的一个操作, 名词 (measurable noun) 代表被操作的对象, 是可测量的, 例如产生力、分离混合物、降低温度等均为功能。

功能是产品设计及存在的依据, 功能的描述应符合以下的要求。

(1) 简洁准确。功能的描述必须做到简洁、明了, 能准确地反应功能的本质, 与其他的功能明显地区别开来。对动词部分要求概括明确, 对名词部分要求便于测定, 例如, 传动轴的功能是“传递扭矩”, 变压器的功能是“转换电压”。

(2) 定量化。所谓定量化, 是指尽量使用可测定数量的语言来描述功能。定量化是为了表述功能实现的水平或程度。当然, 在一些情况下很难对功能进行定量化描述。

(3) 抽象化。功能的描述应该有利于打开工程师的设计思路, 描述越抽象, 越能促进研发人员开动脑筋, 寻求种种可能实现功能的方法。例如, 设计夹具的时候可以有多种夹紧方式, 如果描述为“机械夹紧”, 则会使人想到“螺旋夹紧”“偏心夹紧”等方法; 如果抽象为“压力夹紧”, 则气动、液动、电动等都是可能的方式, 使设计方案更丰富。

(4) 考虑约束条件。要了解可靠地实现功能所需要的条件, 包括功能的承担对象是什么 (What), 为什么要实现 (Why), 由什么要素来实现 (Who), 什么时间、什么位置实现 (When, Where), 如何实现 (How), 实现程度如何 (How much)。虽然在描述功能时这些条件都省略了, 但是决不能忘却这些条件。

2. 功能分解

功能是从技术实现的角度对待设计系统的一种理解, 是系统或子系统输入/输出参数或状态变化的一种抽象描述[3]。对于一个技术系统或产品, 功能表现为系统具有的转化能量、物料、信息或其他物理量的特性, 即技术系统输入量和输出量之间的关系。图 2.4 为技术系统功能示意图。

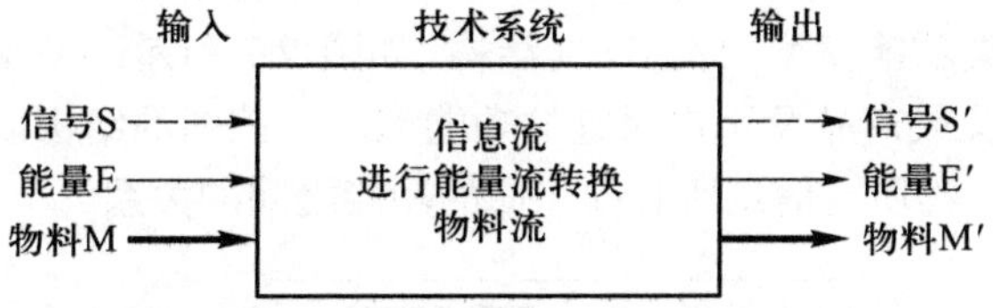

图 2.4 技术系统功能示意图

复杂的用户需求通常由若干个具有内在联系的功能共同实现。为了便于寻求满足产品总功能的原理方案, 或者为了使问题的解决简单方便, 通常将总功能分解成复杂程度相对较低的分功能, 分功能分解为下一级子功能, 一直分解到功能元。该分解过程称为功能分解, 如图 2.5 所示为分解后得到的功能树。

按照输入与输出的观点, 产品的总功能指待设计产品或系统总的输入/输出关系。输入/输出的实体称为流。经过高层次的抽象, 流分为物料流、能量流和信息流。分功能是总功能的组成部分, 它与总功能之间的关系由约束或输入与输出之间的关系来控

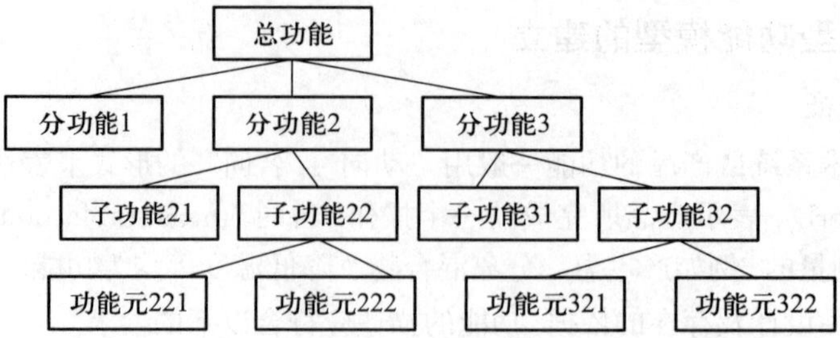

图 **2.5** 功能分解树

制。功能元是已有零部件和过程的抽象。所有分功能与功能元都可以建立输入与输出及流决定的功能模型。Paul 和 Beitz[3] 在能量流、物料流和信息流的基础上提出了功能分解方法。首先确定系统的总功能; 如果系统是复杂的, 再将总功能分解成伴有能量流、物料流和信息流的分功能集合; 分功能可能根据需要再分解, 一直到所有功能均为功能元。这一过程可以用图 2.6 表示。

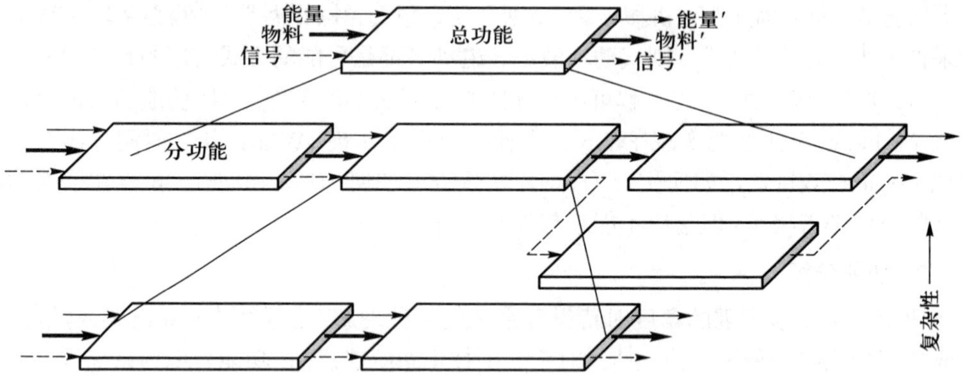

图 **2.6** 基于流的功能分解

通过功能分解, 产品的总功能分解成若干功能元, 将系统的各个功能元用流有机地组合起来就得到一类功能模型, 称为功能结构, 如图 2.7 所示。一个功能结构可以抽象地表达一个技术系统或产品及用户对它的功能需求。该图的结构以比较清晰的形式表达了产品依据能量、物质、信息所必须完成的功能之间的关系。

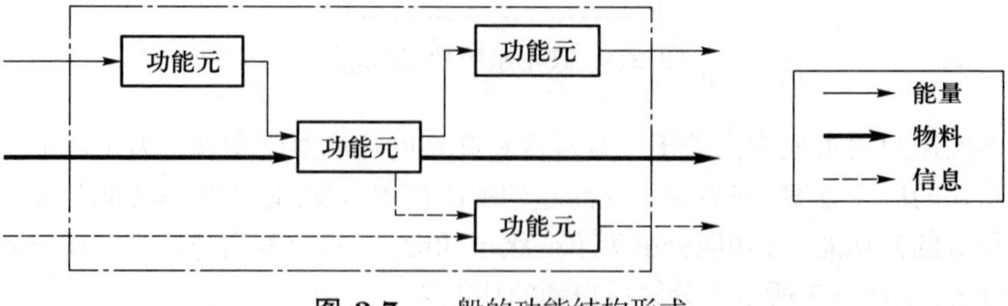

图 **2.7** 一般的功能结构形式

功能结构是产品设计知识、设计意图的最直接表达, 在产品设计和分析中具有重要的作用。功能结构的重要性在于将产品的总体功能需求逐步地细化、具体化, 使设计问题模块化、结构化, 从而使设计问题转变为一系列容易求解的子问题。功能结构还为后续的分析推理提供了基础, 如行为仿真、设计评价、决策、修改等。实现同一总功能的功能结构可能有多种, 对总功能的分解方式和分解深度的不同、子功能间连接形式和顺序的不同等均会产生不同的功能结构, 通过对功能结构的改变往往可以实现产品设计过程的创新和设计方案的优化。

功能结构的建立过程就是功能分解的过程, 是一个逻辑推理过程, 通过分解可以获得对所设计产品的清晰认识。实际的功能分解过程具有如下 4 个特征。

(1) 功能结构是客观存在的, 功能分解就是寻找和确定已存在的子功能。

(2) 功能总是以流的存在为前提, 没有功能对象的存在, 功能也就没有意义。

(3) 下层功能的组合实现上层功能要求, 上下层功能间具有一种因果关系, 上层功能限定了分解方向。

(4) 一个功能的子功能间要么是因果关系, 要么是逻辑关系, 它显示了分解方式。

3. 功能结构的建立方法

功能结构的建立是通过对用户需求的分析确定总功能, 将其分解为分功能直至功能元的过程。对已有系统, 功能元就是对系统零部件或过程的抽象, 或认为功能元可以求解, 则分解结束。功能结构是对已有系统功能实现过程的表达。对新系统, 建立功能结构的过程是一个逐渐分解并由抽象到具体的过程, 功能结构是由功能元及三流组成的一种网络表达。

在系统化设计方法中,Pahl 和 Beitz 的设计理论[3] 即 P&B 理论是一种被世界设计领域所接受的理论。P&B 理论基于功能分析给出了建立功能结构的过程和方法, 其主要包括以下几个步骤。

第 1 步: 确定总功能。

通过分析用户需求, 抽象待设计产品的总功能, 即待设计产品或系统总的输入/输出关系。输入/输出由能量流、物料流、信息流组成。

图 2.8 ~ 图 2.10 是以拉伸实验装置为例建立功能结构的过程。图 2.8 是该装置的总功能, 方框中的拉伸试件是对总功能的一种描述, 其中拉伸是要进行的操作或处理, 试件是操作或处理的对象。将总功能输入的能量、物料、信息分别描述为克服负载的能量、试件及控制信息。将总功能输出的能量、物料及信息分别描述为试件的变形能、已变形的试件、检测到的试件受力及试件变形量。

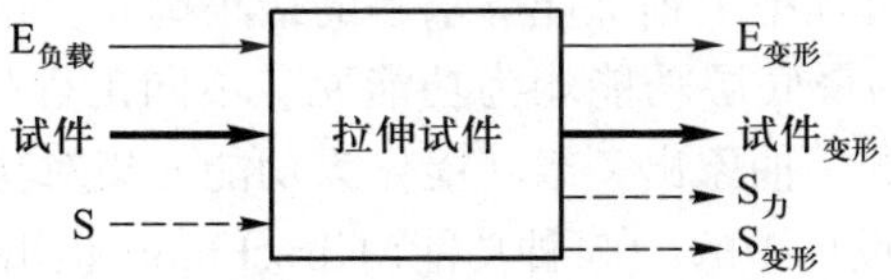

图 2.8 拉伸实验装置总功能

第 2 步: 确定分功能。

按照用户需求, 将产品总功能分解为伴有能量流、物料流和信息流, 且容易实现的分功能集合。

图 2.8 所示的总功能处于该装置最高层抽象, 很难实现, 进一步将其分解为较容易实现的分功能。图 2.9 是将总功能分解为 4 个分功能的模型。

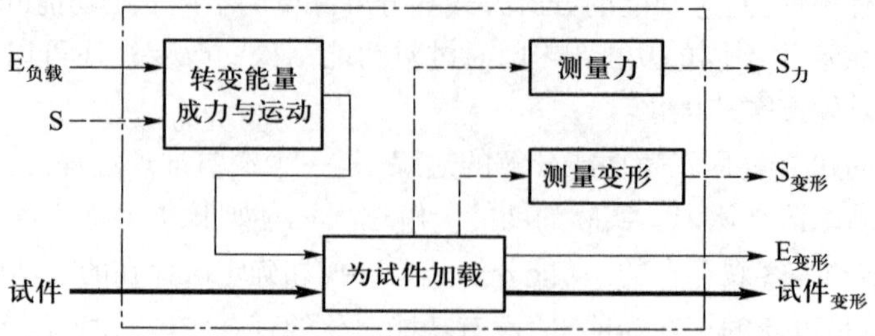

图 2.9 拉伸实验装置分功能

第 3 步: 确定功能元。

将分功能继续分解为功能元, 由功能元组成的模型即为功能结构。

图 2.10 是将图 2.9 中的分功能继续分解为功能元后的模型, 即功能结构。图 2.10 所示的功能结构中有 8 个功能元, 每个功能元与已有部件或子系统对应, 比较容易实现。

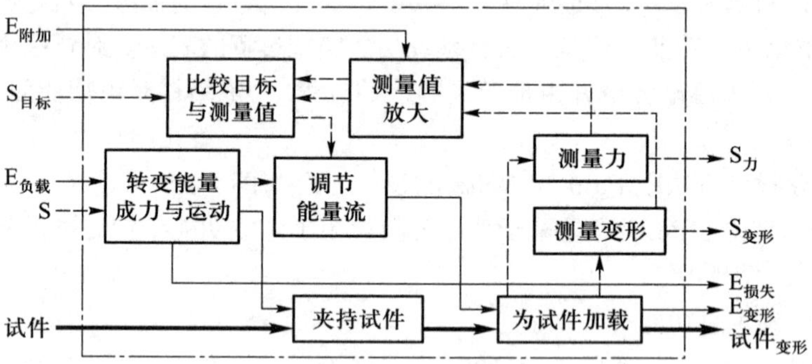

图 2.10 拉伸实验装置功能结构

图 2.8 至图 2.10 的分解过程何时结束, 即确定能够求解的功能元, 主要依赖于工程师或设计者的知识和经验。对 "动词 + 名词" 的功能描述方式中的 "动词" 和 "名词" 的选择也依赖于工程师自身, 这种描述方式优点是更具体, 缺点是抽象程度不够, 会约束思考的方向。为了更加统一功能的描述, 便于建立通用的知识库, 出现了以功能基描述功能的方式。

功能元是功能分析过程中工程师能够求解的最小单元。这涉及功能分解到什么程度结束的问题, 即分解的最底层功能均为功能元。不同工程师针对同一问题, 分解得到的功能元集合是不同的。抽象出一组功能作为功能元集对功能分析有普遍的指导意义。Collins 提出了机械设计中的 105 种功能, Kirschman 提出了机械设计的 4 组功能, TRIZ 中抽象出了 30 种功能, Stone 提出了功能基 (functional base) 的概念[4]。功能基是用归纳法 (inductive approach) 生成的一种建立功能结构时使用的通用设计语言, 该语言由用来表达功能元的功能集合和流集合组成。工程师可以使用简单的功能元集合描述一个产品的全部功能。

Stone 对功能的有关概念进行了重新定义。

(1) 产品功能 (product function): 以动词–名词形式描述产品总任务的输入/输出关系;

(2) 分功能 (sub-function): 以动词–名词形式描述产品分任务的输入/输出关系;

(3) 功能 (function): 以动词形式描述元件或产品的一个操作;

(4) 流 (flow): 随时间变化的能量、物料、信息, 功能所描述操作的承受者;

(5) 功能基 (functional basis)(见附录 1): 由功能集与流集所组成的设计语言, 该语言用于形成分功能。

按上述定义, 功能基是功能与流的集合, 分功能由功能与流合成, 产品功能可分解为多个分功能。功能与流是进行功能分析、建立功能结构的基本元素, 这些元素的总体是功能基。即功能基中的功能与流合成为上述的分功能。这里的分功能与 P&B 中的功能元相对应。

功能基是功能与流的集合, 分功能由功能与流合成。功能与流是进行功能分析、建立功能结构的基本元素。功能基中的功能用动词表示, 分为类功能 (function class) 和基本功能 (basic function)。流用名词表示, 分为类流 (class)、基流 (basic flow)、子流 (sub-basic flow) 和补足物 (complement)。功能基中的元素经过不同的组合可组成 1 000 多个功能元或分功能。这些功能元可用于产品的功能分析及绘制功能结构。利用功能基建立功能结构便于控制功能的分解及工程师之间的交流。

图 2.11 ~ 图 2.13 分别是一种果汁机的总功能、功能树与功能结构。图 2.11 是总功能, 其输入能量、物质、信号分别为电能、人力、水果、刀具、开关信号, 其输出能量、物质、信号分别为转矩、热能、振动、果汁、残渣、开关信号。 图 2.12 是功能

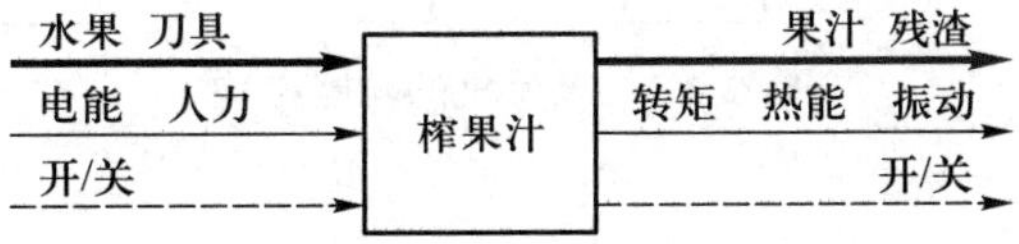

图 2.11 果汁机的总功能

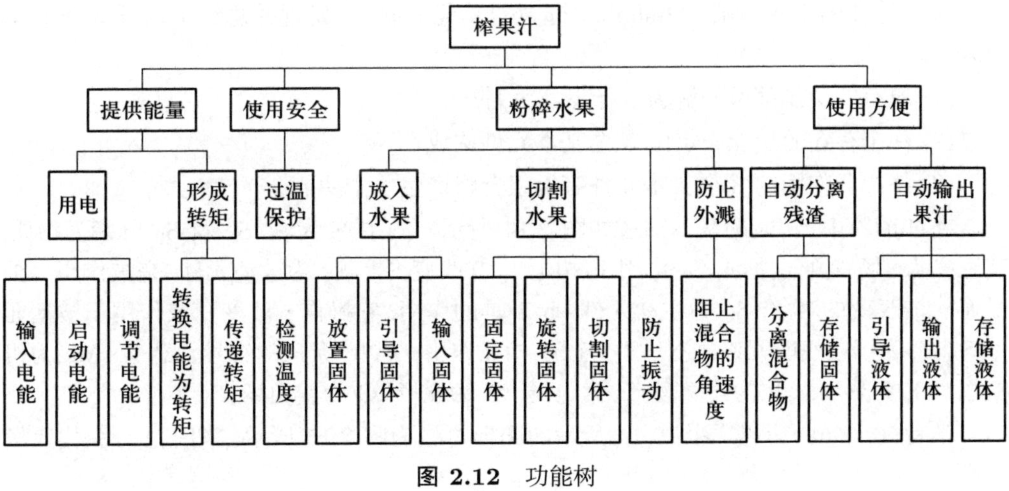

图 2.12 功能树

树, 该树分为 4 层, 第一层为总功能, 第二、三层为分功能、子功能, 第四层为功能元。功能元由功能基中的功能和流表征。图 2.13 是功能结构, 是由技术系统的所有功能元及能量流、物料流与信息流联系而成的网络。很显然, 这三幅图构成了果汁机的功能模型, 是一类层次模型, 由总功能到功能结构是由宏观到微观的过程, 而功能模型表征的过程又是从简单到复杂的过程。

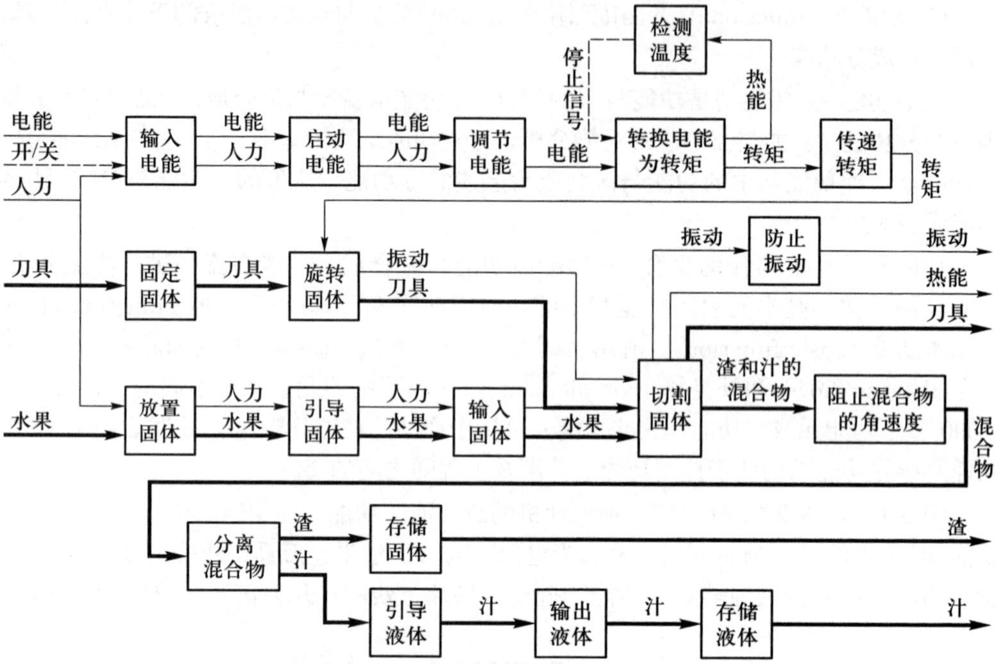

图 2.13　果汁机的功能结构

2.3.3　关系型功能模型的建立

1. TRIZ 中的单一功能模型

功能是 TRIZ 的基础, Altshuller 通过对功能的研究, 发现并总结了以下 3 条基本原理:

(1) 所有的功能都可分解为 3 个基本元件;

(2) 一个存在的功能必定由 3 个基本元件构成;

(3) 将相互作用的 3 个基本元件有机组合将产生一个功能。

在 TRIZ 中, 功能的基本描述如图 2.14 所示。图中 F 为场, S_1 及 S_2 分别为物质, 其意义为: 场 F 通过物质 S_2 作用于物质 S_1 并改变 S_1。S_1 为被动元件, 是被作用、被操作、被改变的对象; S_2 为主动元件, 起工具的作用, 它操作、改变、或作用于被动元件 S_1; F 为场或使能元件, 它使 S_1 与 S_2 相互作用。常见场 F 的符号及意义: Me 为机械场; Th 为热场; Ch 为化学场; E 为电场; M 为磁场; G 为重力场。

学者 Terninko 等发展图 2.14 所示的图形符号为图 2.15 所示。图中 F_{type} 代表场的类型。

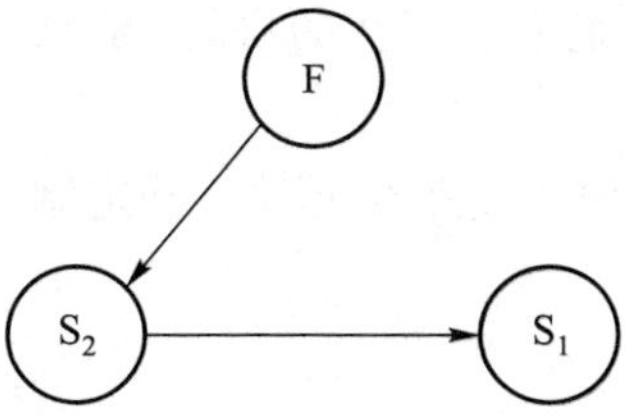

图 2.14　功能的基本图形表示

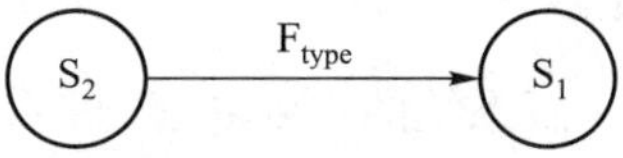

图 2.15　功能符号

功能更一般的表征方式为图 2.16 所示的方式[5]。原物质–场模型中场 F 用“作用 (action)”代替, 原工具元件 S_2 称为功能载体, 被作用对象 S_1 称为功能对象。其意义为: 功能载体作用于功能对象, 改变或保持功能对象的参数或属性。下节所述的系统功能模型本质上就是基于此模型, 逐一分析元件间关系建立起来的表达系统功能构成及实现过程的模型。

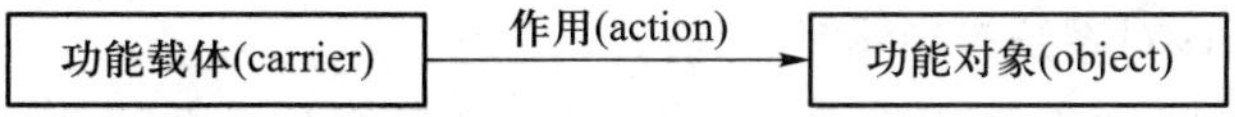

图 2.16　单一功能模型

图 2.16 中的作用具有不同的级别, 如图 2.17 所示。标准作用表示满足了用户需求; 不足或过剩作用指功能构成合理, 但作用未达到或超过了标准作用, 通过设计应改变作用的量值; 有害作用是负面作用, 通过设计尽可能消除。

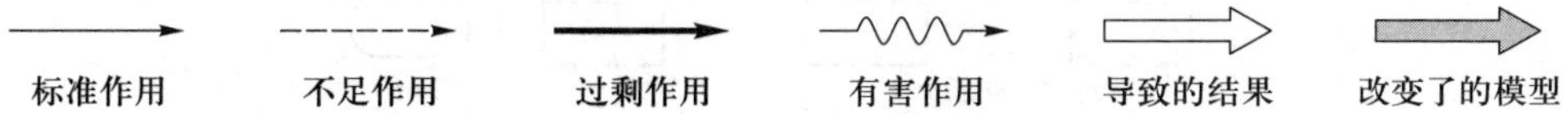

图 2.17　作用符号模型

图 2.16 与图 2.17 所示已存在技术系统或产品构建功能模型的基础功能模型与符号系统。将已有产品分解得到基本组成元件, 建立多组三元件功能模型, 经过合成可以构建系统的功能模型, 该类模型为关系型功能模型。

2. 关系型功能模型构建

物质–场模型表达了两个元件通过场作用实现的功能。技术系统是由不同元件相互连接、相互作用组成的整体, 每两个相互作用的元件都可以构建一个物质–场模型, 系统的所有元件通过场连接组成复杂的物质–场模型系统, 把其中“场”用“作用”表达, 就成为系统的功能模型。

运用功能分析, 将已有产品或基础产品以模块化的方式将功能 (function) 和元件 (components) 具体表达出来, 成为功能元件模组 (function & components)。

功能模型建立的过程分为两步:

(1) 确定元件、制品、超系统 (component、product、super-system);

(2) 进行作用 (或联接) 分析。

元件是组成系统的物质单元, 如同一个产品的组成零件, 小到齿轮、螺母, 大至一个由许多零件组成的系统, 都可以认为是一个元件。对于模块化的子系统可以作为元件, 不必再分。

制品是技术系统基本 (主要) 功能的作用对象, 是系统存在的目的, 是系统对环境的输出, 制品属于超系统。

由于制品并不是工程系统的一部分, 因此, 制品属于超系统元件。确定制品需要以下 3 个步骤:

(1) 了解系统的主要功能, 即系统的设计目的;

(2) 判断技术系统主要功能的对象是否为超系统元件;

(3) 判断技术系统主要功能对象的某个参数是否被这个主要功能保持或者改变了。

超系统是存在于系统之外的环境中, 与系统之间有相互作用的系统。

产品或系统处于环境之中, 与环境存在能量、物质及信息的交换, 超系统作为影响整个分析系统的要素, 具有以下特点:

(1) 超系统可能使技术系统出现问题;

(2) 超系统可以作为技术系统的资源, 也可以作为解决问题的工具;

(3) 超系统应该对系统有影响时才列入。

系统是由功能元件及作用组成的功能网络, 该网络与超系统及制品共同构成产品功能模型, 如图 2.18 所示。该类模型的特点是元件之间由作用关系连接, 模型代表已有技术系统各元件之间由作用组成的关系网络, 称为关系型功能模型。

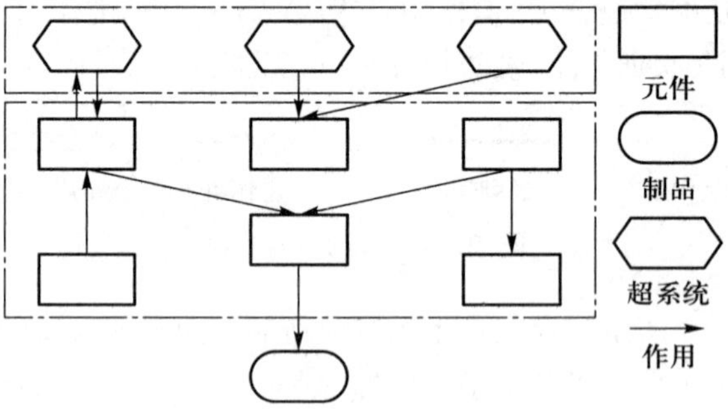

图 2.18 技术系统关系型功能模型

一个技术系统的功能可能不止一个, 为了更好地理解系统, 需要进行功能分析。功能模型是建立在元件分析、相互作用分析和功能分析基础之上的。功能模型是功能分析部分的输出。建立关系型功能模型的步骤如图 2.19 所示, 共包含 7 个步骤。

第 1 步: 元件分析。根据项目的目标和约束选择合适的系统边界, 将系统和超系统的元件加以区分, 并填入表 2.1。分析的过程可以采用反向鱼骨图法。

表 2.1 元件分析列表

技术系统	系统元件	超系统元件

第 2 步: 创建相互作用矩阵, 如表 2.2 所示。识别元件两两之间的相互作用。带 “+” 的单元意味着可能有作用, 后续需要分析具体作用是什么。而带 “–” 表示两者没有

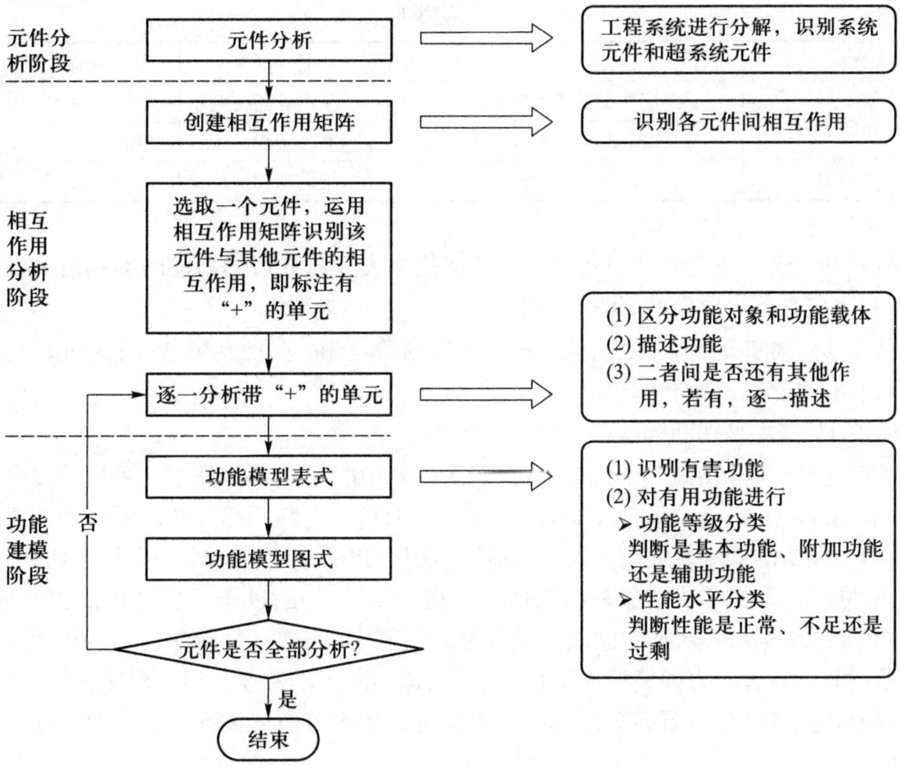

图 2.19 关系型功能模型建立过程[6]

作用, 后续分析中将不再考虑。

第 3 步: 选取一个元件, 运用相互作用矩阵, 识别该元件与其他元件的相互作用, 即标注有“+”的单元, 然后用一个动词或场描述该作用。

第 4 步: 完成对每一个有“+”的单元的作用分析。

表 2.2 相互作用分析矩阵

元件	元件 A	元件 B	元件 C
元件 A		+	–
元件 B	+		–
元件 C	–	–	

第 5 步: 建立功能模型表式, 如表 2.3 所示。功能模型表式帮助设计者识别元件之间的具体作用, 系统性地记录下技术系统中各元件所执行的功能、功能等级、功能类型等信息。

表 2.3 功能模型表示

元件	功能描述	功能等级	功能类型
元件 A	元件 A 支撑元件 B	基本功能	不足
	元件 A 固化元件 B	有害功能	
元件 B	元件 B 容纳元件 A	辅助功能	正常

第 6 步: 建立功能模型图式。根据功能模型表式所分析的功能的类别及其性能水平, 绘制研究对象的功能模型图。

第 7 步: 判断元件是否已全部分析。若未全部分析, 则回到第 3 步; 若元件已全部分析, 则功能模型分析结束。

例 2.1 关系型切断阀的关系型功能模型

工程背景: 为了使过剩的高炉煤气得以充分利用, 国内外开发了一种压差发电装置 (blast furnace top gas recovery turbine unit, TRT)。它利用燃气的高低压力差驱动发电机发电, 余留的低压燃气仍可以作为能源应用。TRT 装置中包含一个快速切断阀, 该阀是一种蝶型阀, 用于发生事故时快速切断高炉煤气, 切断过程要求在 0.5s 内完成, 其结构如图 2.20 所示。快速切断阀安装在基础支架上, 与煤气管道相连。所用液压控制系统通过驱动装有动力弹簧的液压缸, 实现快速切断阀的慢速开启、慢速关闭, 并用快速卸压方式完成阀口的紧急关闭动作。本节将应用上节所述过程建立快速切断阀的功能模型。

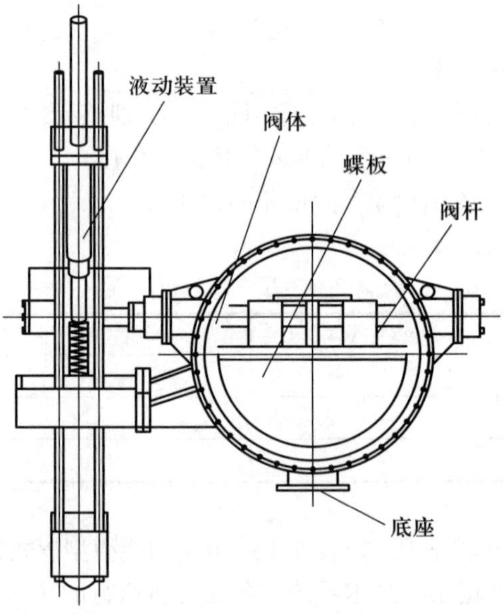

图 2.20 快速切断阀结构示意图

元件分析: 在进行元件分析之前, 首先要根据项目限制划分出系统和超系统, 然后才能列出系统元件和超系统元件, 如表 2.4 所示, 其中高炉煤气为制品。

表 2.4 快速切断阀元件分析列表

工程系统	系统元件	超系统元件
快速切断阀	液控箱、油箱、油泵、电机、管路、过滤器、液压油、缸筒、活塞、动力弹簧、齿条、齿轮、阀杆、蝶板、阀体、轴承	煤气管道、基础支架、电能、高炉煤气、灰尘

相互作用分析: 将表 2.4 中的元件列出来, 应用相互作用矩阵表达元件间相互作用关系, 如两者有相互作用, 则以“+”标记, 否则以“–”标记, 如表 2.5 所示。

表 2.5 快速切断阀相互作用矩阵

元件	液控箱	油箱	油泵	电机	管路	过滤器	液压油	缸筒	活塞	动力弹簧	齿条	齿轮	阀杆	蝶板	阀体	轴承	煤气管道	基础支架	电能	高炉煤气
液控箱		−	+	−	+	−	−	−	−	−	−	−	−	−	−	−	−	−	+	−
油箱	−		−	−	−	−	+	−	−	−	−	−	−	−	−	−	−	−	−	−
油泵	+	−		+	−	−	+	−	−	−	−	−	−	−	−	−	−	−	+	−
电机	−	−	+		−	−	−	−	−	−	−	−	−	−	−	−	−	−	+	−
管路	+	−	−	−		−	+	−	−	−	−	−	−	−	−	−	−	−	−	−
过滤器	−	−	−	−	−		+	−	−	−	−	−	−	−	−	−	−	−	−	−
液压油	−	+	+	−	+	+		+	+	−	−	−	−	−	−	−	−	−	−	−
缸筒	−	−	−	−	−	−	+		+	−	−	−	−	−	−	−	−	−	−	−
活塞	−	−	−	−	−	−	+	+		+	+	−	−	−	−	−	−	−	−	−
动力弹簧	−	−	−	−	−	−	−	−	+		−	−	−	−	−	−	−	−	−	−
齿条	−	−	−	−	−	−	−	−	+	−		+	−	−	−	−	−	−	−	−
齿轮	−	−	−	−	−	−	−	−	−	−	+		+	−	−	−	−	−	−	−
阀杆	−	−	−	−	−	−	−	−	−	−	−	+		+	−	+	−	−	−	−
蝶板	−	−	−	−	−	−	−	−	−	−	−	−	+		−	−	−	−	−	+
阀体	−	−	−	−	−	−	−	−	−	−	−	−	−	−		+	+	+	−	−
轴承	−	−	−	−	−	−	−	−	−	−	−	−	+	−	+		−	−	−	−
煤气管道	−	−	−	−	−	−	−	−	−	−	−	−	−	−	+	−		−	−	−
基础支架	−	−	−	−	−	−	−	−	−	−	−	−	−	−	+	−	−		−	−
电能	+	−	+	+	−	−	−	−	−	−	−	−	−	−	−	−	−	−		−
高炉煤气	−	−	−	−	−	−	−	−	−	−	−	−	−	+	−	−	−	−	−	
灰尘	−	−	−	−	−	−	+	−	−	−	−	−	−	−	−	−	−	−	−	

关系型功能建模: 每一个标注有“+”的单元是相互对应的, 对带“+”的单元一一分析两者的作用, 并确定功能等级、性能水平, 所得到的结果如表 2.6 所示。

表 2.6 快速切断阀功能模型分析表

元件	功能描述	功能等级	性能水平
液控箱	液控箱启闭油泵	辅助功能	正常
	液控箱通断管路	辅助功能	正常
	液控箱消耗电能	附加功能	正常
油箱	油箱储存液压油	辅助功能	正常
油泵	油泵驱动液压油	辅助功能	正常
	油泵消耗电能	附加功能	过剩
电机	电机驱动油泵	辅助功能	正常
管路	管路传导液压油	辅助功能	正常
	管路阻碍液压油	有害功能	有害
过滤器	过滤器过滤液压油	辅助功能	正常
	过滤器阻碍液压油	有害功能	有害
液压油	液压油驱动活塞	辅助功能	正常
缸筒	缸筒储存液压油	辅助功能	正常
	缸筒导向活塞	辅助功能	过剩
活塞	活塞驱动齿条	辅助功能	正常
	活塞驱动动力弹簧	辅助功能	正常
动力弹簧	动力弹簧驱动活塞	辅助功能	不足
齿条	齿条转动齿轮	辅助功能	正常
齿轮	齿轮转动阀杆	辅助功能	正常
阀杆	阀杆转动蝶板	辅助功能	正常
蝶板	蝶板调节高炉煤气	基本功能	正常
阀体	阀体支撑轴承	辅助功能	正常
	阀体连接煤气管道	附加功能	正常
轴承	轴承支撑阀杆	辅助功能	正常
基础支架	基础支架支撑阀体	辅助功能	正常
电能	电能驱动电机	辅助功能	正常
	电能驱动液控箱	辅助功能	正常
灰尘	灰尘污染液压油	有害功能	有害

将表 2.6 进行图形化表示, 如图 2.21 所示。通过图形可以清楚地了解到每一个功能单元所执行的功能和被作用在该功能单元上的功能, 特别是有问题的功能单元。

2.3.4 层次型与关系型功能模型的关系

关系型功能模型是 TRIZ 中的功能模型, 其特点是适用于构建已有技术系统的功能模型, 确定其有用及有害功能, 从而决策后续应该的改进方向。该类模型是基于技术

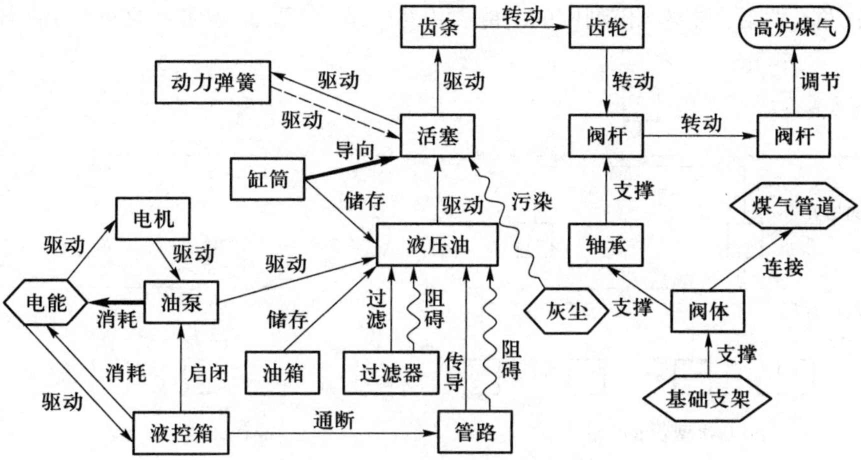

图 2.21 快速切断阀关系型功能模型

系统中的元件及作用关系构建的网状模型, 模型中的每个功能均是已知的物理元件及其相互作用的一类表达。以此类模型为基础的发明与创新可能会遇到因功能模型过于具体而限制了解空间的规模, 影响发明水平的提升。

层次型功能模型构建的过程是由总功能开始, 之后将总功能分解为分功能, 一直分解到所有功能均为功能元, 形成具有层次结构的功能模型。由能量流、物料流、信息流将每一层中的功能连接可以形成层次型功能模型。模型的最底层为功能元, 由三流将这些功能元联系在一起形成网络为功能结构。该类模型的特点由总功能向下分解的过程是一个抽象程度递减的过程, 最底层的功能结构相当于关系型功能模型, 是物理元件及相互作用的抽象。因此, 该类模型可以表达成图 2.22 所示的形式。

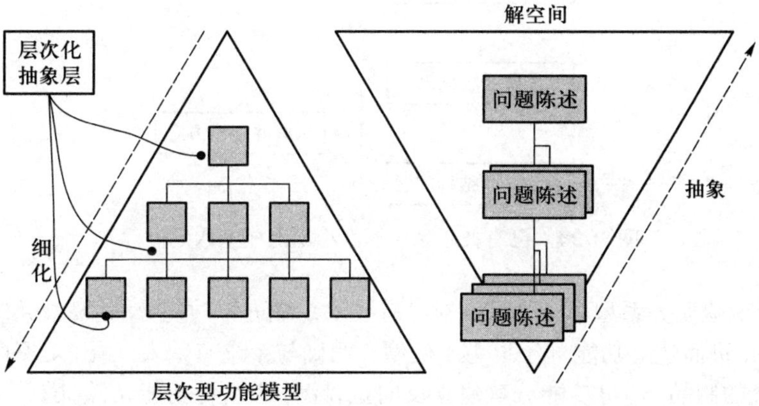

图 2.22 层次型功能模型与问题空间[7]

如果将关系型功能模型中的关系归类, 即区分每个功能是最底层功能还是属于某一层的功能, 之后, 与层次模型中的功能树相对应, 形成图 2.23 所示的两类功能模型。

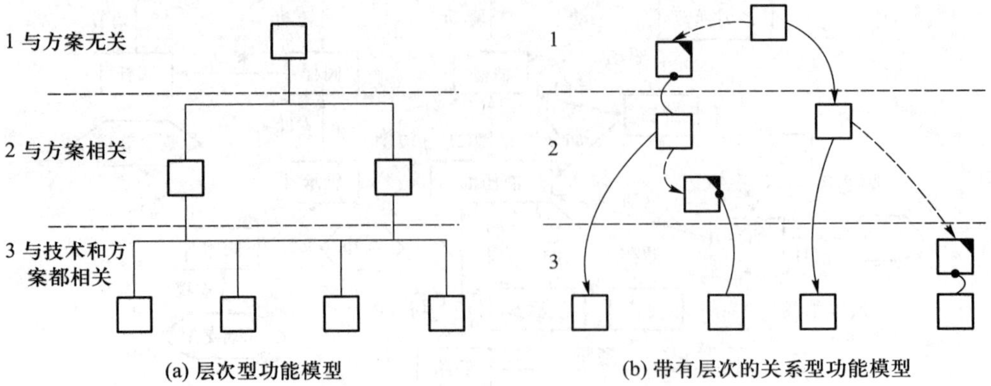

图 2.23　两类模型的对应关系[7]

由已有技术系统构建图 2.23(b) 所示的带有层次的功能模型的过程如图 2.24 所示。该过程模型主要分为以下 5 个步骤。

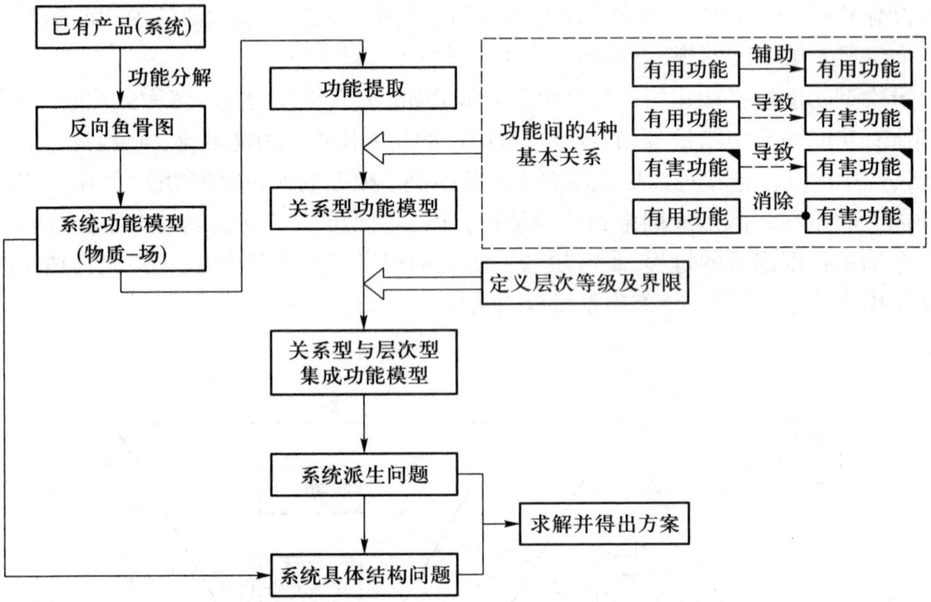

图 2.24　已有技术系统层次型功能模型构建过程

第 1 步: 建立关系型功能模型。对已有技术系统进行功能分解, 从总系统出发建立反向鱼骨图, 进而建立功能 (物质–场) 模型。明确与系统有输入/输出关系的各超系统, 并确定系统的制品, 通过功能分解建立反向鱼骨图, 明确各功能元件, 随后确定各元件间的相互作用及类型, 建立系统功能 (物质–场) 模型, 其中必有有害作用和有用作用。

第 2 步: 功能提取与关系型功能模型的另一类表征。在功能 (物质–场) 模型中, 每 3 个元件 (两个物质 + 一个场) 均能表示成“动词 + 名词”的形式, 即一个功能。因此, 将其中全部转换成独立的功能表述, 如表 2.7 所示。然后根据图 2.25 功能间的 4

种基本关系确定上述转换后的功能间的相互关系。最后, 通过功能间的相互作用与联系, 建立关系型功能模型, 如图 2.26 所示。

表 2.7 功能汇总表 (标准化的表格形式)

主动元件	作用	被动元件	功能	备注
S_2	f_{21}	S_1	F	
...	...	...	...	

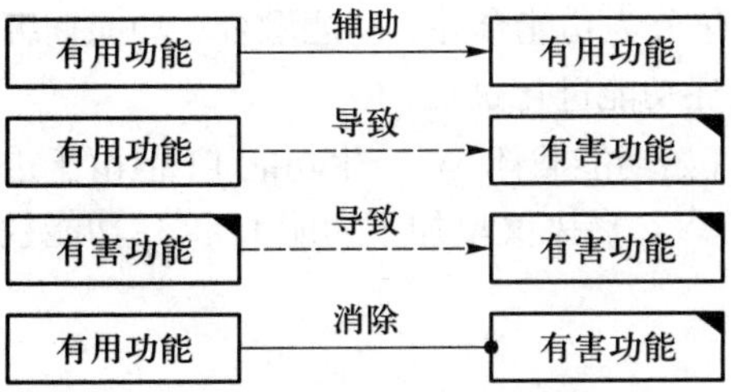

图 2.25 功能间的基本关系

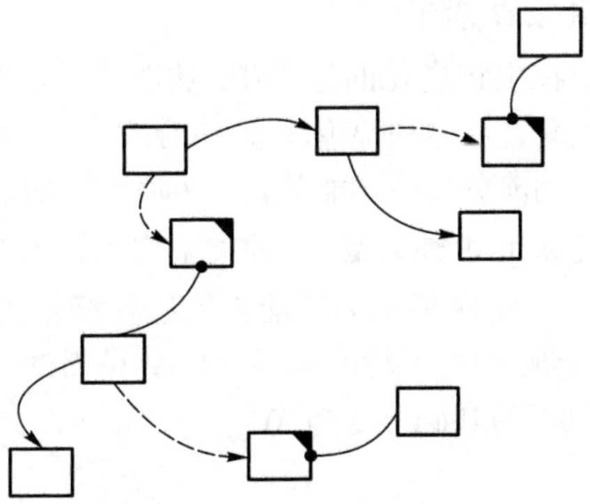

图 2.26 关系型功能模型

第 3 步: 定义层次等级及界限。为了在产品功能中定义层次等级及其边界, 需要适当的标准, 并且前提是所有的产品功能必须能够根据这个标准进行分类。当在功能树中向下移动时, 给出的关于解的信息逐渐增多, 所以关于解的信息程度是对功能进行分类的充分标准。产品功能根据它们的抽象级别分层地排列。因此, 根据功能抽象级别及包含的两种信息, 可以将功能分为 3 个等级。

1 级: 与解方案无关的功能。

2 级: 与解方案相关的功能。

3 级: 与技术和解方案都相关的功能。

根据上述分级标准及方法, 将功能划分为 3 个等级, 如图 2.23(a)。

第 4 步: 建立关系型与层次型集成过程模型。将第 2 步中建立的关系型功能模型按照功能等级划分标准进行划分, 由此可得到带有 3 个等级的关系型功能模型, 如图 2.23(b)。

第 5 步: 问题陈述与解决方案。由图 2.23(b) 所示的关系型模型可知, 系统派生问题和具体结构问题所在的等级层次, 并且这些问题相互关联, 为识别问题解决方案提供了更多的切入点。等级越抽象, 问题解空间越大, 其得到的解决方案越具有创新性。针对不同等级的一般问题, 可应用常规方法进行求解; 针对不同等级的发明问题, 可应用 TRIZ 解决工具和方法进行求解, 由此实现已有产品的再设计。

已有技术系统的再设计过程中, 工程师可以通过这种方式概括哪些是问题解决过程的切入点, 并且可以根据已有可用资源和目的, 选择解决更高层次的问题或解决许多基本问题, 借助于该思想完成高水平的再设计创新。

2.3.5 生物体功能模型及进化

Hass 的生物功能进化系统[8] 认为生物体作为一个整体, 具有某些功能, 该整体称为功能载体, 用大写字母 W、X、Y、Z 等表示。功能载体产生功能, 用小写字母表示, 如 f、g、h。图 2.27 所示为单一功能载体、单一功能的符号系统, 或称为生物体功能模型。三角形表示一个功能载体, 其名称为 W; 带箭头的线段表示该功能载体所产生的功能, 其名称为 f。例如功能载体是一个水生动物 W, 具有呼吸的功能 f, 则该水生动物可用图 2.27 表示。

在生物进化的过程中, 功能或功能载体都可能发生变化, 导致功能载体–功能对发生变化。将这种变化分为功能改变与功能合理化两种类型, 其中功能改变分为功能扩展、功能分离、功能替代 3 种类型; 功能合理化分为功能合并、功能融合、功能捆绑和功能派生 4 种类型, 每种类型均用符号系统描述功能进化过程。

图 2.28 所示为功能扩展过程符号模型。开始功能载体 W 产生功能 f , 但由于进化的需要, 增加了功能 g, 同时 W 稍微改变成为 W_2, 后来又增加了功能 h 和 i, 功能载体在 W_2 的基础上变为 W_3。

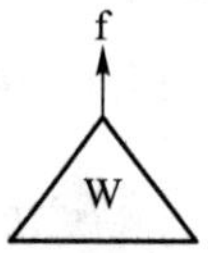

图 2.27 单一功能载体–功能符号系统

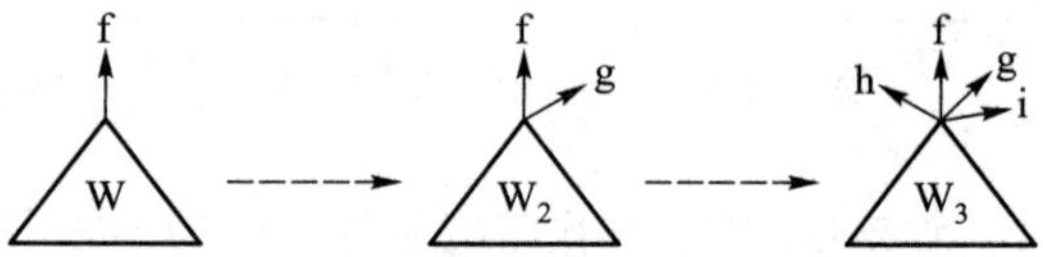

图 2.28 功能扩展过程符号模型

图 2.29 所示为功能融合过程符号模型。很多功能载体 (V∼Z) 均产生相同功能 f, 其中 V 还产生 g, Z 还产生 h 和 i。已存在的功能载体 W 产生功能 f, V_2 和 Z_2 分别产生功能 g、h 和 i。

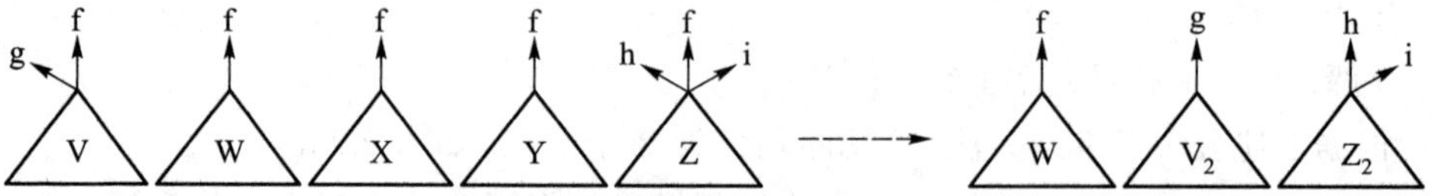

图 2.29 功能融合过程符号模型

图 2.30 所示为功能捆绑过程符号模型。功能载体 X 捆绑于载体 W 和 Y 上, 产生了更好的功能 g_2。3 个生物体在更高的层面上集成, 形成新的生物体或系统, 产生了更好的功能 g_3。借助功能捆绑, 形成了生物的复杂有机体。

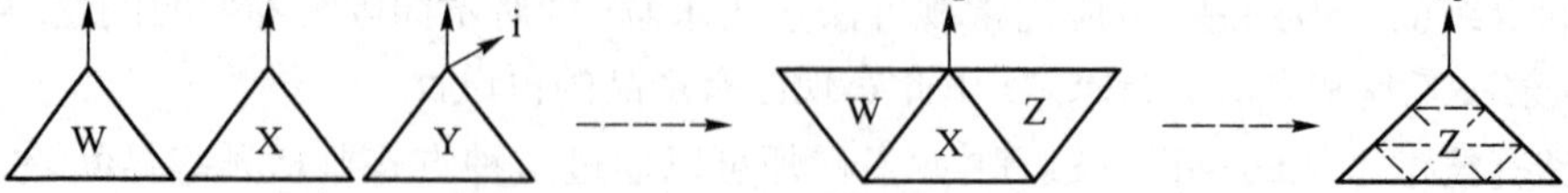

图 2.30 功能捆绑过程符号模型

各功能进化模型表示生物体进化过程的一步或几步, 将这些步骤有机结合起来就可以描述生物进化的过程。

2.4 技术系统进化

2.4.1 技术系统进化基本规律

世间一切物质都在不断运动和变化, 事物与事物之间都相互联系、相互渗透、相互影响, 满足对立统一、质量互变和否定之否定三大定律。技术系统诞生后成为物质世界的一部分, 其发展与进化的规律一定受到物质世界所存在规律的支配。因此, 技术系统进化或其发展变化应满足这三大定律。图 2.31 表示了技术系统进化与这三大定律的关系。

对立统一定律表明世界上任何事物的内部和事物之间都包含矛盾的两个方面, 矛盾的双方既对立又统一。事物的运动发展在于自身的矛盾运动, 矛盾的斗争性和同一性、普遍性和特殊性统一于客观事实。技术系统发展也是发现矛盾、将其激化为冲突、解决冲突, 之后产生新矛盾的反复过程。图 2.31 中的第一条 S 曲线变化的过程是不断发现矛盾、激化和解决的结果。

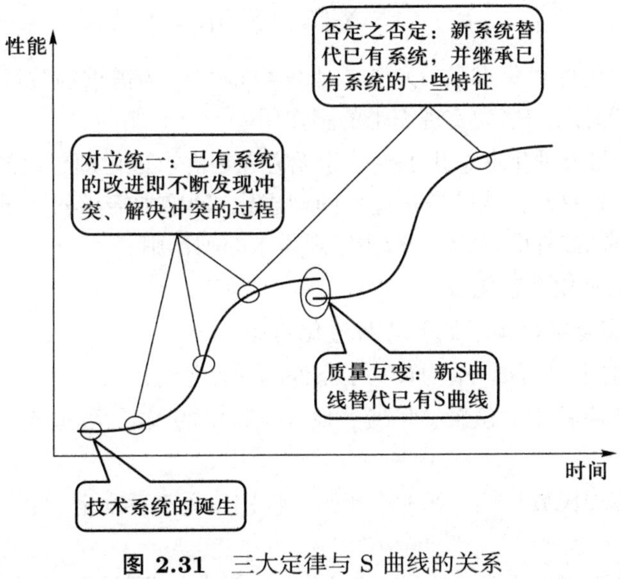

图 2.31 三大定律与 S 曲线的关系

质量互变定律, 即量变质变定律, 表明任何事物的变化都是由量变到质变的过程, 量变到一定程度引起质变, 产生新质, 然后在新质的基础上又开始新的量变。量变是质变的基础和必要的准备, 质变是量变的必然结果。量变质变规律揭示事物发展的形式和形态。技术系统进化的过程存在技术替代过程, 即从已有的 S 曲线过渡到新一代 S 曲线的过程, 该过程为量变质变过程。图 2.31 中由第一条 S 曲线过渡到第二条 S 曲线为量变到质变的过程。

否定之否定定律表明任何事物的发展变化都是新事物对旧事物的否定, 是事物内部的肯定和否定两方面矛盾斗争的结果, 是事物自我发展的过程, 但是否定并不是全盘抛弃, 而是“扬弃”, 是克服和保留的统一。新事物否定旧事物然后被更新的事物否定, 一切事物都是如此“螺旋式”向前发展。新一代 S 曲线的诞生代表新一代产品或技术的诞生, 它继承了已有产品的某些特征, 但显现全新的特征, 如继承老产品的主要功能, 但实现功能的科学原理即效应是全新的。图 2.31 表明, 新的 S 曲线具有原 S 曲线所代表系统的一些特征, 但性能极限已提升, 以更好地适应新的更高的用户需求。

2.4.2 技术系统需求进化

1. 需求进化定律

用户需求分为已有需求的发展及新需求的提出, 这些需求要映射到功能域, 功能域中已有功能或新功能满足上述需求。通过功能进化的趋势可以定义需求进化的趋势, 每种趋势可确定为一条定律。Petrov 定义了如下 5 条需求进化[9]。

定律 1: 需求进化理想化。

该定律指增加需求的数量, 提高需求的质量, 减少实现这些需求的时间消耗及副作用是需求进化的趋势。用如下公式定性描述:

$$I = \frac{\sum(Q_i Q_j)}{\sum C_k + \sum H_l} \tag{2.1}$$

式中, I 为需求进化理想化水平; Q_i 为需求的数量; Q_j 为需求的质量; C_k 为满足需求所需的成本, 包括时间; H_l 为实现需求的副作用。

式 (2.1) 中, 需求进化理想化水平趋于无穷大是需求进化理想化的进化趋势。根据这种趋势可以有 4 种方法推进需求进化的理想化, 即增加需求的数量、提高需求的质量、减少满足需求的时间或成本、减少实现需求的副作用。

定律 2: 需求进化动态化。

需求进化动态化定律预示如下 4 种进化趋势:

(1) 需求在时间、空间、结构及基于条件的变化趋势;

(2) 需求要适应特定的位置、场所、地区及特定的人群, 要适应特定的时间、地点及形式;

(3) 需求将体现民族特性、职业、年龄、性别、受教育水平、宗教信仰、季节或一天中的时刻等;

(4) 需求将体现减少人的介入, 如机械化、自动化、可控制等。

定律 3: 需求进化协调化。

需求协调化是构成系统的各子系统之间在参数、结构、条件、空间、时间等方面的协调, 协调可以是动态的。失调导致失望、矛盾、破产、灾难、战争、生态破坏等。需求协调还可以理解为系统存在不协调因素, 从而需要改进。

定律 4: 需求进化集成化。

需求进化集成化定律包含有用功能或特征集成应用、有害功能或特征得到补偿、或保持在一定的水平之下。有如下 5 种集成的方法:

(1) 集成相同或相似的需求;

(2) 产生具有不同特征的相似需求;

(3) 产生竞争或多样化的需求;

(4) 集成不同种类的需求;

(5) 集成相反的需求。

定律 5: 需求进化专门化。

需求进化专门化定律是指将需求浓缩, 使其更精确及具有更高的质量。确定该类需求的步骤如下:

第 1 步: 选择需求中最重要的部分;

第 2 步: 扩展这部分需求;

第 3 步: 提供更好的条件充分满足这部分需求。

需求通常是通过需求管理过程获得的, 包括需求提取、需求分析、需求确认, 其输出是待开发产品的功能需求。需求进化定律可用于需求提取。其基本原理为: 需求进化理想化水平处于无穷大的状态是理想需求状态, 是所有需求进化的最终状态, 需求均向理想需求方向进化。上述 5 条定律指明了需求进化的方向, 按这几个方向, 逐步接近理想需求的需求是未来需求, 即向理想需求进化过程中的每一个或一组需求状态都是未来的需求。这些需求中未出现过的需求是新需求。

2. 需求预测

图 2.32 是基于需求进化定律的需求预测原理[10]。图中纵向分为已满足需求、可预测需求及目前不可预测需求 3 个区, 分别表示已满足的需求、可通过需求进化定律预测的需求及通过定律目前不能预测到的需求。横向分为 5 个区, 分别表示按定律 1 至 5 进化的区域。目前不可预测需求区是由于人们的知识所限, 对遥远的未来在今后某个时间段才能预测的区域。可预测需求区是应用已有的知识及需求进化定律, 对近期、未来将出现需求的预测, 很多需求将是新需求。所有需求都向趋近于理想需求的方向进化, 可预测需求区与已满足需求区相比更接近于理想需求状态。

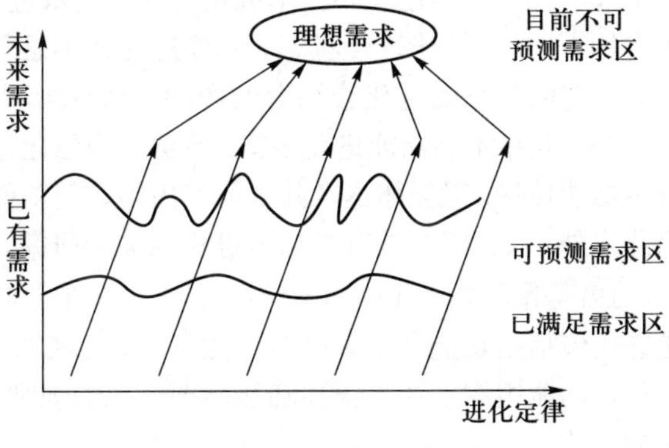

图 2.32 需求预测原理

产品创新可分为创造未来产品及已有产品改进两类。未来产品是目前不存在的产品, 该类产品需求预测的第一步是确定一个待开发的领域, 之后应用 5 条定律中的 1 条或几条预测或发现新需求, 之后将需求转换为功能需求并开发出相应的产品。对应于未来产品的需求是原始需求或新需求。

大量的产品创新是对已有产品的改进。已有产品可以是本企业正在生产中的产品, 又可以是其他企业生产的竞争产品。不违反专利规则, 又借助已有产品中的概念进行创新, 是企业级产品创新通常的活动。首先选择产品原型, 发现该产品未确认的缺点及未来可能发生的潜在问题, 然后确认用户目前及未来还没有满足的希望, 分析这些问题或希望, 确定新需求。产品创新采用的需求预测方法可以分为如下 5 步。

第 1 步: 选择原型产品。本企业或市场上销售的产品经过选择都可以作为产品创新原型。

第 2 步: 确认原型产品的缺点或问题。可以按传统方法进行, 如现场考察、用户之声、产品沟通会等。

第 3 步: 确认原型产品未来的缺点或问题。采用需求进化定律逐条分析的方法。

第 4 步: 问题分类及系统化。将已存在的、未来的缺点及问题分类并系统化, 如采用质量屋 (the house of quality, HOQ) 或需求树表达目前及未来的需求。

第 5 步: 确定新需求。分析上述需求, 结合开发人员的经验与实现的可能性, 确定新需求。

2.4.3 功能进化定律

功能是对一定设计环境中用以实现设计意图的输入/输出之间关系的抽象描述。功能的实现建立在与环境发生物质、能量和信息交换关系的基础上, 并伴随着需求和技术系统的发展而不断进化。当用户需求、科学技术、可用资源等外部因素满足了功能产生的条件时, 通过适当的连接关系将功能要素组织起来, 形成新功能。功能本身具有开放性、动态性、有序性等特征, 需要不断地调整、协调内部诸多要素, 以完善其结构组成, 提高理想化水平。

按 TRIZ 基本观点, 技术系统按照可预测的模式向理想化的方向进化。技术系统的进化分为 3 个层级: 需求进化、功能进化和技术进化。随着需求进化和系统进化, 在市场拉动和技术驱动的作用下, 功能处于进化状态。功能进化并不是与需求进化和系统进化并列的概念, 它是需求进化与系统进化相结合的产物。Petrov 认为功能的进化是受客观规律支配的, 并将其归纳为 4 条功能进化定律, 即功能理想化、功能动态化、功能协调化、向单功能或多功能传递, 但规律本身并未就其内涵、新功能的特点及确定方法做进一步论述。而除此之外, 未见国内外有与功能进化相关的研究。

功能进化[2] 的驱动力是市场需求和技术进步, 并受需求进化定律和系统进化定律的指导和制约。功能进化包括新功能产生和已有功能发展两个方面, 并受功能组织定律和功能改进定律的支配。功能组织定律是描述功能静态形成的规则, 而功能改进定律则是关于功能动态发展的规律。

1. 功能组织定律

功能组织定律是定义新功能或控制新功能生存性的准则, 用于判断功能是否具备系统性, 以及描述新功能的诞生与成形。功能可按如下 3 个步骤构建:

(1) 提供构成功能的功能要素;

(2) 建立功能要素及功能间的连接关系;

(3) 从空间、时间、条件、参数等方面调整功能, 保证其协调性。

功能组织定律包括完整性定律、连接性定律和组织协调性定律, 如图 2.33 所示。

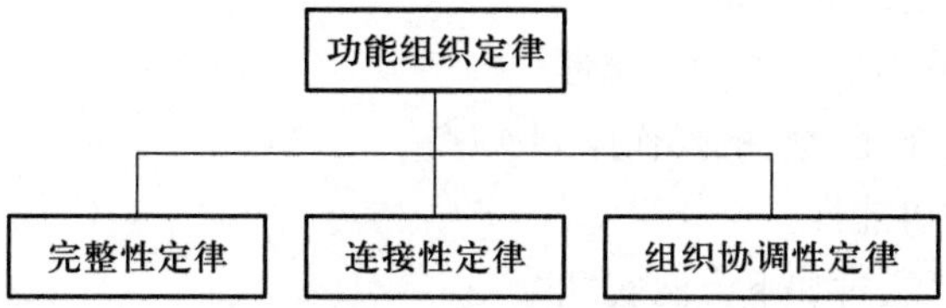

图 2.33 功能组织定律

定律 1: 功能完整性定律。

按 TRIZ 基本原理, 一个基本功能由两种物质和一种场组成, 即三元件物质–场模型。组成功能的 3 个要素缺少任何一个即为不完整功能, 功能无法实现。

一个完整的技术系统应由 4 部分组成: 能源装置、传动部件、执行机构和控制装置, 系统通过输入量和输出量与外界环境发生联系, 如图 2.34 所示。技术系统包含着若干子系统, 每一子系统都实现一定功能。因此, 完整的技术系统通常具有多个功能: 其中一个是主功能, 系统存在的意义在于实现该功能; 其他功能为辅助功能, 系统实现辅助功能的目的是为了更好地实现主功能。执行机构具体完成系统的主功能, 能源装置为其他部分提供能量, 传动部件将能源装置中的能量传递到执行机构, 控制装置对其他 3 个部分进行控制, 以协调其工作。

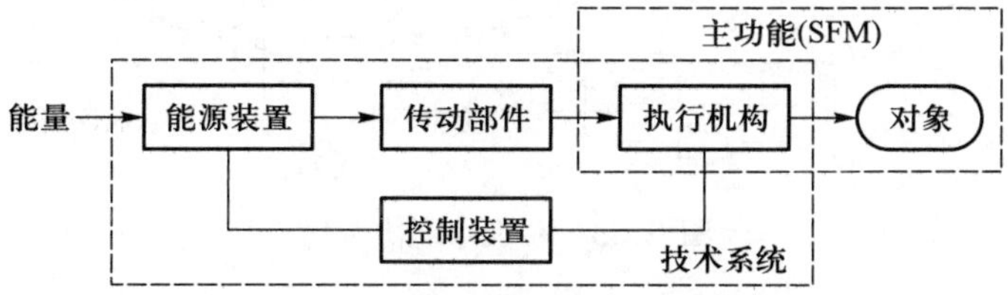

图 2.34 技术系统结构及功能

功能完整性定律既包括基本功能组成的完整性, 也包括技术系统功能组成的完整性。

定律 2: 功能连接性定律。

技术系统的层次型功能模型为功能结构。功能结构中总功能、分功能、功能元间以逻辑与、或关系连接形成树型结构, 称为功能树; 同一层功能之间以串联、并联、环形或控制关系连接形成链型结构, 称为功能链; 功能树和功能链分别描述功能间的纵向和横向关系。功能连接包括功能树中不同级别功能之间的连接: 分功能和总功能、分功能与功能元、接口功能与环境间的连接, 也包括同一级别功能之间的连接: 分功能之间、功能元之间的连接。

定律 3: 功能组织协调性定律。

以功能完整性和连接性为基础, 从空间、时间、条件、参数等方面对各功能要素及其静态连接关系加以改进, 如图 2.35 所示。按照功能完整性定律确定组成功能的各功能要素, 依据功能连接性定律将功能要素组合起来, 所构建的功能中各要素及其连接关系还可能存在冗余、缺失、不匹配等问题。需要从以下几个方面对功能的协调性加以检验:

(1) 功能要素及连接的必需性;

(2) 功能输入/输出量的类型和属性;

(3) 分功能或功能元对应的操作序列次序;

(4) 功能实现的可能性。

功能组织协调可通过如下方法实现:

(1) 引入新的功能要素或连接;

(2) 消除不需要的功能要素或连接;

(3) 替换某一个或几个功能要素或连接;

(4) 调整功能要素的属性或连接次序。

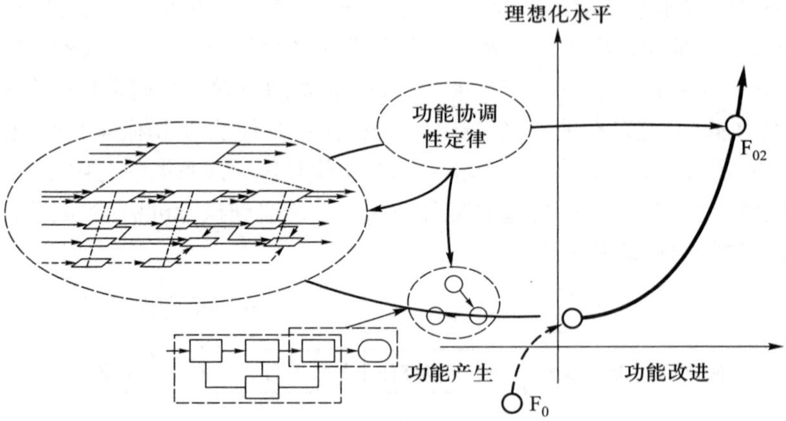

图 2.35 功能组织协调化

2. 功能改进定律

功能改进定律是对已有功能发展方向及规律的一种预测与总结。改进定律包括结构改进、连接改进、作用改进和改进协调化 4 个方面, 功能改进的结果是最终达到功能理想化。各功能改进定律之间的关系如图 2.36 所示, 功能改进向着不同的方向进行, 并最终达到理想化和协调化。

定律 4: 功能理想化定律。

技术系统的进化是向着越来越好的方向发展。根据这种趋势可以有 4 种功能进化方法的趋势, 即增加有用功能的数量, 提高有用功能的质量, 减少有害功能的数量, 降低有害功能的副作用程度。

(1) 改进有用功能, 其过程如图 2.37 所示。

(2) 消除或减少有害功能, 包括处理有害功能和处理功能结构两种途径。处理有害功能可以通过预防有害功能、消除产生有害功能的来源、抵消有害功能、削弱有害功

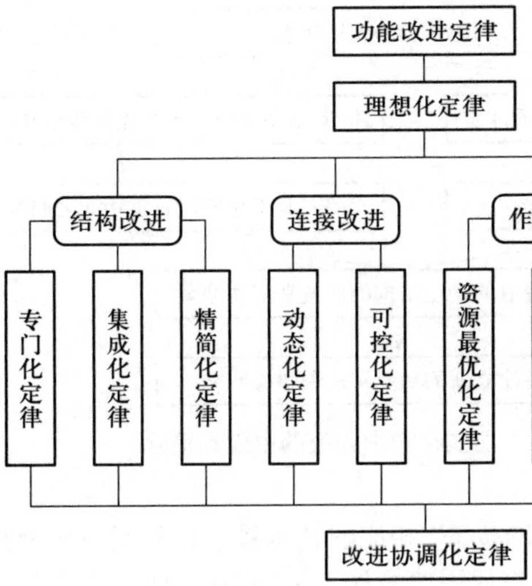

图 2.36 功能改进定律

能、针对有害功能引入负反馈等方式实现。处理功能结构可以通过将有害功能从功能结构中隔离出去、使功能结构对有害功能具有免疫能力、分离或保护功能结构中的敏感功能、并行恢复受影响的功能、用对有害作用敏感性低的功能替代敏感性高的功能等方式实现。

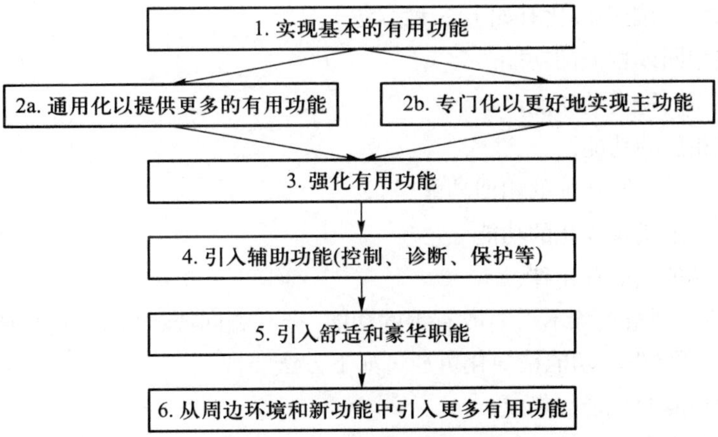

图 2.37 有用功能改进流程

(3) 功能结构中冲突的出现和消除。改进功能结构的通常方法是增加有用辅助功能, 但同时不希望产生有害功能; 或消除有害功能, 但不希望影响有用功能, 最好是增强有用功能。但有时不可避免地会产生冲突。功能结构中冲突的出现和消除如图 2.38 所示。

定律 5: 功能专门化定律。

在功能进化的初期, 功能通常具有通用性或普遍性, 相应的技术系统具有多种用途, 但不适合实现一些特殊功能。在功能进化中后期, 功能被专门分离和充分扩展, 在功能

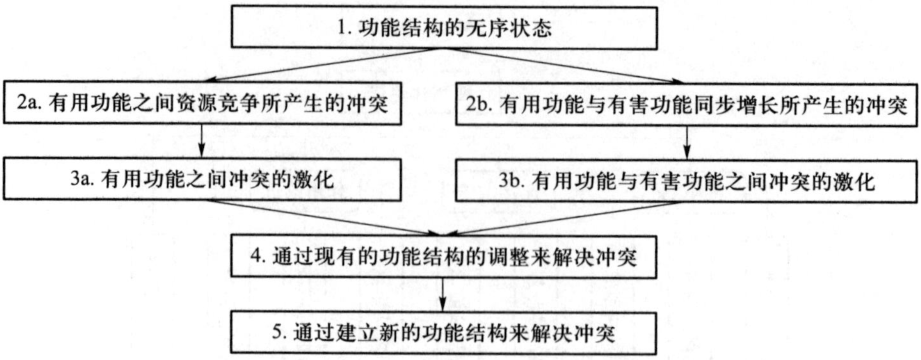

图 2.38 功能结构中冲突的出现和消除

逐步具体化的同时, 功能质量不断提高, 相应的技术系统比初期系统更加有效, 更适合于大规模生产。功能专门化是指将通用功能具体化, 使其更精确及具有更高的质量。功能专门化的步骤如下:

(1) 选择要专门化的功能;

(2) 扩展该功能;

(3) 提供更好的条件充分满足该功能。

定律 6: 功能集成化定律。

功能集成是指通过已有功能集成或新功能开发, 使有用功能得以增强而有害功能被削减或抵消。功能集成化有如下 5 种方法:

(1) 集成相同或相似的功能;

(2) 集成不同种类的功能;

(3) 集成相反的功能;

(4) 产生具有不同特征的相似功能;

(5) 产生竞争或多样化的功能。

定律 7: 功能精简化定律。

功能精简化是指去除不需要或有害的功能, 合并相同或相似的功能, 使功能结构中功能的数目达到最少。功能精简化可通过如下方法实现:

(1) 有用功能的组合与集成;

(2) 高级实现原理的采用;

(3) 以通用功能代替专有功能;

(4) 增强基本功能, 简化或去除兴趣功能、新颖功能;

(5) 形成基于该功能的专用模块系统。

定律 8: 功能动态化定律。

功能动态化是指功能结构更加柔性化, 以适应变化的性能需求、变化的环境条件及功能的多样性需求。动态化反映的是功能在时间、空间、结构及基于条件的变化趋势。功能动态化可通过如下方法实现:

(1) 降低功能结构的稳定性;

(2) 采用可实现不同性能的物理、化学效应;

(3) 将静态结构转变为动态结构, 设置功能系统的接口;

(4) 增加有用功能结构的自由度;

(5) 引入外部资源增强动态性;

(6) 加强功能模型中物质–场之间的相互作用。

定律 9: 功能可控化定律。

功能可控化是对功能结构中控制功能与其他功能间相互作用关系的调整, 使功能结构由没有实时控制的基本协调状态向自动化控制的完全协调状态转化。功能可控化包括以下步骤:

(1) 改变结构组成和/或组成要素的供应进度;

(2) 改变进程特征;

(3) 引入简单可控的物质和/或场;

(4) 用至少有一个简单控制的子过程替代一个过程链;

(5) 引入简单可控的反过程;

(6) 控制进程周边环境;

(7) 在进程中引入反馈。

定律 10: 资源包含最优化定律。

资源包含最优包括 4 层含义:

(1) 最大限度地利用资源;

(2) 资源应用的多样化;

(3) 资源利用方式的改变;

(4) 资源利用效率的提高。

定律 11: 功能作用可持续化定律。

在保证功能目标的同时, 对功能作用的质量有了更多的关注。现实要求功能作用不会对人、经济、社会产生不好的影响, 也即功能作用的可持续化。这就要求功能在进化选择过程中, 优先选择发展能够实现“可持续化”的功能形式。该进化形式表现在:

(1) 功能系统的自我调节能力及抵御外界影响的能力增强;

(2) 功能系统内部注重通过优化功能选择、合理化功能组合消除功能作用的不良影响;

(3) 功能系统的自控性增强, 并能借助资源的变化提高功能效益。

定律 12: 功能设计人性化定律。

设计以实用性为原则, 实现产品的因人而异定制; 注重消费者潜在需求的开发; 通过设计形式要素的变化, 引发人积极的情感体验和美的感受; 运用人机工程学原理, 设计人性化的功能; 赋予产品文化内涵, 体现深层次的精神文化功能。设计人性化表现在:

(1) 系统功能实现过程中对人安全的关注;

(2) 功能配置中人性因素的增加;

(3) 增加兴趣功能、新颖功能及吸引客户等功能的设置。

定律 13: 功能非均衡化定律。

在功能结构内部, 组成功能结构的各分功能或功能元之间存在着复杂的相互作用。通常这种相互作用的关系不是简单的因果关系和线性依赖关系, 而是既存在着相互促进的效应, 即正反馈, 也存在着技术发展的饱和效应, 即负反馈。另外, 功能结构中每一个分功能或功能元都有各自的演化过程, 会依循自身的 S 曲线进化, 并在不同时间达到极限。因此, 功能结构内部各功能的发展是非均衡的, 而且结构越复杂非均衡的程度越高。非均衡将导致系统内部功能间出现冲突, 会妨碍到整个系统的发展。继续发展的关键在于消除冲突, 使系统功能达到互相调和, 使总功能得到进化。

定律 14: 功能改进协调化定律。

功能改进协调化定律 (动态关系协调化定律) 是对实现总功能的各功能之间在空间、时间、结构、条件、参数等方面的动态关系进行调整, 以加强有用功能, 消除有害作用。功能协调化定律是一条重要的功能进化定律, 每次功能进化后都需要对其协调性进行检验, 以保证系统中各功能互相配合及和谐工作。功能改进协调化主要包括以下几个方面:

(1) 功能主体与用户需求之间的协调;

(2) 系统功能与超系统之间的协调;

(3) 功能与环境间输入/输出量的协调;

(4) 分功能或功能元间的协调;

(5) 输入/输出流属性与功能要素间的协调。

2.4.4 技术系统进化定律

技术进化定律给出了技术系统进化的一般方向, 在各条定律下又总结了很多进化路线, 每条进化路线由系统所处的不同状态构成, 更加详细地表明了技术进化由低级向高级进化的过程, 成为技术预测的主要依据。技术系统进化定律和路线描述了产品进化的方向, 巧妙地使用这些定律和路线会极大地促进商业和工程实践上的成功。因为科技引领者和设计人员能够在众多的创新中判别出最有前途的创新, 这些定律也可以有效地用于开发新技术和新产品, 客观地评估那些系统的商业潜能和预测竞争者可能的想法。

1975 年, Altshuller 首次提出 8 条技术系统进化定律。经过 40 年的发展, 该领域的研究取得了很多成果。如 Boris Zlotin 和 AllaZusman 基于技术系统进化理论提出引导进化理论 (directed evolution), 总结了几百条进化路线, 并作为该理论的核心工具, 致力于系统进化的控制, 而不是仅仅解决当前问题。Fey 及 Rivin 在以往 TRIZ 研究成果的基础上, 将技术系统进化定律归纳为 9 条。本节将按照静力学、运动学、动力学 3 个方面分组, 介绍 Fey 与 Rivin 给出的 9 条定律[11]。

1. 静力学定律

该类定律描述了技术系统组成, 或能够稳定执行功能的条件, 决定了系统生命周期的开始。包括: 技术系统完整性定律、技术系统能量传输定律、技术系统协调性定律。

定律 1: 技术系统完整性定律。

一个完整系统至少包含执行、传动、能源和操作控制 4 个部分。其中执行部分是直接完成系统主功能的部分, 传动部分将能源以要求的形式传递到执行部分, 能源部分产生系统运行所需要的能量, 控制部分使各部分的参数和行为按需要而改变。

定律 2: 技术系统能量传输定律。

技术系统运行的基本条件是能量能够从能源装置传递到各个执行装置, 这是 Altshuller 描述的能量传导定律, 从进化的角度看能量流经路径的长度有缩短的趋势。该趋势的实现有两种途径。

(1) 减少能量传递的级数。减少不同能量形式间的转换次数, 减少同种能量参数的转换次数。

(2) 增加能量的可控性。系统采用可控性更好的能量形式, 可以利用能源装置完全或部分替代传动装置的功能, 缩短能量传递路径的长度。常用能量可控性从低到高依次为: 万有引力形成的势能、机械能、热能、电磁能。因此, 将势能转变为机械能, 将机械能转变为热能, 将热能转变为电磁能是技术进化的趋势。

定律 3: 技术系统协调性定律。

实际运行中系统的主要部件或子系统都要互相配合、和谐工作, 这是系统产生规定运动或动作的基本保证。系统的协调性体现在多个方面, 如功能、结构、参数、材料、形状、尺寸、表面特性、节拍、频率、执行顺序自身及与子系统、系统的协调。

2. 运动学定律

该类定律描述技术系统进化的外在宏观表现, 决定系统进化的总方向, 包括: 技术系统的理想化水平的提高、技术系统中包含的各子系统进化的非均衡发展、技术系统向复杂系统进化。

定律 4: 提高理想化水平定律。

技术系统不断提高理想化水平, 向着最终理想解进化是系统进化的总的方向。技术系统按照其他进化定律进化, 其最终目的也是为了提高系统的理想化水平。按照提高理想化水平公式, 增加系统功能、提高性能、降低成本以及减少或消除有害作用是系统提高理想化水平的主要途径。

定律 5: 子系统的非均衡发展。

组成系统的子系统的发展是非均衡的, 系统越复杂非均衡的程度越高。非均衡的出现是由于系统中的某些子系统满足了新的需求, 从而其发展快于其他子系统。非均衡将导致系统内部子系统或子系统与系统间出现冲突, 不断消除该类冲突可使系统得到进化。

定律 6: 向复杂系统进化定律。

当系统进化到成熟期, 系统自身资源消耗殆尽, 其中一个选择是转向超系统, 技术系统由单系统向双系统及多系统进化。单系统具有一个功能; 双系统含有两个单系统, 这两个单系统可以相同, 也可以不同。多系统含有 3 个或多个相同或不同的单系统。

3. 动力学定律

该类定律描述了技术系统进化的内在原因, 反映当前条件下进化包含的特定的物理和技术因素, 包括: 技术系统向微观系统传递定律、增长动态性定律、增加可控性定律。

定律 7: 向微观系统进化定律。

技术系统是由物质组成的, 物质分为从宏观到微观的不同层次。宏观物质由微观物质组成, 宏观系统表现出来的特性都是微观结构在起作用。技术系统由宏观向微观系统进化是一种进化趋势, 产生了很多在微观尺度上执行功能的微系统。当问题在宏观层次无法解决时, 可转向微观, 利用微观层次上宏观物质所不具有的特性和效应解决系统存在的问题。例如石墨烯作为一种微观级超导材料, 可以用于制作超级电池的电极, 也可以植入人体替代受损神经等。

定律 8: 增加可控性定律。

技术系统可控性是指系统状态在规定的时间约束条件下可实现的程度。可控性越好, 实现预定状态的时间越短。系统可控性与系统动态性密切相关, 系统动态性为可控性提供了实现的目标或不同状态, 可控性为动态性的准确实现提供了技术条件。

定律 9: 增长动态性定律。

技术系统动态性是指一个系统能够以不止一种状态与外界发生作用。一个新的技术系统通常是解决一个特定的问题, 只在特定的环境下运行。随着技术系统使用范围的拓展, 系统运行状态需要具备随环境和超系统变化而变化的能力, 即系统需要具备动态性。技术系统或元件结构的柔性化往往是实现动态化的条件。系统通过元件间不同的拓扑关系以不同的形态适应性能、环境条件的变化以及功能的多样性需求。

上述 9 条进化定律从 9 个方面描述了技术系统进化的规律性, 各定律间是相对独立的, 对于同一技术系统可以从 9 个方面逐一预测系统未来的可能状态和进化方向。但是进化定律又不是完全独立的, 存在一定的联系性, 如图 2.39 所示。

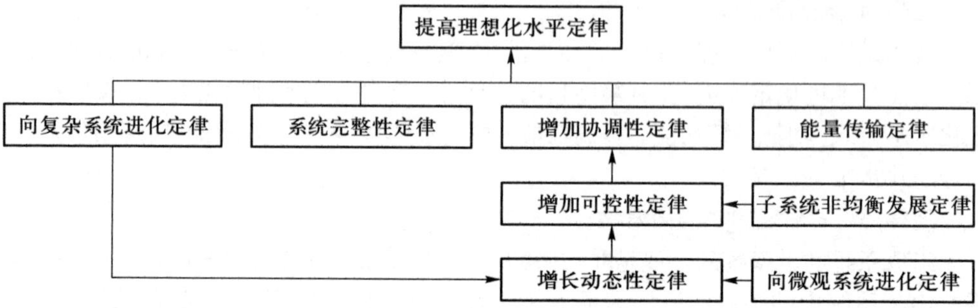

图 2.39 9 条进化定律之间的关系

提高理想化水平定律是技术系统进化总的方向, 系统按照其他进化定律都是为了提高系统的理想化水平。向微观系统进化定律下的物体分割进化路线和向复杂系统进化定律为系统动态化准备了物质基础和结构条件, 动态化又为可控性提供了控制对象和控制变量, 可控性的提高使系统的协调性得以改善。改进系统中的短板也是使系统各组成部分之间的能力趋于协调的举措。

2.5 理想解

理想解是 TRIZ 中一个重要的概念，是针对已有系统提出的未来应该具有的状态。最终理想解是系统的终极理想状态，但又是很难达到的状态。一般情况下都是退而求其次，以低于最终理想解的某个水平作为系统改进的目标。理想解分析就是为了确定系统改进时能够达到的目标。

2.5.1 理想化

在 TRIZ 中，理想化包含：理想系统、理想过程、理想资源、理想方法、理想机器、理想物质等。理想化的描述如下[12]：

(1) 理想机器：没有质量、没有体积，但能完成所需要的工作；

(2) 理想方法：不消耗能量及时间，但通过自身调节，能够获得所需的效应；

(3) 理想过程：只有过程的结果，而无过程本身，突然就获得了结果；

(4) 理想物质：没有物质，功能得以实现。

理想化分为局部理想化与全局理想化两类。局部理想化是指对于选定的原理，通过不同的实现方法使其理想化；全局理想化是指对同一功能，通过选择不同的原理使之理想化。

局部理想化的过程有如下 4 种模式：

(1) 加强。通过参数优化、采用更高级的材料、引入附加调节装置等加强有用功能的作用。

(2) 降低。通过对有害功能的补偿，减少或消除损失或浪费，采用更便宜的材料、标零部件等。

(3) 通用化。采用多功能技术增加有用功能的个数，如现代多媒体计算机具有电视机、电话、传真机、音响等功能。

(4) 专用化。突出功能的主次，如早期的汽车厂要生产零部件，最后将它们组装成汽车，今天的汽车厂主要是组装汽车，而零部件由很多专业配套厂生产。

全局理想化有如下 3 种模式。

(1) 功能禁止。在不影响主要功能的条件下，去掉中性的及辅助的功能，如采用传统的方法为金属零件刷漆后，从漆的溶剂中挥发出有害气体；采用静电场及粉末状漆可很好地解决该问题，当静电场使漆粉末均匀地覆盖到金属零件表面后，加热零件使粉末熔化，刷漆工艺完成，其间并不产生溶剂挥发。

(2) 系统禁止。如果采用某种可用资源后可省掉辅助子系统，一般可降低系统的成本。如月球上的真空使得月球车上所用灯泡的玻璃罩是多余的，玻璃罩的作用是防止灯丝氧化，月球上无氧气不会氧化灯丝。

(3) 原理改变。改变已有系统的工作原理，可简化系统或使过程更为方便。如采用电子邮件代替传统邮件，使信息交流更加方便快捷。

工程师们在设计过程开始时需要选择目标，即将问题局部理想化还是将其全局理想化。通常首先考虑局部理想化, 所有的尝试都失败后才考虑全局理想化。

2.5.2 理想化水平

技术系统是功能的实现, 同一功能存在多种技术实现, 任何系统在完成人们所需的功能时, 都有负面作用。理想化水平公式如式 (2.2) 所示。

$$\text{Ideality} = \sum \text{Benefits}/(\sum \text{Expenses} + \sum \text{Harms}) \tag{2.2}$$

式中, Ideality 为理想化水平; Benefits 为效益, 包括所有有用的特性和效用; Expenses 为代价, 应该包括全生命周期的成本; Harms 为副作用, 包括有害作用和不期望的结果。

该公式的意义为产品或系统的理想化水平与其效益之和成正比, 与所有代价及所有危害之和成反比。不断地增加产品理想化水平是产品创新的目标, 通过提高式 (2.2) 中分子或降低分母等使比值提高的方法都是提高理想化水平的基本途径。

如果把副作用产生的危害加入到成本中, 理想化水平等同于价值工程中的 "价值" , 因此, 提高理想化水平等同于提高产品的价值。根据式 (2.2) 有如下 5 种主要途径提高理想化水平:

(1) 代价与副作用不变, 效益提高;

(2) 效益不变, 代价与副作用降低;

(3) 代价与副作用略有增加, 效益大幅度提高;

(4) 效益略有下降, 代价与副作用大幅度下降;

(5) 代价与副作用降低, 效益提高。

2.5.3 理想解与最终理想解

技术系统或产品处于进化之中, 进化的过程就是产品由低级向高级演化的过程。在进化的某一阶段, 不同产品进化的方向不同, 低成本、高功能、高可靠性、无污染等是产品的理想状态。产品处于理想状态的解称为理想解 (ideal final result,IFR)。

产品理想解实现的过程是其理想化水平提高的过程, 理想化水平达到无穷大状态的理想解称为最终理想解。TRIZ 中的理想物质、理想过程、理想方法、理想机器等均是某种形式的最终理想解。最终理想解很难或不可能实现, 但产品进化的过程是推动理想解无限趋近最终理想解的过程。

产品进化的过程是产品由低级向高级进化的过程, 进化的极限状态是最终理想解, 而进化的中间状态是理想解。为了实现低成本、高效能、高可靠性、无副作用等理想状态, 产品首先实现多个理想解, 通过这些理想解趋近最终理想解。

通过需求分析, 可确定产品的理想解集合:

$$\text{IFR} = \{\text{IFR}_1, \text{IFR}_2, \cdots, \text{IFR}_k, \cdots, \text{IFR}_l\}(k \leqslant l) \tag{2.3}$$

式中, l 为理想解元素总数。

产品从目前状态或初始状态实现每一个理想解的过程需要一系列的目标实现, 而每个目标的实现都存在障碍 C_{ki}, 该障碍也由一个集合构成。

$$C_k = \{C_{k1}, C_{k2}, \cdots, C_{kl}\} \tag{2.4}$$

该关系可用图 2.40 描述。最终理想解 IFR_∞ 被分解为多个理想解 IFR_k, 实现每个理想解需要克服多个障碍及实现多个目标。

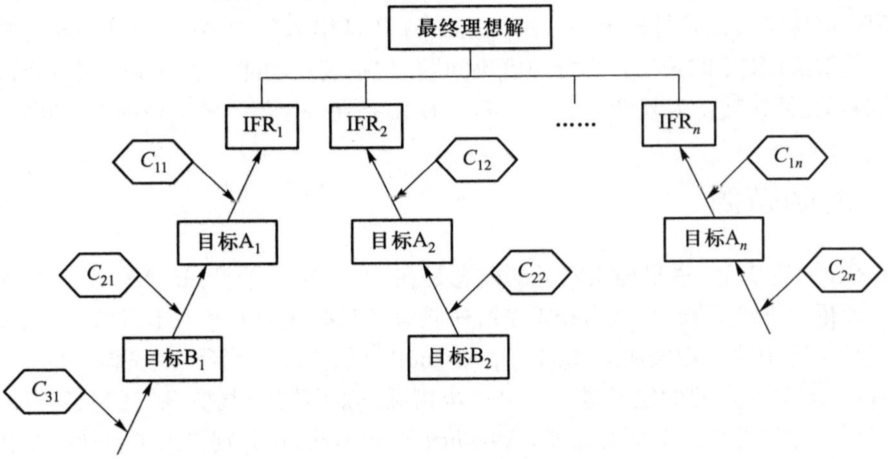

图 2.40 最终理想解实现的过程[13]

理想解可采用与技术及实现无关的语言对需要创新的原因进行描述, 创新的重要进展往往在对问题深入的理解中所取得。确认那些使系统不能处于理想化的元件是创新成功的关键。设计过程中从起点向理想解过渡的过程称为理想化过程。

理想解有如下的 4 个特点:

(1) 消除了原系统的不足之处;

(2) 保持原系统的优点;

(3) 没有使系统变得更复杂 (采用无成本或可用资源);

(4) 没有引入新的缺陷。

当确定了待设计产品或系统的理想解后, 可用上述 4 个特点检查, 也要用式 (2.2) 检查理想解是否正确。

2.5.4 理想解分析过程

对于很多的发明问题, 理想解的正确描述会直接得出问题的解, 其原因是与技术无关的理想解使工程师的思维跳出问题的传统解决方法。

确定理想解的步骤, 现描述如下:

(1) 设计的最终目的是什么?

(2) 理想解是什么?

(3) 达到理想解的障碍是什么?

(4) 出现这种障碍的结果是什么?

(5) 不出现这种障碍的条件是什么? 创造这些条件存在的可用资源是什么?

应用 IFR 的基本概念解决产发明问题的第一步是 IFR 陈述: 产品或系统自身具有所需要的功能, 且没有有害作用及附加的复杂性。其中自身一词是确定方向及评价精度及质量的关键。之后, 要确定增加效益, 降低成本及减少副作用等因素。IFR 是问题解决的目标, 明确的目标对发明及创新十分重要。IFR 可用于不同层面的问题解决, 初级的 IFR 所采用的问题解决方案是应用外部资源解决, 而无须更多的花费, 环境、超系统、副产品等都可以是外部资源。高一级 IFR 不能引入新的物质, 而必须通过系统内部的变化解决问题, 即采用内部资源解决问题, 包括实现功能、消除副作用或降低成本等, 同时不使系统变得太复杂。更高一级的 IFR 是在一个特定的区域内解决问题。

2.6 发明资源

TRIZ 研究史上, 最早提出资源的概念是在 1982 年, Vladimir Petrov 首先提出了技术系统超额供给的概念, 认为技术系统所具有的某些能力通常大于需求, 这些多余的能力就是系统中的可用资源。1985 年, Altshuller 引入了"物质–场资源"的概念; 同年, Svetlana 等对资源的定义进行了进一步拓展, 除了物质–场资源, 还包括空间资源、信息资源、时间资源、变化资源等。Vikentiev 和 Royzen 分别提出了差动资源和变化资源的概念。直到 2005 年, 在 TRIZ 研究中, 物理、化学、几何等领域中的效应已经被认为是提高理想化水平资源。归纳 TRIZ 领域关于资源的研究成果对发明过程依然重要。

2.6.1 发明资源的分类

人类活动离不开自然资源、金融资源、人力资源, 发明过程所用到的资源称为发明资源 (inventive resources)。发明资源的特征有如下 3 个。

(1) 可变换性: 任何由系统或环境中存在的物质 (包括废物) 变换后得到新物质。

(2) 低成本: 储存的能量、自由时间、未占用的空间、信息等。

(3) 知识运用: 实现附加功能的技术能力, 如采用物理、几何或其他效应。

技术系统向提高理想化水平的方向进化是其方向, 该过程最主要的是发现能够利用的发明资源。而发明资源通常是隐藏的、不可直接利用的或隐藏在系统或环境中, 需要研究其分类及应用方法。

发明资源有如下的多种类型。

(1) 按发明资源的可及性和资源所在区域, 分为内部资源、外部资源及超系统资源。

内部资源: 在冲突发生的时间、区域内存在的资源, 是冲突内部元件所能提供的资源。

外部资源: 在冲突发生的时间、区域外部系统内存在的资源。

超系统资源: 在系统边界范围之外存在的超系统或环境中的资源, 也包括系统的副产品。

(2) 按照资源可用状态可以分为直接应用资源、导出资源、差动资源。

直接应用资源: 不需做额外的处理或改变即可直接应用的资源, 如利用太阳能加热。

导出资源: 衍生资源, 是指需要经过额外处理或改变后才能应用的资源, 如通过系统内部零部件重新布置腾出的空间。

差动资源: 系统内外部物质或场能被利用的差异性、非均匀性、非对称性的性质, 表现为不同属性和参数, 如利用双金属片的热胀冷缩系数不同实现双金属片的弯曲。

(3) 按照资源的形式分为物质资源、场资源、信息资源、功能资源、时间资源、空间资源。

物质资源: 系统能够利用的内外部所有的物质元素, 从宏观的物体到微观的基本粒子。

场资源: 系统能够利用的内外部所有的能源或能量, 如重力、机械能、风能、太阳能、热能、电能、核能、磁能、潮汐能等。

信息资源: 系统能够利用的所有信息或信号, 包括但并不仅限于电信号。

功能资源: 系统内外部元件具有的执行超过其自身通常功能的能力。

时间资源: 是指系统或元件执行功能所能利用的时间。

空间资源: 是指系统或元件能够利用的空间。

2.6.2 发明资源存在的形态

1. 物质资源

物质资源包含技术系统及其周围环境的物质组成, 包括系统及其周围环境的组成元素、初始原料、产物、废物, 以及环境中水、空气、土壤、砂石、雪等廉价物质。

物质的不同状态在其分割程度上不同: 宏观物体被分割直到形成粉末, 然后粉末物质向微级别进一步分割, 形成分子、原子和基本粒子。了解物质的不同状态, 可以考虑从某一种状态导出其他状态, 形成导出的物质资源。

形态易转换物质: 相对比较容易地改变它们的状态和特性。根据设计需求, 可以利用转换前后的物质或者利用转换过程中的能量及其变化。

具有特殊性质的物质: 在自然界和人造物中, 某些物质具有一些特殊性质, 这些特殊性质可以用来实现某些特殊功能, 或者利用这些特殊性质完成系统状态的改变, 实现导出资源的获取。

导出物质资源: 由直接应用资源, 如物质或原材料变换或施加作用所得到的物质。

差动物质资源: 根据可被使用的物质内部结构特性或不同物质材料性质的差异性, 分为材料的各向异性和材料间性质的相异性。各向异性亦称 “非均质性”, 是指物体的全部或部分物理、化学等性质随方向的不同而各自表现出一定差异的特性。各向异性主要表现在物质的光学特性、电特性、声学特性、力学特性、化学特性、几何特性等方面。

2. 场资源

元件间通过场发生作用完成功能, 场本质上就是能量的不同形式。TRIZ 中的场是能量的概念, 或一个物体对另一个物体施加的作用。常用的 “场” 为机械能、声音、振动、热能、化学能、电场、磁场、电磁场、光能及其他辐射能。

导出的场资源是通过对直接应用场资源的变换或改变其作用的强度、方向及其他特性所得到的场资源。如鼠笼电机的旋转磁场是磁场的导出资源。闪电是云与大地之间的强大电场导出的电磁场资源 (产生了电流)。

差动场资源是指可被利用的场分布的不均匀性, 包括场梯度的利用、空间不均匀场的利用、场值与标准值的偏差。

3. 空间资源

空间资源分为直接可用空间资源与导出空间资源。空间资源包括系统内部及其所处环境中未被占用的空间或 “空洞”, 这种资源可以用来放置新的物体, 也可用来在空间紧张时节约空间。导出空间资源是由于几何形状或效应引起的变化所得到的额外的空间, 如利用麦比乌斯效应制造摩擦带可得到比原来环形带两倍的有效长度。

4. 时间资源

时间资源分为直接可用时间资源与导出时间资源。直接可用时间资源是指可被用来改善系统操作的时间区间, 如过程开始之前的时间段、过程期间的时间段、同时进行不同的过程、加速过程节约的时间等。导出时间资源是由于加速、减速或中断所获得的时间间隔, 如被压缩的数据可以在较短的时间内传递完毕。

5. 信息资源

信息资源分为直接可用信息资源与导出信息资源。信息资源通常用于解决测量、监测和分离功能。因此信息资源是描述物质、场、属性改变或元件参数的数据, 是描述系统、元件及其所处环境状态的所有信息, 包括系统及其环境的变化信息。直接可用信息资源分为系统及其组成元素产生的场、脱离系统的物质、系统及其组成元素的温度或透明度等特性以及通过系统及其组成元素的能量流变化等。导出信息资源是通过变换设计不相关的信息, 使之与设计相关, 如地球表面电磁场的微弱变化可用于发现矿藏, 利用铁磁性矿藏对地球磁场的影响等。

6. 功能资源

功能资源分为直接应用功能资源与导出可用资源。任何元件和系统都有执行超过其自身基本功能的能力, 功能资源就是系统及其所处的环境执行额外功能的能力。直接应用功能资源为系统及其所处环境的已知功能用于其他目的, 如用旋转的自行车后轮辐条脱花生; 将系统及其所处环境的有害功能转换为有益功能; 系统及其所处环境可执行有益功能的合成与强化。导出的功能资源是经过合理变化后, 系统完成附加功能的能力, 如锻模经过适当修改后, 锻件本身可以带有企业商标。

2.6.3 资源分析方法

1. 资源选择原则

资源选择原则是从资源的可及性、可用性及成本和数量、质量等方面综合考虑和评价。

(1) 资源可及性 (resource accecibilty): 尽可能地发现资源为开发概念解提供了机会, 因为每项资源都是问题潜在的解。可用资源越多, 解空间越大。但是从对系统引起的改变程度看, 资源可及性越差, 对系统的改变就越大。因此一般系统与其元件具有的资源是最强的、最具效益的解的基础。通过应用已经获取的系统资源, 不再需要从系统外部引入资源就能获得好的解。因此从资源可及性方面, 子系统内部资源是首选, 然后是系统内资源, 再是超系统或环境资源。

(2) 资源可用性 (resource readiness) 及成本 (resource cost): 从对系统影响最小的角度, 直接应用资源应是首选, 然后是导出资源, 如果涉及检测功能则寻找差动资源。从资源成本的角度, 应该首选无成本资源 (如空气、重力), 然后是低成本或廉价资源, 最后选择昂贵资源。

(3) 资源数量 (resource quantitative): 按照可用资源存在数量可以分为: 资源不足 (insufficient)、资源充足 (sufficient)、资源过剩 (unlimited)。优先选用过剩资源, 其次选择供应充足的资源, 最后选择供应不足的资源。

(4) 资源质量 (resource qualitative): 从资源的质量上可以分为有用资源 (useful)、不确定资源 (neutral)、有害资源 (harmful)。优先选用有用资源, 其次选择不确定的资源, 最后选择有害资源。

2. 问题层次探究法

当设计中遇到问题时, 惯性思维会导致设计人员相信最初定义的问题就是需要解决的问题。有不少的工程实例表明, 企业花费了大量的时间和资金, 但仍没有解决问题, 原因是最初就没有找到问题的真正所在。问题层次探究法将设计中遇到的问题视为原始问题, 通过提出 "Why" 和 "What" 两个问题分别扩大、缩小原始问题涉及的范围。通过连续几次重复这两个问题, 就找到了问题的根本原因所在, 这结合了根原因分析法的思想。这个分析过程的结果是一个问题逐渐明确的层次结构图, 它能帮助我们找到解决问题的思路。图 2.41 是 "问题层次探究法" 的分析模型。

问题层次探究法通过重复地提问 "Why" 指导我们准确地找到问题的根本原因所在, 通过不断地提问 "What" 寻找到引起问题的资源。确定引起问题的资源后, 设计人员解决起问题就会事半功倍了。

3. 雷达图分析资源法

雷达图是一种描述给定系统进化潜力的方法, 如图 2.42 所示。图中顶点代表产品的各个性能, 阴影区域表示当前系统已被应用的资源, 空白区域表示未被利用的资源 (待挖掘的进化潜力) 即为进化资源。进化资源是理想解定向进化理论应用的核心, 包括由于所给系统或其他相关系统进化所创造出的想法、概念和其他可能性 (技术和非技术的)。应用雷达图分析资源的方法与进化趋势有关, 具体应用步骤分为如下 3 步。

第 1 步: 将系统的各个性能指标作为雷达图的端点。

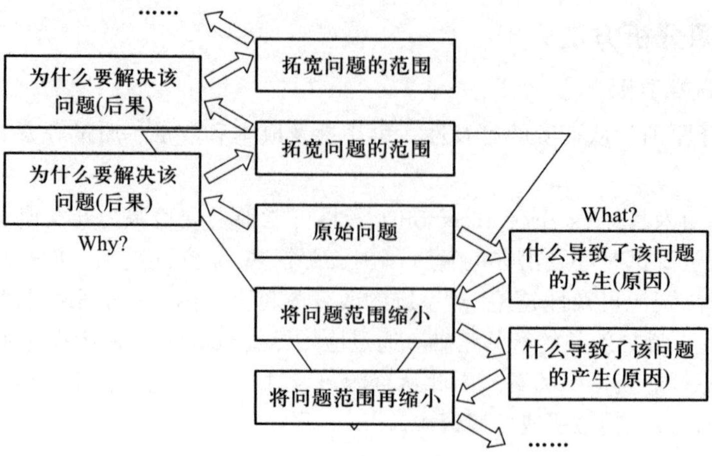

图 2.41 “问题层次探究”资源分析模型[1]

第 2 步: 将每条径向的边等分成几段, 标上刻度, 依次研究每个功能属性下所达到的程度。

第 3 步: 将绘制的各个点连接起来, 即得到了雷达图, 空白区域为待开发的资源, 即进化资源。

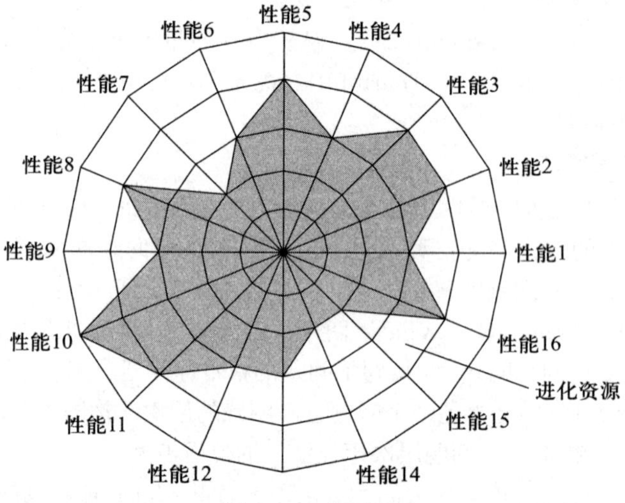

图 2.42 雷达图

资源的利用程度决定了系统进化的潜力, 系统向着最终理想解的方向进化, 因而提高系统的理想化水平。进行资源分析, 确定产生根本问题的资源及确定潜在可用资源, 对分析问题起着关键性的作用。

2.7 发明分级

TRIZ 的一个重要成果是认为发明有级别, 发明由低级向高级的方向发展。由于这种发展, 以发明为基础的新产品才一直占领老市场或又赢得新市场。Altshuller 通过研究表明, 发明分为 5 个级别, 创造高级别发明需要更多的知识。发明的级别还与解决问题的难易程度、知识来源等有密切的关系[14]。

1 级 (Level 1): 显然的解。

需要得到通常问题的解, 或对已有系统的简单改进, 工程师自身的经验即可解决, 不需要创新, 大约 32% 的解属于该范围。如用厚隔热层减少热量损失; 用载重量更大的卡车改善运输的成本与效益比。

2 级 (Level 2): 少量的改进。

通过解决一个技术冲突对已有系统进行少量的改进, 采用行业中已有的方法即可完成, 解决该类问题的传统方法是折中法, 大约有 45% 的解属于该范围, 如在焊接装置上增加一个灭火器。

3 级 (Level 3): 根本性的改进。

对已有系统有根本性的改进, 要采用本行业以外已有的方法解决, 传统的发明过程也应解决冲突, 大约有 18% 的解属于该范围, 如计算机鼠标、山地自行车、圆珠笔。

4 级 (Level 4): 全新的概念。

采用全新的原理完成已有系统基本功能的新解。解的发现主要是从科学的角度而不是从工程的角度, 大约有 4% 的解属于该类, 如内燃机、集成电路、个人计算机、充气轮胎、虚拟现实。

5 级 (Level 5): 科学发现或影响人类社会的重大发明。

科学原理的发现如基础理论研究的重要发现, 或罕见的科学原理导致一种新系统的发明, 大约有 1% 属于该类, 如飞机、计算机、形状记忆合金、蒸汽机。

从上述的分级可以看出, 解的级别越高, 获得该解时所需知识越多, 这些知识所处的领域越宽, 搜索有用知识的时间就越长, 难度也越大, 如图 2.43 所示。

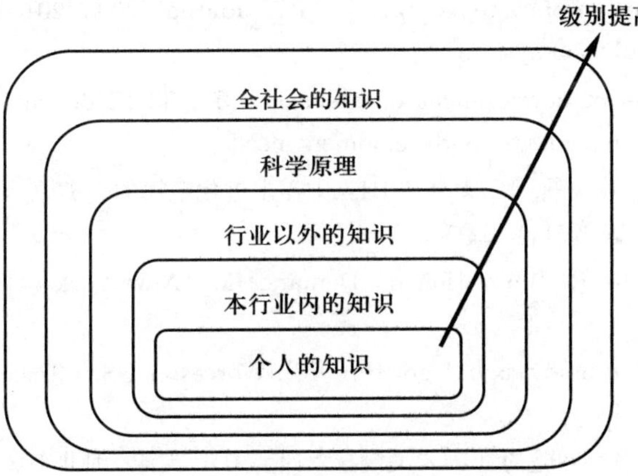

图 2.43 知识圈与发明级别的关系

发明的分级表明, 发明过程所遇到绝大多数问题或相似问题已被前人在其他地方或其他领域解决了。假如工程师能按照正确路径, 从低级开始, 依据自身的知识与经验, 向高级方向努力, 从本企业、本行业及其他行业已存在的知识与经验中获得大量的解, 有意识地去发现这些解, 将节省大量时间, 降低产品开发成本。同时, 一个企业的发明与创新必须向高级别发展, 仅仅 $1 \sim 2$ 级的发明是不够的, 需要 $3 \sim 4$ 级的发明与创新, 以提高企业的市场竞争力。

2.8 小结

以经典 TRIZ 的基本概念为基础, 结合设计方法学的基本概念, 提出了 C–TRIZ 的基本概念, 包括技术系统、功能、功能与技术进化、资源、理想解与发明分级, 特别是将功能模型划分为层次型与关系型, 使西方关于功能模型的知识与 TRIZ 中的功能模型统一应用。这些基本概念构成了 C–TRIZ 发展与应用的基础。

参考文献

[1] 檀润华. TRIZ 及应用 [M]. 北京: 高等教育出版社, 2010.

[2] 曹国忠, 檀润华. 功能设计原理及应用 [M]. 北京: 高等教育出版社, 2016.

[3] Pahl G, Beitz W. Engineering Design–A Systematic Approach [M]. 2nd ed. London: Springer-Verlag, 2000.

[4] Stone R, Wood K. Development of a functional basis for design [J]. Journal of Mechanical Design, 2000, 122: 359-370.

[5] Royzen Z. Tool, Object, Product (TOP) function analysis [J/OL]. TRIZ Journal, 1999 [2019-04-06]. https://triz-journal.com/tool-object-product-top-function-analysis/.

[6] 张换高. 创新设计——TRIZ 系统化创新教程 [M]. 北京: 机械工业出版社, 2017.

[7] Charalampos D, Katharina E, Lindemann U. A functional analysis approach for product reengineering [J]. Procedia Engineering, 2011, 9: 270-280.

[8] Michel L. Evolution of systems [J/OL]. TRIZ Journal, 2003 [2019-04-06]. https://triz-journal.com/evolution-systems/.

[9] Petrov V. Laws of development of needs [J/OL]. TRIZ Journal, 2006 [2019-04-06]. https://triz-journal.com/laws-development-needs/.

[10] 檀润华, 马建红, 陈子顺, 等. 基于 TRIZ 中需求进化定律的一类原始创新过程研究 [J]. 中国工程科学, 2008, 10(11): 52-58.

[11] Victor F, Eugene R. Innovation on Demand [M]. New York: Cambridge University Press, 2005.

[12] Altshuller G. The Innovation Algorithm [M]. Worcester USA: Technical innovation center, 1999.

[13] 马力辉. 面向多冲突问题的 TRIZ 关键技术研究 [D]. 天津: 河北工业大学, 2007.

[14] Souchkov V. The 5 Levels of solutions explained [J/OL]. TRIZ Journal, 2007 [2019-04-06]. https://triz-journal.com/differentiating-among-the-five-levels-of-solutions/.

第 3 章　发明机遇发现及转换

3.1　概述

世界处于变化之中。市场竞争的加剧、法律法规的改变、新技术的出现、劳动力市场的变化、人口年龄结构的变化、人们审美观的变化等都是引起世界变化的因素, 企业必须适应世界的变化并在竞争中取胜。创新是将这些变化作为初始机遇或激励因素启动发明过程并形成发明, 之后将发明转化为产品或服务, 从而适应世界的变化。分析这些初始机遇, 抓住其中的主要问题加以解决, 是成功发明过程的主要思想及成功创新的基础。本章主要研究初始机遇分析及确定发明问题的基本过程与方法。

3.2　发明的初始机遇及其转换

3.2.1　企业面临的变化

机遇本身是有利的时机或者境遇。初始机遇是工程师通过用户需求发展趋势、企业竞争焦点、技术发展水平、社会变革等企业内部及外部变化, 发现有利于企业创新的诱导因素。企业内部变化是企业内部研发过程、生产过程或用户反馈信息等引起的变化, 如未预测到的产品设计或工艺过程的失败、未达到预期的工作目标、设计过程与工艺过程的瑕疵、用户反馈的产品问题等。外部变化是企业外部环境发生的改变, 如未预测到的企业外部事件、市场的剧烈变化、已经或正在出现的新技术、新领域或相关知识的出现、人口年龄分布发生重大变化、人们审美观的变化等。因此, 企业不仅面临内部变化, 也面临外部变化。

Drucker 将企业内、外部变化细分为 7 种[1]。前 4 种存在于企业或工业之内, 基本上是一些“征兆”, 但却是已出现改变或只需少量工作便能促成改变的可靠指示。后 3 种为企业外部变化, 如表 3.1 所示。

表 3.1　Drucker 细分的企业内、外部变化

序号	变化名称	解释
1	意外的成功或失败	意外的成功是最好的创新。要开发它只需分析这种现象, 因为意外的成功是一个征兆。如有一条产品线的表现远远胜过其他产品, 出乎管理层的意料。在这种情况下管理层一定要找出他们成功的理由, 然后考虑如果开发这个机遇对企业带来的后果。 意外的失败也能引出其他机遇。如福特汽车公司在 1957 年研制成一款 EDSEL 汽车。EDSEL 的设计是基于对用户的大量研究, 找出他们

续表

序号	变化名称	解释
1	意外的成功或失败	对汽车外观及设计的偏好而发展出来的。但结果 EDSEL 一推出市场就失败了。几乎没有人选购这款汽车。福特的管理层没有责怪消费者的选择“不理智”，他们认为错误出在汽车业对消费者行为的一些一般假设上。福特在重新研究市场后发现了一个新的消费者“生活形式”市场，然后迅速地生产出另一款设计超卓的雷鸟汽车。后来，雷鸟型号成了美国汽车业有史以来最成功的型号之一。
2	不协调现象	不协调是一种有差距、不一致的现象。这种差距如果存在于现实情况与假设应发生的情况之中，无论是好还是坏的差距，都是一种变动征兆。它意味着改变已经发生，或可以主动造就改变的发生。不协调现象分为: (1) 经济成果与产业的不协调。 如果市场对某种货物或服务的需求正在稳定增长，该产业的经济成效理应随之而稳定增长。在市场大势推动下，这个产业内的企业应该很容易出现盈利。如果这种企业缺乏盈利，就出现了经济成果不协调的情况。这种情况往往出现在整个产业之内，也为一个小而高度聚集的新企业、新制造过程或新的服务带来一个创新的机遇。开发一个不协调现象的创新者可以预期在较长一段时间内不会有大量竞争者出现。固有的从业者需要一段时间才觉醒他们正面对一位新而危险的竞争者。 (2) 产业认知的价值与用户认知价值的不协调。 在所有不协调的情况之中，这种是最普遍的。生产或供货商一般都不能正确认知用户买的是什么。他们假设生产商的价值等同用户的价值，但其实用户的价值及指望往往与生产商有很大的差别，用户认为自己购买的往往与生产商销售的不一样。在这种情况下生产商可能认为用户的行为“不理智”，其实创新的机遇已经显现。创新者需要掌握这些潜在的机遇。 (3) 流程内的活动和逻辑上的不协调。 这种情况发生在某一项流程内不协调之处，尤其是消费者使用产品时的不协调。
3	基于流程需要的创新	这种创新源于寻找一个现存流程内较弱或缺少的环节。如果某一消费者认为有必要改变，或觉得有“较好的方法”，其他用户也乐意接受所引起的创新。
4	产业或市场结构的改变	这种改变一般来自用户偏好、口味或新的价值观的改变。另外，个别产业的迅速增长也是产业结构改变的可靠指针。日本汽车制造业用小型及耗油量低的汽车打入美国市场，令他们能把握当时燃油价格大幅度上涨的机会，从消费者改变的喜好中提高汽车销量。另外一种创新的机遇来自产业以外的改变。
5	人口的改变	人口的改变 (年龄、教育、可支配收入、地域上的转变等) 是预测未来最可靠的指针之一，也为创新带来了机遇，如中国的人口老龄化、大量只有一个孩子的家庭，以及上升的可支配收入可为创新带来很多机遇。
6	理解及意义的改变	意外成功或失败的背后常常藏匿着人们在理解及意义上的一些改变。福特汽车公司雷鸟汽车的成功及 EDSEL 汽车的失败被归结于人们理解上的改变。汽车市场当时一般被产业以用户收入为基础分割，但在用户选购汽车时，用户却以“生活形式”为需要来决定自己选购的汽车。在这种情况下，寻找创新机遇需把握时机及做出准确判断。如创新者需要判断人们的理解是否真正发生变化，或只是一种短期的潮流。

续表

序号	变化名称	解释
7	新知识的应用	新知识虽可成为创新机遇的来源, 但却需要较长的时间实现。新的知识要变成科技需要很长的时间, 然后再需要一段时间才发展成产品, 推入市场。应用新知识的创新通常不能基于单一知识因素产生, 而是集成几种不同的知识而形成。

Tidd 等提出了企业面对的 10 种变化, 分别是新市场的出现、新技术的出现、新政治规则的出现、已有的市场在萎缩、市场行为正在变化、新市场规则的出现、未预测到的事件、商业模式创新、技术–经济模式变化、架构创新。还有一些学者均给出了研究结果。总结这些结果, 给出表 3.2 所示的诱发创新的内、外部变化作为参考。

表 3.2 激励创新的内、外部变化

企业内部变化	企业外部变化
未达到工作的预期目标	高增长区域出现
未预测到的失败	新技术出现
未预测到的外部事件	人口增长变化
过程瑕疵	审美观变化
市场变化	新知识出现

3.2.2 初始机遇的发现

企业管理人员及工程师通过分析企业内、外部变化, 发现一些影响已有产品或需要开发全新产品的征兆, 如反常现象, 这些征兆作用于已有产品或单独使用, 将产生一些需要满足的新需求。工程师根据企业应用的主创新过程及多年开发新产品的经验, 能够判断为满足这些新需求应当促使哪一个创新子过程有所改变, 该子过程即为关键创新子过程。对于原始创新的产品, 该子过程应为模糊前端。改变的结果应由主过程中的后续子过程实现并产生新产品, 该产品是对已有产品的替代, 或是市场从未存在的产品, 即原始创新, 从而满足了由于变化产生的新需求。因此, 创新或发明的初始机遇包括变化、已有产品、新需求、关键创新子系统、可能的新产品预测等因素, 所有这些因素构成了发明的初始机遇。图 3.1 所示为创新的初始机遇构成要素。

初始机遇发现的步骤共有 4 步。

第 1 步: 变化扫描。扫描企业内、外部可能的变化, 发现对本企业有影响的变化。

第 2 步: 确定新需求。建立变化与已有产品的关系, 判断产品需要改变的要素, 如原理、结构、参数或加工与装配工艺等。

第 3 步: 确定关键创新子过程。工程师根据新需求及关于产品开发的经验判断, 如果新需求与已有产品无关, 关键创新子过程为模糊前端。

第 4 步: 预测改变后的新产品。该新产品应能满足新的用户需求, 从而满足变化的要求。

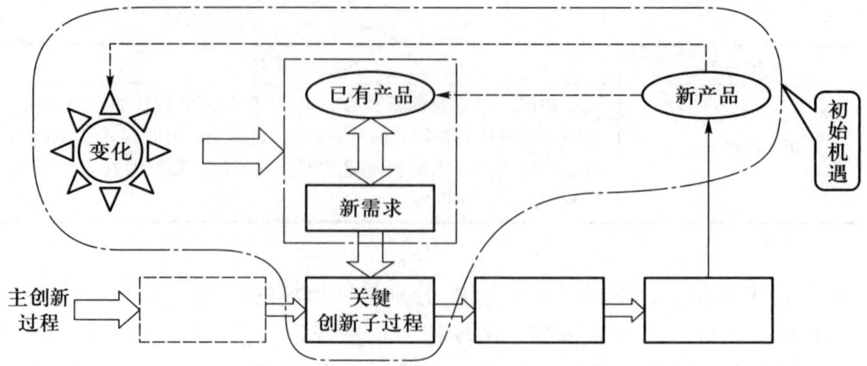

图 3.1 创新的初始机遇构成要素

3.2.3 初始机遇的转换

企业创新的初始机遇不是企业的创新机遇与市场机遇。企业的市场机遇是一种可能发生的事件, 该事件通过整合资源不仅满足了市场需求, 而且还为用户增加了价值; 该类机遇还可能是引入一种服务、原材料或组织方法后, 使企业生产的产品以高于成本价在市场上销售。企业创新机遇要有为企业创造利润的潜力, 或创造市场上不存在、用户需要且社会认可的新产品或服务。因此, 需要一系列的活动将初始机遇转换成创新机遇与市场机遇, 实现发明与创新的全过程, 如图 3.2 所示。

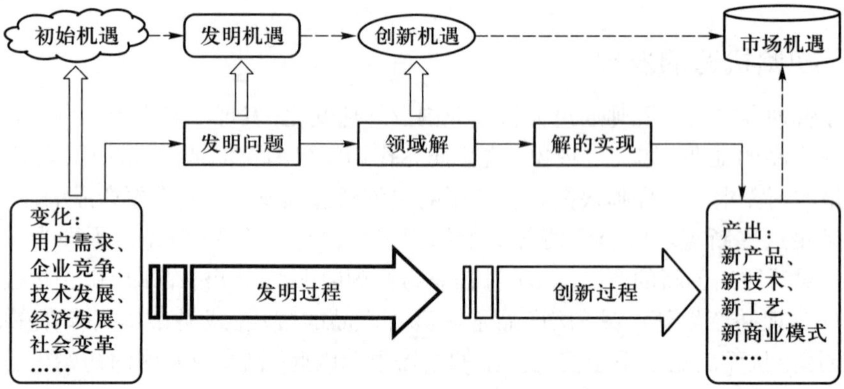

图 3.2 创新过程中的机遇转换

图 3.2 中的初始机遇是由图 3.1 确定的, 是企业分析各种变化, 确定需求及与产品创新各阶段的关系, 确定关键创新子过程及预测未来新产品等要素构成。之后将初始机遇转化为发明机遇、创新机遇, 企业抓住创新机遇, 通过创新过程产出了新产品, 通过市场机遇将新产品变为企业效益, 实现了创新全过程。因此, 企业创新过程是机遇转换的过程。

发明机遇由一系列发明问题组成, 是初始机遇第一次转换的结果。发明问题的发现与解决是创新的核心。初始机遇通常是显而易见的, 企业的管理人员很容易发现这样的机遇, 但如何让工程师们对其中的机遇或表层问题感兴趣, 然后通过一系列过程发现深层问题并确定发明问题是艰难的过程。因此, 确认后的发明问题是工程师们的发明机遇。

实践中经常遇到下面几种重要的发明问题。

(1) 冲突问题 (contradiction problem): 使质量与数量同时改进或更完善。

(2) 诊断问题 (diagnostic problem): 寻找及预防缺点或不足。

(3) 裁剪问题 (trimming problem): 简化系统或降低已存在技术的成本。

(4) 类比问题 (analogy problem): 已有知识、技术和过程的新应用。

(5) 综合问题 (synthesis problem): 通过整合已存在的解获得新解。

(6) 生成问题 (genesis problem): 创造从未有过的新技术以满足新需求。

创新机遇或发明问题的解是创新过程的起点。工程师们如能确定发明机遇, 通过本学科及跨学科知识的应用解决这些问题, 形成一系列发明问题的解决方案, 并通过其自身对这些方案的评估, 选出部分继续完善就能形成领域解或发明。企业根据发展战略及现实的情况, 组织相关人员评估这些发明, 选出新颖且可行的发明作为起点, 继续后续的创新过程, 开发出新技术、新工艺或新产品, 并通过市场运作获得效益, 实现企业创新全过程。

发明问题是一类特殊的、难于解决的领域问题, 该类问题的解存在两类, 即领域问题的解与领域解。领域问题的解是应用 TRIZ 中的各种工具与方法解决发明问题所得到的解, 领域解是将领域问题的解返回到出现发明问题的关键创新子系统, 按照领域过程与知识完善得到的解。图 3.2 中的领域解是将发明问题的解经过后续完善后得到的解, 该类解形成发明并成为企业创新机遇。

图 3.2 表明, 发明过程是发现或确认初始机遇, 将其转变为发明机遇及企业创新机遇的过程, 或通过现象看本质, 发现发明问题并解决它们的过程。如何透过现象看本质是本章后续部分应解决的问题。

3.3 问题导向的机遇发现

问题导向方法 (problem-oriented method) 首先确定存在的问题, 之后确定问题的解决方案并实施这些方案的过程。问题导向的机遇是指待开发的产品或技术系统的“期望状态”与“当前状态”都明确, 但两种状态之间存在距离, 该距离存在的最根本的原因或根原因往往导致一类发明问题的存在, 解决该类问题形成发明。即确定技术系统中已经存在的发明问题并为后续解决该类问题奠定基础的过程称为原因或问题导向的机遇发现。

3.3.1 初始机遇的形成

企业生产产品或技术系统的目的在于追求利润, 利润必须通过用户购买产生。在企业外部或内部发现任何可能激发用户做出购买决定的因素, 并将之转化为产品特性, 都可能成为产品创新的机遇。

价值工程认为用户的购买行为来自用户对产品价值的认可。因此, 企业创新的核心

问题在于提高产品的价值或理想化水平。将理想化水平定义 [式 (2.2)] 改写为

$$\text{理想化水平} = \text{效益}/(\text{成本} + \text{有害作用}) \tag{3.1}$$

式 (3.1) 中的效益一般用功能性描述, 功能性是功能实现的数量和性能; 成本是指从产品设计、制造、销售、使用、维修保养、报废回收等环节, 因人、财、物投入引起的成本, 即全生命周期成本; 有害作用是指全生命周期内发生的所有不期望的作用。

产品在功能性、成本和有害作用三方面表现出的与用户心中的期望状态的差距即形成问题, 这些问题是导致用户不满意的关键要素, 也是导致用户做出不购买决定的原因。因此, 产品创新首先要从解决这些问题入手, 导致这些问题产生的企业外部与内部变化要素就成为产品创新的初始机遇。

发现与解决问题是一个系统化的过程, 随着问题求解过程的深入, 各种创新机遇也越来越明晰、越来越具体化, 并得到问题的最终解。这些解经过市场化过程, 如果为企业带来了效益, 机遇才最终变为实质的创新, 即企业市场机遇的实现。

3.3.2 初始机遇的转换

在问题表象比较清楚的情况下, 解决问题的关键是根据表象找到问题的根原因, 从根原因入手才能从根本上解决问题。图 3.3 给出了基于 TRIZ 解决原因导向型问题的简化过程模型。该模型主要包括以下 4 个步骤。

第 1 步: 初始问题的描述。

初始问题的描述是要具体描述问题的现象、发生条件等。问题描述越详细, 越有助于对问题的透彻分析, 也越容易产生创新的机遇。问题应从以下 6 个方面进行描述。

(1) 明确系统实现的功能。确定问题所在系统以及实现的功能, 明确系统实现功能的约束。

(2) 分析现有系统的工作原理。明确系统由哪些部件组成, 各部件之间的连接关系, 如何实现系统功能。

(3) 阐明当前系统存在的问题。说明依据现有工作原理, 目前系统存在的问题。

(4) 确定问题出现的条件和时间。明确问题是否是在某一个特殊的条件下、特定的时间内才发生。

(5) 分析类似问题的现有解决方案及其缺点。类似问题的现有解决方案不仅包含工程师尝试解决问题的方法, 还包括相关专利中的类似问题解决方法, 以及领先企业的解决方案。

(6) 明确对新系统的要求。对新系统的要求实际上是对问题解决后系统达到的水平的要求。

第 2 步: 问题分析。

问题分析主要任务是应用 TRIZ 中的分析工具对问题进行深入分析, 找到问题产生的根本原因, 确定冲突区域, 即确定要解决问题的关键区域, 明确设计目标, 并对系统进行资源分析。问题分析主要包含 6 个步骤。

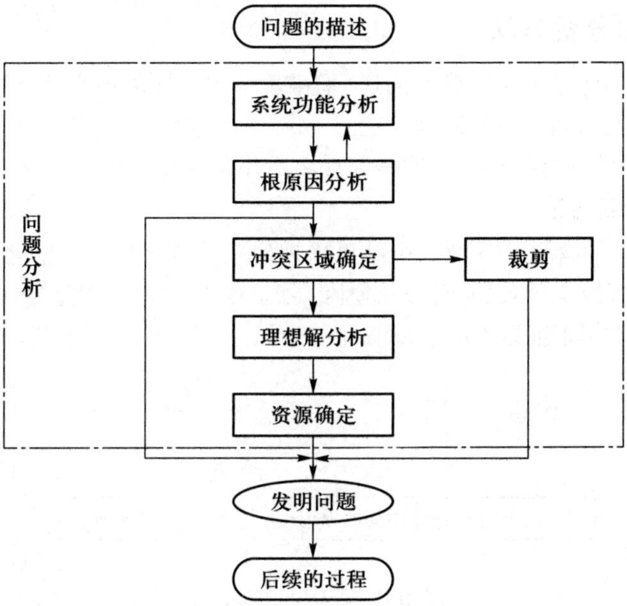

图 3.3 应用 TRIZ 解决原因导向型问题的简化流程[2]

(1) 功能分析。建立现有技术系统的功能模型, 根据问题的表象, 确定初始冲突区域。功能模型元件间作用的类型还需根据后续根原因分析的结果而定。这是一个反复修改的过程。

(2) 根原因分析。应用根原因分析方法, 从初始冲突区域开始, 建立因果链。根据设计约束, 确定可通过设计改变的根原因, 并修改功能模型。

(3) 冲突区域确定。把与根原因直接相关的元件确定为最终冲突区域, 即问题关键所在。

(4) 理想解分析。理想解分析是为了突破由冲突区域确定的“最小问题”的界限, 引导系统产生更高层级的解。

(5) 资源分析。根据消除根原因需要的资源类型, 分别分析其子系统、系统、超系统的资源, 判断理想解实现过程中克服障碍的可用资源, 建立资源列表, 分析每项资源在问题求解过程中可能的作用。

(6) 裁剪。在根原因分析确定冲突区域之后, 首先可以尝试对冲突区域进行裁剪, 按照裁剪规则或启发式裁剪问句进行裁剪, 并对裁去元件的有用功能重新分配, 得到一些可能解, 然后进行评价。

第 3 步: 确认发明问题。

根据上述分析的过程, 确认发明问题。不同的发明问题所采用的解决方法及所用知识是不同的。对于已有系统, 常遇到的发明问题为: 冲突问题、诊断问题、裁剪问题、类比问题、综合问题 (synthesis problem)。

第 4 步: 后续过程。

后续过程包括解决问题、形成发明及后续的创新。

3.3.3 根原因分析方法

准确地认识问题是解决问题的前提, 而准确认识问题的核心基石就是根原因分析。区分一个问题是发明问题还是通常问题, 需要一种结构化的问题处理方法, 因果分析法的目的在于识别问题的根原因, 并明确地提出所存在的发明问题。

1. 因果链分析方法

原因 (cause) 的含义是导致一个结果出现的条件或事件。一个问题的发生往往是由多个层次的原因综合导致的, 可以从原因层次的角度将原因划分为直接原因、中间原因和根原因, 它们共同组成因果链, 如图 3.4 所示。

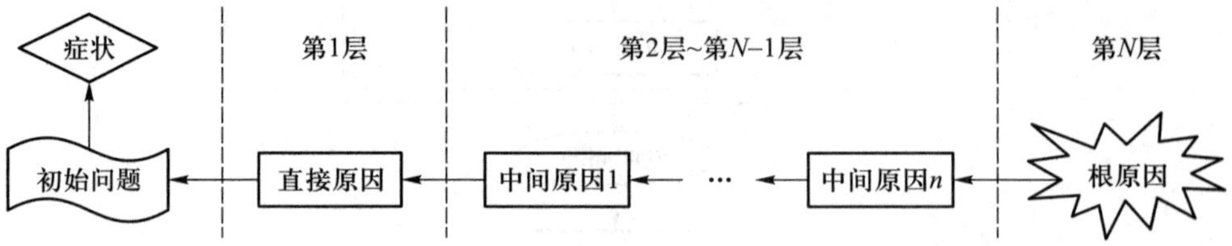

图 3.4 原因的不同层次

(1) 初始问题: 问题表象, 具有可感觉、可衡量性。它是由人们对技术系统的要求决定的, 问题是人们需求的反面。如人们对手机的要求是待机时间长, 那么特定事实就是待机时间短; 人们对热交换器的要求是降低高温介质的温度, 那么特定事实是未能将高温介质的温度降低到需要的程度。未满足的需求就是初始问题。

(2) 直接原因: 又称为初始原因, 是因果链上第 1 层原因, 直接导致问题表象出现的原因, 是由与特定事实直接相关的制品或元件组成的初始冲突区域决定的。

(3) 中间原因: 因果链上第 2 层到第 $N-1$ 层原因, 导致第 1 层到第 $N-2$ 层原因发生的原因, 但是自身不能直接导致问题的出现。在寻找中间原因时, 一定要依据合理的因果逻辑关系循序渐进, 寻找导致上一层原因出现的直接原因, 而不是间接原因, 避免跳跃, 否则会影响根本原因的识别。

(4) 根原因: 第 N 层原因是整个因果链得以启动的引擎。根原因具有可控性、可操作性、易消除, 且一旦消除, 同样或类似问题不会再次出现。

原因是可以无穷无尽地挖掘下去。但是对于具体的工程领域, 这样的原因分析没有意义。因此, 原因分析需要有终点, 将位于终点处的原因称为末端原因。确定末端原因的原则有如下 6 点, 达到这 6 点中任意一点, 就没有必要再进行原因分析。

(1) 达到物理、化学、生物或几何领域的极限;

(2) 达到自然现象;

(3) 达到法规、国家或行业标准等的限制;

(4) 不能继续找到下一层原因;

(5) 达到成本或人的本性极限;

(6) 根据技术系统的具体情况, 继续深挖原因已经与本系统无关。

2. 因果树分析方法

上述因果链中每一层原因都是直接导致上一层原因的条件或事件，需要明确的是直接导致同一结果的条件或事件并不只限于一个，可能有多个，并且这些条件或事件以某种关系组合在一起共同构成该层次上的原因。每个条件和事件都是该层原因中的一个分原因。各分原因间的关系有 3 种：与 (and)、或 (or)、综合 (combine)。

与 (and)：用符号 A 来表示。以此来代表一个不期望的结果是由两个或两个以上的原因共同造成的。不期望的结果出现条件是上述原因必须同时存在。表示方法如图 3.5(a) 所示。

或 (or)：用符号 O 来表示。以此来代表一个不期望的结果是由两个或两个以上的原因造成的，但是这些原因中只要有一个原因存在，那么这个不期望的结果就会发生。表示方法如图 3.5(b) 所示。

综合 (combine)：用符号 C 来表示。以此来代表一个不期望的结果受两个或两个以上的原因综合影响。这些原因的程度到达一定范围时，才会导致不期望的结果发生。如：

$$S_{\Delta} = \frac{1}{2} \times l_{底} \times h_{高} \tag{3.2}$$

三角形面积过大不是由底长与高度的 and 或 or 关系所致，而是由底长与高度综合导致的。表示方法如图 3.5(c) 所示。

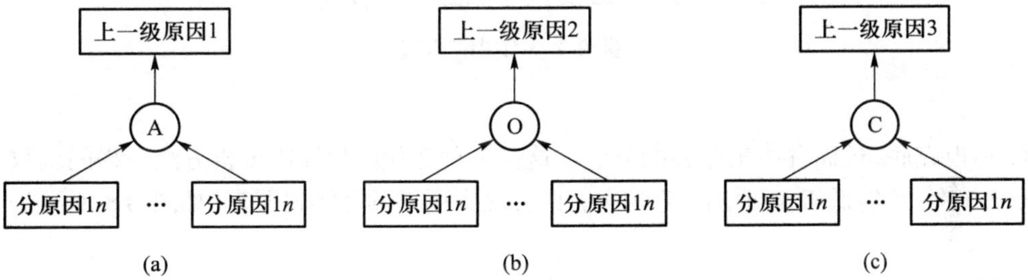

图 3.5 分原因之间的关系表达

如果把因果链中每层原因按照分原因展开，每个分原因作为一个独立原因考虑，并表达每个原因之间的关系，因果链就进一步细化为因果树，因果树形式如图 3.6 所示。

3. 因果链分析法

因果链分析法是通过构建因果链探明特定事实发生的原因和产生的结果之间关系的分析方法，以便找出问题发生的根本原因。

因果链分析的目的：引起特定事实发生的根本原因与产生的结果之间存在着一系列的因果逻辑关系，这样便可以构成一条或多条因果关系链，进而发现问题产生的根原因，寻找问题解决的切入点，如图 3.7 所示。

4. 5–Why 分析法

5–Why 分析法是由丰田公司的大野耐一首创的，这个方法的基本思想是从特定事实入手，通过不断地询问“为什么”，穿过具体层面，逐渐深入挖掘不同抽象层面的原

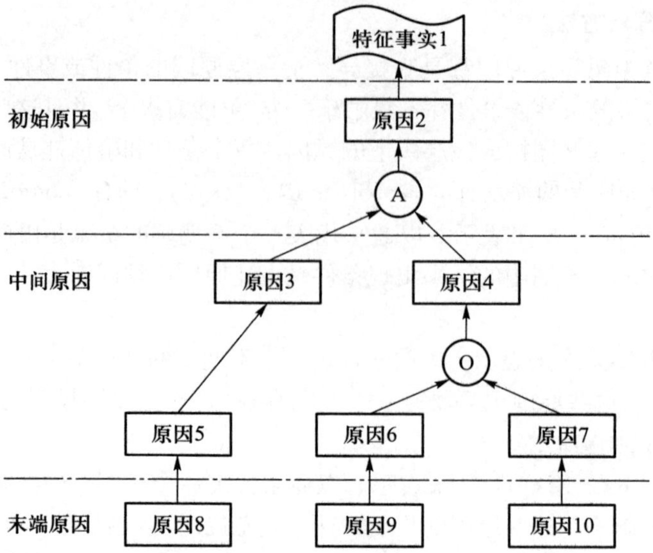

图 3.6 因果树

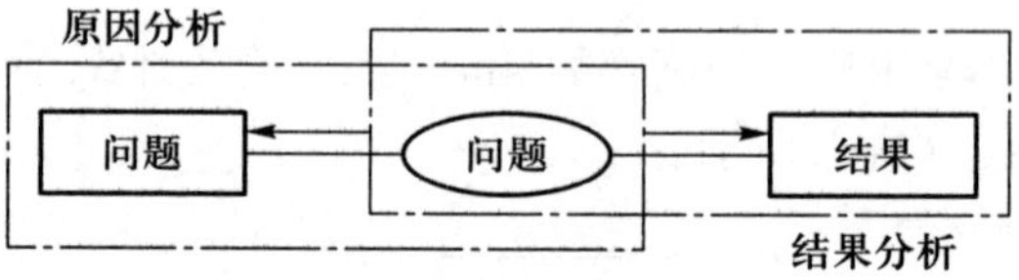

图 3.7 因果链模型

因, 追根究底, 进而寻找根原因的方法。这是一种迭代的根原因分析方法。提问次数不限于 5 次, 可能低于也可能高于 5 次。此方法常用工具是链式图表, 如图 3.8 所示。

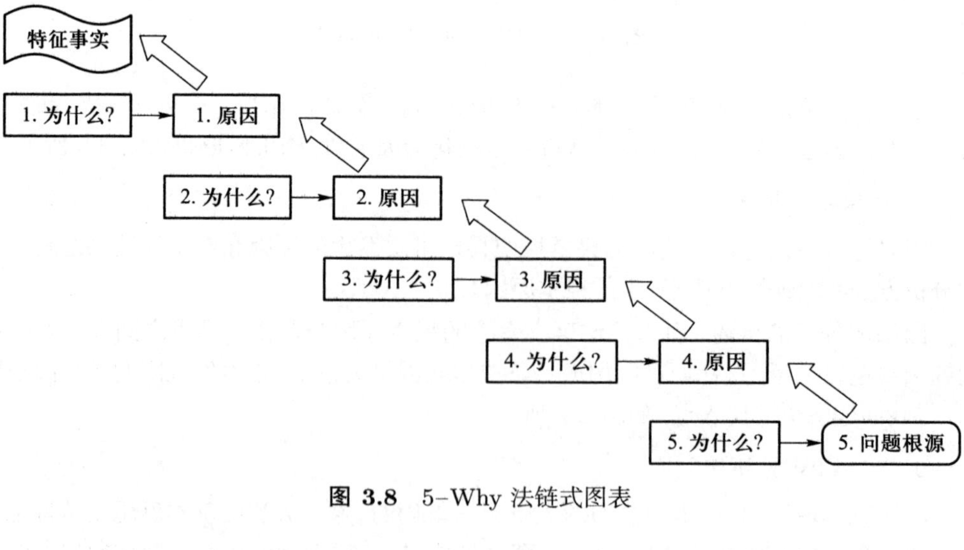

图 3.8 5-Why 法链式图表

5. 鱼骨图分析法

鱼骨图分析法是一种定性的分析方法, 它是以头脑风暴法为支撑, 从人、机、料、法、环、测 6 个方面 (5M1E) 去寻找问题发生的根本原因, 如图 3.9 所示。

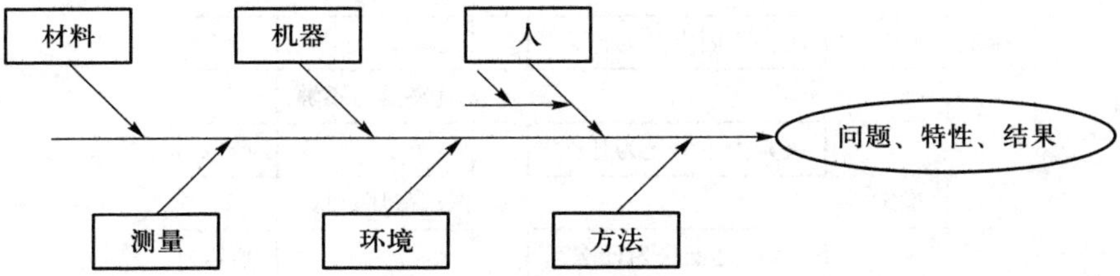

图 3.9 鱼骨图分析

(1) 人。与之相关的人员是否清楚要求? 意识如何? 数量程度等如何? 对于分析技术系统中出现的问题, 主要分析功能模型中人与系统的交互关系, 如果问题产生具有人的影响, 应该在系统改进时, 通过其他子系统代替人在系统中的功能。

(2) 机器。使用的设备、设施是否满足? 维护保养状况如何? 对于分析技术系统中出现的问题, "机" 是指超系统中的人造物。分析 "机" 的因素就是分析超系统中人造物对系统的影响。

(3) 材料。材料的成分、物理性能和化学性能。对于技术系统中出现的问题, "材料" 泛指系统中所有元件, 是分析与问题有关的元件及其相关属性。

(4) 方法。文件是否规定清楚? 是否可行? 是否制定相应的记录表格? 是否可行? 对于技术系统中出现的问题, 主要分析系统的原理是否导致问题的产生等。

(5) 测量。测量时采取的方法是否标准、正确? 对于技术系统中出现的问题, 主要分析检测控制系统是否存在问题。

(6) 环境。工作地的温度、湿度、照明和清洁条件等。对于分析技术系统中出现的问题, 主要分析超系统中自然环境对系统的影响。

5–Why 法和鱼骨图分析法可以结合使用。图 3.10 所示为汽车刹车导管长度不良问题的两种分析方法, 得到的根原因是 "汽缸漏气", 鱼骨图分支展开的过程可以应用 5–Why 法作为引导工具。

6. 故障树分析法

故障树是一种特殊的倒立树状逻辑因果关系图, 它用事件符号、逻辑门符号和转移符号描述系统中各种事件的因果关系, 如图 3.11 所示。故障树分析 (fault tree analysis, FTA) 的特点是直观、明了, 思路清晰, 逻辑性强, 可以做定性分析, 也可以做定量分析。

以上所述因果分析方法解决了因果分析过程如何展开的问题, 即提供了一种因果逻辑链条。但是上述因果分析方法对以下问题都没有解决。

(1) 对因果链条上任意一环, 直接原因应该如何描述? 即解决 "是什么" 的问题。

(2) 直接原因去哪里寻找? 即解决 "在哪里" 的问题。虽然鱼骨图法部分解决了这个问题, 但是过于宏观, 前文中已经针对分析工程技术问题的原因对其进行了重新阐释, 但是鱼骨图表现形式决定了其不可能展开过多。

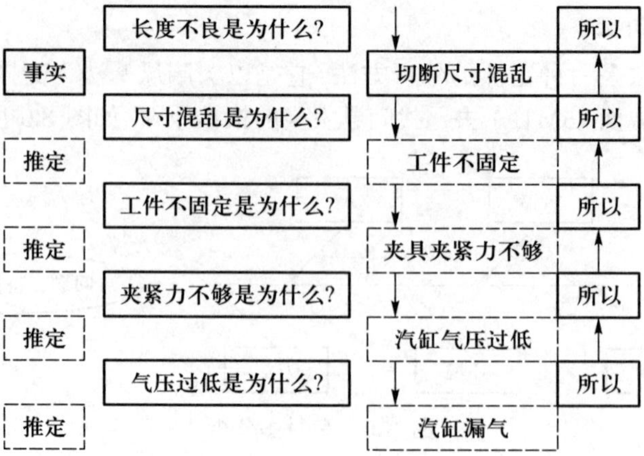

(a) 基于5-Why法的分析

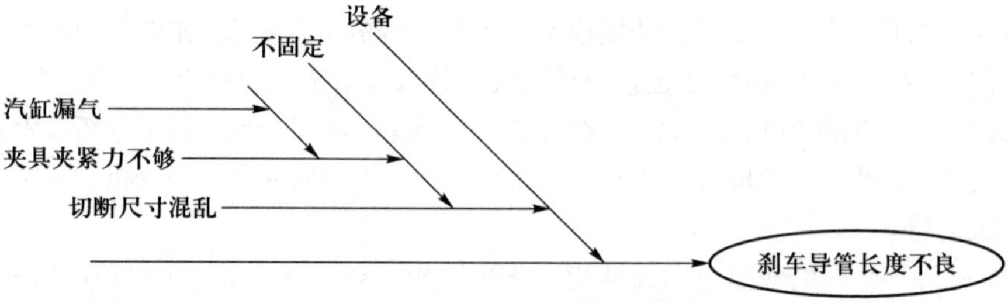

(b) 基于鱼骨图的分析(部分)

图 3.10 刹车导管长度不良的根原因分析

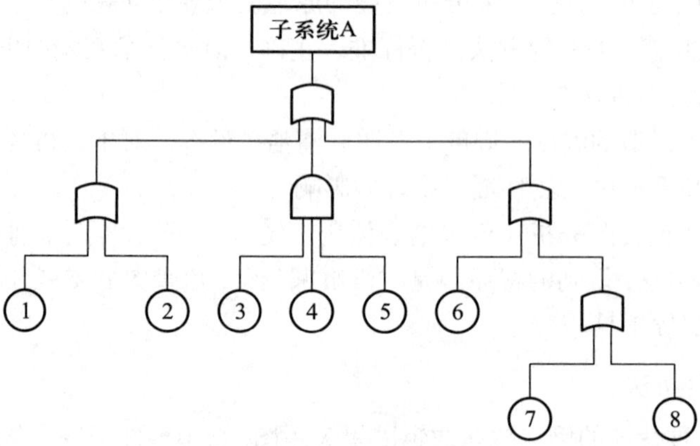

图 3.11 故障树模型[3]

(3) 如何找到所有可能的原因?

以上 3 个问题在做根原因分析过程中是在操作层面上必须解决的问题, 否则无法进行正确的因果推理。

3.3.4 基于冲突区域转换的根原因分析过程

冲突区域 (contradiction zone) 是在系统功能模型中, 与系统问题相关的元件间形成的最小单元, 表现为两个元件之间相互作用的区域。

如图 3.12(a) 所示, 该问题模型是切黄瓜时, 黄瓜片总是粘附在刀面上的示意图, 则冲突区域为刀面与黄瓜片相互作用的区域, 该冲突区域的物质–场模型如图 3.12(b) 所示。

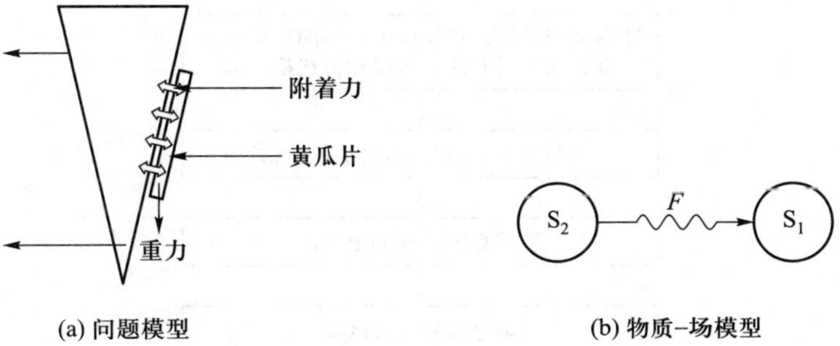

S_2—黄瓜片; S_1—刀面; F—附着力

图 3.12 切黄瓜的问题模型与物质–场模型

问题的原因就在于冲突区域的元件或元件间作用所具有的某种属性。之所以称为冲突区域, 是因为冲突区域元件属性的改变往往会引起冲突的出现。针对系统中的某个问题, 冲突区域可以有一个, 也可以有多个。根原因分析的目的就是为了确定系统中的最终冲突区域。

冲突区域的确定是应用 TRIZ 解决问题的前提。冲突区域界定了解决问题的最小区域, 可保证解决问题过程中系统较小的改变; 为了解决问题, 需改变冲突区域的元件属性, 这种改变可能会导致区域内或区域外的不期望结果产生, 即转化为冲突问题; 冲突区域可直接用物质–场模型表达, 用标准解求解; 冲突区域元件功能的重新求解可用效应求解; 冲突区域往往是有必要执行功能裁剪的区域; 冲突区域的理想解是系统的局部理想解, 提供系统解题的思路。

针对前述因果分析方法中存在的问题, 结合企业项目咨询积累的经验, 提出一种在功能模型上通过转换冲突区域进行根原因分析的方法。其基本原理是每一个导致上层结果出现的原因都与该原因直接相关的元件或作用的属性有关, 这些属性没有沿着期望的方向发展, 才导致了上层结果的出现。然而, 这些属性没有沿着期望的方向发展, 又与下层原因直接相关的元件或作用的属性变化不满足要求有关。基于这种思想, 提出利用以 "三元件模型" 为基础建立的功能模型网络, 通过转换冲突区域, 去识别不同区域内元件或功能的属性之间的相互影响和相互依赖的内在关系, 这样不仅避免了跳跃式的原因寻找, 还有利于形成严密的因果逻辑关系。

冲突转换的基本原理如图 3.13 所示。冲突转换分为 8 步。

第 1 步: 初步建立系统功能模型。根据问题表象在功能模型上确定直接相关的初始冲突区域, 然后根据分析结果修改功能模型。

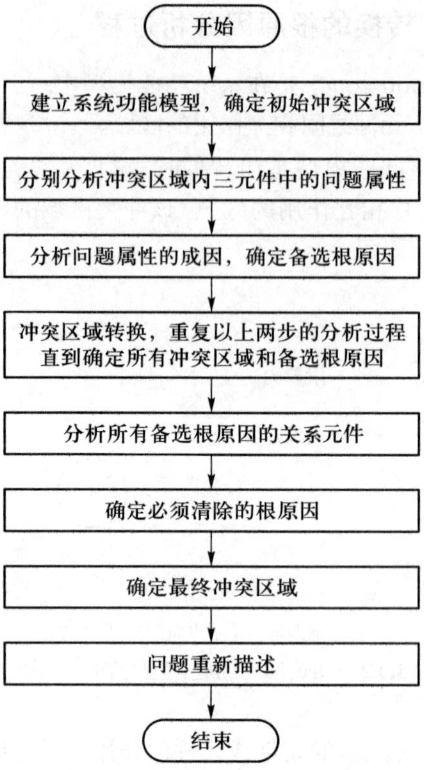

图 3.13 冲突区域转换的根原因分析过程[2]

第 2 步: 分析冲突区域三元件 (功能载体、功能对象和作用) 与问题表象相关的属性。直接导致问题发生的是初始冲突区域的元件具有某种或某几种属性 (或属性取值), 这些属性称为问题属性。

第 3 步: 逐一分析每个问题属性。如果问题属性是由冲突区域外的作用导致的, 则以问题属性为结果, 重新构建冲突区域, 进一步分析需进行冲突区域转换。如果问题属性是元件的内部属性, 不受外部因素影响, 且元件不能继续分解, 则记录下来作为备选根原因; 如果元件可分解, 则分解后缩小冲突区域范围 (冲突区域转换) 再进行分析。

第 4 步: 转换冲突区域。重复以上过程, 并根据分析结果修改功能模型, 直到确定所有冲突区域和备选根原因。

第 5 步: 根原因分析。根据分析过程, 构件因果逻辑图, 逐级分析所有备选根原因的关系。

第 6 步: 确定必须消除的根原因。根据备选根原因的关系和根原因的可控性, 确定必须消除的根原因。

第 7 步: 确定最终冲突区域。根据选定的根原因确定最终的冲突区域。

第 8 步: 重新定义问题。针对最终冲突区域, 以消除根原因为目标, 进行问题的重新描述。

3.4 目标导向的机遇发现

目标导向方法 (goal-oriented method) 是首先确定目标, 之后通过一系列活动达到目标的过程。目标是想要达到的境界或标准, 是对活动预期结果的主观设想。如果人们为之而努力, 目标就有可能实现。

目标导向的机遇是指首先要确定待创新产品或技术系统的“期望状态”或目标, 之后为了实现该状态, 产生了表层及深层问题, 要解决这些问题以达到设定的目标。因为探索型问题和假设型问题都属于目标导向型问题, 所以目标导向的机遇分为探索型与假设型两类。

3.4.1 探索型目标导向的机遇发现

探索型目标导向的机遇是指目前的产品或技术系统运转正常, 且满足对当前系统的要求, 但若提高其性能指标或水平, 即技术系统的目标发生变化, 则会导致问题发生, 即产生了目标导向的发明机遇。

1. 提升指标水平产生的机遇

产品或技术系统正常工作必须满足一定的指标体系。如数控机床的主要性能指标分为精度指标、加工性能指标、可控轴数与联动轴数、可靠性指标、运动性能指标, 每种指标又细分为不同的下一级指标, 如运动性能指标分为主轴转速、进给速度、坐标行程、摆角范围、刀库容量与换刀时间。任何产品都有自己领域规定的指标体系约束, 以证明产品能满足特定的用户需求。当产品的所有指标能满足目前的用户需求和产品正常生产与销售时, 而由于市场的变化, 可能出现图 3.14 所示的两种情况, 导致目前产品的某一个或一些指标不能满足新的要求, 从而产生创新的初始机遇。

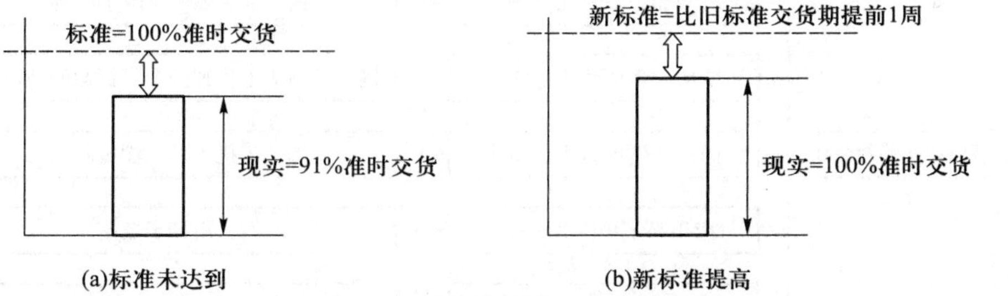

图 3.14 提升指标要求导致的问题

(1) 指标必须达到标准要求。目前生产的产品某些指标未达到标准要求, 由于用户能够接受, 可以生产。但市场竞争加剧或用户对产品需求的变化, 企业必须将低于标准的指标提高到标准要求。为了实现新的要求, 产品的设计、制造或两者均需要改变, 这种改变引起很多问题, 其中的一些问题是发明问题。如图 3.14(a) 所给出的一个案例, 图中某产品的交货期仅实现了标准交货期的 91%, 现要求提高到标准交货期的 100%, 增量的 9% 或引起企业设计与制造过程的某些改变, 这些改变是产生发明机遇的诱导因素。

(2) 指标必须按新标准执行。目前生产的产品指标均达到了标准要求, 用户能够接受, 可以生产。但市场竞争加剧或用户对产品需求的变化, 使企业必须将已有标准提高。为了实现新的要求, 产品的设计、制造或两者均需要改变, 这种改变会引起很多问题, 其中的一些问题是发明问题。如图 3.14(b) 所给出的一个案例, 图中某产品的交货期实现了目前的标准交货期, 但根据目前的市场竞争要求, 新标准要求交货期比原来的时间提前 1 周, 提前的 1 周将引起企业设计与制造过程的一些改变, 这些改变是产生发明机遇的诱导因素。

从设计角度分析, 探索性问题是在设计方案实施结果成功达到原定设计目标后, 出于改善弱点、加强优点的目的人为提高设计目标导致的问题。

2. 提升理想化水平产生的机遇

产品或技术系统是功能的实现, 同一功能存在多种技术实现, 任何系统在完成所需的功能时, 都有负面作用。理想化水平公式 (2.2) 的意义为产品或技术系统的理想化水平与其效益之和成正比, 与所有代价及所有危害之和成反比。不断地提高产品理想化水平是产品创新的目标, 通过增大式 (2.2) 中分子、减小其分母或者使比值提高的方法都是提高理想化水平的基本途径。

(1) 增加功能的数量, 即式 (2.2) 中的分子增大的一种方法。如果分子增大, 分母即成本与副作用不变或变化较小, 理想化水平提高, 这是创新行为希望的结果。增加功能的数量可采用不同的方法, 如图 3.15 所示。对于已有产品, 增加一个附加物体、增加一个可替代的部件、同一物体承载不同的功能、应用系统中的所有特性、揭示新的或隐藏的需求等都是使已有产品功能数量增加的方法。图 3.15 中给出了与每种功能增加方法对应的一个案例。如早期的家用电冰箱没有时钟, 后来为其增加一个时钟, 时钟是新功能“计时”的实现, 满足了用户更广泛的需求。

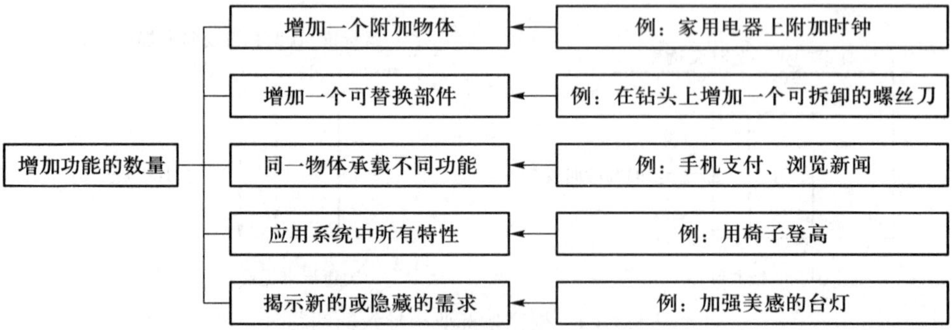

图 3.15 功能数量增加及案例

功能增加后对某些产品并没有带来困难, 或实现功能增加的过程所遇到的问题均为通常问题。但对另一些产品实现增加功能的过程遇到了一个或多个发明问题, 即出现了创新机遇。

(2) 提高功能实现的质量, 即式 (2.2) 中分子增大的另一种方法。提高功能实现的质量可采用不同的方法, 图 3.16 给出两种方法及对应的案例。对某一产品, 提高其关键参数的指标是提高特定功能实现质量的一种方法, 如提高发动机的功率质量比, 不仅提高了发动机产生动力这一功能的实现水平, 而且没有增加燃油消耗。第二种方法是应用发展中的使能技术, 如激光轨迹涌动是应用激光的一种使能技术, 该技术可以替代机械式鼠标中的机械涌动技术, 提高鼠标的性能指标。

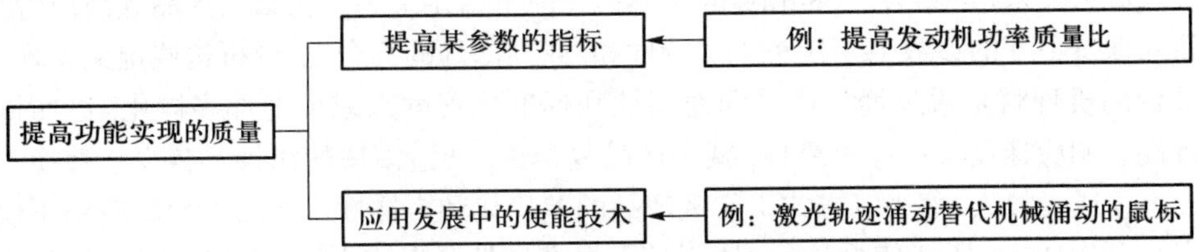

图 3.16 提高功能实现的质量及案例

提高功能实现质量的过程通常会遇到一个或多个发明问题, 即出现了创新机遇。

(3) 成本降低, 即式 (2.2) 中的分母减小的一种方法。如果分母减小, 分子不变或变化较小, 理想化水平提高, 这是另一类创新行为希望的结果。降低成本可采用不同的方法, 如图 3.17 所示。对于已有产品, 减少零部件的数量、减少不必要的操作、采用非耐久性物质、模块化或平台设计、贵重材料的合理使用、利用各种资源等都是降低已有产品成本的方法。

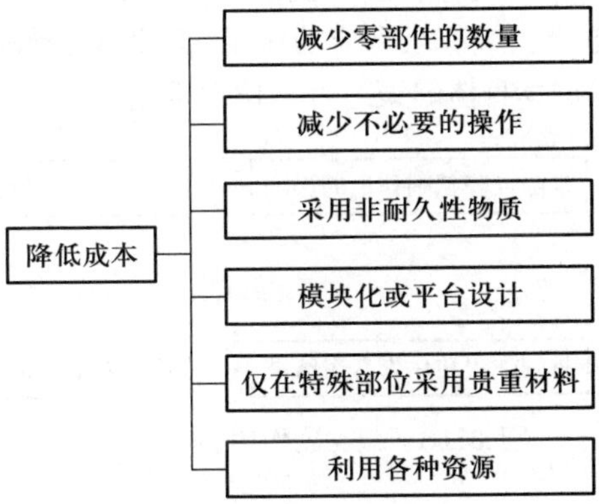

图 3.17 降低成本的方法

图 3.17 中的方法大多为显然的降低成本的方法。但模块化或平台设计方法需要解释。模块化是指解决一个复杂问题时自上而下逐层把系统划分成若干模块的过程, 有多种属性, 分别反映其内部特性。模块化通过模块化设计 (modular design) 实现, 该类设计是将产品的某些要素组合在一起, 构成一个具有特定功能的子系统, 将这个子系统作为通用性的模块与其他产品要素进行多种组合, 构成新的系统, 产生多种不同功能或相同功能、不同性能的系列产品。通过设计得到的模块具有相对独立性、互换性与通用性 3 个特点。企业利用成熟模块可大大缩短采购周期、物流周期和生产制造周期, 从而加快产品上市时间, 降低成本, 提高企业竞争力。

产品平台是指一组相似产品通用实体零部件或装配体组成的通用结构。Meyer 和 Utterback[4] 把产品平台定义为"一组产品共享的设计和零部件, 是产品族的核心, 是一系列紧密相关的产品的基础"。Meyer 和 Lehnerd[5] 把产品平台描述为"通用部件、模块和零件的集合, 基于此衍生产品可以经济地开发和进入市场”。McGrath 把产品平台定义为“在一定范围内产品间利用的通用元素的集合, 尤其是所基于的核心技术”。Robertson 和 Ulrich 把产品平台定义为“一组产品共享的资产 (例如零部件、工艺、知识、人员和关系) 的集合”。Simpson[6] 等把产品平台定义为“在给定产品族内, 产品到产品间保持不变的参数 (通用参数)、特性和/或零部件的集合”。分析这些定义发现, 产品平台的机理就是通过增加产品间通用性和标准化程度来减少内部多样化, 进而提高经济性、响应速度、产品可靠性, 减小产品复杂性, 通过模块的添加、减少、替换、调节、重组或者放大/缩小等方式来实现产品的差异化和多样性。产品平台的应用不仅降低产品开发成本, 还能使设计过程标准化, 提高产品开发速度、可靠性, 增加外部多样性的同时减少内部多样性, 通过上下拓展减少复杂性并增加商业柔性。

如果实现降低成本的各种方法的过程均为通常问题, 工程师可以应用本企业熟悉的方法及领域知识完成产品开发工作。如果在该过程中不仅要解决通常问题, 还要解决发明问题, 则为创新的机遇出现。

(4) 副作用减少, 即式 (2.2) 中分母减小的另一种方法。如果分母减小, 分子不变或变化较小, 理想化水平提高, 这是创新行为希望的结果。消除或降低副作用的影响、将副作用转化为有用结果均能减小副作用的影响, 如图 3.18 所示。运用图中两种方法的过程通常要解决发明问题, 因此存在创新机遇。如高水平运动鞋的开发要用到减震技术, 虽然该类技术在机电等领域有众多成功应用, 但将该技术运用到运动鞋设计, 辅助运动员提高运动成绩, 保护其身体健康一直是技术难题。

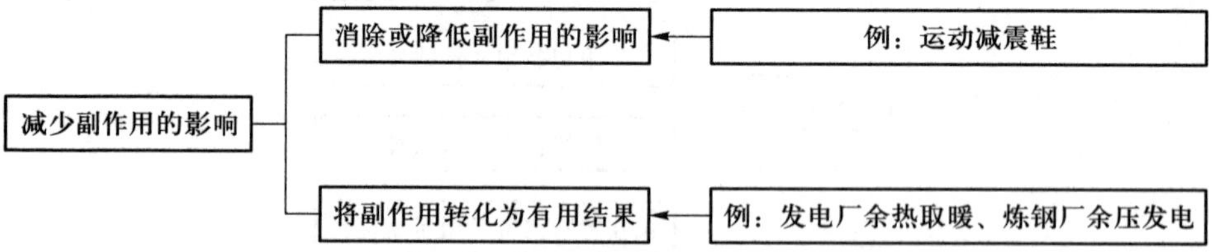

图 3.18 减少副作用影响及案例

(5) 分子分母同时增大或减小, 即式 (2.2) 中的分子与分母同时增大或减小时, 只要使式 (2.2) 左边增大就可以产生创新结果, 如图 3.19 所示。福特加长轿车与一个人的轿车分别是以普通轿车为基础, 同时增大与同时减小分子与分母的案例。显然这两个案例实现的过程需要解决一系列的发明问题, 存在创新的机遇。

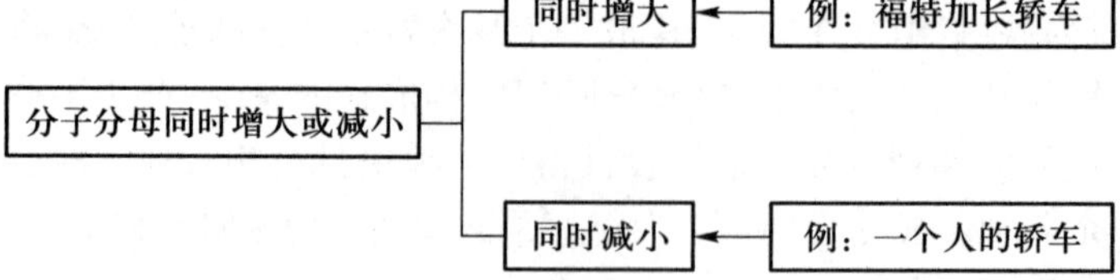

图 3.19 分子分母同时增大或减小及案例

3.4.2 假设型目标导向的机遇发现

假设型目标是一种至今没有且全新的目标, 该类目标设定与实现的过程将带来很多问题。新目标的基础为"当前状态", 与预计的"期望状态"距离太大, 导致"当前状态"与"期望状态"关系模糊。理清这种模糊关系的过程是一种机遇发现与转换的过程。

1. 突破性创新机遇

突破性创新能够以全新的产品、新型的产品生产制造方式或工艺过程产生新型的竞争形态, 对市场和产业带来颠覆性变革[7]。其结果可大幅提升产品的性能和企业的生产效率, 是企业获取和保持竞争优势的重要基础, 具有重塑企业市场地位的重要现实意义。突破性创新已成为企业创新追求的目标。

突破性创新的重要性已经成为理论与企业界的共识, 但是突破性创新过程不仅具有偶然性, 而且还没有固定的规律。因此, 将突破性创新作为产品创新的目标显然是目标导向的创新, 该类创新过程中的机遇是目标导向的机遇。

1) 突破性创新的 3 个特点

创新结果的颠覆性: 能够产生具有突破和颠覆意义的产品和服务是突破性创新最为显著的特征。Henderson 指出全新的产品概念和产品核心部件间连接的重要改变是满足突破性创新标准的两个重要条件[8]。Richard 也从创新结果的角度给出了突破性创新的评价标准, 他认为一项突破性创新产生的产品至少满足下列 3 个条件之一: 全新的产品特色, 现有的主要功能指标提高至少 5 倍, 以及产品的成本至少降低 30%[9]。

突破性创新产生过程的不确定性: 与渐进性创新相比, 突破性创新在产品的发展和市场化过程中具有更高的风险[10], 而造成较高风险的根源是突破性创新产生过程的不确定性。

突破性创新管理过程的复杂性: 相比渐进性创新, 突破性创新过程是一个复杂的自适应系统, 反映了各个创新构成要素通过复杂的非线性作用相互形成的动态协同过程。突破性创新涉及了更为广泛的领域, 尤其是外行业知识成为该类创新主要的知识来源[11]。

2) 突破性创新与渐进性创新的区别

突破性创新与渐进性创新相比, 成果具有更显著的改变程度, 即可达到更高的创新级别, 同时拥有更高的创新收益[12], 如图 3.20 所示。根据创新程度和创新收益方面存在的差异, 将整个区域分为 4 个象限, 其中渐进性创新在第 1 象限, 拥有相对较低的创新程度同时拥有较低的创新收益, 与之相比, 突破性创新具有更高的创新程度而且产品可带来更高的创新附加值, 因此位于第 3 象限。

渐进性创新与突破性创新还可以通过 S 曲线变化区分, 如图 3.21 所示。渐进性创新多体现为在同一条技术 S 形曲线上, 如图中所示 $1 \sim 2$ 或 $3 \sim 4$ 这些在同一条 S 曲线上连续的创新过程都属于渐进性创新。而图中 $2 \sim 3$ 的创新过程反映了技术的更新换代, 发生了 S 形曲线的更迭, 属于突破性创新的范畴。

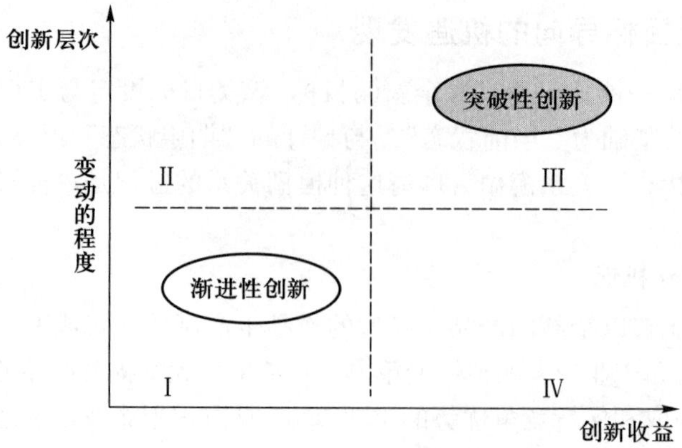

图 3.20 渐进性创新与突破性创新的区别

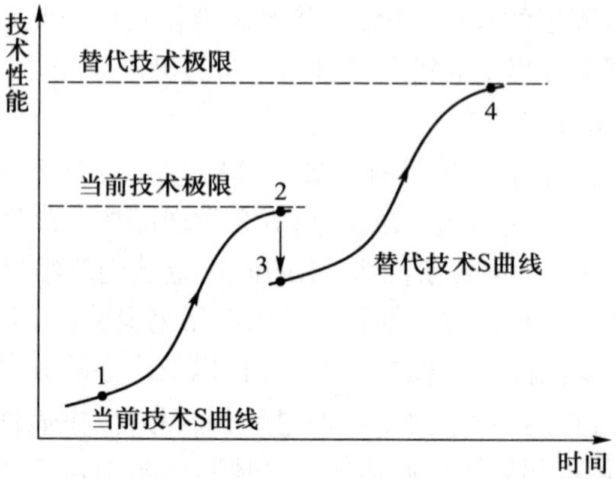

图 3.21 渐进性创新与突破性创新在创新持续性上的差异

3) 突破性创新机遇发现

一个完整的产品或技术系统主要由动力系统、传动系统、执行系统和控制系统 4 部分组成, 如图 2.34 所示。技术系统需要从能量源接收能量; 动力系统将能量转换成技术系统运行所需要的形式; 传动系统将动力系统提供的能量传递到执行系统; 执行系统作用对象完成产品预定的功能, 直接实现产品技术系统的主功能; 控制系统对其他 3 个子系统进行控制, 按需要改变其他 3 个子系统的参数与行为, 以协调各子系统之间的相互作用。

例如, 液压系统通常由以下 4 个主要部分组成。能量源系统即动力系统, 是向整个液压系统提供动力, 将电能转换成液压能的装置, 最常见的形式是液压泵。传动系统为液压油, 将能量传递到所需要的位置。执行系统是把液压能转换成机械能的装置, 其形式有作直线运动的液压缸, 有作回转运动的液压马达, 它们称为液压系统的执行元件, 作为系统的输出, 完成所规定的动作。控制系统是对系统中的压力、流量或流动方向进行控制或调节的装置, 以保证工作机构完成所要求的动作, 控制元件一般为各种阀类元件, 如压力控制阀、流量控制阀、方向控制阀等。

产品或技术系统的突破性创新是实现产品某一核心功能的技术子系统工作原理的

改变，且改变后的核心功能技术子系统性能极限提高。主要有两种方法实现，一是从执行技术子系统角度考虑，改变该子系统的工作原理，这是根本性的、极为重要的。例如，数码相机代替胶卷相机。二是从另外 3 个技术子系统角度考虑，改变动力、传动或控制子系统的工作原理。如电力机车代替内燃机车，无级传动代替有级传动，数字控制代替人工控制。核心技术子系统工作原理发生改变，实现已有产品工作原理的升级换代或创造出全新技术及产品的工作原理，替代已有产品工作原理，实现产品技术系统的突破性创新。图 3.22 所示为突破性创新过程的机遇转换。

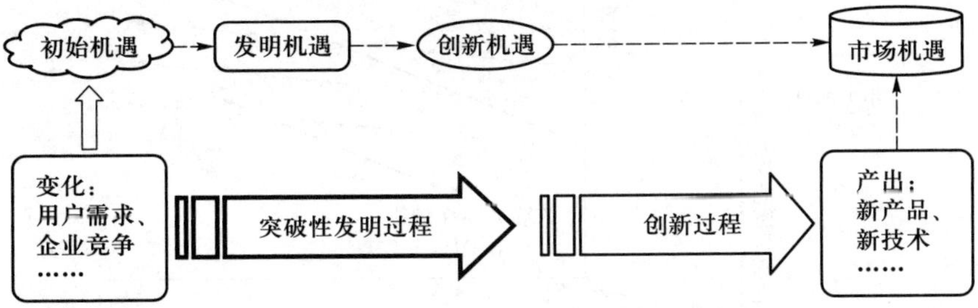

图 3.22 突破性创新过程中的机遇转换

突破性创新的核心是产生及应用下一代技术并产生下一代产品。该类创新过程是系统理想化水平提升的过程，全局理想化应是其发展目标。因此，突破性创新的发明机遇应为如下 3 类。

(1) 功能禁止：在不影响主要功能的条件下，去掉中性的及辅助的功能。

(2) 系统禁止：方法之一是在不影响主功能实现的条件下，去掉一个或一些子系统，从而大大降低系统成本。

(3) 原理改变：改变已有系统的工作原理，提升系统的性能极限。

图 3.22 中，初始机遇是各种变化造成的，这些变化作为诱导因素，激励企业创新过程。通过突破性发明过程，首先确定发明机遇，之后形成突破性发明，即企业创新机遇，再通过创新过程将创新机遇实现，最后产出突破性技术或产品。

2. 破坏性创新机遇

1997 年，Christensen 在《创新者的窘境》一书中提到[13]，破坏性技术提供了与主流技术价值不同的资源。通常情况下，破坏性技术在主流用户重视的性能维度上通常低于主流技术。在产品的早期开发阶段，基于某一项破坏性技术的产品只能服务于重视非标准性能属性的利基市场。随着破坏性技术中主流用户所重视的性能提高到能够满足主流用户的水平，新产品逐渐取代现有市场中的主流产品，则破坏性创新产生。破坏性创新对发展中国家的企业弯道超车与直道加速具有重要意义，已经成为一些企业追求的创新目标。

1) 两类破坏性创新

Christensen 将破坏性创新分为低端破坏创新 (low-end disruptive innovation, LDI) 与新市场破坏创新 (new-market disruptive innovation, NDI) 两种类型，并提到很多破坏行为来源于两者的结合[14]。

低端破坏性创新也可简称为低端破坏 (low-end disruptions)，如图 3.23 所示，是植根于原主流性能维度 (原价值网络) 中从底向上发起的破坏。低端破坏性创新面向低端用户群体, 这部分用户群体对产品的价格比较敏感, 由于购买能力有限而未能购买主流产品, 主流产品的部分主流性能对于这部分用户存在过度满足的状况。因此, 他们能够接受通过降低被过度满足的性能的方式使产品价格大幅度降低。产品价格的显著降低使得这个群体有能力或情愿购买原来认为不值的这些产品。

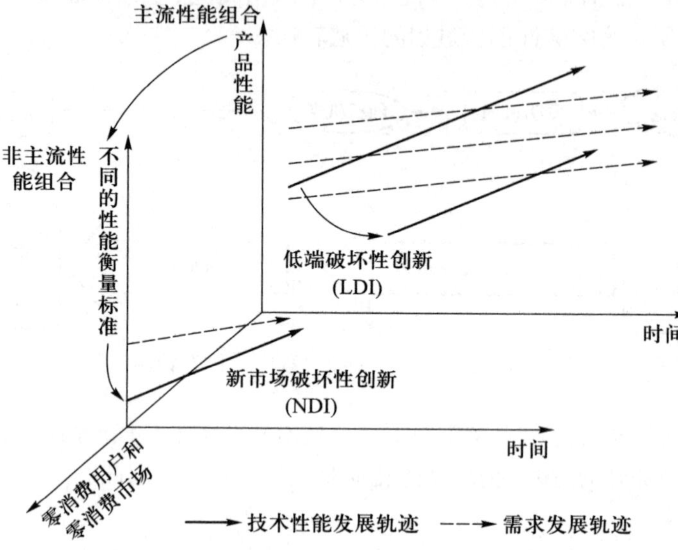

图 3.23 破坏性创新的三维模型[8]

新市场破坏性创新是图 3.23 中朝着我们伸展的第 3 个维度, 代表新的消费和竞争环境, 也就是新的价值网络 (value network)。通过改变核心性能的发展基础, 把在第 3 个坐标轴上产生新价值网络的破坏称之为新市场破坏性创新, 也可简称为新市场破坏 (new-market disruptions)。新市场破坏性创新面向新的用户群体, 文献中将新市场破坏性创新的目标用户表述为非用户 (non-consumers) 或新用户 (new consumers), 本书在后文中统一使用“新用户”表述新市场破坏性创新的目标用户群体。这部分用户由于缺少资金或技术而未购买原主流产品, 新市场破坏性创新提供的产品使得这个群体能开始更方便地拥有并使用这些产品。个人电脑、索尼公司生产的第一台电池晶体管袖珍式无线电收音机、佳能的台式复印机都是新市场破坏性创新产品的案例。

2) 新市场破坏性创新与低端破坏性创新的异同

新市场破坏性创新与低端破坏性创新是破坏性创新的两种类型, 因此具有破坏性创新的共同特征: 一是两者的目标用户均是被主流市场所忽略的用户, 二是两者所提供的产品都具有易操作、易携带、低能耗的特征; 但作为破坏性创新的两种不同类型, 随着用户群体的细分, 两者在主要目标用户、产生的环境及所提供的产品特征上均存在差异, 详细内容如表 3.3 中所示。

破坏性创新的“破坏”策略是一个对企业或市场造成威胁的相对术语, 是从破坏性创新所导致的结果角度给出的解释, 而为能够开发有破坏性创新潜力的产品, 通过对破坏性创新所提供的产品相对主流产品所产生的特征变化进行分析。相比于当前市场中的主流产品, 破坏性创新产品具有以下特点: 破坏性创新产品的设计最初主要是针对低端用户或新市场用户进行的设计, 在产品投入市场之后, 可能会吸引部分主流用户; 破坏性创新产品具有功能简化或在某一项或几项性能指标上有所降低的特点, 同时, 允许产品在某一项或多项非主流性能指标上有所提高, 包括便携性好、易操作、节能等特征; 破坏性创新产品以用户价值为导向, 价格在非主流用户易接受的范围内, 相比于主流产品的价值, 破坏性创新产品的价值有所提高。

表 3.3 NDI 与 LDI 的不同点

对比项	新市场破坏性创新 (NDI)	低端破坏性创新 (LDI)
主要的目标用户	新用户——通常情况下, 由于主流产品不能满足其需求, 而未曾购买过主流产品	低端用户——由于缺少资金而不能购买现有的产品, 通常情况下, 低端用户能够接受通过降低被过度满足的产品性能而大幅度降低产品价格的方式来满足自己的需求
创新产生所在的性能维度或价值网络	创造新的性能竞争基础 (性能组合), 产生新的性能维度 (创造新的价值网络)	在主流性能维度中产生的技术创新 [仍然在原价值网络 (环境) 中]
相对于主流产品的功能数量与性能变化	添加功能; 减少功能; 提高非主流性能; 降低主流性能; 价格不限, 但在新用户易接受的范围内	简化功能; 降低性能; 降低产品价格

3) 破坏性创新与突破性创新的区别

与突破性创新相类似, 破坏性创新也可产生具有市场颠覆性的创新成果, 甚至仅从创新结果的性能方面满足突破性创新判断的标准。因此在实际中, 很容易将突破性创新与破坏性创新混淆。某些研究从产品满足用户需求的差异性的角度, 指出了破坏性创新虽然在创新的收益方面能够与突破性创新相媲美, 但是在产品的性能方面具有显著的差异性, 反映在 S 曲线上坐标纵轴的变更, 代表不同的产品性能的 S 曲线, 如图 3.24 中由 3 到 5 的创新过程就是典型的破坏性创新过程。从更为宏观的角度来看, 突破性创新并没有从根本上去改变产品主要技术性能指标的构成, 也可以说没有从根本上去改变产品的主要功能序列, 基本上不会改变原有的若干功能间的重要度次序, 但是破坏性创新产生的产品却造成了产品功能序列上的变化, 甚至对产品若干功能的重要度次序进行了颠覆。

另一方面, 从创新程度上来看, 突破性创新遵循技术进化的路径发展, 对产品的技术性能或核心部件技术性能的提升作用明显, 而破坏性创新成果的创新层次相对突破性创新较低, 与渐进性创新的成果在改变程度上区分不大, 但是创新带来的收益与突破性创新相当, 因此可以将破坏性创新归类为图 3.25 中的第 4 象限。图 3.25 从创新程度和创新收益两个方面表示了多种创新形式的差别。

4) 新市场破坏性创新实现基本方法

Christensen 在《困境与出路》中分别以新市场破坏和低端破坏为例, 阐述了破坏性创新发生的市场经济环境, 即存在这样的潜在用户群体, 他们由于缺少资金、设备或

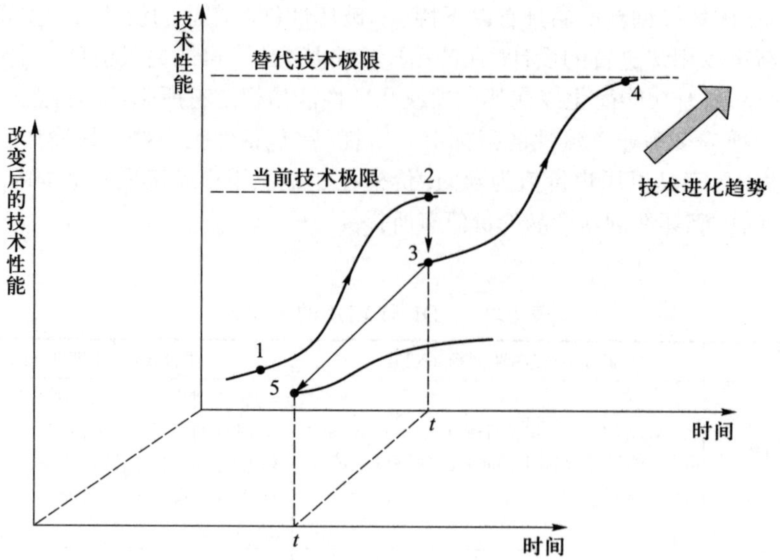

图 3.24 多种创新形式在产品 S 曲线发展中的关系及特征[15]

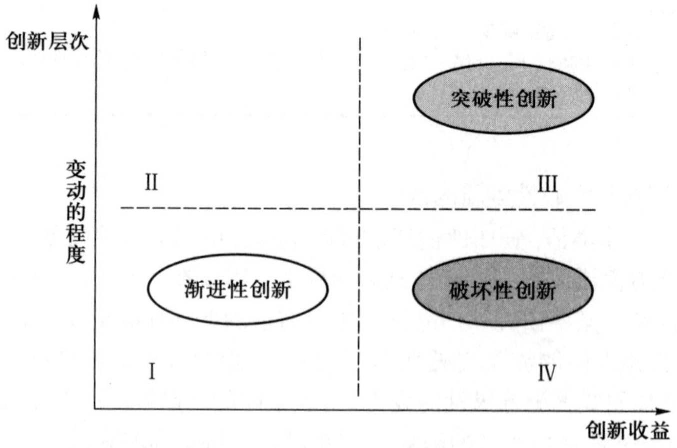

图 3.25 多种创新形式在创新程度和创新收益方面的差异

技术来亲自完成某件事情, 只能要么完全不做, 要么花钱请专业人士替自己完成这些工作, 或者去具有专业设备的场所完成这项工作。因此, 可以判断新市场破坏性创新条件为:

(1) 在新市场上存在愿意以较低的价格购买性能较差、但质量很好的产品的用户;

(2) 在保障可观利润的前提下能够降低产品的价格。

现将这两个条件作具体分析: 新市场破坏需要存在主流用户 (mainstream customer) 和新市场用户 (latent new market customer) 群体。主流用户最重视产品特征的性能改进, 是产品持续创新的直接推动者, 而新市场用户可以承受“传统的”主流功能 (mainstream function) 的降低, 但对产品某一非主流性能希望能得到改进。随着非主流技术的提高, 产品越来越普及, 吸引的用户群体越来越大, 当新市场用户群体数量增大到一定程度时, 新市场破坏就成为可能, 如图 3.26 所示。

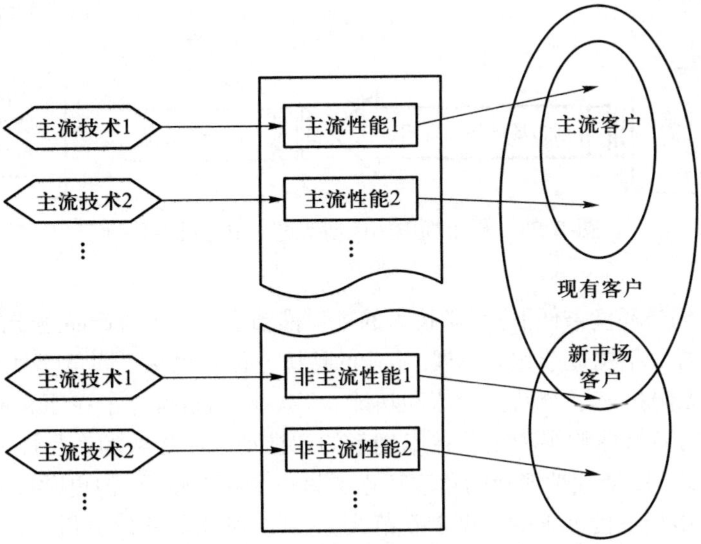

图 3.26 产品技术–功能特性–用户群映射

新市场破坏的根源是具有不同需求的用户群的存在。这些用户群对产品性能的需求各不相同, 不同用户群对产品不同功能特性感兴趣。作为主流用户, 其兴趣点一直是推动企业持续性创新的动力源, 因此与之对应的主流技术进化速度要明显超前于其他非主流技术。当主流技术进化到接近技术极限时, 非主流技术还处于成长期。在破坏性创新发生后的一段时间内, 作为新市场技术的非主流技术成为待提高的主流技术, 而原有主流技术暂时停止进化, 或者为了降低生产成本, 人为降低主流技术性能, 形成暂时的反向进化 (reverse evolution)。由于巨大的进化潜力, 新的主流技术具有很大的投入产出比, 很快获得飞速发展。当产品各项分功能技术基本进化平衡时, 就可以重新规划主流进化技术, 利用现有的资源优势, 冲击原有产品的主流市场。

综上所述, 形成新市场破坏, 需要满足以下技术条件:

(1) 产品技术进化严重不平衡, 即处于超前位置的主流技术和处于滞后位置的非主流技术的潜力差越大, 实现破坏性创新后的技术增长就越快;

(2) 存在着一定规模的、对进化滞后技术有需求的用户群。

企业管理人员与工程师分析市场变化、企业竞争等诱导因素, 判断本企业或竞争对手的产品所处的状态, 如果能确定这些状态满足上述的两个技术条件, 就可以实施新市场破坏创新过程, 如图 3.27 所示。

发明机遇可确认为: 产品的主流技术与非主流技术进化潜力差很大, 一部分新用户对主流技术停止进化和非主流技术快速进化有强烈的需求。

图 3.27 中, 初始机遇是各种变化造成的, 这些变化作为诱导因素, 激励企业创新过程。通过新市场破坏性发明过程, 首先确定发明机遇, 之后形成新市场破坏性发明, 即企业创新机遇。再通过创新过程将创新机遇实现, 最后产出新市场破坏性技术或产品。

5) 低端市场破坏性创新实现基本方法

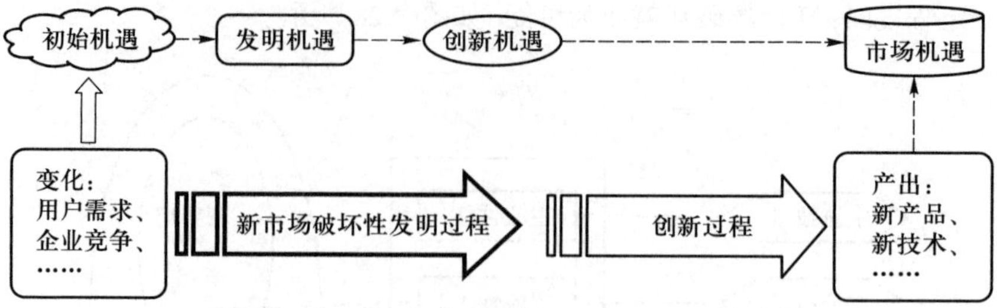

图 3.27 新市场破坏性创新过程中的机遇转换

在持续性创新环境条件下, 科学技术的进步推动了市场主流产品逐步向高品质、高价格、功能多样、结构复杂方向发展, 企业的持续性创新也从不同角度对现有产品进行不断完善, 并无限扩充了产品的价值和功能。破坏性创新摒弃了在原有创新范式条件下, 由消费者的盲目性购买和企业技术创新的"推动"而导致的产品性能发展背离基本使用价值的现象, 从理性消费的角度建立了另一个相对较低, 但更贴近产品基本使用价值、更符合市场理性需求的新型创新范式。因此, 从市场角度分析, 破坏性创新是消费理性回归的产物[4]。由破坏性创新的市场经济条件可以看出, 低端破坏具有产品价格低、性能较差、质量很好、保障可观利润的特点。

产品价格低是低端破坏的主要特点。降低产品价格可以采用多种方法, 比如降低利润、简化制造工艺、降低技术指标等。"产品性能较差"说明产品的主流技术水平较差, 这和产品价格低是一致的, 可以通过降低主流技术性能指标来降低产品价格。性能较差说明可以采用降低技术性能指标来降低成本, 从而降低产品价格。"质量很好"说明: 为了削减制造成本, 不能采用简化工艺粗制滥造和采用劣质低成本原材料, 但仍然要保证产品的质量。"保障可观利润"否定了以降低利润获得低价的途径。综上所述, 低端破坏的实现主要依靠降低产品主流技术性能指标来降低价格, 从而吸引低端用户。

所谓的低端用户 (low-end customer) 是指可以承受产品主流技术指标下降的消费者。他们不是一个特殊的固定群体, 而是当产品技术创新进化到一定阶段, 产品技术性能超过一部分用户的需求性能时, 出现的需求过度满足用户 (over-satisfied customer), 这部分用户就成了低端用户。新兴企业以争取被主导企业忽视了的低端用户为破坏性创新的开始, 通过提前建立针对低端用户的市场营销机制, 慢慢蚕食市场份额, 同时利用逐步掌握的技术, 向高端市场进军。

综上所述, 形成低端破坏, 需要满足以下技术条件:

(1) 产品主流技术进化过快, 导致用户需求过度满足, 主流技术的增长相对于用户的需求出现了过度满足, 相应上涨的产品价格因素也成了过剩产物;

(2) 对主流技术需求过度满足的用户具备一定的规模。

企业管理人员与工程师分析市场变化、企业竞争等诱导因素, 判断本企业或竞争对手的产品所处的状态, 如果能确定这些状态满足上述的两个技术条件, 就可以实施低端破坏创新过程, 如图 3.28 所示。

发明机遇可确认为: 产品的主流技术性能指标太高, 导致部分用户需求过度满足, 需要降低性能指标。

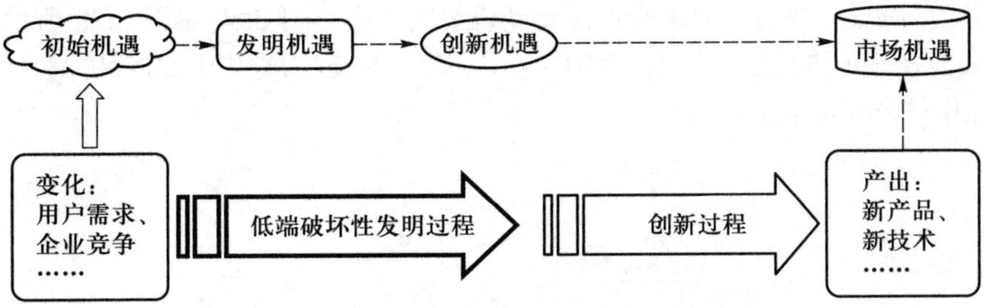

图 3.28 新市场破坏性创新过程中的机遇转换

图 3.28 中, 初始机遇是各种变化, 这些变化作为诱导因素, 激励企业创新过程。通过低端破坏性发明过程, 首先确定发明机遇, 之后形成低端破坏性发明, 即企业创新机遇。再通过创新过程将创新机遇实现, 最后产出低端破坏性技术或产品。

3.5 功能模型转换类机遇发现

3.5.1 基于生物体功能转换的机遇

在生物进化的过程中, 功能及功能载体都可能发生变化, 分为功能改变与功能合理化两种类型。其中功能改变分为功能扩展、功能分离、功能替代 3 种类型; 功能合理化分为功能合并、功能融合、功能捆绑和功能派生 4 种类型[16]。

产品处于进化状态。当已有产品的核心技术进化到成熟期或退出期时, 产品增加其复杂性或增加辅助功能数量是进化方向之一。假设一个具有特定功能的产品为单系统, 两个不同单系统的集成为双系统, 则产品的一种典型螺旋形进化过程如图 3.29 所示。该模型在宏观上描述了产品进化的过程, 但该类描述在帮助工程师产生未来产品创新设想的可操作性方面仍需改进。

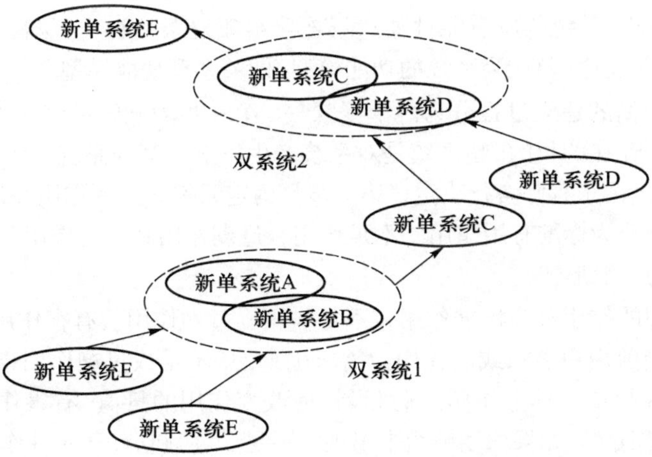

图 3.29 产品螺旋形进化的过程

产品是功能的实现, 功能是产品存在的目的。图 3.29 所示的产品进化过程如能用功能进化过程描述, 将有助于未来产品创新设想的产生。图 3.30 是图 3.29 所示的产品生物体功能螺旋形进化过程模型, 其中 A、B、C、D、E 为进化中的产品; a、b、c、d、e 为进化中的产品功能。

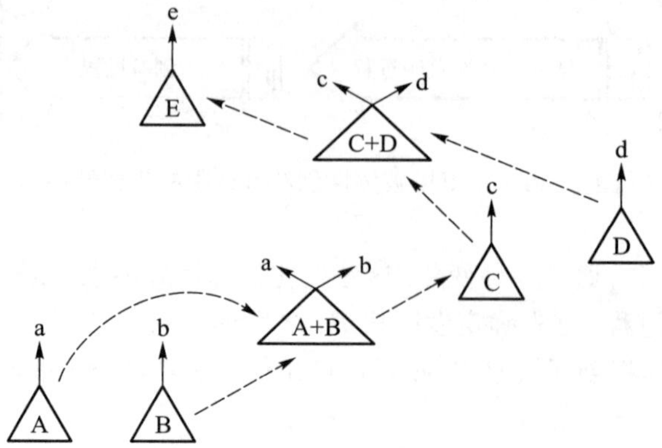

图 3.30 产品生物体功能螺旋形进化的过程

图 3.30 中, 产品生物体每一次进化均是一次创新给予的转换过程。如具有功能 a 和 b 的产品 A 和 B, 转换成新产品 A+B, 其功能变为 a 和 b, 该产品转换成为具有功能 c 的新产品 C。每次转换的过程可能是由市场变化等初始机遇诱导的, 正是初始机遇这些诱导因素, 激励企业的工程师不断地发现发明问题并解决问题, 形成发明及后续的创新过程。

3.5.2 基于功能模型与裁剪的创新机遇

1. 系统功能模型与创新机遇

在 TRIZ 中, 物质–场模型表达了两个元件通过场作用实现的功能。产品或技术系统是由不同元件相互连接、相互作用组成的整体, 每两个相互作用的元件都可以构建一个物质–场模型, 系统的所有元件通过场连接组成复杂的物质–场模型系统, 把其中“场”用“作用”表达, 就成为系统的功能模型, 即关系型功能模型。

该类功能模型的建立过程分为两个步骤[6]。第一步为确定系统元件、制品和超系统。制品是系统存在的目的; 超系统是对系统产生影响的其他系统; 元件是系统的组成分子, 其细分程度由工程师自行决定。第二步是确定元件之间的作用并进行连结。元件之间的作用类型分为标准有用作用、不足作用、过剩作用和有害作用。图 3.31 是技术系统功能模型的一般形式。

功能模型中的作用分为标准作用、不足作用、过剩作用及有害作用 4 种情况。标准作用是根据当前用户需求或潜在用户需求确定的; 不足或过剩作用指功能是合理的, 但作用未达到或超过了标准作用, 通过设计应改变作用的量值; 有害作用是负面作用, 通过设计尽可能消除。如果功能模型中出现了不足、过剩或有害 3 种作用, 则系统需要改进, 即出现了创新机遇。

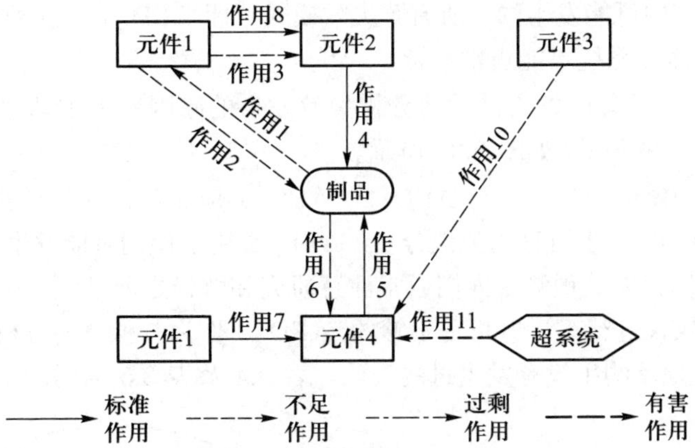

图 3.31 技术系统功能模型

2. 系统裁剪的创新机遇

裁剪是 TRIZ 中改进系统、提高系统理想化水平的重要实现工具, 也是 TRIZ 中通过去除元件激化冲突并结合 TRIZ 其他工具解决问题的方法。该方法是在功能分析的基础上, 分析系统中每个功能及其实现元件存在的必要性, 并去除不必要的功能及元件, 在剩余元件上重新分配系统和超系统中的有用功能。

对系统执行裁剪的目的如下:

(1) 降低成本。裁剪可使系统在元件最少的情况下, 实现预期的功能, 相对原系统, 可大幅减少元件数量以及由此引起的成本支出。

(2) 去除对系统有负面影响的功能, 包括有害功能、不足功能和过剩功能。通过裁剪执行负面功能的元件, 强化冲突, 并利用系统或超系统资源解决冲突, 达到消除不期望功能的目的。

(3) 降低复杂性。裁剪可减少零件数目、使用/操作/保养的复杂度, 简化操作者界面, 降低操作失误, 最终降低系统的复杂性。

(4) 裁剪能够产生新的产品, 创造新市场, 并且通过对产品的优化使得产品能够适应新市场。

面向产品的裁剪是应用规则裁剪系统中的元件, 以实现系统改进的目标。面向工艺过程的裁剪是把过程看作系统, 通过裁剪规则裁剪工艺过程中的辅助功能、子过程以改善系统过程。

对已有的技术系统功能模型实施裁剪操作后, 该功能模型发生了改变并形成新的功能模型, 该模型实现的过程经常会出现发明问题, 即出现了发明机遇。

3.6 预期失效机遇发现

Zlotin 等采用逆向思维的方法分析失效, 提出了预期失效分析 (anticipatory failure determination, AFD) 方法。失效分析的问题形式通常为 “这种失效发生的根本原因是什么?” 或者 “系统/过程可能发生什么失效?”。AFD 的核心是利用逆向思维将理想状态反转, 找出系统中可能发生的“所有”失效模式。即 AFD 中工程师思考的是“怎么让失效发生? 怎么让系统不能正常运行?”[17]。

逆向提问使分析者可以由被动地分析失效发生的原因变为主动地创造失效, 从而预测出还没有发生的失效, 如图 3.32 所示。

AFD 有两种模板 AFD–1 与 AFD–2。AFD–1 应用于已有一个失效发生的场合, 在这种情况下 AFD–1 也可称为失效分析。AFD–2 用于识别可能发生但还没有发生失效的场合, 这时称为失效预测。人们通常注意研究和解释之前已经发生的失效, 以阻止其再次发生, 但仅仅进行事后分析是不够的, AFD–2 作为一种事前分析的方法, 可以指导工程师创造性地预测出没有发生过的失效。表 3.4 及表 3.5 为两个 AFD 模板。

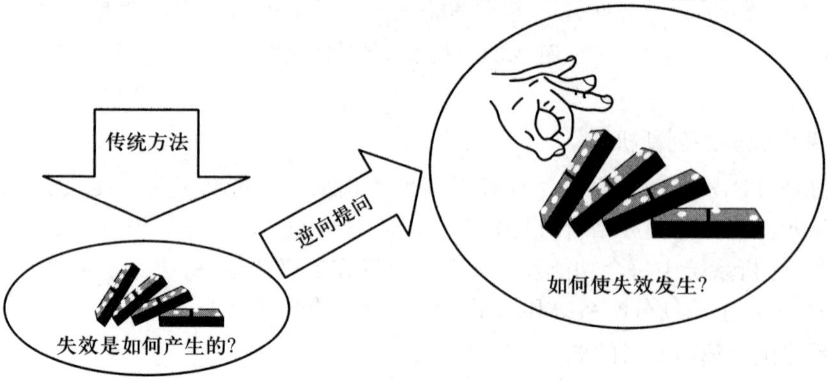

图 3.32 “逆向提问”方法[17]

表 3.4 AFD–1 模板

步骤	内容
第 1 步: 明确表述初始问题	对系统命名、说明其目的、描述已经发生的失效
第 2 步: 确定成功模式	按阶段列出想要完成的功能及其成功的结果
第 3 步: 局部化失效	识别出最后的事件、简化失效分析
第 4 步: 阐明和放大逆向问题	转化为一个发明问题——询问“如何去做某些事情从而使某些失效发生”, 并在空间和时间上放大
第 5 步: 寻求解决方案	根据步骤 4 中的逆向问题, 利用系统中和系统周围的资源, 搜索可能产生该问题的明显的解
第 6 步: 明确表述解决方案并设计验证该方案的实验	根据步骤 5 中的解决方案产生合理的改进措施, 并设计可执行的结构对其进行验证
第 7 步: 改正克服失效	如果步骤 6 中验证的方案可以解决失效, 则将其列为改进措施, 并对原系统进行改正

表 3.5 AFD–2 模板

步骤	内容
第 1 步: 明确表述初始问题	对系统命名、说明其目的、描述已经发生的失效
第 2 步: 确定成功模式	按阶段列出想要完成的功能及其成功的结果

续表

步骤	内容
第 3 步: 确定失效模式	根据成功模式进行逆向提问, 找出所有可能的失效模式
第 4 步: 阐明和放大逆向问题	转化为一个发明问题——询问“如何去做某些事情从而使某些失效发生”, 并在空间和时间上放大
第 5 步: 寻求解决方案	根据步骤 4 中的逆向问题, 利用系统中和系统周围的资源, 搜索可能产生该问题的明显的解
第 6 步: 明确表述解决方案并设计验证该方案的实验	根据步骤 5 中的解决方案产生合理的改进措施, 并设计可执行的结构对其进行验证
第 7 步: 改正克服失效	如果步骤 6 中验证的方案可以解决失效, 则将其列为改进措施, 并对原系统进行改正

逆向提问方法在进行失效模式构建时比传统方法更优越。传统失效分析方法在进行模式构建时采用“头脑风暴”和专家小组讨论的方式, 很大程度上依赖于分析者的职业经验和技术素养。逆向提问方法采用逆向思维的方式, 积极地去“破坏”功能, 因此能够更加全面地得到“所有的”潜在失效模式。传统失效分析中失效模式的构建是遵循设计思路进行的, 且分析者一般都是设计者, 因此容易受到惯性思维和逆反心理的影响。而逆向提问是主动地寻找失效, 从根本上克服了这些缺陷。但分析 AFD–1 与 ADF–2 两个模板发现, 其第 4 步均为转化为一个发明问题。因此, 预期失效分析与解决过程包含有发现及解决发明问题的过程, 其功能为将初始创新机遇转换为企业创新机遇。

3.7 发明机遇确定的一般过程

上述几类发明机遇确定的方法可以用统一的过程表达, 如图 3.33 所示。图中的发明过程分为机遇识别、机遇表征、企业机遇或创新机遇确认 3 部分组成。机遇识别由各种变化及已有产品和专利文献开始, 通过识别变化对已有产品及知识产权的影响获得相关信息, 确定初始机遇; 之后分析初始机遇并找到与发明有关的各种问题线索; 对所有线索统一研究确定潜力空间, 每个潜力空间都是一个可能的机遇。机遇表征的过程是将每个潜力空间发展成为可能的研发期望与约束, 通过所有期望与约束确定一系列发明问题, 这些发明问题即为发明机遇; 或者通过初始机遇的信息, 确定存在发明的条件及发明机遇。应用各种解决方法获得发明问题形成领域问题的解, 经过后续的完善形成一系列领域解, 领域解由若干发明组成, 再经过评估选出后续要开发的发明, 即为企业创新机遇。由初始机遇发现到企业创新机遇确定的全过程为发明过程。

图 3.33 过程的第二部分是创新过程。该过程是将选定的发明在企业实施, 即完成后续的开发, 并将产品推向市场, 实现企业效益, 完成企业创新的全过程。企业机遇或创新机遇的实施是创新过程, 最终形成新技术与新产品, 成功将产品推向市场, 创造了市场机遇并满足变化的需求, 即为企业形成了市场机遇。因此, 变化引发了一系列的机遇转换, 最后通过推出创新的产品满足变化的需求, 将变化转换成了企业的效益与竞争力。

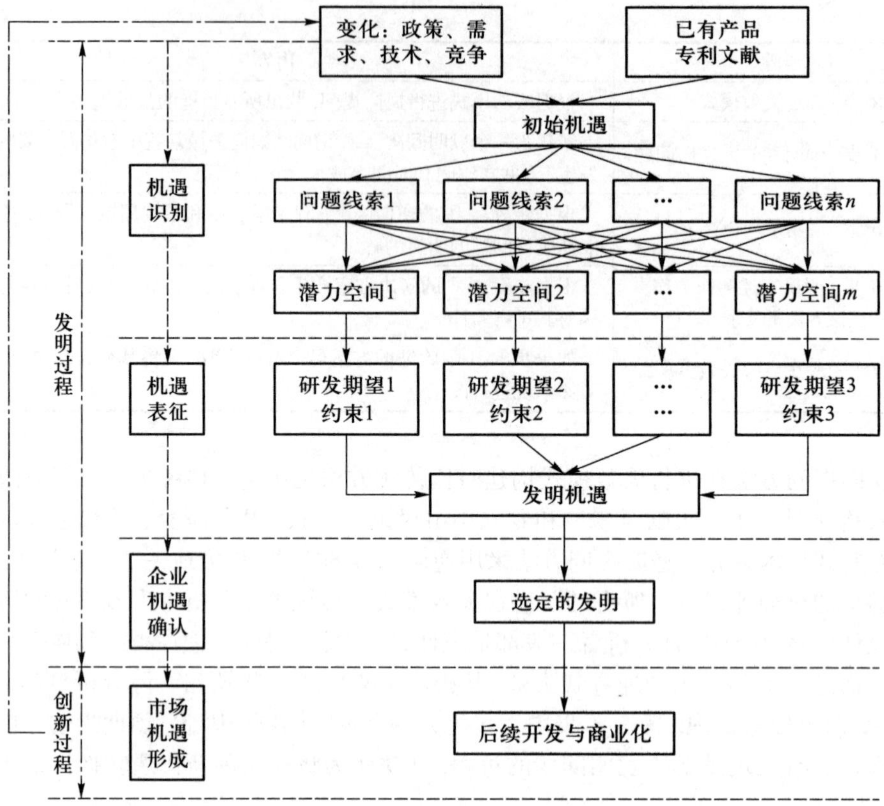

图 3.33　发明过程中的发明机遇

上述的过程可简化为图 3.34。从确定初始机遇开始, 通过问题导向、目标导向、功能模型变换、失效预测等过程, 确定发明问题及该类问题的解, 或确定发明条件并确定满足该条件的发明, 实施该发明、产出新产品并将其推向市场, 从而完成了从初始机遇到发明机遇, 再到企业创新机遇与市场机遇的转换。完整的过程是变化诱导并以满足市场变化的需求为目标的转换过程。

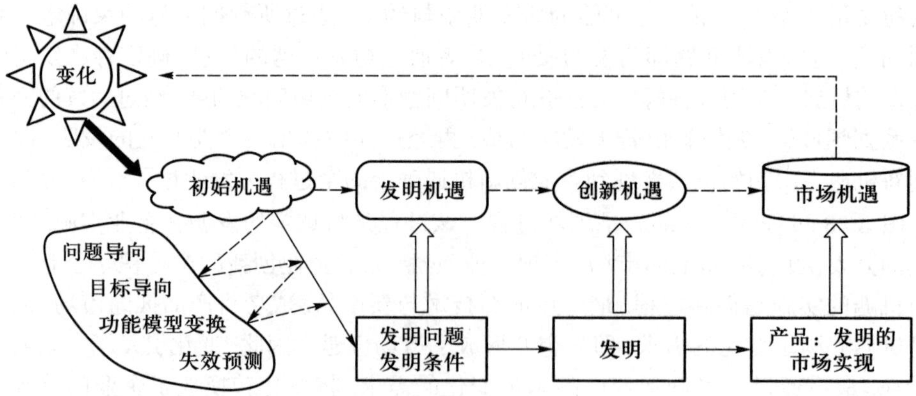

图 3.34　变化诱导的发明与创新过程

应用 TRIZ 或其他技术创新方法解决这些发明问题可以获得发明问题的领域解，或根据确定的发明条件，开发新的过程，确定这些条件对应的发明，企业通过选择获得创新机遇。创新工程师的主要任务到此结束，后续企业管理层应评估这些机遇，选出部分后续开发并形成技术或产品创新。

3.8 小结

发明过程是创新的初始机遇向发明机遇与创新机遇转换的过程，转换的结果是发明问题的领域解或领域发明。企业管理层要评估通过转换所获得的发明，形成创新机遇，继续后续的创新过程，形成新产品并为企业创造市场机遇。本章研究了初始机遇形成的过程及问题导向、目标导向、功能转换及预期失效的机遇转换，最后给出了机遇转换的一般过程。本章的研究内容为后续各章的研究提供了一个逻辑基础。

参考文献

[1] Drucker P F. The discipline of innovation [J]. HBR, 1985, (8): 95-102.

[2] 张换高. 创新设计——TRIZ 系统化创新教程 [M]. 北京: 机械工业出版社, 2017.

[3] 马力辉. 面向多冲突问题的 TRIZ 关键技术研究 [D]. 天津: 河北工业大学, 2007.

[4] Meyer M, Utterback J. The product family and the dynamics of core capability [J]. Mit Sloan Management Review, 1992, 34: 29-47.

[5] Meyer M, Lehnerad A P. The Power of Platform: Building Value and Cost Leadership [M]. New York: Free Press, 1997.

[6] Jiao J X, Simpson T W, Siddique Z. Product family design and platform-based product development: A state-of-the art review [J]. J Intell Manuf, 2007, 18: 5-29.

[7] 赵息, 李文亮. 知识特征与突破性创新的关系研究——基于企业社会资本异质性的调节作用 [J]. 科学研究, 2016, 34(1): 99-106.

[8] Henderson R, Clark K. Architectural innovation: The reconfiguration of existing product technologies and the failure of established firms [J]. Administrative Science Quarterly, 1990, 35(1): 9-22.

[9] Richard L, Christopher M, Gina C. Radical Innovation: How Mature Company Can Outsmart Upstarts [M]. Boston, USA: Harvard Business School Press, 2000: 60-85.

[10] Daman F. Organizational complexity and innovation: developing and testing multiple contingency models [J]. Management Science, 1996, 42(5): 693-716.

[11] Subramaniam M, Youndt M A. The influence of intellectual capital on the types of innovative capabilities [J]. Acad Manag, 2005, 48: 450-463.

[12] Gordon S, Tarafdar M, Cook R, *et al.* Improving the front end of innovation with information technology [J]. Research Technology Management, 2008, 51(3): 50-58.

[13] Christensen C M. The Innovator's Dilemma [M]. Cambridge, MA: Harvard Business School Press, 1997.

[14] Christensen C M, Raynor M E. The Innovator's Solution, Creating and Sustaining Successful Growth [M]. Massachusetts Cambridge: Harvard Business School Press, 2003.

[15] 檀润华, 孙建广. 破坏性创新技术事前产生原理 [M]. 北京: 科学出版社, 2015.

[16] Michel L. Evolution of systems [J/OL]. TRIZ Journal, 2003. [2019-04-06]. https://triz-journal.com/evolution-systems/.

[17] Kaplan S, Visnepolschi S, Zlotin B, *et al.* New Tools for Failure and Risk Analysis [M]. Farmington Hills, MI: Ideation International Inc., 2005.

第 4 章 基本发明过程

4.1 概述

企业外部与内部变化导致创新初始机遇的出现。分析发现, 抓住这些机遇的核心是发现和解决某个发明问题。基本发明过程可以直接用于该类问题的解决并形成发明。本章首先定义简单发明过程, 以此为基础, 研究第 1 章已定义的 5 类基本的发明过程, 其中类比发明过程是其他 4 类过程的基础。本章构建的基本发明过程又是后续各章使用的基本过程。

4.2 简单发明过程

企业创新系统由主创新过程及多个附加创新过程组成, 每个附加过程都是一个发明过程。发明过程可以出现在概念设计、技术设计、详细设计或制造的任何一个阶段, 每一个发明过程由领域问题、领域问题的解决过程和领域解组成, 发明是领域解的一种表征。领域问题应是一类发明问题, 如果领域问题不是发明问题, 工程师可以按照领域过程解决通常问题, 此时不需要发明过程; 领域问题的解就是发明问题的解。创新由某一阶段的发明与该阶段之后的主过程完成。

假设领域问题出现在概念设计阶段, 领域问题的解是应用 TRIZ 解决发明问题的结果, 之后将结果反馈到概念设计阶段, 应用领域知识完善并形成领域解, 也即发明; 后续的技术设计、详细设计与制造将发明转换成产品, 通过商业化实现创新过程。

企业创新活动总体由一次次的单一创新过程组成。单一创新过程要包含一个或多个发明过程, 以保证高水平发明及有竞争力创新的实现。由于发明过程一般要引入外部创新资源, 该过程与主创新过程中的其他活动相比是不连续的, 即不能仅应用本领域已经成熟的方法解决问题。在出现发明问题的子过程或阶段应有一部分活动是独立于主过程之外的研发活动, 称之为附加创新过程, 是一个典型的发明过程。如果该发明过程仅包含一个发明问题, 称该过程为简单发明过程, 如图 4.1 所示。

工程师通过机遇识别与表征确定了关键创新子过程中存在的发明问题, 即领域问题。该问题可以通过 TRIZ 解决, 形成领域问题的解。该解要返回到关键创新子过程, 通过一系列的设计或研发活动改变开发中的技术系统, 形成领域解, 该解是发明过程的输出, 即发明。之后进入后续创新子过程, 并最后实现技术创新。该过程中工程师不仅要应用 TRIZ 解决发明问题, 还要应用领域知识完善由 TRIZ 得到的领域问题的解, 并得到领域解。对于高水平的发明过程, 将领域问题的解反馈到关键创新子系统完善的过

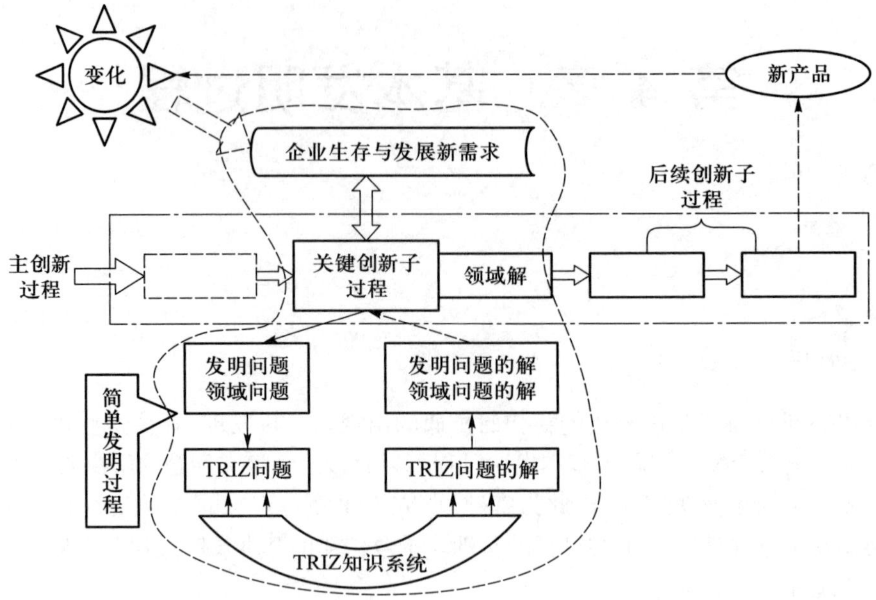

图 4.1 附加简单发明过程

程是附加创新过程与主创新过程紧密融合的关键步骤。该步骤是将 TRIZ 向企业的技术转移过程与企业内部研发过程融合的过程, 并保障融合的结果能为后续的主创新过程提供输入。

简单发明过程是创新主过程的一个附加过程。为了高水平地解决发明问题, 工程师们要应用 TRIZ 知识系统, 如冲突问题解决矩阵、发明原理、发明问题解决案例等。这些原理与案例是创新方法资源, 来源于对世界专利库的研究、归纳与总结, 属于企业外部资源, 即应用 TRIZ 知识系统的过程是引入外部资源、应用跨学科知识的过程。该类知识的应用对提高工程师解决发明问题的成功率、效率与水平均起重要作用。

常遇到的发明问题即发明机遇有 5 类: 类比问题、冲突问题、综合问题、裁剪问题与诊断问题。解决这些发明问题的基础是类比, 即将类比源蕴含的知识迁移到目标的过程。因此, 类比发明过程是基本的发明过程, 以 TRIZ 及类比过程为基础可以构建其他各种基本发明过程。

4.3 类比发明过程

4.3.1 类比的概念与方法

类比发明过程是基于类比或类比推理的一类发明过程。类比中的类有本质或规律的意义, 具有相同本质或规律的事物为同类, 反之为异类。类比涉及源与目标两类事物, 源是熟悉的事物或已存在的问题, 目标是新的事物或待解决的问题。类比的过程是根据源与目标在一系列属性上相同或相似, 而且已知其源还具有其他特定属性, 由此推出目标也具有同样的其他特定属性的结论。或认为类比是将知识从源转移至目标的过程, 转移的依据是源与目标两个情境间有着某种相似性[1]。

面向问题解决的类比是经典类比研究后期发展起来的范式, 针对"高层次"推理, 主要涉及关系结构。如果源问题和目标问题具有某种相似性, 那么源问题的解决方案可以类比转移至目标问题[2]。Gentner[3] 提出了问题解决的结构映射理论 (structure mapping theory), 认为类比是关系结构从源向目标的映射, 即提取出源问题中各因素之间用结构表征的关系, 并与目标问题的结构相匹配, 运用源问题的解决方法解决目标问题。Holyoak 等[4] 提出了实用图式理论 (pragmatic schema theory), 其重要观点认为图式是对源问题和目标问题的共同因果关系的再认, 这种关系引导着对源问题的提取和选择。Blessing 和 Ross[5] 建立了样例理论, 强调已有的实例在类比过程中的作用。Holyoak 和 Thagard 在 1997 年提出了多重限制理论, 描述了相似性、结构和目标三种限制条件[6], 并认为类比依赖于事物之间主要关系的相似性, 两个类比对象的重要成分之间应能一对一地对应, 类比应达到目标控制着类比过程。

类比常用于设计, 称为类比设计[7]。类比过程中的源称为源设计, 目标成为目标设计。源设计为目标设计提供潜在的解决方案。基于认知科学中对类比推理过程的研究, 类比设计包括设计知识存储和表征、检索、目标设计和源设计之间的知识映射和转移、目标设计方案的产生。类比发明过程经常是类比设计的一部分。

4.3.2 类比机制

Wareham 等针对面向问题的类比建立了图 4.2 所示的模型[8]。该图中, L 是一个案例库及源设计库, 每个案例由问题、该问题的解决方法、该问题的解组成。X 是在 L 中检索到的一个实例, 该实例由问题 XP、该问题的解决方法 XM、该问题的解 XS 组成。P 是新的或待解决的问题, M 是解决问题 P 的方法, S 是应用 M 解决问题 P 的一个解。A 是通过 X 解决问题 P 的类比。类比过程的第一步通过问题 P 在 L 中寻找 X, X 的特点是其问题 XP 与 P 相似; 之后由相似关系确定 XA 与 P 之间的类比 A, 并由 XM 与 XS 确定 M 与 S。

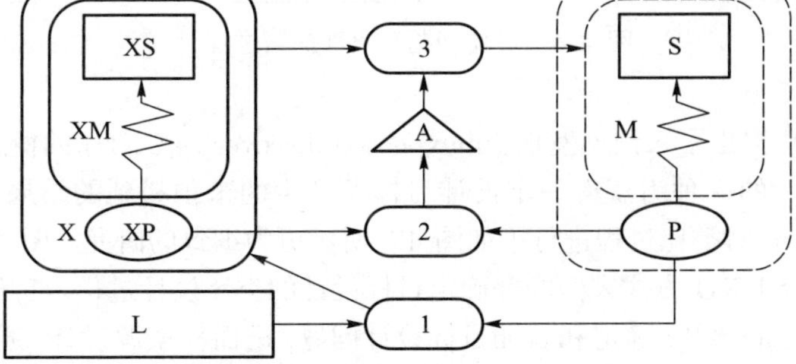

图 4.2 基于问题库的类比[8]

在人工智能领域, 类比推理的模型如图 4.3 所示。已知问题 A 和相应的解决方案 B, 给定相似的新问题 A′, 求 A′ 的解决方案。其中 α 表示问题 A 和 A′ 的相似关系, β 表示问题 A 的解决过程, β′ 表示新问题 A′ 的解决过程, 而这种解决过程在类比映射 α′

的辅助下进行。

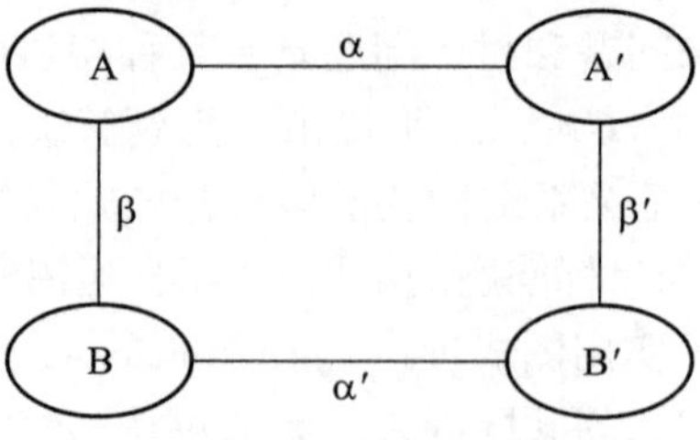

图 4.3 类比问题解决的模式[9]

Qian 和 Gero[10] 在功能行为结构 (function behavior structure, FBS) 设计过程模型基础上, 分析了功能、行为和结构之间的映射及其在类比过程中的角色, 提出了如图 4.4 所示的以 FBS 模型为核心, 由功能和行为驱动的类比过程。上半部分为探索过程, 下半部分为问题解决过程, 且两个过程都具有不同任务目标的提取和细化步骤。其中, 设计要求可分解为功能、行为和 (或) 结构, 且同时提供设计概念的名称, 即设计的是什么。探索过程中概念提取器应用概念名称查找现有的设计, 且推理出其主功能和相应的行为。推理出的功能和行为用来作为类比检索的关键词。问题解决过程中的类比提取器以设计要求和 (或) 目标概念设计为输入, 进一步抽象为标签索引或图形索引, 检索具有相同功能或行为的类比源。在类比细化阶段, 分别进行类比源和目标设计之间功能、行为、结构的映射和转移, 最后形成进入评估阶段的设计结构猜想。

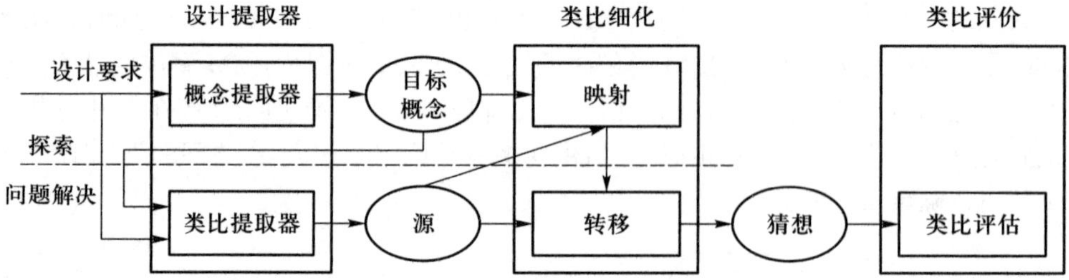

图 4.4 类比问题解决和探索过程[10]

Suwa 等[11] 提出了未预见发现 (unexpected discoveries,UXD) 的概念, 认为它是发生在设计者身上的一种为获得一定设计目标所产生的未预料到的结果。基于此概念, Kulinski 和 Gero 对类比过程进行了如图 4.5 所示更为细致的研究。图 4.5 描述通过寻找源设计并结合 UXD 方式来匹配并确定目标设计的类比设计过程。首先, 设计智能体通过对设计问题的感知, 确定和表征目标设计问题, 进而检索源设计; 通过源设计和目标设计问题的匹配分析, 设计智能体获取 UXD, 形成新的设计目标; 最后, 依据类比关系构建的映射, 转移源设计中的某种结构特征, 形成最终的设计方案, 实现设计目标。

利用类比求解问题时, 往往会在提出新问题或新目标后, 回忆之前已经解决过的相似老问题, 通过对两种问题或情形的匹配, 推理获取问题的解决方案。图 4.2 ~ 图 4.5 给出了采用类比方法解决问题的一般模式。

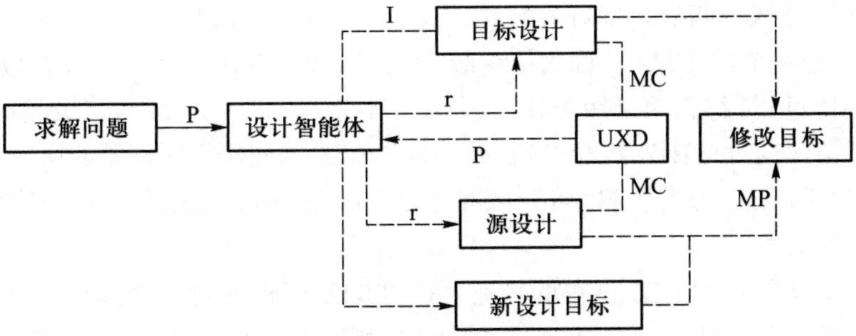

I—学习, MC–匹配; P—感知, MP–感知; r—确定, UXD—未预见发现

图 4.5 情景类比设计模型 [11]

4.3.3 基于 TRIZ 的二级类比过程

1. 基本过程

Altshuller 经过分析大量专利, 发现高水平的发明基于如下 3 条原理。

(1) 问题及其解在不同的工业部门及不同的科学领域重复出现。

(2) 技术系统计划模式在不同的工业部门及不同的科学领域重复出现。

(3) 发明经常采用不相关领域中所存在大的效应。

这些原理表明, 多数发明不是全新的, 而是一些已有原理或结构在本领域或另一领域的应用。TRIZ 的这些基本原理与类比原理完全相同, 如果能以类比的原理理解 TRIZ, 将提高工程师学习与应用该理论的效率。

图 4.6 是 C–TRIZ 过程, 其中的核心部分是 TRIZ 过程。在 TRIZ 过程中, 首先将领域问题转换为 TRIZ 中的问题模型或称 TRIZ 问题, 经 TRIZ 匹配找出能解决该问题的 TRIZ 特解或 TRIZ 解, 再经选择与变换确定领域问题的解。该过程中的 TRIZ 问题、TRIZ 匹配和 TRIZ 解称为 TRIZ 过程, 属于 TRIZ 域; 领域问题与领域问题的

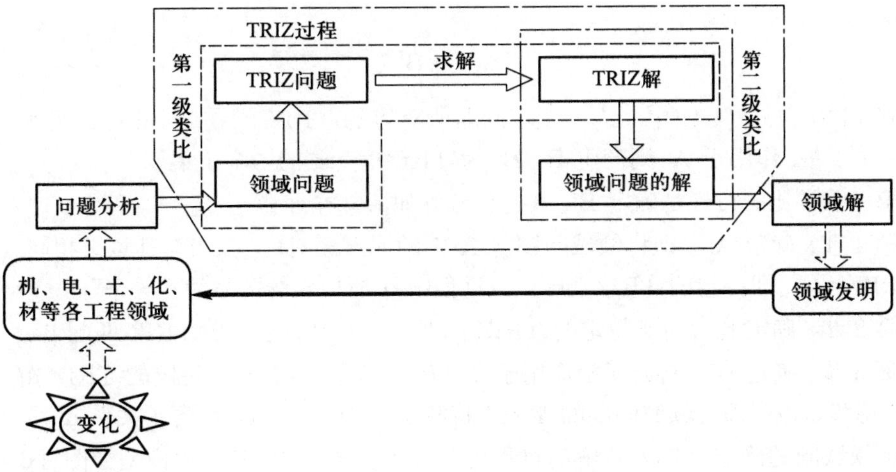

图 4.6 C–TRIZ 过程

解属于领域问题域。两域之间存在转换、选择与变换的过程, 前者将领域问题转换成 TRIZ 问题, 是一个类比过程, 称为第一级类比; 后者将 TRIZ 解变换成领域问题的解, 也是一个类比过程, 称为第二级类比。因此, TRIZ 过程是由一级与二级类比过程构成的。第一级类比通过 TRIZ 匹配得到, 要用到 TRIZ 领域研究所积累的研究成果; 第二级类比将 TRIZ 解作为类比源, 将领域问题作为问题, 用类比过程进行类比推理, 从而获得领域问题的解[12]。

TRIZ 过程是 C–TRIZ 过程的核心。C–TRIZ 还包括对企业内外部变化的分析, 确定初始机遇与发明机遇, 发明机遇是图中的领域问题, 因此, 变化是 C–TRIZ 的起点。TRIZ 过程的输出是领域问题的解, 该类解不是企业需要的结果。工程师需要根据变化对主创新过程的影响及所确定的关键创新子过程应用领域知识完善领域问题的解, 形成领域解, 即领域发明。领域发明是企业的创新机遇, 企业投入并经过后续开发, 将领域发明转换成新产品, 通过市场化完成创新的全过程。从变化到领域解或领域发明是 C–TRIZ 全过程。

2. 第一级类比

TRIZ 解决问题分为战略与战术两类方法。技术进化预测是战略方法, 冲突解决、标准解、效应是战术方法。所有这些方法在类比意义下是类比源集, 其中问题 A、操作 β 及解 B 为源问题中的 3 个子集, 操作 β 作用于 A 则产生 B。类比源集描述如下:

$$\text{类比源} = \{\mathrm{A}, \beta, \mathrm{B}\} \tag{4.1}$$

满足:

$$\mathrm{A} \xrightarrow{\beta} \mathrm{B} \tag{4.2}$$

式 (4.1) 及式 (4.2) 中, A={39 个标准工程参数, 技术进化定律, 物质–场模型, 功能集}; β = {冲突矩阵, 技术进路线, 标准解搜索算法, 功能搜索算法}; B= { 40 条发明原理, 技术进化状态, 76 个标准解, 效应}。

$$\text{目标集} = \{\mathrm{A}', \beta, \mathrm{B}'\} \tag{4.3}$$

满足:

$$\mathrm{A}' \xrightarrow{\beta'} \mathrm{B}' \tag{4.4}$$

式 (4.3) 及式 (4.4) 中, A′ 为领域问题所对应的 TRIZ 问题, A 的一个实例; β′ 为 β 的一个子集, 作用于 A′ 则产生 B′; B′ 为 TRIZ 解, B 的一个子集。

第一级类比的目标是确定 B′, 其过程分为如下 3 个步骤。

第 1 步: 确定 A′。即将领域问题与 A 中的元素相对应, 找出与其意义相同或相似的 TRIZ 问题, 即特定的 TRIZ 问题, 该过程中 α 所代表的关系为 “等于”。

第 2 步: 确定 β′。对于特定的 TRIZ 问题, 在 β 中确定一个 TRIZ 匹配 β′。

第 3 步: 确定 B′。将此匹配作用于该 TRIZ 问题, 得到一个特定的 TRIZ 解, 或称 TRIZ 特解。该解即为领域问题的 TRIZ 特解 B′。从 B 到 B′ 蕴含了关系 α′。

由领域问题确定 TRIZ 特解的过程为第一级类比过程, 其过程模型如图 4.6 所示。第一级类比的结果并不是工程师需要的领域问题的解, 该解还需通过图 4.6 中的选择、变换, 或类比推理获得。TRIZ 中没有专门的选择与变换方法或工具, 工程师以 TRIZ 特解为基础, 通过类比推理及经验与顿悟产生领域问题的解, 即第二级类比, 如图 4.6 所示。

3. 第二级类比

有关 TRIZ 的著作与论文或基于 TRIZ 的计算机辅助创新 (computer aided instruction, CAI) 软件中已给出了对应 TRIZ 特解的实例。通过第一级类比及应用 TRIZ 和 CAI 软件, 工程师已获得 TRIZ 特解及与之对应的实例, 将特解、实例与自身经验相结合, 通过类比推理及顿悟可以提出解决领域问题的创新概念, 即领域问题的解。该过程的输入是 TRIZ 特解及与之对应的应用实例, 输出是领域问题的解, 工程师本身实现输入与输出之间的变换或顿悟, 这与基于场景的类比设计 (图 4.5) 研究内容相似, 称该过程为第二级类比过程。

第二级类比分为如下 5 步。

第 1 步: 感知问题。感知场景中的 TRIZ 特解及相应的实例。

第 2 步: 发现 UXD。发现 UXD 并使其迁移, 形成一个修改的领域问题的解。

第 3 步: 形成一个领域问题的解。评估修改解, 形成一个新的领域问题的解。

第 4 步: 确定领域问题的解。新解是否满足需求? 否, 返回第 1 步; 是, 继续。

第 5 步: 结束。

该过程是人工过程。对于工程师, 前 4 步是根据已有的领域问题的解形成一个新解的过程。第一次循环时, 领域问题的解是空解或还没有存在的解, 工程师需要自己创造一个领域问题的解。每次修改这个解的过程是一个应用自己多年来职业工作所积累的经验, 又在特定的 UXD 激发产生顿悟, 形成新的设想或创意。该过程是一个典型的问题在先、案例在后的类比过程, 容易产生高水平的设想并形成能够实施的发明。

4. 基于 TRIZ 的类比发明过程模型

过程模型是对真实过程的一种抽象, 并能回答真实过程中的问题。为了更好地理解与应用图 4.6 所示的 TRIZ 过程, 根据上述的第一级与第二级类比过程, 可以建立基于 TRIZ 的类比发明过程模型, 如图 4.7 所示。

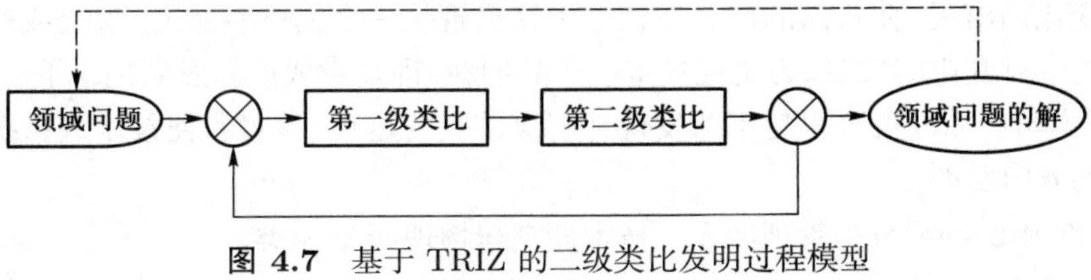

图 4.7　基于 TRIZ 的二级类比发明过程模型

该模型的输入是领域问题, 输出是选定的领域问题的解, 该解经过后续完善形成发明, 因此该过程是发明过程的主要部分。领域问题是通过对初始机遇的识别与转换得到的发明问题。之后应用第一级类比与第二级类比确定领域问题的解, 中间要经过评估与反馈, 经过不断迭代得到选定的领域问题的解。

基于 TRIZ 的二级类比发明过程步骤 (basic inventive process-1, BIS–1) 有如下 5 步。

第 1 步: 确定领域问题。领域问题即发明问题, 是由变化引起的潜在机遇或发明机遇, 应用根原因分析法等方法确定。

第 2 步: 第一级类比。将领域问题转化为 TRIZ 特解, 同时确定若干实例。该步可以通过人工过程或借助 CAI 完成。

第 3 步: 第二级类比。将 TRIZ 特解及实例作为类比源, 发现其中的 UXD 并迁移到目标, 形成领域问题的解。目前该步采用人工方法完成。

第 4 步: 评估。对得到的领域问题解决方案进行评估。如果不满足需求, 转第 2 步, 该解决方案与领域问题信息融合, 继续类比过程。如果满足需求, 继续。

第 5 步: 结束。所得到的解为选定的领域问题的解。

已有的计算机辅助创新软件系统可以很好地支持第一级类比过程, 而第二级类比主要依靠工程师的类比推理及顿悟解决问题。虽然领域问题很难解决, 但由于 TRIZ 特解及应用特解的实例很贴近领域问题的解, 工程师通过先有问题之后参考类比源的方法产生顿悟。该过程已实现了跨领域知识及案例的新应用, 有可能产生潜在的高水平发明。

4.4 冲突解决发明过程

4.4.1 冲突及分类

矛盾是事物之间相互作用、相互影响的一种特殊状态。事物的发展过程自始至终存在矛盾运动, 矛盾的存在是普遍的、绝对的。人们认识事物就是认识事物的矛盾, 科学的认识在于研究客观对象所固有的矛盾。坚持矛盾普遍性原理, 用对立统一观点观察问题, 是一切科学认识的基本前提。冲突是激化的矛盾, 注重于斗争。冲突出现后应采取干预手段改变冲突的水平, 以最大限度地发挥其益处而抑制其害处。

按照 TRIZ 的基本思想, 产品或技术系统发展过程中广泛存在着矛盾, 由于客观世界的各种变化使其中的部分矛盾激化变为冲突, 解决冲突或彻底移走冲突成为产品或技术系统创新与发展的直接动力。目前的技术与产品是解决一个或一系列冲突的结果。但各种变化的出现, 使目前的产品或技术中又出现了一个或一些冲突, 解决或移走这些冲突才能应对变化, 其结果为实现技术或产品创新, 即技术或产品发展到了下一个阶段。因此, 技术与产品发展过程是不断发现并解决冲突的过程, 该过程使技术或系统向最终理想解的方向发展。

TRIZ 中的冲突分为管理冲突、技术冲突与物理冲突 3 类。

管理冲突 (administrative contradiction): 为了避免某些现象或希望取得某些结果需要做一些事情, 但不知如何去做。

技术冲突 (technical contradiction): 一个作用同时导致有用和有害两种结果, 也可指有用作用的引入或有害效应的消除导致一个或几个子系统或系统变坏。技术冲突常表现为一个系统中两个子系统之间的冲突。

物理冲突 (physical contradiction): 为了实现某种功能, 一个子系统或元件应具有一种特性, 但同时出现了与此特性相反的特性。

为了应对外部与内部变化, 企业管理层在考察产品或技术系统的设计与制造过程中很容易发现管理冲突, 用户在体验产品或技术的过程中同样很容易发现该类冲突。由于该类冲突过于宏观, 不能抓住问题的本质, 因此具有暂时性, 对发明与创新无直接的启发价值, 所以被称为管理冲突。但管理冲突通常蕴含了技术冲突与物理冲突, 技术冲突又由物理冲突决定, 即管理冲突是表象, 技术冲突是出现管理冲突的深层原因, 物理冲突是出现技术冲突的固有或根本原因。因此, 管理冲突、技术冲突、物理冲突又分别可称为表层冲突、深层冲突、根冲突。

图 4.8 通过一个案例表明了 3 类冲突的关系。燃料电池的绝缘层对该类电池的性能影响较大, 但绝缘层如何定性地影响电池性能, 因涉及绝缘层材料本身、材料的几何尺寸、材料的变形等, 使得提升性能成为一个管理冲突。其深层问题为绝缘层好的绝缘性能往往与材料的机械变形形成冲突, 即绝缘性能好则机械变形大, 而机械变形会降低电池性能, 因此绝缘性与机械变形构成一对技术冲突。而该对技术冲突的根本原因是由绝缘材料的厚度决定的。厚度大时绝缘性能好, 但温度变化时材料的变形大; 而厚度小时绝缘性差, 但温度变化时变形小。因此, 对材料的厚度要求构成物理冲突, 这是出现技术冲突的根原因。

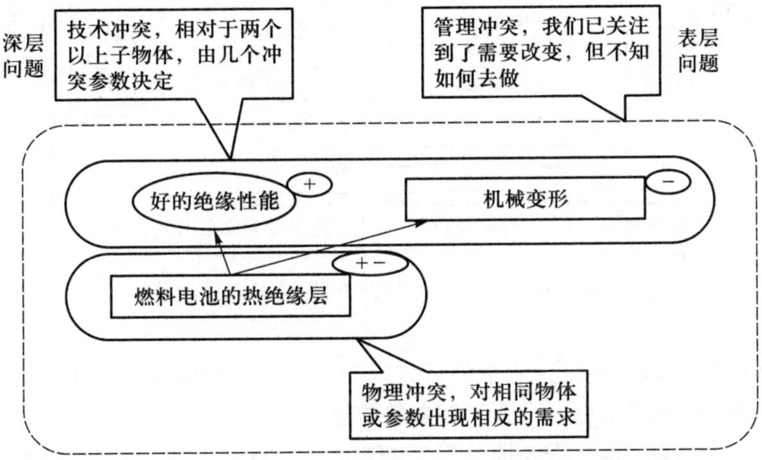

图 4.8 3 类冲突之间的关系

企业关注的是管理冲突的解决。为了解决该类冲突, 首先要解决其蕴含的技术冲突或物理冲突。发现并解决技术冲突或物理冲突的过程均是发明过程, 其结果经过完善均形成发明, 即企业管理者或产品的用户所关心的部分问题或管理冲突可以通过技术冲突或物理冲突的解决而得到解决。

4.4.2 技术冲突解决方法

技术冲突的解决需要跨学科的知识。通过多年的研究, TRIZ 已构建冲突解决的知识系统, 如图 4.9 所示。该系统的核心是 40 条发明原理 (见附录 3), 前人在长期的创新活动中, 反复多次应用这些发明原理解决所遇到的冲突。研究发现, 一类冲突的解决仅需要少于或等于 4 条发明原理, 每条原理已有多个案例与之对应, 即案例中的冲突是由所对应的发明原理解决的，这些案例来自不同的学科。为了确定所需要的发明原理，研究确定了 39 个标准工程参数与冲突矩阵 (见附录 3)。发明原理、案例、标准工程参数与冲突矩阵构成冲突解决的跨学科陈述性知识或概念知识；而将领域问题抽象成标准工程参数，之后应用矩阵查找发明原理与案例的过程构成跨学科程序性知识或过程知识。因此，TRIZ 中冲突问题求解的过程不仅应用到跨学科陈述性知识，又应用到跨学科程序性知识。

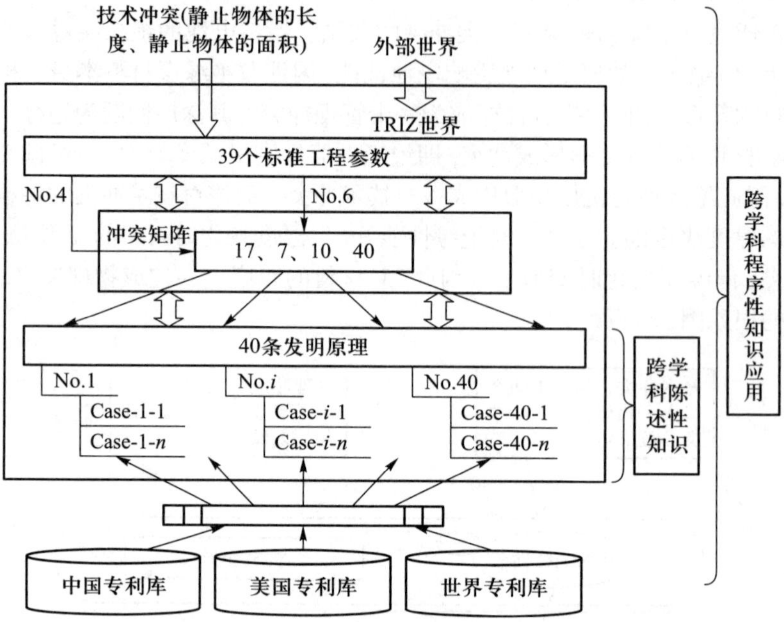

图 4.9 冲突解决过程中的跨学科知识系统

图 4.9 中的外部世界是企业主创新过程中某一子过程面临技术冲突的场景。对于问题导向的创新，通过根原因分析、裁剪等方法的运用，工程师可以发现并确认这些冲突。这些冲突是领域问题，需要抽象为 TRIZ 问题或标准问题，由一对标准工程参数表征的一对冲突即为一对标准冲突。冲突矩阵构建了标准工程冲突与 40 条发明原理的内在关系，通过一对特定参数表示的标准冲突确定可用发明原理，每条发明原理还有对应的案例，这些原理与案例构成了工程中冲突的解，即 TRIZ 解。由领域问题到 TRIZ 解的过程为第一级类比，以此为类比源，通过第二级类比可以获得领域问题的解，即工程师需要的 TRIZ 过程的输出。图 4.10 是冲突解决过程的模型。

图 4.10 所示的模型表明，冲突解决过程分为由抽象与匹配决定的第一级类比和由知识迁移决定的第二级类比两个阶段。第一阶段为将领域问题转化为 TRIZ 问题或标准问题，并通过冲突矩阵由 TRIZ 问题确定 TRIZ 解；第二阶段通过类比由 TRIZ 解确定领域问题的解。第一阶段的抽象与匹配不是很显然的类比，第二阶段是显然的类比过程。该过程可以分解为若干步骤。

技术冲突解决过程 (basic inventive process-2-1, BIS–2–1) 有如下 9 个步骤。

第 1 步：明确技术系统及改进目的。感知与理解领域中的技术冲突，明确改进目

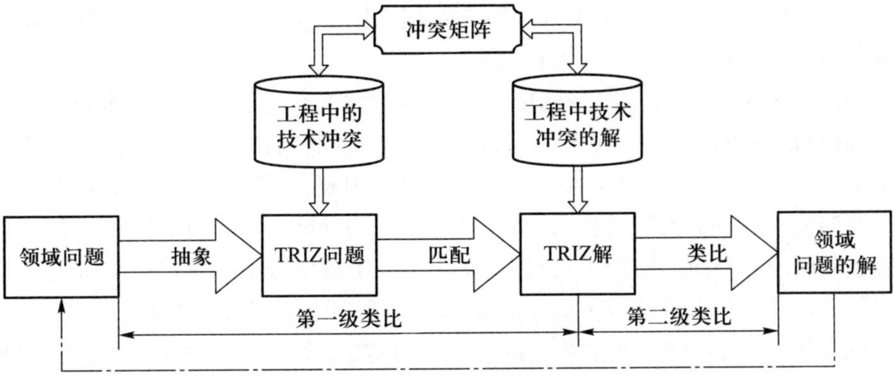

图 4.10 技术冲突解决过程模型

的, 如可以改进系统, 也可以改进某一子系统或元件。

第 2 步: 确定改进参数。用参数的变化表达待改进的系统、子系统或元件, 确定这些参数。这些参数即为改进参数。

第 3 步: 确定恶化参数。确定改进上述参数后导致的不良结果, 确定哪些参数变化可以表达这些不良结果。这些参数即为恶化参数。

第 4 步: 确定 TRIZ 问题。将上述确定的改进参数和恶化参数与标准工程参数对比, 找出意义最接近的参数, 并将改进标准工程参数与恶化的标准工程参数两两组合, 形成一对或多对标准技术冲突。这些冲突就是 TRIZ 问题。

第 5 步: 确定 TRIZ 解。由改善标准工程参数与恶化标准工程参数共同作用, 查找冲突矩阵, 确定可用发明原理序号及发明原理, 由 CAI 软件或相关 TRIZ 著作和教材查找与发明原理对应的案例。这些原理和案例即为 TRIZ 解。

第 6 步: 感知问题并发现 UXD。分析理解 TRIZ 解, 即选定的发明原理及相应实例, 发现 UXD 并使其迁移, 与已有的经验结合产生顿悟, 形成一个领域问题的解。

第 7 步: 领域问题解的评估。评估上述领域问题的解并作适当修改形成一个新的解。

第 8 步: 确定领域问题的解。领域问题的解是否满足需求? 否, 返回第 6 步; 是, 继续。

第 9 步: 确定领域解。将领域问题的解转换成领域解, 即发明。

过程中的第 9 步要将领域问题的解转换成领域解。在该过程中, 工程师首先应将领域问题的解反馈到出现发明问题的关键子系统, 应用领域知识完善领域问题的解, 最后得到后续创新过程接受的领域解。领域解是一类发明, 是企业创新的机遇。

4.4.3 物理冲突解决方法

物理冲突是 TRIZ 要研究解决的关键问题之一。与技术冲突相比, 物理冲突是一种更尖锐的冲突。当系统的某一个参数需要变化时, 针对该参数出现了相反的要求, 这时就出现了物理冲突。如飞机速度在一定的条件下, 机翼面积的增大有利于提高升力, 但阻力会增大; 相反, 机翼面积的减小有利于减小阻力, 但升力会减小; 机翼面积出现了相反的需求, 这就是机翼设计中的物理冲突。

物理冲突的解决方法一直是 TRIZ 研究的重要内容。20 世纪 80 年代 Glazunov 提出了 30 种解决方法, 90 年代 Savransky 提出了 14 种解决方法。Altshuller 在 70 年代提出了 11 种解决方法。在总结各种解决方法的基础上, TRIZ 常采用 4 条分离原理解决物理冲突, 即空间分离、时间分离、基于条件的分离、整体与部分的分离。

通过采用内部资源, 物理冲突已用于解决不同工程领域中的很多技术问题。所谓的内部资源是在特定的条件下, 系统内部能发现及可利用的资源, 如材料及能量。假如关键子系统是物质, 则几何或化学效应的应用是有效的, 如关键子系统是场, 则物理效应的应用是有效的。有时从物质到场, 或从场到物质的传递是解决物理冲突问题的有效方案。

按 TRIZ 原理, 物理冲突要彻底消除。其基本原理是在同一空间、同一时间、同一条件、同一元件不可能具有相反的特性。因此, 要解决物理冲突, 可以在空间、时间、不同条件、不同元件 (层次) 下实现冲突要求的分离。表 4.1 是解决物理冲突的 4 条分离原理。

图 4.11 是物理冲突解决过程模型。应用该模型的过程中, 首先确定领域物理冲突, 即领域问题; 之后分析该领域问题属于哪一类工程中的物理冲突, 如空间类、时间类、随条件变化类、系统级别类, 选定类型即为 TRIZ 问题; 由 TRIZ 问题直接匹配或选择分离原理, 即为工程中物理冲突的解, 即 TRIZ 解; 之后通过类比获得领域问题的解。其中, 由问题的抽象到 TRIZ 问题及 TRIZ 解的过程为第一级类比; 由 TRIZ 解到领域问题的解的过程为第二级类比。最后, 将领域问题的解转换成领域解, 即发明或企业创新机遇。

表 4.1 分离原理

名称	意义	案例
空间分离	将冲突双方在不同的空间分离, 以降低解决问题的难度。当关键子系统冲突双方在某一空间只出现一方时, 空间分离是可能的。空间分离原理可以描述为: 系统或元件的某一部分有特性 P, 另一部分具有特性–P, 在空间上分离该两部分	 立交桥很好地解决了车辆在交叉路口既要求快又不能快的物理冲突
时间分离	将冲突双方在不同的时间段分离, 以降低解决问题的难度。当关键子系统冲突双方在某一时间段只出现一方时, 时间分离是可能的。时间分离原理可以描述为: 在某一时间, 元件具有特性 P, 在另一时间, 该元件具有特性 –P, 按时间先后次序分离 P 与 –P	 折叠技术解决了自行车在行走及存放时的物理冲突

续表

名称	意义	案例
基于条件的分离	将冲突双方在不同的条件下分离，以降低解决问题的难度。当关键子系统冲突双方在某一条件下只出现一方时，基于条件的分离是可能的。基于条件的分离原理可以描述为：在某一条件下，元件具有特性 P，在另一条件下，该元件具有特性 –P，按时间先后次序分离 P 与 –P	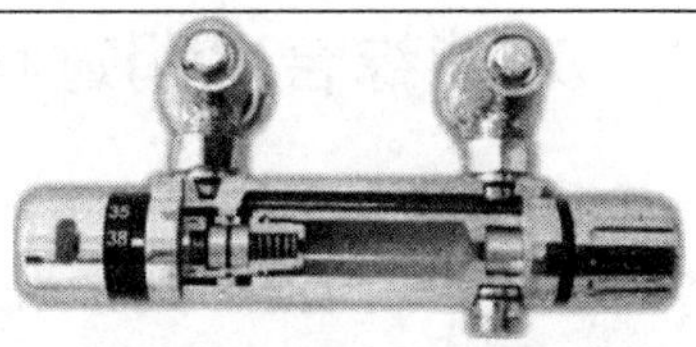 应用双向记忆合金，通过温度变化导致零件不同的形状，实现阀门随温度的启闭
整体与部分的分离	将冲突双方在不同的层次分离，以降低解决问题的难度。当冲突双方在关键子系统层次只出现一方，而该方在子系统、系统或超系统层次内不出现时，整体与部分的分离是可能的。整体与部分的分离可以描述为：系统整体具有特性 P，而其部分具有特性 –P，分离整体与部分	 自行车链条微观层面上是刚性的，宏观层面上是柔性的

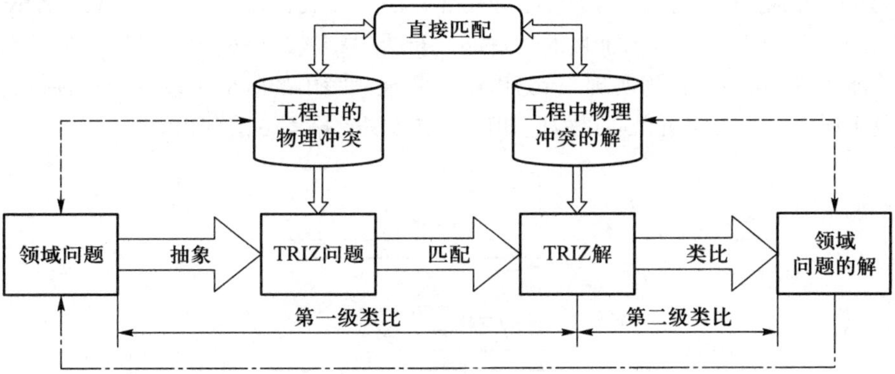

图 4.11 物理冲突解决过程模型

物理冲突解决过程 (basic inventive process-2-2, BIS–2–2) 有如下 7 个步骤。

第 1 步：明确技术系统及改进目的。感知与理解领域中的问题，明确改进目的，如可以改进系统，也可以改进某一子系统或元件。

第 2 步：确定物理冲突。系统中某个子系统或对象的某一参数出现了相反的需求即为物理冲突。

第 3 步：确定 TRIZ 解。选择某一条分离原理及相关案例。

第 4 步：感知问题并发现 UXD。分析理解 TRIZ 解，即选定的分离原理及相应实例，发现 UXD 并使其迁移，与已有的经验结合产生顿悟，形成一个领域问题的解。

第 5 步：领域问题的解的评估。评估上述的解并作适当修改形成一个新的领域问题的解。

第 6 步：确定领域问题的解。领域问题的解是否满足需求？否，返回第 3 步；是，继续。

第 7 步: 确定领域解。将所得到的解转换成领域解, 即发明。

4.5 功能综合发明过程

功能创新与设计的过程中常遇到某些功能元不能得到明显解的难题, 称该类功能元为困难功能元, 属于一类发明问题。功能综合发明过程是应用数学、物理、化学、生物等科学效应确定一个困难功能元原理解的方法。

4.5.1 功能结构中困难功能元的确定

创新是利用发明并将其商业化的结果。创新的结果通常是产品, 产品的存在有其目的 (purpose)、功能 (function)、行为 (behavior) 与结构 (structure)[13]。目的通常指人们根据自身的需要, 借助意识与观念的中介作用, 预先设想的行为目标和结果, 作为观念形态反映了人与客观事物的实践关系。功能是产品运行的结果, 该结果与产生满足人们所需要的目的吻合。行为是产品在特定条件下的一系列动作, 其结果是实现功能。结构是由零部件及各种连接组成的一个整体。结构是“是什么 (What is)”, 行为是“如何做 (How does)”, 功能是“做什么 (What does)”, 目的是“为什么要做 (Why does or what for)”。图 4.12 表示了目的、功能、行为、结构之间的关系。四者的关系为需求由功能实现, 功能由行为实现, 行为由结构实现。图中的效应可以作为一种行为实现的手段实现功能。效应可以通过效应知识库或知识挖掘等方法获得。

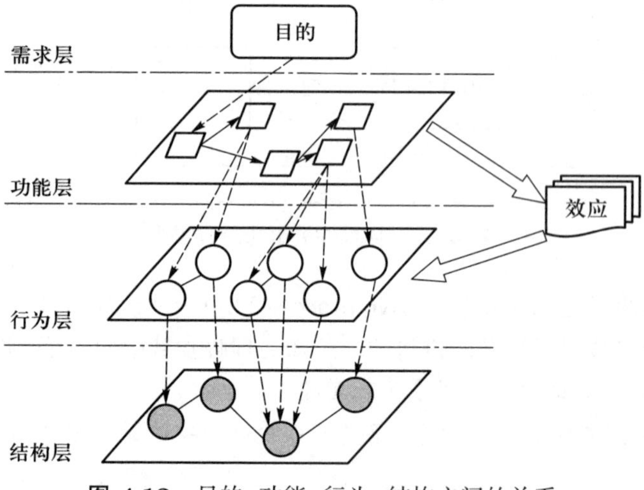

图 4.12 目的–功能–行为–结构之间的关系

图 4.12 中, 由需求或目的为出发点, 确定待开发产品的功能模型, 细化该模型并使之能够容易地确定效应及其结构, 是重要的开发活动。按层次型功能模型建立的过程, 对待开发的产品确定其总功能, 总功能分解成若干分功能, 一直分解到功能元, 将系统的各个功能元用流有机地组合起来形成网络结构即为功能结构。功能用“动词 + 名词”的形式表示, 流有能量流、物料流、信息流 (参数流) 3 种, 总功能的输入输出流由用户需求确定。图 4.13 是一种复合式旋流器的功能结构。

研究功能结构中的所有功能元发现“分离液体”不知如何实现，而其余功能元均可根据领域知识获得解决方案，则“分离液体”为困难功能元。困难功能元的解决属于发明问题，需要跨学科，特别是需要数理化基础科学的支持。效应的应用可为该类问题的解决提供系统化方法，该类方法涉及数、理、化、天、地、生等学科，需要进一步研究。

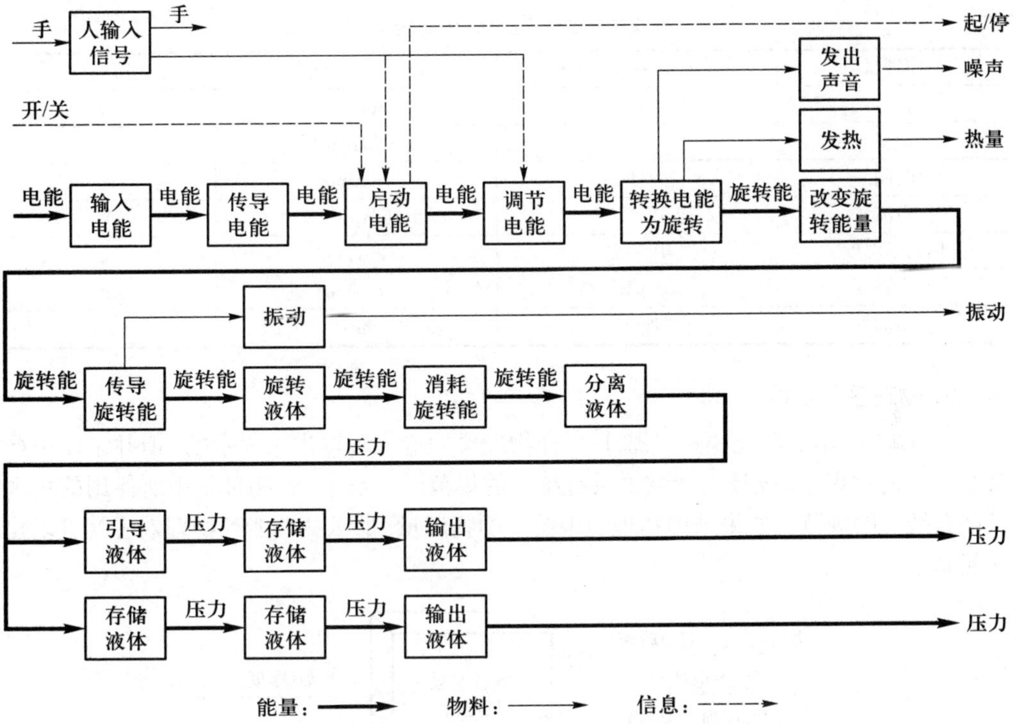

图 4.13 复合式旋流器主功能结构

4.5.2 物理量与功能

1. 物理量

困难功能元的求解经常用到物理效应，该类效应可以用物理量 (physical quantity) 组合而成的某种定量关系来表达。物理量是量度物质属性和描述物质运动状态所用的各种量值，如时间、长度、质量、速度、加速度、光强等。国际标准化组织 (International Organization for Standardization, ISO) 等 7 个国际组织联合制定的《国际通用计量学基本术语》(1993) 一书中，对物理量所作的定义如下：物理量是现象、物体或物质可以定性区别和定量确定的属性。包含两方面的含义：一是物理量可以定性区别、描述物质、现象的属性，即一种物理量代表一种属性；二是物理量又可以定量描述物质、现象的一种属性，即每个物理量都具有一定的量值。因此，物理量既可以定性分析，又可以定量分析，即物理量具有量纲和量值。表 4.2 所示为基本物理量和物理单位。

这 7 个基本量可以覆盖科学技术的所有领域，但在描述物质属性和物理现象时，仅用这些基本量是不够的，还要使用导出物理量，即由这 7 个基本量的组合形式来表示的物理量。如力学量制中的速度、加速度、力、动量、能量等物理量都可以用长度、质量、时间这 3 个基本量的组合形式表示。国际单位制中规定了一些具有专门名称的导出量和单位, 这些导出量具有专门的单位名称和符号。在科技领域使用的物理量有多种。

表 4.2 基本物理量和物理单位

物理量	单位名称 (中文)	单位名称 (英文)	国际符号
长度	米	meter	m
质量	千克	kilogram	kg
时间	秒	second	s
电流	安培	ampere	A
热力学温度	开尔文	kalvin	K
发光强度	坎德拉	candela	cd
物质的量	摩尔	mole	mol

2. 物理量与功能

图 4.14 所示的功能模型是基于 3 种物理量的输入和输出来表示的, 但并未使用严格意义上的物理量, 设计类文献也没有统一的规范。一般来说, 物理学中所使用的物理量都有统一的规范。如果采用物理学中统一的物理量, 那么从功能到物理效应就可以建立起联系。

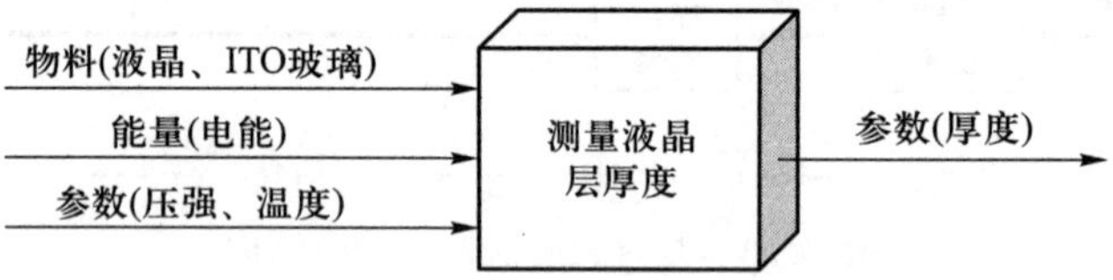

图 4.14 “测量液晶层厚度”功能的输入流与输出流

由“动词 + 名词”描述的功能中, 将“名词”抽象为物料流、能量流和信息流或参数流 3 种流。流是功能中“动词”所描述的操作的承受者, 对应着“动词 + 名词”描述方法中的“名词”, 是任何设计中必须考虑的基本对象, 它包含着功能模型中关键的物理信息。通过对自然科学各领域的研究, 现已总结建立了标准流集。通过分析标准流集可以发现, 功能的实现是通过输入流到输出流的转变完成的, 物料流的转变是功能中的操作完成后的结果, 往往可以由物料的特性参数变化来体现, 并不是所有功能都有物料流的转变。能量和参数的转变都可以通过严格的物理量的变换表示。例如, 在液晶显示器的生产或研究中, 经常需要确定液晶面板中液晶层的厚度, 也就是液晶盒上下两个基板间的距离, 对于功能“测量液晶层厚度”可以用图 4.14 表示。

该功能的输入流与输出流可用物理量来表示。物料流可以用该功能中关注的物料的特性参数来表示。这个功能在图 4.14 所示的液晶中是电介质, 可以用液晶材料的介电常数 ε、电阻率 ρ 等物理量表示; 铟锡金属氧化物 (indium tin oxides, ITO) 玻璃是透明导电玻璃, 可以用极板面积 A、方块电阻 R 等物理量表示。能量一般都能找到直接使用的物理量, 该功能中使用的是电能, 可以用电压 U、电流 I、功率 W 等来表示。

参数包括外界环境大气压强 p、温度 T 等。而输出流, 这里只希望得到参数厚度, 可以用物理量距离 d 来表示。因此, 功能“测量液晶层厚度”可以用物理量的输入与输出的形式表示, 如图 4.15 所示。

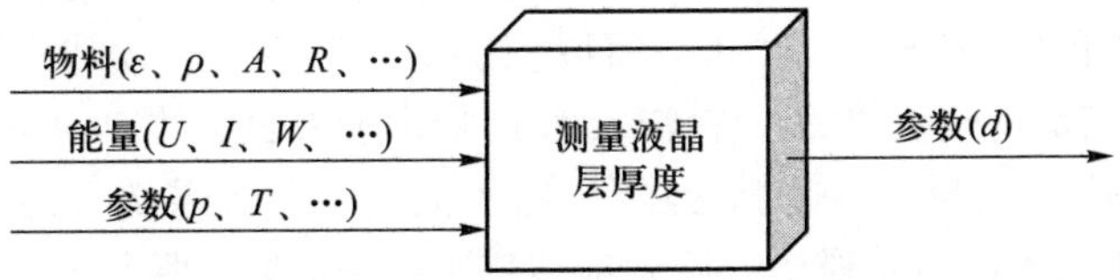

图 4.15 “测量液晶层厚度”功能的输入物理量与输出物理量

3. 功能的形式化表达方法

上述分析表明, 表示功能输入的名词可以确定其在科学问题中描述时使用的所有物理量, 同理, 表示功能输出的名词也可以确定其在科学问题中描述时使用的所有物理量。那么, 经过功能操作 (动词) 后, 输入的物理量到输出的物理量发生了什么样的转变? 这个转变是由物理定律 (公式) 所支配的。因此, 有必要定义功能的物理量来描述。

功能 (function) 是实现某个设计目标的输入物理量集合与输出物理量集合之间的变换过程。用下式表示:

$$Q_{\mathrm{o}} = F(Q_{\mathrm{i}}) \tag{4.5}$$

式中, F 是功能的名称, 又是函数; Q_{i} 是描述输入的物理量; Q_{o} 是描述输出的物理量。函数 F 说明对于物理量集合 Q 中任意一组输入的物理量 (Q_{i}) 都存在唯一一组输出的物理量 (Q_{o}) 与其对应, 即 $\forall Q_{\mathrm{i}} \in Q(Q_{\mathrm{i}} \to Q_{\mathrm{o}})$。输入物理量 $Q_{\mathrm{i}} = (q_{\mathrm{i}}1, q_{\mathrm{i}}2, \cdots, q_{\mathrm{i}}m)$ 与输出物理量 $Q_{\mathrm{o}} = (q_{\mathrm{o}}1, q_{\mathrm{o}}2, \cdots, q_{\mathrm{o}}n)$ 之间通过物理定律或函数 F 关联起来。

根据式 (4.5), 一个功能 F 可以写成一组输入物理量与一组输出物理量的关系式。物理量是在科学研究中为了描述自然规律或技术系统的运行规律而定义的一些统一名称。用物理量加上描述这些规律的数学表达式就可以表示物理定律。将产品设计过程中的功能写成物理量的关系式, 就可以和物理定律建立起联系, 这对于功能的求解具有十分重要的意义。

对于给定功能, 该功能的输入和输出是已知的。经过分析, 可以确定它的输入物理量与输出物理量。表 4.3 列出了几个具体功能用物理量描述的实例。

表 4.3 基于物理量的功能描述

序号	功能	物理量	功能的表达	相关物理定律及定量方程
1	传导电流	电流 I, 电压 U, 电阻 R, 电阻率 ρ, 横截面积 S, 长度 l	$I = f(U, \rho, l, S)$	欧姆定律, $I = \dfrac{U}{R}; R = \dfrac{\rho l}{S}$
2	测量电容	电容 C, 基板面积 A, 极板间距 d, 相对介电常数 ε_{r}, 真空介电常数 ε_0	$C = f(A, d, \varepsilon_{\mathrm{r}}, \varepsilon_0)$	电容定律, $C = \dfrac{\varepsilon_{\mathrm{r}}\varepsilon_0 A}{d}$
3	测量力	力 F, 位移 x, 弹簧常数 k	$F = f(x, k)$	胡克定律, $F = -kx$
4	确定热量	热量 Q, 比热容 C, 质量 m, 温度 T	$Q = f(m, C, T)$	热力学第一定律, $Q = mc\Delta T$

4.5.3 功能综合

1. 物理量与效应

效应是产品功能赖以实现所遵循的基本规律或物理原理的体现。将待设计产品的功能与实现该功能的效应建立起关联, 可以明确功能运行与后续结构实现所必须遵循的科学原理。效应是物理定律的具体体现, 使用物理量来表示效应的输入流与输出流更加容易。例如效应“焦距影响透射光强”, 输入流有入射光强 I_1、距透镜中心的距离 L、焦距 f、输出流为透射光强 I_2。将效应“焦距影响透射光强”表示成物理量的输入与输出形式, 如图 4.16 所示。

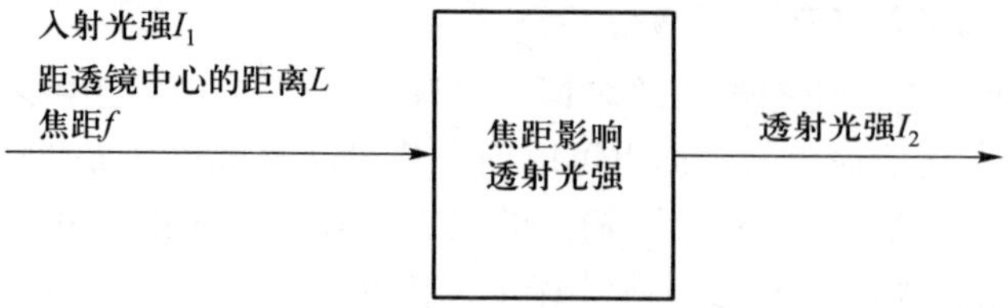

图 4.16 “焦距影响透射光强”效应的输入物理量与输出物理量

2. 物理效应及其形式化表达

物理定律是应用实验观测描述和语言逻辑推理与数学模型以及信息控制系统模型理论 (包括物理模型理论) 来表达的物理规律, 一般用数学语言定性定量的形式表达。例如, 牛顿三大定律和万有引力定律, 可以表达为微分方程和代数方程形式。

物理效应是物理定律的具体体现, 有成千上万种之多。物理科学分支学科有近 200 个, 每个物理学分支学科平均有几十个物理效应, 总数可以达到近万种。常用到的物理量有质量、温度、速度、密度、力 (重力)、压强、功、功率、电流、电压、电阻、电功、电功率、热量、弹力、摩擦力、浮力、万有引力、安培力、电场力、洛伦兹力、向心力、比热、真空中光速等。

一般而言, 物理效应可以用时间、空间、物质、运动、能量、信息、真空、质量、电量、量子数、量子场、作用力、规范场、对称性、守恒量等所使用的一些物理量的不同组合形式来描述。这些组合形式就是物理效应的公式, 也就是物理定律。物理定律是描述物体运动或状态的可测量的数学表达, 是在科学界公开发表和被广泛验证的理论。因此, 物理效应也可以用物理量的关系式表示, 并且物理效应并不都是独立的, 多个物理效应可以基于同一物理定律, 可以写成式 (4.6) 的形式。

$$\text{quantity(dependent)} = f[\text{quantity(independent)}, \text{quantities(constant)}] \tag{4.6}$$

如电容 (或电容量, capacitance) 指的是在给定电位差下的电荷储藏量, 用符号 C 表示, 国际单位是法拉, 符号是 F。一般来说, 电荷在电场中会随受力而移动, 当导体之间有了介质, 会阻碍电荷移动而使电荷累积在导体上, 造成电荷的累积储存。电容器的电容量是构成电容器的两极片形状、大小、相互位置及电介质介电常数的函数。以平行板电容器为例, 如图 4.17 所示, 图中 mat 表示介质材料 (material)。

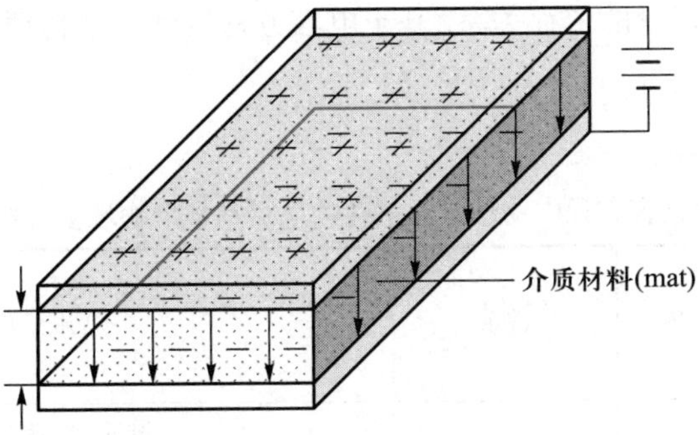

图 4.17 平行板电容器

平行板电容器的电容量可以写为

$$C = f(A, d, \varepsilon_r, \varepsilon_0) \tag{4.7}$$

式中, A 为基板面积, m^2; d 为平板间距, m; ε_r 为相对介电常数; ε_0 为真空介电常数; 通常 $\varepsilon = \varepsilon_r\varepsilon_0$, 称为介电材料的电容率或介电常数 (dielectric constant, 单位为 F/m)。相对介电常数 ε_r 通常与材料的类型、压力、温度有关。于是, 电容方程又可以写为

$$C = f(\mathrm{mat}, p, T, A, d, \varepsilon_0) \tag{4.8}$$

在概念设计阶段, 没有必要知道方程中的具体算符, 只要知道物理量和它们的状态 (即依存关系和常量) 的知识对于产品概念设计就足够了。这是因为物理量之间确切详细的关系经常是未知的, 并且仍然需要通过对所设计的产品 (即原型) 进行实验才能建立。到将来产品参数的分析和优化毋庸置疑地也就需要物理定律模型所用的方程中算符的知识。

3. 控制变量法

物理学中对于多变量问题常采用控制变量法, 把多变量问题变成多个单变量问题。每一次只改变其中的某一个变量, 而控制其余几个变量不变, 从而研究被改变的这个变量对事物的影响。对各变量分别加以研究, 最后再综合解决, 这种方法叫控制变量法。它是科学探究中的重要思想方法, 广泛地运用在各种科学探索和科学实验研究之中。

对于电容方程在研究电介质材料对电容量影响的时候, 可以使其他物理量保持不变。如式 (4.9) 所示

$$C(\text{dependent}) = f[\mathrm{mat}(\text{independent}), p, T, A, d, \varepsilon_0] \tag{4.9}$$

式中, C(dependent) 称作结果变量, mat(independent) 称作原因变量。根据式 (4.9) 中物理量的依存关系分析, 如果把 p、T、A、d、ε_0 这几个物理量看作常量, 那么电容量 C 将依赖于电介质材料 mat。因此, 可以利用基于这种关系的物理定律来实现“检查材料类型”的功能。当把两个极板间的距离 d 看作一个独立变量的时候, 也就是说距离的变化影响电容的大小。这个组合可以用来实现“测量距离”的功能。在两个物理效应中, 使用的物理定律都是电容方程, 只有分配给特定变量的依存关系不同。以此类

推，可以改变这些物理量的依存关系，基于电容方程得到多个物理效应，实现多个功能，见表 4.4。

表 4.4 改变电容方程中物理量的依存关系得到多个物理效应实现不同功能

物理量（原因变量、激发）	物理量（结果变量、响应）	常量	功能/方程
mat	C	$A, d, p, T, \varepsilon_0$	例如，检查材料类型 C(dependent)=f[mat(independent), $A, d, p, T, \varepsilon_0$]
T	C	A, d, p, mat, ε_0	例如，测量温度 C(dependent) = f[T(independent),A, d, p, mat, ε_0]
p	C	A, d, mat, T, ε_0	例如，传感压力变化 C(dependent)=f[p(independent),A, d, T, mat, ε_0]
d	C	A, p, mat, T, ε_0	例如，测量距离 C(dependent)=f[d(independent),A, p, T, mat, ε_0]
T	d	A, p, mat, C, ε_0	没有可用功能 d(dependent)=f[T(independent),A, p, C, mat, ε_0]
…	…	…	…

4. 功能到物理效应的求解算法

基于前面介绍的功能的物理量描述和物理效应的形式化表达，可以看出，通过物理量可以将功能和相关的物理效应关联起来。根据功能的输入和输出提取特征物理变量，根据特征物理变量可以执行图 4.18 所示的推理过程[14]。

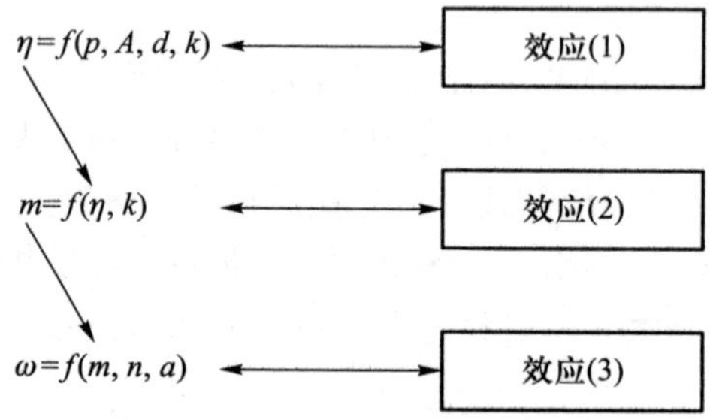

图 4.18 基于效应的功能求解过程

基于图 4.18 的思想，在概念设计过程完成功能分解后，对功能到物理效应的求解可以建立下面的算法。

第 1 步：提取待求解功能的特征初始物理量。

分析待设计系统的功能，用物理量描述待求解的功能，确定初始特征物理量作为推理图的根结点。

第 2 步：搜索所有物理效应的数据库。

找出包含初始特征物理量的物理效应, 用这些物理效应重新确定初始特征物理量, 继续生成父结点的子结点, 使得包含新的初始特征物理量。

条件: 如果生成结点的物理效应包含的结果变量属于基本物理量、物料属性或几何量, 就停止生成这个结点的子结点。

第 3 步: 生成子结点。

不满足条件的结点, 以生成该结点的物理效应的结果物理量作为新的初始特征物理量, 继续搜索所有物理效应的数据库, 找出包含该初始特征物理量的物理效应, 生成子结点。

第 4 步: 重复第 3 步直到所有子结点满足条件。

在执行推理过程时, 需要考虑下面的约束条件。

(1) 在根据特征物理量查找合适物理效应时, 只有与特征物理量类型相反的物理量可以用于搜索。也就是说, 如果特征物理量 X 是结果变量, 用于搜索的物理量必须是原因变量, 即从物理效应数据库中找出包含原因变量的物理量 X 的物理效应抽象。数据库中的物理效应的抽象包含的变量必须设置“原因变量”或“结果变量”的标识, 用于表明因果关系。

(2) 在单个概念设计推理中, 也就是某条生成路径, 物理效应不能出现重复。

如果搜索到数个合适的物理效应, 则推理可能产生多个分支, 沿着多个分支向各自符合规则的物理效应的方向继续。在继续每个分支推理之前, 可以使用层次分析法 (analytic hierarchy process, AHP) 进行适宜性评价, 因为照这样做可以预防组合爆炸, 并且可以根据设计需求引导概念设计, 同时实现困难功能元的求解。

4.5.4 基于 LT 表的功能综合

1. LT 表概念

量纲是物理学中一个重要的概念, 它是物理量的基本属性。物理量分为基本量和导出量, 基本量的量纲为其自身, 导出量量纲可以表示成基本量量纲乘积的形式, 这种物理量量纲之间的关系称作量制。常见的量制有: 国际单位制、高斯单位制和以长度、质量、时间为基本量的静电单位制。LT 表是将物理量用长度 (length) 和时间 (time) 二维量纲表示后汇总的表格。

1863 年, 麦克斯韦 (James Clerk Maxwell) 在出版的著作《论电学量的基本关系》中, 设想了一种能够减少基本量使用的新的量制, 但没有做深入研究。1965 年, 意大利工程师巴蒂尼 (Roberto Oros di Bartini)[15] 提出了物理参数量纲化的具体方法, 系统研究了物理常量之间的关系, 建立了一个由长度和时间两个基本量表示的运动学系统。从 2004 年开始, 俄罗斯 ITMO 大学亚历山大 (Bushuev Alexandr) 连续发表多篇论文[16–18], 除了进一步完善 LT 表本身, 还系统研究了 LT 表在技术创新领域的具体应用。

巴蒂尼的研究产生了 LT 表的雏形, 如表 4.5 所示。他应用群理论和拓扑理论建立物理量之间的数学解析关系, 证明质量 m 和电子 e 的 LT 二维量纲均为 $\mathrm{L^3T^{-2}}$, 可将现有量制下的物理量全部转化为 LT 量纲, 实现了用二维时空量纲对三维量纲或多维

量纲的唯一表示。LT 表的水平行是长度 L 的整数次幂 (L^{-2} 到 L^5), 垂直列是时间的整数次幂 (T^{-6} 到 T^3), 行列交叉的表格里给出了部分物理量的二维时空量纲 L^nT^m, $|n+m| \leqslant 3$ 代表三维空间。

表 4.5　LT 表的部分内容

时间	长度							
	L^{-2}	L^{-1}	L^0	L^1	L^2	L^3	L^4	L^5
T^{-6}					L^2T^{-6}	L^3T^{-6}	L^4T^{-6}	L^5T^{-6}
T^{-5}				L^1T^{-5}	L^2T^{-5}	表面折光度	L^4T^{-5}	功率
T^{-4}			L^0T^{-4}	重力、压力梯度	压力、张力、电压、压强	表面张力、刚度	力、温度梯度	功、能量、动量、统计温度
T^{-3}			L^0T^{-3}	电流密度	电磁强度、柔性、黏度	电流、质量消耗	冲量	角动量、冲量矩
T^{-2}		L^1T^{-2}	质量密度、角加速度	磁感强度、重力加速度	电势差、重力场势	质量、电量	磁通量	运动惯量
T^{-1}	$L^{-2}T^{-1}$	体电荷密度	频率、角速度	线速度	面积变化率	体积变化率	L^4T^{-1}	L^5T^{-1}
T^0	$L^{-2}T^0$	曲率传导性	弧度	长度、容量	面积	体积	面积惯性矩	体积惯性矩
T^1	$L^{-2}T^1$	电阻、电抗	周期、电阻率	LT	L^2T^1	L^3T^1	L^4T^1	
T^2	磁导率	自感、互感	$L^{-2}T^2$					
T^3	L^0T^{-3}	L^1T^{-3}						

2. 应用 LT 表的功能综合

LT 表的应用有以下 4 个特点。

(1) 简化计算与表示。单位制在生活中较为常见, 但在分析问题时反而变得复杂, 因为部分物理常数的量纲不是 1。在量纲分析的过程中, 一个问题涉及的基本量越多, 计算量也就越大。如果采用 LT 量纲, 涉及的基本量仅有两个, 相比之下运算难度将减小。另外 LT 量纲是二维的, 可以用一个直角坐标系来表示, 更加形象直观。

(2) 发现物理量之间的内在联系。观察 LT 表会发现, 有的位置上不仅有一个量, 有的可能有两三个, 甚至更多。这并不是偶然情况, 这说明了这几个物理量之间有内在联系。以万有引力定理 $F=G\dfrac{m_1m_2}{r^2}$ 和库伦定理 $F=K\dfrac{Q_1Q_2}{r^2}$ 为例, 虽然它们来自物理学的不同领域, 但是公式在形式上表现出高度的一致性。G 和 K 是两个常数, m 和 Q 的 LT 量纲都是 L^3T^{-2}。可以看出质量和电量之间在物理规律中有内在的相似性, 这种相似性可以在解决发明问题时作为参考。

(3) 寻找 X 资源的新路径。冲突普遍存在于各种已存在的产品及新的设计之中, 利用 ARIZ 算法解决冲突的关键是找到 X 资源, 现有方法多基于试错。物理量包含的 LT 量纲可归为信息资源的一种, 拓展了 TRIZ 可用资源的种类, 同时提供了一种寻找 X 资源的新方法。

(4) 帮助进行物理效应搜索。量纲和物理效应之间存在着密不可分的关系, 可以利用这种关系搜集相关的效应, 从而可以使效应知识库更充实, 如表 4.6 所示。基于这样的搜集方式, 还能在解决技术创新问题时, 快速准确地查找有帮助的效应。

表 4.6 LT 量纲效应库的部分内容

名称	公式	输入物理量	输出物理量	输入 LT 量纲	输出 LT 量纲
胡克定律	$f = kx$	x	f	$\mathrm{L^1T^0}$	$\mathrm{L^4T^{-4}}$
牛顿第二运动定律	$F_{合} = ma$	m、a	$F_{合}$	$\mathrm{L^3T^{-2}}$、$\mathrm{L^1T^{-2}}$	$\mathrm{L^4T^{-4}}$
单摆运动	$T = 2\pi\left(\dfrac{L}{g}\right)^{\frac{1}{2}}$	L、g	T	$\mathrm{L^1T^0}$、$\mathrm{L^1T^{-2}}$	$\mathrm{L^0T^1}$
伯努利原理	$P = C - \dfrac{1}{2}\rho v^2 - \rho gh$	ρ、v、g、h	P	$\mathrm{L^0T^{-2}}$、$\mathrm{L^1T^{-1}}$、$\mathrm{L^1T^{-2}}$、$\mathrm{L^1T^0}$	$\mathrm{L^2T^{-4}}$
库仑定理	$F = K\dfrac{Q_1Q_2}{r^2}$	Q、r	F	$\mathrm{L^3T^{-2}}$、$\mathrm{L^1T^0}$	$\mathrm{L^4T^{-4}}$
焦耳定律	$Q = I^2Rt$	I、R、t	Q	$\mathrm{L^3T^{-3}}$、$\mathrm{L^{-1}T^1}$、$\mathrm{L^0T^1}$	$\mathrm{L^5T^{-4}}$
动能定理	$E_k = \dfrac{1}{2}mV^2$	m、V	E_k	$\mathrm{L^3T^{-2}}$、$\mathrm{L^1T^{-1}}$	$\mathrm{L^5T^{-4}}$

基于上述特点, 提出功能综合过程如图 4.19 所示, 包括如下 5 步。

第 1 步: 确定功能或困难功能元。收集待改进产品的相关信息, 对该领域进行全面了解。最重要的是明确产品功能结构中的困难功能元, 并用简练的语言描述出来。

第 2 步: 确定目标量纲。在分析某个功能时一定要找到最根本的物理变化。如收割庄稼时的状态变化是由于农具对庄稼施加了外力, 通过查阅 LT 表, 可以得知力的

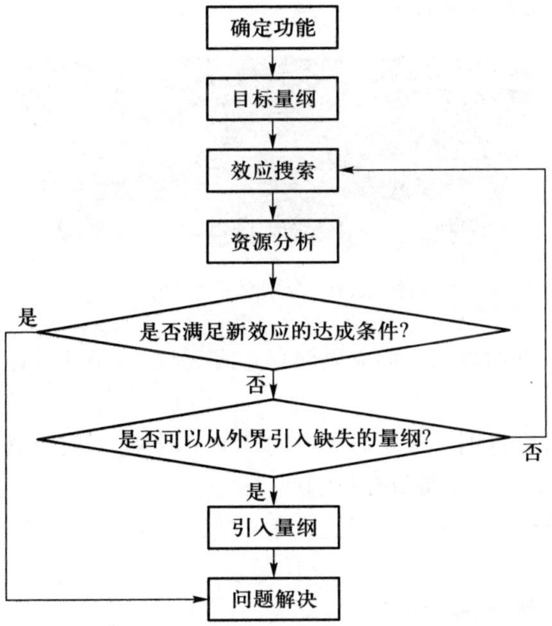

图 4.19 应用 LT 表的过程

LT 量纲为 L^4T^{-4}, L^4T^{-4} 就是需要的目标量纲。

第 3 步: 效应搜索。在 LT 量纲效应库中搜索与目标量纲相符的效应, 可以得到多个效应的集合。对物理效应的基本内容进行了解, 初步估计它们在解决问题时可能产生的效果, 并按照重要性程度进行排序。

第 4 步: 资源分析。确定系统中的可用资源, 并将它们的材料与几何特征都转换成相对应的物理量, 然后在 LT 表中找出相对应的 LT 量纲。在确定系统的可用资源时可以按照物质资源、场资源、空间资源、时间资源的顺序确定, 其中物质资源往往具有多种属性, 此时主要考虑和物质本身性质相关性较大的属性。

第 5 步: 进行两次判断。资源分析的结果是第一次判断的基础, 判断内容为: 现有产品是否满足新效应的达成条件, 即具有必要的 LT 量纲。如果条件满足则问题可以得到解决, 但大多数情况下会缺失部分量纲。这就需要进行第二次判断, 判断内容为: 是否可以从外界引入缺失的量纲? 比如通过添加新零件、使用新材料等方式。如果缺失量纲可以直接引入, 那么在引入量纲后问题解决, 否则需要考虑集合中排在第二位的物理效应, 并重复进行两次判断的过程, 直到满足效应达成的条件为止。

3. 案例研究

例 4.1 抽油烟机的功能综合。

问题背景: 抽油烟机 (图 4.20 所示) 已成为我国城镇家庭不可或缺的厨卫产品。然而市场上大多数抽油烟机在工作时, 油烟会直接通过叶轮和电机, 导致使用一段时间后油垢黏附在叶轮或电机上, 影响电机运转的稳定性进而导致噪声增大、吸排油烟效果降低、能耗增大等问题。所以用户需要定期对抽油烟机进行拆洗维护, 清洗对一般家庭来说不仅具有一定的难度, 而且对机器核心部件会造成一定的损伤进而降低使用寿命。如果可以找到一种不用叶轮的吸烟方式, 问题就能得到解决。可行的做法是形成局部真空或负压, 这是新设计需要实现的功能。

图 4.20 常见的抽油烟机

第 1 步: 确定困难功能元。形成局部真空或负压, 这是新设计需要实现的功能, 即困难功能元。

第 2 步: 确定目标量纲。负压对应的物理量是压强, 通过查阅 LT 表, 可知压强的 LT 量纲是 L^2T^{-4}, L^2T^{-4} 就是目标量纲。

第 3 步: 效应搜索。在 LT 量纲效应库中搜索与 L^2T^{-4} 相符的效应, 得到的部分结果如表 4.7 所示。

各定律应用的可能性分析如下。

帕斯卡定律: 不可压缩静止流体中任一点受外力产生压力增值后, 此压力增值瞬时传至静止流体各点。此定律一般应用于液体, 例如千斤顶就是据此发明, 但在气体中应用较少, 重要性低。

玻意耳定律: 在定量定温下, 理想气体的压力与气体的体积成反比。此定律启发我们通过改变气体的体积达到目的, 具有一定的可行性。

表 4.7 与 L^2T^{-4} 相符效应的集合

帕斯卡定律	$P_1 = P_2$即$\frac{F_1}{S_1} = \frac{F_2}{S_2}$	F、S	L^4T^{-4}、L^2T^0	L^2T^{-4}
玻意耳定律	$P = \frac{C}{V}$	V	L^3T^0	L^2T^{-4}
伯努利原理	$P = C - \frac{1}{2}\rho v^2 - \rho gh$	ρ、v、g、h	L^0T^{-2}、L^1T^{-1}、L^1T^{-2}、L^1T^0	L^2T^{-4}

伯努利定律: 流体速度加快时, 物体与流体接触界面上的压力会减小, 反之压力会增加。此原理既适用于液体又适用于气体, 对解决问题十分重要。

通过分析, 可以将 3 条原理应用的可能性排顺为:

伯努利定律 > 玻意耳定律 > 帕斯卡定律

第 4 步: 资源分析。系统中的可用资源有抽油烟机所占据的空间和油烟, 对应的物理量包括长度、面积、体积、质量、密度、重力加速度, 通过查阅 LT 表, 可知 LT 量纲依次是 L^1T^0、L^2T^0、L^3T^0、L^3T^{-2}、L^0T^{-2}、L^1T^{-2}。

第 5 步: 进行两次判断。首先判断是否满足伯努利原理的达成条件, 发现现有产品缺失 LT 量纲 L^1T^{-1}, 缺失的 LT 量纲可以通过添加鼓风机使气体加速, 第二次判断得到满足, 问题解决。设计方案如图 4.21 所示。

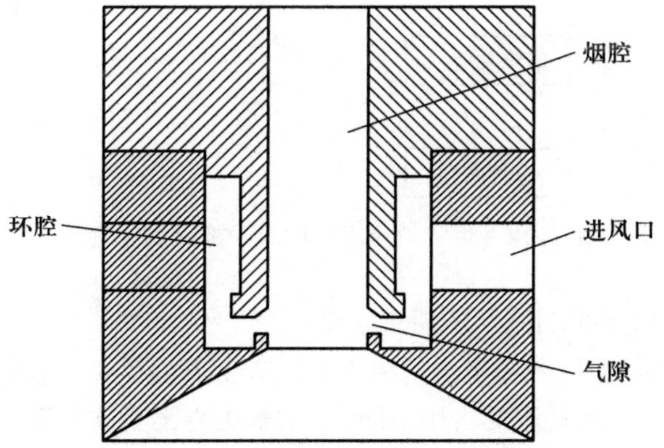

图 4.21 吸烟口部位结构示意图

图 4.21 的结构表明: 通过鼓风机在进风口鼓入高压气体, 气体会在气隙处高速喷出, 沿着烟腔壁向上离开, 根据伯努利原理, 烟腔中会形成一个环形的低压区域, 因此下面的气体会被吸上去, 从而实现了不用叶轮的吸烟功能。这一结果为产品改进提供了新的原理。

4.5.5 基于生物效应的综合方法

1. 生物效应求解困难功能元的基础

通过困难功能元的求解形成可行的技术方案, 是功能创新设计的关键之一。生物原型可以实现某一特定的功能, 这与产品等人造系统是相似的。生物效应是从功能的角度对生物原型进行归纳和分类。功能特征层面的相似性是利用生物效应求解困难功能元的关键。

1) 生物–技术系统的功能相似性

生物原型与技术系统之间的功能相似性是利用生物效应求解困难功能元的基础[19], 其原理如图 4.22 所示。生物的原理和结构可以看作是实现某一特定功能的生物解决方案。产品设计中技术问题的提出, 特别是通过功能分析总结和归纳出的困难功能元, 已经明确了技术问题的具体功能特征。因此, 利用功能特征的相似性, 可以检索和匹配到类似的生物问题, 进而从生物解决方案中获得困难功能元求解的启发。考察和分析生物原理、机制、结构以及特征方面的技术可行性, 结合有效的技术实现方法, 形成最终的技术方案。

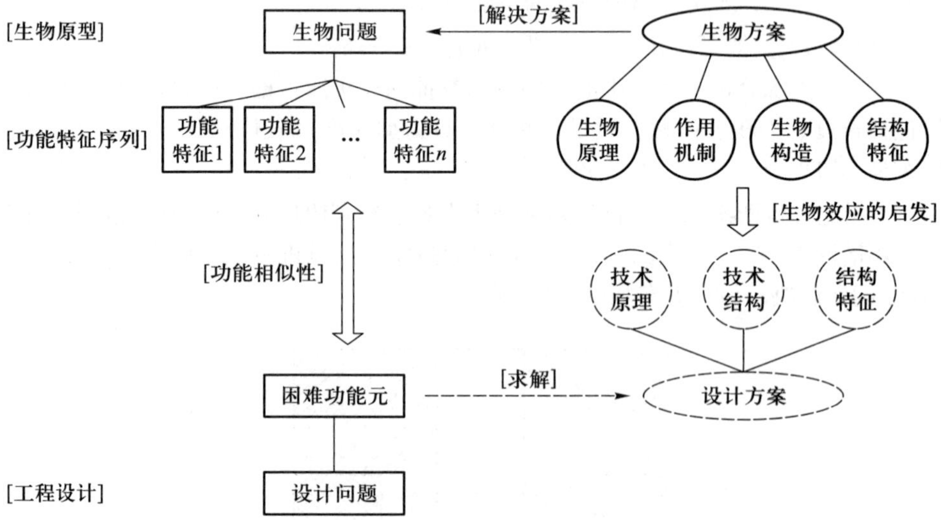

图 4.22 生物效应求解困难功能元的原理图

2) 生物效应求解困难功能元的现实意义

实现相同的功能, 生物所提供的解决方案较人工方法存在显著的特征。与技术系统强调对能源、物质、空间资源的占用不同, 生物解决方案更倾向于利用信息和结构方面的特征求解问题。例如一些生物合成过程, 生命体可以利用亚显微结构的细胞组织, 利用酶催化和特殊的生物构造实现功能。同样的物质合成过程如果利用工业方法或工艺, 则往往需要高温高压的环境。利用生物效应求解困难功能元的现实意义不仅体现在能够启发产生更具可持续性的设计方案, 而且它的优越性还体现在如下几个方面。

(1) 生物效应的应用扩展了设计问题求解的空间。困难功能元之所以被称为“困难”是因为相关领域缺乏满足设计所需的必要知识。利用生物效应, 本质是从生物领域内寻找解决技术系统设计问题的方案。领域外知识的引入有助于产生较高质量的创新设计方案。利用生物效应来求解功能元, 扩展了设计问题的解空间, 对于产生创新设计方案或发明的产生具有现实意义。

(2) 生物效应的应用能够产生更为新颖的设计方案。由于生物系统解决问题更侧重于对信息和结构的应用, 因此基于生物效应的设计能够产生更新颖的设计方案。如“维克罗 (Velcro)”尼龙搭扣不但能够很好地满足紧固连接的功能要求, 而且方式新颖、结构简单、成本低廉, 是典型的生物效应应用的案例。利用生物效应产生的更为新颖的设计方案具有更强的市场竞争力, 能够创造更高的附加值。

(3) 生物效应的应用能够产生更绿色和可持续的设计方案。生物效应的应用有助于产生更环保、绿色的功能求解设计方案。由于生物的自身属性, 生物效应中功能的实现不依赖高温高压的环境, 而且能够有效地实现物质的循环, 在节能减排等方面具有显著优势。可以启发产生更绿色环保、更可持续的设计方案。这在资源日渐匮乏、环境条件越发严峻的今天具有显著的现实意义。

(4) 生物效应的应用能够直接应用自然优化的成果。生物效应提供了一种面向功能实现的方案, 因此, 可能包含了若干物理、化学、几何等原理以及若干行为环节等。生物效应中所包含的生物原理是经过自然选择、生物进化后的结果。如翠鸟鸟喙的材料、结构、形状及角度有利于其高速入水。这一生物效应就体现了物理、几何等多学科知识原理的综合利用。通过应用生物效应, 可以将自然优化的结果应用到产品设计, 能够在一定程度上减少设计方案参数优化、方案组合合并等后续设计任务, 提高产生设计方案的效率。

2. 生物效应求解困难功能元的关键技术

利用生物效应求解困难功能元依赖于一系列的方法和工具, 这些方法和工具构成了基于生物效应的困难功能元求解的关键技术。根据生物效应求解的原理过程, 由图 4.22 可知, 利用生物效应求解困难功能元主要包含 4 个关键技术: 生物效应的功能特征表征方法、生物–工程系统功能相似度分析方法、生物效应的系统组成信息分析方法、生物效应的技术实现方法[20−22]。

1) 生物效应的功能特征表征方法

功能的相似性是工程设计问题或发明问题检索可用生物效应的基础。生物知识在专业术语和表述形式上与工程设计领域具有显著的差异。因此, 如何利用工程师熟知的方式来分析并归纳出生物效应中所体现的功能特征, 是搜索到可用生物效应的关键。建立通用的功能术语集来表示生物效应中的功能特征, 是生物效应功能特征分析的主要方法。按照方法的差异可分为索引法和描述模板法两种。

(1) 索引法: 通过建立完整的功能特征术语索引来对生物效应的功能特征进行分析和归类。索引法可以建立树状功能术语集, 可用一个多层的术语体系来对生物效应的功能特征进行描述。第一层的功能术语描述最为概括, 随着层次的细分, 功能特征的术语也变得更为具体, 根据生物效应的功能特征将其划分到具体的索引层次之中。

(2) 描述模板法: 描述模板法是通过建立特殊的词汇组合, 如“动词 + 名词”或“动词 + 名词 + 名词”的形式来表示生物效应中的功能特征。不同的功能描述模板对应不同的功能表述方式, 如“加热水”也可以表示为“提高液体 (水) 的温度”。

这两种方法各有利弊, 索引法便于将具有相似功能的生物效应进行聚类, 但毕竟索引法的条目是有限数量的。因此, 对于某些生物效应的特征描述可能会产生一定的偏差。描述模板法虽然能够提供更为自由的功能特征的表示方法, 但是这种自由的表述方法也会因为使用者的不同而有所差异。因此, 在实际应用中将索引法和描述模板法进行组合使用, 以索引法为主, 方便生物效应的功能特征聚类, 以描述模板法为辅, 增加辅助信息, 便于工程师应用。

2) 生物–技术系统的功能相似度分析方法

生物效应可能会包含多个功能特征序列, 研究生物效应与技术设计系统之间的相似性需要从多个维度来进行衡量。因此, 生物–技术系统的相似度研究包含了 3 个具体步骤。

第 1 步: 建立生物效应的功能特征向量集。通过功能分析, 建立生物效应中所包含的功能特征的集合。

第 2 步: 为各个功能特征进行赋值: 对生物效应中所包含的功能特征按照权重进行赋值, 同时进行归一化处理, 突出生物效应中构成功能特征向量集中的各功能特征的权重差异。

第 3 步: 利用余弦定理等方法计算: 利用余弦定理等方法来计算生物效应与工程设计系统之间的功能相似度。

3) 生物效应中的系统组成信息分析方法

研究生物效应中的系统组成信息包含对生物原理、生物作用机制、生物构造、结构特征等多个层面特征信息的分析与研究。这些特征信息对于启发产生设计方案具有重要意义。基于功能–行为的框图建模是表示生物效应特征信息的重要方法。该方法将生物效应的功能特征和系统组成的物理基础建立了对应关系, 工程师可以确定生物效应中的功能特征与实现的物理基础之间的对应关系。生物效应的系统组成建模形式多样, 但基本都遵循了以下几方面的原则。

(1) 基于功能间逻辑因果的建模。生物效应是面向功能实现的系统方法, 其中包含了若干的具体功能单元。生物效应中所包含功能之间的逻辑因果关系是构成生物效应系统模型的基础。通过对功能间的因果分析, 提出与功能相关的生物行为、生物结构和生物结构特征层面的关键信息, 完成生物效应系统建模。

(2) 注重功能–行为–结构–特征等多层次信息的呈现。生物效应系统模型需要涵盖与生物功能实现相关的结构信息, 应有效地启发工程师对困难功能元的求解。因此, 除了基本的功能特征信息之外, 生物效应系统模型还需要包含生物行为、生物结构以及结构特征等多个层次的信息。丰富的知识形式和内容是基于生物效应进行发明与创新设计的关键。

(3) 向本体描述方式的发展。生物效应系统模型需要揭示生物系统中与功能实现的物质基础。因此, 面向系统构成的本体描述方式就成了生物效应系统建模发展的一个趋势。本体论方法是一种用来揭示事物本质的描述方法, 基于本体的生物效应系统描述可以提供更为规范的表示形式, 并能更好地揭示生物效应功能实现的本质信息。

4) 生物效应的技术实现方法

寻找合理可行的技术手段来实现生物效应中的功能是求解困难功能元的最终步骤，也是基于生物效应发明或创新设计的关键。生物效应的系统特征建模揭示了构成生物效应的若干生物功能特征之间的因果逻辑关系，同时也表示了实现这些功能特征的原理、行为、结构、特征等物理基础。利用现有技术及其技术的综合，按照如下的 3 种形式实现生物效应中的功能[22]。

(1) 直接实现。基于结构特征的一些生物效应可以通过直接实现的方式来实现。如上述的翠鸟鸟喙的几何特征、蟒蛇的颜色花纹、蝴蝶翅膀上的微观结构特征、掘土动物的趾爪的特征等，都可以通过测绘的方式获得其几何特征，然后借助先进的制造方法直接按照生物效应中的特征参数，完成相应的技术产品制造。

(2) 技术替换。技术设计中多数困难功能元有与之相关的其他功能元。因此在具体的设计任务中，困难功能元有明确的设计约束力，如能量、空间、时间层面的约束，以及性能指标等方面的要求，如果直接用生物原理或结构将会与已有的其他技术系统不相容。这种情况下，就需要检索具有满足相同功能要求的技术原理，研究分析这些技术原理，根据对设计要求满足的程度来择优，并用技术效应来替换。

(3) 基于效应组合的替换：由于生物与技术系统之间的差异，生物效应中实现功能的生物原理或结构很难在技术领域内寻找到与之对应的技术原理。因此，为提出生物效应的技术实现手段，需要利用技术效应的组合来实现对生物效应中生物原型的替换。具体效应的组合形式包含串式组合、并式组合、混合组合以及控制组合的形式。用多个技术效应组合的结果来替换生物效应中的生物原型是可行的。

3. 生物效应求解困难功能元的方法及过程

综合上述的利用生物效应求解困难功能元的方法及过程如图 4.23 所示。

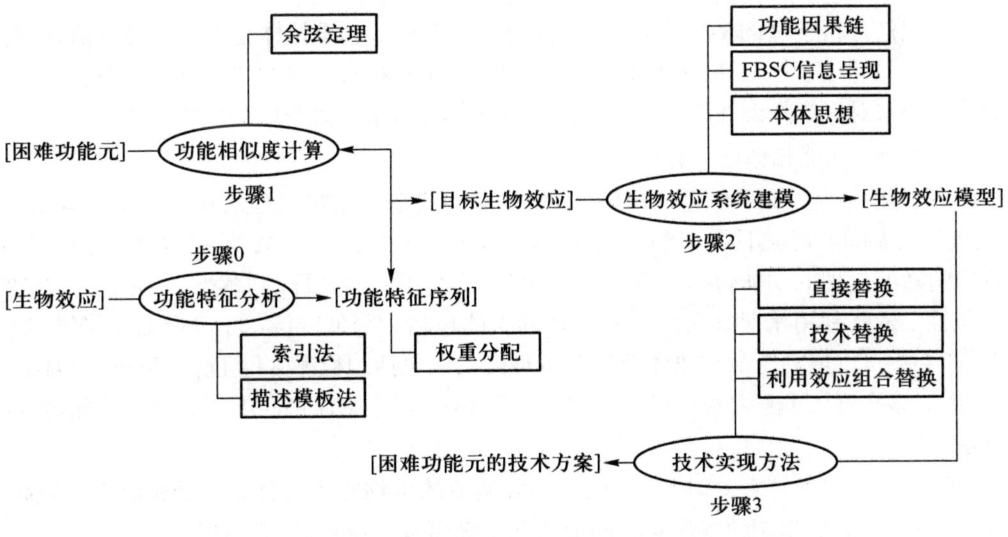

FBSC—功能行为结构因果 (function behavior structure casuality)

图 4.23 生物效应求解困难功能元的主要工作步骤

根据图 4.23 中所示内容，利用生物效应求解困难功能元的过程主要包含了 4 个步骤, 其中生物效应的功能特征分析属于问题求解的预备步骤, 定义为步骤 0, 利用生物效应求解困难功能元的实际过程主要体现为第 1 步到第 3 步。具体内容如下。

第 0 步: 预备阶段。

生物效应的功能特征分析包括应用索引法与描述模板法完成生物效应的表征。

第 1 步: 功能相似度计算。

根据生物效应的功能特征分析所得的功能特征序列, 以及各个项目的权重分配, 利用余弦定理来计算困难功能元与潜在可用的生物效应之间的功能相似程度。根据定量的计算结果, 将显著相似的生物效应作为目标生物效应。

第 2 步: 生物效应的系统建模。

为研究生物效应中功能实现的物质基础, 利用生物效应建模方法, 建立生物效应中包含的功能、行为、结构和特征以及本体思想来揭示其中的生物原理、功能和特征的信息。

第 3 步: 生物效应的技术实现。

利用直接替换、技术替换或基于效应组合的替换形式, 将目标生物效应中的生物特征转化成为技术方案, 实现困难功能元的求解。

4. 案例研究

例 4.2 基于短吻鳄体温调节的婴儿体温测温降温仪[19]。

市场上需要一种可用于婴儿体温检测, 并能够提供有效、持续、温和、舒适的降温的仪器。该仪器的降温方法应为物理降温, 并对高热的婴幼儿提供辅助治疗。

发明过程及创新设计的关键是利用多生物效应求解该设计中的困难功能元, 即如何提供一种持续有效、温和、舒适的降温功能。

第 0 步: 预备阶段。

应用已分析整理的多生物效应, 以降温、温度调节、维持体温等作为关键信息, 筛选多生物效应原型。其中, 黄蜂的角质层构造的耐热机理、昆虫飞行肌肉的降温机理、蜜蜂利用水对蜂巢降温的机理、短吻鳄的耐热体温调节机理与困难功能元相关。

第 1 步: 功能相似度计算排序。

对上述几个生物原型进行分析, 黄蜂角质层构造的耐热机理的功能包括: [降低]+[温度]、[降低]+[导热性]、[增加]+[强度]、[增加]+[多孔性]、[减少]+[质量]; 昆虫飞行肌肉的降温机理的功能包括: [降低]+[温度] 、[增加]+[多孔性]、[减少]+[质量]、[增加]+[柔性]; 蜜蜂利用水对蜂巢降温的机理的功能包括: [降低]+[温度]、[增加]+[挥发性]、[增加]+[湿度]; 短吻鳄的耐热体温调节机理的功能包括: [检测]+[温度]、[降低]+[温度]、[增加]+[多孔性]、[减少]+[质量]、[增加]+ [导热性]。生物原型匹配相似度计算如表 4.8 所示。

经功能相似度计算, 短吻鳄的耐热体温调节的生物原型与目标产品相似程度最高。因此, 后续要对短吻鳄的耐热体温调节建立系统模型, 分析其功能实现的基础。

第 2 步: 生物效应的系统建模。

分析短吻鳄耐热体温调节的机理, 确定其功能实现的物质基础, 建立该生物效应的系统模型如图 4.24 所示。图 4.24 中包含了生物效应实现的物质基础, 有功能、行为、特征等具体层面的信息。

表 4.8 生物原型匹配相似度计算结果表

生物原型	功能相似度
黄蜂的角质层构造	0.44
昆虫飞行肌肉的降温	0.44
蜜蜂巢利用水降温	0.17
短吻鳄的耐热体温调节	0.61

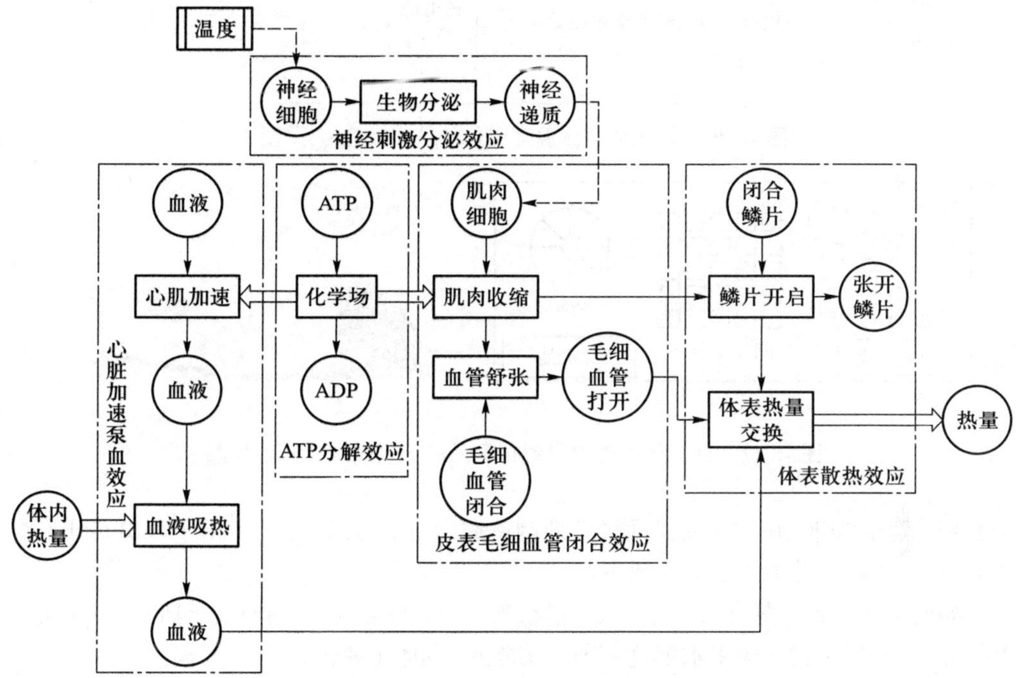

ATP—三磷酸腺苷; ADP—二磷酸腺苷

图 4.24 短吻鳄的耐热调节体温的生物原型原理

第 3 步: 生物效应的技术实现。

分析生物效应中功能实现的效应链如图 4.25 所示。后续工作将以生物效应中的效应链为基础, 检索能够满足生物效应链各个环节要求的技术实现原理。通过对可用技术原理的检索, 可以得到满足要求的技术原理实现的效应链如图 4.26 所示。利用该技术效应链可以设计出的目标产品原理模型如图 4.27(a) 所示, 最终的产品如图 4.27(b) 所示。

例 4.3 利用白蚁筑巢机理的假山石制造原理。

研发一种利用建筑垃圾来制造假山石系统的原型, 能够实现变废为宝, 将废弃的建筑垃圾转化成为具有观赏和装饰作用的假山石。这样不仅能够解决建筑垃圾处理过程

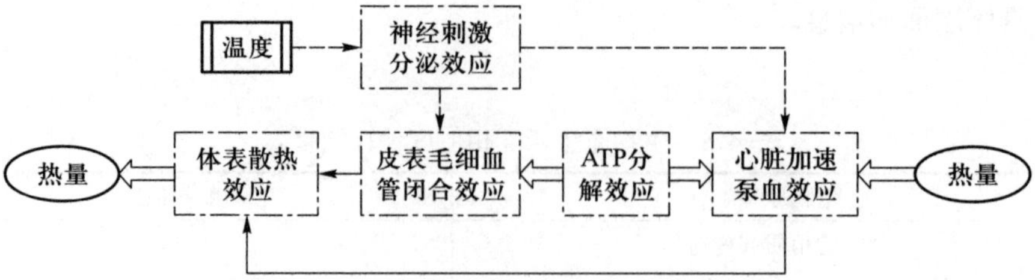

图 4.25 短吻鳄调节体温的生物效应链示意图

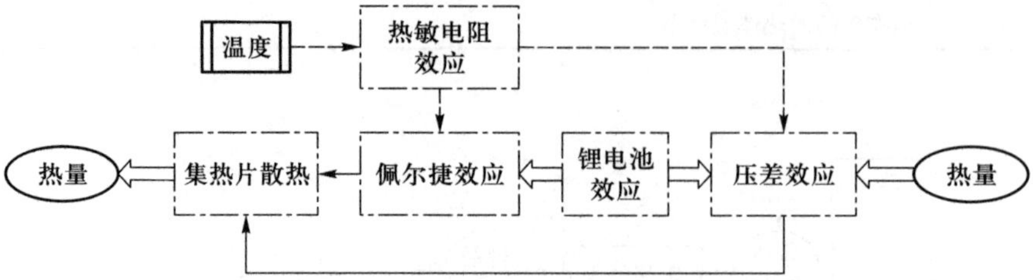

图 4.26 婴儿体温测温降温仪的技术效应链示意图

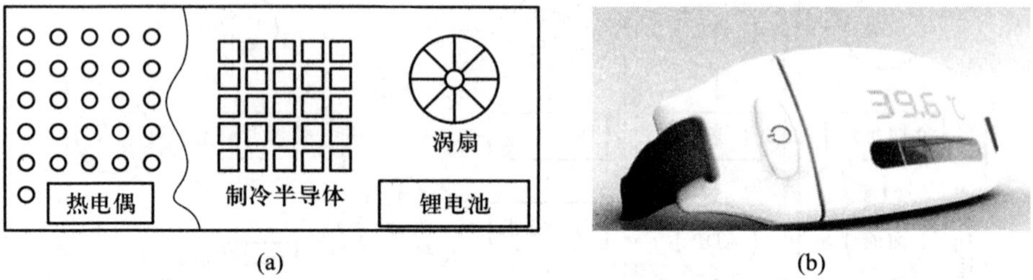

图 4.27 婴儿体温测温降温仪产品原理模型及产品效果图

中的相关运输和堆砌成本, 而且通过就地制造假山石的方式, 避免了由于假山石开采对环境的负面影响, 并节省了运输成本。

如何将建筑垃圾转化成为假山石是该设计阶段中的困难功能元。可利用前述所提出的方法, 利用生物效应来求解这一困难功能元, 具体主要包含 3 个步骤。

第 1 步: 功能相似度计算与排序。

分析和归纳困难功能元, 将 [形成和控制]+[固体块状物] 作为生物原型检索的重要依据。从中可以选择出 4 个可用的生物原型, 同时计算其与目标设计之间的相似度, 最后得到的结果如表 4.9 所示。根据表 4.9 中的计算结果, 白蚁筑巢机理与目标设计的功能特征最为相似, 因此可被选择为主要生物原型进行后续的生物效应系统建模和技术原型设计。

第 2 步: 生物效应的系统建模。

分析白蚁筑巢的生物原型, 建立其生物效应系统模型如图 4.28 所示。该模型中包含了白蚁筑巢机理中的功能、行为以及特征等层次方面的内容。

表 4.9 假山石制造设备可用的生物效应及其相似度排序

生物原型	功能相似度	排序
蜜蜂筑巢原理	0.667	2
白蚁筑巢原理	0.787	1
珊瑚形成原理	0.333	4
珍珠形成原理	0.55	3

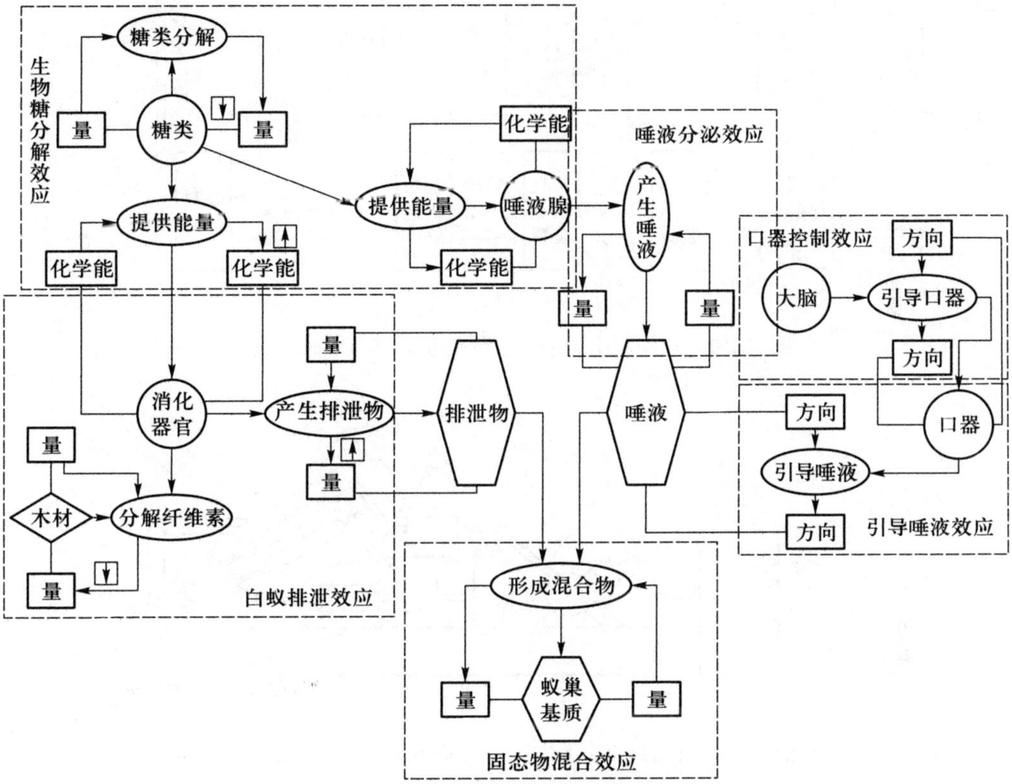

图 4.28 白蚁筑巢生物效应系统模型图

第 3 步: 生物效应的技术实现。

根据图 4.28 所示的生物效应实现的基础和环节, 选择可行的技术原理来实现图中生物效应的各个环节, 最后可以得到的技术原型系统的功能结构如图 4.29 所示。根据图 4.29 中的功能结构, 建立创新产品原理结构如图 4.30 所示。

例 4.4 基于纳米布的露水收集帐篷。

湿热地区的露营旅行者所携带的淡水资源往往有限, 而通过直接采集自然界的水源饮用也有安全隐患。如果必须携带的物品兼具集水功能则具有重要意义。因此, 本案例要求在露营所用的帐篷上增加从空气中集水的功能。

利用生物效应解决这一困难功能元的过程包含 3 个步骤。

第 1 步: 功能相似度的计算排序。

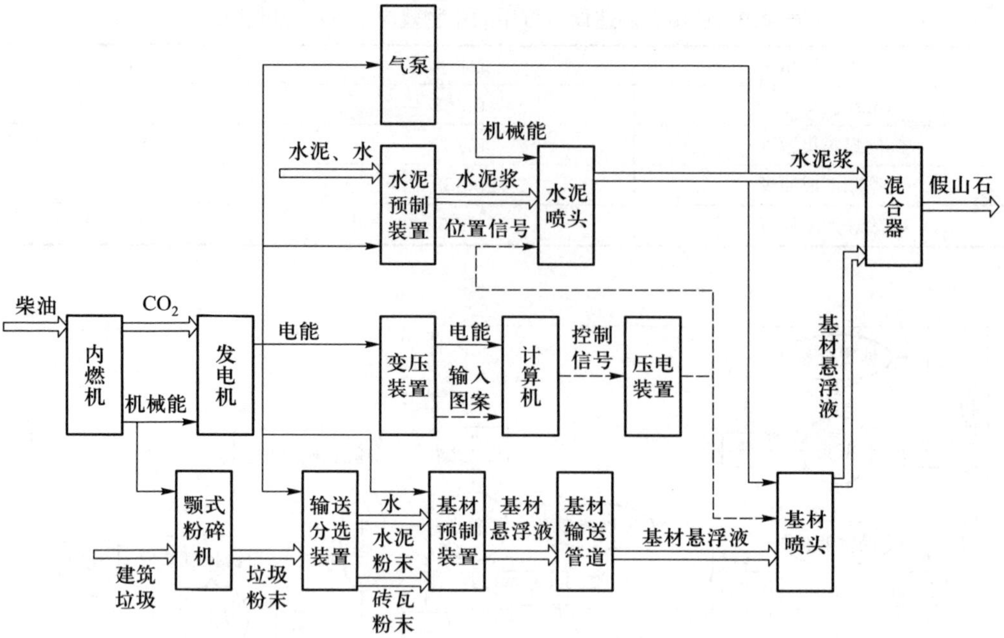

图 4.29 一种假山制造设备的初步原理解结构示意图

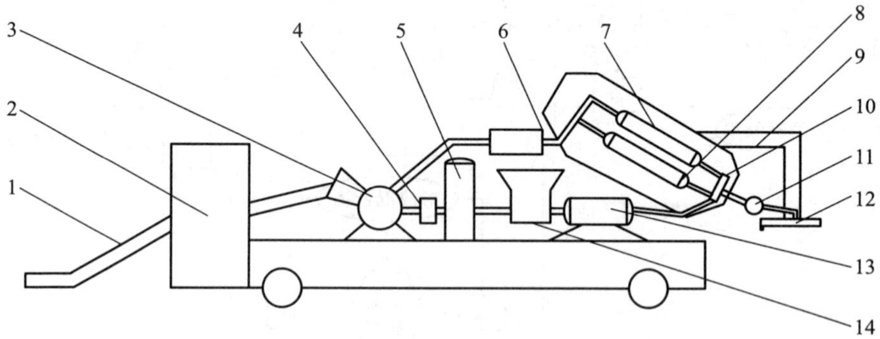

1—原料输送器; 2—内燃机; 3—颚式粉碎机; 4—注水泵; 5—水箱; 6—悬浮液生成装置; 7—基材分类器 1; 8—基材分类器 2; 9—喷头运动支架; 10—混合器; 11—输出加压泵; 12—喷头; 13—水泥预制器; 14—水泥料斗

图 4.30 利用建筑垃圾制造假山石的设备机构原理图

以 [凝结]+[水] 或 [收集]+[露水] 为关键字, 进行生物原型检索。匹配到的生物原型包含: 狗蜱虫凝水、纳米布甲虫凝水和凤梨叶子吸收水的生物效应。通过计算这些生物原型与所需功能要求之间的相似度, 得到的功能相似度计算排序结果如表 4.10 所示。

表 4.10 湿热地区集水帐篷可用生物效应及其相似度排序

可用生物效应名称	功能相似度	排序
狗蜱虫凝水	0.5	3
纳米布甲虫凝水	0.725	1
凤梨叶子凝水	0.65	2

第 2 步: 生物效应的系统建模。

根据纳米布甲虫凝水机制建立其生物效应的系统模型如图 4.31 所示, 并以此为基础分析其技术实现的具体原理或手段。

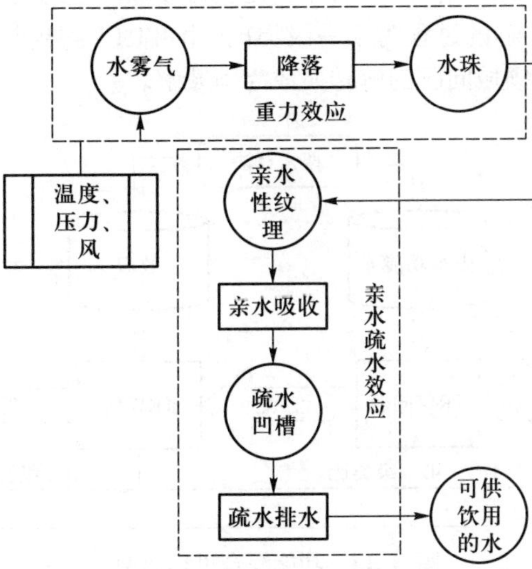

图 4.31 纳米布甲虫凝水的生物效应模型

第 3 步: 生物效应原型的技术实现。

利用具体的技术结构如疏水集亲水材料或涂层来实现生物效应中的亲水疏水效应, 通过设计出帐篷的表面结构如 V 形槽等特征, 充分实现重力效应的作用等。最终形成的帐篷集水组件结构示意图如图 4.32(a) 所示, 产品的应用效果图如图 4.32(b) 所示。

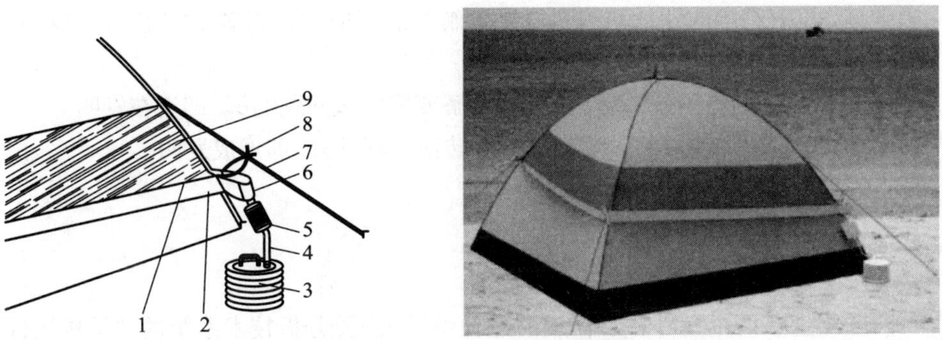

(a) (b)

1—集水槽杆; 2—集水槽; 3—储水箱; 4—引水管; 5—过滤器; 6—出水囊; 7—防风绳; 8—固定绳; 9—涂层材料

图 4.32 一种基于纳米布甲虫的露水收集帐篷

4.5.6 功能综合过程模型

图 4.33 是困难功能元解决过程或功能综合过程模型。应用该模型的过程中，首先构建待开发系统的功能结构，确定困难功能元，即领域问题；之后选择物理量描述困难功能元的输入与输出，使之变成 TRIZ 问题；由 TRIZ 问题通过搜索算法确定实现该 TRIZ 问题的效应，即 TRIZ 解；之后通过类比获得领域问题的解。其中，由问题的抽象到 TRIZ 问题及 TRIZ 解的过程为第一级类比；由 TRIZ 解到领域问题的解的过程为第二级类比。最后应将领域问题的解转换成为领域解。

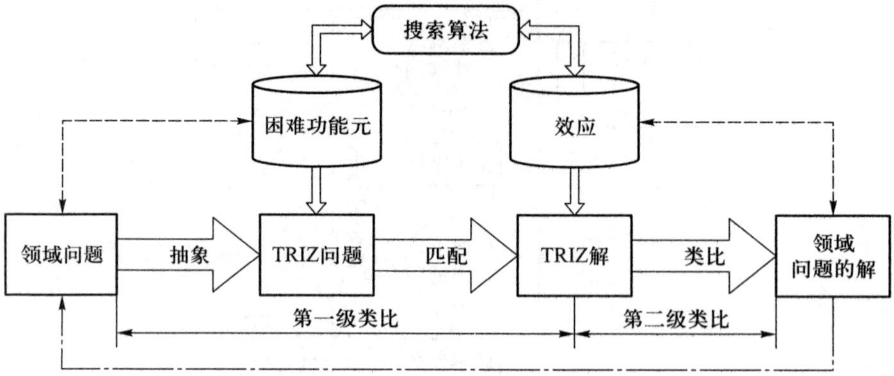

图 4.33 功能综合过程模型

功能综合过程有 (basic inventive process-3,BIS–3) 如下 7 个步骤。

第 1 步：功能结构的构建。对待开发的系统进行功能分解，用能量流、物料流、信息或参数流将所有功能元联结，形成网络结构。

第 2 步：确定困难功能元。系统中某功能元不能用通常方法求解，即为困难功能元。

第 3 步：确定 TRIZ 问题。将困难功能元用物理量表达输入输出形式。

第 4 步：确定 TRIZ 解。通过搜索算法选择确定一个或几个效应的组合。

第 5 步：TRIZ 解的评估。判断 TRIZ 解的后续应用是否满足需求，否，返回第 3 步；是，继续。

第 6 步：形成领域问题的解。将 TRIZ 解变成领域问题的解，即潜在发明。

第 7 步：确定领域解。将领域问题的解转换成领域解，即形成发明。

4.6 物质–场综合发明过程

当问题发生在两个元件相互作用的过程中时，需要分析技术系统的“结构属性”，需要使用物质–场分析方法确定问题，用 76 个标准解解决。作为 TRIZ 的一个重要贡献，物质–场分析以简单的图示方法构建技术系统的功能模型，发现并确认系统中的问题，同时还为采用标准解解决问题及改进系统提供基础模型。由于物质–场分析是基于功能的三元件组成原理进行的，该类问题的解决属于功能综合发明，是一类功能综合发明，称为物质–场综合发明过程。

76 个“标准解”对具有相同功能模型描述的不同问题提供了通用的解决方法。使用标准解解决发明问题要求区分系统中物质–场的组成要素、构建物质–场模型。因此标准解的使用往往与物质–场分析紧密联系在一起, 并为三级发明提供解决方案。

4.6.1 物质–场分析

1. 物质、场及分类

物质是任何实体或实物。物质可处于任何状态, 如固态、液态、气态、粉末状、糊状、凝胶状等。物质可呈现不同的性能, 如弹性、反射性、传导性、智能性等。物质–场分析中使用物质来定义作用主体和作用对象, 涉及从宏观到微观不同层面, 甚至“虚无”也可以直接作为物质出现。物质的代号是 S, 对一个系统中的多种物质, 可以利用下角标加以区分, 如 S_1、S_2、S_3 等。

场是事物之间存在的相互作用, 如机械、共振、热辐射、化学、电、磁等均为可能的作用或场。只要物质之间存在相互作用, 都可以称其为一种“场”。物质–场分析中“场”的作用是与两种物质一起构成完整的一个功能。场的代号是 F, 对一个系统中的多种场, 可以利用下角标加以区分, 如 F_1、F_2、F_3 等。

经典 TRIZ 中常用到的有 6 类场: 机械场、声场、热场、化学场、电场、磁场, 随着科学的发展, 陆续提出增加生物场及作用于微观的分子力场。现在已形成了 8 个可用基本场 MATCEMIB: 机械场、声场、热场、化学场、电场、磁场、分子场、生物场, 见表 4.11。

表 4.11 MATCEMIB 中的 8 种场

领域	包括的作用	领域	包括的作用
机械 Mechanical	重力、碰撞、摩擦、直接接触	电学 Electric	静电荷、导体、绝缘
	共鸣、共振、震动、波动		电场、电流
	流体力学、气流、压缩、真空、渗透压		超导性、电解、压电
	机械处理和加工		电离、放电、电火花
	变形、混合、添加、扩张	磁学 Magnetic	磁场、磁力和粒子、电磁感应
声学 Acoustic	声音、超声波、次声波、气穴现象		电磁波 (X 射线、微波等)
热学 Thermal	高温、低温、隔热、热膨胀		光学、视觉、透明度改变、影像
	物态转换、吸热反应	微观粒子 Intermolecular	亚原子粒子、微管、微孔
	火、燃烧、热辐射、对流		核反应、辐射、核聚变、核排放、激光
化学 Chemical	反应、反应物、元素、聚合物		分子间作用、表面效应、蒸发
	催化剂、抑制剂、pH 显示计	生物 Biological	微生物、细菌、生命组织
	溶解、结晶、聚合		植物、真菌、细胞、酶
	气味、味道、改变颜色、pH 等		生命圈

通常一个技术系统要依靠多个场的综合作用才能建立。多种场的共存是很自然的, 在很多情况下无法非常清晰地独立表述它们处于相互影响、相互作用的状态。

2. 物质–场模型

物质–场分析就是要针对研究的技术系统建立物质–场模型, 并发现其中存在的问题。物质–场模型的基础是三元件组成的功能模型。在 TRIZ 中, 一个功能需由两种物质、一种场、3 个元件组成, 表示物质–场作用的类型与符号系统。标准作用根据当前用户需求或潜在用户需求确定; 不足或过剩作用指功能是合理的, 但作用未达到或超过了标准作用, 通过设计应改变作用的量值; 有害作用是负面作用, 通过设计尽可能消除; 不理想的作用是指 S_2 对 S_1 的作用有多个, 既有标准作用, 又有不足、有害或过剩作用, 实际使用时, 也可用多个作用来分别详细描述; 未评估的作用是在物质–场模型建立过程中, 没有明确作用效果时应用的符号, 最终模型中不应再存在未评估的作用。

TRIZ 中按照物质–场作用的类型, 提出了 4 类功能。

(1) 有效完整功能: 该功能的 3 个元件都存在, 且都有效, 是设计者追求的作用。

(2) 不完整功能: 组成功能的三元件中部分元件不存在, 需要增加元件来实现有效完整功能, 或用一种新功能代替。

(3) 非有效完整功能: 功能中的三元件都存在, 但设计者所追求的作用未能完全实现。如产生的力不够大、温度不够高等, 需要改进以达到要求。

(4) 有害功能: 功能中的三元件都存在, 但产生了对系统或环境有害的结果。创新的过程要消除有害功能。

对于物质–场类型中出现的过剩作用, 在 TRIZ 中并没有专门的工具进行求解, 而是要对作用的结果进一步分析, 如果产生有害作用则按照既有用又有害处理。如果没有有害作用, 则尝试修改场参数, 按照其结果进行冲突分析或裁剪分析。

3. 物质–场变换规则

物质–场模型建立之后, 根据物质–场模型的类型, 通过物质–场变换解决不理想的物质–场模型表达的发明问题。物质–场变换规则代表了解决物质–场模型表达的问题的一般途径。另外通过寻找系统中存在的场资源, 也可以用于解决物质–场表达的问题。表 4.12 是物质–场变换的 5 条规则。

物质–场变换规则 1 与 2 是对原有模型的一种根本性改变, 原有工具元件 S_2 对作用对象 S_1 的 F_1 场的作用被取代, 需要用新的元件和场来满足原有的功能。

规则 3 与规则 2 在形式上是相似的, 区别之处在于规则 2 引入的新的附加场 F_2 是作用于原有的工具元件 S_2 的, 而规则 3 所引入的新的附加场 F_2 是作用于被作用对象 S_1 的。虽然规则 2 和规则 3 是不同的, 但由于两个模型存在一定相似性, 按照规则得到转换后模型在类比具体解时不一定不同。建议无论是使用规则 2 还是规则 3, 都要去考虑另一个。要考虑附加场 F_2 对双方的影响, 这样才能不遗漏可能的解, 也更容易得到合理的解。

规则 4 描述的两种变换, 引入物质 S_3 的作用可以归结为放大作用与缩小作用。放大作用是当原有场 F_1 对 S_1 的作用不充足时, S_3 通过场 F_2 可以加强 F_1 场的作用; 缩小作用是当原有场 F_1 对 S_1 的作用过强时, S_3 通过场 F_2 减小 F_1 场对物质 S_1 的过度影响。

规则 5 是不同于其他规则的, 规则 1 到规则 4 都是通过引入一种物质及场作用于

表 4.12　物质–场变换 5 条规则

序号	名称	变换原理	问题模型	变换后模型
1	用新的工具元件代替	为了改善两种物质 S_1 和 S_2 之间的不足作用、消除有害作用和不理想的作用，使用新的物质 S_3 来代替原有的 S_2，并且形成新的场 F_2，对原有的 S_1 施加作用。	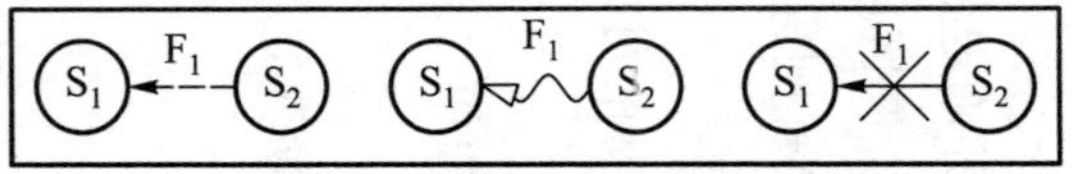	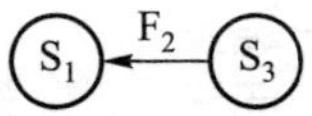
2	引入新的物质和场作用于工具元件	为了改善两种物质 S_1 和 S_2 间存在的不足作用、有害作用或不理想的作用，引入第 3 种物质 S_3，通过新场 F_2 作用于原工具元件 S_2，被 F_2 改变后的 S_2 产生的场 F_1 变成 F_1' 作用于 S_1。	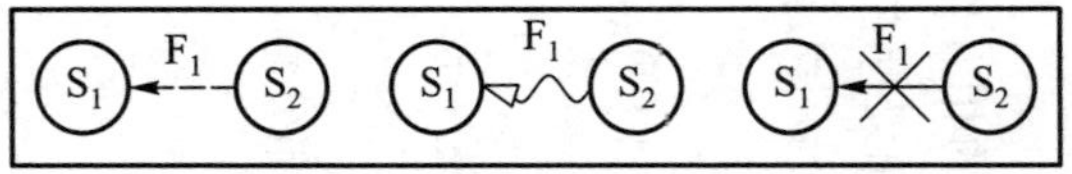	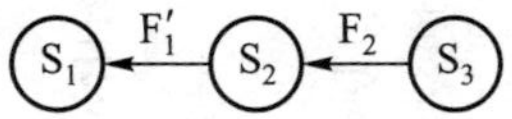
3	引入新的物质和场作用于被作用元件	为了改善两种物质 S_1 和 S_2 间存在的不足作用、有害作用或不理想的作用，引入第三种物质 S_3 作为中介物，并通过场 F_2 作用于工具元件 S_2 或被作用元件 S_1。	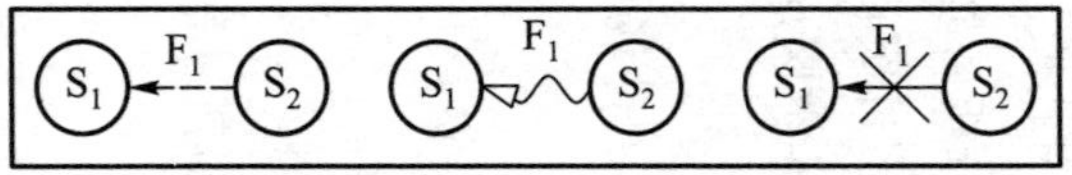	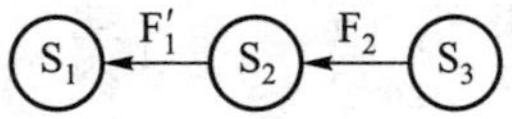
4	引入中介物和场	为了改善两种物质 S_1 和 S_2 间存在的不足作用、有害作用或不理想的作用，引入第三种物质 S_3 作为中介物，并通过场 F_2 作用于工具元件 S_2 或被作用元件 S_1。	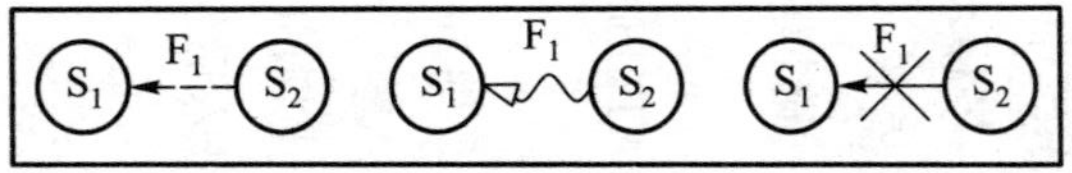	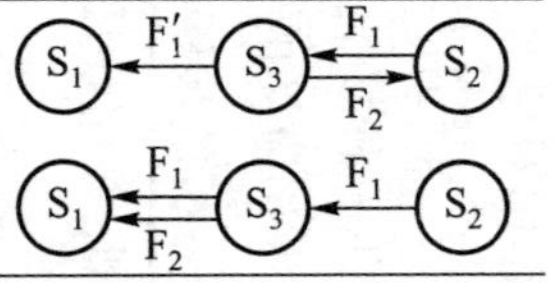
5	引入一种场同时作用于 S_1 和 S_2	为了改善两种物质 S_1 和 S_2 间存在的不足作用、有害作用或不理想的作用，引入第一种场 F_2，并且 F_2 同时作用于工具元件 S_2 和被作用元件 S_1。	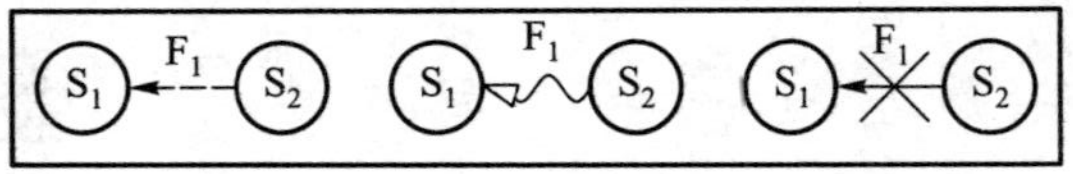	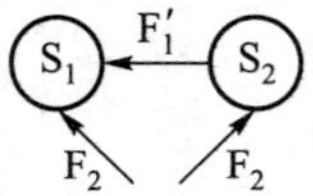

工具元件 S_2 或是被作用对象 S_1 的, 而规则 5 是引入一种场同时作用于 S_2 和 S_1。在规则 5 的表达模型中引入了附加场 F_2, 却没有引入额外的物质, 这其实是对模型的一种简化方法。对于产生一种场而言, 物质是一定存在的。一旦明确了所需要的场, 接下来就是要寻找能够产生相应场的物质。

4. 物质–场模型分析的步骤

建立物质–场模型, 并用物质–场变换规则或应用场解决物质–场表达的问题, 可以按照以下步骤完成。

第 1 步: 定义现有系统中的所有物质。

第 2 步: 建立物质–场模型。分析各物质间的相互作用, 并确定各物质间作用的类型, 建立系统的物质–场模型, 并确定冲突区域, 如果存在多个冲突区域, 需要各自明确。

第 3 步: 冲突求解。选择一个冲突区域, 应用物质–场变换规则进行求解, 得出变换后的物质–场模型。

第 4 步: 应用 "MATCEMI" 8 种场资源去找到对应模型的可能解法, 并可列表记录。

第 5 步: 如果还有其他冲突区域没有分析, 逐一选择, 重复第 3 步和第 4 步, 如果全部冲突区域分析完毕, 进入下一步。

第 6 步: 分析所有找到的可能解, 综合其中部分解, 依据预期效果、成本等因素进行评价, 选择一到两种进入后续的创新过程。

4.6.2 标准解

标准解是 Altshuller 等在 1975 年至 1985 年之间完成的, 共有 76 个, 分为 5 类 (见附录 2), 其分类如下。

第 1 类: 不改变或仅少量改变, 以改进系统, 13 个标准解;

第 2 类: 改变系统, 23 个标准解;

第 3 类: 系统传递, 6 个标准解;

第 4 类: 检测与测量, 17 个标准解;

第 5 类: 简化与改进策略, 17 个标准解。

76 个标准解对获得高级别的原理解是有效的, 一般通过根原因分析, 确定冲突区域之后, 冲突区域可以直接转化为问题物质–场模型, 然后按照一定的规则选择标准解求解。

第 1 类到第 4 类标准解常使系统更复杂, 这是由于这些解都需要引入新的物质或场。第 5 类标准解是简化系统的方法, 使系统更加理想化。当从第 1 类到第 3 类标准解或解决检测与测量问题的第 4 类标准解决定了一个解之后, 第 5 类可用来简化这个解。运用 76 个标准解有 3 条主要路径, 即系统改进、检测和测量解、预测改变的时机。

系统改进这条路径最具代表性, 从产生待解问题系统的物质–场模型开始, 接下来路径的走向就由系统相互作用是缺乏、不充分还是有害 3 种情况决定, 再分别继续进行。

检测与测量的应用只由一类标准解处理，而且完全不是从检测到测量的角度出发，它是通过铁磁粒子和场的应用经过系统转换和演化实现的。

预测分支提供了一种描述系统改变可能性的方法。即使在系统没有明确需要改进时，这种方法依然可行。对于超系统或子系统，需要考虑最小改变或系统改变，或两者都要考虑。

这 3 条主要路径都提供了更精确的解、精确的问题陈述和标准解的反复应用，最终归结到运用第 5 类标准解：简化和改进的策略。

4.6.3 应用标准解的发明过程

图 4.34 是应用标准解解决问题的过程模型。首先建立用物质–场构建的关系型功能模型，从中去找冲突区域及问题，即领域问题；之后抽象为常见的功能模型问题形式，即在技术系统的物质–场问题模型中选择一种适合的形式，即 TRIZ 问题；工程师可以自己根据 TRIZ 问题选择合适的标准解，也可以应用算法确定可用标准解，即选择工程中物质–场模型的解；再经过类比即第二级类比获得领域问题的解。

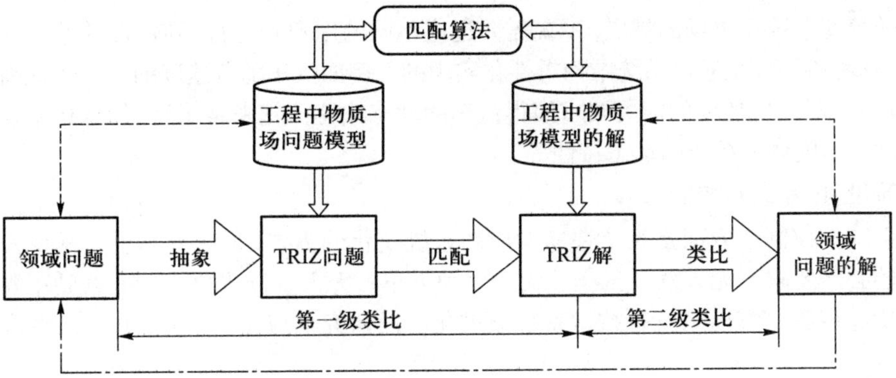

图 4.34 标准解解决问题过程模型

基于物质–场分析与标准解的类比发明过程步骤 (basic inventive process-4, BIS–4) 有如下 5 步。

第 1 步：确定领域问题。建立功能模型及物质–场分析确定系统中存在的问题。如果经过变换及资源利用已经解决问题，转第 4 步；反之，继续。

第 2 步：第一级类比。将领域问题转化为 TRIZ 特解，同时确定若干实例。首先将领域问题转化为标准问题，之后确定标准解。标准解为 TRIZ 解。

第 3 步：第二级类比。将 TRIZ 解及案例作为类比源，通过类比过程形成领域问题的解决方案。

第 4 步：评估。对得到的领域问题解决方案进行评估。如果不满足需求，转第 2 步，该解决方案与领域问题信息融合，继续类比过程。如果满足需求，继续。

第 5 步：确定领域解。将领域问题的解转换成领域解，即发明。

4.7 技术预测发明过程

从历史的观点看, 技术系统从其构建到后续的发展是一个技术进化过程。该过程按照面临的主要问题不同可以分为 4 个进化阶段。

阶段 1: 为系统选择零部件。

一个新系统的诞生其功能也许是全新的, 但是其组成元件大部分都是从环境中已有的元件借用过来的。例如最早的四轮汽车是在马车基础上加上发动机创造出来的; 最早的自行车的车轮也是从马车借鉴过来的。

阶段 2: 系统元件改善。

因为实现系统功能的元件多是从环境中已有元件借用过来的, 其并不一定与所设计系统协调, 所以存在着很多与其功能和性能要求不匹配的情况, 并且各元件发展不均衡, 这就需要不断改善元件, 使其内部趋于协调, 以更好地完成功能, 提高效率。例如汽车诞生后, 随着发动机性能的提高, 原来马车的车身已经不能适应高速和舒适性的要求, 汽车车身逐渐与马车变得越来越不一样。

阶段 3: 系统动态化。

随着新系统在市场的扩展, 系统需要适应不同的用户和运行环境, 即开始与外部相协调, 这种协调性是通过系统结构柔性化实现的。例如汽车随着速度的进一步提高和市场的扩大, 对适应环境的能力要求使得汽车的动态化特征越来越明显, 如悬挂系统的动态特性、速度调节系统的动态特性等。

阶段 4: 系统自控制。

系统自控制一方面是系统快速响应超系统变化的需要, 另一方面也是减少人参与程度的必然要求。无人驾驶汽车、无人驾驶火车、无人驾驶飞机、无人驾驶军舰、无人售货超市等一直以来就是技术系统该进化阶段研究与应用的热点, 并且已经取得较大发展。

Altshuller 通过大量的专利分析研究了上述 4 个阶段内在的规律, 认为技术系统进化不是随机的, 而是按照一定的客观规律在进化。这些规律包括技术进化定律与进化路线, 是基于大量技术系统进化的历史研究发现的, 已经经过证实, 能够进一步用于系统的研发, 避免盲目试验纠错。

4.7.1 技术进化定律与路线

技术进化定律给出了技术系统进化的一般方向, 在各条定律下又总结了很多进化路线, 每条进化路线由系统所处的不同状态构成, 更加详细地表明了技术进化由低级向高级进化的过程, 成为技术预测的主要依据。技术系统进化定律和路线描述了产品进化的方向, 巧妙地使用这些定律和路线将促进商业和工程实践上的成功。因为工程师能够在众多的创新中判别出最有前途的创新, 这些定律也可以有效地用于开发新技术和新产品, 客观地评估那些系统的商业潜能和预测竞争者可能的想法。

1975 年, Altshuller 首次提出 8 条技术系统进化定律。经过 40 年的发展, 该领域的研究取得了很多成果, 如 Boris Zlotin 和 Alla Zusman 基于技术系统进化理论提出

引导进化理论 (directed evolution), 总结了几百条进化路线, 并作为该理论的核心工具, 致力于系统进化的控制, 而不是仅仅解决当前问题。Fey 及 Rivin 在以往 TRIZ 研究成果的基础上, 将技术系统进化定律归纳为 9 条。

进化定律定义了技术进化的方向, 进化路线定性地指出了技术系统沿每一个进化方向的具体进化阶段, 从结构进化的特点描述产品技术所处的状态序列。其实质是产品如何从一种核心技术移动到另一新的核心技术, 可以根据进化路线确定新一代产品的创新设想。因此, 技术进化定律与进化路线具有技术预测能力。图 4.35 是技术进化定律系统示意图, 该系统由技术进化定律与路线组成, 每条路线下有一些与进化状态相对应的案例。技术进化定律、路线及案例是分析大量高水平专利的结果。

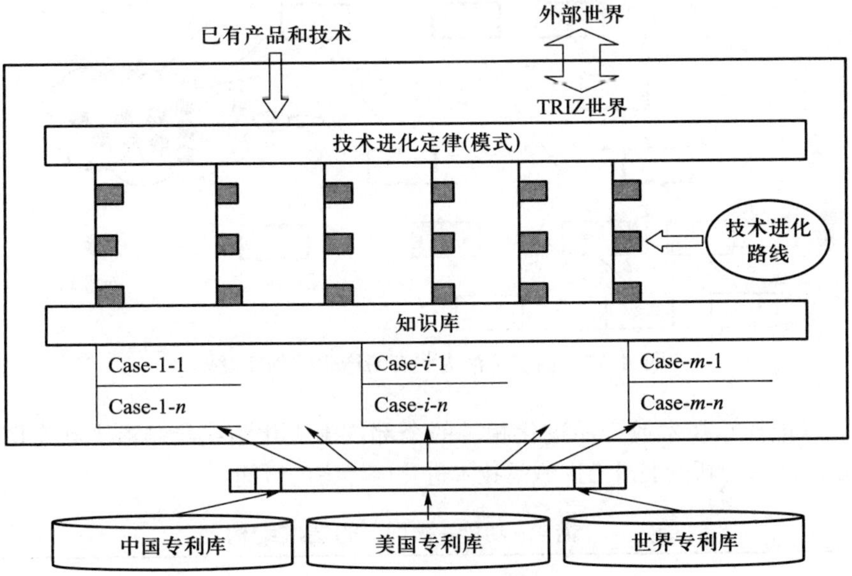

图 4.35 技术进化定律系统

图 4.36 所示为某进化定律下的一条进化路线, 该路线图所示的进化路线开始状态是从状态 1 开始的, 最高状态是状态 5。按照该进化路线分析产品的技术进化水平, 如果技术水平处于进化状态 3, 则此进化状态称为当前进化状态。进化状态 4 及 5 还没有

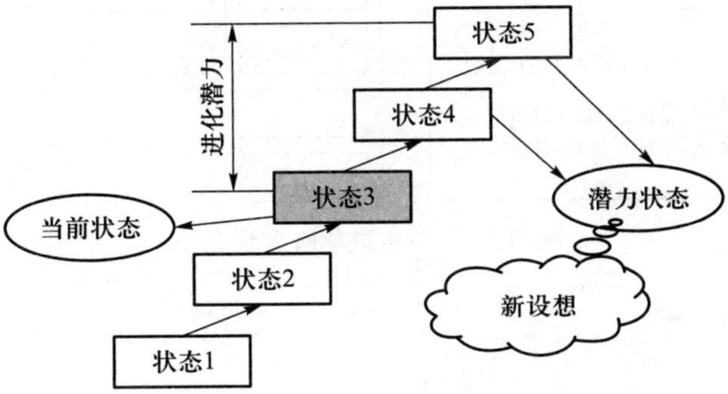

图 4.36 一条技术进化路线

达到, 即产品的当前技术水平还没有达到的进化状态, 这两个进化状态称为具有潜力的进化状态。技术进化潜力是存在于当前进化状态和最高进化状态之间的状态总称。

每一个潜力状态都暗含着具有战略决策的潜在技术, 对其进行分析有可能产生关于新一代产品的创新设想, 从而制定产品发展战略。因为进化路线是从其他成功产品总结归纳出来的技术进化规律。所以, 分析进化潜力所产生的新技术战略的创新性、可靠性高, 能够成功引导待研究技术系统的发展方向。

为了产生多个创新设想, 可以选择多条技术进化路线, 如图 4.37 所示。每条路线都存在一个或多个潜力状态, 通过每个状态都可能产生一个设想, 从而形成多个设想。

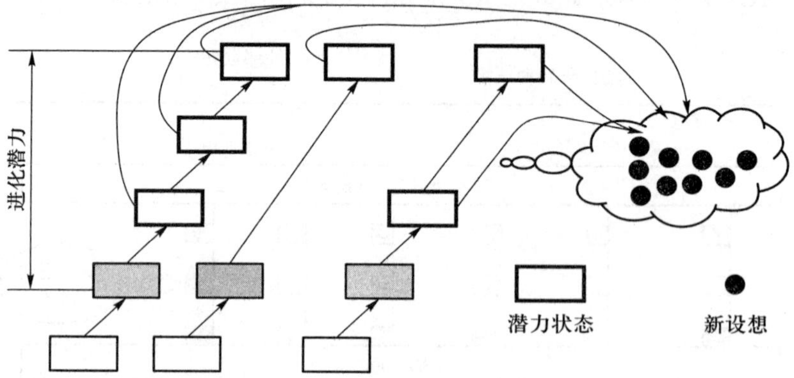

图 4.37 由多个潜力状态所产生的创新设想

也可以选择与技术或产品进化相关的全部技术进化路线绘制潜力状态图, 如图 4.38 所示。图中的新发展潜力区域是技术进化应考虑的区间。

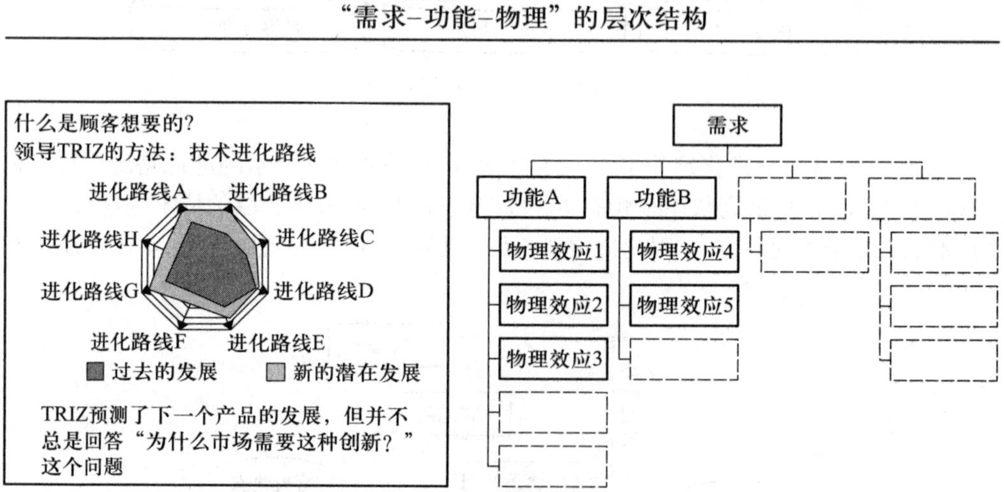

图 4.38 技术进化潜力状态图

4.7.2 技术预测发明过程

技术系统进化定律与路线不仅蕴含了技术未来发展的趋势，而且可以根据进化路线预测技术发展的潜力状态并产生新设想或创意，从而引导下一代新产品的开发。图 4.39 是基于技术进化的技术预测过程模型。

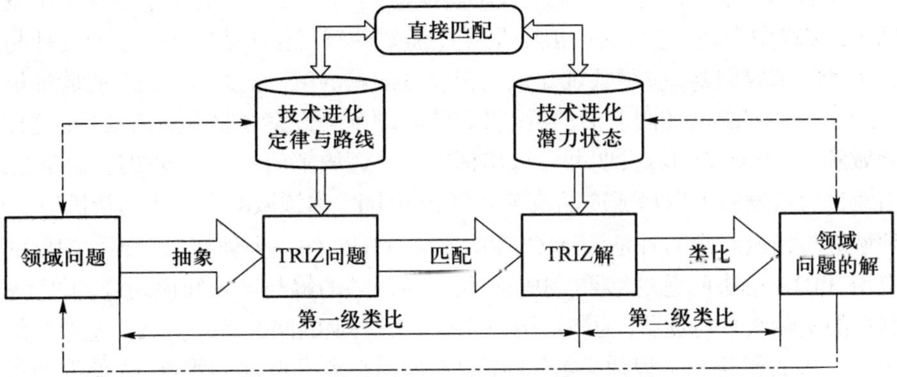

图 4.39 基于技术进化的技术预测过程模型

图中的领域问题是技术目前存在的状态，之后要选出使用的技术进化定律与路线，并确定与之对应的位置，目前技术的未来发展是 TRIZ 问题；以选定的技术为基础确定未来技术的状态或潜力状态，这些状态是 TRIZ 解；通过类比方法将选出的 TRIZ 解或潜力状态转换成未来技术方案，即领域问题的解。由目前存在的技术状态到选出技术进化路线中的潜力状态是第一级类比，之后的过程是第二级类比。

应用技术进化定律的发明过程 (basic inventive process-5, BIS–5) 有如下 7 步。

第 1 步：选定产品，分析系统的子系统和超系统。根据系统工作原理，建立系统功能模型，提取工作元件及其之间的联系，建立系统功能模型，分析系统参数。

第 2 步：选择技术系统进化定律与路线。选择一种或几种进化定律，按照进化定律的描述预测选定产品、子系统或超系统的未来进化趋势。分析每条定律下的进化路线，分析研究对象在进化路线上当前的位置。

第 3 步：发现技术机遇。由选定的定律与路线确定技术进化潜力，这些潜力是技术机遇。

第 4 步：确定潜力状态。由进化潜力确定潜力状态。

第 5 步：产生设想。分析每一个潜力状态，归结到当前系统产生创新设想。

第 6 步：确定领域问题的解。将设想转变成概念，根据市场需求及本企业能力对所形成的概念进行评价，在若干个概念中选出最具有市场潜力的概念，这些即为领域问题的解。

第 7 步：确定领域解。将领域问题的解转换成领域解，即发明。

4.8 领域问题的解到领域解的转换

4.8.1 基本原理

上述基本发明过程 (BIS–2~BIS–5) 的最后一步均为确定领域解, 即将领域问题的解转变成领域解。领域问题的解是工程师直接应用经典 TRIZ 的基本过程解决发明问题的结果, 实践中发现, 这些解一般不是企业需要的解, 还需要根据企业的设计与制造水平、市场需求等因素, 应用领域知识完善领域问题的解, 很多还要做实验验证解的可行性。经过一系列的设计制造活动后, 得到的问题解决方案才是企业需要的, 这样的解称为领域解, 该类解是领域发明并可以申请专利。领域解的产生是发明过程的输出, 该类输出经过后续发展可以形成产品或工艺创新, 因此, 称领域解为企业创新机遇。

领域解与领域问题的解是区别 C–TRIZ 与 TRIZ 的一个创新点。领域问题的解是直接应用 TRIZ 解决问题的结果, 领域解是领域问题的解与领域知识结合, 并考虑企业设计制造的实际水平与现状, 为满足用户需求最后产生的问题解决方案。企业继续完善领域解可以形成创新。工程师学习 C–TRIZ 过程必须掌握这一要点, 以使发明过程与企业主创新过程融合, 并为企业带来长期效益。

下面的案例是由山西太重煤机有限公司参加 "首届全国企业创新方法大赛" 的参赛项目整理而成。主要说明工程师在实践中是如何将领域问题的解转换成领域解。

4.8.2 案例研究: 采煤机导向靴耐磨性改进设计

问题背景: 电牵引滚筒采煤机用于煤矿井下综采工作面的采煤和落煤, 导向靴是采煤机的一个主要部件, 用于链轮在销排上行走时的导向, 它将采煤机与刮板运输机衔接在一起, 支撑链轮与销排啮合以实现采煤机的运动。由于采煤工艺及井下特殊环境的影响, 导向靴工作状态下频繁地与输送机、销排摩擦碰撞, 受力复杂, 工作环境恶劣, 比较容易磨损, 当磨损到一定程度时会发生断裂。如何提高接触面耐磨性能, 保证导向靴的使用寿命是亟待解决的难题。

企业目前的处理方法及存在的问题: 对与刮板运输机接触的导向靴内槽面进行表面淬火处理以提高其硬度, 增加耐磨性, 确保摩擦面不被磨损过大而最终导致导向靴断裂。生产实践表明, 虽然局部耐磨能力增加, 但可加工性降低, 导向靴内槽面特别是根脚尖角处开裂现象严重, 影响产品使用寿命。因此, 需要进一步研究解决该问题。

图 4.40 表示了滑靴在采煤系统中的位置。采煤系统包括采煤机、液压支架、刮板输送机 3 个机械系统构成。滑靴联结采煤机与刮板输送机。

改进的约束条件: 适应井下多煤粉、污水、潮湿、泄油的恶劣环境; 尺寸外形尽量不发生变化; 适应井下工作空间小的环境; 成本最低且易实现。

首先根据图 4.41 所示导向靴与其他各相关零部件关系, 建立图 4.42 所示的关系型功能模型。图 4.42 表明, 销排与导向靴之间的有害作用 "摩擦" 导致导向靴断裂, 因此, 销排与导向靴及中间的作用构成冲突区域。

应用根原因分析法确定根原因, 如图 4.43 的因果树所示。热处理工艺不足、导向

图 4.40 采煤机导向靴在系统中的位置

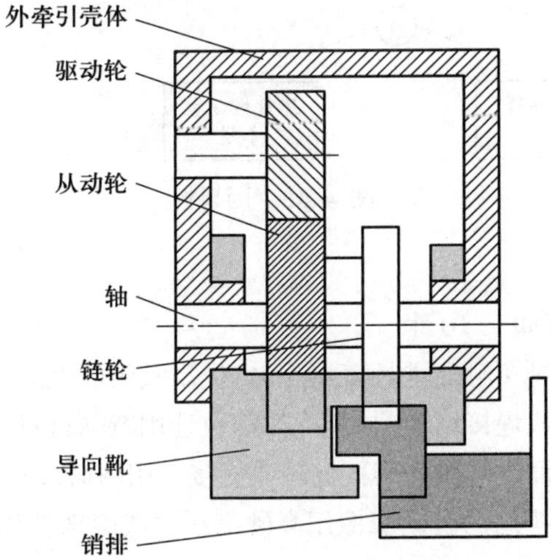

图 4.41 相关零部件结构简图

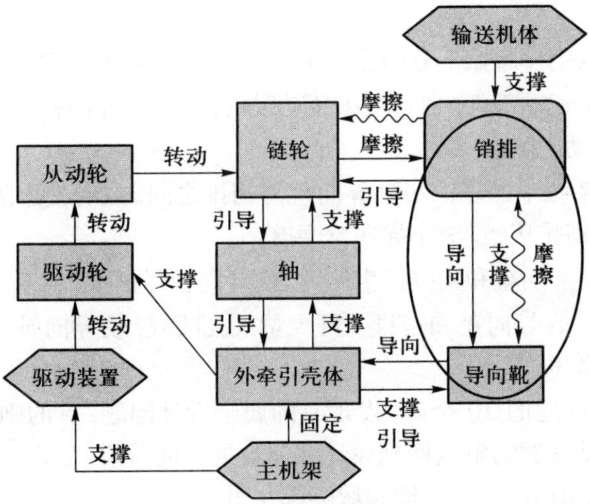

图 4.42 关系型功能模型

靴与销排间隙不足是两个必须解决的问题。应用 TRIZ 中的技术冲突及标准解方法解决这两个问题, 形成了如下领域问题的解集。

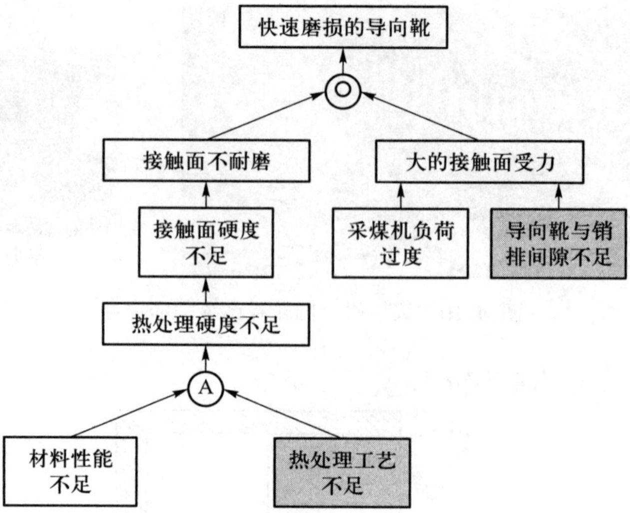

图 **4.43** 因果树

领域问题的解集有如下 10 个。

(1) 对导向靴与销排接触面进行表面淬火, 提高其耐磨性。

(2) 将导向靴设计成焊接结构, 导向支撑部位选用特殊材料, 提高其耐磨性。

(3) 对导向靴内槽面进行激光熔覆处理或直接采用耐磨焊条堆焊耐磨层。

(4) 将导向靴与销排间的滑动摩擦用高硬度滚柱或滚珠替代, 用滚动摩擦代替滑动摩擦。

(5) 在导向靴内槽面局部使用耐磨材料或焊耐磨板, 导向靴本体不直接和销排摩擦, 避免导向靴损坏。

(6) 将导向靴与销排摩擦部分做成可组装和拆卸式的, 便于调节二者之间的间隙。

(7) 将销排改成运动部件, 通过它来拉动采煤机行走, 导向靴与销排相对静止, 不需考虑二者之间的运动间隙。

(8) 设法将超系统中的煤汇集到导向靴与销排之间, 或者使用耐磨材料, 使得导向靴本体不用直接和销排接触, 减小导向靴磨损。

(9) 引入磁场使导向靴和销排产生斥力, 使导向靴尽量不产生磨损。

(10) 引入气场, 在导向靴和销排上开大量气孔喷气, 使导向靴和销排产生斥力, 使导向靴尽量不产生磨损。

分析上述领域问题的 10 个解, 发现有的属于设计问题, 有的则属于制造问题。因此, 工程师应将领域问题的解返回到设计或制造的不同阶段, 之后应用领域知识完善领域问题的解, 产生新的解决方案, 即领域解或发明。

综合考虑性能、结构、成本、安全性、操作性, 优先考虑利用局部质量原理, 结合中介物原理、复合材料原理, 增强导向靴本身的耐磨性能、操作性能, 并降低导向靴成本, 在此基础上, 考虑利用分割原理, 将导向靴易磨损部位做成可更换和拆卸的, 方便调节导向靴与销排之间的间隙, 避免导向靴受力过大。可以产生如下 3 个领域解。

领域解 1: 采用上述领域问题的解 (3)、(5), 直接对表面进行加强处理, 有以下几种方法。

(1) 在导向靴内槽面焊耐磨板, 考虑到可焊性, 耐磨板可由基板及耐磨层组成, 在焊接时, 基板处用正常焊条, 耐磨层处用不锈钢焊条焊接。这种方法易操作, 成本会略有上升, 适用于中等功率采煤机。

(2) 直接用耐磨焊条在导向靴内槽面堆焊耐磨层, 或利用高锰焊条焊耐磨层。这种方法工艺简单易操作, 成本较低, 适用于小功率采煤机, 如图 4.44 所示。

(3) 对导向靴内槽面进行激光熔覆处理, 能显著改善基体材料表面的耐磨、耐蚀、耐热、抗氧化等性能及电器特性, 成本相对较高, 大功率采煤机可考虑采用。

图 4.44 采用表面堆焊处理的导向靴

领域解 2: 采用方案 (6) 选用可拆卸结构的导向靴, 如图 4.45 所示。有以下优点: 导向块可更换, 进一步减少易损件; 导向块大, 锻造工艺简单, 机械性能容易保证; 导向块水平方向的角度可调节, 适应输送机的弯曲能力更强; 导向块拆装简单快捷, 劳动强度更低。企业已采用该解, 效果良好。

图 4.45 可拆卸结构导向靴设计

领域解 3: 采用方法 (2), 导向靴采用焊接结构, 如图 4.46 所示。起支撑、导向作用的左右导向块选用耐磨且焊接性能好的材料 (35CrMo), 其余部位选用普通材料 (钢板 Q690–D)。企业已采用该解, 效果良好。

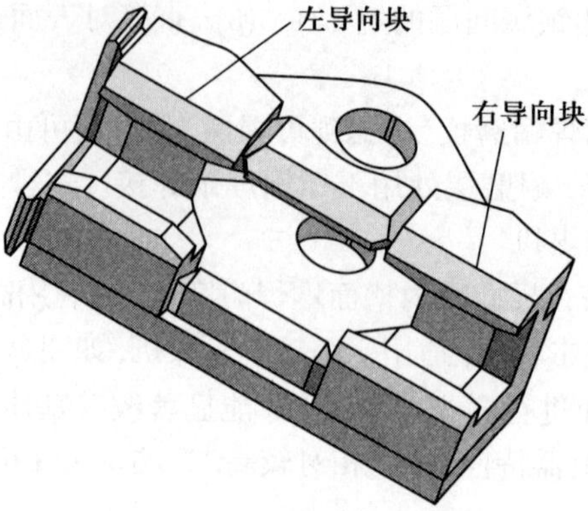

图 4.46　焊接结构导向靴

4.9　基本发明过程的应用

上述各节已给出了 5 种基本发明过程, 如果发明过程仅由一种基本过程组成, 则过程为简单发明过程。工程师在应用基本发明过程中要与企业的主创新过程无缝连接, 以使发明尽快转化为企业所需要的创新。图 4.47 给出了基本发明过程在企业的应用过程。

应用的过程有如下 7 步。

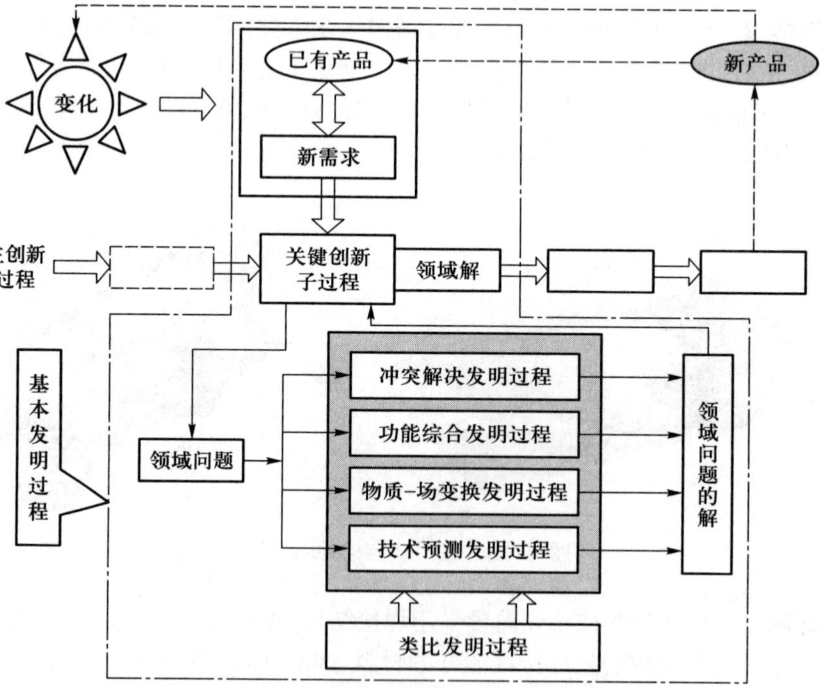

图 4.47　基本发明过程与主创新过程的无缝连接

第 1 步: 变化扫描。工程师与管理人员首先扫描企业内部与外部变化, 选择对已有产品有影响的变化作为创新的诱导因素。

第 2 步: 新需求的确定。根据变化的信息, 确定特定变化导致的新需求。

第 3 步: 确定关键创新子系统。由新需求及已有产品, 工程师通过经验及对主创新过程的理解选择关键创新子系统, 即以已有产品的改变发生阶段为选择关键创新子系统的依据。

第 4 步: 确定领域问题。由冲突区域及根原因分析确定领域问题。

第 5 步: 确定领域问题的解。根据领域问题的类型选定基本发明过程, 应用该过程解决领域问题, 获得领域问题的解。

第 6 步: 确定领域解。将领域问题的解返回到关键创新子系统, 应用该过程专业知识完善这些解, 最后确定领域解或领域发明。

第 7 步: 企业评估。企业根据发展趋势通过对所产生的发明进行评估, 决定是否实施后续创新过程。

过程中的第 6 步及第 7 步均可返回到第 1 步, 重复应用不同的基本发明过程, 以得到更多更好的发明。

4.10 小结

本章给出了 5 种基本发明过程的过程模型, 工程师可以根据领域问题选择其中的一个或几个解决领域问题, 获得领域问题的解。领域问题的解不是企业需要的解, 因此, 需要继续完善, 即应用领域知识并考虑企业实际水平, 得到企业能应用的解决方案, 称为领域解, 该类解释为基本发明过程的输出。

参考文献

[1] Krumnack U, Kai K, Schwering A, *et al.* Analogies and Analogical Reasoning in Invention [M]. New York: Springer, 2013.

[2] 陈英和, 赵笑梅. 类比问题解决的理论及研究 [J]. 北京师范大学学报: 社会科学版, 2008, (1): 50-56.

[3] Gentner D. Structure-mapping: A theoretical frame work for analogy [J]. Cognitive Science, 1983, (7): 155-170.

[4] Holyoak K J. The Pragmatics of Analogical Transfer [M]//Bower G H. The Psychology of Learning and Motivation. San Diego, CA: Academic Press, 1985.

[5] Blessing S B, Ross B H. Content effects in problem categorization and problem solving [J]. Journal of Experimental Psychology: Learning, Memory & Cognition, 1996, 22 (3): 792-810.

[6] Keith J H, Paul T. Analogical mapping by constraint satisfaction [J]. Cognitive Science, 1989, (13): 295-355.

[7] Fu K, Jeremy M, Yang M, *et al.* Design-by-analogy: Experimental evaluation of a

functional analogy search methodology for concept generation improvement [J]. Res Eng Design, 2015, 26(1): 77-95.

[8] Wareham T, Evans P, Rooij I V. What does (and doesn't) make analogical problem solving easy? A complexitytheoretic perspective [J]. Journal of Problem Solving, 2011, 3(2): 30-71.

[9] 史忠植. 高级人工智能 [M]. 北京: 科学出版社, 1998.

[10] Qian L, Gero J S. Function–behavior–structure paths and their role in analogy-based design [J]. Aiedam, 1996, 10(4): 289-312.

[11] Suwa M, Gero J S, Purcell T. Unexpected Discoveries and S–invention of Design Requirements: A Key to Creativity in Designs [M]//Gero J S, Maher M L. Computational Model of Creative Design IV. Sydney, Australia, 1999: 297-320.

[12] 檀润华, 张瑞红, 刘芳, 等. 基于 TRIZ 的二级类比概念设计研究 [J]. 计算机集成制造系统, 2006, 12(3): 328-333.

[13] Rosenman M A, Gero J S. Purpose and function in design: From the socio-cultural to the techno-physical [J]. Design Studies, 1998, 19: 161-186.

[14] 李志广. 基于功能和物理定律的概念设计研究 [D]. 天津: 河北工业大学, 2014.

[15] Oros D B. Relations between physical constants [J]. Process in Physics, 2005, (3): 34-38.

[16] Alexandr B. Technical contradiction control on invention problem [J/OL]. TRIZ Journal, 2004 [2019-03-06]. https://triz-journal.com/technical-contradiction-control-invention-problem/.

[17] Alexandr B. The dynamic substance-field analysis in ARIZ [J/OL]. TRIZ Journal, 2005 [2019-04-06]. https://triz-journal.com/dynamic-substance-field-analysis-ariz/.

[18] Alexandr B. Physico-mathematical search of resources [J/OL]. TRIZ Journal, 2008 [2019-04-06]. https://triz-journal.com/physico-mathematical-search-of-resources/.

[19] 贾丽臻, 刘伟, 檀润华. 基于生物–技术特征类比的产品概念设计方法研究 [J]. 工程设计学报, 2015, 22(4): 301-308.

[20] 刘伟, 曹国忠, 檀润华, 等. 基于产品基因与物理表达的变型设计 [J]. 计算机集成制造系统, 2015, 21(2): 381-391.

[21] 刘伟, 曹国忠, 杜春云, 等. 面向工程应用的生物信息系统化建模研究 [J]. 工程设计学报, 2015, 22(2): 106-114.

[22] 刘伟, 曹国忠, 檀润华, 等. 多生物效应技术实现方法研究 [J]. 机械工程学报, 2016, 52(9): 129-140.

第 5 章　裁剪再造发明过程

5.1　概述

裁剪是改进系统、提高系统理想化水平的重要方法, 该方法通过去除元件激化冲突并应用 TRIZ 其他方法解决问题。该方法以功能分析为基础, 分析系统中每个功能及其实现元件存在的必要性, 去除不必要的功能及元件, 在剩余元件上重新分配系统和超系统中的有用功能。面向产品的裁剪是应用裁剪规则和裁剪系统中的元件以实现技术系统的改进。

本章将技术系统作为一个整体, 应用层次型与关系型功能模型构建系统化的裁剪过程模型, 对功能模型实施裁剪操作后, 该功能模型发生了改变并形成新的功能模型, 新模型实现的过程会诞生新的发明, 即出现了发明机遇。

5.2　裁剪再造发明的基本原理

5.2.1　裁剪的基本原理

裁剪是对已存在技术系统的修剪或整理, 一方面删减系统部件, 另一方面为解决系统存在的问题而添加新部件, 即技术系统的裁剪是一个修剪和整理的过程[1,2]。裁剪方法在分析解决系统问题时, 充分利用了系统自身或超系统资源, 简化系统结构、降低系统成本。Sergei 认为[3] 裁剪是去除系统中某些元件并在已有系统或超系统重新分配其有用功能的分析问题工具。林芸蔓认为[4] 裁剪是减少系统元件的同时维持系统原有功能, 并达到解决系统问题、降低成本及系统复杂度、改善系统可靠性的一种工具。

对系统执行裁剪的目的有如下 4 个。

(1) 降低成本。裁剪可使系统在元件最少的情况下, 实现预期的功能。相对原系统, 裁剪后的系统可减少元件数量以及由此引起的成本支出。

(2) 去除负面功能。去除对系统有负面影响的功能, 包括有害功能、不足功能和过剩功能。通过裁剪执行负面功能的元件, 强化冲突, 并利用系统或超系统资源解决冲突, 达到消除不期望功能的目的。

(3) 降低复杂性。裁剪可减少零件数目, 降低使用、操作、保养的复杂程度, 简化操作者界面, 降低操作失误, 最终降低系统的复杂性。

(4) 裁剪能够产生新产品并创造新市场。裁剪过程是对产品结构优化的过程, 其结果使得产品能够适应新市场。

在以往的研究中, 裁剪方法已应用于可持续设计、清洁能源的技术问题解决、系统流程简化、计算机主机的性能改进与结构简化、专利规避设计、与六西格玛结合用于产品创新改进、系统整合之后简化、设备结构简化设计。许栋梁在总结现有文献的基础上, 认为裁剪方法可以通过减少系统元件解决如下 7 个方面的问题[5]:

(1) 通过消除产生问题或承担有害功能的元件来解决系统存在的问题;

(2) 通过消除系统中成本过高的元件来降低系统成本;

(3) 通过去除高耗能元件或者需高成本维护的元件来降低操作或维护成本;

(4) 通过减少系统中元件数量或去除系统复杂元件来降低产品或操作的复杂性;

(5) 通过减少系统中元件数量或去除性能不稳定元件来增加系统的可靠性;

(6) 通过去除专利中独立权利要求的某些元件来进行专利规避;

(7) 通过去除利基市场中不需要的功能元件来创造新利基市场或产生不同产品。

学者们对于裁剪定义的核心思想基本上是一致的, 即裁剪方法是去除系统内某些元件并重新确定系统, 利用系统内或超系统资源改善功能、降低成本、简化系统中的全部或部分结构。因此, 裁剪方法是通过系统功能分析, 去除系统某些元件, 利用系统内或超系统资源重新分配有用功能来保证系统功能的实现, 以达到简化系统结构及降低成本的目的。

例 5.1 火星探测器裁剪过程。

NASA(美国国家航空航天局) 未来目标是采用机械的方式探索月球等天体。在此背景下, NASA 设计了火星探测器, 将其应用于采集火星表面下层的土壤, 分析这些土壤的成分, 检测生命支持元素的存在状况, 特别是确定关于水存在的信息。取样装置以 200 km/s 的速度降落到星体表面, 并使穿透装置进入土壤采集土壤样本。探测器的前部包括穿透装置和导线; 探测器后部包括能源装置、仪器、无线收发装置、天线等。后部保持在天体表面, 并与进入土壤的前部及人造卫星通信将分析得到的信息送回地球。如图 5.1 所示为火星探测器系统功能模型。

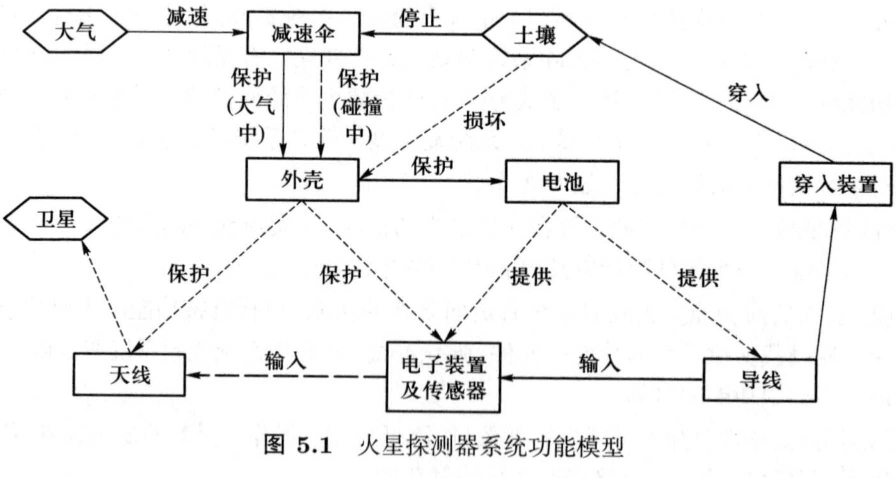

图 5.1 火星探测器系统功能模型

系统功能模型中的冲突元件是产生有害、过剩或不足作用的执行元件, 如图 5.1 所示。减速伞、土壤、外壳等都属于冲突元件, 其中土壤属于超系统, 不能被系统删除。

采用裁剪方法解决系统存在的问题, 裁剪减速伞、外壳等冲突元件, 如图 5.2(a) 中所示。NASA 对上述火星探测器裁剪后得到的裁剪方案解如图 5.2(b) 所示。裁剪后的模型与原系统相比大大简化, 但需要重新设计穿入装置, 以保证原有功能的实现。

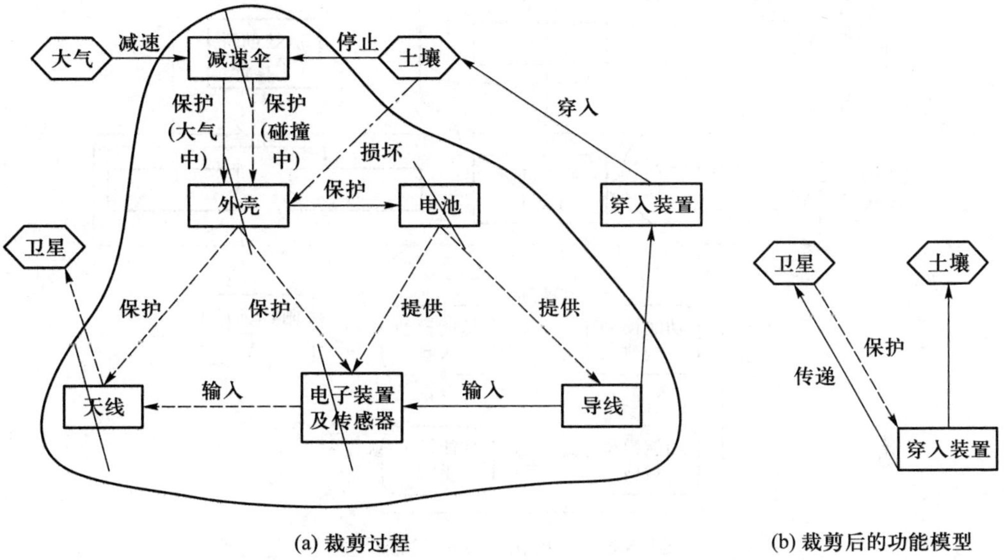

图 5.2 火星探测器功能模型的冲突元件裁剪

5.2.2 裁剪再造发明过程基本模型

裁剪再造的初始机遇是由变化引发的, 工程师根据企业的主创新过程及多年开发新产品的经验, 判断这些变化所引发的需求变化, 同时判断对主创新过程中的哪一个创新子过程有较大影响, 应通过该子过程的活动使产品有所改变, 该子过程即为关键创新子过程, 改变的过程称为附加创新过程。该过程应以裁剪为改变产品或产品再造的方法, 所对应的发明过程为裁剪再造发明过程。图 5.3 所示为其过程模型。

裁剪再造创新过程由主创新过程与附加创新过程组成。附加创新过程是根据内外部变化, 判断关键创新子过程, 以此关键子过程的专业特点构建产品模型, 实施裁剪, 形成领域发明。之后继续主创新过程中的后续过程, 将领域发明转变成创新, 即开发出满足新需求的新产品。

图 5.3 表示出了裁剪再造发明过程的主要阶段为功能模型构建、功能模型裁剪、功能模型重构、功能模型求解。这 4 个过程的输入是变化了的产品需求, 输出是领域问题的解, 即重新构建功能模型的解。领域问题的解要返回到关键创新子过程继续完善, 完善的过程是工程师应用领域知识将领域问题的解转变成领域解的过程。领域解是裁剪再造发明过程的输出, 即该过程所产生的发明。

对于已有产品的改进设计, 关键创新子系统可以是技术设计过程, 也可以是概念设计过程。TRIZ 中经常采用关系型模型表征已有产品系统, 之后根据新的需求发现问题, 实施裁剪, 实现创新。也可以采用层次型功能模型, 即功能结构, 表征已有技术系统或

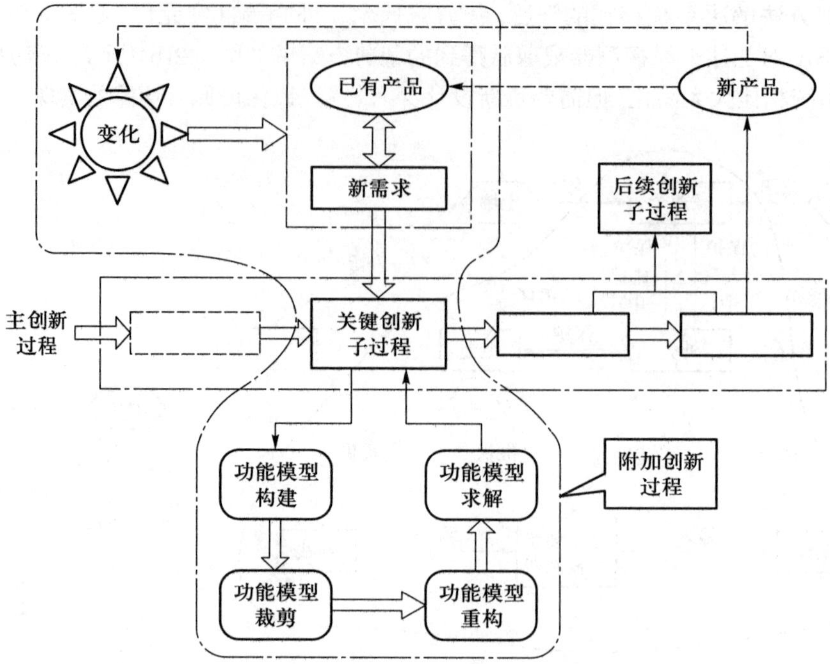

图 5.3 裁剪再造发明过程模型

产品, 发现其中的问题并实施裁剪。文献中对层次型功能模型的裁剪研究很少, 本书作为一种可用方法进行探讨。

5.3 裁剪元件的确定与有用功能分配规则

5.3.1 裁剪元件的确定

对于已构建的关系型功能模型, 首先需要确定待裁剪元件, 即需要裁剪哪些元件。裁剪元件确定过程是裁剪前的分析过程。裁剪元件确定方法包括确定元件裁剪优先顺序的定量评价方法和系统有害因素定性分析方法。

定量评价方法包括基于理想化水平的系统元件裁剪优先权评价方法、有害功能分析方法、因果链分析、成本分析、功能等级分析等方法, 这些方法均用来确定系统内元件裁剪的先后顺序。Mann 认为[1] 产生越多有害、过剩、不足功能的元件越应该首先裁剪, 系统元件具有不同的相对价值, 高价值元件的裁剪意味着系统升值的潜力更大。

计算机辅助创新软件 goldfire innoventor™ 给出的裁剪元件确定规则为一类典型方法。该方法基于对系统元件价值进行赋值及定量评价, 来确定元件裁剪优先顺序[4]。裁剪过程综合了元件功能等级分析、元件有害功能分析和成本分析几个方面。根据价值公式, 系统内元件裁剪优先顺序评定的评价指标有 3 个, 分别为功能、成本和系统存在的问题, 并用元件功能等级 (F)、元件成本 (C) 和元件的问题等级 (P) 评价赋值。

1. 元件功能等级的计算

根据元件与制品距离进行计算, 距制品越近, 功能等级越高。在系统功能模型中, 直接作用于制品的功能其功能等级最高, 记为 A_0; 若元件执行功能作用于功能等级为 A_i 的元件上, 则该功能等级为 A_{i+1}。元件功能等级评价值的计算规则有如下 5 个[4]:

规则 1: 规定最低的功能等级值等于 1。

规则 2: Rank (A_{i-1}) = Rank $(A_i) + 1$。

规则 3: Rank (A_0) = Rank $(A_1) + 2$。

规则 4: 元件执行多个功能时, 其功能等级为各功能等级之和。

规则 5: 元件对超系统执行的功能等级为 A_1。

计算出元件的价值等级后, 最高功能等级数值调整为 10, 其他功能等级依此比例进行调整。

2. 元件问题等级由用户打分和元件功能等级共同确定

系统中存在问题的功能有 3 种: 有害功能、不足功能和过剩功能。由这 3 种功能导致的问题严重性由有用功能等级和有害功能等级共同确定, 如式 (5.1) 所示。

$$问题严重性 = 10 \times 有害程度 \tag{5.1}$$

其中, 有害程度代表功能作用的程度, 由设计者根据实际情况主观决定, 其取值范围为 $1 \sim 20$。单一元件问题严重性是所受到问题功能造成问题严重性数值的总和, 将问题严重性最高数值调整为 10, 其他元件问题严重性以此比例进行调整。

3. 成本的评价值由用户输入产生

最后将评价得到的各因素数值代入经验变形后的价值公式计算, 如式 (5.2) 所示。得到系统元件的价值评价值, 依此对系统元件价值排序。系统元件价值越低, 裁剪机会越大。

$$V = \frac{F \times F}{P + C} \tag{5.2}$$

5.3.2 基于技术进化规律的裁剪元件确定方法

技术进化反映了技术系统、组成元件、系统与环境之间在进化过程中重要的、稳定的和重复的相互作用, 利用这些重复性相互作用可以有效预测并指导创新设计方案产生。依据技术进化规律可以确定裁剪元件[6]。

以裁剪本质特征为约束条件, 筛选出具有裁剪特征的一系列进化定律及路线。以其中“子系统不均衡进化定律”为例说明被裁剪元件或结构确定的过程。

(1) 子系统不均衡进化定律。组成系统的子系统发展是非均衡的, 系统越复杂, 非均衡程度越高。

(2) 原理分析。系统进化不均衡现象的出现是由于系统中某些子系统发展快于其他子系统。不理想的子系统导致系统内部子系统间或子系统与系统间出现冲突, 不断消除该类冲突有利于系统均衡发展, 以提高设计效率、节约时间和资源。

功能实现方式: 提高不理想子系统性能。

可能产生效果: 系统性能大幅提高。

(3) 以裁剪本质和实现方式为约束, 确定子系统不均衡定律的裁剪实施方式和可能实现效果有如下 3 个。

(a) 实施方式: 裁剪系统中冲突元件, 利用系统内元件或超系统进行系统资源重新配置。

(b) 可能实现的效果: 消除冲突、提高系统性能。

(c) 子系统不均衡定律的裁剪方法: 裁剪冲突元件。裁剪系统中冲突元件, 利用系统内其他元件或超系统重新分配有用功能。

(4) 基于技术进化规律的方法。按照上述方法, 得到基于进化规律的裁剪方法, 称为基于知识的裁剪方法。如表 5.1 所示。

表 5.1 基于技术进化定律的裁剪方法[6]

进化定律	基于知识的裁剪方法		实现效果
	原理描述	具体描述	
向超系统进化	裁剪相似功能实现结构	当系统和某个或多个其他系统具有相同或相似功能时, 裁剪相同的或通用的功能实现结构, 实现多个系统资源共用	简化结构
	利用相同环境、时间、功能对象	当系统和某个或多个其他系统具有相同的应用环境、相同的应用时间、相同的主要功能对象, 裁剪相同或通用的功能实现结构或成分, 实现多个系统资源共用	节省时间、空间、提高整体性能
	共享资源	当 A 系统内资源或产物可为 B 系统主要功能实现提供资源, 将 A、B 系统整合, 裁剪 B 系统中相应功能实现资源, 利用 A 系统内资源或产物实现	节省资源、降低成本
提高理想化水平	利用相同能源、传动或控制装置	当 A 系统和 B 系统具有相反功能和相同应用环境时, 若系统 A 和 B 中存在相同或相似的能源、传动或控制装置, 将其中一个系统中相同或相似部分裁剪, 其功能利用另一系统相同或相似部分实现	简化结构、提高性能
	裁剪低级别功能元件	对系统操作进行简化时, 顺次裁剪系统辅助功能、主要功能元件, 使其功能由系统内或超系统元件实现	简化操作、提高性能
	裁剪执行元件	当最大限度追求系统理想化水平提高时, 直接裁剪系统执行元件, 利用系统内和超系统资源或效应实现系统功能	提高性能、消除冲突
缩短能量流	减少能量 (参数) 转换次数	对于能量 (参数) 转换次数较多的系统, 裁剪系统中相应传动或动力子系统, 使系统中能量传递路径缩短	提高性能

5.3.3 有用功能分配

裁剪的系统有用功能分配规则是在对系统内元件和超系统元件进行功能分析的基础上进行的。裁剪实施的规则应从功能捕捉、系统完整性和耦合功能需求三方面进行总体考虑，并提出一系列裁剪问句来引导设计者执行裁剪并分配系统有用功能。Yeoh Teong San 提出了 3 条基本的系统有用功能分配规则[7]。Sergei 总结了 3 条基本的系统有用功能分配原则，并在该原则指导下实现“一般性裁剪 (progressive trimming)”和“剧烈裁剪 (radical trimming)”实施方法[8]。

许栋梁在分析系统及超系统元件功能基础上进行系统功能分配，由资源优劣性确定规则使用顺序[9]，规则如表 5.2 所示。

表 5.2　裁剪规则

裁剪规则	规则内容	规则图示
规则 1	删除原来元件执行功能的作用物。当功能的被作用元件不被系统需要，将其删除，此时执行该功能的载体也随之删除	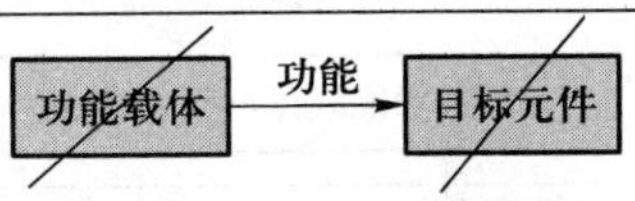
规则 2	删除原来元件执行的功能。若功能载体执行的有用功能系统不再需要，将其删除，这时功能载体作为功能发出者一并被删除	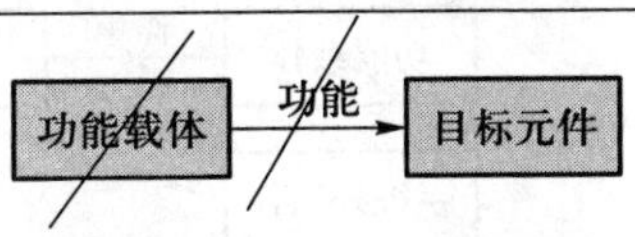
规则 3	原来元件执行的功能由受作用元件自己执行。分析系统，若系统某有用功能可以由受作用目标元件自己执行，则删除原来功能载体元件	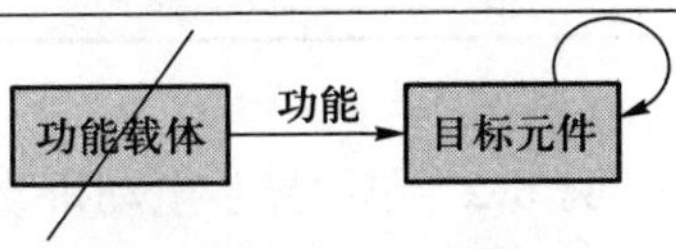
规则 4	原来元件执行的功能由其他元件或超系统执行。若系统有用功能可由系统其他元件执行，删除功能载体，其执行的有用功能由系统内其他元件执行	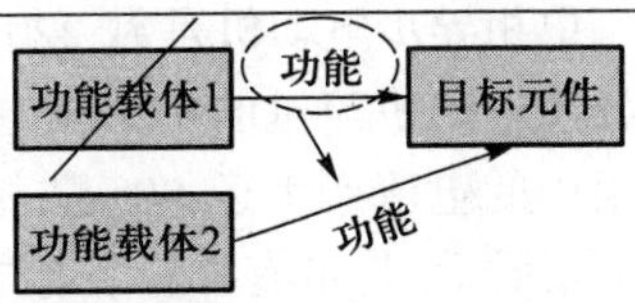
规则 5	找系统外新元件来取代目前功能提供者，新的功能提供者可以执行相同或更好的功能并且提升功能实现效果或其他的效益 (如降低成本)	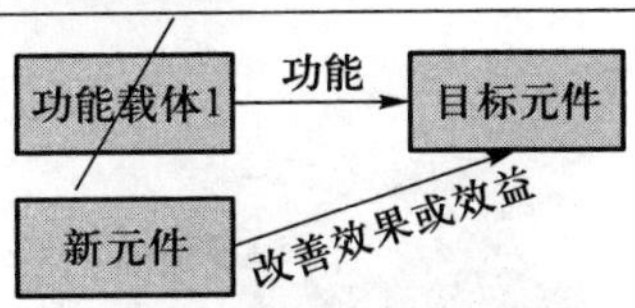
规则 6	若能找到新的利基市场，裁剪后的系统因此获得巨大利润，则目前功能提供者可移除；而删除的功能当中，若是属于与目标元件相关的功能执行者，裁剪过后的系统需要包括目标元件相关的功能，反之，裁剪过后的系统可以不包含目标物的相关功能	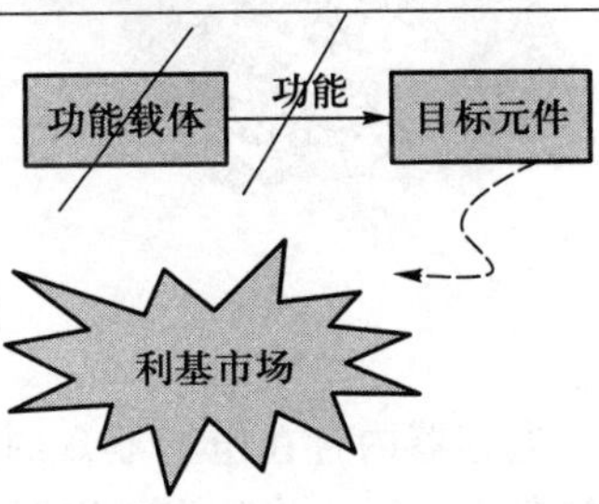

为了更好地帮助工程师在选择裁剪规则时准确定位新功能载体来源，缩小资源搜索空间，更好地区分新功能载体来源，石卫刚等[10] 依据新功能载体来源的不同，将裁

剪规则重新划分为 3 类, 如表 5.3 所示。在使用裁剪规则时, 按表 5.3 中排列顺序依次选用。

表 5.3 重新划分的裁剪规则

裁剪规则	关系图	原理解释	新功能载体来源
1		删除原来元件执行之功能	无
	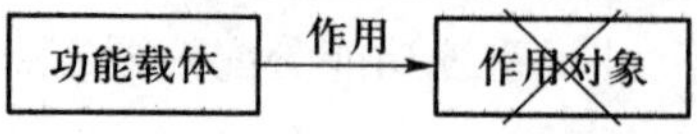	删除原来元件执行之功能的作用对象	
2	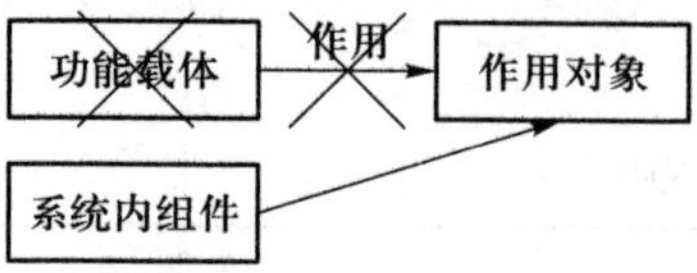	原来元件执行之功能由系统内组件执行	系统内部组件
	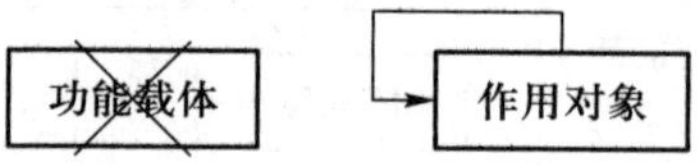	作用对象自己执行	
3	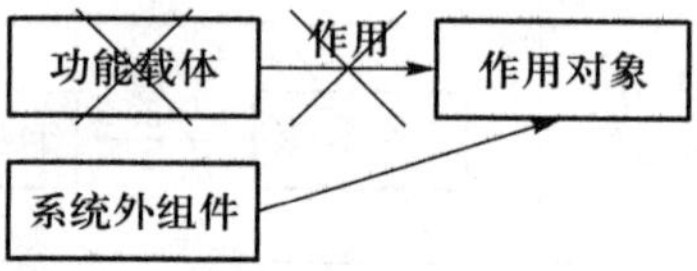	原来元件执行之功能由系统外组件执行	系统外部组件

例 5.2 单向异步电动机改进设计[11]。

单相异步电动机是靠 220 V 单相交流电源供电的一类广泛应用的电动机。由于单相异步电动机流过的是单相电流, 不能产生旋转磁场, 需要采取电容器来分相, 使两个绕组中的电流产生近 90° 的相位差, 以产生旋转磁场。现在市场上单项异步电动机如图 5.4 所示, 均带有外置装有电容器的电容器盒装置。

图 5.4 现行单项异步电动机

电容器内置在电容器盒内部, 将电容器接入电动机, 以产生旋转磁场使电动机转子旋转起来。需要将装有电容器的电容器盒固定在电动机机壳外表面上, 现采用的固定方式为螺钉固定。因机壳厚度较薄, 螺钉固定会导致机壳攻牙后螺孔的有效螺纹过少。在电容器盒装配过程中, 螺钉紧固扭力不易掌握, 螺钉容易滑牙, 导致不良及返工率较高。电容器盒固定在机壳表面后, 在电动机运输及运行的过程中, 由于螺钉容易脱落且机壳与电容器盒均为圆面, 使打螺钉工序工艺操作复杂。

现设想一种新的解决方案取代现有螺钉固定方式或取消电动机的电容器盒, 将进一步减小电动机体积并合理安排启动电容器。

首先构建该类电机关系型功能模型, 如图 5.5 所示。该模型清楚地表明, 电容器盒的存在是出现所有问题的关键元件。因此, 需要实施裁剪, 将该元件去掉。但裁剪后, 电容器盒盛放电容器及电容器调节磁场的功能必须保留。

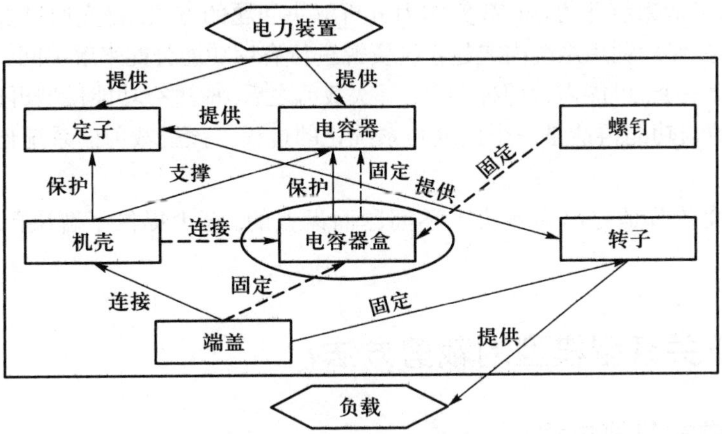

图 5.5 电动机功能模型

根据表 5.2 所示的第二条规则中的第一个可知, 可以用系统内部组件替代被裁剪掉的元件的功能。即电容盒盛放电容的功能可以转移到电机内部。电机内部还有空间, 空间可以起到电容器盒的作用。图 5.6 为裁剪后的新设计。

图 5.6 所示的裁剪后处理给出了一种可行的设计方案。图 5.6(a) 将原方形电容器进行分割并用数据线连接, 利用电动机本身内部剩余空间, 将分割后的电容器固定在机壳内的可用空间中, 提供了由电容器的接入数量控制动力大小的功能, 实现电容器大小的调节与局部更换, 解决了不同转速和不同环境的电容器大小需求变化、部分电容器损坏影响电动机工作等问题。图 5.6(b) 是电容器新设计制造后的组件。图 5.6(c) 是新电机, 该电机机身外部已没有电容器盒即电容器, 其功能的实现已要转移到电机机身内部。

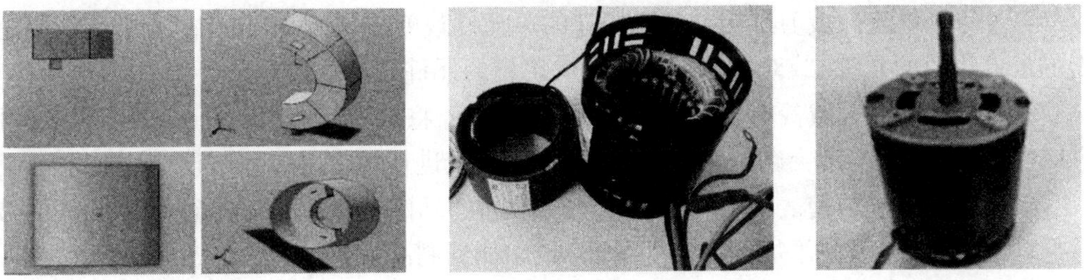

(a) 电容器设计　(b) 电容器组件　(c) 新设计电机

图 5.6 裁剪后处理

5.3.4 裁剪过程仍需解决的问题

裁剪方法近年来越来越受到研究工作者的关注, 也取得了一些进展。但裁剪方法研究起步较晚, 仍存在一些问题, 具体表现在以下两个方面。

(1) 裁剪模式的局限性: 不管对于系统裁剪元件确定还是系统有用功能分配, 现有方法都是建立在对系统中的最小组成单元“元件”的功能分析基础之上的。这种系统微观层次的功能分析对于裁剪元件确定以及求解都有一定的局限性。

(2) 尚未形成系统化方法: 裁剪作为分析解决问题的方法, 首先通过去除系统元件重新定义问题, 然后利用系统内或超系统资源进行有用功能分配来解决问题。应去除的元件一般不止一个, 可能需裁剪掉多个, 每次裁剪之后, 应进行功能模型再造。因此, 复杂系统的裁剪与功能再造是一个反复与系统化的过程。该类裁剪的系统化方法应成为研究的重点。

本章后续各节是专门为解决上述问题而设置的, 至少提供了解决问题的系统化思路。

5.4 基于关系型模型的裁剪方法

5.4.1 递进式裁剪过程

通过理想化水平分析或根原因分析确定出裁剪元件, 然后通过对裁剪元件有用功能的重新分配来进行裁剪。

裁剪规则有如下两个。

规则 1: 如果对单独的裁剪元件无法进行有用功能的重新分配, 将裁剪元件和其上一级元件组成冲突区域, 然后对冲突区域进行有用功能的分配。

规则 2: 如果对冲突区域无法进行有用功能的分配, 则需要继续扩大裁剪区域, 按照元件间作用关系扩大裁剪元件包含的范围, 实施递进式裁剪, 直到冲突区域添加到无元件可加或添加到制品为止。

按照上述规则形成递进裁剪流程如图 5.7 所示。

递进式裁剪过程分为如下 4 步。

第 1 步: 裁剪元件确定。通过对系统理想化水平分析或根原因分析, 确定裁剪元件。

第 2 步: 单元件裁剪过程。通过构建的单元件裁剪规则, 对理想化过程分析所确定出的最低价值的元件, 或对根原因分析所确定出的元件进行裁剪。

第 3 步: 冲突区域裁剪。如果单元件无法裁剪, 将裁剪元件和其上一级元件组成冲突区域, 通过构建的冲突区域裁剪规则, 对冲突区域进行裁剪, 实现递进式裁剪。

第 4 步: 循环裁剪。裁剪完成后重新构建新的功能模型, 或功能重构, 开始新的裁剪循环, 直到冲突区域添加到无元件可加, 或添加到制品为止。

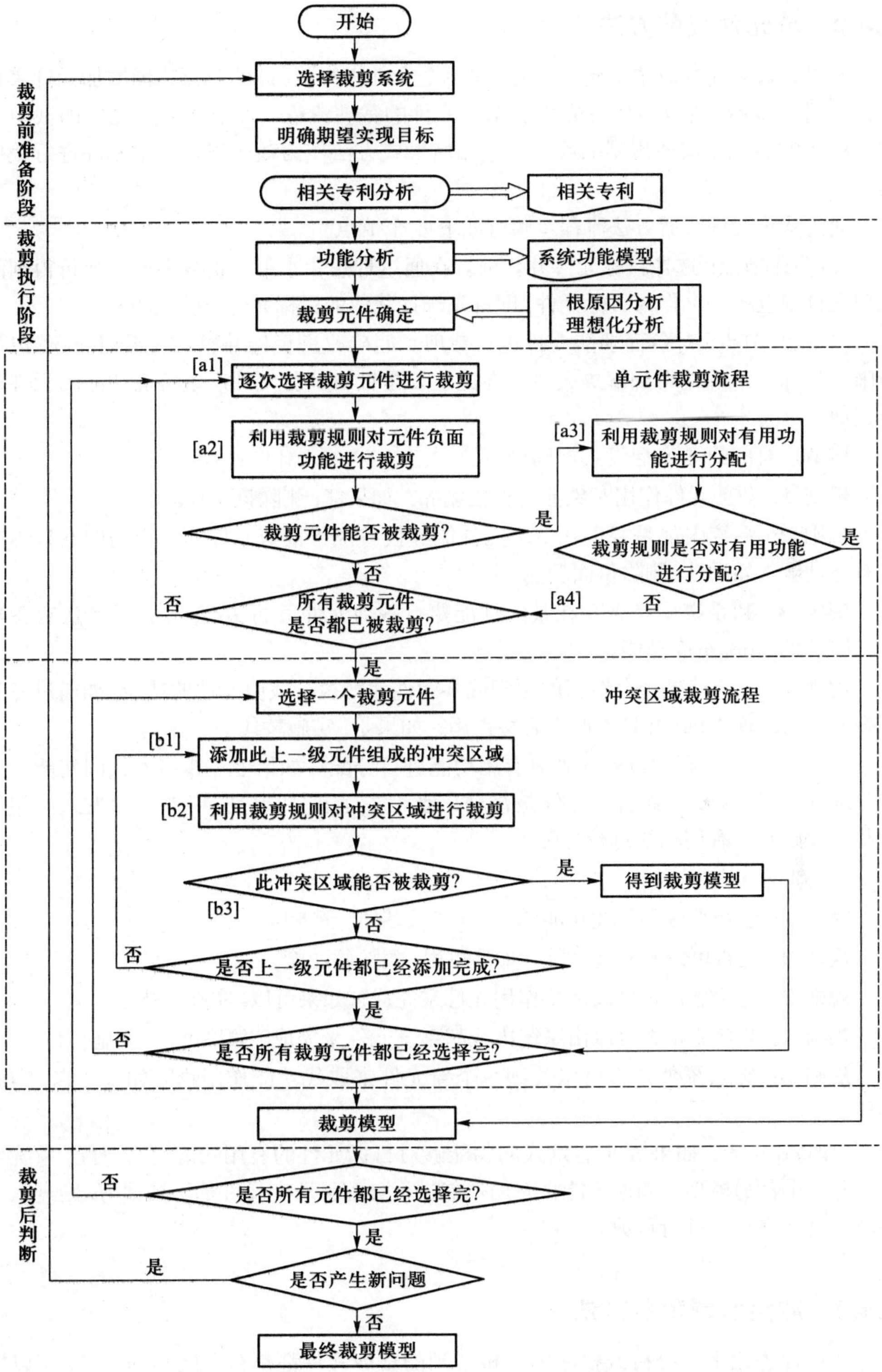

图 5.7 递进式裁剪元件确定过程模型[12]

5.4.2 单元件裁剪方法

递进式裁剪流程方法构建时, 首先对单个元件进行裁剪, 然后再逐渐增加元件来扩大区域进行裁剪, 所以需要首先构建单个元件的裁剪流程。而对于单个元件的裁剪流程中最重要的就是裁剪规则的确定。应用启发式方法作为裁剪规则对单元件进行裁剪是可行的。

递进式单元件裁剪方法流程步骤有如下 4 个节点。

(1) [a1] 节点: 选择目标元件并裁剪。在通过理想化水平分析或根原因分析得到的裁剪元件中选择一个作为目标元件, 即首先选择裁剪的目标元件, 进行裁剪。

(2) [a2] 节点: 对负面功能元件进行裁剪。明确改进目标并思考一系列问题, 以便清晰、快速、准确地得到解决方案。在此主要是针对裁剪元件产生负面功能的元件进行裁剪。

该节点对应的 4 个启发式规则如下。

规则 1: 裁剪元件作用对象能否直接删除? 如果能, 删除该元件。

规则 2: 系统内部是否存在某个元件能够代替执行裁剪元件的负面功能并且不产生有害功能? 如果是, 删除负面功能。

规则 3: 超系统中是否存在某元件能执行裁剪元件负面功能, 并且不产生有害功能? 如果是, 删除负面功能。

规则 4: 系统外是否存在新的原理或某元件代替执行裁剪元件的功能, 如通过专利库查询和效应库查询, 并且不产生有害作用? 如果是, 实施替代。

(3) [a3] 节点: 利用裁剪规则对有用功能进行分配。如果上一步启发式问句能将元件负面功能裁剪掉, 判断目标元件是否对其他元件有用, 如果是, 用 5 个启发式问句作为裁剪规则对其有用功能进行分配。

5 个裁剪规则如下。

规则 1: 能否直接删除此功能作用元件? 如果能, 删除该原件。

规则 2: 是否可以删除此功能? 如果可以, 删除此功能。

规则 3: 此功能是否可以由受作用元件来完成? 如果可以, 实施替代。

规则 4: 此功能是否可以由系统内或超系统元件来完成? 如果可以, 实施替代。

规则 5: 在系统外是否可以找到一个新元件来取代功能作用物? 如果可以, 实施替代。

(4) [a4] 节点: 如果 5 个启发式问句能够对目标元件的有用功能进行分配, 系统可以得到一个裁剪模型。如果不能将有用功能进行分配且所有元件都已被裁剪, 则进入下一环节对冲突区域进行裁剪。

5.4.3 冲突区域裁剪方法

通过理想化水平分析或根原因分析得到的裁剪元件都是存在问题的元件, 所以能够与上一级元件组成冲突区域。

递进式冲突区域裁剪方法由 [b1]~[b3] 3 个节点组成。

(1) [b1] 节点: 添加上一级元件组成冲突区域。如图 5.8 所示的功能模型中, 元件 4 为裁剪元件, 与上一级元件 2 组成冲突区域, 如果元件 4 和元件 2 组成的冲突区域无法被裁剪, 继续添加上一级元件来扩大裁剪区域。此时有两种选择, 一是元件 4、元件 2 和元件 3 组成的冲突区域; 二是元件 4、元件 2 和元件 1 组成的冲突区域, 利用裁剪规则分别对两个冲突区域进行裁剪。

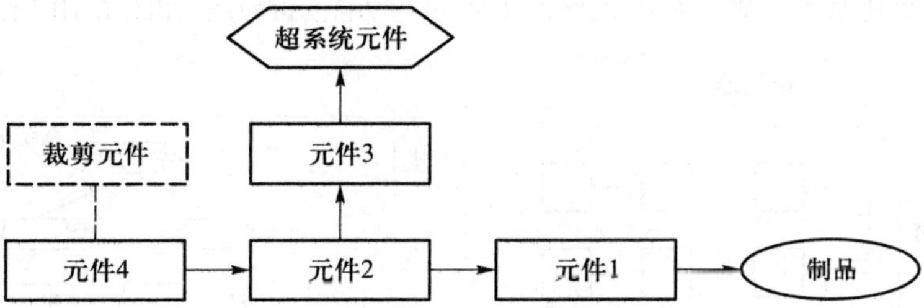

图 5.8 某一系统功能模型

(2) [b2] 节点: 利用裁剪规则对冲突区域进行裁剪。如图 5.9 所示。

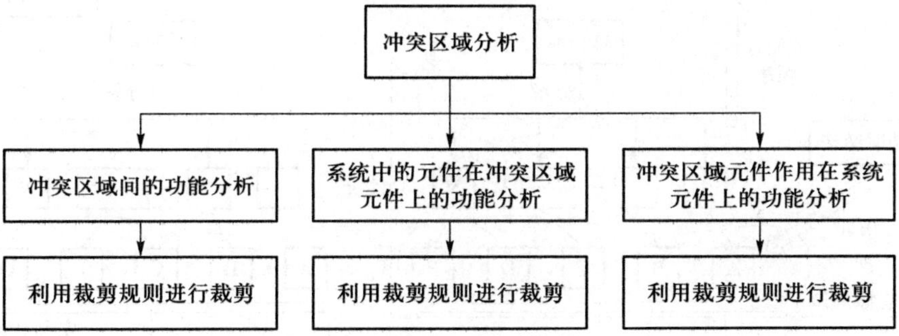

图 5.9 冲突区域分析示意图

利用如下 3 个启发式问句作为裁剪规则对冲突区域上的功能进行裁剪。

规则 1: 功能能否直接删除? 如果能, 删除此功能。

规则 2: 功能能否被系统元件或超系统元件所执行? 如果能, 实施替代。

规则 3: 系统外元件是否存在新的原理或新的元件来执行此功能? 如果存在, 实施替代。

(3) [b3] 节点: 如果冲突区域能够被裁剪掉, 则构建新的功能模型即裁剪模型; 如果冲突区域不能够被裁剪掉, 则继续添加上一级元件, 直到冲突区域添加到制品或无上一级元件为止。

所有能被裁剪的元件均被裁剪掉后, 重构新的功能模型。为裁剪的后处理做准备。

图 5.7 的最后是"最终裁剪模型", 是产品的一种新的关系型模型。该模型作为领域问题的解, 应反馈到概念设计或技术设计阶段, 继续完善后续的产品开发过程, 最后实现产品创新。

5.5 基于层次型模型的待裁剪元件确定方法

5.5.1 问题功能元的确定

层次型功能模型，即功能结构，也是一种系统模型，包含了系统功能的全部或大部分信息。在裁剪过程中，以该类模型为基础，选择不同功能元作为裁剪元件，通过裁剪提高系统理想化水平。确定裁剪元件即主要问题功能元的方法如图 5.10 所示。

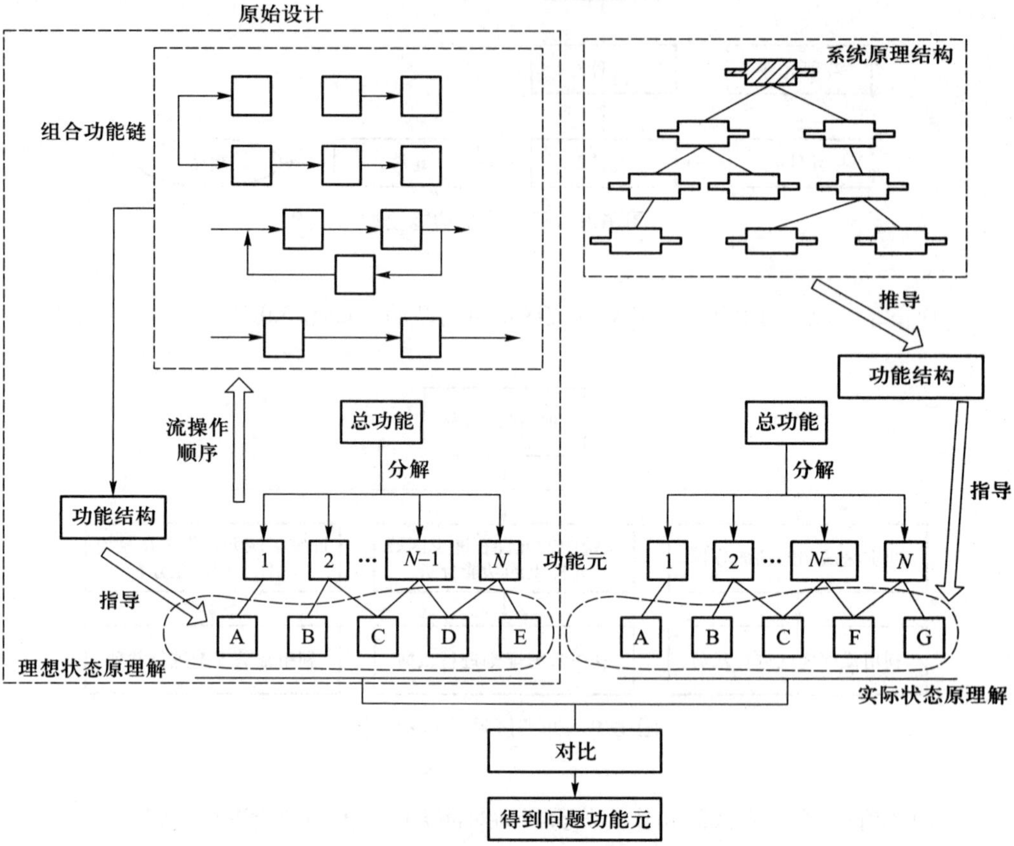

图 5.10 确定裁剪功能元过程模型[12]

分别考虑如下 4 个方面。

(1) 理想状态下原理解。基于系统理想化水平来确定原理解。根据用户需求得到系统总功能，然后分解总功能，构造功能树，功能树描述的是子功能之间的纵向层次关系，子功能通过逻辑与和逻辑或的形式联接，之后建立功能链来描述子功能之间的逻辑组合关系，将功能链合并成功能模型。最后利用理想状态下的功能结构指导功能元得到理想状态下的原理解。

(2) 实际状态下的原理解。建立实际状态下的系统原理结构模型。通过系统原理结构模型中的子结构推导出所对应的功能元，建立实际状态下的功能结构，利用实际状态下的功能结构指导功能元，得到实际状态的原理解。

(3) 对比。通过对比理想状态与实际状态下的原理解, 找出系统存在问题的原理解, 如图 5.10 中的原理解 F 和原理解 G。

(4) 确定主要问题功能元。主要问题功能元是指会引起有害作用, 导致系统成本高、结构复杂等缺陷的功能元。由于系统可能存在多个问题, 且一个问题可能由多个功能元引起, 所以系统中可能含有多个主要问题功能元。找出问题原理解后, 向后推导, 找到引起问题原理解的功能元, 将此功能元定义为主要问题功能元。如图 5.10 中的主要问题功能元为 $N-1$ 和 N。

5.5.2 裁剪方法构建

1. 裁剪流程

裁剪过程首先对主要问题功能元和辅助问题功能元进行裁剪, 然后对系统问题输入流进行裁剪, 通过对三者递进式裁剪, 从而完成系统功能模型的重构及重新求解。此裁剪过程自上而下进行, 采用以主要问题功能元为源头向四周扩散的裁剪方式, 能够最大限度地提高系统理想化水平、保证裁剪范围。基于功能结构的裁剪过程模型如图 5.11 所示。

裁剪的过程需考虑如下 4 个方面。

(1) 选择裁剪系统。裁剪目标可以为整个系统, 也可以是子系统, 根据具体情况来定。可以对单个系统裁剪, 也可以对多个系统进行组合后再裁剪。系统先组合为多系统, 然后去除冗余资源, 可以得到具有多系统功能的新的单系统, 这是技术系统进化过程中的重要规律。

(2) 确定问题功能元和问题输入流。将支持主要问题功能元实现功能的功能元定义为辅助问题功能元, 确定了主要问题功能元后就能够确定出辅助问题功能元。问题输入流定义为当输入物质、信息、能量时引起系统发生某种问题或造成某种有害的输入流。

(3) 问题功能元裁剪。将问题功能元分为主要问题功能元和辅助问题功能元, 首先对主要问题功能元进行裁剪, 如果无法裁剪, 对辅助问题功能元进行裁剪。由于辅助问题功能元为主要问题功能元的上一级或下一级功能元, 从而实现了以主要问题功能元为源头向四周扩散的裁剪方式。

(4) 问题输入流裁剪。问题输入流为系统求解时所引入的资源, 其不仅产生了有用功能并且产生了有害功能。通过对问题输入流的裁剪来对功能进行了重新求解。

2. 问题功能元裁剪

首先确定主要问题功能元的有害输出流, 分析引起有害输出流的原因, 找出问题功能元件, 确定引起有害输出流的输入流, 然后进行裁剪。裁剪中最重要的是确定裁剪规则。裁剪一般从删除、替换、增加 3 个方向进行有用功能分配。

裁剪规则有如下 5 个。

规则 1: 主要问题功能元是否能够直接删除? 如果能, 直接删除。

规则 2: 有害输入流是否可以直接删除? 如果可以, 直接删除。

规则 3: 系统内或系统外是否存在其他功能元可以代替主要问题功能元? 如果存在, 实施。

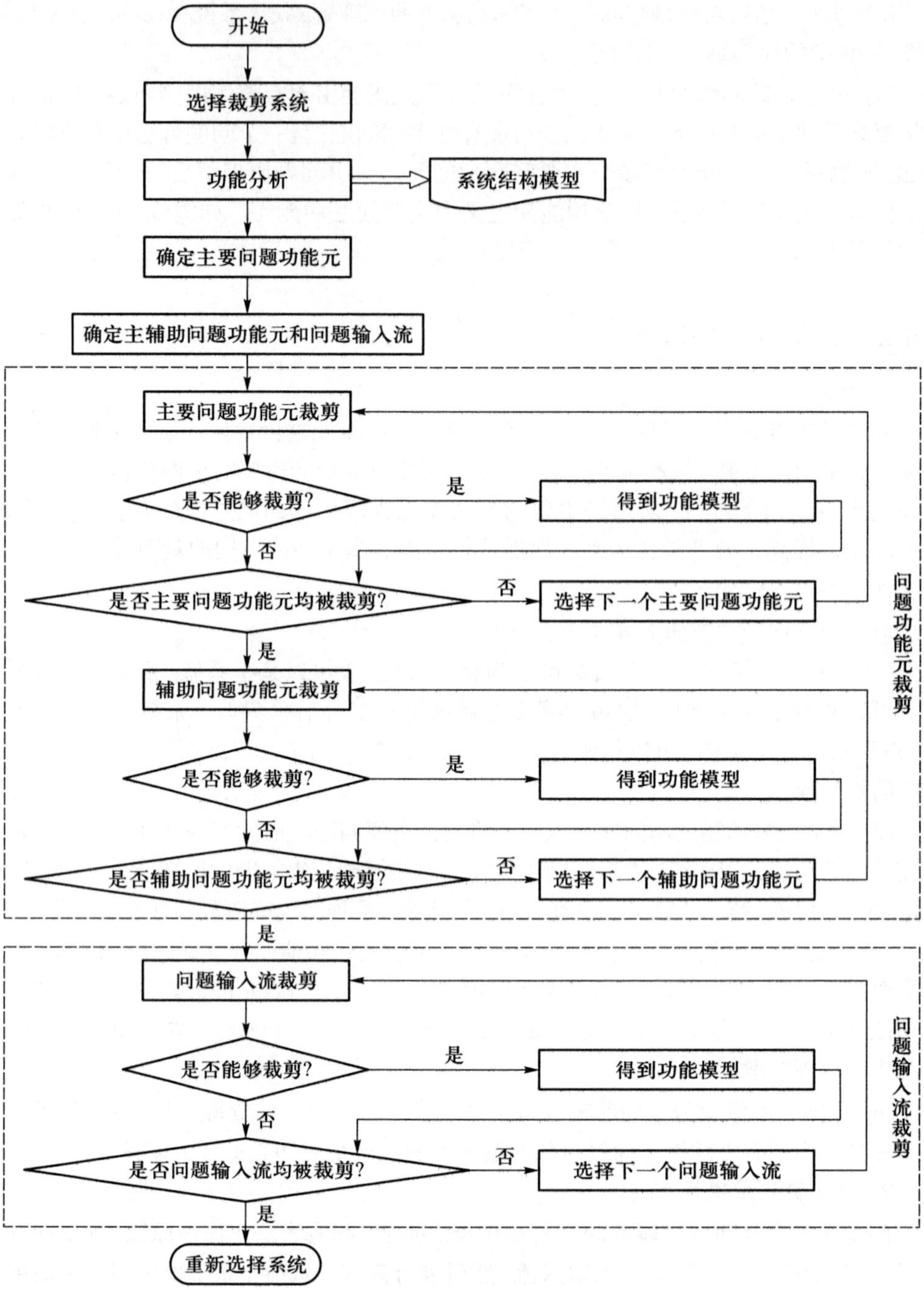

图 5.11 基于功能结构的裁剪过程模型

规则 4: 有害输入流是否可以被系统内或系统外其他资源所代替? 如果可以, 实施。

规则 5: 有害输出流是否可以通过增加其他功能元来消除? 如果可以, 增加。

如果通过以上 5 个裁剪规则将功能元裁剪掉, 则得到新的裁剪模型。否则, 进行下一环节辅助问题功能元裁剪。

3. 辅助问题功能元裁剪

辅助问题功能元裁剪涉及如下 3 个方面。

(1) 辅助问题功能元确定。辅助问题功能元是支持功能元功能的功能元, 所以辅助功能元为主要功能元的上一级或下一级功能元。

(2) 辅助问题功能元裁剪。对于辅助问题功能元的裁剪, 有如下 3 条裁剪规则。

规则 1: 辅助问题功能元是否能够直接删除? 如果能, 直接删除。

规则 2: 系统内功能元是否能够替代辅助问题功能元? 如果能, 实施替代。

规则 3: 系统外是否存在新技术或新原理来替代辅助问题功能元? 如果存在, 实施替代。

(3) 问题输入流裁剪。辅助功能元裁剪完后, 对问题输入流进行裁剪。

4. 问题输入流裁剪

问题输入流是指对系统造成危害的输入流, 可能在系统研发时不会对系统造成危害, 随着系统的进化或时间的增加, 会显示出对系统的危害。其裁剪分为如下两个方面。

(1) 通过裁剪规则进行裁剪。对于问题输入流的裁剪实质为系统资源的重新分配。对此提出 3 个启发式问句作为其裁剪规则。

规则 1: 是否可以直接删除此输入流? 如果可以, 直接删除。

规则 2: 系统内或超系统内是否存在资源代替输入流的功能? 如果存在, 替代。

规则 3: 系统外是否存在新的资源来代替问题输入流的功能? 如果存在, 替代。

(2) 得到新的功能结构: 如果能够利用裁剪规则对问题输入流进行裁剪, 并且问题功能元的功能能够得到改善, 就得到了新的功能结构。

对于工程师而言, 裁剪方法是在规则引导下进行资源搜索后的主观分析的过程, 现有裁剪规则虽然能够引导资源搜索, 但是却无法确保资源搜索的覆盖范围足够大。并且现有裁剪方法有用功能重新分配主要是依据裁剪规则下的主观判断, 由于使用者惯性思维和自身知识的局限性往往无法准确地发现系统内部或外部存在的某些有用资源, 最终无法找出解决系统问题的最优解。针对上述问题, 还要提出主观分析和客观原理相结合基于理想化实现模式的有用功能分配方法。

5.6 有用功能分配方法

5.6.1 有用功能分配规则

TRIZ 将理想化分为了局部理想化和全局理想化。局部理想化有 4 种模式, 全局理想化有 3 种模式, 如表 5.4 所示。

表 5.4 理想化模式及说明

模式	说明
加强	通过优化参数、采用更高级材料、引入附加调节装置来加强有用功能
降低	补偿有害功能, 减少或消除损失或浪费, 使用更低廉的材料、标准零部件

续表

模式	说明
通用化	使用多功能技术来增加有用功能个数
专用型	突出功能的主次
功能禁止	在不影响主要功能的条件下, 去掉中性及辅助的功能
系统禁止	使用某种资源代替辅助子系统, 从而降低系统的成本
原理改变	通过新原理或新效应改变或代替已有系统的工作原理, 达到简化系统或使过程更加方便的目的

分配规则是裁剪方法应用表 5.4 的模式, 指导有用功能分配的原则是搜寻资源的过程。以理想化模式为基础, 提取 7 种操作及 10 条分配规则, 对可利用资源面积进行平行的、全面的搜索。

操作 1: 面向“加强”模式的裁剪。

按照表 5.4 中“加强”模式的说明, 不同实现方式可以有不同的裁剪规则。

(1) 参数优化。通过元件自身改变, 不引入其他资源, 可提取的裁剪规则描述为“通过改变自身参数来使自己完成功能载体提供的功能”。

(2) 采用更高级的材料、引入附加调节装置。这两种途径引入了系统外部资源, 可“引入系统外部资源来加强有用功能”。

操作 2: 面向“降低”模式的裁剪。

按照表 5.4 中“降低”模式的说明, 不同实现方式可以有不同的裁剪操作。

(1) 针对“对有害功能的消除、补偿”, 可“直接去掉有害功能作用的对象”“直接删除有害功能”“通过自身结构改变或自身元件性能改变来删除有害功能”“引入系统元件或超系统元件来消除或吸收有害功能”。

(2) 针对“使用更低廉的材料、标准零部件代替”, 可实现“引进的替代元件产生的有害功能小于其原始有害功能”。

操作 3: 面向“通用性”模式的裁剪。

针对“采用多功能技术增加有用功能个数”, 可实施“增加的元件能产生多个有用功能”。

操作 4: 面向“专用型”模式的裁剪。

针对“突出功能的主次”。可实现“系统外元件能够消除有害功能或增加的有害功能对系统造成的损害小于原始有害功能对系统造成的损害”。

操作 5: 面向“功能禁止”模式的裁剪。

针对“在不影响主要功能的条件下, 去掉中性及辅助的功能”, 可“直接删除除主功能以外的中性及辅助功能”。

操作 6: 面向“系统禁止”模式裁剪。

针对“使用某种资源代替辅助子系统, 从而降低系统的成本”, 可实施“用系统外其他资源代替有害功能子系统”。

操作 7: 面向“原理改变”模式裁剪的提取。

针对“通过新原理或新效应改变或代替已有系统的工作原理, 达到简化系统或使过程更加方便的目的”, 可“通过发现的新原理新效应代替系统原有原理, 从而消除系统有害功能”。

综合以上 7 个操作得到 10 条平行的分配规则。

规则 1: 直接删除功能作用对象。

规则 2: 直接删除有害功能。

规则 3: 通过改变自身参数或结构来使自己完成功能载体产生的功能。

规则 4: 系统中元件或超系统元件消除或吸收有害功能。

规则 5: 引入系统外部资源, 加强或增加有用功能。

规则 6: 引入系统外部资源, 产生的有害功能对系统影响小于消除的有害功能对系统的影响。

规则 7: 引入系统外部资源, 消除、吸收或减弱有害功能。

规则 8: 直接删除除主功能以外的中性及辅助功能。

规则 9: 对问题子系统用系统外其他资源代替。

规则 10: 通过发现的新原理、新效应代替系统原有原理以消除系统有害功能。

5.6.2 有用功能分配过程模型

基于理想化实现模式的有用功能分配方法引入了发明原理辅助功能结构的求解; 并且发明原理辅助功能结构求解的黑箱模型 (如图 5.12 所示) 是构建有用功能分配方法的核心内容, 其主要分为选择发明原理和发明原理求解两部分, 即在删除裁剪元件后, 对系统进行功能重组, 工程师根据裁剪规则确定出功能重组的宏观方向, 并且选择出相对应的发明原理, 最后根据选择的发明原理解题, 启发工程师获得创新解。

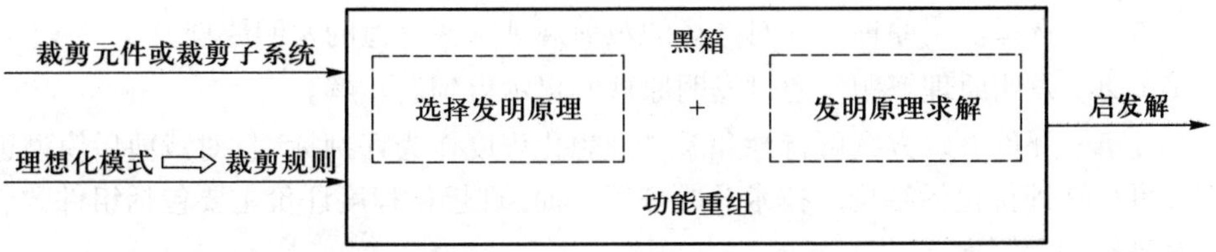

图 5.12 发明原理辅助功能重组黑箱模型

基于理想化实现模式的有用功能分配方法过程模型如图 5.13 所示, 其步骤有如下 7 步。

第 1 步: 选择目标系统。目标系统可以是产品、系统或已有方案。

第 2 步: 功能分析。通过功能分析, 构建系统功能模型和功能结构。

第 3 步: 确定裁剪元件或裁剪子系统。依据理想化分析、根原因分析、问题功能元分析等确定裁剪元件和裁剪功能元。

第 4 步: 确定裁剪规则。依次选用裁剪规则, 找出符合要求的裁剪规则。若选取的裁剪规则是 1、2、8, 则直接得到启发解; 若选取裁剪规则 10, 依据效应库查询或专利

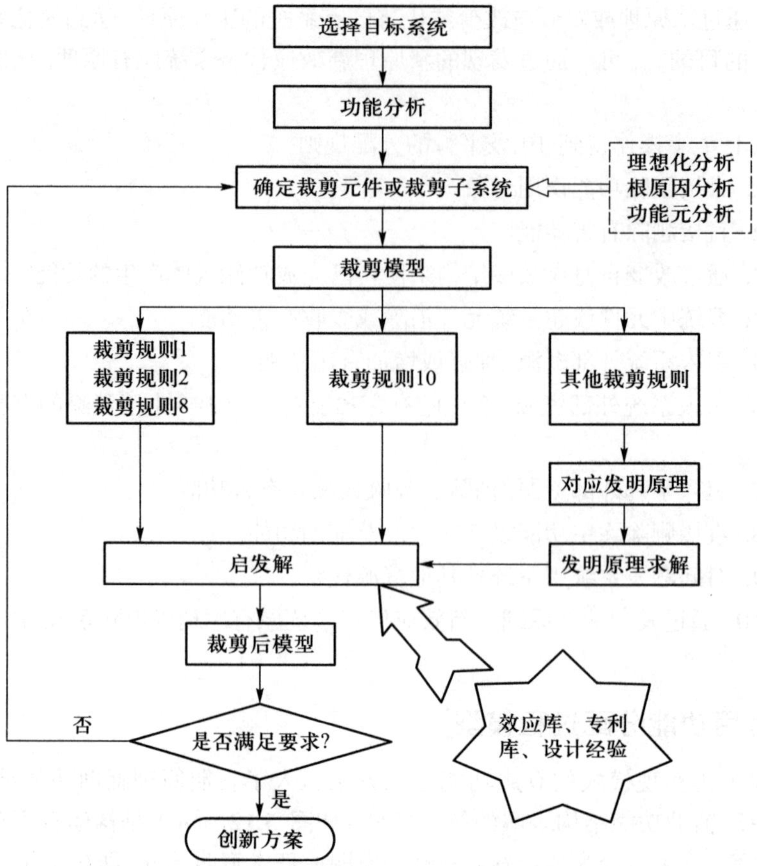

图 5.13 基于理想化实现模式的有用功能分配过程模型

库查询得到启发解; 若裁剪规则为其他则进入发明原理辅助功能结构求解。

第 5 步: 选择发明原理。针对选择的裁剪规则选择合适的发明原理。

第 6 步: 发明原理解题。通过发明原理的提示得到启发解。

第 7 步: 评价。以方案可行性和系统理想化程度作为评判标准, 对裁剪后模型进行评判。可行性评价包括结构、技术及原理等方面, 理想化程度评价主要包括组件数、成本、有害作用等因素。

5.6.3 裁剪规则与发明原理关系确定

发明原理作为 TRIZ 中基于知识的问题解决方法, 是基于全世界大量专利总结提出的产品结构变化的规则, 提供了解决系统问题的原理和规律, 这些发明原理正是裁剪方法所欠缺的客观知识, 将裁剪规则和发明原理进行对应, 可利用发明原理作为知识元去寻找启发解或领域问题的解。裁剪规则用于引导资源搜索, 理想化进化作为系统进化的总的方向, 裁剪规则根据理想化模式提取, 使得裁剪规则更加完备。找出发明原理与裁剪规则的对应关系, 能够简化裁剪后资源重新分配的工作量。

通过对上述 10 条裁剪规则分析可知, 裁剪规则 1、裁剪规则 2 和裁剪规则 8 能够直接得到启发解, 所以不需要用发明原理来进行求解。裁剪规则 10 可以通过效应库和专利库进行分析和查找, 得到启发解。所以只需建立裁剪规则 3、4、5、6、7、9 和发明原理的对应关系。

基于裁剪规则和发明原理对系统结构改变方式上的相似性, 可以得出裁剪规则与发明原理的对应关系。以发明原理 1 “分割”为例: 将一个物体分成相互独立的部分或使物体分成容易组装及拆卸的部分是对元件本身结构的改变, 裁剪规则 3 是“通过改变自身参数或结构来完成功能载体产生的功能”, 也是对元件本身结构的改变。“分割”是裁剪规则 3 具体的实施方法, 所以将其归类成裁剪规则 3。还可以分析各规则与其他发明原理的对应关系, 表 5.5 给出了分析结果。

表 5.5 裁剪规则和发明原理对应关系

裁剪规则	发明原理
裁剪规则 3	1、3、4、6、10、13、14、15、16、17、18、19、25、31、32、35、37
裁剪规则 4	5、7、22、24、25、36
裁剪规则 5	8、14、19、23、24、32、37
裁剪规则 6	19、22
裁剪规则 7	4、9、12、18、23、24、26、27、28、30、33、38、39、40
裁剪规则 9	19、20、26、27、28、29、30、33、38、39、40

例 5.3 水果削皮机改进设计。

以水果削皮机改进为例, 应用本节方法进行创新设计。图 5.14 为一种水果削皮机结构原理图[13]。

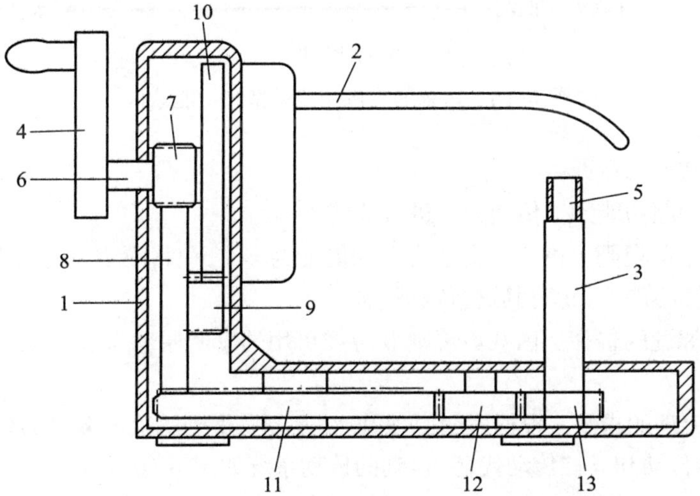

1—支架; 2—刀片装置; 3—支撑杆; 4—手柄; 5—圆桶形刀片; 6—主动轴; 7—主动齿轮; 8—从动齿轮; 9—刀片小齿轮; 10—刀片大齿轮; 11—双齿轮; 12—水果小齿轮; 13—齿轮

图 5.14 水果削皮机 (专利号:CN101653334) 原理图

(1) 裁剪元件或裁剪子系统确定。

建立如图 5.15 所示的功能模型和功能结构。通过根原因分析确定刀片装置为裁剪元件。依据问题功能元查找方式确定“传递力”和“输入手指力”为问题功能元。

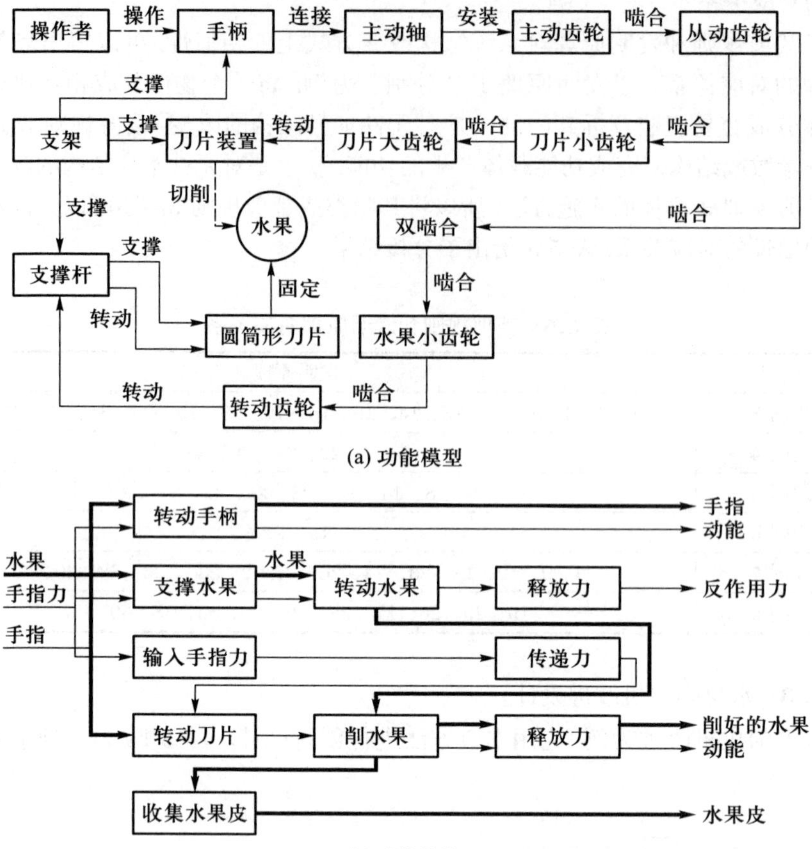

(a) 功能模型

(b) 功能结构

图 5.15 水果削皮机功能模型和功能结构

(2) 问题功能元裁剪。

首先，对问题功能元“传递力”进行裁剪。

(a) 选择裁剪规则。由于“传递力”功能元为多个元件，故其为子系统或辅助功能的裁剪。选择裁剪规则 9 对其进行裁剪。

(b) 发明原理的选择。由裁剪规则 9 寻找可用的发明原理为 26、27、28、29、30、33、39、40。

(c) 发明原理的求解。根据发明原理 26 “复制”得到解决方案，即将原系统中的齿轮传动用皮带传动和丝杠传动代替，得到的传动系统如图 5.16 所示。

方案评价：在保证功能不变的情况下，系统元件减少和复杂度降级，并且实现了使刀具上下移动的新功能。

其次，对问题功能元“输入手指力”进行裁剪。

(a) 选择裁剪规则。通过分析选用裁剪规则 9 对“输入手指力”功能元进行裁剪。

(b) 发明原理的选择。裁剪规则 9 对应的发明原理有 26、27、28、29、30、33、

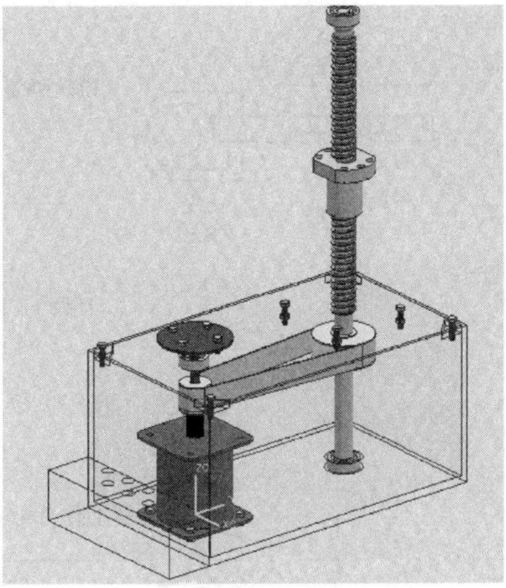

图 5.16 水果削皮机传动系统

39、40。

(c) 发明原理的求解。根据发明原理 28 “机械系统的代替”得到解决方案, 即使用电机代替手指力输出, 并通过判断刀具位置来控制电机转动和停止。

方案评价: 虽然系统结构变得相对复杂, 但是解决了因施加手动的作用力不均而导致系统不稳定的问题, 并且系统变得更加智能化, 符合面向理想化的裁剪创新。

(3) 以刀片装置为裁剪元件进行裁剪。

系统问题为不能随水果形状进行切削, 会造成水果削皮不干净或浪费。

(a) 选择裁剪规则。通过分析发现裁剪规则 3、裁剪规则 6 和裁剪规则 7 能对其进行裁剪。

(b) 发明原理的选择。裁剪规则 3 对应的发明原理有 1、3、4、9、10、12、13、14、15、16、17、19、25、31、32, 裁剪规则 6 对应的发明原理有 22、19, 裁剪规则 7 对应的发明原理有 4、23、24、26、27、28、29、30、33、39、40。

(c) 发明原理的求解。根据发明原理 3 “局部质量”和发明原理 24 “中介物”得到方案: 削皮刀具机构与削皮刀具通过扭矩弹簧连接 (图 5.17 所示)。在扭矩弹簧的作用下保证削皮刀具能紧密贴合水果表面, 且通过合理设计刀具的形状, 能保证随形切削水果的表皮。

方案评价: 消除了系统中的有害作用, 成本低廉、机器简单精巧, 符合面向理想化的裁剪创新。

(4) 方案汇总及评价。

将上述各子系统裁剪后的方案集成形成最终方案为水果固定在工作台上绕轴线转动, 削皮刀具机构沿工作台轴线上下往复运动, 并通过刀架的位置来控制电动机的转向和停止, 进而实现削皮运动与自动控制。削皮刀具机构与随形削皮刀具通过扭矩弹簧连接, 在扭矩弹簧的作用下保证随形削皮刀具能紧密贴合水果表面, 通过合理设计刀具的形状, 能保证随水果形状切削各种水果的表皮, 水果削皮机的三维模型如图 5.18 所示。

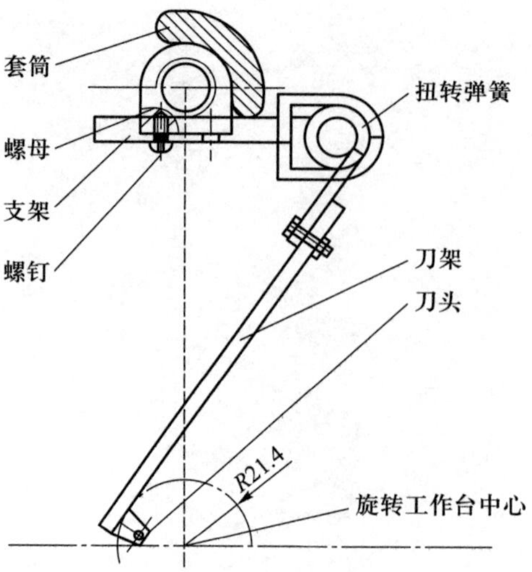

图 5.17 特制随形削皮刀具结构示意图

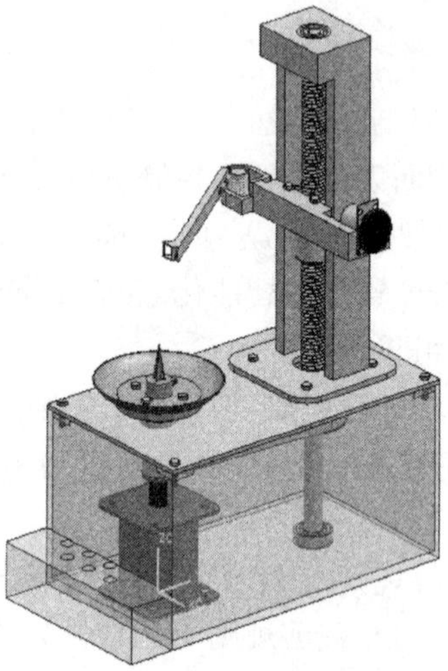

图 5.18 水果削皮机三维模型图

评价: 裁剪前功能模型和裁剪后功能模型对比如图 5.19 所示, 以理想化和可行性作为评判标准对裁剪后模型进行评价。首先, 此方案用皮带和丝杠传动代替原有的齿轮传动, 在元件数量上从原来 9 个元件减少到了 5 个元件; 其次, 扭转弹簧的使用消除了系统削水果浪费或削不干净的缺点, 该机器实现了全自动化, 且已做出样机, 并证明该设计原理是正确的。图 5.18 所示的设计即为领域解, 或领域发明。

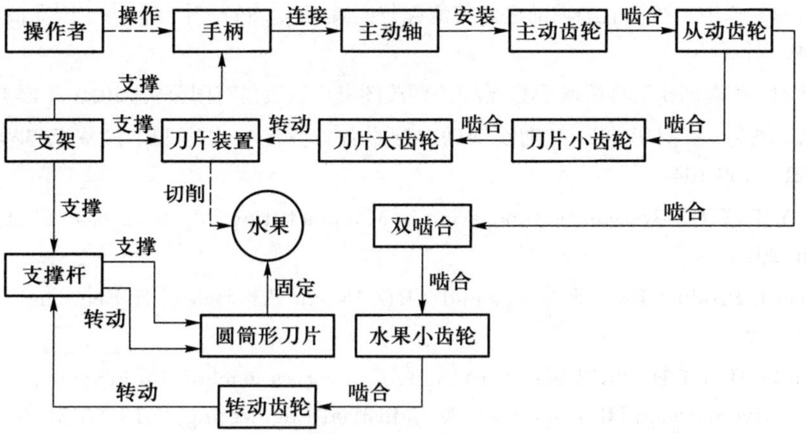

(a) 裁剪前功能模型

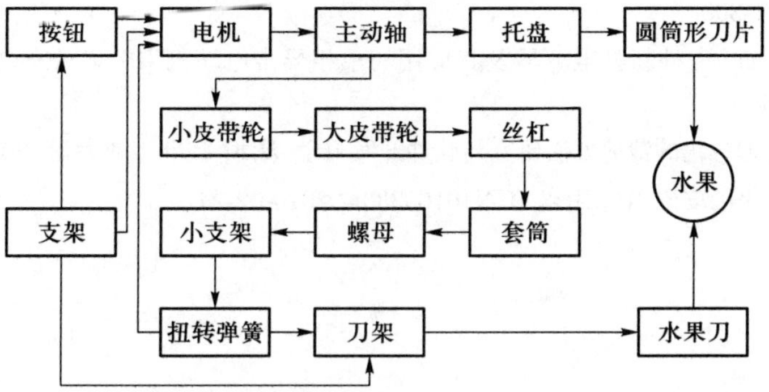

(b) 裁剪后功能模型

图 5.19 裁剪前功能模型和裁剪后功能模型

5.7 小结

以裁剪功能分析为基础, 去除不必要的功能及元件, 在剩余元件上重新分配系统和超系统中的有用功能。总结了以关系型功能模型为基础的产品裁剪规则与方法, 同时介绍了以层次型功能模型为裁剪过程模型, 对该模型实施裁剪操作、功能结构重构及新功能实现等方法, 构造了裁剪再造发明过程模型, 案例验证了本章方法的可用性。

参考文献

[1] Darrel L M. Hands on Systematic Innovation [M]. England: IFR Press, 2008.

[2] Darrel L M. Trimming evolution patterns for complex systems [J/OL]. 2000 [2019-05-04]. https://triz-journal.com/trimming-evolution-patterns-complex-systems/.

[3] Sergei I. TRIZ application for IP strategies development [C]// TRIZCON 2004, Seattle, USA, 2004.

[4] 林芸蔓. 基于萃智的电脑辅助之修剪流程与工具 [D]. 新竹: 中国台湾“国立清华大学”, 2009.

[5] 许栋梁. 萃智创新工具精通 [M]. 台北: 鼎茂图书出版股份有限公司, 2010: 143-182.

[6] 于菲, 刘芳, 檀润华, 等. TRIZ 辅助多层次裁剪方法集构建 [J]. 机械工程学报, 2015, 51(21): 156-164.

[7] San Y T. TRIZ-Systematic Innovation in Manufacturing [M]. Malaysia: Firstfruits Sdn Bhd, 2013.

[8] Sergei I. Product R&D Strategy and TRIZ Patent Strategies [R]. Shanghai: [出版者不详], 2012.

[9] Sheu D, Hou T H. TRIZ-based trimming for process-machine improvements: Slit-valve innovative redesign [J]. Computers & Industrial Engineering, 2013, 66(3): 555-566.

[10] 石卫刚, 杨伯军, 于菲, 等. 基于技术进化趋势的裁剪方法研究 [J]. 工程设计学报, 2016, 23(04): 301-308.

[11] 于跃强, 王栋. 一种新型电容器及其应用的单相异步电动机 [P]. 广东: CN102468051A, 2012-05-23.

[12] 赵磊. 面向理想化的裁剪方法研究与软件开发 [D]. 天津: 河北工业大学, 2017.

[13] 郭宏宇. 水果削皮机 [P]. 山东: CN101653334, 2010-02-24.

第 6 章　功能与技术集成发明过程

6.1　概述

处于全球化的我国企业面对国内外的竞争, 高质量、低成本、快速推出满足用户需求的新产品成为企业竞争的核心, 这要求企业不断地提升创新能力。在科学技术高速发展的今天, 企业面对的技术选项越来越多, 已经无法致力于探索所需要的全部技术知识, 竞争的优势之一将被赋予最善于选择技术的企业。集成创新是一种新的创新模式, 该模式把不同领域的知识, 人们的经验、智慧和才能以及属于不同组织的资源、信息有机地结合起来, 通过优势互补、综合集成、打破空间和层次界限, 开放式地解决复杂的创新问题。集成发明是集成创新的第一阶段, 科学的集成发明过程是该类发明过程成功的基础。

6.2　集成发明与创新的内涵

集成创新的思想早在 1912 年熊彼特首次提出创新理论时就有了雏形。熊彼特在其代表作《经济发展理论》中, 提出了以创新为核心的经济发展理论。熊彼特第一个赋予“创新”概念经济学内涵, 即建立一种新的生产函数, 把一种从未有过的关于生产要素和生产条件的“新组合”引入生产体系。因此, 熊彼特认为的创新从本质上讲包含将离散的要素进行集成的概念。集成创新理论是近几年来企业应对激烈竞争而产生的一种新的创新模式。

集成创新是以集成的方式实现技术的发明与产品的创新[1−3], 其本质为设计者在已有技术资源的基础上通过对功能或技术的集成, 实现产品在功能或技术上的创新, 进而满足不断发展的市场需求, 其基本过程如图 6.1 所示。该过程包含以下 3 个方面的内容。

1. 集成创新建立在已有技术资源基础之上

集成创新是按照创新来源的不同, 区分于原始创新而提出的。原始创新往往是新技术的发现或重大突破, 并通过技术来创造新市场, 而集成创新是建立在已有技术资源基础之上的, 是针对市场或用户需求创造性地将已有技术资源进行集成, 进而实现产品创新。由于集成创新是充分利用已有的技术资源, 因此, 企业实施集成创新风险小、成本低。

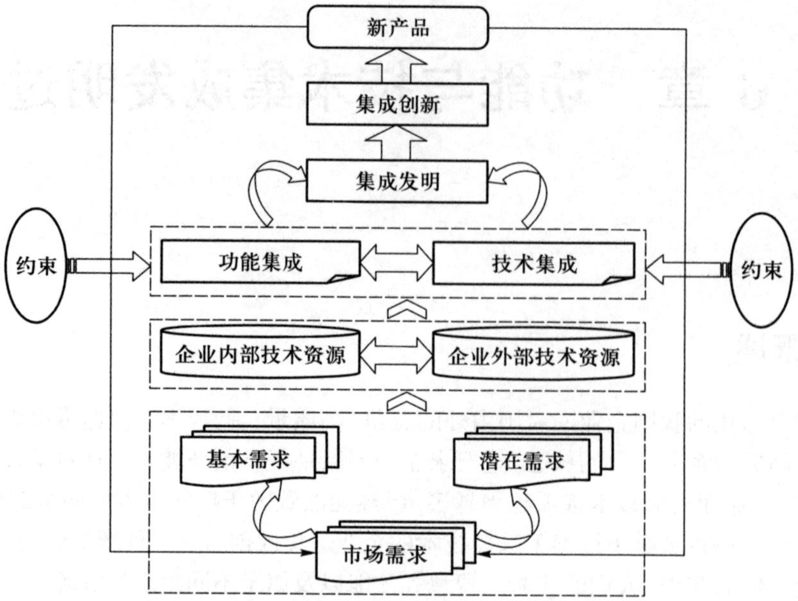

图 6.1　集成发明与创新的基本过程

2. 功能和技术的集成是集成创新的方法和手段

产品创新要素包括功能和技术, 集成创新就是通过在一定约束条件下对功能和技术的集成实现市场或用户需求。产品是功能的实现, 功能体现用户的需求。技术的载体是产品。因此, 功能是架设在需求和技术之间的桥梁, 如图 6.2 所示。产品由若干技术的集成得到, 而集成哪些技术取决于产品的功能, 产品的功能又由需求来决定, 因此, 功能集成过程包含对技术的集成, 而技术集成过程存在对功能的集成。功能和技术的集成是集成创新的方法和手段, 且功能集成是技术集成的本质, 技术集成是功能集成的实现。

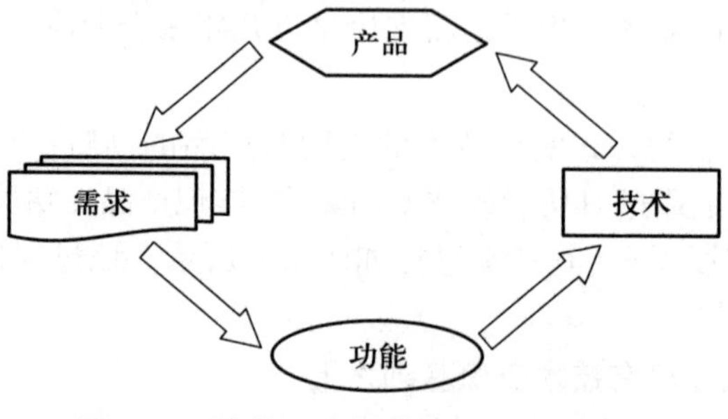

图 6.2　需求、功能、技术之间的关系

3. 集成创新的关键是通过集成创造新技术或新功能

集成创新是通过对功能和技术的集成满足市场或用户需求的新产品。新产品可以是市场上从未出现过的产品, 也可通过功能或技术的创新实现已有产品的改进或升级。所谓产品功能创新是指改变已有产品的功能结构, 建立目标市场需要的新的功能系统, 而实现产品功能的技术本身可能并不是新的; 而技术创新是指产品已有技术的改进或新技术的采用。已有产品功能与技术的简单合并是集成创新的简单形式, 而通过功能与技术的融合, 即创新要素的融合, 是集成创新的关键。

集成创新的基本过程表明, 该类创新包含集成和创新两层含义, 并不是任何系统的集成都可以认为是集成创新。只有在要素集成之后显现出了新的形态、新的功能、新的用途, 才可以称作集成创新。此外, 在集成创新过程中, 对功能和技术的集成不是简单地叠加, 而往往都需要融入新的知识。对功能和技术的选择, 以及集成过程中新知识的融入, 都体现出集成创新是工程师或设计者有意识地进行创造性的创新活动。

6.3 集成发明的分类及集成原理

6.3.1 集成发明的分类

功能和技术是集成发明的集成要素, 可以按要素将集成发明分为功能集成发明和技术集成发明两类。

1. 功能集成发明

产品的功能是用户对产品需求的本质所在, 产品是功能的实现载体, 消费者购买产品的真正目的不是产品本身, 而是产品的功能价值。如果用一种产品可以替代多种产品, 那么对消费者而言, 不仅节省了购买成本, 而且可能更便于携带。正是如此, 人们越来越追求产品的多功能特性, 特别是当产品的价格、技术等方面相当时, 产品的多功能性逐渐成为人们购买产品的主要因素。由此, 功能集成创新是把两种或两种以上的功能进行集成, 形成一个具有多功能特性的产品。

功能集成产品具有如下优点。

(1) 多种功能的集成能够提高产品的功能价值。

(2) 由于一种载体具有多种功能的特性, 使原来的功能载体得到充分利用, 因而能够降低产品的功能成本。

(3) 由于功能集成的产品把其他产品突出的功能集于一身, 或者增加了原属于其互补产品的必需功能, 集成后的产品能实现用户所需的绝大部分或全部的功能, 这必然扩大了企业的市场空间。因此, 企业能够依靠功能集成创新来提高产品的市场占有率。

2. 技术集成发明

技术是企业生存和发展的关键。但随着产品生命周期的缩短、技术复杂程度和市场不确定性的增加, 需要新的技术创新模式, 基于技术集成的发明及后续的创新成为一种选择。

技术集成发明是指将两个或两个以上的已有技术进行集成, 形成满足市场需求的全新技术系统或实现已有技术的优化。技术集成发明需要企业在充分了解市场和用户需求的情况下确定待开发产品的产品概念, 根据企业现有的技术, 同时引进已有的成熟技术或参照技术资料进行学习, 通过选择、评价, 将各项技术集成, 形成系统的技术系统, 并经过后续开发形成出满足市场或用户需求的新产品, 或实现对已有技术的优化。在技术集成发明中, 即使组成产品系统的各项技术不是最新的, 集成的结果同样能产生新的功能或新的产品。实行集成发明的企业可以拥有一些核心技术, 然后再联接相关领域的技术进行创新，也可通过购买某些核心技术或核心零部件并把其有机结合，再根据市场需求集成创新形成新产品。

正确确定待开发产品的产品概念是成功实施技术集成发明的前提。技术集成发明不是将各项技术简单地合并，而是在集成过程中，需要融入新的知识。因此，技术的选择及其集成的方法是技术集成发明的基础。

值得注意的是，不论是功能集成发明还是技术集成发明，它都是以市场和用户需求为导向的，都是在充分了解市场或用户需求的基础上进行的功能和技术的集成发明活动。集成发明按照集成要素分为功能集成发明和技术集成发明，功能集成发明主要针对通过功能的集成实现产品创新所需要的技术，而技术集成发明主要是通过对技术的集成实现产品创新所需要的技术。由于功能体现了产品如何满足用户需求，而产品既是技术的载体，也是功能的实现，因此，在功能集成发明中存在技术集成的成分，而在技术集成发明中同样存在功能集成的成分。功能集成发明往往得到多功能特性的技术系统及后续的产品，而技术集成创新往往是得到一种全新产品所需要的技术，或是已有产品在技术上的创新和优化。

6.3.2 集成发明实施的系统原理

集成发明是通过分析将不同的功能或技术集成来实现新的技术系统及后续产品的，因此，集成发明是通过将组成产品的功能和技术分解与重构来实现的[4]。如图 6.3 所示。

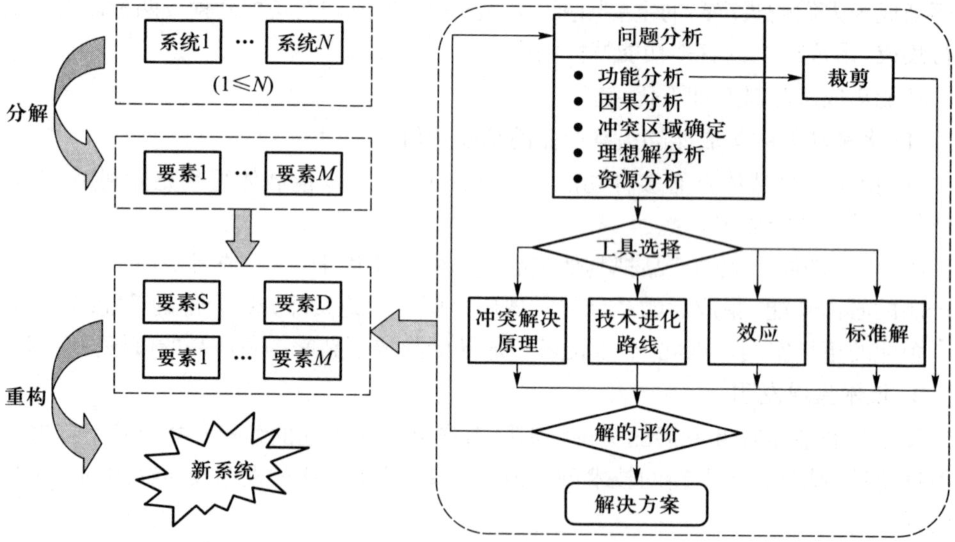

图 6.3 集成发明的系统原理

(1) 分解。

按系统观点，任何事物都可以分解。在产品设计中，总功能可以分解为容易实现的分功能。同理，产品结构可以分解为若干部件，部件又可一直分解到零件。通过将各个要素逐层分解，并尽可能地达到最基本的程度，可以方便地找到各要素的结合点。

(2) 重构。

重构就是综合、结合或集成，即在分析分解得到的基本要素的基础上重新构建满足用户需求的系统或产品的过程。重构不等于基本要素简单地组合或叠加，在重构的过程中需要添加一些新的要素，或去除要素。此外，要素重构过程中可能会出现问题，如果问题为发明问题，可以利用 TRIZ 工具对其进行分析和解决。

通过分解可以得到设计者所关注对象的有效成分，分解是重构的基本前提。集成发明的目的是实现产品的创新或优化。通过分解和重构，调整产品组成的各要素，使其具有一个更加高效、合理的结构，以优化或增加产品的功能，从而实现产品的创新。

6.4 基于功能集成的发明过程

6.4.1 功能集成发明的定义与分类

功能是用户的本质需求。按照描述角度的不同，可以将功能进行分类，例如，按照功能在系统中的地位不同，可以分为基本功能和辅助功能；按照相互作用方式不同，可以分为平行功能和上/下位功能；按照满足用户需求的性质不同，可以分为实用功能、外观功能和象征功能。为体现产品的多功能特性，现将第二章已给出的部分功能作如下更详细、具体的定义。

(1) 主功能：产品完成的最主要的功能，产品存在的意义就在于实现该功能。产品的执行机构往往实现产品的主功能。

(2) 辅助功能：不直接实现产品主功能，但对主功能的实现起支持作用的功能。实现辅助功能的目的是为了更好地实现产品的主功能。产品的能源装置、传动部件、控制装置等往往可以实现产品的辅助功能。

(3) 附加功能：产品除了能够实现主功能外，还能够实现一些辅助功能，使产品具有多功能特性，这部分辅助功能划分为附加功能。附加功能的去除不会影响产品主功能的实现。在竞争产品主功能基本特性相当的情况下，附加功能往往成为市场竞争的焦点。

按照上述功能的分类与定义，给出功能集成发明的定义如下。

功能集成发明：通过对已有产品功能系统添加满足用户需求的附加功能，进而得到具有多功能特性的新系统。其实质就是已有产品功能系统的功能范围的扩大，即功能扩展。

由于附加功能可以是产品的辅助功能，也可以是产品的主功能，因此功能扩展可分为两种类型：纵向扩展和横向扩展，如图 6.4 所示。

横向扩展类功能集成发明：当附加功能是其他产品的主功能，与已有产品功能系统集成后，得到的技术系统具有多个主功能，称为功能的横向扩展，即多产品功能集成发明。

纵向扩展类功能集成发明：当附加功能是产品的辅助功能时，得到的产品的主功能不变，附加功能体现产品多功能性，称为功能的纵向扩展，即单一产品功能集成发明。

例如，将照相机与手机集成得到拍照手机，是功能横向扩展发明的实现，产品多功能性体现在产品具有两个主功能；而对手表添加语音报时功能得到适合盲人使用的带有报时功能的手表，是功能的纵向扩展发明的实现，产品的多功能性体现在语音报时这

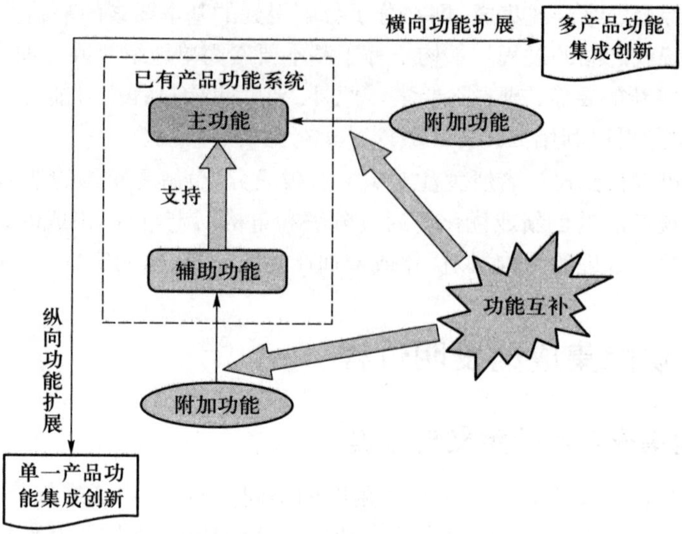

图 6.4 功能集成类型

个辅助功能上。

6.4.2 基于技术冲突求解的功能集成发明过程

产品是功能的实现。任何产品都包含一个或多个分功能, 为了实现这些分功能, 产品要由具有相互关系的多个零部件组成。为了提高产品的市场竞争力, 需要不断对产品进行改进设计。当改变某个零件、部件的设计, 即提高产品某些方面的性能时, 可能会影响到与这些被改进设计零部件相关联的零部件, 结果可能使产品或系统另一些方面的性能受到影响[5]。如果这些影响是负面影响, 则设计出现了冲突。

功能集成发明是将已有产品功能系统与附加功能进行集成, 以形成满足用户需求的具有多功能特性的技术系统, 也就是形成一个新的产品功能系统, 经后续的设计形成集成创新产品。在功能集成的过程中, 附加功能的添加可能会给产品其他功能产生负面影响, 或者使产品的设计约束 (成本、体积、质量、操作简便等) 得不到满足等, 即产生了冲突。功能集成发明中, 冲突的产生有以下几种情况。

(1) 如果增加附加功能, 那么其他的某一项或多项功能变坏。

例如, 将温度计和台灯这两个产品进行集成, 虽然增加了照明功能, 但台灯使用时散发的热量加热了温度计, 使其读数失真, 因此出现了冲突。

(2) 如果增加附加功能, 那么某一项或多项设计约束变坏。

例如, 拍照手机发明初期, 手机增加拍照功能, 需要增加许多附加电路结构和元件。这就造成了虽然增加了拍照功能, 但是电路复杂程度的提高导致了手机体积的增大、质量和成本增加, 因此, 出现了冲突。

(3) 如果增加附加功能, 那么其他功能系统变得很复杂。

例如, 机械式多流束热量表易堵塞, 如果对其增加自动过滤功能, 由于机械式多流束热量表本身的水流通道较复杂, 增加自动过滤功能会使得机械式多流束热量表系统变得更加复杂, 因此, 出现了冲突。

功能集成发明过程中技术冲突的求解问题和通常的 TRIZ 冲突问题求解过程基本相似[6]。但 TRIZ 追求冲突问题的完美解决, 反对冲突问题的折中解决。而功能集成创新主要是为了满足用户对产品的多功能特性的要求, 其附加功能不一定都具有最优的性能, 因此还可以采用让步解决的方法来解决功能集成创新中的冲突问题。如图 6.5 所示, 功能集成发明中的技术冲突表现为附加功能与产品其他功能和设计约束之间的冲突。首先采用 TRIZ 对冲突问题进行求解, 如果利用 TRIZ 工具可以完全解决冲突, 得到 TRIZ 冲突解, 那么就结束技术冲突的求解过程, 否则转入冲突的折中解决过程。判断降低附加功能的性能后是否仍能够满足用户需求, 如果能够满足用户需求, 那么就可以通过让步即降低附加功能的性能来实现功能集成创新, 否则退出流程, 此时说明实施功能集成创新的时机还不成熟。

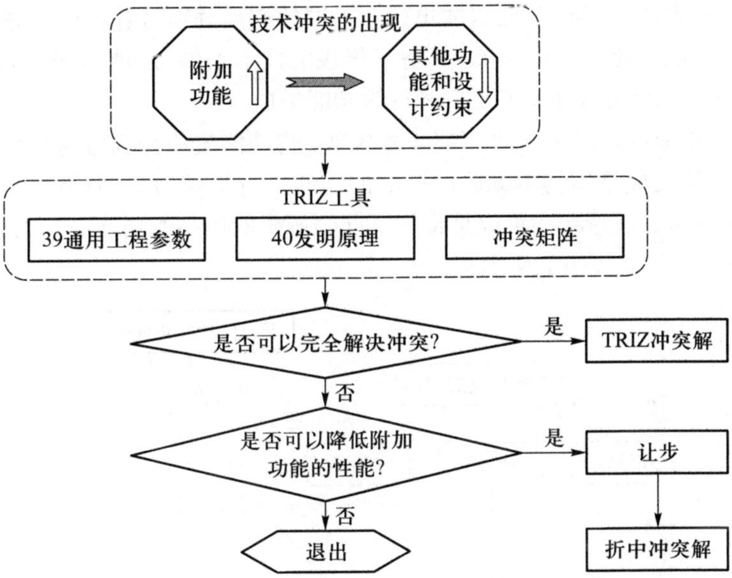

图 6.5 功能集成发明中技术冲突解决流程

TRIZ 采用标准工程参数和发明原理解决技术冲突, 它为解决发明问题提供了一个思维约束方法, 加快了解决问题的速度。实际上, TRIZ 研究的是冲突的理想化解决问题, 冲突解决的直接目的是创新的实现, 但问题是: “只有冲突解决了才能创新吗?”答案是否定的。功能集成创新强调产品的多功能特性, 尽管通过折中的方法降低了附加功能的性能, 但是在有些情况下仍能满足用户多功能的需求, 甚至, 附加功能的出现提供给用户一些完全出乎意料的产品属性, 使用户产生惊喜, 并成为市场竞争的热点。例如, 拍照手机发明初期, 存储器技术还没有现在发达, 而图像处理需要占用大量的存储空间, 导致原有设计方案存储器空间不足, 因而出现了设计冲突, 即增加了拍照功能但存储器容量不足。通过降低拍照的像素, 降低存储空间, 使冲突得以解决。尽管手机拍照的图像不如照相机拍出的清晰度高, 但是手机带有照相功能能够给用户带来方便, 在一段时期内照相这个附加功能成为手机市场竞争的热点。

6.4.3 多产品功能集成发明方法

1. 近缘与远缘功能集成

多产品功能集成发明是将两个或两个以上产品的功能进行集成, 得到具有多功能特性的技术系统, 其主要表现为具有多个主功能, 经过后续设计过程形成集成创新产品。集成后的产品把其他产品突出的功能集于一身, 能够满足用户多方面的功能需求。

在通常情况下, 之所以不同产品的功能能够集成, 是因为它们具有共用的技术资源, 即拥有部分相同的结构, 或具有部分相同的子功能, 且技术性能相当, 只有这样才能使得在成本增加极其有限的前提下集成多种产品功能。例如, 数码相机和 MP3 播放器与手机具有相似技术结构, 即都有显示器、按键、存储器和 CPU 等主要部件, 且技术性能相当, 因此, 这三种产品可以集成在一起得到多功能手机, 且成本增加极其有限。

每个产品都处于进化之中, 产品进化的过程就是产品核心技术由低级向高级演化的过程, 其主要表现为产品 S 曲线的更迭。不同的产品分别沿着各自的进化路径进化, 因此, 只有当产品进化到一定阶段, 具备了集成的技术条件, 才能实现产品的集成。多产品功能集成可以分为近缘功能集成和远缘功能集成。

按被功能集成的产品来源是否属于本家族, 将功能集成分为近缘集成与远缘集成两类。近缘功能集成是指将本家族的产品的功能进行集成, 形成具有多功能特性的产品, 如图 6.6 所示。远缘功能集成是指将不同领域中的产品的功能进行集成, 形成具有多功能特性的产品, 如图 6.7 所示。

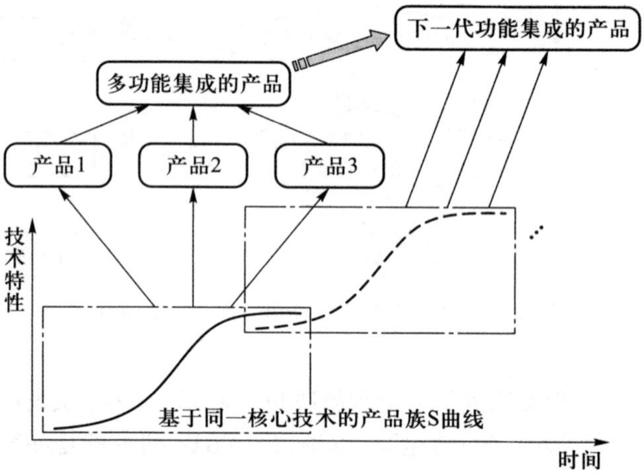

图 6.6 近缘功能集成

核心技术相同的一个家族产品称为近缘产品, 其功能称为近缘功能。由于产品进化是产品核心技术由低级向高级演化的过程, 技术的发展伴随着产品的进化, 基于同一核心技术的一系列产品就组成了产品族, 即构成一个家族产品。产品的进化一方面代表了产品族逐渐丰富的过程, 另一方面代表了产品族性能提高的过程。产品族中的产品都基于同一核心技术, 但满足了不同市场的用户需求。在技术条件允许的情况下, 将产品族中实现不同功能的若干产品功能进行集成, 能够得到满足用户多方面功能要求的多功能产品。随着新的核心技术的替代, 产品族实现了更新换代, 即形成新的 S 曲线, 进而

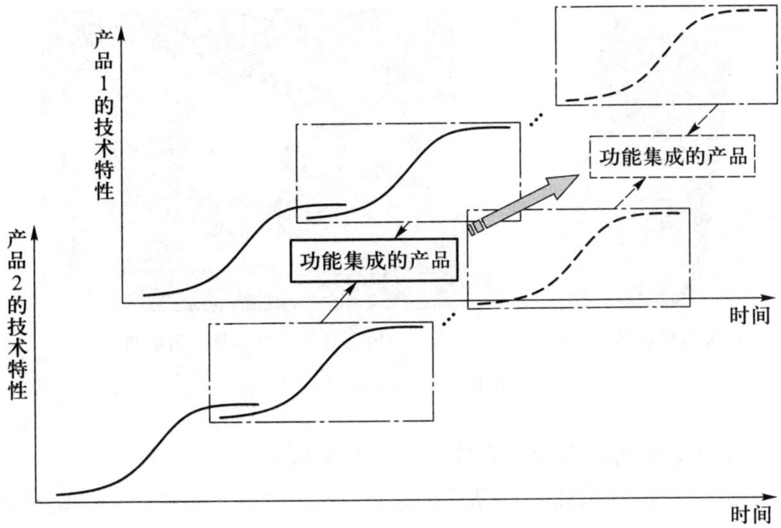

图 6.7 远缘功能集成

又可形成新的多功能产品。

图 6.7 是远缘功能集成的示意图。产品 1 和产品 2 是不同领域中的产品, 它们分别沿着自己的 S 曲线进行进化。当两个产品进化到一定程度, 能够满足集成创新的条件时, 将两个产品的功能进行集成, 能够得到满足用户多方面功能要求的多功能产品。随着两个产品的进一步进化, 将形成新的多功能产品。

2. 功能杂交

不论是近缘功能集成还是远缘功能集成, 集成后的产品虽然具有多个功能, 但其各功能的重要程度即功能等级可能不相同。多产品功能集成中的功能分为两个等级: 首要功能和次要功能。多产品功能集成中首先要满足的最重要的功能称为首要功能, 其他功能称为次要功能。与首要功能相对应的产品称为主产品, 其他产品称为次产品。将两个具有不同功能的产品进行功能集成, 由于功能等级的不同, 可能会形成两个不同的多功能产品。这些产品产生的过程称为功能杂交。

图 6.8 为手机与掌上游戏机的集成, 其过程为功能杂交。图 6.8(a) 为打电话是首要功能、游戏功能是次要功能时的产品。而图 6.8(b) 是强化了游戏功能的手机, 游戏功能是首要功能, 通话功能是次要功能。当多产品功能集成中各功能的功能等级相等时, 各功能将不分主次。

3. 多产品功能集成

多产品功能集成发明过程模型如图 6.9 所示。图 6.9 所示多产品功能集成发明过程包括以下 9 步。

第 1 步: 选择原型产品。根据企业自身情况和市场需求状况, 综合考虑可利用的内部和外部资源, 进行待开发产品的选择。

第 2 步: 确定待集成产品。通过对产品潜在用户需求进行预测, 以及对其相关技术进行技术可行性分析, 确定待集成的产品。

(a) 带游戏功能的手机　　(b) 带通话功能的掌上游戏机

图 6.8　产品功能杂交

第 3 步: 建立集成后的多功能集成产品功能结构。

(1) 利用基于输入/输出流的产品功能建模方法, 建立各个产品的功能结构, 即构建层次型功能模型。

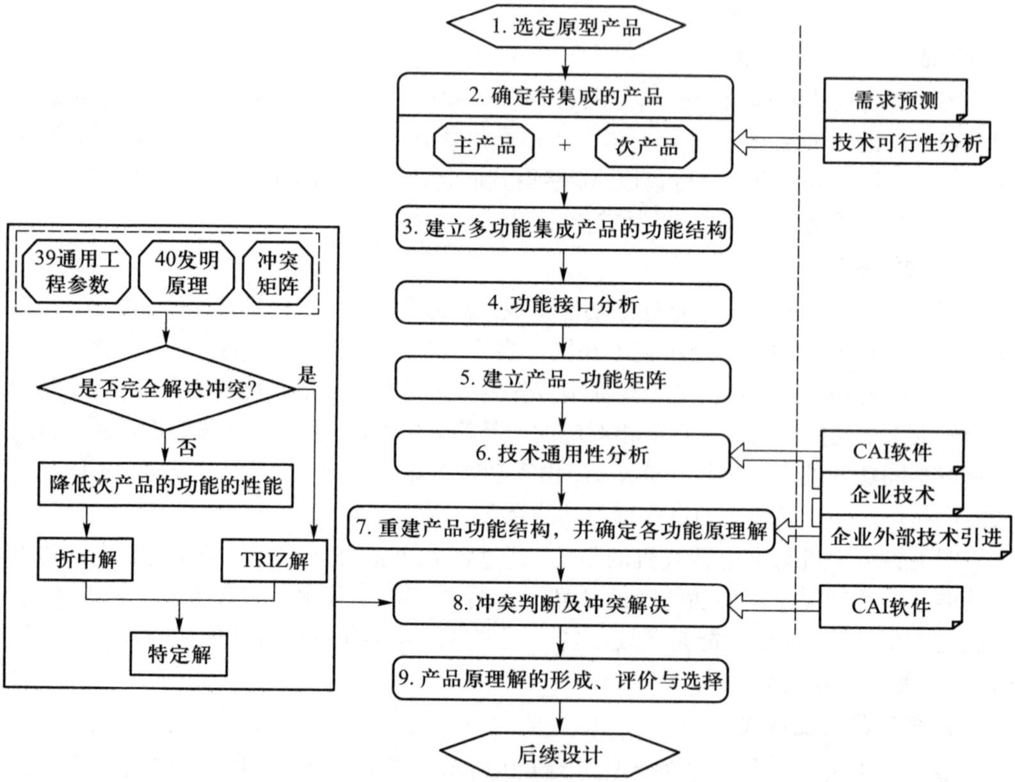

图 6.9　多产品功能集成发明过程模型

(2) 应用启发式模块划分方法确定每个产品的功能模块, 启发式原则为三流原则[7], 即主流原则、支流原则和转换–传输流原则, 如图 6.10 所示。

主流原则: 一个模块可以由一系列经过系统入口到出口的主流的功能组成。

支流原则: 一个模块可以由一系列功能结构中的支流上的功能组成。

转换–传输流原则: 一个模块可以由任何流之间转换及传输所需的功能组成, 包括 3 种形式。

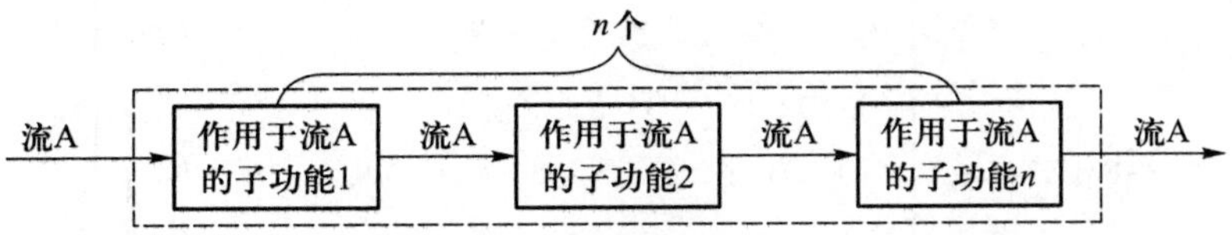

(a) 主流原则

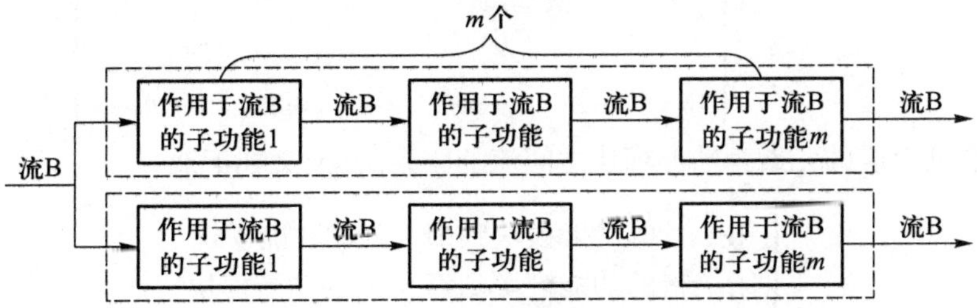

(b) 支流原则

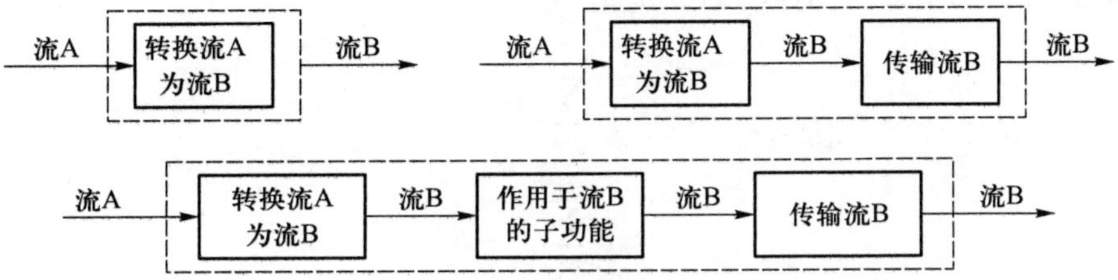

(c) 转换–传输流原则

图 6.10 三流原则

(3) 确定两个产品的共享功能模块和个性功能模块。所谓共享功能模块是指待进行功能杂交的产品都具有的功能模块; 而个性功能模块是指仅某一个产品具有的功能模块。

(4) 连接两个产品的共享功能模块和个性功能模块, 合成多功能集成产品的功能结构。

第 4 步: 功能接口分析。

功能之间的接口就是功能元之间通过流建立的联系。通过对功能之间的接口进行分析, 可以得出功能元与功能元之间的影响程度。功能接口可以通过建立功能关系矩阵来表示。

式 (6.1) 所示的矩阵为一个功能关系矩阵。矩阵的行和列分别为产品功能结构中的功能, 其中 C 代表共享功能, U 代表个性功能, n 为共享功能的个数, m 为个性功能的个数。

$$
\boldsymbol{M}_{\mathrm{FM}}=\begin{array}{c}\\ C_1\\ C_2\\ \vdots\\ C_n\\ U_1\\ U_2\\ \vdots\\ U_m\end{array}\begin{array}{c}\begin{array}{cccccccc} C_1 & C_2 & \cdots & C_n & U_1 & U_2 & \cdots & U_m\end{array}\\ \left[\begin{array}{cccccccc} a_{11} & a_{12} & \cdots & a_{1n} & b_{11} & b_{12} & \cdots & b_{1m}\\ a_{21} & a_{22} & \cdots & a_{2n} & b_{21} & b_{22} & \cdots & b_{2m}\\ \vdots & \vdots & \ddots & \vdots & \vdots & \vdots & \ddots & \vdots\\ a_{n1} & a_{n2} & \cdots & a_{nn} & b_{n1} & b_{n2} & \cdots & b_{nm}\\ c_{11} & c_{12} & \cdots & c_{1n} & d_{11} & d_{12} & \cdots & d_{1m}\\ c_{21} & c_{22} & \cdots & c_{2n} & d_{21} & d_{22} & \cdots & d_{2m}\\ \vdots & \vdots & \ddots & \vdots & \vdots & \vdots & \ddots & \vdots\\ c_{m1} & c_{m2} & \cdots & c_{mn} & d_{m1} & d_{m2} & \cdots & d_{mm}\end{array}\right]\end{array} \tag{6.1}
$$

矩阵中行和列对应的元素为功能模块之间流的联系, 其定义如下:

$$
x\begin{cases}\text{第 } i \text{ 行的功能模块到第 } i \text{ 列的功能模块}\\ \text{第 } i \text{ 行的功能模块到第 } j \text{ 列的功能模块}\end{cases}
$$

若 ω 赋值为 1, 计算矩阵 $\boldsymbol{M}_{\mathrm{FM}}$ 的行和 μ_i 与列和 υ_j:

$$
\mu_i=\sum_{j=1}^{n+m} x_{ij} \tag{6.2}
$$

$$
\upsilon_j=\sum_{i=1}^{n+m} x_{ij} \tag{6.3}
$$

式中, μ_i 表示第 i 行的功能对其他功能影响的程度; υ_j 表示第 j 列的功能受其他功能影响的程度。

第 5 步: 建立产品–功能矩阵。

产品–功能矩阵是以矩阵的形式来描述各产品的技术系统, 进而分析产品技术的相似性。表 6.1 为一个产品–功能矩阵的示意图。矩阵的行为进行功能集成的主产品和次产品, 矩阵的列为产品功能结构中的所有功能元, 矩阵行和列对应的元素分别为各产品实现功能的技术。通过建立产品–功能矩阵, 可以很清楚地看出两个产品技术的相似性。

表 6.1 产品–功能矩阵

共享功能模块	功能元	主产品	次产品
共享功能模块 1	功能元 1	结构 A	结构 A
	功能元 2	结构 B	结构 B
共享功能模块 2	功能元 3	结构 C	结构 D
个性功能模块 1	功能元 4	结构 E	—
	功能元 5	结构 F	—
个性功能模块 2	功能元 6	—	结构 G
个性功能模块 3	功能元 7	结构 H	—
个性功能模块 4	功能元 8	—	结构 I

例如, 对于共享功能模块 1 来说, 两个产品采用相同的技术, 而对于共享功能模块 2 来说, 尽管它们的功能相同, 但实现的技术是不同的。

第 6 步: 技术通用性分析。

在多产品功能集成创新中, 只有使两个产品的产品技术资源最大限度地共享, 才能在成本增加极其有限的前提下实现产品的功能集成。由于共享功能为两个产品所共有, 将实现共享功能的技术进行通用化有助于降低产品的成本。技术通用化应按照以下原则执行。

原则 1: 优先通用化, 即对其功能影响较大的共享功能 (μ 较大) 的技术优先通用化。

由于 μ 较大的共享功能对其他功能模块影响较大, 也就是说 μ 较大的共享功能与其他功能之间的流具有较强的联系, 其技术不唯一, 会使得整个功能集成产品的系统变得很复杂, 因此应优先将其通用化。

原则 2: 替代原则, 即用功能性高的技术替代功能性低的技术。

功能性是指在一定约束条件下 (如成本、质量等) 产品能够完成的与功能直接相关的物理量的最大范围, 如速度、生产率、精度范围等。在一定约束条件下, 完成相同功能的不同的原理解或技术的功能性是不同的。对于实现相同功能的不同技术来说, 可以用功能性高的技术代替功能性低的技术, 进而实现通用化。

原则 3: 分割原则, 即将部分功能元从共享功能模块中分离出去。

通常情况下, 共享功能模块由若干功能元组成, 实现共享功能模块的技术同样由若干子技术构成。当实现共享功能模块的技术不能完全通用时, 可将共享功能模块中实现技术不相同的功能元分离出去, 形成个性功能模块, 其余实现技术相同的功能元组成新的共享功能模块。

在技术通用化过程中, 对于不满足上述原则的共享功能模块, 可以对其进行技术搜索, 寻找新的实现技术。对于不能实现技术通用化的共享功能模块, 将按照个性功能模块处理。

第 7 步: 重新构建多功能集成产品的功能结构, 并确定每个功能元的原理解。

由于技术通用化, 可能会生成新的个性功能模块, 使得多功能集成产品的功能结构发生变化, 因此需要重新构建多功能集成产品的功能结构, 进而确定各功能元的原理解。

第 8 步: 冲突判断及冲突解决。

分析各功能元的原理解, 判断是否存在冲突。若不存在冲突, 接步骤 9, 否则解决冲突。首先利用 TRIZ 中的冲突解决发明过程求解, 可以在计算机辅助创新软件的帮助下对冲突进行求解。若能够完全解决冲突, 则得到 TRIZ 解, 否则降低次产品的功能的性能, 采用让步的方式解决冲突, 得到冲突的折中解。最后将 TRIZ 解或折中解具体化为领域解, 得到与冲突有关的子功能消除冲突后的新的原理解。

第 9 步: 产品原理解的形成、评价与选择。

选出的原理解为新的技术系统或发明, 即集成发明过程的结果。

图 6.9 中的后续设计是指评价得到的原理解或发明的后续处理, 即继续设计过程将发明变成最后的创新设计, 再经过制造过程形成集成创新产品。

6.5 基于技术集成的发明过程

6.5.1 技术集成分类

产品是功能的实现, 技术的载体就是产品, 技术通过一定的载体来实现产品的功能。从产品设计的角度看, 产品的含义包含两个层次: 产品概念架构和产品物理实体。产品概念架构是指产品功能到原理再到结构的布置, 或三者之间映射关系的表达。产品物理实体是指具有确定特征和尺寸的相互作用的零部件或装配体。产品概念架构反映产品的本质内涵, 而产品物理实体体现产品的外在形式。产品概念架构反映了产品如何实现产品的功能。因此, 从产品设计的角度定义技术是能够实现一定功能的原理和结构。

技术包含两个层面: 原理和结构。结构并非是一般意义上的具体结构, 而是对具体结构的抽象, 是一种抽象或定性的结构。原理是结构存在的依据, 它决定着结构如何实现功能。由于原理–结构之间是一对多的关系, 即一个原理可以由不同的结构来实现, 这使得基于同一原理可以产生不同的技术, 如图 6.11 所示。如为了实现传递扭矩的功能, 可以使用两种技术, 圆柱形作用面上采用过盈配合或采用夹紧连接, 这两种技术均基于摩擦原理, 如表 6.2 所示。产品物理实体是具体的结构即技术的载体, 技术通过具体的物理实体来满足产品的功能。此外, 功能–原理–结构之间是多对多的映射关系[8], 这就意味着相同功能可以由不同的技术来实现, 一种技术可以实现不同的功能。

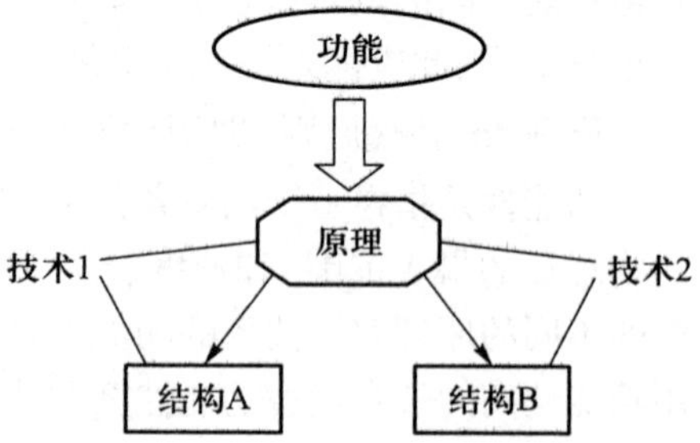

图 6.11 原理和结构的关系

表 6.2 基于摩擦效应的两种技术

功能	技术	
	技术 1	技术 2
	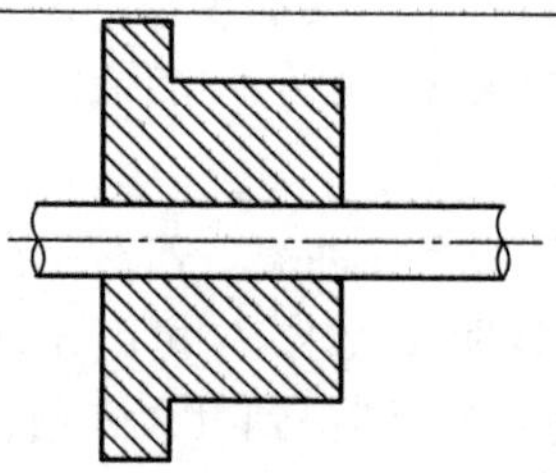 过盈配合	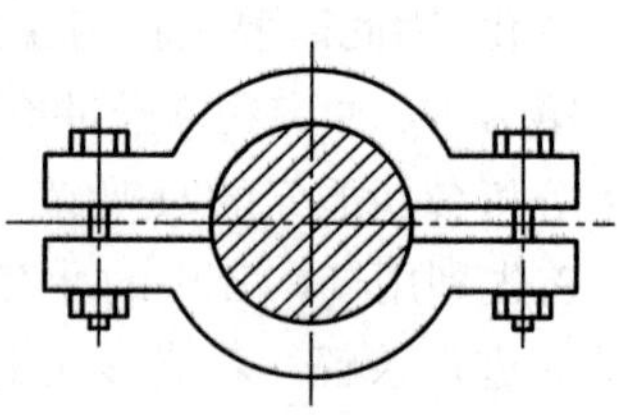 夹紧连接
	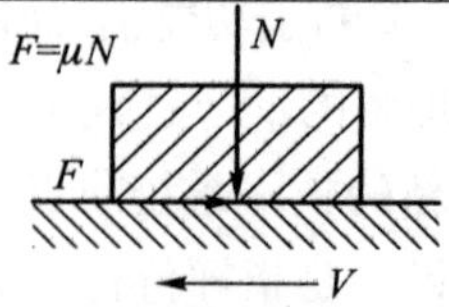 摩擦效应	

技术集成是在分析产品功能的基础上, 将若干技术进行集成以形成新的技术系统, 或实现技术优化的过程。依据技术来源不同, 技术集成可以分为技术单元组合型和技术杂交型, 如图 6.12 所示。

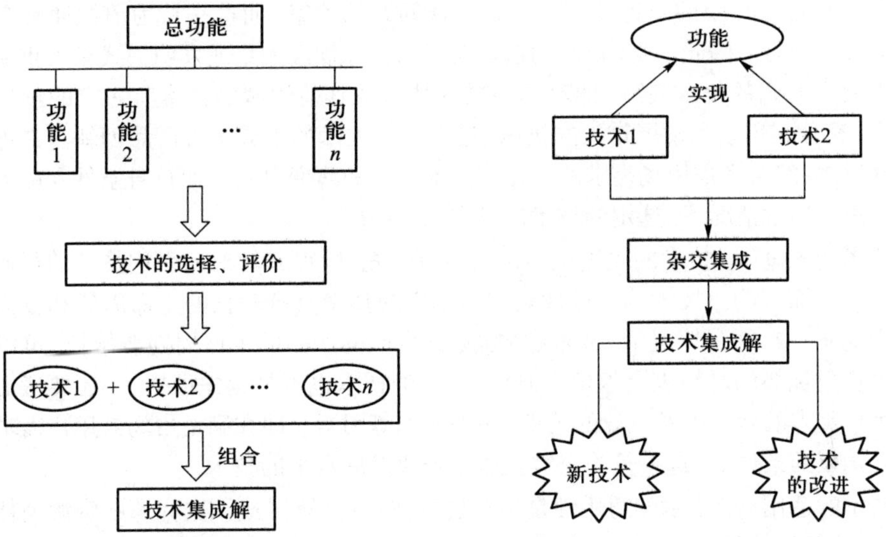

(a) 技术单元组合型　　(b) 技术杂交型

图 6.12　技术集成类型

6.5.2　技术单元组合型集成发明过程

1. 技术单元组合型集成发明过程

技术单元组合型集成发明是指企业在市场或用户需求分析的基础上, 对企业内外部已有技术资源进行选择, 进而确定产品概念, 通过将各分散的技术进行集成, 开发出满足市场需求的新的技术系统, 即技术单元组合型集成发明, 经过后续开发形成集成创新产品。该过程的特点是工程师或设计人员有意识地对已有技术进行选择, 并创造性地将其集成, 进而形成满足市场需求的全新的产品, 强调将已有技术源与市场需求紧密有效地联系起来。技术单元组合型集成发明主要具有以下两个特征。

(1) 从需求和技术之间的匹配性来构建产品概念。

在传统的产品开发模式中, 设计人员往往针对某一技术做基础研究, 在其基础之上提出一种满足用户需求的新的产品概念。而在技术单元组合型集成创新中, 由于设计人员是通过对已有技术进行集成来产生满足用户需求的新产品, 因此, 设计人员在产品开发起点就应以需求与技术之间的匹配为目标, 从需求和技术之间的匹配性来构建新的产品概念。

产品概念构建是整个技术单元组合型集成发明过程的起点, 是实施技术单元组合型集成创新的基础。产品概念的构建不仅仅需要企业对潜在市场需求以及与其相关的技术具有敏锐的洞察力, 更重要的是要具备技术概念化的能力, 需要将大量的可能实现潜在市场需求的技术用于定义具有商业价值的产品。这一能力是有效进行技术单元组合型集成创新模式的基础。

(2) 技术选择及其与辅助技术的集成是实施技术单元组合型集成发明的关键。

在实施技术单元组合型集成发明过程中, 设计者在面临对已有技术进行选择时, 通常倾向于在过往经验的附近范围寻找解决新问题的答案, 而这一行为惯性通常会限制人们的技术视野。因此, 相关技术的选择对成功实施标准型集成发明模式至关重要。设计者需要有开阔的技术视野, 即对本领域的技术及其他领域的技术有一定的预见力和判断力, 充分利用技术发展带来的机遇, 进而通过技术的集成实现产品创新。在进行技术选择时, 要综合考虑市场需求的变化、技术发展的演变以及企业自身条件和能力等各方面因素。通常情况下, 选定的技术需具有以下性质。

技术的先进性: 技术的先进性不是指绝对的先进, 而是针对所引进技术的行业的现有技术水平而言的。技术的先进性表现为选定的技术具有较长的生命周期和较为广泛的应用前景。在通常情况下, 技术越先进, 其生产的产品的生命周期会越长, 可以给企业带来竞争优势的时间也会越长。但是, 选定的技术也不是越先进越好, 还要考虑到市场或用户需求的状况以及设计的约束, 例如成本等因素。即在满足市场或用户需求状况和设计约束的条件下, 选择较为先进且适合企业发展水平的技术。

技术的适用性: 技术的适用性是指在进行技术选择时, 应该选择那些资源消耗比较小, 能够利用再生资源的, 或能够对资源进行深加工的技术。技术的选择不仅仅是针对正在使用的成熟技术进行选择, 同时还要针对那些尚未利用的、但却更加适合并且能够发挥资源优势、有利于充分利用资源的技术。

此外, 技术单元组合型集成发明的实施并不是对已有技术的简单叠加, 如何将选定的技术有效地集成是另外一个关键问题, 这就意味着设计者必须为之提供辅助的技术, 通过将选定技术与辅助技术的有效集成才能实现产品创新。因此, 设计者的技术集成能力对成功实施技术单元组合型集成创新同样至关重要。

图 6.13 是技术单元组合型集成发明宏观模型。设计者在分析潜在市场需求的同时, 在企业内外部技术资源基础上对可能实现市场需求的技术进行选择, 进而确定新产品概念。通过引入辅助技术, 与选定技术集成, 形成满足用户需求的新产品。辅助技术可以采用企业技术集中的技术, 也可以引入企业外部技术, 或者通过计算机辅助创新 (computer aided innovation,CAI) 软件进行开发。在技术集成过程中如果存在冲突, 应用冲突解决理论解决该冲突, 进而将各技术单元集成构建完整技术系统。

例 6.1 U 盘的发明过程。

U 盘的诞生是一个典型的技术单元组合型集成创新成果。在朗科 U 盘诞生之前, 在移动存储市场上占主导地位的仍然是软盘和移动硬盘。软盘是采用磁性材料作为存储介质, 因此其具有容量小、可靠性差、读取速度慢、需要专用的磁盘驱动器的缺点。而移动硬盘采用微硬盘技术, 存储量较大, 数据传输速度快, 安全性、可靠性强, 但其价格昂贵、体积较大、不方便携带, 因此只适合对移动数据存储量有着特殊要求的消费者。朗科在充分对市场和用户需求调研的情况下, 将产品概念定义为一款更小巧、更稳定、容量更大, 可以在不同计算机之间使用的移动存储器。朗科通过选择、比较, 选定

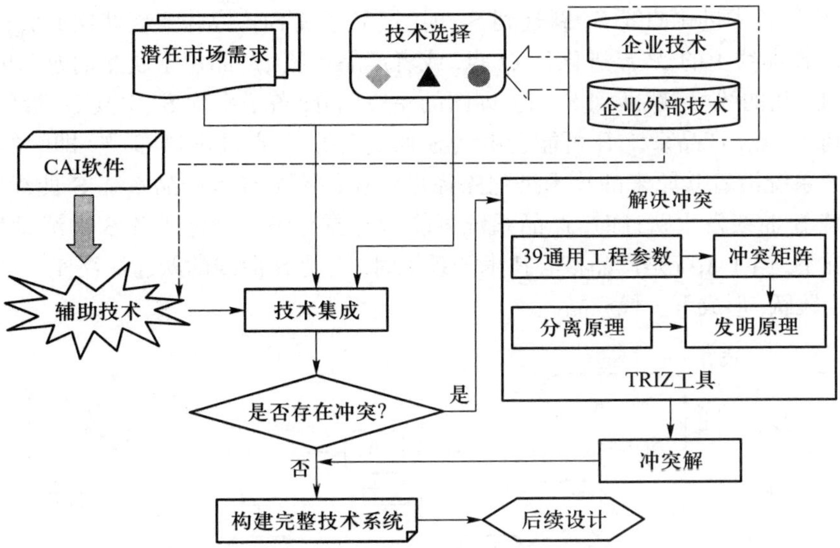

图 6.13　技术单元组合型集成发明宏观模型

了 Flash 闪存技术和使用广泛的 USB 接口技术, 通过研发配套技术, 成功开发出一套控制软件, 将 USB 连接功能和 Flash 的存储功能集合在一个硬件设备上, 形成了存储介质和驱动器合二为一的产品——U 盘。图 6.14 是 U 盘的集成发明过程。

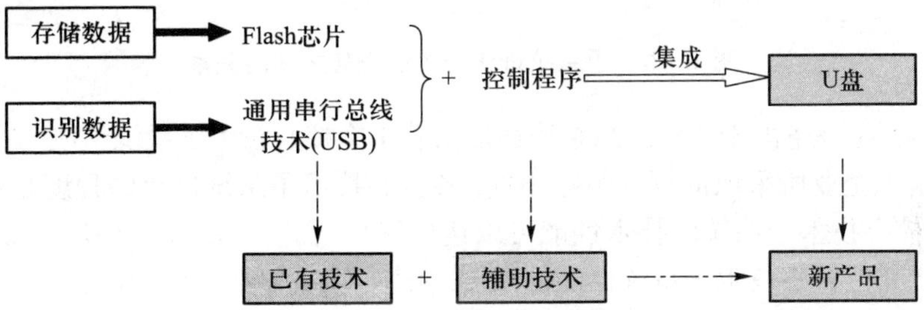

图 6.14　U 盘的形成

2. 基于技术单元组合的子系统技术集成发明过程

子系统技术集成是指对制约产品进化的某一子系统寻求新的替代技术, 进而与其他技术集成, 形成满足用户需求的新一代发明与产品。产品是由不同组件组成、具有整体功能和综合性能的复杂统一体。组成产品的技术系统由各级子系统组成。每个子系统都具有完整的系统结构, 可以作为一个完整的技术系统进行分析。产品技术系统的进化是各子系统技术进化的合成。产品技术系统 S 逐级分解为若干子系统, 每个子系统的技术都按照自身的进化路径进化, 各子系统技术进化的整合表现了产品整体技术系统的进化, 但是各子系统对整个产品性能的影响程度是不同的, 通常情况下, 核心技术子系统的进化决定着产品的进化。

图 6.15 为子系统的进化与产品的进化之间的关系, 即子系统的进化对产品进化的影响。图的中部是产品技术系统 S 的逐层分解, 最底层的子系统可以是某一项技术, 也可以是某一个技术模块。对任意一个子系统 S_i, 它都沿着自身的进化路径进化。当子

系统 S_i 由其技术进化曲线 S_1 跃迁到 S_2 时, 产品系统 S(产品位于婴儿期或成长期) 可能会由其 S 曲线上的 P 点进化到 Q 点, 或者产品系统 (产品位于成熟期或退出期) 由其原来的进化曲线 S_1 跳跃到 S_2 上, 即图的左边部分; 若子系统 S_i 由其 S 曲线上的 N 点进化到 M 点, 产品系统 S 可能会由其 S 曲线上的 T 点进化到 O 点, 即图的右边部分。即子系统沿着其原来的技术进化路径进化往往不会导致产品系统 S 曲线的跃迁, 而子系统 S 曲线发生跃迁时, 产品系统可能沿着原有路径进化或者 S 曲线发生跳跃。通常情况下, 当子系统是产品核心技术子系统时, 它的 S 曲线的跃迁往往使产品系统 S 曲线发生跳跃, 形成下一代产品。

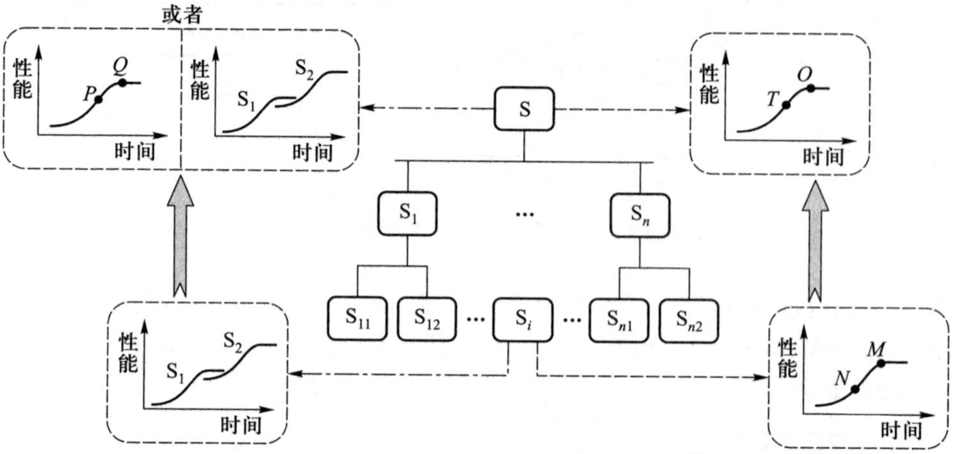

图 6.15 子系统进化与产品进化之间的关系

值得注意的是, 由于一般产品系统往往由若干个核心技术子系统组成, 在产品创新过程中, 由于企业所采取的创新策略不同, 各核心技术子系统进化的程度是不一样的, 使得有些核心技术子系统的技术性能可以达到很高, 而产品的进化是各子系统进化的合成, 由于其他核心技术子系统性能的限制, 阻碍了产品的进化。因此, 对于位于成熟期或退出期的产品, 应对各核心技术子系统的性能进行分析, 找到制约产品进化的子系统, 进而寻找替代技术, 产生新一代产品。

根据产品与其子系统的进化特性可以看出, 子系统进化集成的实施是针对位于成熟期或退出期的产品, 并在用户需求分析的基础上, 对制约产品进化的某一子系统寻求新的替代技术, 进而与其他技术进行集成, 来产生新一代产品。

例 6.2 热量表集成发明。

用户热量表是对住户进行热计量的装置, 通过将机械式流量测量技术、电子计算技术和温度测量技术集成, 形成了机械式热量表。由于机械式热量表采用机械式的流量测量技术, 热量表易堵塞, 不能满足顾客对热量表高精度的需求。在热量表技术系统中, 核心子系统机械式流量测量技术已位于进化成熟期, 其性能制约着热量表测量精度的提升。通过寻找其替代技术——超声波流量测量技术, 并与电子计算技术和温度测量技术进行集成发明, 经过后续加工得到超声波式热量表, 如图 6.16 所示。

在子系统进化集成发明中, 快速而有效地发现新的替代技术, 并对其实施进化型集成发明模式至关重要。TRIZ 中的技术进化定律和进化路线可帮助设计者发现新的替

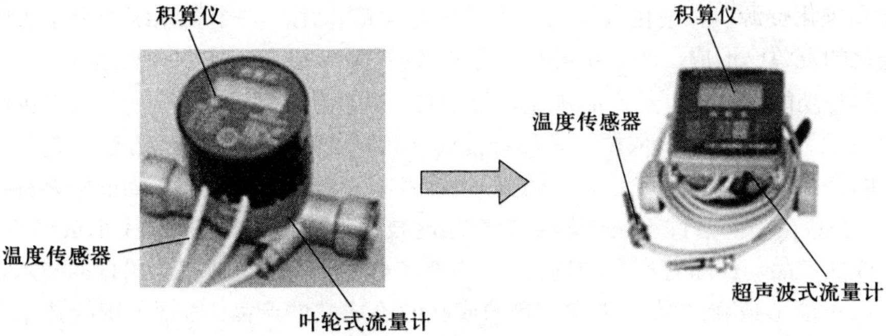

图 6.16 基于子系统进化集成的热量表设计

代技术。由此, 子系统进化集成的宏观过程模型如图 6.17 所示。将已有技术系统进行分解, 依据潜在市场需求, 确定制约系统进化的核心子系统, 在技术进化路线指引下寻找替代技术, 进而与原有其他核心子系统进行集成, 构建新的技术系统。

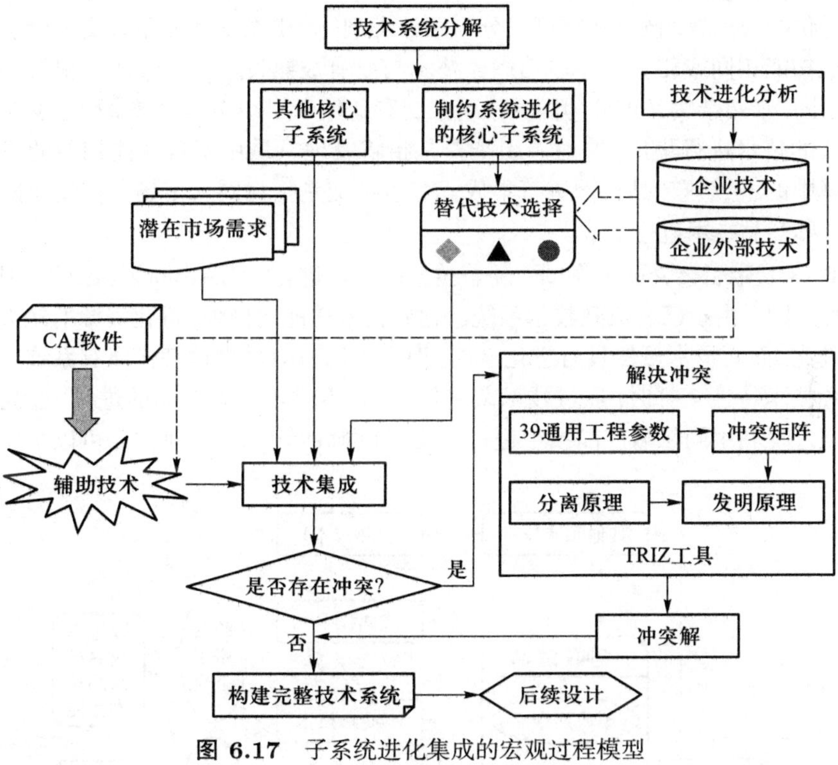

图 6.17 子系统进化集成的宏观过程模型

6.5.3 技术杂交型集成发明过程

1. 技术杂交分类

产品进化与生物进化相似。生物的进化伴随着可用资源的消耗, 很多资源逐渐枯竭, 但同时新的资源不断出现。产品进化也伴随着可用资源的消耗。资源分为两类: 发明资源和进化资源[9]。进化资源对产品进化起关键作用。一个新系统的诞生表明允许系统进化的资源已形成。当系统耗尽这些资源时, 系统进入成熟期和衰退期。

产品是功能的实现。在产品进化过程中其主功能保持不变, 改变的是其辅助功能以及实现技术。产品技术是依据一定原理能够实现产品功能的手段和方法。它与功能是多对多的关系。在一个新产品诞生初期, 设计者需要对可能实现产品功能的多种技术进行选择, 去除在当前条件下不能转变为产品的技术, 将能够实现的技术形成新产品, 进而变为成熟产品。伴随着产品的进化, 那些曾经被舍弃的技术或是新出现的技术在现有条件下又可能形成新产品。这些成熟的或新的不成熟的产品, 尽管采用的技术各不相同, 即不同的 S 曲线, 但它们的主功能相同或相似, 但技术特性不同, 分别具有不同的优缺点。将这些不同产品或技术系统的某些有用特征进行集成, 可以形成新的进化资源, 进而产生新的产品或技术系统。该过程类似于生物杂交的过程, 称为技术杂交。技术杂交是将主功能相同或相似但技术特性互补的产品的有用特征进行集成, 进而形成满足用户需求的发明与新产品。与生物杂交类似, 产品技术杂交的结果可以是对已有产品技术进行改进或优化, 也可以得到满足新市场的新产品。

从进化的观点看, 技术杂交可以分为两种类型: 牵引杂交和竞争杂交。牵引杂交是指将实现功能相同或相似的不成熟产品技术与已有成熟技术进行集成。根据成熟技术的来源不同, 牵引杂交又可分为同域牵引杂交和跨域牵引杂交。同域牵引杂交是指将产品不同代的技术进行集成; 跨域牵引杂交是指将其他领域中实现功能相似的成熟技术与本领域中的不成熟产品技术进行集成。竞争杂交是指将同一市场上实现功能相同或相似的成熟产品技术进行集成。

图 6.18 是牵引杂交的示意图。随着技术的不断进化, 产品不断更新换代, 但它们的主功能都相同。由于已有成熟技术系统已达到技术性能的极限, 进化资源的缺失使其无法继续进化, 而新技术虽然具有进化潜能, 但它无法有效可靠地替代原有系统。当两个技术系统技术特性互补时, 通过技术杂交集成, 可促进不成熟产品的进化, 提高其技术性能。该过程利用同领域产品技术进行杂交, 即同域牵引杂交。此外, 可以采用跨领域

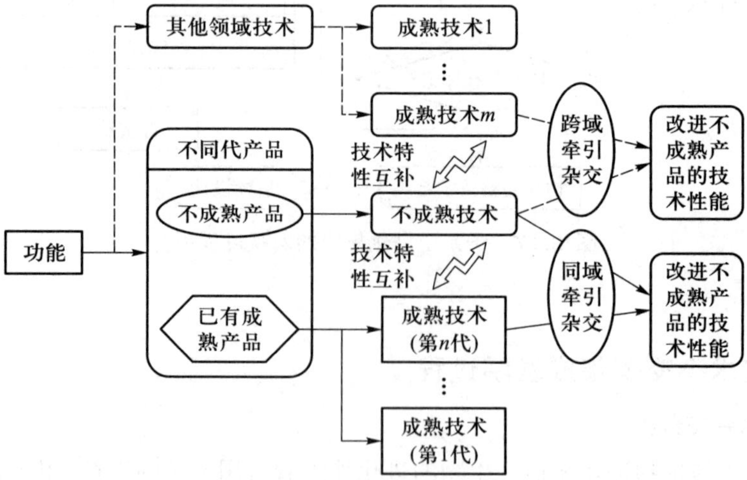

图 6.18 牵引杂交

的技术来实现相同或相似功能，尤其是一些使能技术，所谓使能技术是指能够广泛应用的通用性技术。当其他领域中的成熟技术与本领域中的不成熟产品技术满足技术特性互补时，通过技术杂交集成，同样可以提高不成熟产品的技术性能。该过程为跨域牵引杂交。

图 6.19 是竞争杂交的示意图。由于一个功能可以通过不同的技术来实现，基于不同技术的成熟产品能够实现相同或相似的功能需求，但它们的技术特性各不相同，它们之间是一种竞争关系。将两个技术特性互补的成熟产品技术进行集成，杂交后的产品具有两个成熟产品的优势技术特性，满足新的市场需求。

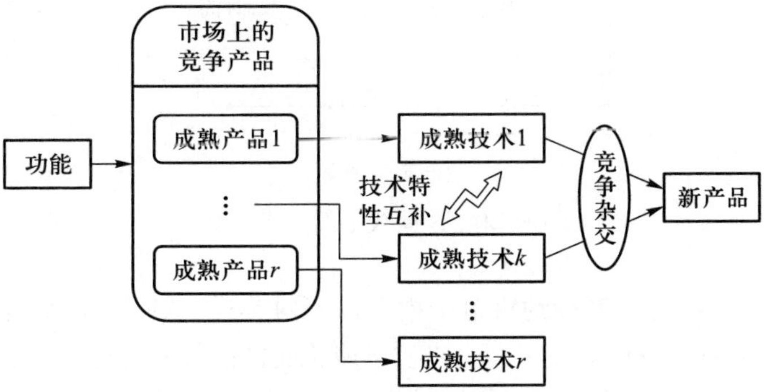

图 6.19 竞争杂交

产品的进化分为婴儿期、成长期、成熟期和退出期 4 个阶段，可以通过技术成熟度预测来判断产品所在的阶段[10,11]。由于牵引杂交是不成熟产品技术与成熟产品技术之间的集成，目的是改进并提高不成熟产品技术的性能，它适用于位于成长期的产品，其特征表现为基于新技术的同一 S 曲线上产品性能提高，如图 6.20(a)，即通过牵引杂交使不成熟产品的技术性能由 S 曲线上的 A 点提升到 B 点或是 C 点。竞争杂交是针对两个成熟产品技术，即适用于位于成熟期的产品。其特征表现为不同性能间 S 曲线的技术跨越过程，如图 6.20(b)，即通过竞争杂交，使产品 S_1 曲线上的 A 点和产品 S_2 曲线上的 B 点转移到新 S 曲线上的 C 点，新产品具有两个成熟产品的优势技术特性。

产品技术杂交集成可以改善或优化一项产品技术，但是一次产品技术杂交往往只改善产品某一方面的技术特性，并且在产品技术杂交过程中可能会产生新的不良特性，

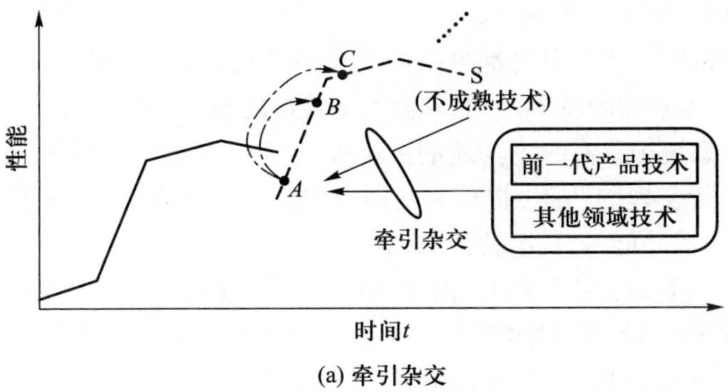

(a) 牵引杂交

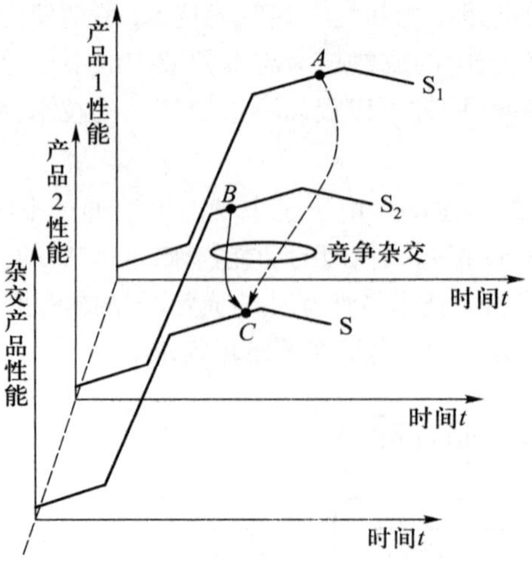

(b) 竞争杂交

图 6.20 S 曲线上的技术杂交

除非新产生的不良特性在设计约束范围内可以不对其进行处理, 否则需要解决其不良特性, 因此可以通过连续产品技术杂交来改进或优化产品技术。连续产品技术杂交如图 6.21 所示。产品 P_1、P_2 实现功能相同或相似, 分别具有技术特性 U_1、U_2, 且互补, 通过产品技术杂交, 得到产品 P' 和 U', P' 继续与 P_3 进行杂交得到新的杂交产品 P'', 该过程连续下去, 直到产品 P 具有所要求的技术特性 U。

$$P_1 \rightarrow U_1$$
$$P_2 \rightarrow U_2 \quad \Rightarrow \quad P' \rightarrow U'$$
$$P_3 \rightarrow U_3 \quad \Rightarrow \quad \cdots \quad P'' \rightarrow U''$$
$$P_n \rightarrow U_n \quad \cdots \quad \Rightarrow \quad P \rightarrow U$$

图 6.21 连续产品技术杂交

2. 技术基及技术基重组

产品创新往往是对已有技术的重用或分解组合。通常情况下, 产品技术系统由多个子技术系统构成, 而各子技术系统又由下一级子技术构成。本节将产品技术系统中具有独立功能的最小技术单元称为产品技术基, 简称技术基。若干技术基按照一定的关系组成技术基组, 形成完整的技术系统。

按照物元理论[12], 任何事物都可用一个有序三元组 $R = (N, c, v)$ 来描述, 其中 N 为事物的概念, c 为事物的特征, v 为事物关于特征的量值, 并把 (c, v) 称为特征元。技术基是产品技术系统中具有独立功能的最小技术单元, 它可以用特征元模型来描述, 但是为反映技术基所实现的功能, 将技术基用一个三元组来表示: $T = (f, c, v)$。其中, T 表示技术基, f 表示功能, c 表示特征, v 表示特征对应的量值。对于一个技术基组, 它可以表达为 $T_S = (T_1, T_2, \cdots, T_n)$。由于在产品设计过程中的概念设计阶段, 其主要任务是产生原理方案, 因此在该阶段, 特征 c 主要为作用原理特征和概念结构特征, 而量值 v 往往不是一个确切值, 可以忽略表达。作用原理特征主要涉及与作用原理或效应相关的特征, 它反映了技术单元从输入到输出过程中所经历的操作; 概念结构特征主要涉及概念结构中的几何特征、连接特征等, 以及物理、化学等属性。当一个技术基具有多个特征时, 它可以表达为式 (6.4):

$$\boldsymbol{T}=\begin{pmatrix} f & c_1 & v_1 \\ & c_2 & v_2 \\ & \vdots & \vdots \\ & c_n & v_n \end{pmatrix} \tag{6.4}$$

功能是系统输入量和输出量之间的关系[13]。相同的功能可以具有不同的特征, 即不同的技术基可以具有相同的功能, 这就造成具有相同功能的技术基由于其特征不同, 而使得技术基的输入量和输出量不同。由此, 技术基又可以用图 6.22 表达。

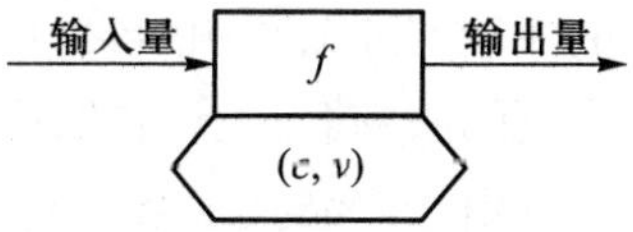

图 6.22 技术基

生物杂交过程必然包括基因的重组。基因是生物的遗传物质, 是遗传的基本单位、功能单位和重组单位。基因重组可以将双亲控制不同性状的优良基因结合于一体, 产生在各向性状上超过亲本的类型, 即 “杂种优势”。技术杂交类似于生物杂交过程, 因此, 可以借鉴基因重组思想研究技术杂交的实现方法。

生物体性状是由生物基因来控制的, 而技术基是产品技术特性或性状的载体, 因此, 产品技术特性由技术基来体现。由此可知, 与生物的基因重组类似, 将体现两个产品优势技术特性的技术基进行集成, 可以产生具有 “杂种优势” 的发明及新产品, 本节称为技术基重组。

基于技术基重组可以实现产品技术杂交。在技术基重组过程中主要存在 4 种基本操作。

第 1 种操作: 分割。

若存在一技术基组 $T_{\mathrm{S}}=(T_1,T_2,\cdots,T_n)$, 将技术基组中第 i 个技术基 T_i 单独划分出来, 而不改变其他技术基的相对位置关系, 该操作称为分割。

第 2 种操作: 替换。

若存在一技术基组 $T_{\mathrm{S}}=(T_1,T_2,\cdots,T_i,\cdots,T_n)$, 用技术基 T_m 在位置 i 处替换该处原有技术基 T_i, 且不改变其他技术基的相对位置关系, 形成新的技术基组 $T'_{\mathrm{S}}=(T_1,T_2,\cdots,T_m,\cdots,T_n)$, 该操作称为替换。

第 3 种操作: 组合。

若存在一技术基组 $T_{\mathrm{S}}=(T_1,T_2,\cdots,T_i,T_{i+1},\cdots,T_n)$, 在位置 i 处加入技术基 T_k, 且不改变其他技术基的相对位置关系, 形成新的技术基组 $T'_{\mathrm{S}}=(T_1,T_2,\cdots,T_i,T_k,T_{i+1},\cdots,T_n)$, 该操作称为组合。

第 4 种操作: 变异。

若存在一技术基组 $T_{\mathrm{S}}=(T_1,T_2,\cdots,T_i,\cdots,T_n)$, 在对技术基组的操作过程中, 第 i 个技术基 T_i 发生了突变, 形成新的技术基组 $T'_{\mathrm{S}}=(T_1,T_2,\cdots,T'_i,\cdots,T_n)$, 该操作称为变异。

若存在一操作 M, 使得 $M(T_i) = T_i'$, 且 $f_i' = f_i + \Delta f_i$, $c_i' = c_i$, 该操作称为功能变异; 若存在一操作 M, 使得 $M(T_i) = T_i'$, 且 $c_i' = c_i + \Delta c_i$, $f_i' = f_i$, 该操作称为特征变异。

在生物的杂交过程中可能会发生基因变异, 它是在自然环境下的自然变异。在产品技术杂交过程中可能发生技术基变异, 但是这种突变是通过设计者的经验, 或是借助 CAI 软件提供的相关环境所构成的设计情景作用于人的思维、经验等促成的, 是设计者进行的有意识的变异。即技术基的变异可以通过两种方式来实现, 其一是设计者依据自身经验, 按照设计要求对某一技术基的功能或特征进行改变, 以形成满足设计要求的新的技术基; 其二是利用 CAI 软件, 设计者通过查找与某一技术基的功能或特征相关的作用原理和实例, 将这些作用原理和实例与已有技术基进行类比, 在这些作用原理和实例的激发下, 设计者依据经验对已有技术基进行改进, 进而实现技术基变异。

由于产品技术杂交是将具有互补特性的技术进行集成, 其往往表现为以一个产品技术为基础, 将与其技术特性互补的另一个产品技术的优势技术基植入其中, 形成新的产品。前者为基产品, 后者为辅产品。对于牵引杂交, 当前不成熟的产品技术为基产品, 已有成熟产品技术为辅产品。而对于竞争杂交, 需要根据具体情况按照创新策略确定基产品和辅产品。在技术基重组过程中, 基产品的优势技术基作为载体技术基, 而辅产品相对于基产品的优势技术基则作为目的技术基。通过技术基重组, 实现产品技术杂交。为了确保目的技术基与载体技术基能够重组成功, 进而表达为新产品的原理解, 技术基重组必须符合以下两个原则。

输入/输出匹配原则: 是指技术基之间输入/输出量的相容性。

特征匹配原则: 是指技术基之间特征的相容性。

在技术杂交过程中, 优势技术基的获取至关重要。考虑到任何一个功能都必定由两种物质和一种场构成, 并且物质–场模型可以表达一个最小的具有机能、可控的技术系统。技术基体现的是技术系统中具有独立功能的最小技术单元, 因此, 可以通过建立并分析产品技术系统的物质–场模型, 进而获得优势技术基。该过程主要包括以下几步。

第 1 步: 将产品总功能进行分解, 一直分解到功能元, 建立产品功能结构。

第 2 步: 分析与产品主功能相关的功能元的实现技术, 建立其技术系统的物质–场模型。

第 3 步: 分析物质–场模型中的物质、场, 以及它们之间的作用方式, 将优势技术特性向物质–场模型进行映射, 分析优势技术特性是由哪些物质、场及其相互作用来体现, 进而抽取出体现优势技术特性的技术基。

3. 基于技术杂交的产品技术集成发明过程

从已有产品技术出发, 判断其所在 S 曲线上的位置, 按照所处位置的不同, 从不同角度对实现功能相同或相似的产品技术进行搜索, 在满足技术特性互补的条件下, 通过技术杂交实现技术发明及产品创新, 由一类基于技术杂交的产品技术集成发明过程模型描述, 如图 6.23 所示[14]。

按照该模型, 基于技术杂交的产品技术基集成发明过程包括以下 8 步。

第 1 步: 选择原型产品。

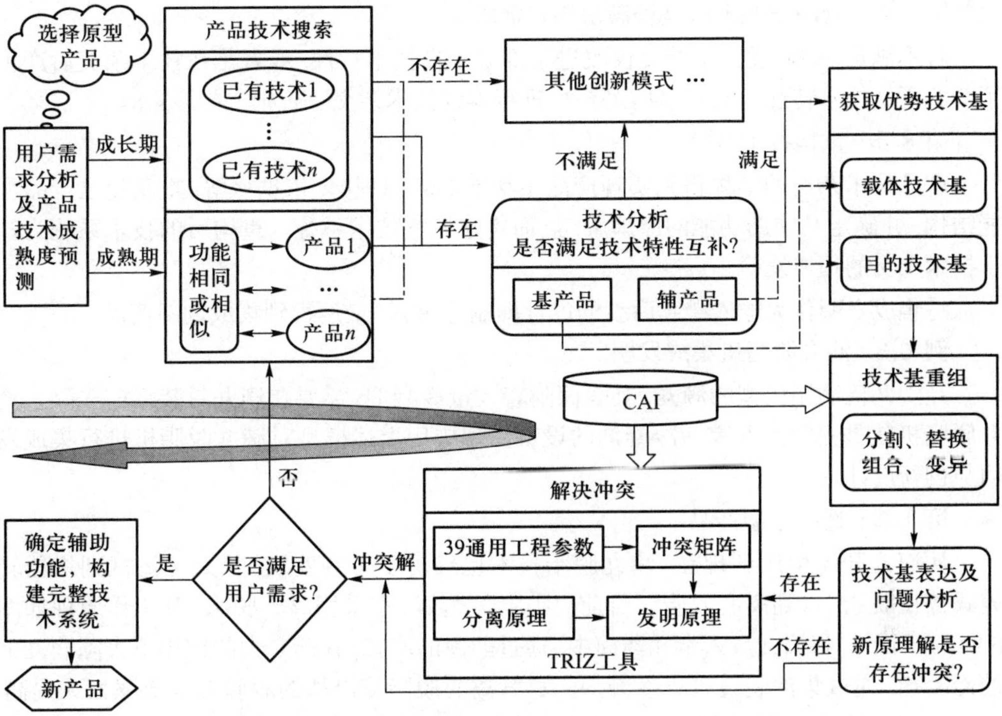

图 6.23 基于技术杂交的产品技术集成发明过程模型

根据企业自身情况和市场需求状况进行待开发产品的选择。原型产品可以是本企业生产的产品, 也可以是市场上销售的产品。

第 2 步: 产品用户需求分析及技术成熟度预测。

通过市场调查, 可以采用用户调查问卷或会谈等方法进行用户需求分析, 进而确定其潜在的用户需求, 并对原型产品进行技术成熟度预测, 判断其是否处于成长期或成熟期, 如果是, 进入下一步, 否则退出流程。

第 3 步: 相关产品技术搜索及分析。

对于位于成长期的产品, 搜索其前代已有成熟产品技术, 而对于位于成熟期的产品, 搜索市场上已有的与其实现功能相同或相似的产品技术。分别分析原型产品和搜索到的产品的技术特性, 找出与原型产品技术特性互补的产品, 进而根据用户需求和企业开发策略确定产品技术杂交的基产品和辅产品。若不存在满足技术特性互补的产品, 则退出流程, 采用其他创新模式。

第 4 步: 确定技术基。

按照优势技术基获取方法, 确定载体技术基和目的技术基。

第 5 步: 技术基重组。

在重组过程中可能对某些技术基进行突变, 进而得到新的技术基组。

第 6 步: 技术基组的表达及问题分析。

将重组后的技术基组表达为新产品的原理解或概念结构, 并判断其是否存在冲突。若不存在冲突, 则接下一步; 若存在冲突, 可以利用 TRIZ 工具进行冲突的求解。

第 7 步: 判断新原理解是否满足用户需求。

若不满足, 即通过技术杂交仅改进了部分不良技术特性, 或者是在技术杂交后产生了新的不良技术特性, 可以返回步骤 3, 进行连续技术杂交。否则, 转步骤 8。

第 8 步: 重构技术系统。

产品技术杂交的结果得到实现产品主功能的新原理解, 依据该解, 重新建立产品功能结构, 并确定其辅助功能的原理解, 进而构建完整技术系统。重构后的技术系统为基于技术杂交的集成发明。

将集成发明作为输入继续后续的设计即制造过程, 最后得到集成创新产品。

例 6.3 滴丸脱脂机集成发明。

经滴丸机滴制成型的滴丸, 其表面附着大量冷凝剂, 需要在滴丸封装之前去除。滴丸脱脂机就是去除滴丸表面冷凝剂的设备。现应用上述模型对滴丸脱脂机进行集成发明与创新设计。

第 1 步: 选择原型产品。

从滴丸开始生产到现在, 滴丸脱脂技术也经历了一些发展, 从人工擦拭到机器转笼式擦拭脱脂, 再到离心脱脂。目前, 国内大多数厂家采用离心脱脂, 其工作原理如图 6.24(a) 所示。将滴丸放入带孔药筒中, 通过药筒的旋转, 在离心力的作用下去除滴丸上的冷凝剂, 通过集油装置收集冷凝剂。尽管离心脱脂较以往的脱脂方法效率大大提高, 但是也不全尽如人意。因此, 本文将离心脱脂机作为实施创新的原型产品。

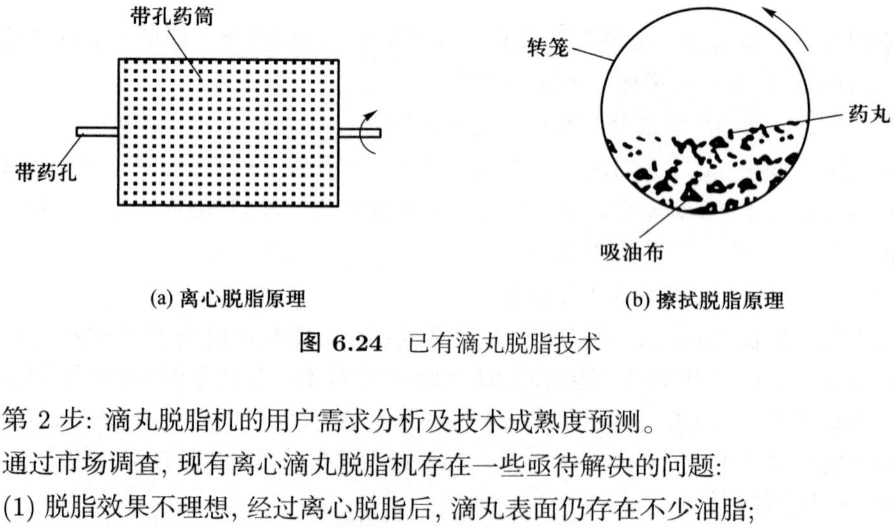

(a) 离心脱脂原理　　(b) 擦拭脱脂原理

图 6.24 已有滴丸脱脂技术

第 2 步: 滴丸脱脂机的用户需求分析及技术成熟度预测。

通过市场调查, 现有离心滴丸脱脂机存在一些亟待解决的问题:

(1) 脱脂效果不理想, 经过离心脱脂后, 滴丸表面仍存在不少油脂;

(2) 药丸分批进行脱脂, 不能连续进出料, 需要人工参与;

(3) 在离心脱脂机的去油过程中, 容易损伤一部分滴丸。

考虑到现有生产方式的弊端, 用户需求在药丸损失率低、脱脂效果好、生产效率高 3 个方面提出了比较高的要求。此外, 尽管离心原理已广泛应用于各个领域, 但是将离心原理应用于滴丸的脱脂, 其技术还存在很多不足之处。根据其技术程度和市场情况可以判定, 离心脱脂机位于产品成长期。因此可以试图采用牵引杂交来进行产品创新。

第 3 步: 相关滴丸脱脂技术搜索及分析。

从滴丸技术产生到现在, 滴丸脱脂技术经历了两代技术, 第一代为擦拭脱脂, 目前的离心脱脂为第二代技术, 并且它处于成长期。擦拭脱脂的原理如图 6.24(b) 所示。将滴丸与吸油布料放入转笼一起旋转, 滴丸上的冷凝剂被布料擦拭吸收, 布料饱和后取出, 经清洗后再次使用。由于滴制出的滴丸表面附着冷凝剂较多, 吸油布料与滴丸接触后, 布料很快就吸收冷凝剂至饱和, 实际生产中需要频繁停车更换布料, 但是使用这种方法滴丸不容易破碎。

通过对已有滴丸脱脂技术的技术特性进行分析, 可以看出离心脱脂和擦拭脱脂的技术特性互补, 如图 6.25 所示。因此满足产品技术杂交的条件, 并且将现有离心滴丸脱脂机作为基产品, 而擦拭滴丸脱脂机为辅产品。

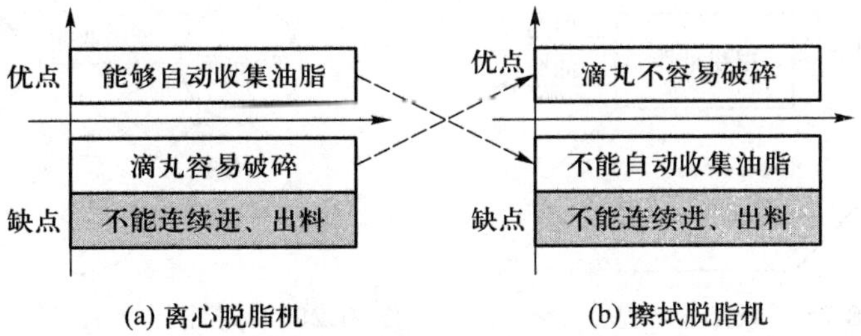

图 6.25 技术特性对比分析

第 4 步: 确定载体技术基和目的技术基。

(1) 确定载体技术基。首先通过功能分解, 确定离心脱脂机的功能结构, 如图 6.26 所示。然后建立其主功能的物质–场模型, 如图 6.27 所示。

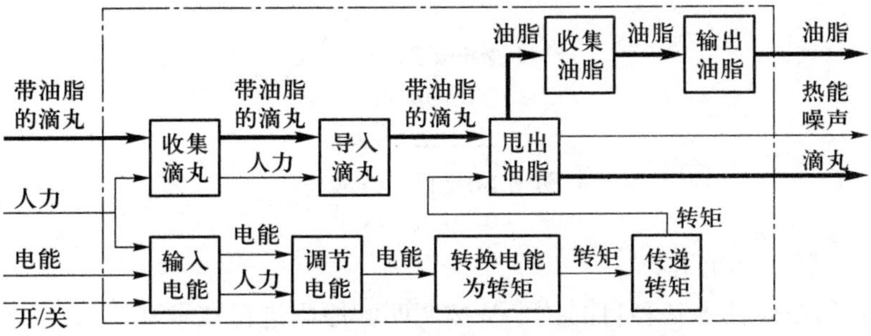

图 6.26 离心滴丸脱脂机的功能结构

由图 6.24 可以看出, 尽管通过药筒的高速旋转, 利用离心力去除油脂是一个不足作用, 即不能完全去除油脂, 但它能够实现自动收集油脂。由此可以抽取出它的载体技术基 T_c, 如图 6.28 所示。

(2) 确定目的技术基。即擦拭脱脂机相对于离心脱脂机的优势技术特性所对应的技术基。首先建立已有擦拭滴丸脱脂机的功能结构, 然后建立其主功能的物质–场模型, 如图 6.29 所示。

从图 6.29 的物质–场模型可以看出, 尽管吸油布通过摩擦吸附作用去除滴丸面上的油脂是一个不足作用, 但是这种方法不会使滴丸在操作过程中发生破碎, 相对于离心

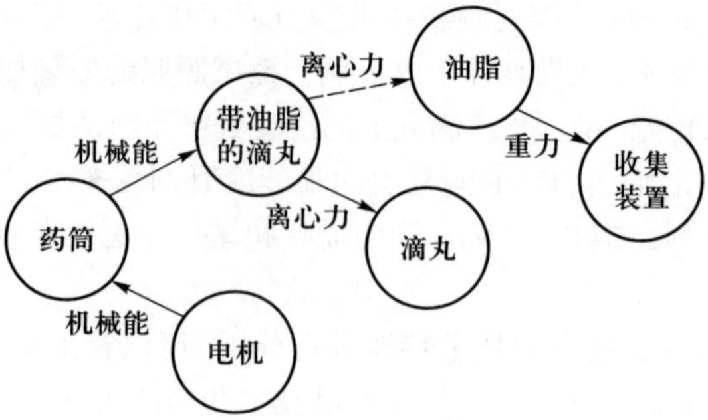

图 6.27 离心滴丸脱脂机部分物质–场模型

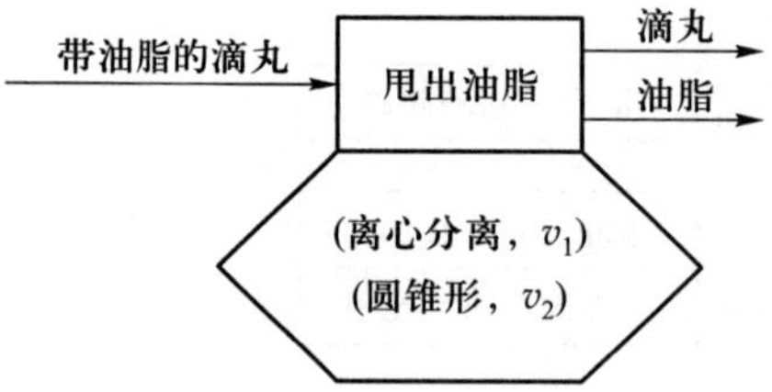

图 6.28 载体技术基

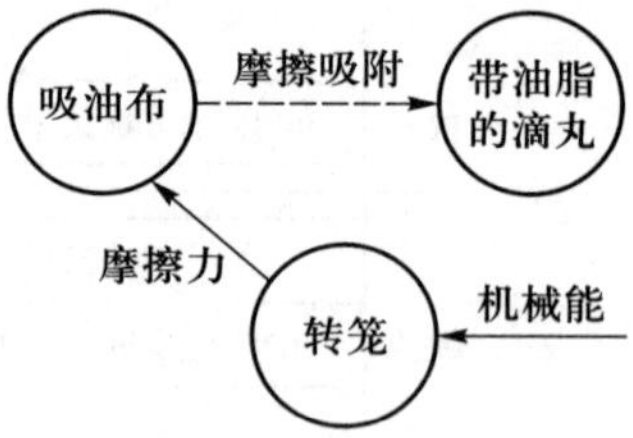

图 6.29 擦拭滴丸脱脂机部分物质–场模型

脱脂机的缺点, 它是一个优良特性, 对于它所带有的不良特性, 可以通过后续设计进行消除。由此可以抽取出它的目的技术基 T_{a}, 如图 6.30 所示。

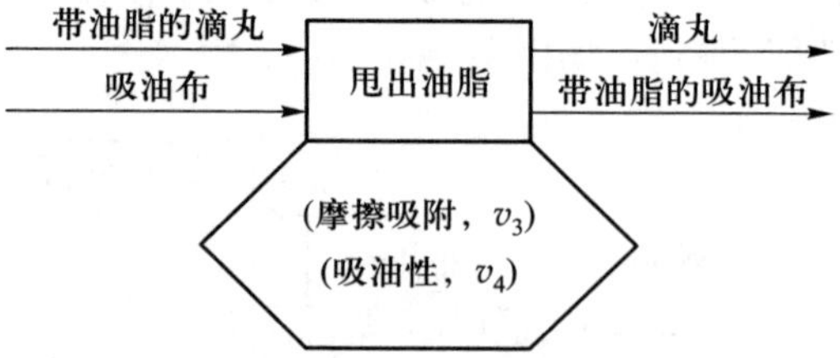

图 6.30 目的技术基

第 5 步: 技术基重组。

将得到的载体技术基和目的技术基按照匹配原则进行技术基重组, 考虑到离心脱脂机能够自动输出油脂, 由此得到新的技术基组为 $T_{\mathrm{S}} = (T_{\mathrm{a}}, T_{\mathrm{c}})$。由于离心脱脂机和擦拭脱脂机都不能实现连续自动输出滴丸, 因此有必要对重组后的技术基组进行改进。

考虑到重组后的技术基组将摩擦吸附作用和离心作用相结合, 由此利用 CAI 软件 (例如 Inventiontool 3.0) 查找与其相关的作用原理或效应链。通过查找, 发现有一个效应链可能能够解决连续进出料问题, 即 "非均匀流体媒质中的离心率" → "受破振动" → "利用惯性运送"。

在该效应链及其实例提供的场景下, 设计者根据自身经验得到解决方案, 即可以利用旋转产生的离心力作用在一个倾斜表面上, 以产生一个沿斜面向上的力, 在惯性作用下使滴丸自动脱离药筒。由此可以对技术基组中的 T_{c} 进行变异操作, 将圆柱形筒变为圆锥形筒, 通过离心力作用圆锥表面产生向上的力, 使滴丸在惯性的作用下自动输出。

变异后的技术基组 $T'_{\mathrm{S}} = (T_{\mathrm{a}}, T'_{\mathrm{c}})$, 如图 6.31 所示。

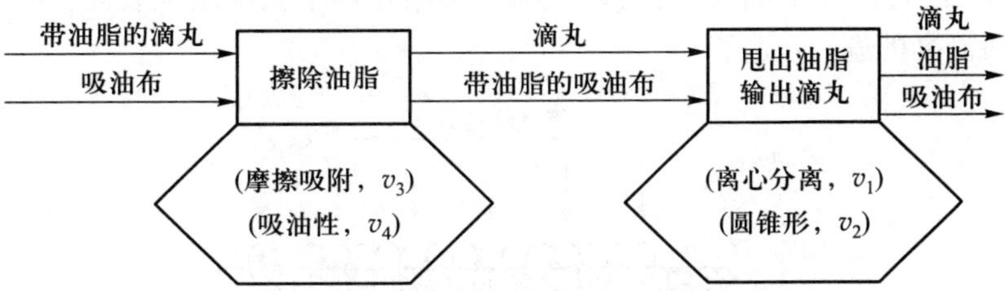

图 6.31 变异后的技术基组

第 6 步: 技术基组的表达及问题分析。

将新得到的技术基组表达为新产品的原理解, 如图 6.32 所示。其工作原理为: 药筒侧壁倾斜一定角度, 并且内壁附着吸油材料, 滴丸机出来的滴丸通过输送带从进料口进入药筒底部, 药筒旋转, 在离心力的作用下使滴丸沿药筒侧壁螺旋上升, 在摩擦吸附作用下实现对滴丸的脱脂, 最终滴丸在惯性力作用下自动从出料口输出, 并且吸油材料上的油脂在离心力的作用下从药筒侧壁的圆孔中甩出。此过程不断重复, 实现了对滴丸的连续操作, 且不需要人工操作。此外, 由于连续进出料, 且滴丸不与药筒直接接触, 因此避免了大量滴丸之间以及与药筒之间的碰撞, 滴丸不容易破碎。

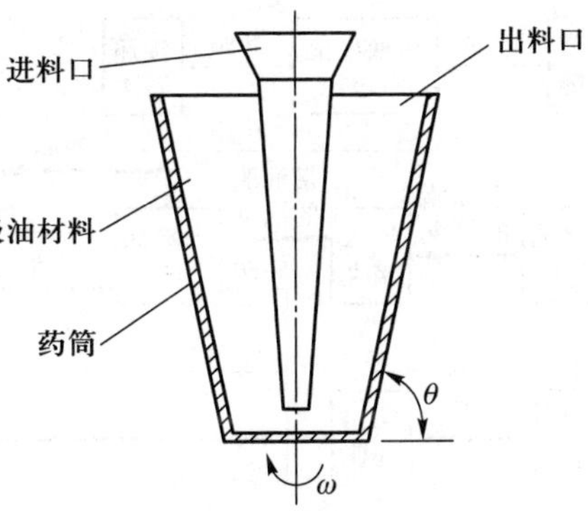

图 6.32 新产品的原理解

分析上述原理解可知, 由于从滴丸机出来的滴丸带有较多的油脂, 当带有较多油脂的滴丸进入药筒后, 可能未达到擦拭要求就已经脱离药筒, 使得脱脂达不到要求。如果要达到满意的去油效果, 就需要延长滴丸在药筒内的擦拭时间, 这就需要增加药筒的长度, 但药筒为离心旋转运动, 较大的长径比不利于系统运动的稳定性, 同时给加工制造带来一定的困难, 设计中存在冲突。该冲突可以表述为: 增加药筒长度可以提高脱脂的质量, 但是会使得设备的稳定性及复杂性恶化。

通过利用 39 个通用工程参数描述冲突并查询冲突矩阵, 可得到 4 条发明原理: 4(不对称)、10(预操作)、15(动态化)、29(气动与液压结构)。发明原理为我们解决冲突提供了方向, 参考得到的发明原理, 并结合自身设计经验以及对具体问题的分析, 这里可以采用发明原理 10 和 29 来解决冲突, 得到的冲突解如图 6.34 所示。输送滴丸的传送带上设有漏油孔, 在风压作用下, 滴丸上的大量油脂脱离滴丸通过漏油孔流出, 只留下在滴丸表面上的吸附力比较强一层的油脂。经过预处理的滴丸被输送到图 6.33 的离心脱脂机构, 经过药筒上的吸油材料, 在摩擦吸附作用下去除滴丸表面上的一层油脂, 从而实现对滴丸的进一步脱脂。

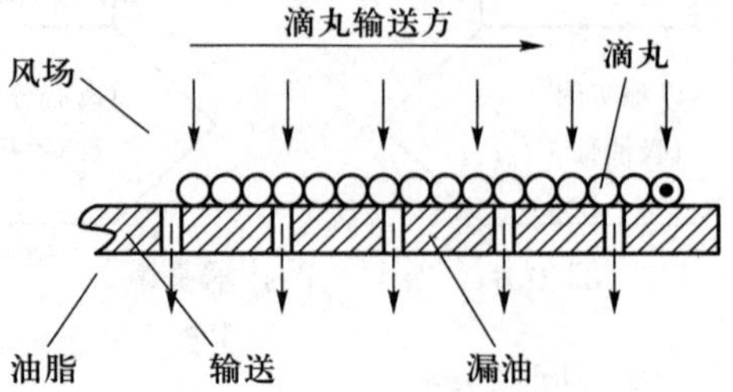

图 6.33　预处理机构原理图

第 7 步: 构建完整技术系统 (将上述 7、8 步合并)。

按照上述分析得到的新产品原理解, 它将滴丸脱脂机分为两个部分: 预处理机构和离心脱脂机构。通过建立整个滴丸脱脂机的功能结构, 如图 6.34 所示。确定其他辅助功能的原理解, 进而将各原理解集成即得到新滴丸脱脂机技术系统。图 6.35 即为新滴丸脱脂机示意图。

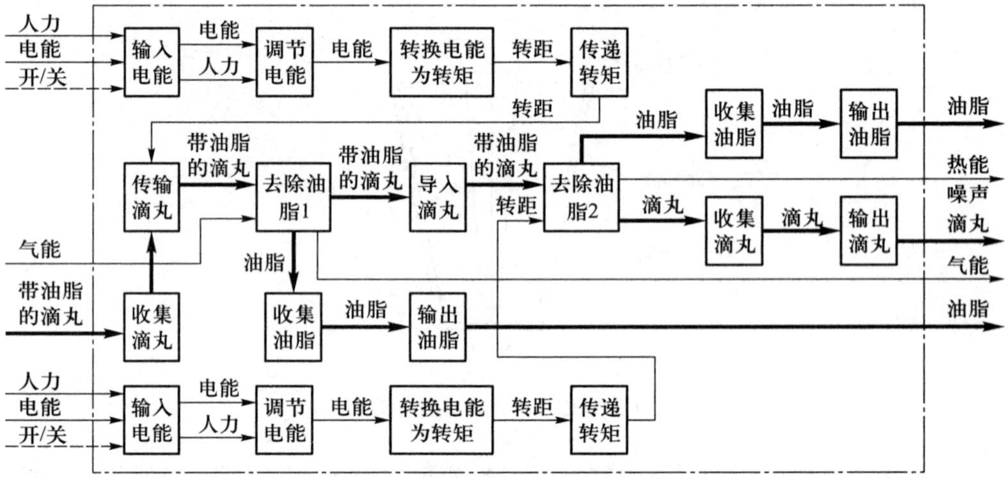

图 6.34　新滴丸脱脂机的功能结构

上述新滴丸脱脂机就是通过集成发明过程得到的新的技术系统或发明。该发明的特点是通过技术杂交集成得到的滴丸脱脂机, 集离心脱脂和擦拭脱脂优点于一身, 滴丸在脱脂的过程中不容易破碎, 并且可以自动回收油脂, 此外还能够实现连续进出料, 无需人工操作, 自动化程度高。

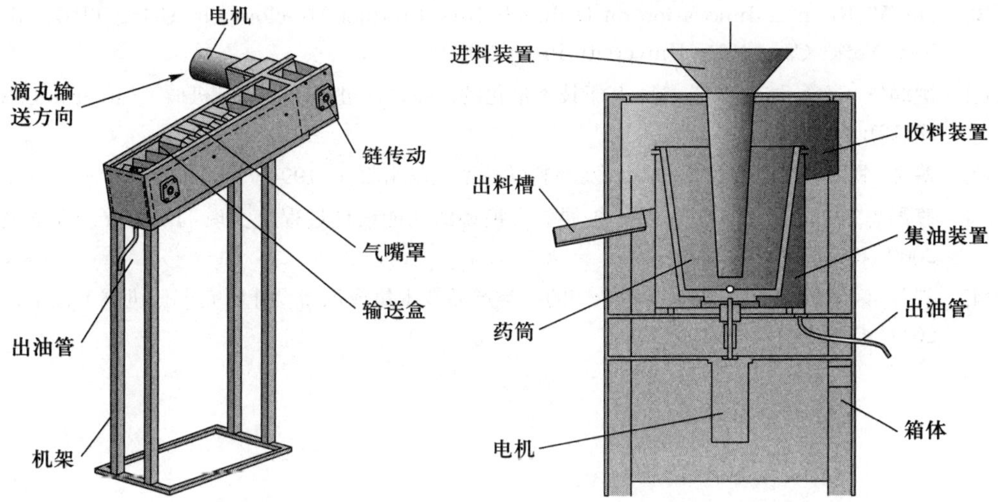

(a) 预处理机构　　(b) 离心脱脂机构

图 6.35　新滴丸脱脂机示意图

6.6 小结

集成创新是近几年来企业应对激烈竞争而产生的一种新的创新模式, 而集成发明是实现集成创新最关键的阶段。本章阐述了集成发明的内涵、分类及原理, 在此基础上分别从功能和技术两个层面介绍了集成发明的实现过程模型, 并以实例说明集成发明过程。本章所介绍的集成发明过程为工程师或设计人员实现集成创新提供了新的思路和方法, 有助于他们充分利用现有资源实现快速创新的能力。

参考文献

[1] 陈劲. 集成创新的理论模式 [J]. 中国软科学, 2002, (12): 23-29.

[2] 陈圻. 中国式蓝海战略——产品功能创新战略及其竞争力评价 [M]. 北京: 科学出版社, 2007.

[3] 张米尔, 杨阿猛. 基于技术集成的产品创新和产品衍生研究 [J]. 科研管理, 2005, 26(1): 38-41.

[4] 刘芳. 面向集成创新的产品设计理论与实现方法研究 [D]. 天津: 河北工业大学, 2009.

[5] 檀润华. TRIZ 及应用 [M]. 北京: 高等教育出版社, 2010.

[6] 檀润华. 创新设计——TRIZ: 发明问题解决理论 [M]. 北京: 机械工业出版社, 2002.

[7] Stone R, Wood K, Crawford R. A heuristic method for identifying modules for product architectures [J]. Design Studies, 2000, 21(1): 5-31.

[8] Pahl G, Beitz W. Engineering Design—A Systematic Approach [M]. 2nd ed. London: Springer-Verlag, 2000.

[9] Zlotin B, Zusman A. The concept of resources in TRIZ: Past, present and future [J/OL]. [2005-03-20]. http: //www.Ideationtriz.com/new/materials/finalconceptresources.pdf.

[10] Fey V, Rivin E. Innovation on Demand: New Product Development Using TRIZ [M]. New York: Cambridge University Press, 2005

[11] 檀润华, 苑彩云, 张瑞红, 等. 基于技术进化的产品设计过程研究 [J]. 机械工程学报, 2002, 38(12): 60-65.

[12] 蔡文. 物元模型及其应用 [M]. 北京: 科学技术文献出版社, 1994.

[13] 曹国忠, 檀润华, 孙建广. 基于扩展效应模型的功能设计过程及实现 [J]. 机械工程学报, 2009, 45(7): 157-167.

[14] 刘芳, 江屏, 檀润华. 基于技术杂交的一类产品技术集成创新设计研究 [J]. 机械工程学报, 2011, 47(21): 123-132.

第 7 章　专利规避发明过程

7.1　概述

当前, 科技发展与信息共享水平高度发达, 专利壁垒中专利数量的增加使得其保护范围越来越宽泛。对于规避专利的技术发展空间越来越小, 单纯从法律角度的专利规避已经很难突破专利壁垒, 必须通过实质性的技术创新, 在现有专利技术基础上进行改进与提高, 开发出具有性能好、质量高和功能强的竞争性技术或产品, 从根本上规避专利壁垒。专利规避发明是通过专利规避设计实现的, 是在现有专利技术基础上进行的一种创新性活动, 不仅能够快速打破技术壁垒, 迅速反应市场变化, 而且也是开发自主知识产权的积极主动专利策略。

本章构建单一专利、专利群和伞形专利规避发明过程模型。

7.2　专利规避发明一般过程

专利规避发明是绕开竞争专利权利保护范围而实现不侵权的创新设计[1]。已拥有核心技术专利的企业, 利用专利规避发明可实施主动性专利防御, 以保持企业的技术优势; 未取得核心技术专利的企业, 可通过专利规避发明突破专利壁垒, 从而得以参与市场竞争。专利规避发明是一项源于美国的合法竞争行为, 最初只是当作专利系统工作的一种方式, 旨在鼓励发明和促进大众文化进步[2]。将发明问题解决理论应用于专利规避发明是由 Ikovenko[3] 于 1991 年首次提出的。近年来, 围绕目标专利的规避发明方法已引起了企业界人士和众多学者的关注, 例如 Chang 等[4] 提出集成 TRIZ 冲突矩阵与概念设计的思路, 并应用于产品规避设计过程; Hung 等[5] 提出一种将 TRIZ 与现有专利技术集成的规避方法; Liu 等[6] 从规避策略与需求分析的角度, 提出一种基于 TRIZ 解决问题的专利集成创新设计过程; 徐业良等[7] 将公理设计的设计矩阵概念应用于专利规避设计流程, 并应用于电磁驱动冲击型手工具的规避设计; 李鹏等[8] 将 TRIZ 技术应用于专利规避设计, 但未进行深入的流程化设计; 车慧中等[9,10] 根据法律专利侵权判断原则对专利管理进行分析研究, 从而有助于确立目标专利及对规避后的专利进行评价。

基于 TRIZ 的专利规避发明的目标是对现有专利技术进行改进或替换, 开发出具有自主知识产权的新技术。专利规避发明过程分为两个阶段, 第一个阶段是从面向创新规避的角度应用 TRIZ 进行现有专利分析, 即分析现有专利的技术特征, 从中找到可以利用的技术资源和信息, 包括现有专利技术所处的技术生命周期中的阶段、技术发展潜力、未来技术发展的理想状态、未来技术失效的形式、当前专利所解决的冲突以及当前技术能力与预期目标之间的差距等。根据这些信息可以清楚地判断出产品的发展趋势和技术特征，为后续相关新技术的开发提供技术支撑。第二个阶段是建立 TRIZ 与专利规避策略之间的关系，在专利技术信息的基础上选择合理的规避策略，并确定出专利的规避方向，根据该方向确定出实现规避专利技术的新技术要克服的问题，将该问题用 TRIZ 问题的形式描述，并采用相对应的 TRIZ 问题解决方法解决上述问题，实现与原有专利技术特征完全不同的新技术，从而规避现有专利的技术垄断。基于 TRIZ 的专利规避发明的一般过程如图 7.1 所示。

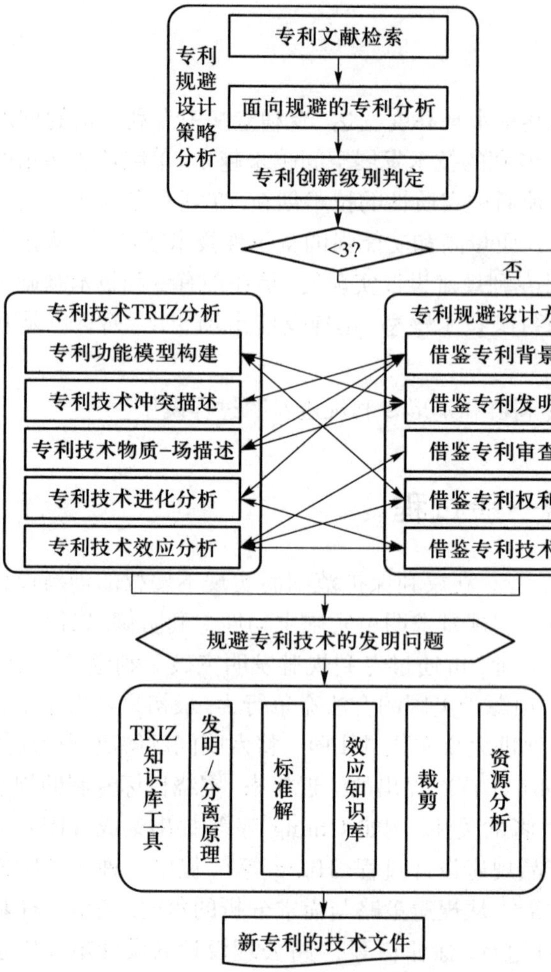

图 7.1 专利规避发明一般过程模型

基于 TRIZ 的专利规避发明第一阶段主要任务是通过对技术和市场的发展趋势分析，明确创新的方向，并结合专利规避策略确定专利规避发明中的发明问题；第二阶段的主要任务是应用 TRIZ 解决该发明问题，并在现有专利优势技术的基础上，根据原理解选择合理的技术进行技术集成。

基于 TRIZ 的专利规避发明步骤有如下 5 步。

第 1 步：面向规避的专利检索与筛选。

通过市场调研确定待开发产品的类似产品，根据类似产品的技术特征定义关键词和关键策略进行专利的检索；通过专利权利人分析发现该产品的主要竞争公司，根据国际专利分类 (international patent classification, IPC) 分析明确主要技术部类、重要专利和基础专利等信息；根据这些信息即可确定该领域的主要专利文献。

第 2 步：面向规避的专利信息分析。

从技术层面了解某专利技术的技术演变、扩散状况、研发策略，确定出该专利所设置的“专利陷阱”，即待规避的专利；分析专利权利要求书确定出专利的必要技术特征和从属技术特征；根据该专利技术对现有产品的性能提高所做的贡献以及在市场中的占有率，并结合 TRIZ 创新基本划分确定专利的等级。

第 3 步：基于 TRIZ 的专利技术创新性分析。

根据待规避设计的技术特征进行专利筛选和级别划分，对于外围专利应用 TRIZ 的冲突、物质–场、功能模型等描述方法对专利技术研发的背景、技术特征、权利要求等进行分析，充分了解设计者的创新思路和解决问题的方法；对于基本专利应用 TRIZ 的技术成熟度预测方法，对相关专利群进行技术成熟度预测，确定现有专利技术所处的生命周期；由技术所处生命周期明确研发策略并选择合理的技术进化路线对该技术的未来发展潜力进行分析。

第 4 步：专利规避过程中发明问题的确定。

分析专利要求书所描述的各技术特征的功效，确定产品的专利空白区、疏松区、密集区、地雷禁区等；根据专利分区划分应用市场，结合专利规避设计原则与 TRIZ 描述问题工具之间的对应关系，确定出专利规避设计的研发目标；分析当前技术特征与对应的市场需求发展趋势以及研发目标之间的差距来定义发明问题。

第 5 步：TRIZ 辅助发明过程。

应用 TRIZ 的分析问题工具进一步转化为 TRIZ 中的标准问题模型，并选择合理的解决问题工具解决该发明问题，明确解决问题的原理解；对于基本专利的技术替代方向，是在利用现有专利的技术基础上，引入新的效应来实现产品的功能目标，并形成全新的技术方案。对于外围专利的技术改进方向，应用冲突分析、物质–场模型对现有专利技术进行标准化描述，将其转化为冲突或标准解来解决，或者利用功能裁剪对产品的结构进行重组，在满足功能要求的前提下选择替代产品结构，形成发明。

根据专利规避方向，结合现有专利的创新知识和企业自身技术优势，定义实现技术升级所要解决的发明问题，应用 TRIZ 理论相关问题分析与解决方法解决该问题，并将概念方案具体化，开发出企业的升级产品。根据专利规避所面向专利群体的不同，将专利规避设计的目标专利分为单一专利和专利群来进行规避设计，将现有目标专利的技术特征及其发明过程中解决的问题，结合技术特征的优缺点确定专利群改进的发明问题，根据这些发明问题引入 TRIZ 对其进行进一步的改进设计，实现创新性专利规避。

7.3 单一专利规避发明过程

专利规避最初的目的是从法律的角度绕开某项专利的保护范围以避免专利权人进行侵权诉讼, 专利规避是企业进行市场竞争的合法行为。因此, 首先对专利规避发明的实施方法做出回应的多源于法律学者, 随着专利纠纷案件的不断积累, 总结与归纳出了相应的组件规避原则, 主要是从删除、替换、更改以及语义描述的变化等方面进行专利规避。功能裁剪作为有效的分析工具能够指导工程师进行技术分析, 并结合专利规避设计原则选择合理的技术进行删除或替代, 从根本上突破现有专利的技术垄断, 实现基于专利规避的发明。

7.3.1 元件规避原则与裁剪模式的统一

规避设计起初是通过学习与模仿原有专利技术, 通过设计者的改良与再设计绕过专利中的权利保护范围, 创造出新技术与产品的设计或发明手法。

元件规避 4 条原则为: 删除原则、附加后再组合原则、替换原则、选择原则。

原则 1: 删除原则。将已有专利权利保护范围中的一个以上元件删掉, 即如 A+B+C 组合以 A+B 实现效果。若可以, 则完成规避效果, 如图 7.2 所示。

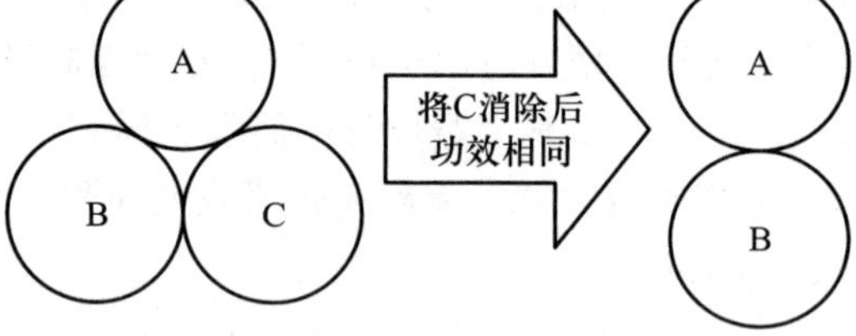

图 7.2 删除原则

原则 2: 附加后再组合原则。在原专利元件的基础上加入新的功能或元件, 重新结合得到新的元件, 从而避开全面覆盖原则及等同原则, 即如 A+B+C 组合用 A+(B+C+D) 来实现功效。若可以, 则完成规避作用, 如图 7.3 所示。

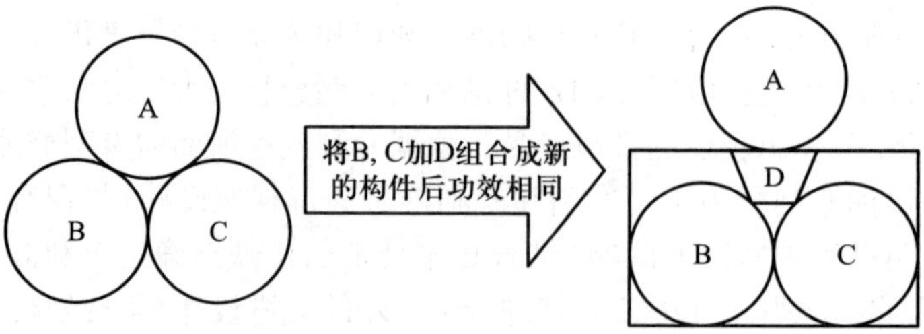

图 7.3 附加后再组合

原则 3: 替换原则。用另一实质不同的元件取代原专利范围中一个以上的专利元件, 即如 A+B 组合用 A+C 来实现效果。若 B 与 C 间等同原则不成立, 则可以达成规避效果, 如图 7.4 所示。

图 7.4 替换原则

原则 4: 选择原则。用先有技术中一个实质不同的元件取代一个以上专利元件。即如 A+B 组合以 A+b 达成效果, 若 b 为先前技术, 且属公共领域, 则实现规避效果, 如图 7.5 所示。

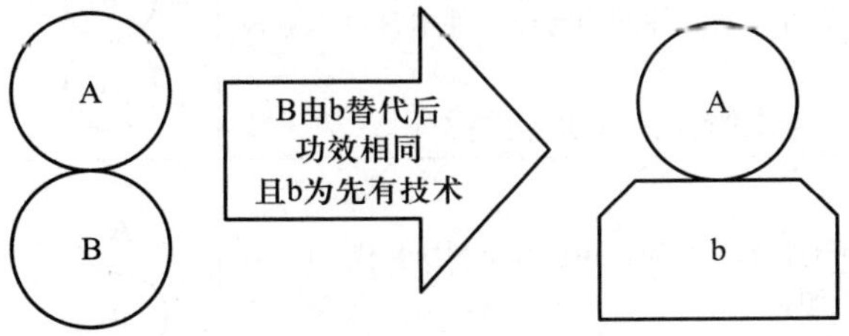

图 7.5 选择原则

这些原则大致分为 3 个流向: 删减流、替代流以及添加流, 如图 7.6 所示。删减流由于元件数量明显减少, 属于减少成本与进步性兼有的手段。替代流分为替换法则与选择原则; 替换原则应用实质不同的元件 (且不为先前技术) 完成功效, 进步性明显但成本不定, 易引入新技术, 且可应用技术进化予以指导, 产生较高发明; 选择原则应用现有技术, 在成本方面对于一般企业较为实用, 且达到规避效果要求。与删减流和替代流相比, 添加流由于元件数量增加, 在成本上有劣势, 但在某种具体应用环境下能达到更好的效果, 且符合集成模块化的趋势, 能实现多功能的产品开发, 不失为一种良好的规避发明原则。企业在具体的规避发明中, 须考虑资源、成本、环境等多重因素进行选择, 已达到高效的规避结果。

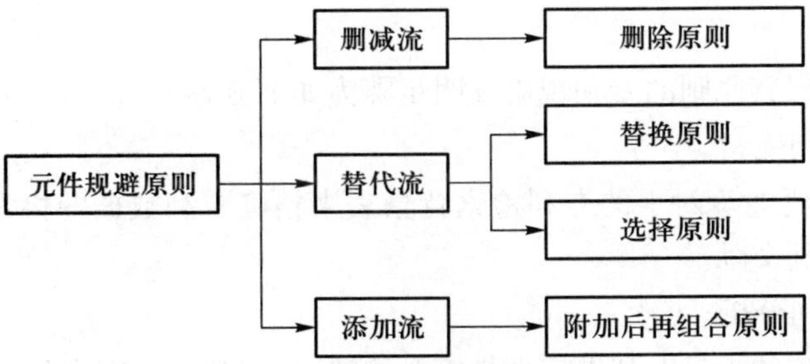

图 7.6 元件规避原则分类

功能裁剪是 TRIZ 中有效的问题分析工具, 它的主要目标是使产品设计最大限度地趋近于最终理想解。通过定义或细化不足、有害和过剩作用定义元件功能关系, 来构建当前产品的功能模型, 之后采取的裁剪模式主要分为删除、替换、添加 3 个方向。由此可见, 裁剪与元件规避原则的实质是一致的。表 7.1 将元件规避原则与功能裁剪的基本模式进行了对比。

表 7.1 元件规避原则与功能裁剪模式的对比

元件规避原则	功能裁剪模式	关键图示
删除原则	① 是否有元件或 (辅助) 功能可以删除掉? ② 是否有必要的功能可以删除? ③ 是否有不需要的功能可以由其他功能所排除?	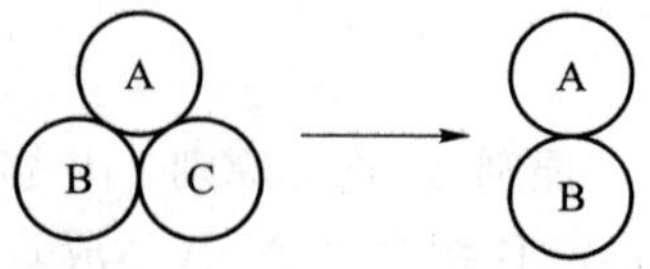
替换原则	① 是否有操作元件可以由其他元件替换? ② 是否一些元件的功能或元件本身可以被替代? ③ 是否系统可以取代功能本身?	
选择原则	是否有操作元件可以由已存资源所替代? (b 为已存资源)	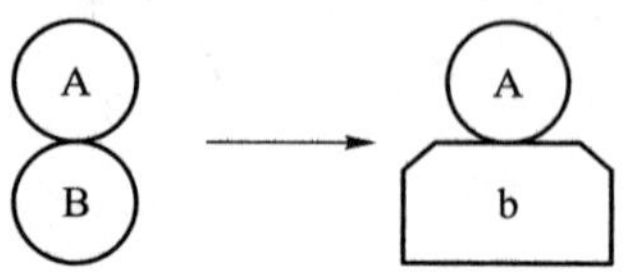
添加与组合原则	是否有大量可利用的资源能使用?	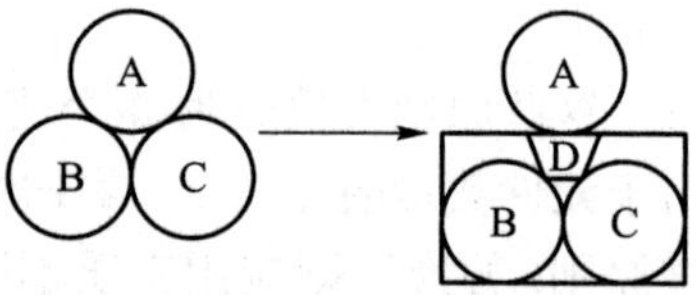

7.3.2 基于裁剪与规避原则的单一专利规避发明过程

在产品概念设计阶段引入专利规避发明的概念, 将侵权判定过程与功能裁剪过程结合, 应用功能裁剪找到规避设计的突破口, 并借以 TRIZ 基本过程进行设计方案的启发, 建立整合专利侵权判定与功能裁剪于一体的 TRIZ 专利规避发明过程, 如图 7.7 所示。

基于裁剪与规避原则的专利规避发明步骤为如下 8 步。

第 1 步: 专利检索。

通过设置主要竞争对手的专利检索背景表来精确专利数据的检索范围, 找到主流技术的最相关专利文献。

第 2 步: 专利分析。

主要对检索到的少量专利进行文献摘要的解读, 以找到已有产品的核心专利。

第 3 步: 明确规避对象。

企业在确定产品设计和技术研发提案后, 会锁定上述专利检索与分析得到的特定的单一核心专利进行规避设计。

第 4 步: 功能裁剪。

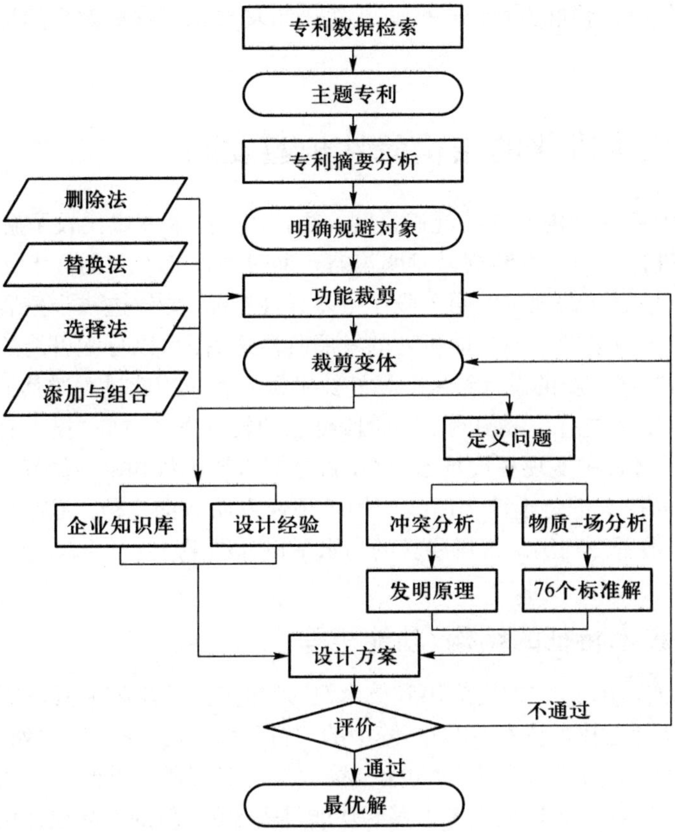

图 7.7 基于裁剪与规避原则的单一专利规避发明过程

应用功能分析建立规避对象专利技术系统的功能模型, 通过功能裁剪中的删除法、替换法等基本模式进行裁剪, 之后得到多个裁剪变体模型。

第 5 步: 裁剪变体。

不同裁剪变体对应着不同的设计概念模型。若它能够直接经过企业知识库与设计经验来转化为设计方案, 则直接进行下一步问题的解答; 若其不能直接转化为概念解, 则需要引入 TRIZ 基本过程, 将裁减变体对应的工程问题加以定义, 得到 TRIZ 问题。

第 6 步: 设计方案的提取。

定义 TRIZ 问题之后, 借以 TRIZ 中的冲突解决理论和物质–场分析等方法寻求一些可行的解决方案。另外, 直接由裁剪变体得到的设计方案同时添加到设计方案库中。

第 7 步: 设计方案的评价。

主要根据价值工程方法, 结合产品工作的实际工作情况进行方案的优选。若不存在适当的方案, 则可返回到功能裁剪阶段, 对原功能模型进行重新裁剪; 也可返回到裁剪变体阶段, 重新选择适当变体模型进行问题的解答阶段, 透过有别于已经选用的解决模块来产生新的设计方案。以此方式, 整个过程构成封闭的反馈过程。

第 8 步: 最优解。

由于裁剪过程同时进行了元件的侵权判定过程, 因而得到的设计方案无需再另加侵权判定; 经过评价得到的设计方案, 即为符合市场要求与规避效果的最优解。该解为专利规避发明。

7.4 基于技术进化的结构元件规避发明

对于产品中特定结构元件的规避发明, 属于对该技术领域比较了解的研发人员为了抢占市场而进行的一种专利规避发明策略。通过对已有专利的技术元件组成和功能关系的分析, 应用适当的规避发明手段产生差异性产品, 能够进一步拓展企业的市场占有率, 并且研发人员了解技术当前所处的发展阶段之后, 可以分配可能的资源对该技术进行有力的突破, 产生新的设计结果。另外技术领先者应用此过程对其拥有的产品专利进行改良与完善, 并透过技术预测下一阶段可能的技术发展方向, 投入有效的研发力量到产品的再开发过程中实现替代技术, 保持自己的市场优势和重新做好专利布局。现主要将 TRIZ 中的技术进化定律与路线应用于规避发明方向定位, 而后通过可行性评估选择设计概念, 最后得到满足市场要求的高水平设计结果。

7.4.1 专利技术特征的结构/功能矩阵

在专利规避发明时, 常常会应用到技术/功效矩阵。该矩阵尤其适用于特殊专利组的关键技术或功能查找。技术/功效矩阵中的“行”表示已有技术, “列”表示功能, 用来调查哪些技术能用来产生特定的功能。技术与功能可通过类似产品的专利摘要表获得。研发人员可以在发明过程中考虑哪些功能是需要的, 新的产品往往可以由其相关技术的重组, 如技术接口和联接方式的重新搭建来实现创新设计。

表 7.2 所示为技术/功效矩阵的应用案例。“发明 I”包含“专利 I”中全部的功能, 若使用全面覆盖原则, “发明 I”中被指控的元件执行本质上相同的功能, 且达到相同的结果, 即使“发明 I”在专利申请时是“新颖的”和“非显而易见的”, 但是它同样造成了对“专利 I”的侵权。相反, “发明 II”中不包含先前技术中全部的技术要件, 而是通过新功能的添加得到发明, 达到了规避已有专利的效果。

表 7.2 技术/功效矩阵

方案/技术		功能							
		A	B	C	D	E	F	G	H
专利 I	(b+d+h)		●		●				●
专利 II	(a+f+g)	○					○	○	
发明 I	(b+d+e+g)		●		●	△		○	●
发明 II	(a+b+c+f)	○	●	□			○		

注: ● 表示功能属于专利 I; ○ 表示功能属于专利 II; △ 表示发明 I 与其他发明的新功能对比; □ 表示发明 II 与其他发明的新功能对比。

在实际应用中, 由于不同专业的技术人员所掌握知识的程度不同, 对于技术的定义与描述不尽相同, 尽管诉述的方向差别不大, 但在实施产品设计时总会产生概念的混淆与误解, 尤其发生在数目可观的专利分析中。同时, 更多的设计者研发时, 关注技术对应的具体结构元件, 以及结构/功能之间的关联。因而, 将技术/功效矩阵进行变形, 将直接表示的技术权位改为结构组成权位, 如表 7.3 所示, 结构组成权位还可依据需要细分为多项子结构; 横列仍旧表示各结构元件完成的功能项, 中间部分表示结构项与功能项的交集专利。通过专利分布的多少来判断对应的关键结构元件与功能类型, 分布专利最多的结构元件为第一优先考虑规避设计的对象, 因为其涵盖的专利数目最多, 则为产品设计的关键组成结构元件。

表 7.3 结构/功能矩阵的一种变型

		I	Ⅱ	Ⅲ	V	···
A	a_1	专利 x、···	···	···	···	···
	a_2	···	专利 y、···	···	···	···
B	b_1	···	···	···	···	···
	b_2	···	···	专利 z、···	···	···
	b_3	···	···	···	···	···
C	c_1	···	专利 x、···	···	专利 x、···	···
	c_2	···	···	···	···	···

工程师或设计人员在进行专利规避发明的过程中, 对于复杂结构的产品技术, 透过结构/功能矩阵可以将已有专利的组成结构进行逐一的分解和细化, 利用专利分布的密集、疏松及空白来分析关键结构和组成元件, 对于多专利组合的结构部件的规避发明效果最佳。它能够快速, 准确地定位设计对象, 减少不必要的专利全信息解读, 保证研发工作的顺利执行。

7.4.2 基于结构/功能矩阵与技术进化的结构元件规避发明

将技术/功效矩阵进行改良, 引入结构/功能矩阵分析来找到关键元件的专利组, 然后通过技术成熟度预测得到专利组对应元件技术所处生命周期的位置, 对应选择适当的技术进化定律与路线来进行产品的创新设计, 找到可行的发展方向, 从而建立一套适用于关键结构元件规避发明的基本过程, 如图 7.8 所示。

基于结构/功能矩阵与技术进化的结构元件规避发明过程分为如下 8 步。

第 1 步: 专利数据检索。

通过在专利检索背景表中的条件设定, 可以应用关键结构元件相关关键词和 IPC 等权位的布尔检索进入专利数据库下载所需的主题专利组。

第 2 步: 结构/功能矩阵分析。

透过结构/功能矩阵表, 可以观察已有相关专利在结构/功能二维布局上的技术分布情况, 从中可以筛选出关键结构元件的专利组合。此方法特别适用于结构复杂的产品的规避设计。

第 3 步: 技术成熟度预测。

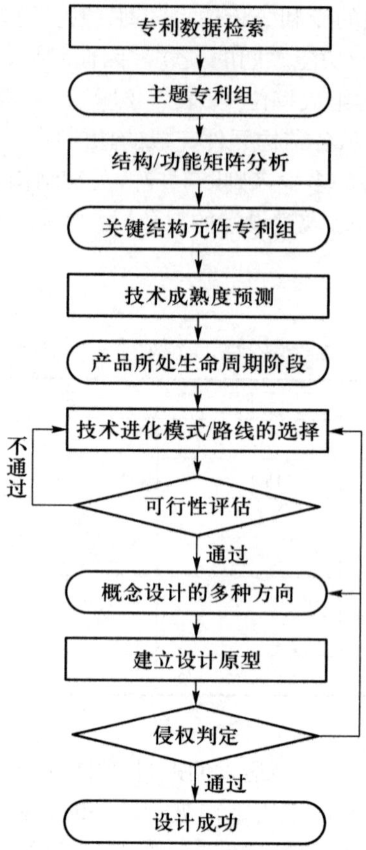

图 7.8 基于结构/功能矩阵与技术进化的结构元件规避发明过程

通过技术成熟度预测可以分析出该技术元件在自己的生命周期上所处的位置, 以启发产品研发人员采用正确的设计策略。

第 4 步: 技术进化定律/路线的选择。

明确了产品的发展阶段之后, 企业可以选择适当的技术进化定律与路线启发下一个阶段多个进化方向和估测进化潜力, 得到概念设计的可能方向。

第 5 步: 可行性评估。

各种可能的技术进化定律与路线可启发多种设计概念, 企业需根据实际的工程环境、成本、人为因素来综合考量其发展方向的可行性。若概念可行, 则进入下一步; 若不可行, 则需要重新回到上一步骤进行技术进化定律与路线的再选。

第 6 步: 建立设计原型。

确定设计概念后, 需要建立新设计的原型。

第 7 步: 侵权判定。

对新设计依据专利侵权判定的流程依次按照全面覆盖原则、等同原则等进行侵权判定, 并建构侵权检核表 (如表 7.4 所示) 来观察专利规避的成功率。若侵权判定不通过则需返回到概念设计的发展方向, 重新选择适当的方向, 或可直接回到技术进化定律与路线的选择上, 以产生更好的设计思路; 若通过侵权审核, 则进入下一个设计阶段。

表 7.4 专利侵权检核表

专利号	关键元件	功能/方式/结果变化	全面覆盖原则	等同原则	禁止反悔原则	争议
A	···		成立			大
B		···		不成立		小
C			···		成立	无
···	···	···	···	···	···	···

第 8 步: 设计成功。

专利侵权判定无误后, 新设计和技术规避完成, 新设计即为专利规避发明。

7.5 基于 TRIZ 的专利群规避发明过程

对于那些刚刚步入市场的后来企业, 开发新产品首先要面对技术领先企业的众多专利障碍。为了避免专利纠纷的发生, 工程师需要全面地了解该领域内已有专利的技术信息才能做好应对措施。对大量的专利一一解读对于专利人员并非易事, 而对于工程师更是要耗费大量的时间与精力。透过有效地专利筛选, 能够很快地掌握到核心技术与重点研发资料。另外对于专利群的有效规避发明, 需要在众多的专利技术组成与功能关系中查找突破口, 然后经过问题求解才能产生规避成功率较高的发明。

首先应用基于技术进化的专利筛选过程, 在专利群中找到最佳的目标专利组, 然后应用专利元件权重对比, 找到优先规避的元件或功能组合予以问题的提取, 最后经过 TRIZ 中的冲突矩阵与发明原理来启发解决问题的最优方案。经由此过程的规避发明, 工程师能够全面准确地掌握可靠的专利资料, 有针对性地进行专利群规避发明, 实现产品和技术的快速更新。

7.5.1 基于元件权重的专利群技术特征提取

在进行专利群规避时, 根据专利群的技术特征和专利规避策略, 明确规避的切入点是进行有效规避的基础。专利群应满足同一需求目标并具有相似功能的关键元件, 这些关键元件体现出的技术实现是专利群的技术特征。在进行专利规避时首先获得与设计目标最相关的专利群, 之后要找出各专利信息中可能达到创新与规避效果的关键元件, 并通过此关键元件的规避设计或发明, 达到对整个专利组合保护范围的突破。

基于专利知识与数学集合原理, 结合权重量化的方式, 通过提出元件权重分析的方法来寻找最佳的规避组合对象。在一组专利群中, 各专利权保护范围中的构成元件的性质或功能可能相同, 若存在实质相同的元件, 在规避发明过程中针对这些元件进行规避即可达到整体规避, 即所考虑的元件数目最少, 设计变量也最少。元件权重分析源于数学交集的理念, 如图 7.9 所示。在对 A、B、C 3 件专利进行规避时, 若以 A、B、C 3 件专利全部元件为对象, 则需考虑的元件数目最多, 规避过程存在的变数最大; 若以两两交集之元件进行规避, 较之以上做法考虑的元件数目减少, 设计变数也减少; 当以 3 件专利完全交集之元件进行规避时, 所需规避的元件数目最少, 设计变化也最少, 相应的成功率就会增大, 因而规避过程应针对三者完全交集的元件进行再设计。

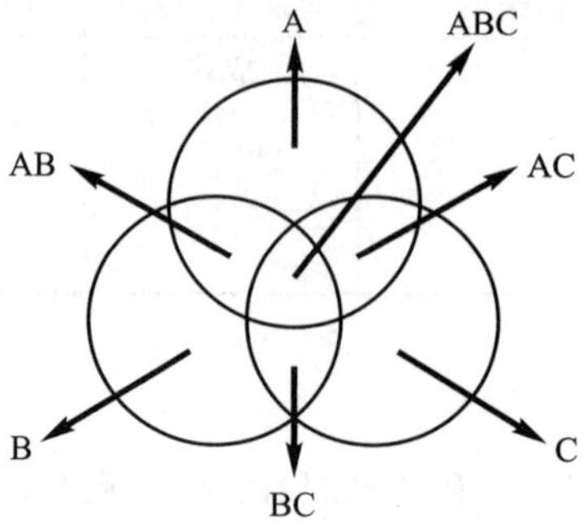

图 7.9 A、B、C 3 件专利间元件的分布关系

元件本身可能包含一个或多个功能项, 依照专利法的观点, 元件只有在执行相同的功能时才被视为相同的元件, 若执行不同的功能则视为不同的技术或元件。在进行元件权重分析时, 必须将各元件本身拆解为多个功能项予以比较, 从而判定元件是否为实质相同的元件。若为实质相同元件, 需要将其区分开来作为规避的关注对象。因此, 使用加权计分的手法来增加元件权重, 以突出其重要的研究价值。

在专利法中各个专利功能项的法律地位是等同的, 即每个功能项对应相同的权重。若以 1 分为计算基础, 即专利范围中每个功能项都代表 1 分, 两两交集处的功能项可代表两个专利, 计分为 2 分; 依此规则推算, 若某一功能项可代表 n 个专利, 则为 n 个专利的交集, 在规避时给出计分为 n 分。“元件–功能”矩阵表是确定关键元件的工具, 将元件所包含功能项得分进行汇总, 并对相同功能项予以加权计算, 这样同时得到规避时各功能项的权重与各元件的权重, 从而提供规避的对象参考。假设 A、B、C 3 件专利, 各有 4 个元件, A 为 A_1、A_2、A_3、A_4, B 为 B_1、B_2、B_3、B_4, C 为 C_1、C_2、C_3、C_4, “元件–功能”矩阵表如表 7.5 所示。

建立“元件–功能”矩阵表的 5 个步骤如下。

第 1 步: 添加“功能项”权位到相应的表列。

矩阵表的行代表各专利名称, 并可拆解出“元件”“元件执行功能项”等权位; 当不同产品添加功能项内容时, 会产生相同的功能项目, 则将相同的功能添加到前一个产品中实质相同的栏目中, 不再增加新的“功能项”权位。

第 2 步: 标记功能项交集关系。

依据上述交集关系, 同一功能项可代表 n 个专利时, 即为 n 个专利的功能交集, 规避设计时得分即为 n 分。在专利元件权重表中, 依“功能项”与“元件执行功能项”的交集比对, 并注为“*”号, 且每个“*”号代表着一次交集标注。

第 3 步: 单一功能项目计分。

将各“*”号标记加以统计, 每一个“*”号计 1 分, 按照每列进行统计, 得到的是每组相同“功能项”的权重, 其结果依次填入相应的合计栏中。

第 4 步: 相同特征元件的判定与加权计分。

加权计分主要遵循以下原则:

(1) 功能项是否在专利保护范围之内;

(2) 拥有该功能项之元件是否为相同元件。

当同时满足上述两条件 (Y) 时, 给予加权乘 2, 以突出实质相同的元件; 当满足条件 (1) 时, 不视为专利保护范围内的相同元件 (N); 当功能项不在专利权保护范围内时 (X), 此项技术已经成为公知技术, 均不予加权。

表 7.5 “元件–功能”矩阵

专利编号	元件	元件所执行功能	FA_{11} FB_{11}	FA_{12} FB_{12}	FA_{21} FB_{31} FC_{21}	FA_{22} FB_{41} FC_{32}	FA_{31}	FA_{41}	FB_{21} FC_{11}	FB_{32}	FC_{31}	FC_{41}	功能得分	元件得分
A	A_1	$*FA_{11}$	*										4	8
		$*FA_{12}$		*									4	
	A_2	$*FA_{21}$			*								6	9
		$*FA_{22}$				*							3	
	A_3	$*FA_{31}$					*						1	1
	A_4	$*FA_{41}$						*					1	1
B	B_1	$*FB_{11}$	*										4	8
		$*FB_{12}$		*									4	
	B_2	$*FB_{21}$							*				2	2
	B_3	$*FB_{31}$			*								6	7
		$*FB_{32}$								*			1	
	B_4	$*FA_{41}$				*							3	3
C	C_1	$*FC_{11}$							*				2	2
	C_2	$*FC_{21}$			*								6	6
	C_3	$*FC_{31}$									*		1	4
		$*FC_{32}$				*							3	
	C_4	$*FC_{41}$										*	1	1
													52	总分
		总计	2	2	3	3	1	1	2	1	1	1		
		相同特征 (Y/N)	Y	Y	Y	N	X	X	X	X	X	X		
		加权后得分	4	4	6	3	1	1	2	1	1	1		

第 5 步: 元件最终得分汇总。

根据每组“功能项”权重得分, 将该元件中对应的所有功能项得分予以加和, 即总分为该元件的得分。

在上述的 3 个专利元件权重分析表中 (表 7.5), 以 A_2 元件包含的 FA_{21}、FA_{22} 功能项得到 9 分最高, 视为第一优先规避对象, 且在 A_2、B_3、C_2 3 个元件中均包含 FA_{21},

在本例中只要针对此功能项或针对 A_2、B_3、C_2 3 个元件进行规避即可达到规避效果。

通过元件权重分析专利中技术实施方案, 明确各个专利的功能路径以及元件之间的功能关系, 同时也可由此项直接判断技术实施是否可行, 对于那些合理的技术予以剔除。为了了解专利权中可能的权利要求, 须将每个元件的多项功能予以拆解, 才能完整正确地描述元件的法律意义。在此情况下得到的组合建议, 是最少的元件数组合而成的。对一组专利群进行规避时, 根据元件权重得分挑选出最佳的规避组合, 权重分数较高的元件涵盖专利群中所有专利, 并且在每一个专利保护的范围内被解读。

7.5.2 基于 TRIZ 的专利群规避发明过程

在明确待规避设计的专利目标群并将专利群的技术特征进行权重聚类分析之后, 确定出规避现有专利技术范围的目标, 该目标是突破现有专利壁垒的技术研发方向。但对于设计人员, 不仅需要规避的突破口, 同时需要在现有专利技术的基础上, 以技术突破口为目标进行有效地创新, 吸收现有技术优势, 进行产品技术的有效集成。专利规避发明的本质是在现有技术基础上消化吸收再创新, 实现这种创新的关键是找到技术突破口, 即专利规避的方向, 之后引入系统化创新方法, 将实现技术突破要解决的问题定义为 TRIZ 中的发明问题, 选择 TRIZ 中的相关方法解决问题, 从根本上突破现有专利的技术垄断。

IPC 聚类分析与 TRIZ 结合的专利群规避设计是一种专利规避发明方法。通过聚类分析确定规避设计的突破口, 应用 TRIZ 解决发明过程中的发明问题, 实现在现有技术基础上的技术突破, 并通过申请专利保护新的技术, 实现专利规避发明过程。该过程首先在专利群中找到规避成功率最高的专利组合; 之后, 通过元件权重分析法对目标组合进行元件功能分析, 从中得到规避设计的突破口; 最后, 经过 TRIZ 各种方法的应用解决问题, 启发创新设计过程有效方案的产生。为此, 建立了针对专利群为规避目标的快速完整的规避设计流程, 如图 7.10 所示, 其过程包括如下 8 个步骤。

第 1 步: 专利数据检索。

对于技术相关专利群的检索, 通常放宽设定检索条件, 以保证专利数据的全面, 准确。主要通过关键词、时间及 IPC 等权位的布尔检索来进行专利数据下载, 目前国内已有相关的专利下载软件来批量下载说明书, 如保定大为软件 PatentEX 专利信息创新平台, 它支持批量下载专利文献的摘要及 pdf 说明书。

第 2 步: 主题专利聚类分析。

对通过目标专利筛选流程找出最佳规避主题专利组进行聚类分析, 既能保证关键技术的全面性, 又能减少不必要的专利数据分析时间, 对后期工作的展开意义重大。

第 3 步: 专利摘要表的建立。

在专利规避设计的过程中, 为了能够全面地了解已有专利中记载的技术信息, 设计者需要进一步将专利文献中技术元件的功能、方法及结果透过专利分析摘要表记录下来, 以便于之后的技术开发。

第 4 步: 建立元件–功能表。

透过专利技术实施例中的描述与达成结果的先后步骤, 逐一建立 “元件–功能” 表。

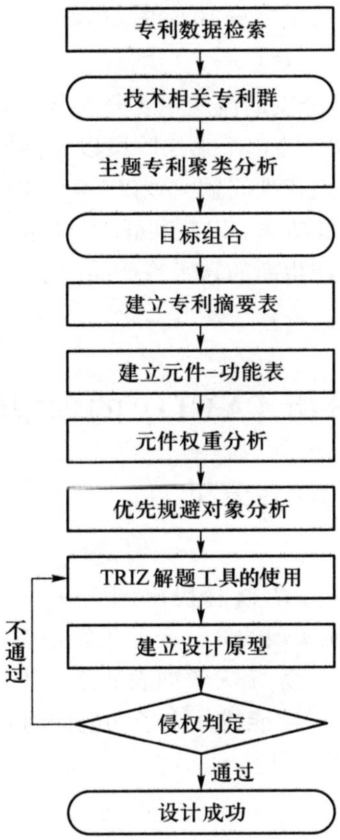

图 7.10 以专利群为目标的规避设计流程

在此表中将元件拆解成多个具体的功能项, 用以正确地描述各元件的法律内涵。

第 5 步: 专利元件权重分析。

应用元件权重计算方法, 可以求得专利技术包含各元件及功能项得分排名, 透过元件权重比对找出专利群中规避设计的关键元件, 研发人员通过不同优先规避对象的组合, 来提供新设计的思考方向。

第 6 步: 优先规避对象的确定。

参考原产品中的功能设计要求, 依据元件权重分析的结果, 通过组合不同的功能项和元件来启发新设计方案, 进一步确定规避设计的优先顺序, 并予以给定设计的条件约束。

第 7 步: 使用 TRIZ 工具解题。

规避设计是以专利侵权判定过程与内容为基础, 借以新设计与原专利之差异而避免落入专利保护范围。通过设计条件的约束以及规避设计手法进行问题建议, 然后经由 TRIZ 冲突矩阵与发明原理来进行创新设计解题, 最终取得规避设计的效果。

第 8 步: 侵权判定。

依据法律判定的基本流程对创新设计的方案予以侵权审核, 并评估其是否符合可专利条件, 必要时可以改善设计结果。若侵权判定不通过, 则需返回到上一步设计概念的求解过程中重新求解; 若通过则进行下一步。当新设计结果侵权审核无误时, 则完成整个的专利群规避设计过程。

以专利群为目标的专利规避发明流程主要分为 3 个阶段。第一阶段是对国内大量的专利数据进行筛选得到主题目标组; 第二阶段以元件权重分析得到优先规避的关键元件或功能项组合, 能够快速地找到问题突破口; 第三阶段应用 TRIZ 工具产生设计概念, 有效地提高了规避结果的成功率。以专利群为目标的专利规避设计能够突破技术领先者在本国高筑的专利壁垒, 产生新的技术或产品, 同时透过专利分析全盘了解技术组成与发展动向。

7.6 基于预期失效分析 (AFD) 的伞型专利规避发明

7.6.1 AFD 及伞型专利组合分析

1. AFD 方法

AFD 是基于“颠倒分析”的概念提出的潜在失效分析及预测方法[11]。根据 Altshuller 的三定律, 一个功能实现的充分必要条件是该功能实现所需的全部组件在系统中或系统周围全部实现。一个系统失效的表征是总体功能的丧失或达不到预计功能的全部效果, 也可以是某一个子功能或几个子功能同时丧失或达不到预计功能的全部效果。AFD 方法依据以下两个原则。

原则 1: 失效的 S_0。

系统总体功能和全部效果的实现为系统的成功情景, 设定曲线 S_0 上每一点都表示某一时间段的成功情景。如果针对某一时间段, 提问“这个地方这个时间什么东西会变坏?”, 得到一个初始事件 (initiating event, IE)。假定 IE 发生, 则源于该 IE 的一系列事件可表示为一个失效情景 S_i, 其失效情景表示[12] 如图 7.11 所示。

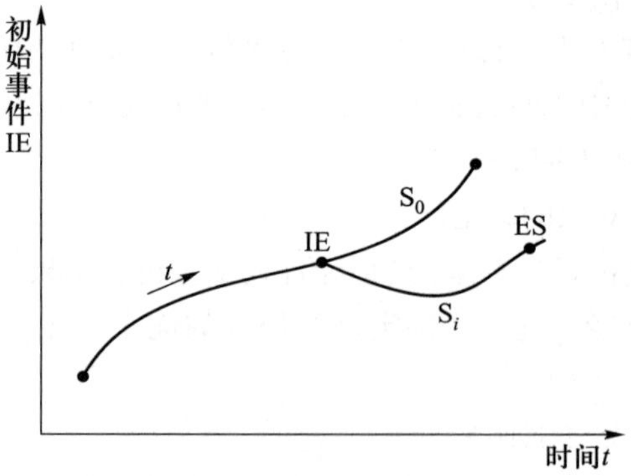

图 7.11 失效情景表示[12]

原则 2: 失效的资源。

如果一个初始事件所有必需的资源都出现, 那么该事件导致的失效将会发生。反之, 如果一个初始事件所有必需的资源中有一个或有几个没有出现, 那么该事件导致的失效将不会发生。

简言之, AFD–1 即失效分析应用于已有失效发生的场合, 用于解决“这种失效发生的根本原因是什么”。AFD–2 即失效预测, 应用于识别可能发生但还没有发生失效的场合, 用于解决“系统过程可能发生什么失效”。

2. 伞型专利组合规避

专利组合分为束型、链型、星型、伞型等类型。其中, 束型是面向单一问题的专利组合, 星型是面向多系统融合问题的专利组合, 链型是面向产品生命周期的产业链专利组合, 而只有伞型专利组合是面向一个产品系统的多问题专利组合方案。因此, 将产品系统分解成多个组件模型, 划分组件专利群形成产品的伞型专利组合, 从而建立产品系统的专利权项集束, 来构建权项与问题的对应关系。

(1) 面向产品系统的伞型专利组合模型。

一个产品由实现不同分功能的多个组件构成, 各个组件下的专利特征技术构成一个伞型专利组合, 共同形成一个权利保护范围, 成为支撑产品系统的专利技术壁垒。伞型专利组合中各专利是为面向不同问题模块而提出的专利技术方案, 因此专利间可相互组合使用。

举例来说明伞型专利组合的数据特点。选定一个目标企业中某个产品, 假设该产品由 A、B、C 3 个组件组成, 分别检索各个组件下的专利, 得到不同组件下的专利群。

$\{A\}=\{A_1, A_2, \cdots, A_n\}$

$\{B\}=\{B_1, B_2, \cdots, B_n\}$

$\{C\}=\{C_1, C_2, \cdots, C_n\}$

在此基础上, 针对各个专利组件中的每个重点专利进行分析, 分别标定其各个专利权项 A_{im}、B_{im}、C_{im}, 建立整个组件下的专利权项集束, 进而建立整个产品系统的专利权项集束 $\sum A_{im}+\sum B_{im}+\sum C_{im}$。建立其伞型专利组合模型, 如图 7.12 所示。

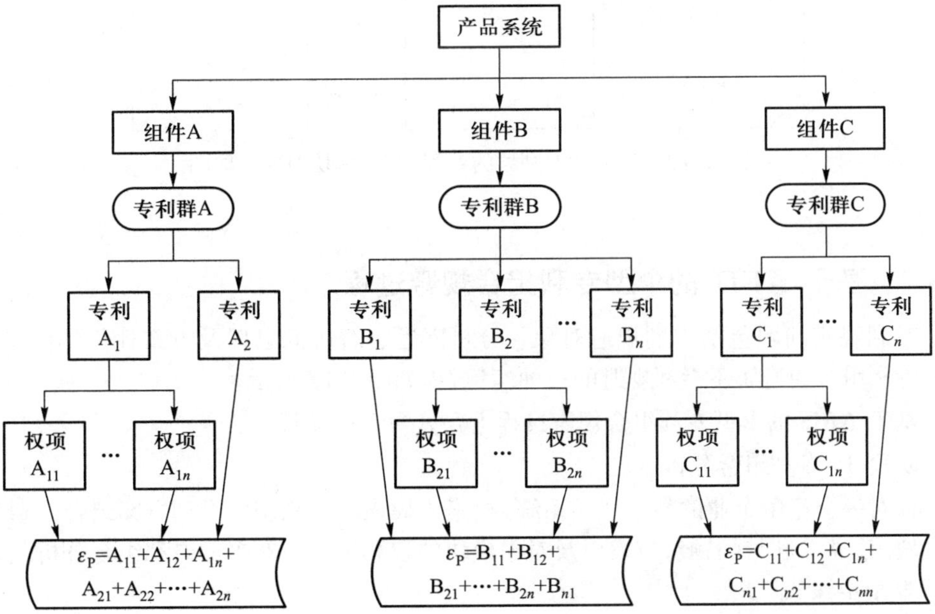

图 7.12 一个产品系统的伞型专利组合模型

(2) 建立伞型专利组合的专利–问题模型。

要实现对专利技术的规避, 就必须将隐于实施方案后的具体问题找到。专利规避过程为其申请的逆过程。专利是承载技术方案的规范性法律文件, 包括权利要求书和说明书。每一个权项是针对一个技术问题解决的全部必要技术特征的集合, 因此, 通过对权项的解读, 提取出专利所解决的技术问题与技术方案, 将问题汇总成集合, 作为 AFD 失效分析的现有问题集。

针对伞型专利组合, 选择产品系统组件 A 为例来说明此过程。组件 A 中涉及的专利群为 A_n, 其对应的技术问题集为 T_n, 每个 A_i 中对应了多项权项集合, 而权项集合中会存在重复权利要求, 通过合并后, 获得有效权项 (A_{11}, A_{12}, A_{21}, A_{31}, A_{32}, $\cdots$, A_{n1}), 提取相应的问题集 (T_{11}, T_{12}, $\cdots$, T_{1n}, T_{21}, T_{31}, $\cdots$, T_{n1}), 完成由专利组向问题集转化, 其转化过程示意图如图 7.13 所示。

考虑到失效分析即 AFD 方法可发现问题和预测新问题, 这与伞型专利组合规避策略具有契合性。因此, 对于提取的具体问题可以利用 AFD 方法挖掘问题根源, 同时预测及发现新问题, 在此基础上, 利用 TRIZ 解决问题形成技术方案, 结合专利申请要求, 形成规避专利, 这些新专利即为专利规避发明。

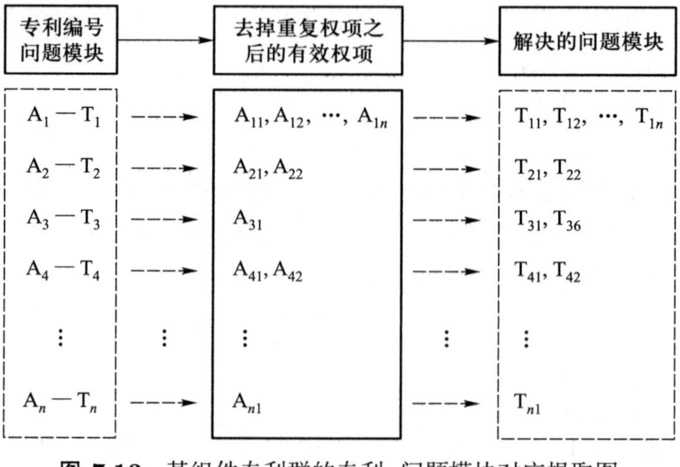

图 7.13 某组件专利群的专利–问题模块对应提取图

7.6.2 基于 AFD 的伞型专利组合规避过程

专利规避问题包括识别规避对象、分析问题、解决问题以及方案评价具体步骤。伞型专利组合规避属于专利规避的一种, 其过程如图 7.14 所示。

基于 AFD 的伞型专利组合规避过程主要分为 4 个阶段。

阶段 1: 专利组合分析。

针对一个竞争企业的某个产品系统, 检索支撑该产品系统的专利方案组合, 选择对象模块, 建立专利与问题对应表以及对象模块的权利地图。对伞型专利组合分析, 包含如下 3 个步骤。

第 1 步: 建立面向产品系统的伞型专利组合模型。

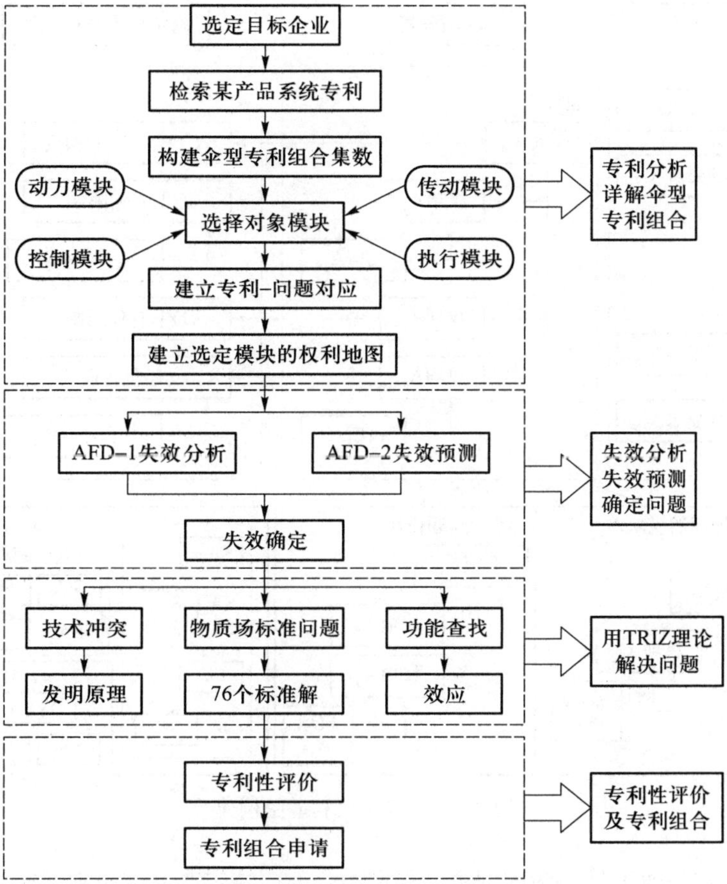

图 7.14 基于 AFD 的伞型专利组合规避过程[12]

选定某个产品系统, 进行组件分解, 分别检索各个组件专利, 得到相应的专利群。分析组内各项专利, 建立整个组件的专利权项束, 进而建立伞型专利组合模型。其具体过程如图 7.12 所示。

第 2 步: 建立伞型专利组合的专利–问题模型。

将伞型专利权项进行重复权利要求合并, 获得有效权项集, 在此基础上, 提取问题集并完成由专利组向问题集转化, 转化过程示意图如图 7.13 所示。

第 3 步: 组件权利地图构建。

选定某对象组件, 假设其存在 A_1、A_2、A_3 3 个专利支撑, 对基础专利 A_1 进行权项结构分析, 提取每个权项的元件组成, 确定权项之间的关系是进一步限定的补充技术特征还是增加的技术特征, 并对基础专利 A_1 范围最宽的独立权利要求建立基本功能模型。同时, 将其他两项专利 A_2 及 A_3 的独立权利要求所反应的技术方案作为增加的技术问题模块补充到权利地图中, 构建一个对象组件的全部专利地图, 详细过程如图 7.15 所示。

阶段 2: 失效分析。

针对现有关键专利技术进行已有问题的 AFD–1 失效分析和潜在问题的 AFD–2

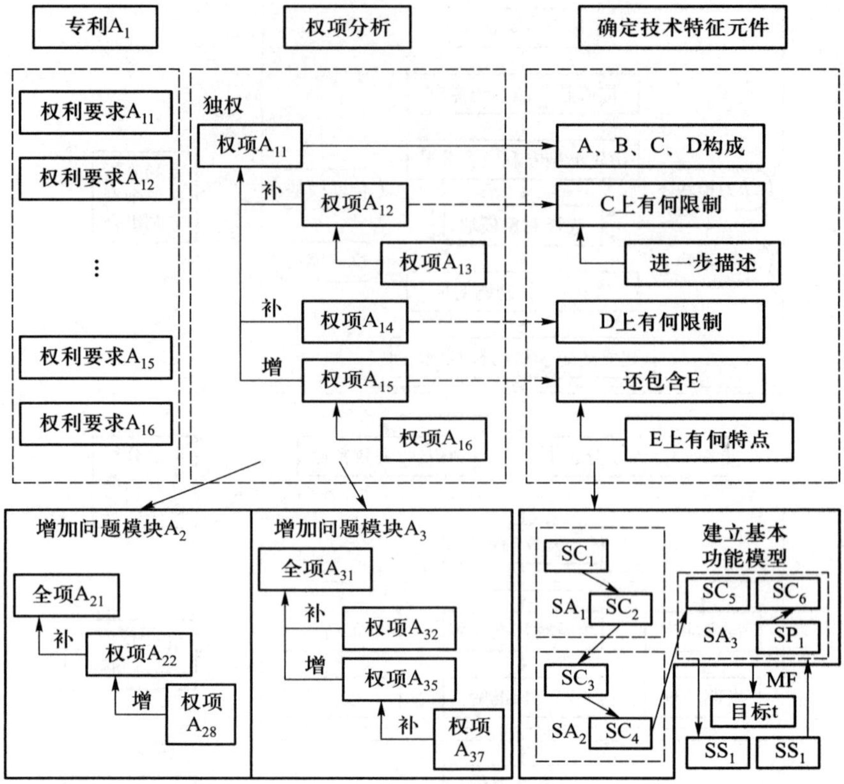

图 7.15 组件权利地图构建

失效预测, 确定失效事件。考虑到伞型专利组合面向特定产品或技术系统, 而任何产品均可按照特定装配工艺路线顺序进行装配, 同时考虑到 AFD 分析多面向产品系统的使用过程而开展, 因此, 可依据装配路线的逆过程对整个产品系统进行分解, 建立反向鱼骨图, 为失效分析提供条件。其过程如图 7.16 所示。

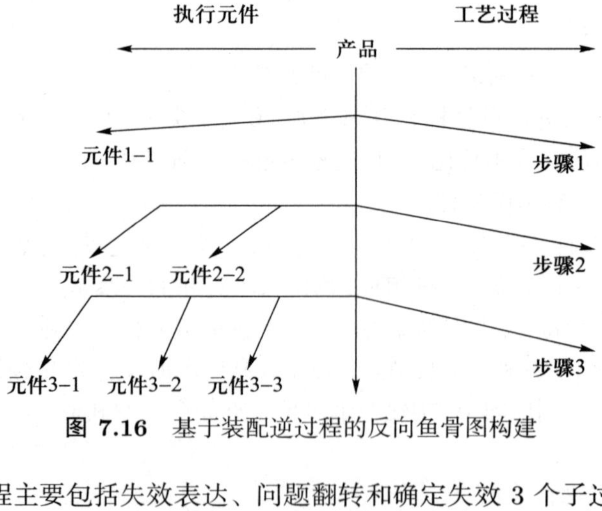

图 7.16 基于装配逆过程的反向鱼骨图构建

失效分析过程主要包括失效表达、问题翻转和确定失效 3 个子过程, 如图 7.17 所示, 其目的在于通过构建系统功能成功情景, 采用 AFD 方法确定已存在的失效问题和预测可能失效问题，具体过程如下。

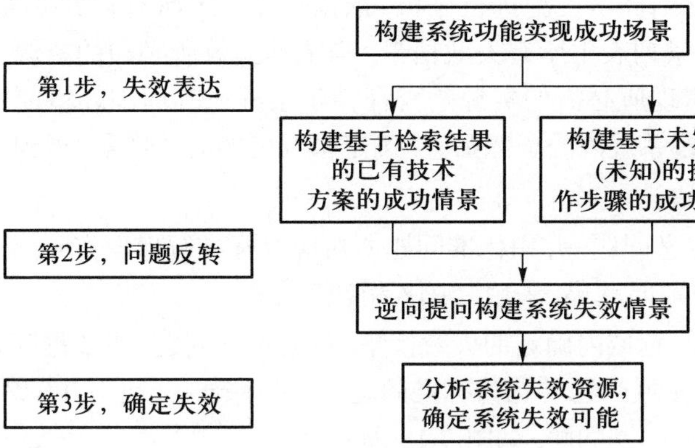

图 7.17 基于 AFD 的失效分析及预测过程

(1) 失效表达。

在面向伞型专利组合中，其失效表达为对产品系统的成功情景再现。主要从两个方面完成失效表达，一是基于已检索到的功能元问题，构建基于检索结果的已有技术方案的成功情景；二是对未检索到的功能元问题，构建基于未发现的成功情景，如表 7.6 所示，用 S_i 来表示步骤 i 的成功情景。

表 7.6 功能实现过程中系统元件操作步骤的成功情景

元件	操作步骤	成功情景
1	步骤 1	S_1
2	步骤 2	S_2
⋮	⋮	⋮
i	步骤 i	S_i

(2) 问题反转。

基于 AFD 中的“颠倒分析”思维，对存在的成功情景进行反转和重新描述，将成功情景变成逆向问题，即为“如果系统的任务是使成功情景失败，应该如何去做”。如正常成功情景是轴承在使用很长时间后仍能很好地与中心齿轮配合，没有位移；变成逆向问题后成为：怎样才能使轴承移出原来的位置呢？构建问题反转后情景如表 7.7 所示，用 R_i 来表示步骤 i 的失效情景。

表 7.7 功能实现过程中系统元件操作步骤的失效情景

元件	操作步骤	失效情景
1	步骤 1	R_1
2	步骤 2	R_2
⋮	⋮	⋮
i	步骤 i	R_i

(3) 确定失效。

基于系统内及周围环境资源进行分析, 依据表 7.7 中所有得到的失效情景进行筛选, 逐一分析失效情景列表中所有失效情景, 确定其失效所必须的资源, 根据资源查找算法确定失效情景实现所必需的资源是否存在于系统或其周围环境之中, 将资源缺失的失效情景剔除, 通过系统内外资源筛查, 确定系统可能失效情景, 得到失效问题集。

阶段 3: 问题解决。

应用 TRIZ 去定义问题, 并用标准问题所对应的标准解启发实际问题的解决, 提出方案解。对建立的失效问题集, 采用 TRIZ 解决问题。

首先, 选取失效问题域内确定的失效情景, 然后定义问题, 再依据问题类型, 选择不同的 TRIZ 方法, 将领域问题转化为标准问题; 在此基础上, 利用 TRIZ 基本发明过程解决问题, 并得到领域问题的解, 如图 7.18 所示。

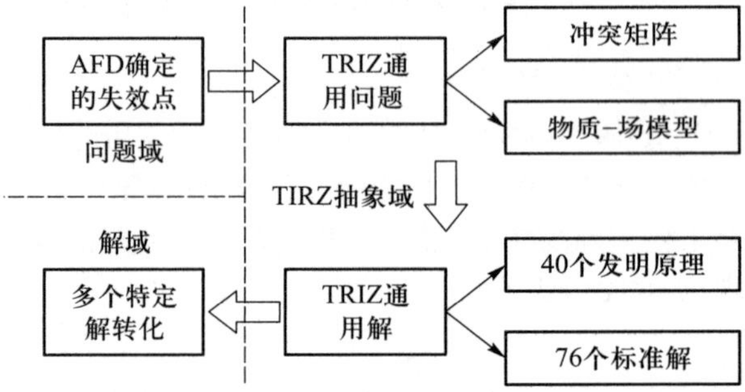

图 7.18 TRIZ 问题解决过程模型

阶段 4: 专利评价。

应用专利评价模型筛选、评估多个方案解, 并进行专利组合申请。

采用不同 TRIZ 基本过程实现对不同失效问题的求解, 获得了相应的技术提示或方案。要实现对伞型专利组合的成功规避, 就必须将获得的技术方案进行专利申请。专利文件不仅是创新技术方案的载体, 而且是一种具有法律依据的文本, 具有法律效应。因此需对求解的技术方案进行专利性评价, 进而获得专利, 实现成功规避。

依据专利的“新颖性”“创造性”“实用性”的评价体系, 对经 TRIZ 方法得到的创新技术方案, 采用专利评价体系进行筛选, 评价最终设计方案是否具备专利的实质授权条件, 并制定相应的申请策略, 进行专利组合布局, 具体的流程如图 7.19 所示。

其中新颖性评价方法如表 7.8 所示: 假设新方案的总功能可分解为 T_1 和 T_2 两项分功能, 其中某项分功能 T_1 可以分解为 A 和 B 两个功能元, 每个功能元有相应的等同词 A′ 和 B′, 根据不同专利数据库的要求构筑布尔逻辑检索式例如 (A*m or A′*n) and (B*m or B′*n), 分功能 T_2 包含功能元 C, 等同词为 C′, 构筑检索式例如 C*m or C′*n, 其中 m 和 n 为英文检索库中的截词符。在专利数据库中进行专利检索, 检索现有技术中与解决分功能及功能元技术问题相关的技术方案, 分析新技术方案是否具有新颖性。

对具有新颖性的创新技术方案, 依据创造性的高度不同, 判断技术方案申请类别, 构成由发明专利、实用新型专利、外观设计专利组成的专利组合, 考虑到整个规避过程为面向某一产品系统, 因此规避的专利组合也为伞型专利组合布局, 将其规避结果与目

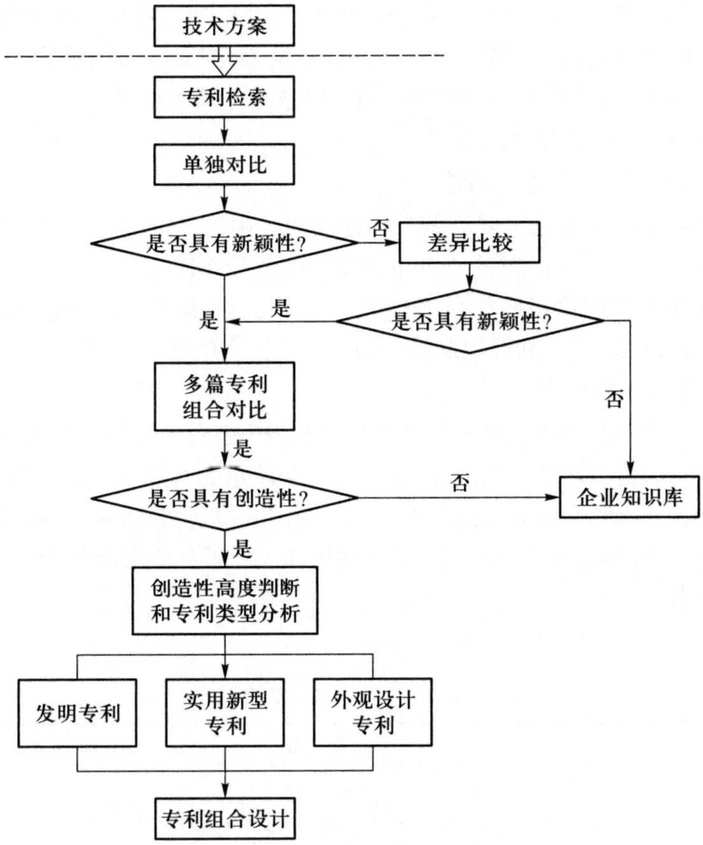

图 7.19 专利实质授权条件评价模型

标专利组合进行比较, 可重复进行上述规避过程, 以达到规避效果。

表 7.8 新颖性检索策略表

解决的主要技术问题	等同词	布尔逻辑检索式
分功能 T_1	A′ B′	(A*m or A′*n)and(B*m or B′*n)
分功能 T_2	C′	C*m or C′*n

7.7 案例研究

7.7.1 封隔器专利群规避设计

封隔器是石油开采中的重要工具, 具有弹性密封元件, 并借此封隔各种尺寸管柱与井眼之间以及管柱之间环形空间, 并隔绝产层, 以控制产 (注) 液, 保护套管的井下工具。由于油田老化, 为保证稳产, 二次采油及三次采油对封隔器的性能要求更苛刻; 而且与深井、超深井、水平井及分支井作业相匹配的封隔器也严重缺乏。因此有必要系统总结现有封隔器技术及产品, 加大新材料研发力度, 开展新的座封方式和作业工艺研究, 为油田开发提供有力支持。应用专利群规避设计流程, 对现有封隔器的专利技术进行分析, 确定现有封隔器技术的难点和规避对象, 以技术创新来推动封隔器的技术发展, 并开发出适应油田作业的新型封隔器。

(1) 封隔器专利检索与聚类分析。

目前封隔器工作时常见主要问题为中途座封、串封、蠕动、密封失效、错封等现象, 主要原因在于井下工具与套管之间的摩擦, 以及胶筒损坏、工作压力失控等。多数的解决手法在于工艺的严格操作与结构材料的改进, 本文从结构上对封隔器进行创新设计, 借以整合 TRIZ 与专利群规避设计的集成方法实施技术突破。

第 1 步: 专利数据检索。

发明专利与实用新型专利对于设计人员具有相当的参考价值。因此, 定义搜索专利类型为发明专利与实用新型专利两类, 建立表 7.9 所示的封隔器专利检索背景表。经由大为软件的 PatentEX 专利信息创新平台的专利下载模块, 进入中国国家知识产权局的专利数据下载中心, 输入专利检索背景表的相应权位, 得到检索结果为发明专利 62 件、实用新型 611 件。

表 7.9 封隔器专利检索背景表

搜寻公司	不限
搜寻地区	中国
搜寻年份	1985—2009
搜寻权位	专利名称 (Title)、专利摘要 (Abstract)、专利范围 (Claims)、描述/说明书 (SPEC)、国际专利分类号 (ICL)、IPC 分类 (E21B 33/)
搜寻语言	中文
数据库名称	中国国家知识产权局 (http: //www.sipo.gov.cn/sipo/de-fault.htm)
关键词	"封隔器 (packer)""卡瓦封隔器 (anchor packer)""金属封隔器 (metal packer)""水力封隔器 (downhole hydraulic packer)""双封隔器 (twin packer)""深井封隔器 (deep well packer)""分层隔离封隔器 (layered isolation packer)""热采封隔器 (thermal recovery packer)"
专利类型	发明专利、实用新型专利

第 2 步: 主题专利组聚类分析。

通过基于技术进化与 IPC 聚类分析的目标组合筛选流程进行规避对象的定位。首先查找封隔器对应的国际专利 IPC 号 (第八版), 对与主题无关的专利进行一次筛选, 如表 7.10 所示。表 7.10 中专利的数量是通过下载专利数据逐一地与 IPC 对照得来, 其中将包含多个 IPC 号的同一专利作分别的 IPC 重复累计, 因此得到的专利总数是大于下载的专利总数的。

在原来的 673 件专利中提出其他 IPC 分类的专利 54 件, 剩余研究对象为 619 件。另外, 基于设计对象技术的考量, 我们不对多级封隔器进行规避开发, 且相比较其他技术分类专利数目来讲, 对大体的封隔技术的发展影响不大, 所以将 E21B 33/122 分类的

12 件专利从规避的考虑范围剔除。

表 7.10 封隔器专利的主要 IPC 分类

IPC 分类	技术主题	专利数量
E21B 33/12	封隔器; 封堵物 (用于注水泥的入 E21B 33/134、E21B33/16)	283
E21B 33/126	带有流体压力操作弹性皮碗或套筒 (E21B 33/122、E21B 33/124 优先)	27
E21B 33/127	带可膨胀套筒的 (E21B 33/122、E21B 33/124 优先)	98
E21B 33/128	带受轴向压力而向径向膨胀构件的 (E21B 33/122、E21B 33/124 优先)	203
E21B 33/129	带向套管内钩放的机械卡瓦 (E21B 33/122、E21B 33/124 优先)	10
E21B 33/122	多级封隔器	12

应用专利数量/申请时间的关系曲线来反映不同技术分类专利组的技术成熟度预测。不同 IPC 分类的专利组会得到专利申请数量随时间变化的不同曲线, 如图 7.20 所示。

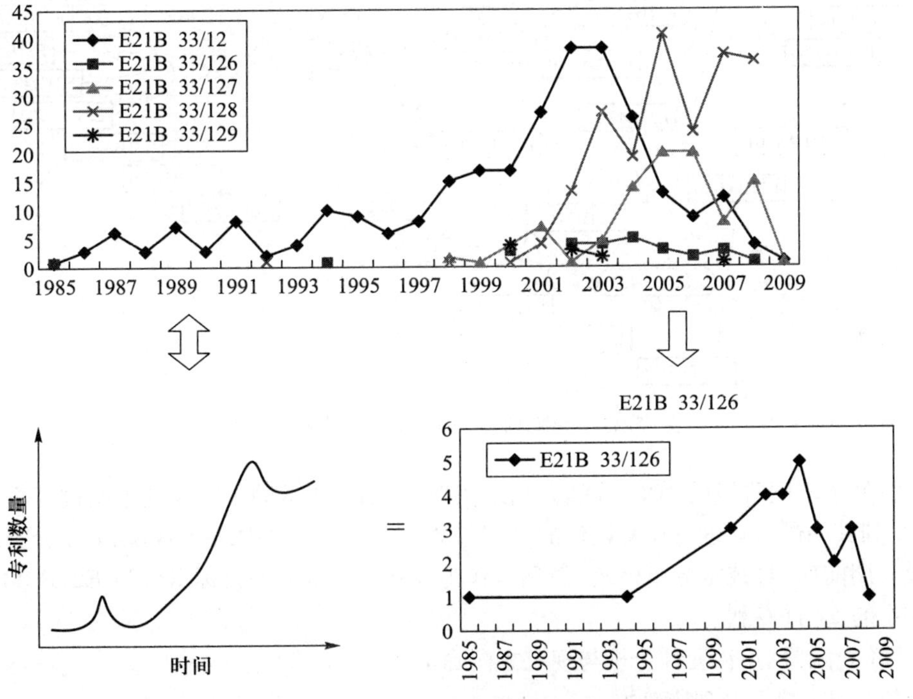

图 7.20 封隔器技术成熟度预测曲线的比对

在图 7.20 中, 提取 E21B 33/126 专利组的曲线与 TRIZ 中专利数量随时间变化的基本曲线对比, 可以看到专利曲线处于成长期前期; 以此规则分别对其他专利组进行技术成熟度曲线对比, 得到表 7.11 的不同发展阶段的 IPC 专利组。与此同时, 将提取的多 IPC 专利组合进行 IPC 聚类分析。首先依据 IPC 聚类模型的规则建立如图 7.21 所示的封隔器专利的 IPC 聚类模型。从图中反映出核心专利技术主题与外围技术分类的分布关系。透过多 IPC 专利组聚类模型中的技术分布验证最适合进行规避设计或其他专利策略的不同专利组。

表 7.11 处于不同阶段的 IPC 分类专利组

不同的专利分类组	不同的产品生命周期阶段
E21B 33/12	退出期
E21B 33/126	成长期前期
E21B 33/127	成熟期
E21B 33/128	成长期后期
E21B 33/129	婴儿期

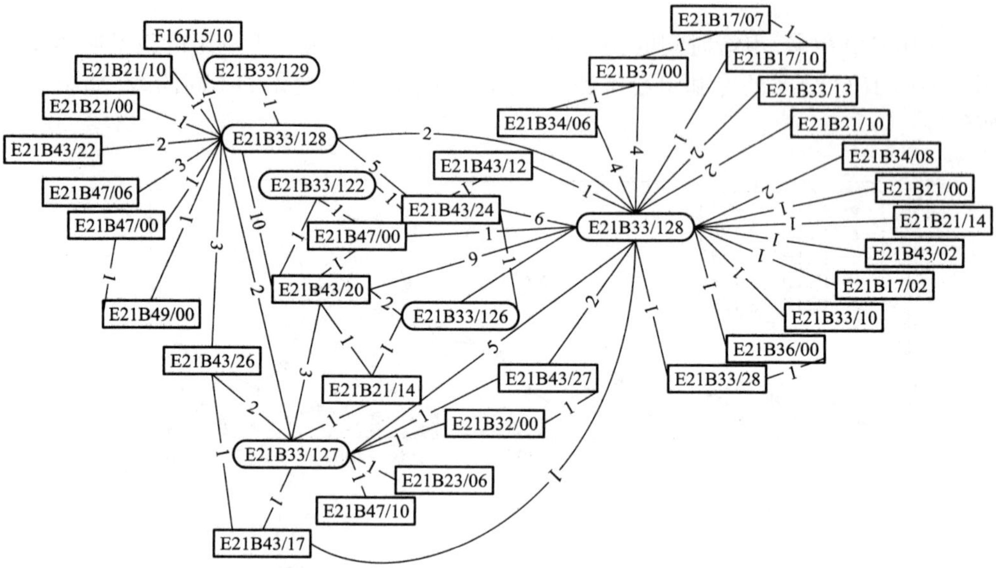

图 7.21 封隔器多 IPC 专利组的聚类模型

将处于不同阶段的 IPC 分类专利组依据表 7.11 所示的不同专利策略进行重新划分, 得到其中最适宜进行规避设计的专利分类组。在本实例中, E21B 33/126 分类组处于成长期前期, 且技术分布稀疏, 最适合作为专利规避设计的目标组合为 E21B 33/126 分类组的 27 件专利。

(2) 封隔器功能–元件分析与规避方向确定。

第 3 步: 建立专利摘要表。

为了在专利规避设计的过程中, 准确地了解专利全盘的技术信息, 需要对上述筛选结果按照专利摘要表中所分类的技术内容一一填充, 得到 27 件专利摘要表。表 7.12 给出其中一件专利的摘要表示例。

透过专利摘要表的建立, 我们发现 E21B 33/126 专利组中主要的封隔器类型为扩张式、球座式、皮碗式以及一般式 4 种, 其中扩张式是此类专利组的技术重点, 因此我们把研究方向首先落到扩张式封隔器的技术突破上。

表 7.12　封隔器专利摘要表

封隔器 专利分析记录表编号 001

<table>
<tr><td rowspan="2">专利名称</td><td rowspan="2">温控热膨胀式封隔器</td><td>申请号</td><td>CN00107852.6.A</td><td>专利类型</td><td>发明专利</td><td>IPC 分类</td><td>E21B33/126</td></tr>
<tr><td>专利号</td><td>———</td><td>公开号</td><td>CN1330205A</td><td>法律状态</td><td>有效</td></tr>
<tr><td>申请日期</td><td>2000.6.27</td><td>公告日期</td><td colspan="2">2002.6.27</td><td>分析日期</td><td colspan="2">2009.11.21</td></tr>
<tr><td>专利申请人</td><td>阚红专</td><td>发明人</td><td colspan="2">阚红专</td><td>专利分析人</td><td colspan="2">姚</td></tr>
<tr><td>关键技术</td><td colspan="7">① 本发明密封动力部分主要由膨胀反应缸和胶筒构成, 当反应缸中填充物 (石蜡) 受热成为液态, 经过流孔道进入胶筒, 迫使其向外扩张, 起到密封油管和套管之间环形空间的密封作用; ② 解封方法有两种: (a) 注水降温解封法; (b) 正向旋转上提解封法</td></tr>
<tr><td>原有技术缺陷</td><td colspan="7">支撑式、卡瓦式在井下作用中不能多极使用, 需依靠卡瓦或井底的支撑点来完成密封; 水力压缩式、水力扩张式、水力密闭式不仅制造工艺复杂, 且作业时须依靠地面上专用设备加压; 由记忆合金等组成热力自封式, 因受温差所限, 应用范围较窄</td></tr>
<tr><td>专利功能</td><td colspan="7">本发明简化了封隔器制造与作业的程序, 取消了地面压力遥控, 可不配合卡瓦专用工具, 可单独多次重复使用; 且适应温度范围广, 在 50 ~ 200°C 的任何一个温度段油井都可调节使用</td></tr>
<tr><td>技术方法与重要图示</td><td colspan="7">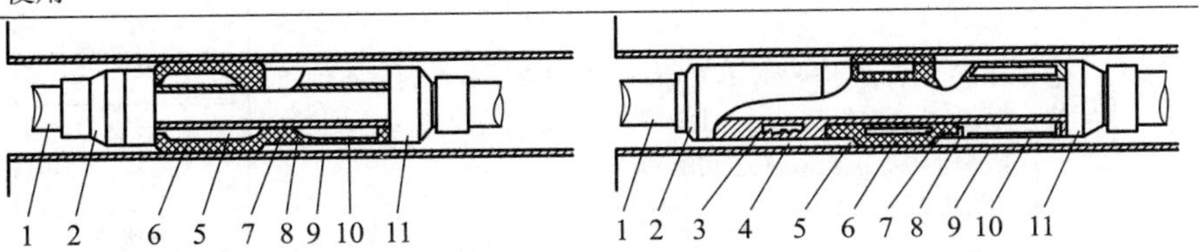
1—油管; 2—上接头; 3—解封锁紧丝; 4—胶筒滑套; 5—中心管; 6—胶筒; 7—过流孔道; 8—注入孔; 9—套管; 10—膨胀反应缸; 11—下接头。图 1 为注水降温解封法; 图 2 为上提旋转解封法</td></tr>
<tr><td>达成结果</td><td colspan="7">制造工艺简单、密封可靠、解封简便、可重复使用等</td></tr>
<tr><td>专利范围</td><td colspan="7">① 一种井下作业用封隔器, 由胶筒 6、膨胀反应缸 10 和解封锁紧套 3 构成, 其特征是: 在胶筒下端有一过流孔道与膨胀反应缸相通。② 上述装置特征: 膨胀反应缸填充物为石蜡, 是封隔器胶筒扩张力的来源, 能适应井内 50 ~ 200°C 的环境温度。③ 根据实际作业条件要求, 可在石蜡变成液态时, 加入一定比例的铝粉、铜粉等导热介质, 加快热传导速度, 从而控制石蜡由液态至固态, 以及由固态至液态的反应时间。④ 采用解封锁紧丝套 3 与中心管 5 反向方形丝扣连接, 在油管 1 带动上接头 2 正转情况下, 驱使解封锁紧丝套上移, 并拉动胶筒上提滑套, 使胶筒变细</td></tr>
</table>

第 4 步: 建立元件–功能表。

依据上述专利摘要表, 透过产品功能实施的具体路径, 建立每个专利的元件–功能表, 然后通过对比元件–功能表中的元件构成与功能项关系, 找到不同封隔器中的差异元件和特殊的功能项。如表 7.13 给出了专利申请号为 CN00107852.6.A 的温控热膨胀式封隔器的元件–功能表。

第 5 步: 元件权重分析。

由上述步骤可以得到所有专利中的组成元件和功能项, 然后通过专利元件权重评比, 计算各功能之得分, 然后根据各元件拥有的所有功能对应的得分加和得到各元件得分, 最后进行元件排名。

本文研究的封隔器种类繁多, 且每种封隔器的用途各不相同。因此有必要在进行元件–功能表的提取时, 将不同的结构模块予以标出。首先对 E21B33/126 专利组中的 6 件扩张式封隔器专利的元件–功能表进行汇总。发现随着多种功能的加入, 其包含的结构模块相应地增多, 但基本的模块不变, 即都必须具有座封结构与解封结构, 有的甚至仅有座封结构, 如表 7.14 所示。从该表中可以看到后三项专利基本包含座封结构和解封结构, 我们对其进一步进行元件权重对比分析, 如表 7.15 所示。

表 7.13 元件–功能表举例

<table>
<tr><th>结构模块</th><th>操作方式</th><th>元件</th><th>功能</th></tr>
<tr><td rowspan="4">座封结构</td><td rowspan="4">① 下至适当深度, 温度升高到反应温度, 石蜡融化膨胀; ② 石蜡经由过流通道注入胶筒内部, 胶筒被迫扩张座封</td><td rowspan="2">反应物 (石蜡)</td><td>储存能量</td></tr>
<tr><td>填充胶筒</td></tr>
<tr><td>胶筒</td><td>密封环空</td></tr>
<tr><td>膨胀反应缸</td><td>储存反应物</td></tr>
<tr><td rowspan="7">解封结构</td><td rowspan="7">① 油管注水降温, 石蜡凝固, 外力推压胶筒内缩直到回缩复位; ② 上提油管, 上接头与胶筒压盖脱离, 拉动胶筒滑套上移, 拉长胶筒达到解封</td><td>上接头</td><td>连接油管</td></tr>
<tr><td rowspan="2">解封丝套</td><td>锁紧中心管</td></tr>
<tr><td>限位滑套</td></tr>
<tr><td>滑套</td><td>拉长胶筒</td></tr>
<tr><td>中心管</td><td>支撑组件</td></tr>
<tr><td>下接头</td><td>连接下油管</td></tr>
</table>

表 7.14 扩张式封隔器专利的结构分布

专利号	座封结构	解封结构	洗井结构	液压助推结构
ZL200420018862.9	●	●		
ZL200420063217.9.A	●	●		●
ZL03239424.1	●	●	●	
ZL94211164.8 A	●	●		
ZL00226535.4	●	●		
ZL02275538.1	●	●		

第 6 步: 优先规避对象确定。

本次权重分析结果以“上接头”“下接头”得分最高, 应为第一优先规避的对象; 另外“中心管”列为第二优先规避的对象, 其余项目则作为检核项, 以用来对新设计进行验证。

(3) 封隔器专利规避设计。

封隔器的主要功能在于实现井下可靠密封, 但由于采油深度的不断增加, 对其整体装备的工作性能提出了更高的要求, 尤其对于胶筒的耐高温、高压及耐腐蚀性能提出挑战性的要求, 本文主要从分析目前封隔器密封所存在的问题和现象着手。

目前封隔器工作出现的主要问题及原因是在深层采油作业中, 封隔器要想实现良好的封隔效果, 除了胶筒材料对强度的极限要求较高外, 首先要满足实现其膨胀动作的足够坐封力; 另外多数的封隔器只能实现一次座封, 因此不能多次重复使用, 工作设备的寿命大打折扣。封隔器规避设计目标及其限制条件为: 新设计产品应能够提供足够的坐封力, 基本满足封隔的功能要求, 应利于封隔器使用寿命的延长。

表 7.15 封隔器三项专利的元件权重分析

编号	元件	元件执行功能	密封环空	保护皮碗	连接上油管	连接下油管	固定护板	支撑组件	固定胶筒	防止泄压	传递液力	隔离油砂	导引液流		功能得分	元件得分
A	皮碗	密封环空	*												3	3
	护板	保护皮碗		*											1	1
	上接头	连接上油管			*										6	8
		固定护板					*								2	
	下接头	连接下油管				*									6	8
		固定护板					*								2	
	中心管	支撑组件						*							6	6
B	胶筒	密封环空	*												3	3
	中接头	固定胶筒							*						2	2
	上接头	连接上油管			*										6	6
	中心管	支撑组件						*							6	6
	O 形耐油盘根	防止泄压								*					1	1
	中心管水波缝	传递液力									*				1	1
	下接头	连接下油管				*									6	6
C	胶筒	密封环空	*												3	3
	胶筒座	固定胶筒							*						2	2
	上接头	连接上油管			*										6	6
	下接头	连接下油管				*									6	6
	中心管	支撑组件						*							6	6
	防沙环	隔离油砂										*			1	1
	导水槽	导引液流											*		1	1
															76	总分
产品 A=CN94211164.8 产品 A=CN94211164.8 产品 A=CN94211164.8		合计	3	1	3	3	2	3	2	1	1	1	1			
		相同特征元件 (Y/N)	N	X	Y	Y	X	Y	X	X	X	X	X			
		加权后得分	3	1	6	6	2	6	2	1	1	1	1			

由于上接头位于封隔器的上端, 一般不作为提供座封驱动力的装置, 并且中心管结构简单, 难以有所突破, 所以我们将规避的突破口定位于“下接头”的创新设计上。

第 7 步: TRIZ 解题工具的使用。

TRIZ 理论中含有丰富的解题工具, 能够帮助研发人员系统高效地开展产品创新设计。冲突矩阵的工程应用最为广泛, 通过 39 个工程参数中改良及恶化的参数对将实际问题转化为 TRIZ 问题, 在冲突矩阵中查找相应的 40 条发明原理, 以启发设计者广泛的思维方向, 产生最佳的解决方法及途径。因此, 首先找到本设计问题对应的工程参数。

封隔器在下井坐封时, 要实现良好的封隔作用, 首先应于下井到适当位置时提供足够大的坐封力, 且通常的密封失效的出现是由于后期密封力的不足造成胶筒早早进入疲劳极限, 而致使封隔器的使用寿命缩短。该问题理想解为提高封隔器工作条件下的坐封压力, 以使其合理可靠地进入正常工作状态, 定义需要改进的工程参数为向以胶筒为核心的密封机构提供的坐封力的大小, 另外, 除了借以外界相当的液压助力, 还要提供大的坐封压力, 必然会对座封装置的结构设置提出更高的要求, 即导致恶化的负面因素为提高了装置的复杂性。封隔器提高坐封力的问题对应的工程参数对为: 需改善的工程参数为参数 10——力, 恶化的工程参数为参数 36——装置的复杂性。之后我们将这对参数经过冲突矩阵的对应查找, 得到发明原理为 26、35、10、18, 如表 7.16 所示。

表 7.16 封隔器创新可采用的发明原理

编号	发明原理	解释
26	复制	用简单的、低廉的复制品代替复杂的、昂贵的、易碎的或不易操作的物体; 用光学拷贝或图像代替物体本身, 可以放大或缩小图像
35	参数变化	改变物体的物理状态, 即使物体在气态、液态、固态之间变化; 改变物体的浓度或黏度; 改变物体的柔性; 改变温度; 改变压力
10	预操作	在操作开始前, 使物体局部或全部产生所需的变化; 预先对物体进行特殊安排, 使其在时间上有准备, 或已处于易操作的位置
18	振动	使物体处于振动状态; 如果振动存在, 增加其频率, 甚至可以增加到超声; 使用共振频率; 使压电振动代替机械振动; 使超声振动与电磁场耦合

在封隔器坐封力的提供上, 通常的方法是通过从中心管内注液提供压力, 通过液孔进入座封活塞缸, 活塞在液力的作用下压缩胶筒实现坐封; 再者经由膨胀反应缸的物理状态膨胀进入胶筒内腔实现径向胀封。前者坐封力产生大小较好, 且使用寿命比较长。对于胶筒坐封动作的实现宜采用液压推力实现; 根据表 7.16 不同的发明原理可以启发设计者不同的设计方案, 其中预操作原理指出, 可以预先对物体进行特殊安排, 使其在时间上有所准备, 或已处于易操作的位置; 当封隔器胶筒已经处于膨胀状态时, 若存在一个事先设定的装置, 于封隔器坐封失效时, 提供再次的液压推力以保持胶筒坐封状态, 则可进一步延长封隔器整体的使用寿命; 另外, 已经进入地层坐封位置的封隔器经常会受到外界液力组织的压迫。基于以上的考虑, 试想若能在封隔器结构上实施一个装置, 当胶筒坐封后才产生工作的预备, 同时应用外界压力进行较长时间的二次坐封, 则不仅能保证密封的可靠性, 还能变有害作用为有利资源应用于工作过程中。这样我们就能从预操作原理的角度提出二次座封的技术考量, 进入下一步骤的设计原型建立阶段。

第 8 步: 建立设计原型。

对于上述阶段提出的二次座封的概念, 经由已有专利数据的考察, 虽然类似的补偿座封概念已经出现, 但于真正意义上的结构改良设计还未出现, 因此能够实现规避设计的效果。

基于动作时间上的考虑, 该装置与第一次座封的机构相比, 与胶筒较近的为首次座封动作机构; 另外二次座封要应用外界液压来驱动活塞装置, 所以第一次座封机构实施之后才能保证二次座封装置与外压接触, 此处可判定二次座封装置在首次座封装置的包围之中。如图 7.22 给出的设计模型中, 在封隔器的首次座封装置的上活塞上行之后, 在下接头中设置的凡尔结构将裸露于外界的压力环境中, 当外界液力达到凡尔的动作压力极限时, 外界液流经过导流口进入下活塞腔内, 推动下活塞上行, 下活塞通过接箍台阶作用于上活塞, 从而间接地推动密封环压缩胶筒, 实现二次座封。考虑到外界可能存在的杂质, 可以在凡尔的外圈添加筛管予以过滤。

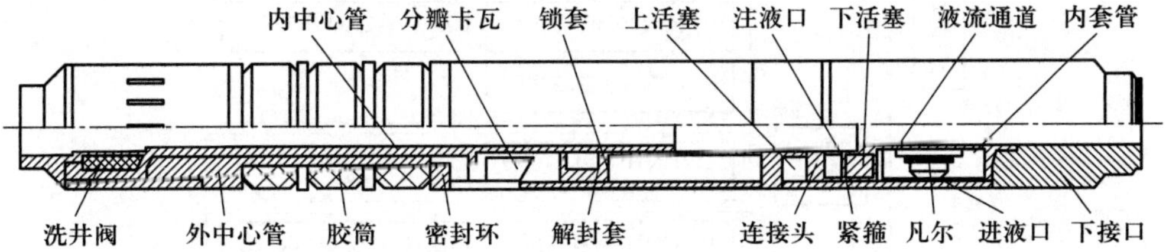

图 7.22 二次座封封隔器示意图

第 9 步: 侵权判定。

在这个步骤中, 主要用新的设计原型经由专利侵权判定流程中的全面覆盖原则、等同原则等进行专利检核表的构建, 通过对专利侵权检核表的观察, 判断规避设计的成功与否。对于二次座封的产品结构的创新设计结果, 在该领域内的研究刚刚出现, 符合规避设计的要求结果。经过侵权判定验证无误后, 即新设计或新产品方案达成, 该设计方案同时申请了发明和实用专利, 其中实用新型专利申请号为 CN201220677240.1, 发明专利的申请号为 CN201210529974.X。

7.7.2 擦玻璃机器人专利规避设计

(1) 专利组合分析。

本节以家用擦玻璃机器人为例, 选定某企业擦玻璃机器人产品作为研究对象, 在智慧芽软件检索到其擦玻璃机器人专利共计 118 项, 经数据清洗, 将同时申请发明和实用新型的数据只计算一次, 确定产品系统为双面擦玻璃机器人, 确定目标系统的专利样本数据为 29 项, 如图 7.23 所示。

第 1 步: 建立其双面擦玻璃机器人产品系统的伞型专利组合模型图, 并标定模块和专利编号。

第 2 步: 建立问题模块对应图。

将双面擦玻璃机器人产品系统划分为行走机构、控制系统、能源和清洁功能等组件。同时将各个组件中检索到的专利中的技术问题分解为权项集合, 如表 7.17 所示。

考虑到篇幅问题, 本文选用“边角行走擦拭问题”组件为例进行说明。该组件涉及的专利共有 3 个, 其编号分别为 A_1、B_1 和 B_3, 分别对专利 A_1、B_1 和 B_3 进行权项结构分析, 提取每个权项的元件组成, 确定权项之间的关系是进一步限定的补充技术特征还是增加的技术特征, 建立基本功能模型, 构建其主要组成专利的权利地图, 详细过程

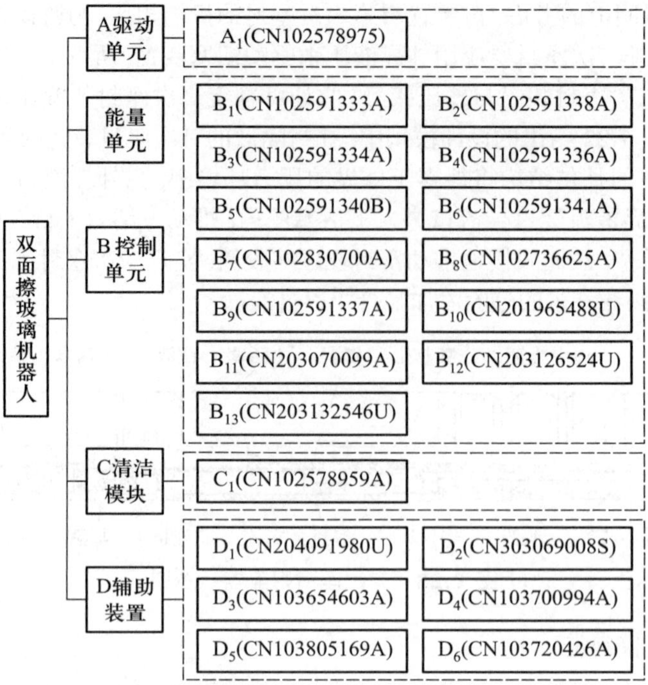

图 7.23 双面擦玻璃机器人产品系统的伞型组合

与内容如图 7.24 所示。

表 7.17 目标产品系统的专利–问题模块对应图

组件	问题集束			
A	A_1-T_1 擦玻璃机器人行走装置			
B	B_1-T_1 擦玻璃控制系统及控制方法	B_2-T_2 增加遥控信号发射装置	B_3-T_3 实现贴边控制的系统	B_4-T_4 实现贴边控制的方法
	B_5-T_5 可以均匀擦拭的移动控制方法	B_6-T_6 能够躲避障碍物的移动控制方法	B_7-T_7 实现直角区域清洁擦拭控制	B_8-T_8 实现边角擦拭, 减少碰撞板摩擦
	B_9-T_9 主动与随动机信息交互	B_{10}-T_{10} 调姿以避开玻璃窗框	B_{11}-T_1 识别长边及移动控制	B_{12}-T_{12} 实现远距离控制
	B_{13}-T_{13} 矫正运动轨迹偏差			
C	C_1-T_1 换液不方便, 气孔易堵塞			
D	D_1-T_1 外接电源线影响行走距离	D_2-T_2 固定刮条导致摩擦力增大	D_3-T_3 电源线易缠绕手柄造成漏电	D_4-T_4 电源线和安全线易缠绕
	D_5-T_5 机器在跌落过程中会造成意外	D_6-T_6 意外断电会造成机器跌落		

(2) 发现问题。

依据擦玻璃的工艺流程, 建立基于擦拭过程的双面擦玻璃机器人的反向鱼骨图, 如图 7.25 所示。

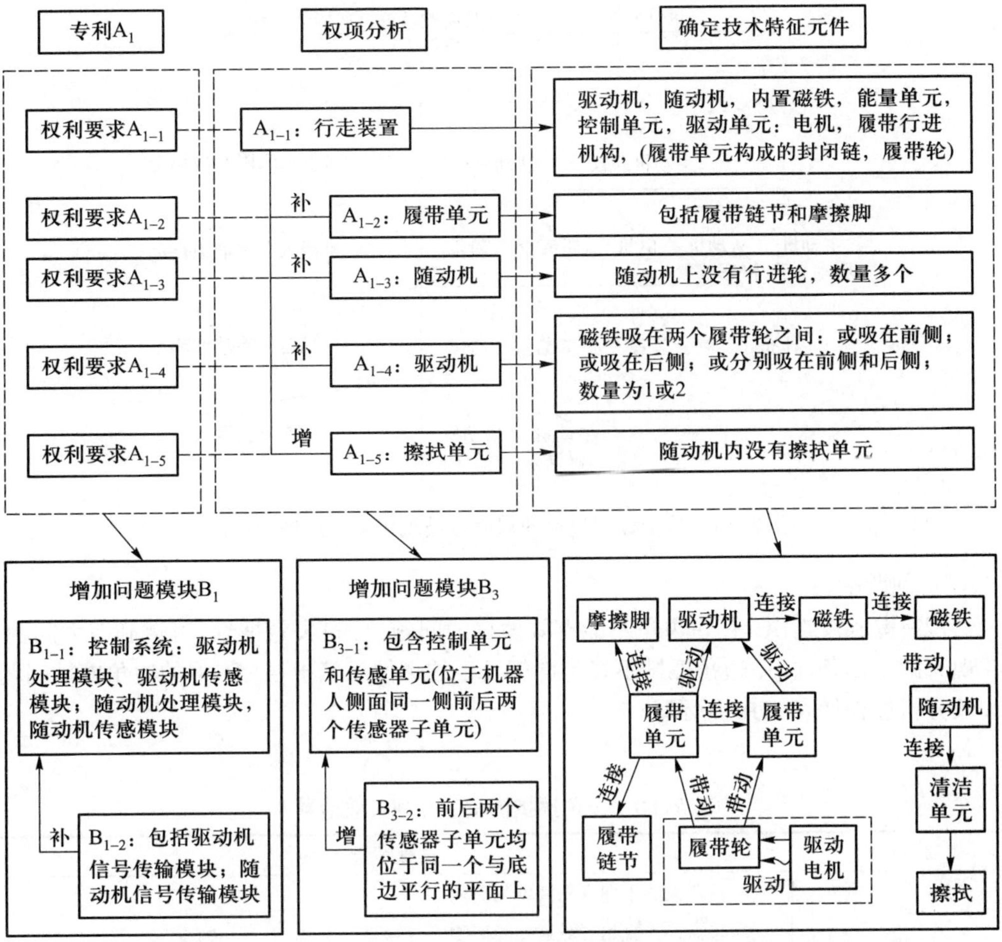

图 7.24 基于擦玻璃机器人边角行走擦拭问题的专利组合权利地图

a. 构建成功情景。

依据擦玻璃机器人工作的 4 个步骤“机器人吸附”“机器人在玻璃上行走”“机器人清洁玻璃”“取下机器人”，分别构建实现行为过程的成功情景，如表 7.18 所示。

表 7.18 擦玻璃机器人工作的成功情景

擦拭过程	成功情景
机器人吸附	机器人能完全吸附在玻璃上; 在玻璃上能正常行走
机器人在玻璃上行走	行走过程中机器人不受到障碍物或者颗粒物的影响; 磁铁在正常状态下能够满足工作要求，正常使用; 机器人走到玻璃四角时能够自由转弯
机器人清洁玻璃	机器人走到玻璃边缘时能够有效擦拭 机器人的喷液单元有效，能够清洗干净
取下机器人	使用完毕后，机器人能够迅速取下

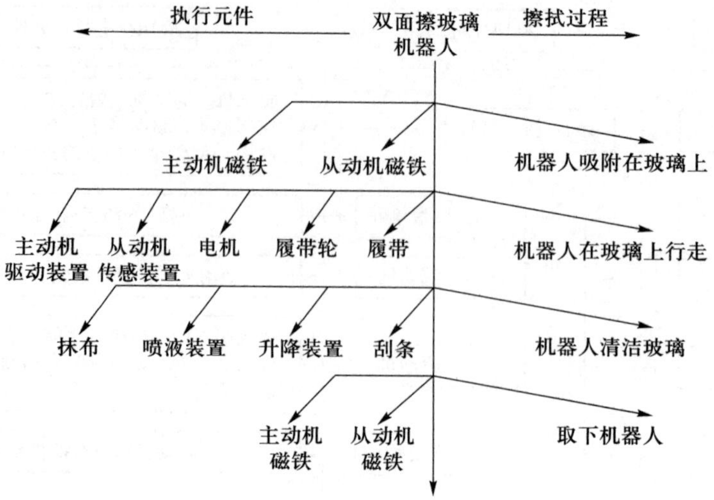

图 7.25 基于擦拭过程的双面擦玻璃机器人反向鱼骨图

b. 问题翻转。

现有专利反馈出: 存在边角不能有效擦拭的问题, 构筑失效情景, 颠倒和夸大问题: 在现有的工作条件下, 边角擦拭不好是期望发生的事件。基于 AFD–1 的边角擦拭问题失效分析过程如表 7.19 所示。

表 7.19 边角擦拭模块的专利失效情景

擦拭过程	失效情景
机器人在玻璃上行走	① 机器人够不到直角区域的玻璃 ② 机器人在直角区域遇到障碍物不会躲避 ③ 机器人不会直角转弯, 必须原路返回 ④ 运动控制造成机器人体积增大、行走复杂, 擦不干净 ⑤ 机器人水平或者垂直长时间运动会产生偏差

选择擦玻璃机器人取放模块, 构筑失效情景, 颠倒和夸大问题: 磁吸力过大, 玻璃破碎, 磁吸力过小, 机器人掉落。基于 AFD–2 的取放玻璃问题失效预测情景如表 7.20 所示。

表 7.20 取放擦玻璃机器人的失效情景

擦拭过程	失效情景
取下机器人	① 磁铁的吸附力不够, 机器人不能完全吸附在玻璃上, 机器人掉落 ② 磁铁的吸附力过大, 玻璃破碎 ③ 磁铁的吸附力过大, 与玻璃接触的振动声音过大 ④ 磁铁的吸附力过大, 使用完毕后不能正常取下

c. 失效确定。

失效情景包含现有技术方案中已经针对解决的失效情景以及尚未解决的失效情景，搜索使失效情景发生的解，基于已有失效情景的问题确定如表 7.21 所示，搜索使失效情景发生的解，基于预测失效情景的问题确定如表 7.22 所示.

表 7.21 边角擦拭模块的失效确定

擦拭过程	失效确定
机器人在玻璃上行走	① 机器人做成方形，存在直角，可以够到直角区域，此方法不能实现 ② 机器人在直角区域存在边框等障碍物，此方法能够实现 ③ 机器人结构没有设置原地转弯的结构，此方法能够实现 ④ 运动控制复杂，行走路线重复，擦不干净，此方法能够实现 ⑤ 擦拭玻璃面积比较大，机器人会水平或者垂直长时间运动，此方法能够实现

表 7.22 取放擦玻璃机器人的失效确定

擦拭过程	失效确定
取下机器人	① 玻璃太厚，磁铁的吸附力不够，机器人掉落，此方法能够实现 ② 玻璃的质量不过关，与玻璃接触的振动声音过大，玻璃破碎，此方法能够实现 ③ 玻璃薄，而磁铁的吸附力大，使用完毕后不能正常取下，此方法能够实现

分析上述确定的失效原因，可知边角行走擦拭组件的失效原因为如下两点。

失效原因 1：不能原地 90° 转弯，需要后退调头。

失效原因 2：行走路线重复，造成二次污染。

取放擦玻璃机器人方面的失效原因分析结果为如下两点。

失效原因 3：不能适应玻璃进行调节。

失效原因 4：放置机器人没有缓冲，噪声大。

(3) 解决问题。

a. 针对边角行走擦拭组件的问题解决。

根据边角行走擦拭单元的权利地图，利用 TRIZ 工具中的物质–场分析模型描述，如图 7.26 和图 7.27 所示。

图中 S_2 表示驱动机，S_1 表示行走轮，两者之间的场为 F，由于 S_2 对 S_1 的作用为过剩作用，从而导致 S_2 对 S_1 的作用既存在有用作用也存在有害作用。根据标准解 No. 10 改变已经存在的物质 S_2 去除有害作用，从而破坏原来的场 F，引入新场的效果，得到如图 7.27 所示的物质–场模型。过剩作用是因后退调头而导致行走路线重复，有害作用是时间浪费，效率降低。

针对失效原因 1，去除过剩作用，增加可以实现 90° 转向的结构。

构建其功能模型如图 7.28 所示，其特征是底盘通过销钉、滚轮在机体的转向导轨中实现转向和法向定位，从而克服轮胎与玻璃表面的摩擦力实现 90° 转向，当驱动机需

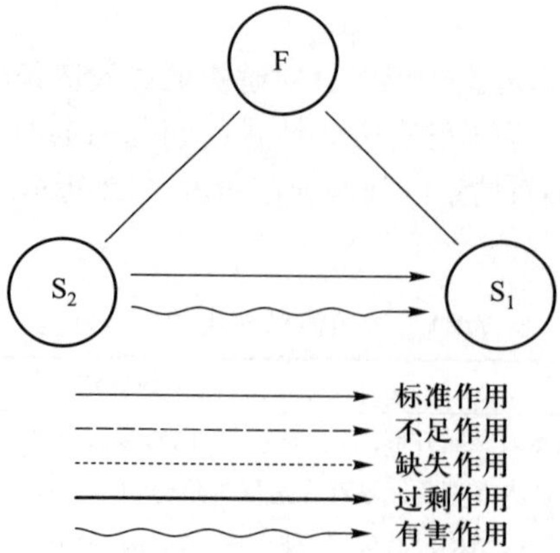

图 7.26 原边角行走擦拭单元的物质–场模型

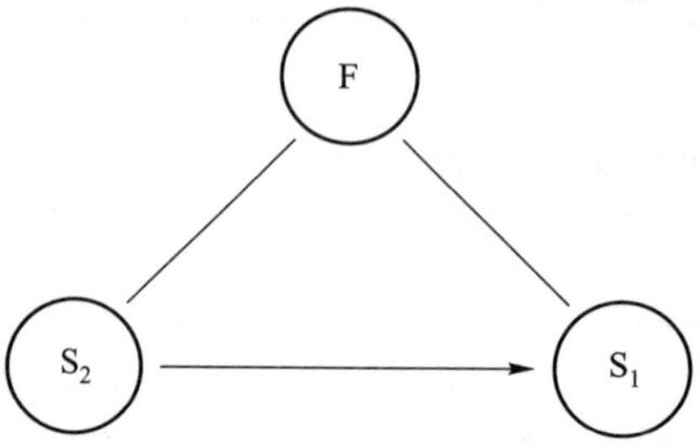

图 7.27 改进后边角行走擦拭单元的物质–场模型

要直线运动时, 通过蜗杆的自锁防止底盘转动, 保证运动平稳。通过增加该结构模块, 可以克服原结构在直角转弯控制方面的过剩及有害作用。其结构示意图如图 7.29 所示, 仅标注转向结构所涉及的零部件。

针对失效原因 2 , 消除有害作用, 要重新设计行走路线, 编制控制程序, 避免路线重复, 造成相同擦拭区域二次污染。冲突主要集中于时间资源的重新组合、安排。

用技术冲突可以描述为擦拭直角需要让机器顶到玻璃边框, 但是这会在机器调头时重复擦拭造成二次污染, 浪费时间, 影响功率。

确定对应的该行走路线导致恶化的特征为时间损失; 预改善的特征是提高功率; 查找冲突矩阵, 得到 4 条发明原理: 原理 6——多用性, 原理 10——预先作用, 原理 20——有效运动的连续性, 原理 35——参数变化, 这些发明原理可以给予相应的启示。

根据原理 20 有效运动的连续性, 改变原来的行走路线 (如图 7.30 所示), 变成如图 7.31 所示的行走路线, 并根据该行走路线编程形成控制方法。

b. 针对取放擦玻璃机器人问题的解决。

选取机器人与玻璃接触的模块, 分析磁铁与玻璃接触的作用关系, 考虑用物理冲突解决方法里的分离原理, 开发能够控制磁铁与玻璃距离, 使磁铁与玻璃选择性分开的机构, 或者能够在放置机器人时缓冲消声的装置。

针对失效原因 3, 所要解决的技术问题是根据玻璃的薄厚调节磁铁的位置从而能够调节磁力。其理想解为一种自动磁铁升级机构, 提出的一套创新方案为通过电机驱动,

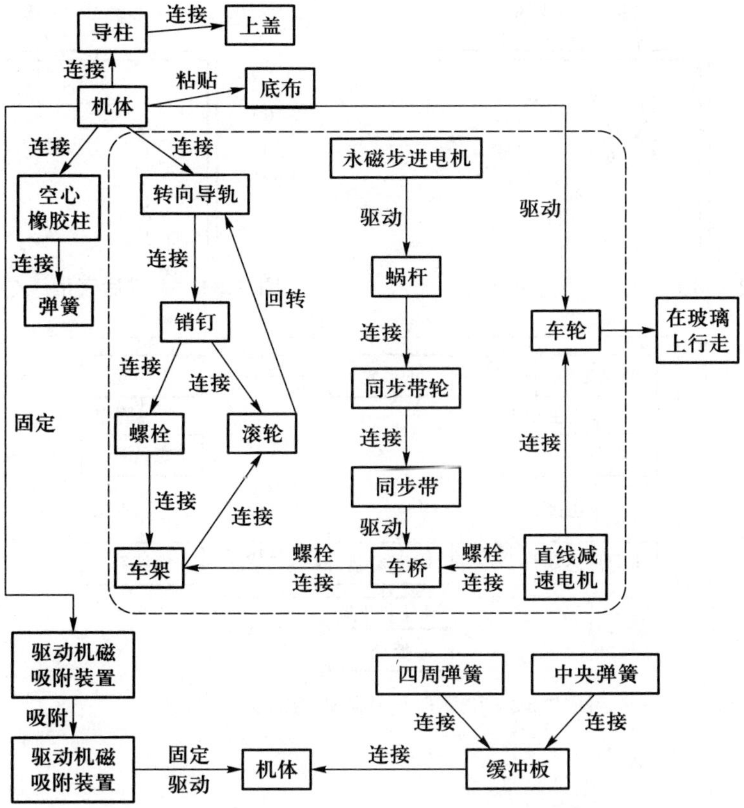

图 7.28 原地 90° 转向结构的功能模型图

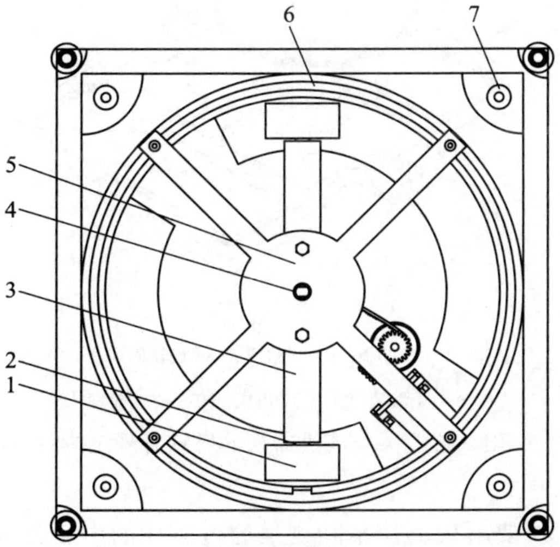

1—车轮;2—直线减速电动机;3—车架; 4—销钉滚轮结构; 5—底盘; 6—转向导轨; 7—连接导柱

图 7.29 本机器人在竖直方向运动的结构示意图

采用齿轮传动带动螺杆运动, 实现对螺杆上磁铁块的上下移动, 从而实现对磁铁吸力的控制, 其工作原理及作用连接关系如图 7.32 所示, 进一步的结构图如图 7.33 所示。

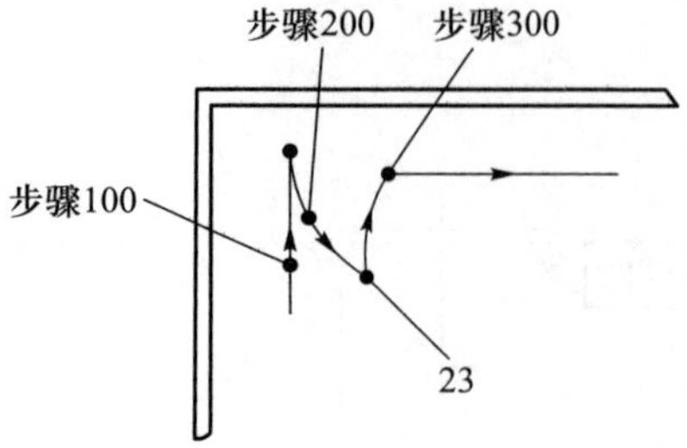

图 7.30　原直角行走路线

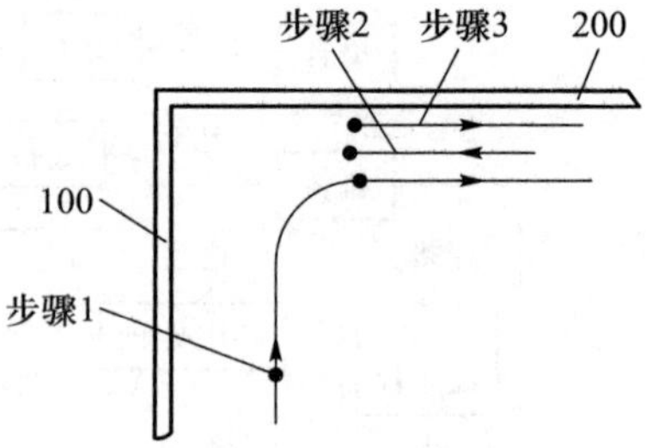

图 7.31　改进后直角行走路线

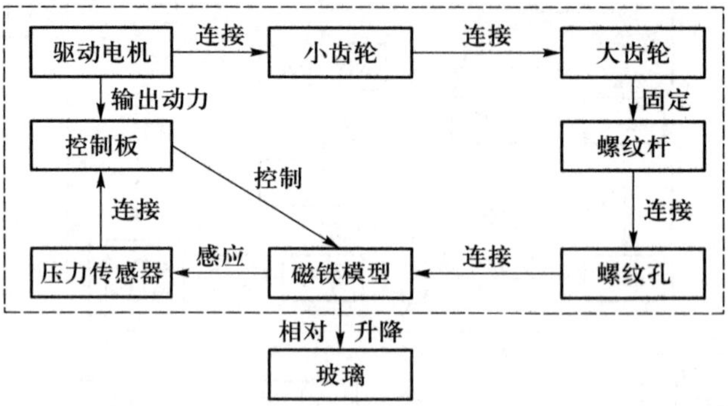

图 7.32　磁铁自动升降机构的功能模型图

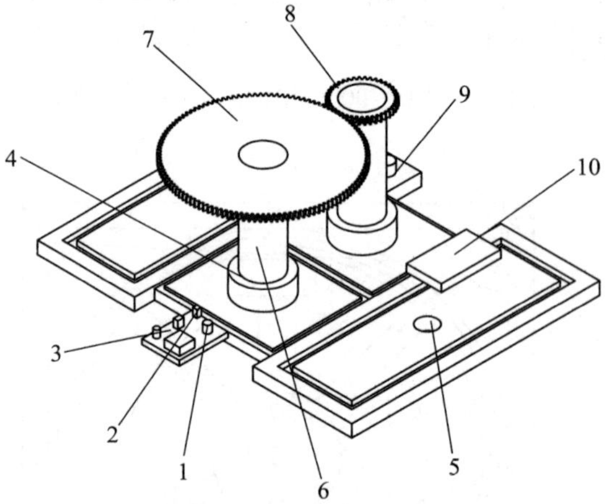

1—压力传感器; 2—接口; 3—控制板; 4—螺纹孔; 5—磁铁固定孔; 6—螺纹杆; 7—大齿轮; 8—小齿轮; 9—驱动电机; 10—磁铁模型

图 7.33　智能擦玻璃机器人的磁铁升降结构示意图

针对失效原因 4, 所要解决的技术问题是通过缓冲消声装置减少随动机对玻璃表面的损害。提出一套在机体四周布置弹簧和磁铁中央布置弹簧相结合的方法, 实现对机器人的缓冲消音功能, 其工作原理及作用连接关系如图 7.34 所示, 进一步的机构图如图 7.35 所示。

(4) 专利评价及专利组合。

制定专利检索策略表, 需要进行新颖性和创造性评价。首先进行新颖性评价, 如

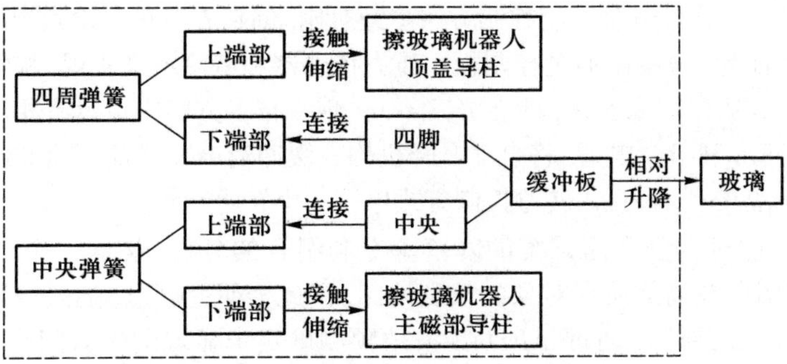

图 7.34 缓冲消声装置的功能模型图

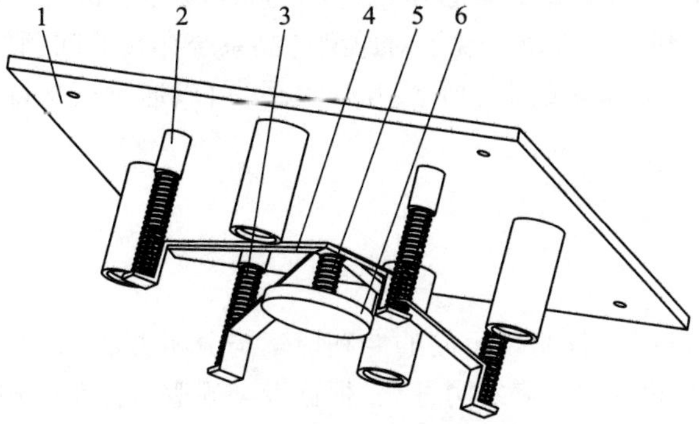

1—顶盖; 2—顶盖导柱; 3—四周弹簧; 4—缓冲板; 5—中央弹簧; 6—主磁铁部

图 7.35 缓冲消声装置的整体结构示意图

表 7.23 所示。

表 7.23 新颖性检核表

解决的主要技术问题		等同物	布尔逻辑检索式	是否具备新颖性
直角调头路线不重复	定位	锁定、控制方向	(定位 or 锁定 or 控制方向) and (调头 or 转身 or 变换位置) and (锁死 or 扣紧 or 不滑脱 or 紧密连接) and (控制 or 90° 转弯方式)	是
	转向	调头、转身、变换位置		
	锁死	扣紧、不滑脱、紧密连接		
	控制	90° 转弯的控制方式		
磁铁机器人与玻璃接触可控	自动升降	减速齿轮组	减速齿轮组 and 压力传感器 and 控制板	是
		压力传感器		
		控制板		
	可缓冲消声	缓冲板	缓冲板 and 四周弹簧 and 中央弹簧	是
		四周弹簧		
		中央弹簧		

通过检索提出的几类方案具备新颖性, 但是检索到现有技术专利组需要进一步判断创造性。① CN102578958A: 带有工作件升降装置的机器人; ② CN102591335B: 擦

玻璃机器人及其工作件升降系统控制方法。经对比, 创新方案解与检索到的对比专利组的区别技术特征为: 方案解通过控制板、压力传感器和齿轮组来实现; 检索到的对比文件通过斜凸轮和固定架来实现, 两者方案不同, 现有技术方案中也没有相应的启示。存在创造性, 进行专利组合申请, 将自动升降机构、缓冲消声装置及原地 90° 转向机构申请 3 个实用新型专利, 将直角转弯控制方式申请一个发明专利。

本实例通过对竞争产品系统的降落伞专利组合的分析, 构建一个产品系统的组件–问题对应图以及局部研究对象的权利地图, 以此为研究起点, 通过 AFD–1 失效分析确定已存失效的原因, 通过 AFD–2 失效预测确定未显现的失效问题, 基于失效预测和失效分析确定的问题求解答案是对原产品系统的降落伞专利组合的规避, 经新颖性和创造性评价, 确定方案是否具备申请专利的条件, 然后进行专利组合申请。基于 AFD 方法的伞型专利组合规避实现了对原型产品系统存在的问题的挖掘和解决, 形成的新专利方案对原产品系统的专利形成互补关系, 可以通过交叉许可使用实现竞争的主动性。

7.8 小结

专利规避设计发明过程基于不同的专利检索与分析方法, 针对不同的专利规避对象, 提出了 4 类不同的专利规避发明过程, 根据专利规避目标明确规避现有专利技术范围的技术研发方向; 建立创新中所要解决发明问题的 TRIZ 标准化模型, 并应用 TRIZ 的知识工具解决该发明问题, 得到专利规避设计的原理解; 结合现有专利技术的优势开发出具有创新性技术的新产品, 从而实现了对现有专利或专利组合的创新性规避设计。

参考文献

[1] Li M, Ming X G, He L, *et al.* A TRIZ–Based trimming method for patent design around [J]. Computer-Aided Design, 2014, 62(1): 20-30.

[2] Burns P, John P, Prior P, *et al.* Design Around Valid US Patents [R]. Bonita Springs: Patent Resources Group, Inc, 1994.

[3] Ikovenko S. Approaches of walking around competitive patents using TRIZ tools [D]. Moscow, Russia: State Research Institute of Patent in formation and Expertise, 1991.

[4] Chang H T, Chen J L. An eco-innovative design method based on design around approach [C]//Proceedings of the 3rd international symposium on Environmentally Conscious Design and Inverse Manufacturing. Washington, D. C: IEEE, 2003: 575-582.

[5] Hungyc H. An integrated process for designing around existing patents through the theory of inventive problem-solving [J]. Journal of Engineering Manufacture, 2007, 221(1): 109-122.

[6] Liu Y, Jiang P, Wang W, *et al.* Integrating requirements analysis and design around strategy for designing around patents [C]//Proceedings of the 2nd international conference on computing, control and industrial engineering. Washington DC: IEEE, 2011: 29-32.

[7] 徐业良, 许博尔, 洪永杰. 结合专利资讯与公理设计之创新设计流程 [J]. 品质学报, 2009, 16(3): 153-163

[8] 李鹏, 安纪平. 浅谈 TRIZ 理论在专利回避设计中的应用 [J]. 中国发明与专利, 2013(2): 29-32.

[9] Laiy H, Che H C. Evaluating patents using damage awards of infringement lawsuits: A case study [J]. Journal of Engineering and Technology Management, 2009, 26(3): 167-180.

[10] Laiy H, Che H C. Modeling patent legal value by extension neural network [J]. Expert Systems with Applications, 2009, 36(7): 10520-10528.

[11] Stan K, Svetlana V, Zlotin B. *et al.* New Tools for Failure and Risk Analysis [M]. Michigan: Ideation International Inc., 2005.

[12] 李辉, 檀润华, 许波, 等. 基于预期失效分析的伞型专利组合规避设计 [J]. 机械工程学报, 2016, 52(5). 1-11.

第 8 章 问题导向的发明过程：单冲突方法

8.1 概述

渐进性创新 (incremental innovation) 是指通过不断地、渐进地、连续地改进已有技术系统或产品, 从而实现的一类创新。针对已有产品元件的细微改变、功能的强化与补充等均能形成渐进性创新。这种创新成本低、周期短、见效快, 是企业创新的重要类型, 更是创新工程师创新项目的首选。该类创新的第一步是渐进性发明, 经过后续的完善形成渐进性创新。渐进性发明经常是发现和解决发明问题的结果, 因此, 渐进性发明是一类问题导向的发明过程。在渐进性创新过程中, 如果所遇到的问题是可以单独直接求解的一个或多个冲突, 称为单冲突过程, 本章研究以单冲突发现与解决为特征的问题导向发明过程。

8.2 渐进性技术创新原理

8.2.1 技术渐进性进化过程

原始技术创新是一种突破性创新, 是对基础理论研究成果的进一步应用研究与开发, 或是为满足潜在用户需求的一种新技术开发。一旦该类技术诞生后, 与之相伴的是一类以其为核心的新产品。新产品进入市场称为导入期, 由于市场竞争的结果, 该类产品要经过成长期、成熟期及退出期, 形成产品生命周期。该过程中产品所依赖的核心技术也要不断地创新, 但该类创新往往是对现有技术改进引起的渐进的、连续的创新, 称为渐进性创新。当产品生命周期结束时, 由核心技术改变了的新产品替代了已有的老产品。新产品的核心技术与已有产品的核心技术不同, 其技术极限性能已提高很多, 从而形成突破性技术创新。图 8.1 是渐进性技术创新与突破性技术创新之间的关系。

渐进性技术创新是指持续的、不断积累的局部或改良性创新活动, 它是对现有技术小的改善或者简单的调整[1]。这种创新涉及的变化是在现有技术和生产能力上的变化, 并且与现在的市场与顾客群的变化相联系, 即现有市场为现有技术提供新的特性、利益和改进。渐进性技术创新是基于持久性技术的创新, 是从对主要市场的多数用户关注的方面来提高和改进产品与服务。

渐进性技术创新有 3 个特征。一是其在某一时期内的成果并不明显, 但它有巨大的累积性效果, 需要经过长期的积累才能发挥作用; 二是企业注重和强调学习、模仿和

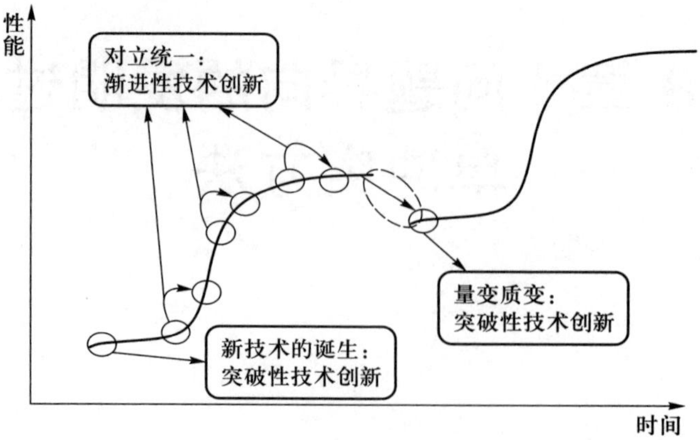

图 8.1 渐进性技术创新与突破性技术创新之间的关系

市场运作能力的培养, 要在现有产品和服务的基础上进行改进就要针对当前产品的问题, 制定满足客户需求、提高产品质量和降低生产成本的办法; 三是通过持续不断积累的局部或改良性创新, 由量变导致质变, 最终实现突破性的创新, 即渐进性技术创新的连续改进效益是企业实现突破性技术创新的基础。

通过产品进化过程能进一步展示渐进性创新过程中持续、积累、局部改良等特点。图 8.2 为产品进化过程中的性能变化曲线。产品或技术系统的进化分为婴儿期、成长期、成熟期和退出期, 不同的进化阶段其性能的重点要求有一定的变化, 这 4 个阶段构成产品一个完整的生命周期。4 个阶段的性能变化及创新要求如下所列。

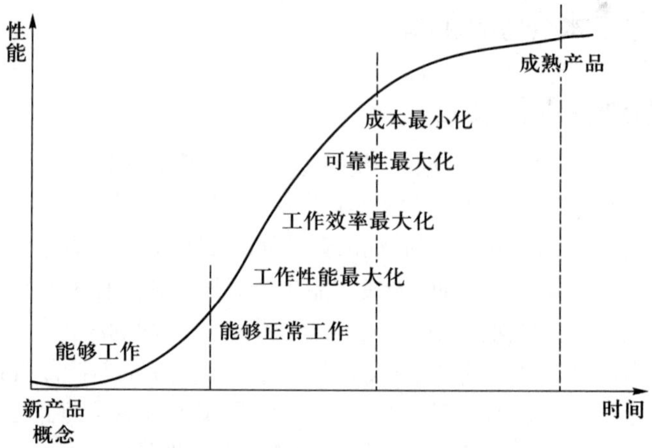

图 8.2 产品进化过程中的性能变化[2]

1. 婴儿期

处于该阶段的技术系统特点为: 系统的原理是全新的, 但是由于技术瓶颈导致的有限的实用性而没有进入市场, 限于目前的制造水平, 成本过高或者成本大于收益, 甚至没有收益。

创新要求为:

(1) 识别和消除阻碍技术系统市场化的瓶颈, 在根原因分析的基础上, 解决系统存在的问题, 与现有主流系统集成, 适应已存在的基础设施和资源;

(2) 婴儿期前期对系统的修改甚至可以包括工作原理的变化, 后期不再涉及原理的变化;

(3) 与竞争系统相比, 新系统应在优势和劣势明显占优的领域发展, 在投放市场时, 所有参数都必须是可以接受的, 其中至少有一个是一流的;

(4) 确定新系统物理极限和超系统发展极限是必要的, 这是判定其为已有系统替代性技术的依据。

2. 成长期

处于该阶段的技术系统特点为: 系统进入批量生产阶段, 前期更有效但成本更高的解可以接受, 原因是随着需求增加, 生产规模化, 规模效应会降低成本; 因为知识产权保护和市场竞争的需要, 本阶段前期市场中同类产品种类差异化逐渐增大, 后期经过长期的技术选择, 只有一种或少数几种成为主流; 技术系统开始在不同领域应用; 为了更好地实现主功能, 技术系统集成了与主功能密切相关的辅助功能; 由于受技术系统的影响, 超系统元素反向适应工程系统; 工程系统开始消耗与其相关的特定资源, 更多产品开始支持工程系统, 因为市场证明了其盈利能力。

创新的要求为:

(1) 实现最优化是改进系统的最基本的方法;

(2) 使技术系统适应新领域或新应用;

(3) 尽可能找到技术系统固有的缺陷。

3. 成熟期

其特点为: 技术系统消耗很多高度专业化的资源; 许多超系统组件设计与该系统适应; 技术系统需要与主功能几乎无关的附加功能; 技术系统发展遇到了瓶颈。

创新的要求为:

(1) 短期和中期应降低成本、开发服务组件、提高美学设计;

(2) 长期应寻找现有主功能的替代性技术实现原理;

(3) 进一步裁剪或与替代系统或其他技术系统集成而成为新系统的一部分;

(4) 寻找处于早期阶段的关键性能参数进行开发或采用破坏性创新技术, 寻找新的产品价值。

4. 退出期

其特点为: 由于替代系统进入成长期, 导致技术系统主功能正在失去用途, 成为娱乐性、装饰性的产品, 玩具或运动装备; 技术系统成为超系统的一部分。

创新的要求为:

(1) 寻找仍然具有竞争力的领域, 其余同成熟期;

(2) 寻找再生的机会, 包括新技术或新材料的出现解决系统固有问题, 或寻找新的应用环境等。

上述的 4 个阶段表明, 在产品技术进化生命周期的不同阶段, 创新的要求是不同的。根据不同的要求, 工程师应采取不同的方法。分析不同阶段的创新发现有一个共同特点, 即并没有改变产品核心技术的工作原理, 该工作原理是最初的新产品概念或突破性创新所决定的。既然未改变核心技术的工作原理, 渐进性创新的根本原因需要总结。

8.2.2 渐进性创新的本质

渐进性创新是基于已有产品的持续且不断积累的局部改良性创新, 是对现有技术小的改善或简单调整。持续改良或局部调整的本质是什么? 已有的文献中没有很好地回答此问题。下面从批量的创新工程师项目的选题特点中寻找该问题的可能答案。

图 8.3 是 2009—2012 年国家中心向企业技术转移案例中收集的一些数据[3]。横坐标是中心向区域或企业的技术转移名称, 如 QH 是向青海省所做的一期技术转移, 共涉及 10 期。纵坐标是每一期的创新工程师所选项目数及这些项目中以冲突解决为核心的项目数。如 QH 中的项目总数为 20, 其中有 10 个项目是通过发现并解决冲突实现的技术创新; GD 是面向广东省的第一期技术转移结果, 工程师们共选择了 53 个项目, 其中的 42 个是以发现并解决冲突为核心。10 期技术转移中, 工程师共计选题 244 个项目, 其中 164 个项目为发现及解决冲突为核心, 即 67.2% 的项目是由发现及解决冲突引导的。

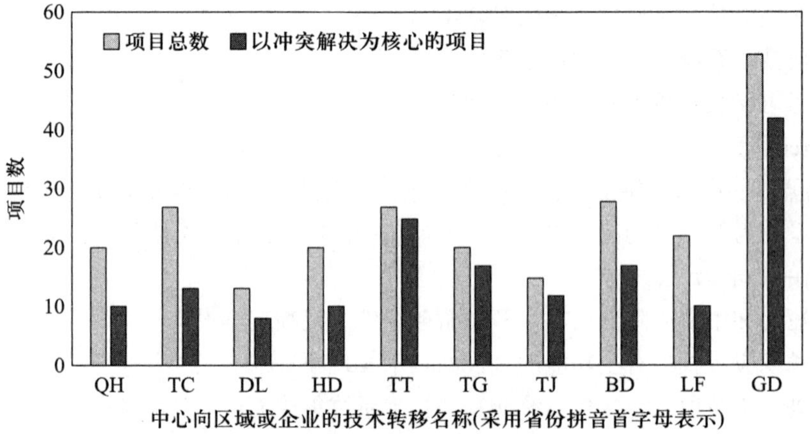

图 8.3 面向企业的 10 期技术转移项目分类

Imoh 等[4] 采用调查问卷的方法对欧洲企业应用 TRIZ 的情况进行过系统研究。研究表明, 在回答常用 TRIZ 中的什么方法解决企业创新中的问题时, 75% 的被访问者的答案是他/她们经常采用 40 条发明原理解决问题。应用发明原理所解决的问题均为冲突, 即欧洲企业中创新过程所遇到的问题大约 75% 为发现及解决冲突。

图 8.3 中所示项目的 67.2% 为发现并解决冲突, 该数值与 75% 较接近。这些研究表明, 国内外企业创新中绝大部分是发现和解决冲突, 即发现及解决冲突引导企业的创新活动。这与丰田汽车公司成功的经验基本吻合[5], 丰田汽车公司的成功是双轮驱动的结果, 一个轮子是硬轮子, 称为精益生产; 另一个轮子是软轮子, 称为冲突驱动的成功; 丰田公司的文化强调人为的设置冲突, 员工们要时时处处解决冲突, 形成创新。

技术系统冲突解决的结果常包括如下几类。

(1) 附加功能或辅助功能原理的改变: 系统中实现附加功能或辅助功能的子系统工作原理发生变化, 实现技术创新。

(2) 子系统的结构发生变化: 在原理不变的条件下, 改变零部件的结构实现技术创新。

(3) 子系统之间的连接关系改变实现技术创新。

(4) 参数改变: 改变某一子系统的某个或某些参数, 实现技术创新。

所有这些研究表明, 冲突发现及解决是渐进性创新的本质与核心。在产品进化过程中发现并解决冲突, 是技术与产品持续不断的改进与性能提升的关键要素, 体现了渐进性创新的特色。

在渐进性创新过程中, 首先要根据市场变化发现已有产品或技术系统存在的冲突, 解决冲突形成发明, 经过完善形成新技术, 之后将新技术用于产品改善, 形成渐进性创新产品。该过程是问题导向的创新过程, 如图 8.4 所示。如果产品创新包括发明与创新两个阶段, 冲突导向或问题导向是渐进性创新的本质或特色。

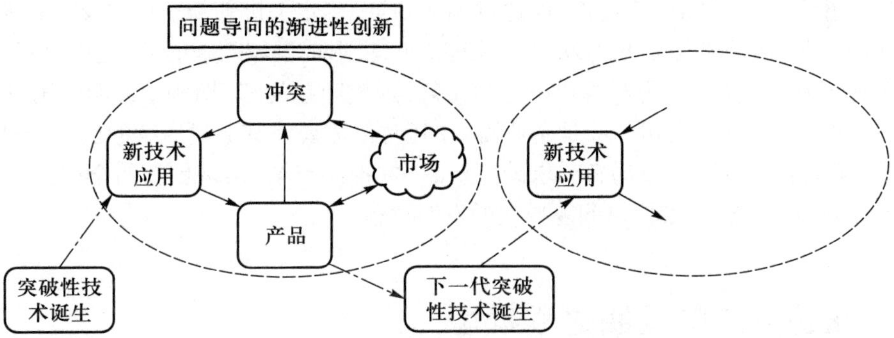

图 8.4 问题导向与渐进性创新的关系

8.2.3 问题导向的渐进性创新过程

渐进性创新的初始机遇是由变化引发的。变化可能来自企业外部或内部, 企业管理人员及工程师通过分析这些变化, 发现一些已有产品不能很好适应的新情况, 或用户对其效率、质量、可靠性等方面的意见或建议, 这些发现将会对已有产品产生新要求即新的需求。工程师根据企业主创新过程及多年开发新产品的经验, 判断这些新需求应在哪一个创新子过程使产品有所改变, 该子过程即为关键创新子过程, 改变的过程称为附加创新过程。该过程应以发现和解决产品进化过程中的冲突为突破口, 因此是问题导向的创新过程。图 8.5 所示为该类过程模型。

渐进性创新过程由主创新过程与附加创新过程组成。附加创新过程是根据内外部变化, 判断哪一个关键创新子过程的活动可以改变已有产品, 以此关键子过程的专业特点构建产品模型, 发现冲突并解决冲突, 形成领域发明。之后, 继续主创新过程中的后续子过程, 将领域发明转变成创新, 即开发出满足新需求的新产品。该过程是问题导向的渐进性创新过程。

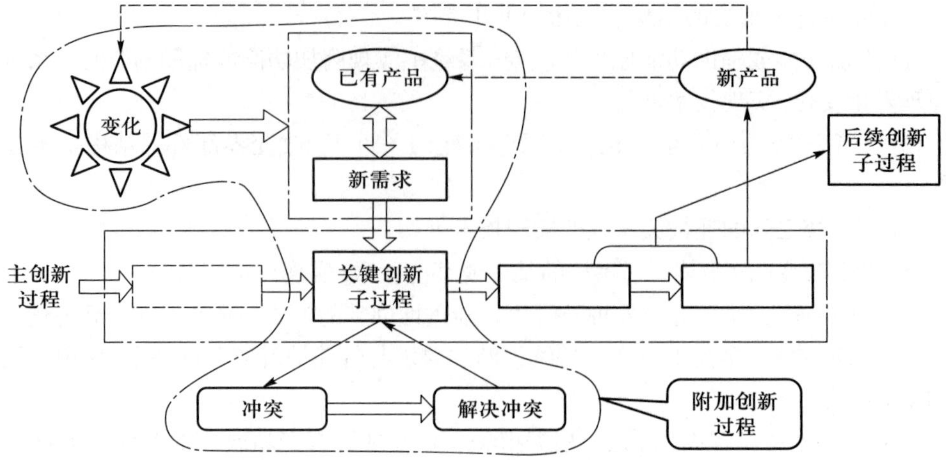

图 8.5 问题导向的渐进性创新过程模型

问题导向的渐进性创新过程分为问题导向渐进性发明的产生与后续的开发两个阶段。第 1 个阶段为附加创新过程, 即通过创新场景, 确定关键创新子过程及产品进化过程存在的冲突, 应用 TRIZ 基本发明过程解决冲突, 形成领域问题的解; 之后, 将该解反馈到关键创新子过程, 应用领域知识继续完善, 形成问题的解, 即领域发明。第 2 个阶段为后续的开发, 领域发明并不是企业需要的创新, 需要将其通过后续的创新子过程继续开发, 最后转换成满足市场新需求的新产品, 并推向市场, 实现创新的全过程。因此, 渐进性创新过程的核心阶段是问题导向的发明过程。

8.3 问题导向的发明过程模型

问题导向的渐进性创新过程的第 1 个阶段是附加创新过程, 即问题导向的发明过程, 其结果是产生发明, 并作为后续创新过程的输入。图 8.6 所示为问题导向的发明过程模型。该模型有如下几个特点。

(1) 主创新过程与附加创新过程紧密融合。主创新过程模型是企业已经使用多年, 并经过不断改进处于成熟阶段的创新过程模型, 或称新产品开发过模型。附加创新过程模型是一个响应市场需求、问题导向的发明过程模型。两个过程紧密融合形成一体化的过程模型。

(2) 领域解或领域发明是问题导向发明过程或附加过程的输出。领域问题的解要反馈到产生发明问题的关键创新子过程, 并应用领域知识将其转换成为领域解, 即发明。

(3) 发明问题的类型可用于选择 TRIZ 基本发明过程。通过问题诊断确定领域问题, 之后要根据问题的类型, 选择一类 TRIZ 基本发明过程。TRIZ 基本过程是附加创新过程中发明问题解决的核心方法。

发明过程由如下 6 步组成。

第 1 步: 确定发明场景。经济社会发展及产品的现场应用引发了很多变化, 并成为创新的初始机遇。工程师应根据企业与产品的发展现状, 确定一些初始机遇, 引发后续

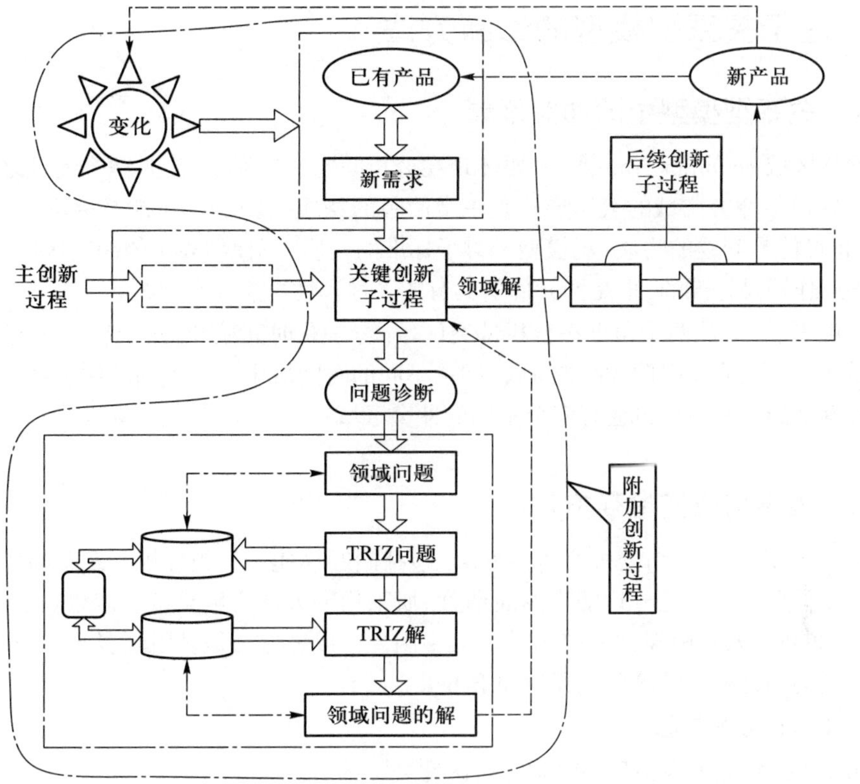

图 8.6 问题导向的发明过程模型

发明过程。这些初始机遇即为发明场景。

第 2 步: 确定发明的起始阶段。面对发明场景, 工程师要根据已有产品特点, 确定解决产品可能存在问题的关键创新子过程。模糊前端、概念设计、技术设计、详细设计、工艺设计、制造均为可能的关键创新子过程。

第 3 步: 问题诊断。工程师要通过功能模型建立、裁剪、根原因分析等方法对存在的问题进行诊断, 以确定其中的领域问题。这些领域问题应以技术冲突、物理冲突来表征。

第 4 步: 选择问题解决方法。根据问题的类型, 在基本发明过程中选择合适的方法。

第 5 步: 求解发明问题。按照选出的基本发明过程解决发明问题, 获得发明问题的解, 即领域问题的解。

第 6 步: 形成发明。将发明问题的解反馈到关键创新子过程, 应用领域知识, 包括过程与方法, 完善该解并形成领域解。这些领域解是问题导向发明过程的输出, 即领域发明。

在图 8.6 所示的过程中, 问题诊断是很关键的一步, 该步对工程师理解发明场景、确定发明问题、选择合适的工具十分重要。渐进性创新的本质是发现已存在于技术系统进化过程中的冲突, 以不同的模型表征这些冲突。下面几节给出几种问题诊断方法。

8.4 基于关系型模型的诊断方法

8.4.1 关系型模型中的冲突区域

冲突区域 (conflict zone)[6] 主要体现在分析问题的过程中, 它是两个元件之间相互作用的区域。冲突区域的表达形式是一个简单的物质–场模型, 可能是标准的物质–场模型, 也可能是问题的物质–场模型。对于标准的物质–场模型表示的冲突区域, 两元件间的相互作用是标准的, 但是两元件所具有的某种属性可能存在问题。

一般来说, 要从两个角度去分析冲突区域, 分别是时间域和空间域[7]。对于不同的时间域, 都要分别定义不同的空间域, 即在不同的时间域中会有不同的冲突区域。一个时间域确定的空间域中也会有多个不同的冲突区域。

8.4.2 因果树或链诊断方法

3.2.3 节已给出了初始机遇转换方法, 包括问题描述、问题分析、发明问题确认这 3 个步骤。其中的问题分析即为诊断部分, 所采用的方法有因果链、因果树、因果轴、5Why、鱼骨图及故障树这 6 种方法。其中因果树或链方法是采用较多的方法, 基于该诊断方法的问题解决的简单步骤为如下 6 步。

第 1 步: 问题描述。

第 2 步: 建立关系型功能模型并确认冲突区域。

第 3 步: 建立因果链或因果树并确定冲突。

第 4 步: 确定理想解。

第 5 步: 确定可用资源。

第 6 步: 解决冲突并确定最后解决方案。

以下通过一个工程实例说明上述 6 步的过程。

例 8.1 解决多流束热量表测量精度降低的问题。

问题的背景: 热量表是测量供热系统供热量的仪器, 主要由流量传感器、配对温度传感器和积算仪三部分组成。它是通过分别测得热载体的流量和进出口的温度, 再经过密度和热焓值的补偿及积分计算, 才得到热量值 (如图 8.7 所示)。

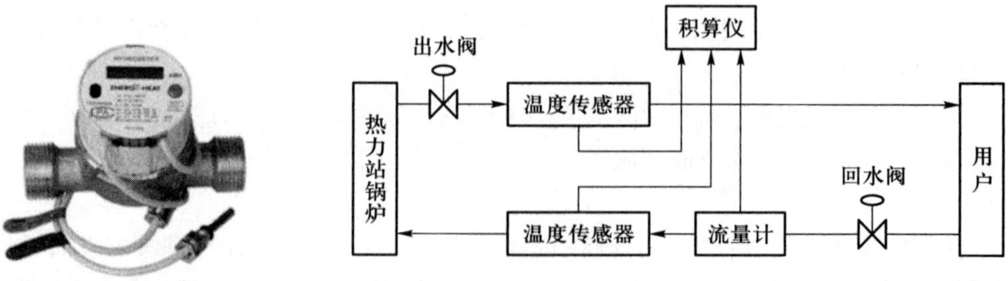

(a) 热量表　　(b) 热量表的工作原理

图 8.7　热量表及其工作原理

(1) 问题描述。

该系统的功能为测量暖气消耗的热量, 其流量计的工作原理如图 8.8 所示。系统的问题表现是工作一段时间后, 多流束热量表的测量精度降低。现有解决方法为定期清洗热量表机芯, 耗费人力且不方便。对新系统的要求是测量精度高, 不需要定期清洗机芯。

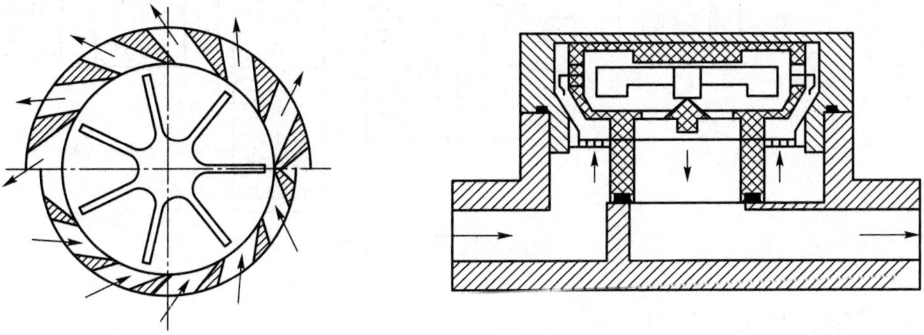

图 8.8　流量计的多流束工作方式

(2) 建立关系型功能模型并确认冲突区域。

首先建立描述其结构组成的反向鱼骨图, 确定组成系统的各个元件。之后确定各元件之间的关系, 超系统及制品, 最后构建模型如图 8.9 所示。

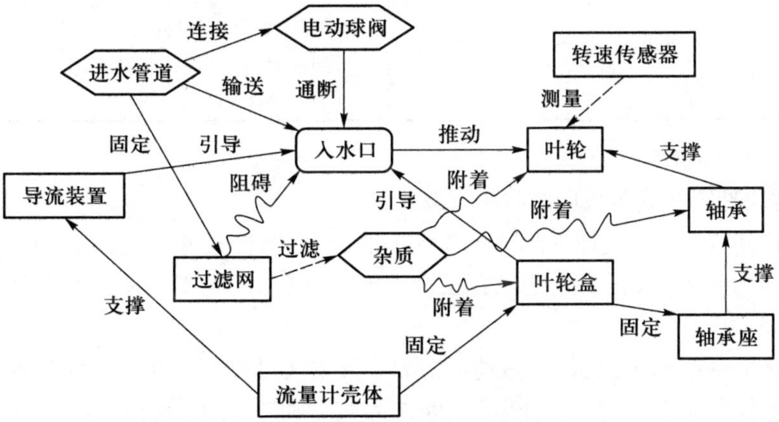

图 8.9　技术系统关系型功能模型

模型中的过滤网与入水口和杂质的存在是流量表的问题所在, 但入水口为制品, 杂质是超系统元件, 由上游来水决定而不能改变, 因此, 冲突区域应为过滤网。

(3) 建立因果链并确定冲突。

建立图 8.10 所示的因果链, 确定冲突区域。过滤器孔径既不能太大, 也不能太小, 因此构成物理冲突。

(4) 确定理想解。

技术系统的最终理想解: 测量精度高, 与有无杂质无关。理想解为能够自动去除杂质, 不堵塞流量计。

(5) 确定可用资源。

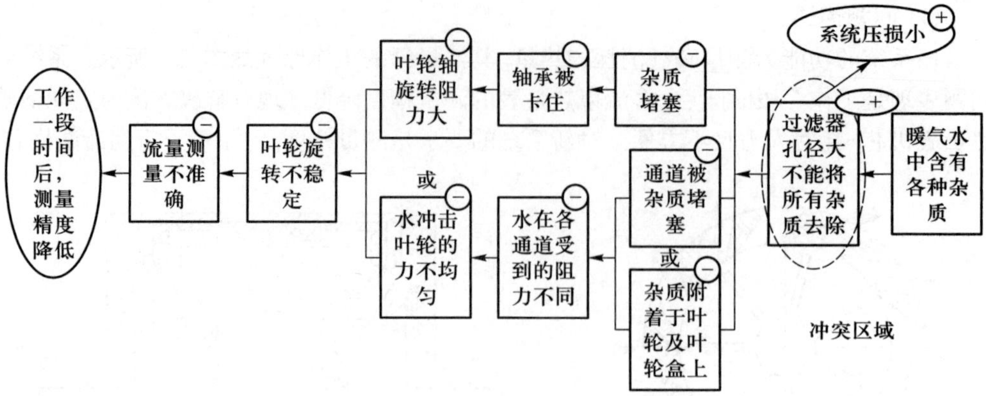

图 8.10 技术系统因果链及冲突区域

技术系统的可用资源如表 8.1 所示。

表 8.1 技术系统可用资源

系统内部资源	系统外部资源
场资源: 暖气水的热场、压力场、水推动叶轮旋转后的离心力	物质资源: 电动球阀、过滤器、管道
空间资源: 叶轮盒中叶轮上腔和下腔的空间、进水口和出水口的空间	场资源: 暖气水的热场、压力场
	空间资源: 电动球阀内部通道空间、过滤器内部空间、连接管道内部空间

(6) 解决冲突并确定最后的解决方案。

冲突描述: 为了有效地去除热量表水中的杂质, 需要过滤网孔径小, 但是为了减少热量表的压力损失, 又需要过滤网孔径大, 即过滤网孔径既要小又要大。因此, 该冲突为物理冲突。

从热量表的结构可以看出, 过滤网既要小又要大可以在空间上进行分离, 查找空间分离对应的发明原理, “No.2 分离”“No.7 套装”和“No.13 反向”可以采用。

依据 No.2 分离和 No.7 套装原理, 将过滤网从热量表中分离出来, 考虑到系统外部资源有电动球阀及其内部通道空间, 将过滤网装于电动球阀内部通道中; 又考虑到过滤网过滤杂质后不便清洗, 又依据 No.13 反向原理, 采用反向冲洗方法, 利用电动球阀可控性, 实现自动去除杂质。

综合上述原理, 得到方案: 过滤网与球阀一体。在球阀中增加过滤功能, 只需要在原球阀阀芯上钻一个与通径孔直接相通的排污反冲孔, 并在通径孔孔口上安装一个向内凸起的半球形滤网。解决方案如图 8.11 所示。

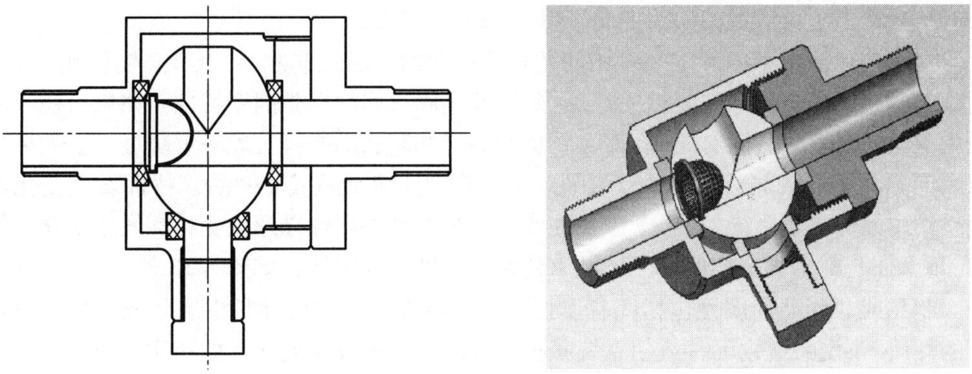

图 8.11 新系统解决方案

8.4.3 冲突区域转换诊断方法

在复杂问题的分析过程中, 由关系型功能模型所表征的冲突区域往往是初始冲突区域, 还需要转换, 以便于最后确定关键问题或根原因。因此, 在分析问题的过程中, 冲突区域分为 3 类, 分别为初始冲突区域、转换冲突区域和最终冲突区域[8]。

初始冲突区域是由初始问题涉及的直接利益相关者确定的问题冲突区域。最终冲突区域是由根本原因涉及的直接利益相关者确定的问题冲突区域。转换冲突区域是由除初始冲突区域和最终冲突区域边界外的利益相关者确定的冲突区域, 有时会包含初始冲突区域和最终冲突区域中的一个利益相关者。

1. 初始冲突区域的确定

所谓的冲突区域本质上就是一个简单的物质–场模型, 由初始问题涉及的利益相关者确定的冲突区域称为初始冲突区域。初始冲突区域是存在问题的物质–场模型。此区域可能会具有如下某个特点:

(1) 初始冲突区域是不完整的物质–场模型, 即三元件中有部分元件不存在, 导致所需功能没有实现, 如图 8.12(a) 所示;

(2) 初始冲突区域是完整非有效的物质–场模型, 即组成功能的三元件均存在, 但是所需功能的实现并不理想, 如图 8.12(b)、(c) 所示;

(3) 初始冲突区域是完整有害的物质–场模型, 即组成功能的三元件均存在, 但是实

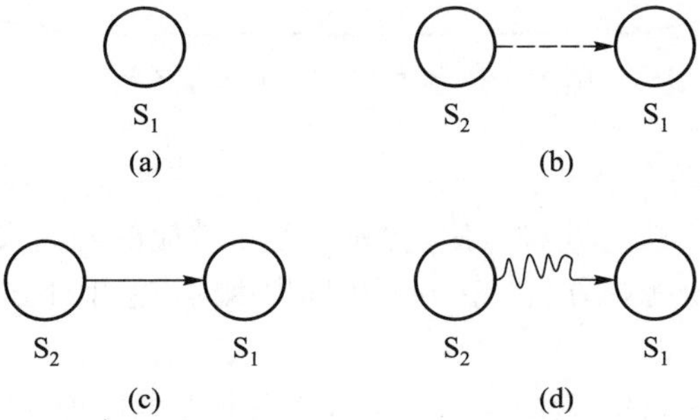

图 8.12 各种初始冲突区域模型

现的功能背离了设计者的期望方向, 如图 8.12(d) 所示。

在系统功能模型内确定与初始问题直接相关的制品或非制品; 其次, 考虑制品或非制品的哪些属性与初始问题相关联, 这些属性是固有属性还是因变特性。如果与初始问题相关联的属性只有固有属性, 那么就从制品或非制品的本身去思考解决办法。如果与初始问题相关联的属性包括因变特性, 那么就寻找使制品或非制品该特性发生变化的直接作用元件或超系统, 并思考这元件或超系统的哪些属性导致因变特性发生变化。最终, 依上述步骤来确定初始冲突区域。初始冲突区域确定流程如图 8.13 所示。

制品或非制品的属性包括固有属性和因变特性。固有属性是指制品或元件本身特有的性质, 不受系统内元件或超系统某种属性的影响而发生变化。如物质的质量、吸湿性等。因变特性是指制品或元件具有某种参数, 但该参数可以随着系统内元件或超系统某种属性的影响而发生变化, 如物质的吸附性、压力、强度等。其中, 非制品是系统内元件和超系统的统称。

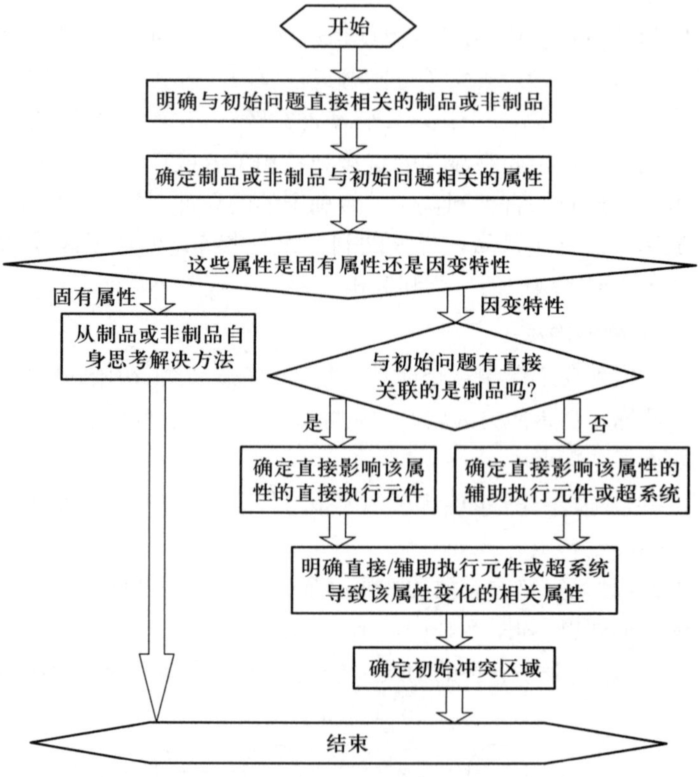

图 8.13 初始冲突区域确定流程

2. 寻找中间原因

中间原因的寻找一般有 3 种方法, 分别是基于效应的公式法、基于功能模型的原因分析法和借助其他资源的方法。在分析中间原因时, 这 3 种方法不仅可以单独使用, 还可以综合使用。

(1) 基于效应的公式法: 效应涵盖了多种学科领域的原理和定律, 它全面描述了技术工程领域与自然科学之间错综复杂的联系。基于效应的公式方法是将多学科中的科学原理、定律等用公式表征, 即涉及的自变量和因变量的逻辑关系利用效应对应的科学原理用公式表达出来, 即上一层原因对应的结果是因变量, 导致这个结果的原因是自变量, 以便提高中间原因分析的严谨性。

基于效应模式寻找中间原因的方式有以下 3 种模式。

模式 1: 单一效应公式模式。对应于含有一个自变量和一个因变量的公式, 即是这种模式的表征方式。

模式 2: 串联效应公式模式。如图 8.14 所示, 此模型也是对应于一个自变量和一个因变量的公式, 但该模式对应的是嵌套型公式。这是基于一个自变量的连锁反应。

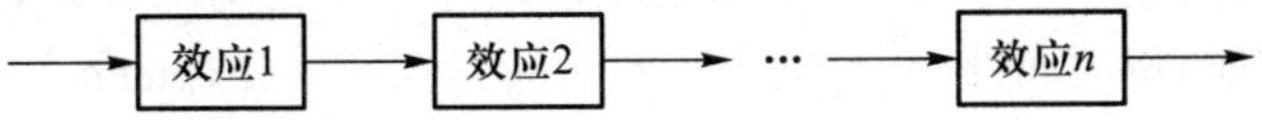

图 8.14 串联效应公式

模式 3: 并联效应公式模式。如图 8.15 所示。此模型对应于两种模型的公式, 第一种是存在多个自变量和一个因变量的模型, 第二种为存在一个自变量和多个因变量的模型。

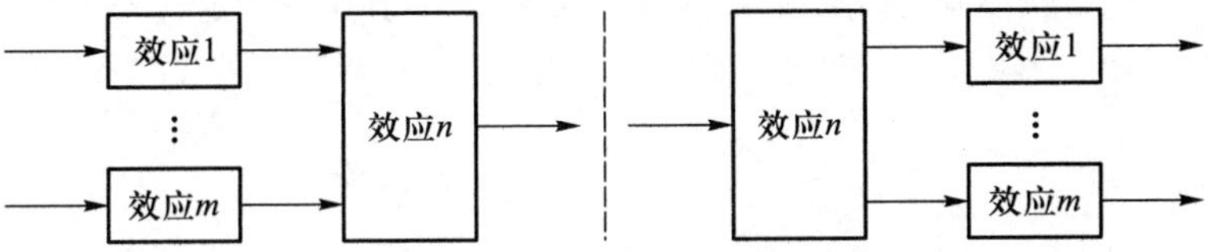

图 8.15 并联效应公式

上述这 3 种模式可以相互嵌套灵活使用。只要本层级的原因对应的结果可以由公式来表达, 就可以应用基于效应的公式法。

(2) 基于功能模型的原因分析法: 依据问题系统功能模型确定初始冲突区域, 进而找到初始原因的方法。基于功能模型的原因分析方法是在此基础上, 沿着功能网络进行发散的中间原因的寻找方法。

(3) 借助其他资源法: 借助其他资源法包括查阅文献和专利、向相关领域专家咨询等。

3. 冲突区域转换方法

冲突区域相应的原因, 是由功能载体的相关不良属性经过场的作用, 使得功能对象的相关属性未沿着期望的方向发展决定的, 如图 8.16 所示。

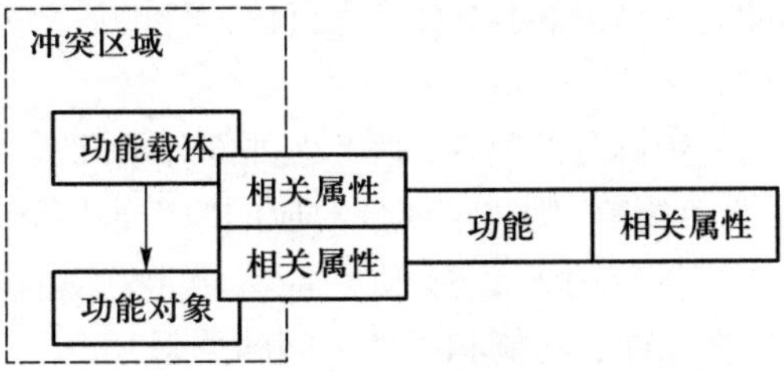

图 8.16 冲突区域与原因的对应关系

实现冲突区域的转换, 需要沿着功能模型网络进行“顺藤摸瓜”, 如图 8.17 所示。技术系统内已经识别出一个由功能载体、功能对象和作用组成的冲突区域, 分析该冲突区域对应不良结果的原因, 需要从 3 个方面进行分析, 进而实现冲突区域的转换, 寻找更多的中间原因。

(1) 功能载体角度: 明确该冲突区域的功能载体与不良结果有关的属性, 即相关属性 A, 确定直接影响相关属性 A 发生变化的该冲突区域边界外的元件, 即元件 1, 将冲突区域转换成冲突区域 1。在该区域里确定与相关属性 A 发生不良变化有直接关联的元件 1 的相关属性 D, 并分析它们之间的相互作用关系功能 1 的不良相关属性 E。

(2) 功能对象角度: 明确该冲突区域的功能对象与不良结果有关的属性, 即相关属性 B, 确定直接影响相关属性 B 发生变化的该冲突区域边界外的元件, 即元件 2, 将冲突区域转换成冲突区域 2。在该区域里确定与相关属性 B 发生不良变化有直接关联的元件 2 的相关属性 F, 并分析它们之间的相互作用关系功能 2 的不良相关属性 G。

(3) 功能角度: 明确该冲突区域的功能与不良结果有关的属性, 即相关属性 C, 确定直接影响相关属性 C 发生变化的该冲突区域边界外的功能, 即功能 3。明确功能 3 的功能载体和功能对象, 即元件 3 和元件 4, 进而将冲突区域转换成冲突区域 3。在这个冲突区域中, 为了分析的严谨性, 则元件 3 和元件 4 的其中一个必须是原始冲突区域中的功能载体或功能对象。

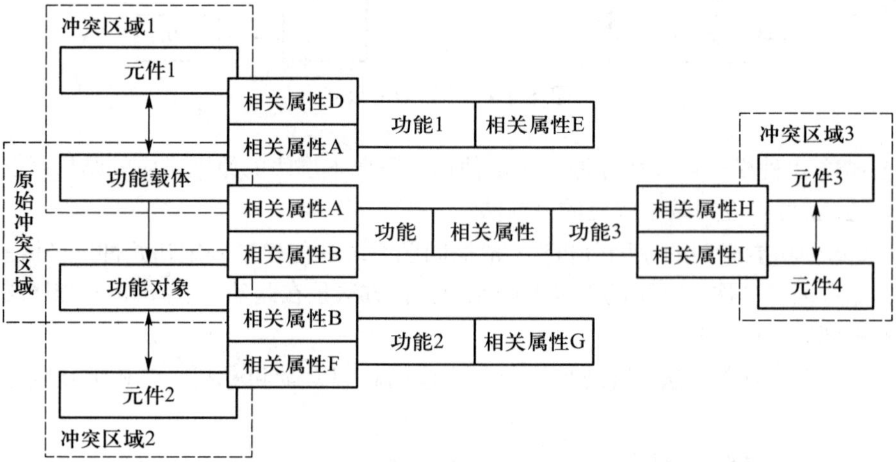

图 8.17 冲突区域转换模型

冲突区域转换模型涉及的相关属性都是因变特性, 具有可控性。若相关属性是固有属性, 那么不需要进行冲突区域的转换, 直接进行该元件的内部分析即可。该分析包含两种情况:

(1) 若元件是不可进一步拆分的物质, 则考虑外部环境和人为因素等超系统对它的影响, 如温度、压强, 若没有影响, 则将该属性对应的原因直接看成末端原因;

(2) 若元件是可进一步拆分的子系统, 则在原有功能模型的基础上, 细化该子系统部分的模型, 再分析模型中元件、功能和属性之间的关系。

从功能模型的角度分析, 将原始冲突区域分别转换成冲突区域 1、冲突区域 2 和冲突区域 3, 则原始冲突区域对应的原因是由转换的 3 个区域分别对应的原因导致, 这 3 个原因之间的关系是“且”关系、“或”关系还是“综合”关系, 要具体问题具体分析。

内因: 在冲突区域边界内分析功能载体、功能对象和作用导致问题发生的相关属性。

外因: 通过转换冲突区域, 在原始冲突区域边界外分析导致边界内的元件属性或功能属性发生改变的其他元件及其之间的作用。

最终冲突区域: 它是由根原因确定的问题的物质–场模型, 它的分类与初始冲突区域相同。

面向冲突区域的根原因分析方法如图 8.18 所示。根据已找到的根原因确定冲突, 从而完成机遇冲突区域转换的问题诊断过程。

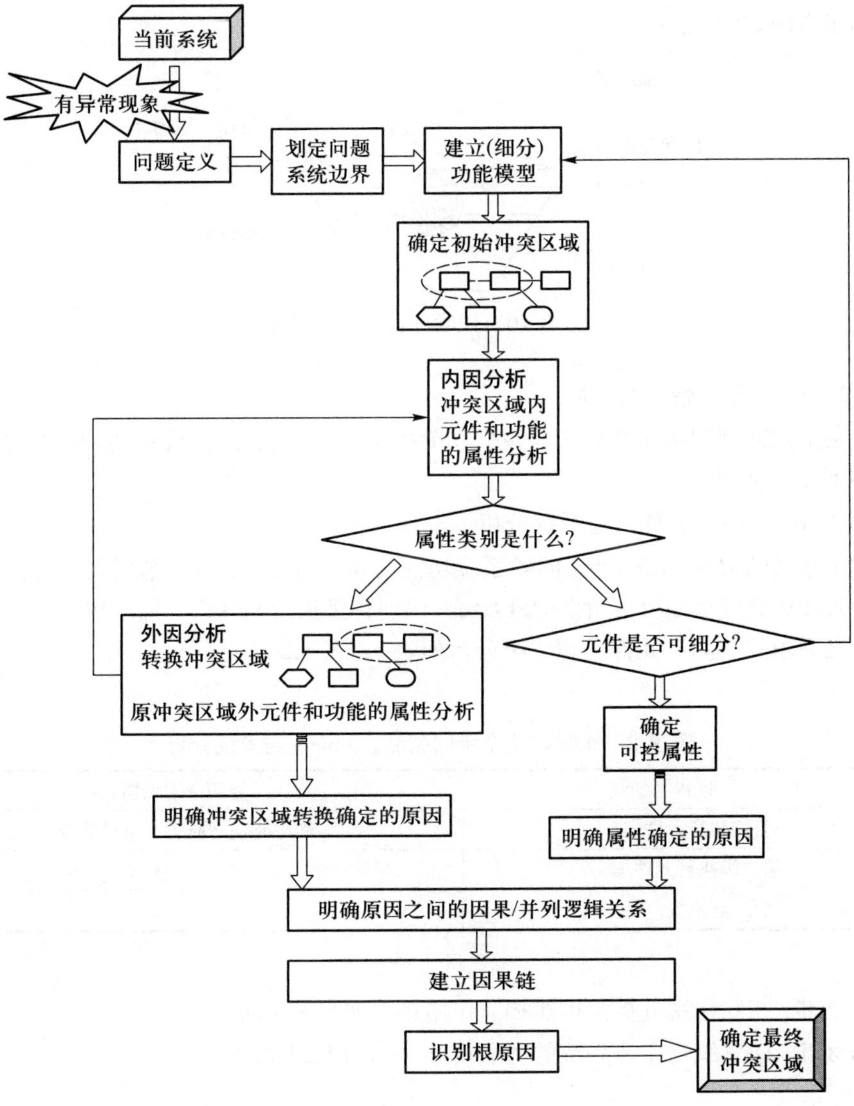

图 8.18 面向冲突区域转换的根原因分析方法

4. 根原因的识别原则及应用

根原因的识别是为了最终冲突区域的确定。识别根原因时, 要特别注意因果链中原因之间的逻辑关系。如因果链中得到的关系都是“且”关系, 那么选择越底层的关键原因作为根原因是正确的; 如因果链中得到的关系都是“或”关系, 那么尽量选择上层关键原因作为根原因。由根原因确定的最终冲突区域存在问题的物质–场模型, 分类与初始冲突区域相同。

例 8.2 织物印花装置改进设计。

在织物印花系统中, 驱动织物运动的印染辊和橡胶辊的线速度与织物成本有直接关系, 即线速度越高, 生产率越高, 织物成本越低, 设备的生产能力越高, 这是任何企业都需要的。但是提高线速度时, 完成印染的织物上的图案颜色深度降低, 即制品质量下降。如何提高织物线速度又不降低制品质量, 成为改进设计最应考虑的问题。织物印花系统的示意图如图 8.19 所示。

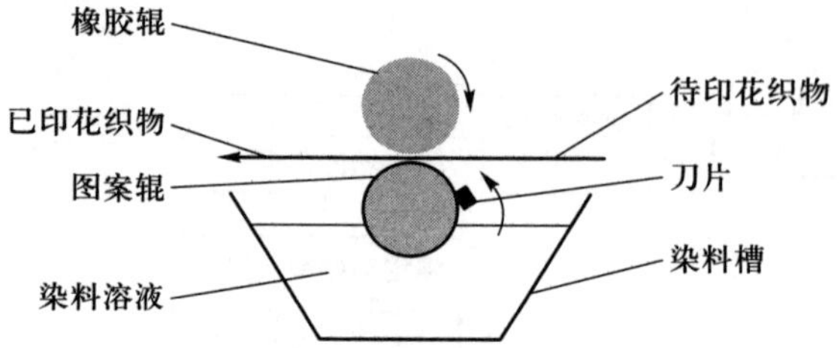

图 8.19 织物印花系统示意图

阶段 1: 确定初始冲突区域。

解决上述问题的第 1 个阶段是建立功能模型进行功能分析, 确定初始冲突区域。一共有如下 4 个步骤。

第 1 步: 制品、元件、超系统分析。

技术系统边界为印染系统, 问题系统功能为印染待印染织物, 系统制品为待印染织物。同时要进行层级划分, 如图 8.20 所示, 识别直接执行元件集、辅助执行元件集和超系统。之后填写制品、元件、超系统分析列表, 如表 8.2 所示。

表 8.2 织物印花系统的制品、元件、超系统分析

制品	待印染的织物
直接执行元件集	图案辊、橡胶辊、染料溶液
第二级执行元件集	刀片、染料槽
超系统	支撑系统

第 2 步: 相互作用分析。构建相互作用矩阵如表 8.3 所示。

第 3 步: 建立织物印花系统的功能模型。如图 8.21 所示。

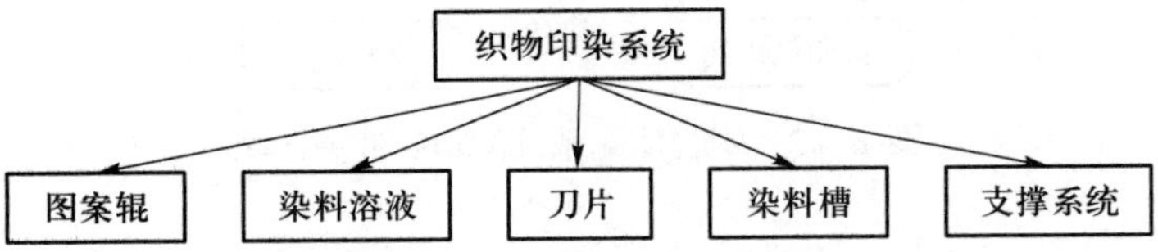

图 8.20　印染系统元件层级划分

表 8.3　织物印花系统的相互作用矩阵

	带印染的织物	图案辊	橡胶辊	染料溶液	刀片	染料槽	支撑系统
带印染的织物		压紧相互	压紧相互				
图案辊	输送标准			容纳、移动标准			
橡胶辊	输送 标准						
染料溶液	染色 不足						
刀片		摩擦 不足		阻止 标准			
染料槽				容纳 标准			
支撑系统	支撑 标准						

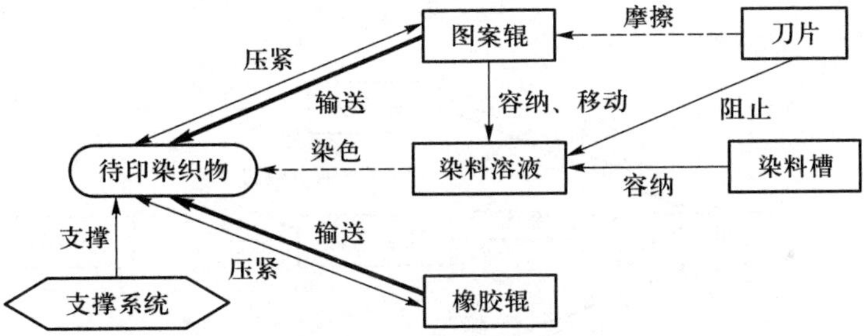

图 8.21　技术系统功能模型

第 4 步: 确定织物印花系统初始问题相对应的初始冲突区域。

首先, 明确与初始问题直接相关的制品或非制品。此系统的问题是已经印好的织物印花效果差, 则与初始问题直接相关的是制品待印染织物; 其次, 明确制品与初始问题相关的属性。待印染织物的吸湿性差、吸附性差、与染料接触时间不足导致染色效果差。吸湿性是织物的固有属性、吸附性是织物的因变特性, 它受染料溶液扩散速度快慢的影响; 与染料接触时间不足也是织物的因变特性, 它与染料溶液的运动速度有关, 也受自身运动速度快慢的影响。再次, 确定直接执行元件, 即染料溶液。其属性扩散速度影响了织物的吸附性, 染料溶液的扩散速度越快, 织物吸附染料越多。染料溶液的运动速度越快, 织物与染料接触时间越短, 染色效果越差。最后, 确定初始冲突区域, 如图 8.22 所示。由该图中完整非有效的功能模型可以看出, 待印染织物与染料的作用时间不足也可导致染色效果差。

阶段 2: 冲突区域转换。

图 8.21 已经确定了织物印染系统初始问题印染效果差的初始冲突区域, 如图 8.22 所示。之后, 对该系统进行面向冲突区域转换的根原因分析, 有如下 6 个步骤。

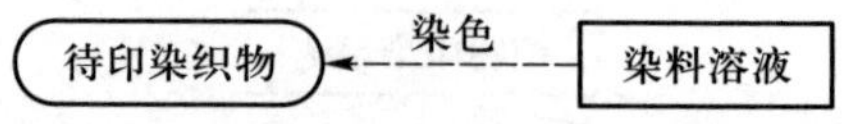

图 8.22 织物印花系统的初始冲突区域

第 1 步: 对初始冲突区域进行内因分析。

功能载体: 染料溶液的固有属性扩散速度低。

功能对象: 待印染织物的固有属性吸湿性不足。

功能: 染色的因变特性作用时间不足。

第 2 步: 对具有因变特性的元件进行外因分析。

根据基于效应的科学公式法可知, 依据单一效应公式模式可知, 在距离不可控的情况下, 染色作用时间的不足是由印染辊和橡胶辊与织物之间的功能输送速度快, 以及印染辊与织物间接触面积小共同导致的, 进而转换冲突区域, 如图 8.23 所示。两辊的因变特性“转速”影响了织物的输送速度。分析“转速”不符合要求的原因已经与本系统无关。

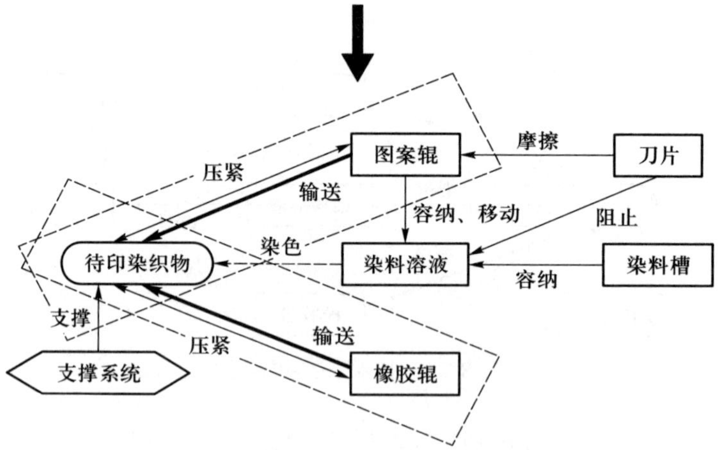

图 8.23 织物印花系统的冲突区域转换

第 3 步: 对固有属性进行分析。

待印染织物不可再分, 其属性吸湿性是自身特性, 是不可控因素, 将其确定为末端原因。

染料溶液在物理领域不可再分, 即不可拆卸成单独零件的形式, 但是在化学领域, 可将其在微观角度细分为溶剂和溶质, 它们之间相互作用为溶解, 重新建立功能模型, 确定初始冲突区域如图 8.24 所示。

功能载体: 溶剂的固有属性扩散速度低。

功能对象: 溶质的固有属性浓度不足。

功能“溶解”并没有影响染料溶液的扩散速度。

由扩散的影响因素可知, 溶剂的扩散速度低不仅与自身扩散属性和黏度有关, 还与外界的压强和温度有关。根据化学知识可知, 溶质的浓度不足与自身溶解度和外界温度

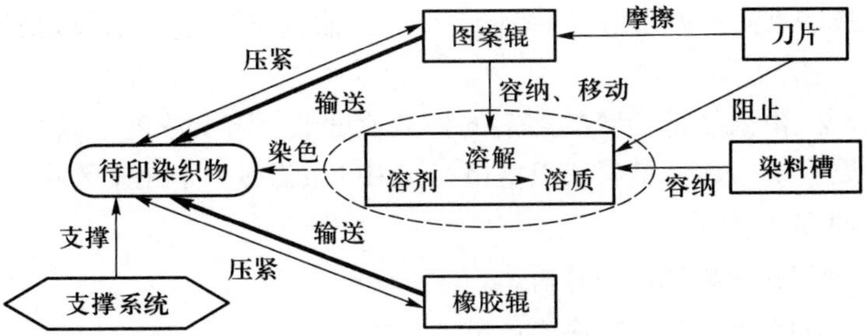

图 8.24 建立细分功能模型

有关。

第 4 步: 构建因果树。

明确上述原因的因果/并列逻辑关系, 因果冲突链如图 8.25 所示。

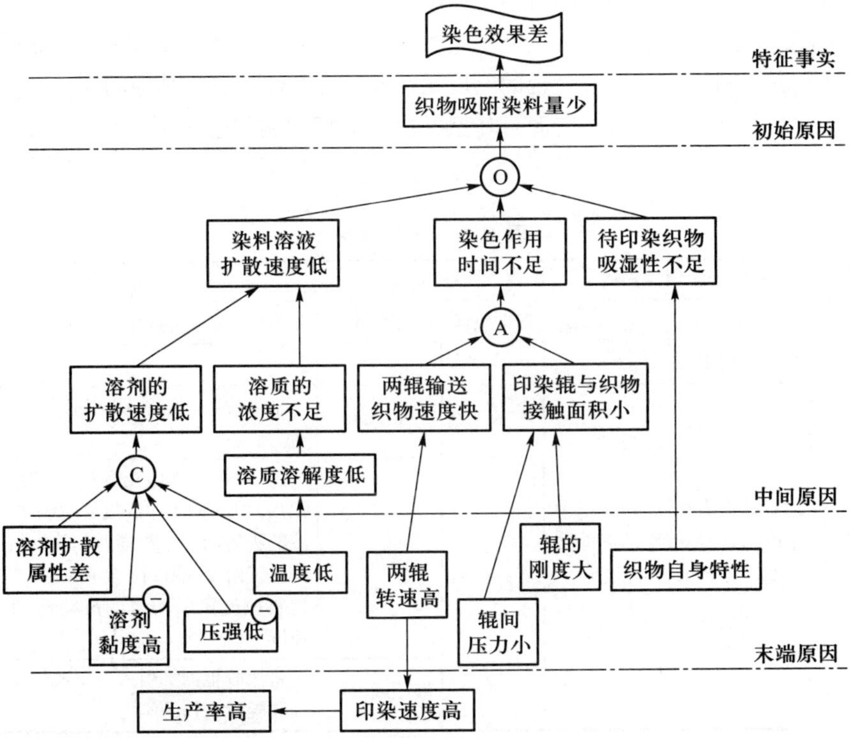

图 8.25 织物印染系统的因果冲突树

第 5 步: 确定根原因。

根据根原因的选取原则和实际情况, 确定根原因为染料溶液扩散速度低、两辊输送织物速度快和待印染织物吸湿性不足。

第 6 步: 确定最终冲突区域。

根据因果树分析结果, 可确定冲突区域为以下两个。

冲突区域 1: 由辊间压力小和辊的刚度大导致的辊与织物间接触面积小、作用时间

不足, 最终造成印染质量差, 因此图案辊、橡胶传输辊与织物作用区域是问题发生的一个冲突区域;

冲突区域 2: 由温度低导致的溶剂的扩散速度低、溶质浓度小以及织物吸湿性不足, 造成印染质量差, 因此, 染料和织物相互作用区域为另一个冲突区域。

阶段 3: 冲突求解。

第 1 步: 理想解分析和资源分析。

设计的最终目的是什么? 提高生产率。

理想解是什么? 通过提高辊的速度提高生产率 (次理想解)。

达到理想解的障碍是什么? 织物与辊接触面积小, 橡胶辊和图案辊的线速度越快, 印花织物与两辊子作用时间越短, 织物上吸附的染料越少。染料溶液温度和压力低, 织物吸湿性不足。

出现这种障碍的结果是什么? 印花织物与两辊子作用时间越短, 造成印花织物图案的颜色深度降低, 即印花织物质量降低。

不出现这种障碍的条件是什么? 印花织物与印染辊接触面积要足够大, 染料溶液温度足够高或者辊间压力足够大、辊的刚度足够小 (前提是不引起其他问题)。

创造这些条件存在的可用资源是什么? 建立资源列表如表 8.4 所示。

表 8.4 资源列表

资源类型	所需资源属性描述	可用资源		资源可用性评价
物质资源	能够使织物与印染辊接触时间长的物质	内部资源	橡胶辊	改变橡胶辊的柔性, 成本低
		外部资源		
场资源	① 织物表面需大的压力场; ② 需提高织物温度的热场; ③需加热染料的热场	内部资源	重力场	增大橡胶辊的质量, 从而增大对织物的压力。
		外部资源	热场	① 织物进入印花区之前, 对织物进行预热, 将有助于印制过程中织物对染料溶液的吸附能力; ② 通过加热染料溶液, 使其黏度由 2 500 cps① 降低到 1 000 cps, 这将改变染料溶液的流动性, 提高扩散速度
			液压或气压	将橡胶辊内部引入液压或气压, 以增大橡胶辊对织物的压力

通过理想解分析和资源分析, 得到如下解决方案。

方案 1: 改变橡胶辊的柔性, 目前装置中橡胶辊所采用的橡胶太硬, 可换成较软的橡胶, 提高接触面积。

方案 2: 橡胶辊采用复合结构, 在钢辊外面附着橡胶材料, 增大原有橡胶辊的质量, 从而增大对织物的压力, 如图 8.26 所示。

① 1 cps=1 mPa·s, 余同。

方案 3: 织物进入印花区之前, 对织物进行预热, 将有助于印制过程中织物对染料溶液的吸附能力。

方案 4: 通过加热染料溶液, 使其黏度由 2 500 cps 降低到 1 000 cps, 这将改变染料溶液的流动性, 提高扩散速度。

方案 5: 将橡胶辊内部引入液压或气压, 以增大橡胶辊对织物的压力。

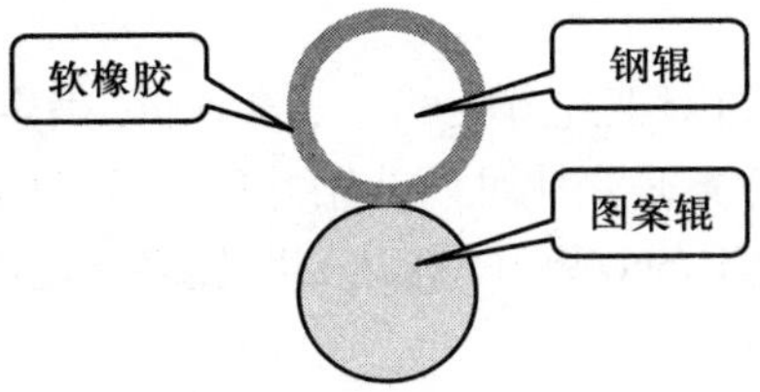

图 8.26 方案 2 示意图

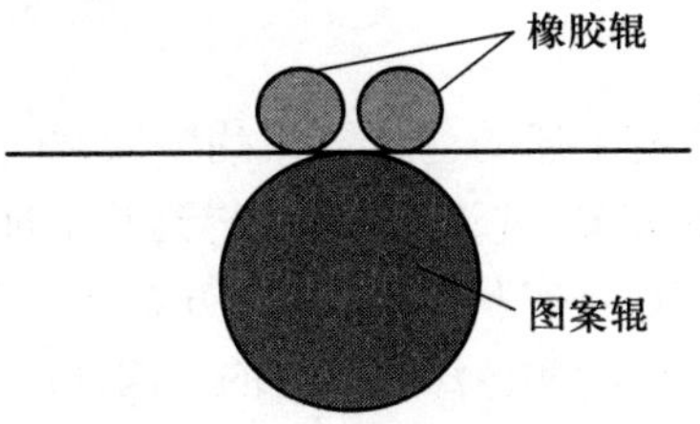

图 8.27 方案 6 示意图

第 2 步: 冲突区域 1 中的冲突求解。

应用技术冲突解决冲突区域 1 中的技术冲突, 首先是技术冲突描述: 为了改善生产率, 我们需要提高辊的转速, 但这样做会导致系统可靠性降低。之后, 将上述领域问题转换成 TRIZ 标准冲突。即

改善的参数: 39 生产率;

恶化的参数: 27 可靠性。

查找冲突矩阵, 得到如下发明原理: No.1 分割、No.35 参数变化、No.10 预操作、No.38 加速强氧化。

依据选定的发明原理, 得到如下解。

方案 6: 依据 No.1 分割原理, 可靠性降低的原因是织物与图案辊接触面积小, 为了提高可靠性, 可以把橡胶辊变成两个或更多个小辊, 如图 8.27 所示。

依据 No.35 参数变化原理, 同样可以得到方案 1、方案 4。

方案 7: 依据 No.10 预操作原理, 得到的可能解为:

因为颜色深度随织物线速度的提高而降低, 可通过对织物进行化学预处理, 改变织物对染料溶液在高速运动时的吸附性。

第 3 步: 冲突区域 2 中的冲突求解。

该区域中的冲突转化为物质–场模型, 之后应用 76 个标准解求解。

根据问题所建的物质–场模型, 应用标准解解决流程, 确定问题的通解。

在图 8.28 的物质–场模型中, 染料对织物的作用为不足作用, 因此选择 No.1.1.3 标准解。

No.1.1.3 标准解: 假如系统不能改变, 但永久的或临时的外部添加剂改变 S_1 或 S_2 是可接受的。

依据选定的标准解, 得到问题的解决方案。

方案 8: 在染料溶液中增加添加剂, 改变溶液被高速运动的织物吸附的能力。

第 4 步: 方案评价。

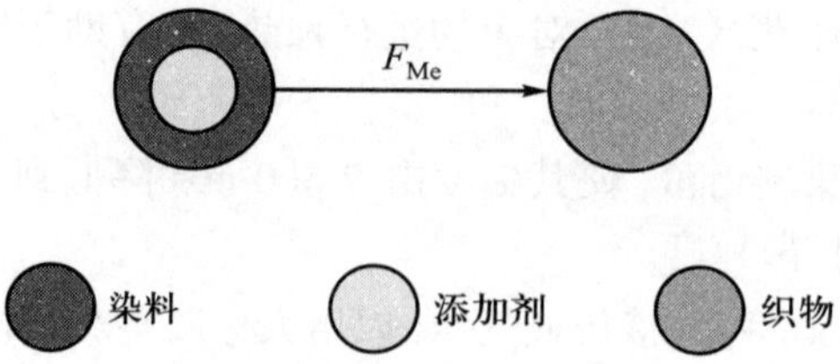

图 8.28 方案 8 示意图

所有上述的 8 个方案均为领域问题的解, 通过对上述方案的分析和评价, 确定可能实现的方案, 并进行实验, 得到验证证实可行的方案是企业可以选用并后续开发的领域解。该项目实验结果表明, 方案 1 采用较软橡胶辊的效果好, 能达到既提高线速度, 又不降低织物颜色深度的目的。因此, 该解是领域解。

8.5 基于层次型功能模型的冲突诊断方法

8.5.1 功能结构中的困难功能元

层次型功能模型的表征为功能结构, 其一般形式为图 8.29 所示。功能结构中的功能元用"动词 + 名词"的形式来表达功能, 其作用对象为能量流、物料流与信息流。工程师依据自身的领域知识与经验能够求解多数功能元, 但不能求解少数遇到的困难功能元。该类功能元求解困难是因为受到各种约束的影响, 如用户需求变化的约束、可用资源的约束、功能结构中其他功能元或流的约束, 同时也受到工程师知识领域的限制约束。该类功能元同样称为技术系统进化中的冲突, 识别及求解该类功能元成为新系统开发或已有系统改进必须面对的课题[9]。

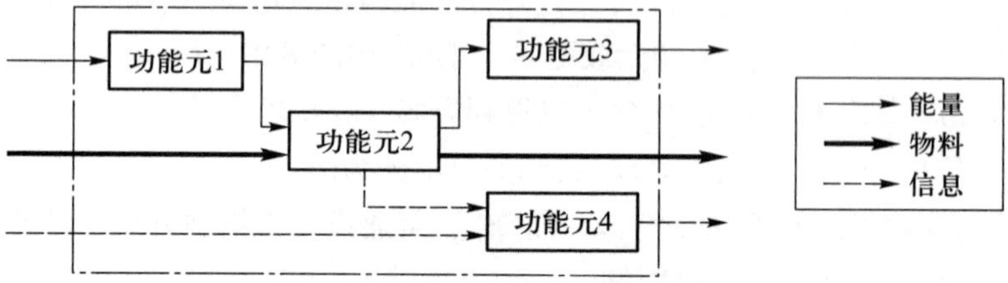

图 8.29 一般的功能结构形式

由功能结构表征的系统中可出现冲突的区域称为冲突区域。冲突区域表现为困难功能元与对该功能元产生约束的功能元之间形成的最小单元, 可以是两个功能元之间相互作用的区域, 如图 8.30(a) 所示, 也可以是以某一个功能元为中心、多个功能元相互作用的区域, 其中作为中心的功能元即为困难功能元, 如图 8.30(b) 所示。产生冲突的原因则在于功能元所受到其他功能元作用或其他方面的约束, 以及功能元之间输入、输出流具有的某种属性。

冲突区域中功能元所受约束以及功能元之间输入、输出流属性的改变往往会引起冲突的出现。针对系统中的某个问题, 冲突区域可以有一个, 也可以有多个。冲突区域分为初始冲突区域、过程冲突区域和最终冲突区域。

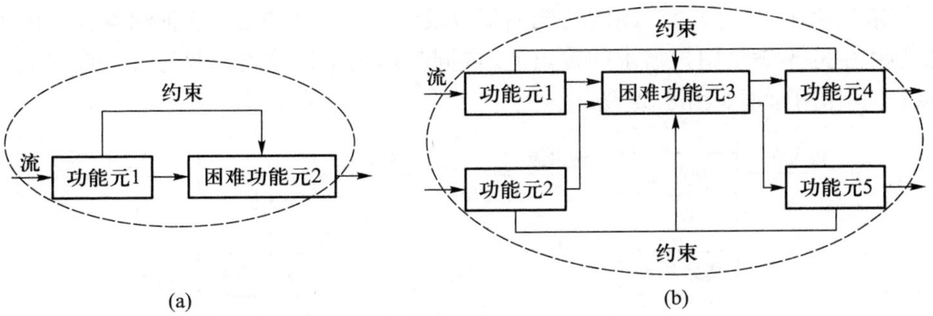

图 8.30 功能结构中的冲突区域

初始冲突区域: 是指由初始问题所涉及的相关元件组成的模型区域。

过程冲突区域: 是指由初始冲突区域到最终冲突区域所经历的转换过程区域。

最终冲突区域: 是指由根原因所涉及的相关元件组成的模型区域。

根原因分析的目的就是为了确定系统中的冲突区域。冲突区域的确定则为困难功能元的识别和求解以及系统问题的解决提供了前提。

(1) 冲突区域界定了困难功能元所在的最小区域, 可以更好地确定困难功能元, 并保证解决问题过程中系统较小的改变。

(2) 可以通过改变区域内其他功能元的原理解, 消除一些施加于困难功能元的约束, 以便求解困难功能元。

(3) 为了解决问题, 需改变冲突区域内某功能元的原理解, 这种改变可能会导致区域内或区域外的不期望结果产生, 即转化为冲突问题。

(4) 由于冲突区域中存在对困难功能元产生约束作用的功能元, 所有冲突区域通常是可以执行功能裁剪的区域, 可以通过裁剪其他功能元降低困难功能元求解难度。

(5) 冲突区域中的困难功能元及其他功能元可以通过效应综合法等效应方法求解。

(6) 冲突区域的理想解是系统的局部理想解, 可以为系统解题提供思路。

8.5.2 约束类型及作用形式

识别困难功能元首先要确定功能结构中功能元受约束情况。困难功能元受到其他功能元的影响一般都是各种约束导致的, 将功能元受到的约束分为 3 类, 如图 8.31 所示。

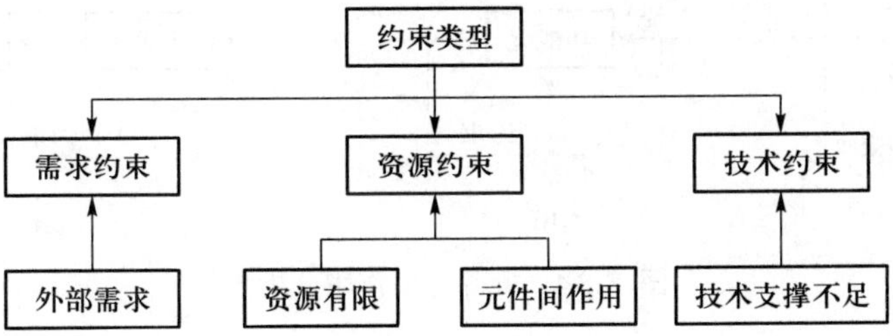

图 8.31 约束的类型

需求约束来自用户对产品的功能期望以及设计约束的期望, 这种约束直接作用于功能结构中的不满足用户需求的输出流, 或同时作用于该输出流及与其直接相关的功能元上, 其作用原理如图 8.32 所示。

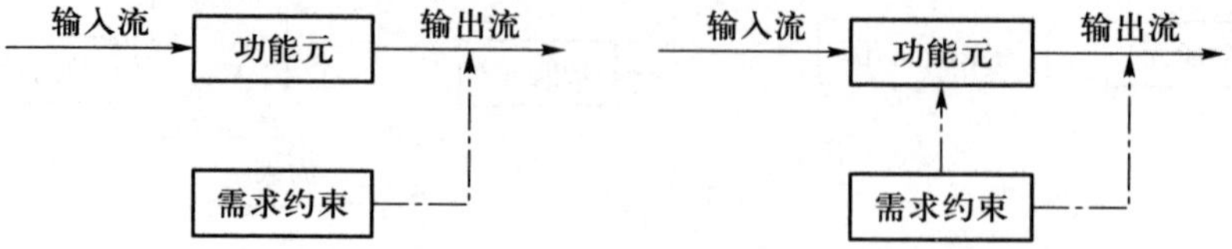

图 8.32 需求约束作用原理

资源根据存在形式可以分为: 物质资源、场资源、信息资源、功能资源、时间资源、空间资源。当系统或功能元中具体元件所需的资源不足或者资源的作用有限时, 便对困难功能元的求解产生了约束。资源约束对于功能结构中功能元的约束主要体现在 3 个方面, 如图 8.33 所示。

(1) 功能元内部资源产生的设计约束主要包括物质约束、场约束、信息约束等;

(2) 功能元外部流的属性产生的设计约束主要包括物质约束、信息约束等;

(3) 其他功能元中的元件对该功能元产生的约束主要包括场约束、功能约束、时间约束、空间约束等。

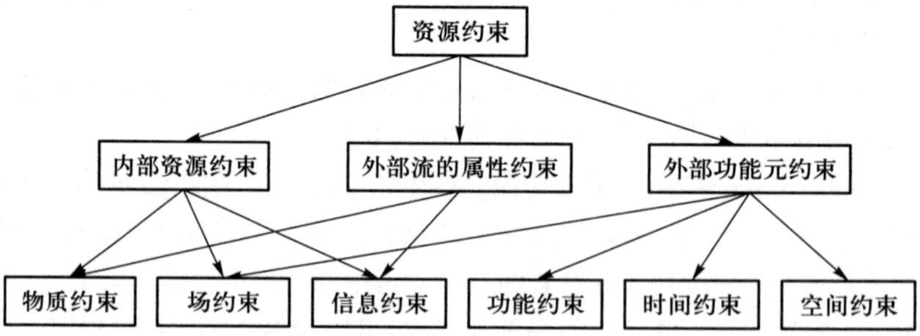

图 8.33 资源约束关系

来自这 3 个方面的资源约束对于功能结构中功能元的作用可用图 8.34 表示, 其中图 8.34(a) 表示功能元内部资源产生的设计约束, 图 8.34(b) 表示功能元外部流属性产生的设计约束, 图 8.34(c) 表示其他功能元中的元件对该功能元产生的约束。

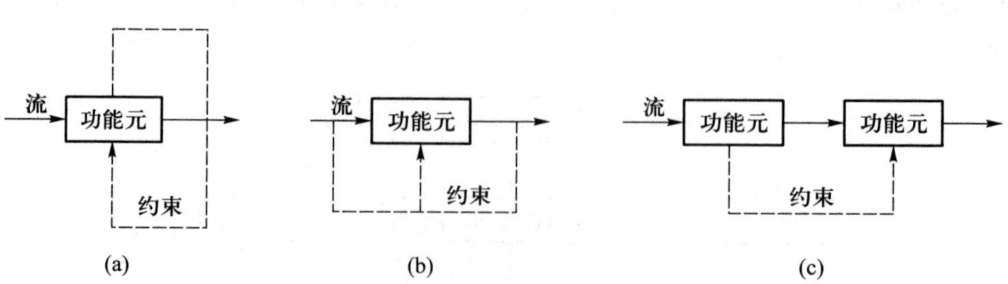

图 8.34 资源约束作用分析图

技术约束主要来自工程师知识领域的局限和现有科学技术的发展。对于通常功能元, 工程师往往可以通过本领域的知识进行求解, 得到高质量的解决方案; 对于困难功能元, 根据工程师的知识与经验, 如果困难功能元的初始解处于本专业领域, 其完善的过程往往沿本专业领域所给的方向进行。但为了得到问题的高质量解决方案, 所需要的知识一般涉及其他领域。工程师对于利用不同领域中知识的不适应成为困难功能元求解的重要约束。技术约束对于功能结构中功能元的作用可用图 8.35 表示。

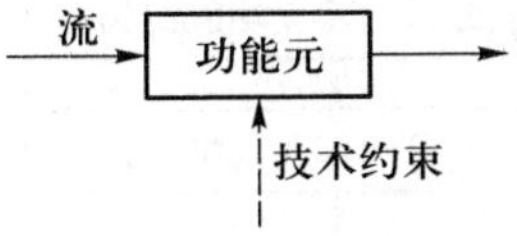

图 8.35 技术约束作用分析图

8.5.3 困难功能元的识别

为了识别困难功能元, 首先要建立系统扩展功能结构。在此基础上, 对其进行根原因分析, 确定冲突区域, 最后分析冲突区域中各功能元受约束情况及关系。基于根原因分析的困难功能元识别过程分为 3 个阶段, 即扩展功能结构、确定冲突区域以及确定困难功能元。每个阶段又分为若干步。图 8.36 是其过程模型。

阶段 1: 扩展功能结构。

扩展功能结构是在经典功能结构的基础上, 对系统所受的系统外部约束进行分析, 包括需求约束、资源约束以及技术约束。确定这些约束具体作用到哪些功能元上, 将这些约束作为输入融入现有功能结构当中, 建立扩展功能结构, 为之后的根原因分析提供基础。该阶段分为如下 5 步。

第 1 步: 对用户需求进行分析。由于用户的知识水平以及情景分析能力的局限性, 用户对需求的表达具有多样性、动态性、层次性以及模糊性等特点, 所以需要对用户需求进行分析, 包括分解、转化、完善、精简等方法。

第 2 步: 确定系统的总功能。产品功能由“动词 + 名词”的形式表示, 输入/输出根据用户需求确定。

第 3 步: 建立功能结构。对系统进行功能分析, 将产品的总功能进行分解, 并运用功能基建立功能树, 之后引入流, 连接各功能链, 合并重复部分, 得到初步的产品功能结构。

第 4 步: 分析系统所受约束。根据约束类型总结、分析系统所受约束, 包括需求约束、资源约束以及技术约束。

第 5 步: 判断是否分析出全部约束, 如不完全, 则继续进行更全面的分析。如果已经分析完全, 则将分析出的约束作用于具体功能元, 将这些约束作为输入融入功能结构当中, 建立扩展功能结构。

阶段 2: 确定冲突区域。

对系统进行功能分析, 建立扩展功能结构之后, 根据用户需求, 确定其中不满足用户需求的输出流, 从而确定初始冲突区域。之后, 运用基于功能结构的根原因分析方法, 确定冲突区域。在分析根原因的同时, 进行约束类型分析。该阶段分为如下 7 步。

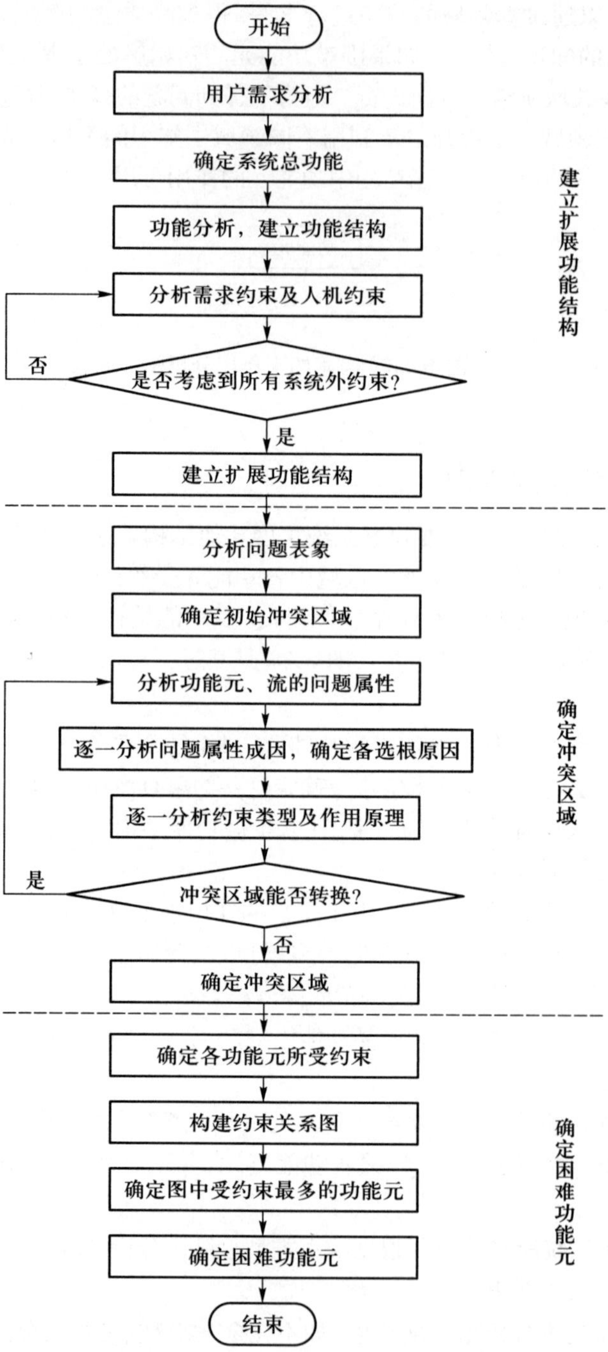

图 8.36 困难功能元识别过程模型

第 1 步：对扩展功能结构中存在的问题进行分析，确定其中不满足用户需求的输出流为问题表象。

第 2 步：确定初始冲突区域。根据确定出的不满足用户需求的输出流，在扩展功能结构中确定与该输出流直接相关的功能元及输入/输出流为初始冲突区域。根据分析结果修改功能结构模型。

第 3 步: 分析初始冲突区域中与问题表象相关的功能元、输入流的属性。直接导致问题发生的是冲突区域中功能元或输入流具有的某种或几种属性, 这些属性称为问题属性。

第 4 步: 逐一分析问题属性的成因。如果问题属性是由冲突区域外的作用导致, 则以问题属性为结果, 重新构建冲突区域。如果问题属性是功能元自身用于求解的方法或者效应问题导致, 或者是输入流的内部属性, 且该功能元不能继续分解, 则记录下来作为备选根原因; 如果该功能元能够继续分解, 则分解后再进一步分析。

第 5 步: 从这些问题属性及问题属性的成因中总结功能元所受约束类型。

第 6 步: 根据上述分析确定冲突区域能否进行转换。若可以转换, 则重复以上 3 步的分析过程, 并根据每次分析结果修改功能结构模型, 直到确定所有的冲突区域和备选根原因, 并记录各功能元所受约束类型。

第 7 步: 根据整体分析过程, 逐级分析所有备选根原因的关系, 构建因果关系图, 确定冲突区域。

阶段 3: 确定困难功能元。

根据困难功能元的定义, 分析冲突区域中各功能元受约束情况以及约束关系, 通过构建约束关系图, 确定其中的困难功能元。该阶段分为如下 3 步。

第 1 步: 根据上述分析, 确定冲突区域中各功能元所受约束类型。

第 2 步: 根据各功能元之间的约束关系, 构建功能元约束关系图。

第 3 步: 根据功能元约束关系图, 确定困难功能元。

8.5.4 求解困难功能元的效应链方法

通过识别已经得到了困难功能元, 接下来需要求解这些困难功能元。困难功能元解决过程称为功能综合。效应、生物效应、LT–表等均可用于功能综合, 并已构建了功能综合过程模型 BIS–4, 应用 BIS–4 可以实现功能综合。

现以效应综合为例, 说明 BIS–4 的应用。通过识别已经得到了困难功能元, 需要求解这些困难功能元。功能元与效应之间存在映射关系, 只要两者的输入/输出物理量相似, 该效应可能是该功能元的一种原理解, 或几个效应有机组合形成的效应链可能是功能元的一种原理解, 功能元与目标效应链之间的映射是一对多的关系。在困难功能元到目标效应链的映射中找到一个目标效应链的过程称为效应综合法, 即考虑约束作用的效应综合法。

求解困难的原因除了工程师不熟悉其他领域知识外, 还在于其求解时受到来自各方面的约束, 使得工程师在对困难功能元进行求解时较难得到高质量的解。该算法要克服不同领域中效应知识难以有效利用的困难, 其基本条件是得到效应知识库的支持, 如图 8.37 所示。

效应知识库的建立是以解决用户存在的问题为根本出发点, 可以在应用效应综合法求解困难功能元时提供支持。结合困难功能元所受约束, 应用效应综合法求解困难功能元的一般过程分为两步: 求解效应链以及确定原理解。

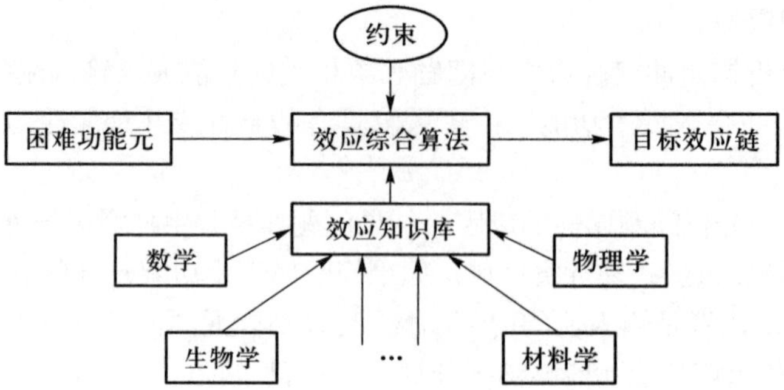

图 8.37　效应综合法

第 1 步: 求解效应链。

(1) 经过对困难功能元的细化分析, 对其所受约束进行深入分析, 确定约束对于困难功能元的作用原理, 明确约束对于困难功能元要实现需求功能的限制, 即困难功能元要实现需求功能的困难。例如在物质约束方面, 对于所用材料的限制是一种困难。

(2) 按照需求功能通过计算机辅助创新软件、物理手册、各种数据库等, 从效应知识库中查找要实现需求功能所需的效应。

(3) 根据困难功能元所受约束及约束的作用原理, 缩小可用效应所在的范围, 并根据约束以及需求功能选择其中恰当的效应和实例。

(4) 根据查找到的适用效应, 结合约束要求, 建立困难功能元的目标效应链。

第 2 步: 确定原理解。

(1) 分析困难功能元所受约束在原理解设计方面的作用, 明确各约束在实体设计方面的限制, 如空间约束对于元件尺寸的约束。

(2) 根据困难功能元受到的约束, 结合效应知识库中的工程实例, 完成困难功能元的原理结构设计。

(3) 对该原理解进行检验, 如果原理解不能满足需求功能, 则应该重新对问题进行分析或选择其他效应。

8.5.5　求解困难功能元的裁剪方法

对于困难功能元求解过程中的裁剪, 首先考虑对困难功能元和约束功能元进行裁剪, 然后对约束输入流进行裁剪, 通过对三者递进式裁剪, 从而直接裁剪掉困难功能元或降低困难功能元的求解难度, 使系统功能得到重新求解。此流程自上而下进行裁剪, 采用以困难功能元为源头向四周扩散的裁剪方式, 能够最大限度地提高系统理想化程度, 保证裁剪范围。基于功能结构的裁剪流程如图 8.38 所示, 该求解模型将裁剪过程分为如下 6 步。

第 1 步: 选择将要裁剪的系统。

根据具体情况确定将要裁剪的系统。裁剪可以为整个系统, 也可以是子系统, 也可以将多个子系统进行组合之后再进行裁剪。系统先组合为多系统, 然后去除冗余资源, 可以得到具有多系统功能的新的单系统, 这是技术系统进化过程中的重要规律。

第 2 步: 确定困难功能元、约束功能元及约束输入流。

对系统进行功能分析, 构建功能结构, 通过根原因分析确定冲突区域, 识别并确定系统功能结构中的困难功能元, 并将对困难功能元产生约束的功能元定义为约束功能元。约束输入流定义为当输入物质、信息、能量时引起约束功能元与困难功能元产生约束的输入流。

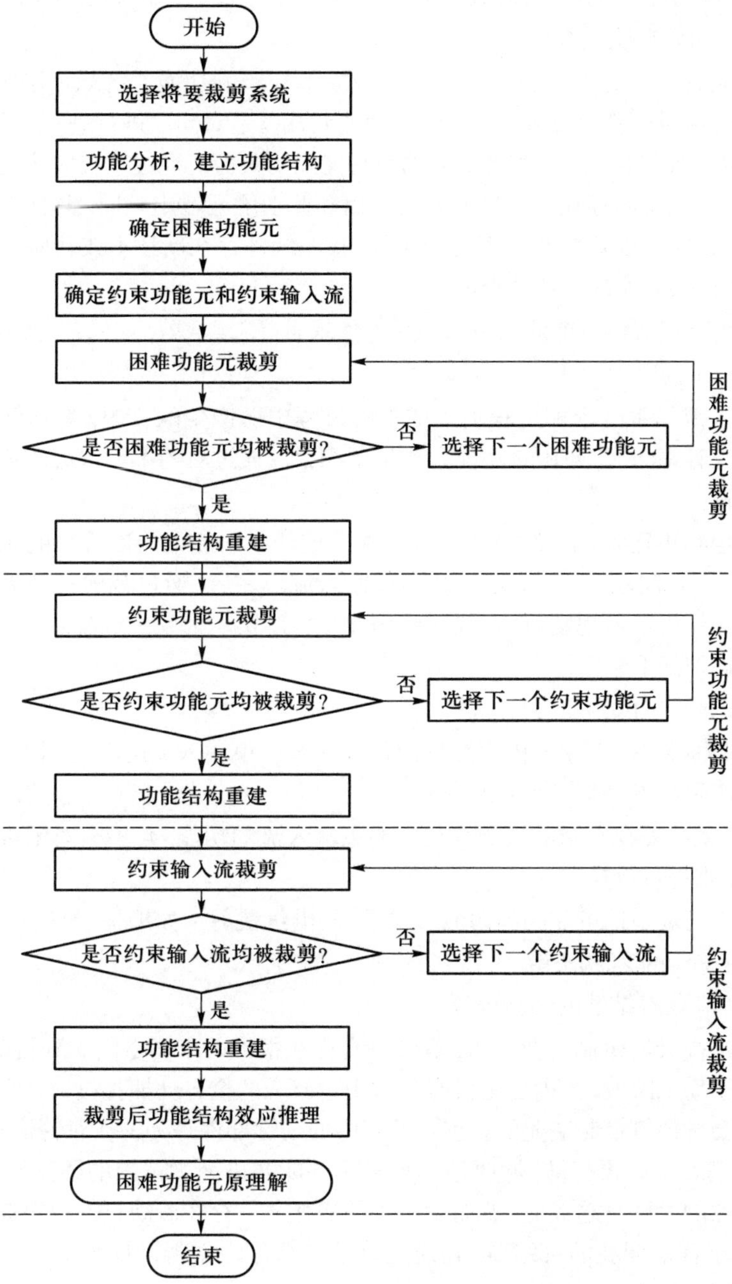

图 8.38 基于功能裁剪的困难功能元求解流程

第 3 步: 困难功能元裁剪。

首先对困难功能元进行裁剪。如果无法裁剪, 再对约束功能元进行裁剪。要寻找是否存在其他功能元可以代替困难功能元, 如果系统内或系统外存在某个功能元的输出和此功能元输出相同, 并且求解较为简单, 则说明可以替换此困难功能元。系统外功能元可以通过专利库查询和效应库查询来查找新技术或新原理。如果可能, 裁剪掉所有困难功能元。

判断是否裁剪掉可能的困难功能元。如果否, 继续裁剪; 如果是, 重构功能结构。

第 4 步: 约束功能元裁剪。

约束功能元一般为困难功能元的上一级或下一级的功能元, 从而实现了以困难功能元为中心向四周扩散的裁剪方式。约束功能元裁剪是对问题进行进一步分析, 当困难功能元无法进行裁剪时, 进一步考虑对约束功能元的裁剪。寻找系统内功能元能代替约束功能元, 如果系统内存在某个功能元的输出和此功能元输出相同, 并且不需要添加有害输入流, 则说明可以替换此约束功能元; 寻找系统外存在新技术或新原理来代替约束功能元, 如通过效应库或专利库查询。

判断是否已裁剪掉可能的约束功能元。如果否, 继续裁剪; 如果是, 重建功能结构。

第 5 步: 流裁剪。

约束输入流是系统求解过程引入或求解过程中所产生的资源, 其不仅产生了有用功能还产生了有害功能, 对困难功能元产生了约束。通过对约束输入流的裁剪来对功能进行重新求解。

首先确定约束输入流。约束输入流是指造成约束功能元与困难功能元产生约束的输入流, 经过上述问题分析, 确定系统约束输入流。之后, 通过裁剪规则进行裁剪。运用启发式问句作为裁剪规则对约束输入流进行裁剪, 实质为系统资源的重新分配。3 个启发式裁剪规则如下:

(1) 直接删除可以删除的输入流;

(2) 如果系统内或超系统内存在资源可以代替约束输入流的功能, 且不会对困难功能元的求解产生约束, 则进行替换;

(3) 如果系统外存在新的资源来代替约束输入流的功能, 且不会对困难功能元的求解产生约束, 则进行替换。

判断是否已裁剪掉可能的问题流。如果否, 继续裁剪。如果是, 重建功能结构。

第 6 步: 新功能结构求解。

例 8.3 勒紧打结器的创新设计。

自出现了高粱笤帚制造业以来, 笤帚一直存在很大的市场空间。到目前为止, 笤帚制造业仍处于手工阶段, 国内更是没有一款用于笤帚的全自动捆扎机。全自动笤帚捆扎机的出现将会推动笤帚制造业的发展。而其中的关键部件是一种在对笤帚打结时, 能够先将高粱苗勒紧之后再打结, 同时结扣尽量小并能塞进高粱苗内的勒紧打结器。目前, 国内外打结器的发展日趋成熟, 然而对于笤帚捆扎又都存在着缺点。现根据用户需求设计一款适用于笤帚捆扎的打结器, 并通过笤帚打结器的创新设计验证基于因果分析的困难功能元识别过程的实用性。

(1) 勒紧打结器困难功能元识别。

根据用户需求, 确定系统的总功能。笤帚打结器的主要功能是捆扎笤帚苗, 即将笤帚苗捆扎成笤帚, 确定笤帚打结器的总功能和输入、输出流。考虑从输入流到输出流或到转换处对流的每个操作, 为每个输入流建立功能链。连接功能链, 合并重复部分, 得到勒紧打结器的功能结构, 如图 8.39 所示。

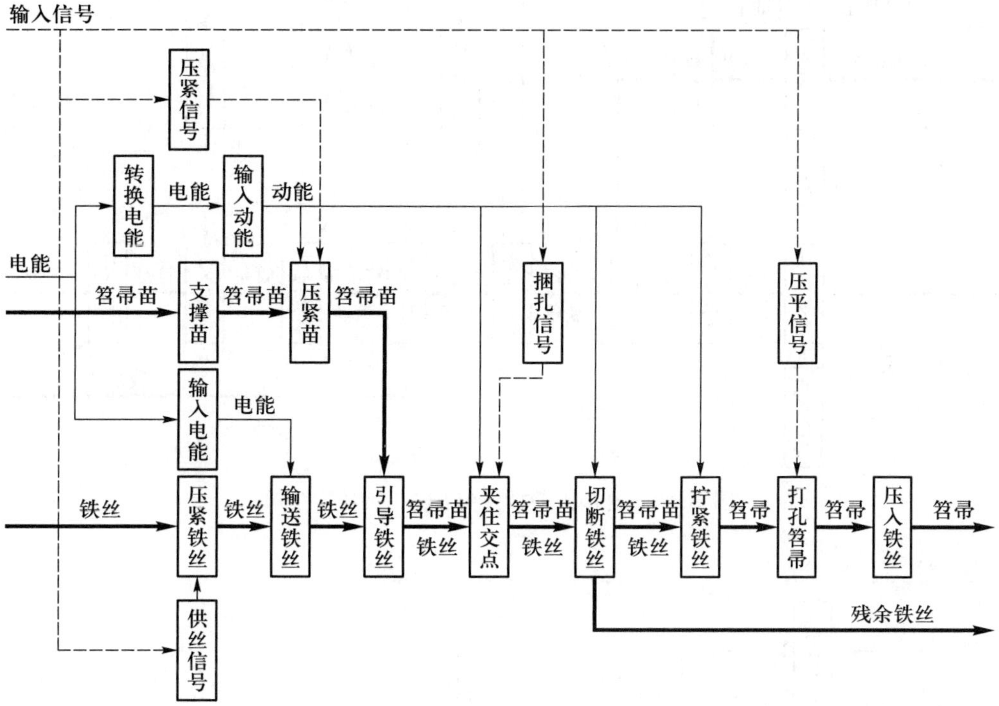

图 8.39 笤帚机勒紧打结器的功能结构

分析经典功能结构中各功能元受约束情况, 将这些约束作为一种输入融入现有的功能结构当中, 扩展经典的功能结构分析, 建立扩展功能结构模型。其中, 各功能元受其他功能元以及流方面的资源约束存在于经典功能结构当中, 能够作为输入的约束只有需求约束, 且需求约束直接作用于"拧紧铁丝"上, 如图 8.40 所示。

确定不满足用户需求的输出流为拧紧铁丝后输出的铁丝, 问题属性在于输出的铁丝扣形太大, 不满足用户需求。与该输出流直接相关的功能元为拧紧铁丝, 而与拧紧铁丝相关的输入流为动能、笤帚苗、铁丝, 直接相关的功能元是输入动能、切断铁丝。简单分析其间约束之后, 排除输入动能和打孔笤帚。初始冲突区域确定为拧紧铁丝及切断铁丝组成的作用区域, 如图 8.41 所示。

分析初始冲突区域中与问题表象相关的功能元、输入流的属性及问题属性的成因, 同时总结并记录约束类型。导致拧紧之后扣形过大的主要原因在于切断铁丝后需要拧紧的铁丝过长、拧紧铁丝的夹钳形状和材料不满足功能要求。"夹钳形状、材料"由原始设计及功能元"拧紧铁丝"求解结果, 属于功能元内部的物质约束, 未受其他功能元约束, 此作为备选根原因; "切断之后需拧紧的铁丝过长"属于输入流的属性, 属于

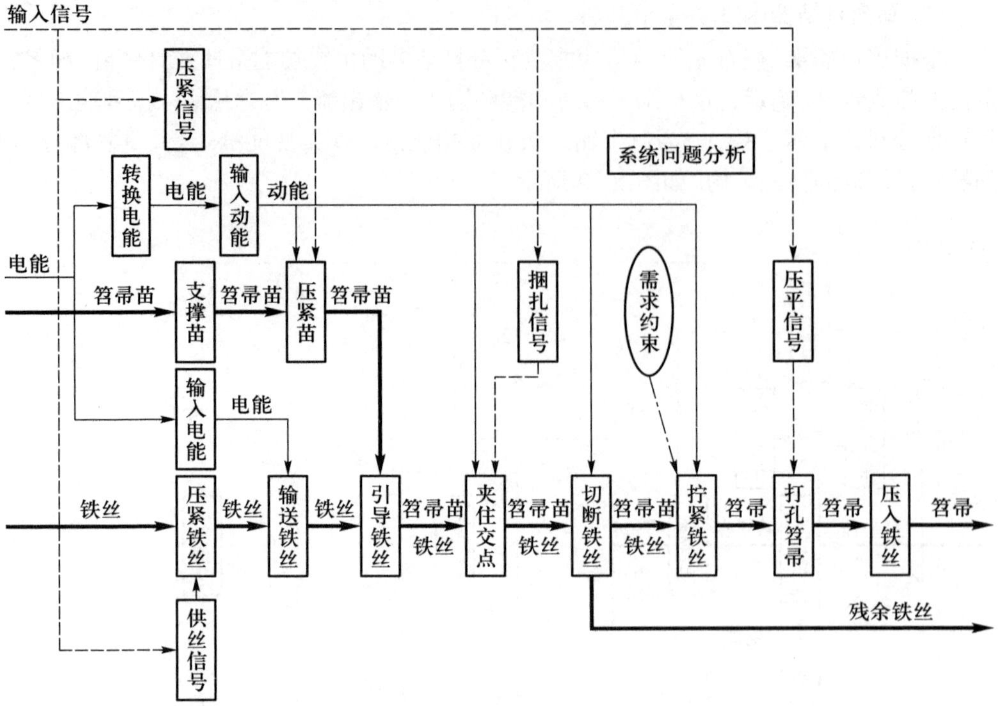

图 8.40 箒帚机勒紧打结器的扩展功能结构

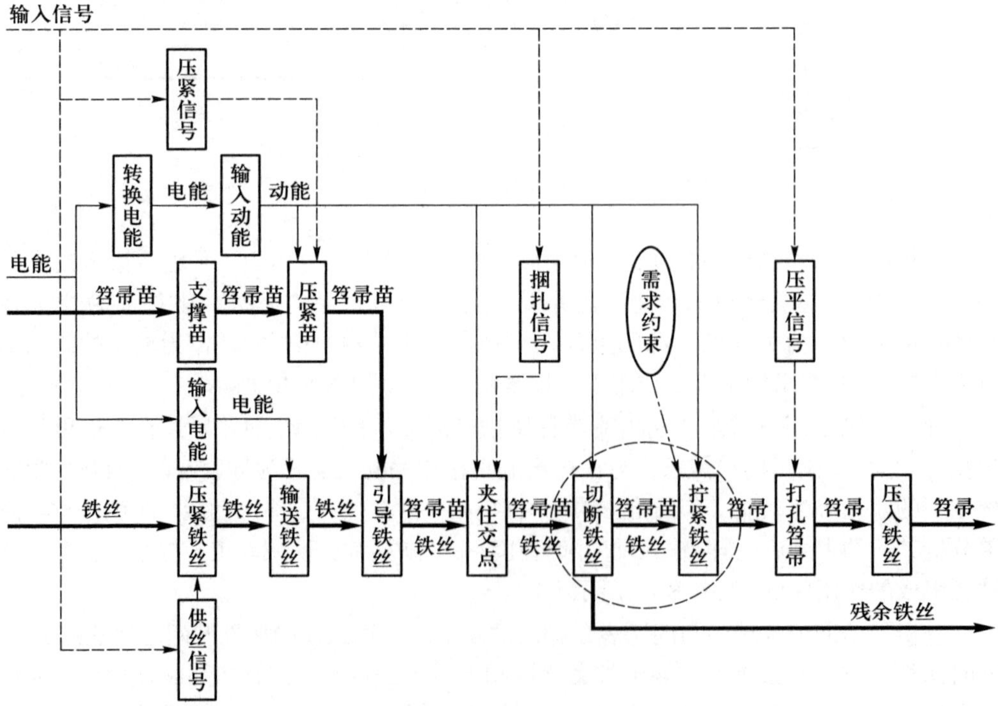

图 8.41 扣形过大问题的初始冲突区域

外部流属性的物质约束, 而该输入流由上一级功能元“切断铁丝”输出, 其原因来自区域外的夹住铁丝交点的位置, 属于功能约束。

转换冲突区域。分析问题属性及成因, 并总结记录约束类型。

(a) 第一次冲突区域转换。冲突区域转换为切断铁丝与夹住交点之间的作用区域, 涉及的问题属性为: 夹钳的形状、材料不满足功能要求; 夹住交点的位置不良。其中“夹钳形状、材料”为原始设计及功能元“拧紧铁丝”的求解结果, 未受其他功能元约束, 为功能元内部物质约束, 作为备选根原因; “夹住交点位置不良”属于输入流的属性, 为外部流属性的物质约束, 该输入流由上一级功能元“引导铁丝”输出, 而其原因来自区域外的引导铁丝后铁丝交点的位置不满足功能要求, 属于功能约束。

(b) 第二次冲突区域转换。冲突区域转换到引导铁丝与夹住交点间作用区域, 涉及的问题属性为: 铁丝的直径、材料不满足功能要求; 引导铁丝效果不良。其中“铁丝的直径、材料”由原始设计决定, 属于功能元内部物质约束, 未受其他功能元影响, 属于物质约束, 作为备选根原因; 引导铁丝效果不良是因为导丝机构的原始设计未能满足要求, 属于功能约束, 而导丝机构的设计受到压紧苗的压板、支撑苗的撑板、输送铁丝电机位置、夹钳位置及剪刀位置等方面的空间约束, 涉及区域外压紧苗、支撑苗及输送铁丝等求解结果。

(c) 第三次冲突区域转换。如图 8.42 所示, 冲突区域转换到以引导铁丝为主, 支撑苗、压紧苗、输送铁丝、夹住交点、切断铁丝及引导铁丝之间的作用区域。涉及问题属性为: 输送铁丝的电机位置、输送铁丝速度、压苗机构位置及形状、撑苗机构位置及

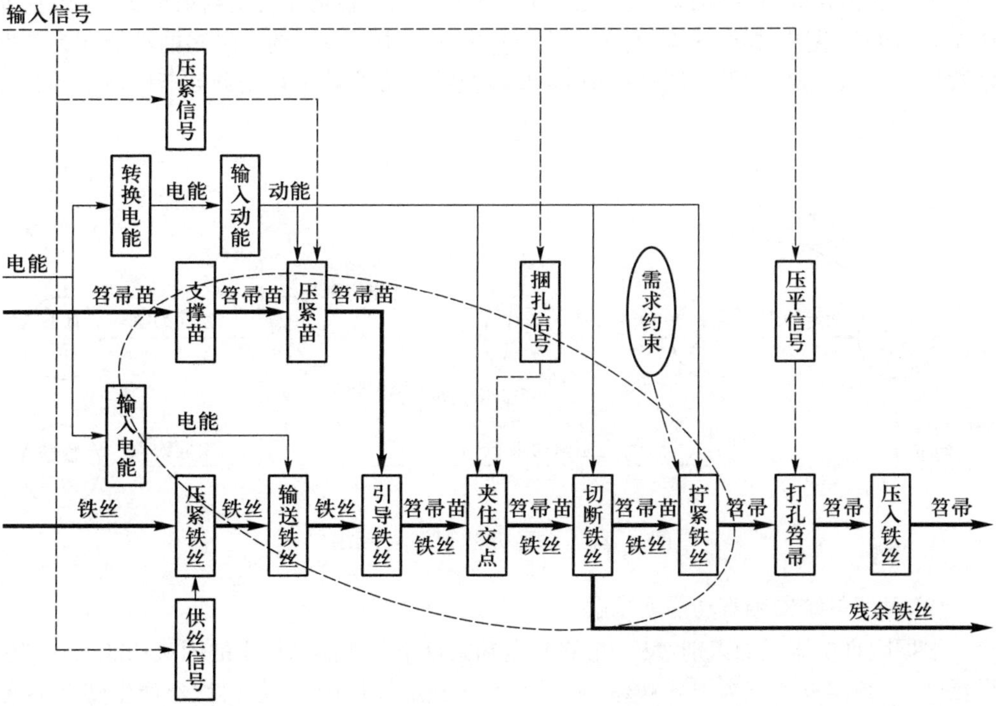

图 8.42　引导铁丝问题的冲突区域第三次转换

形状、夹钳位置、剪刀位置。其中输送铁丝速度与送丝电机选型及控制有关, 是冲突区域的原件属性, 未受其他功能元约束, 属于物质约束, 作为备选根原因。其他原因则与引导铁丝的导丝槽产生空间冲突, 使得求解结果不良, 没有达到预期效果, 均属于空间约束。

通过上述分析, 可以将最终冲突区域确定为以功能元引导铁丝为中心, 支撑苗、压紧苗、输送铁丝、夹住交点、切断铁丝、拧紧铁丝及引导铁丝之间的作用区域。按照上述分析过程形成因果逻辑展开图, 如图 8.43 所示。

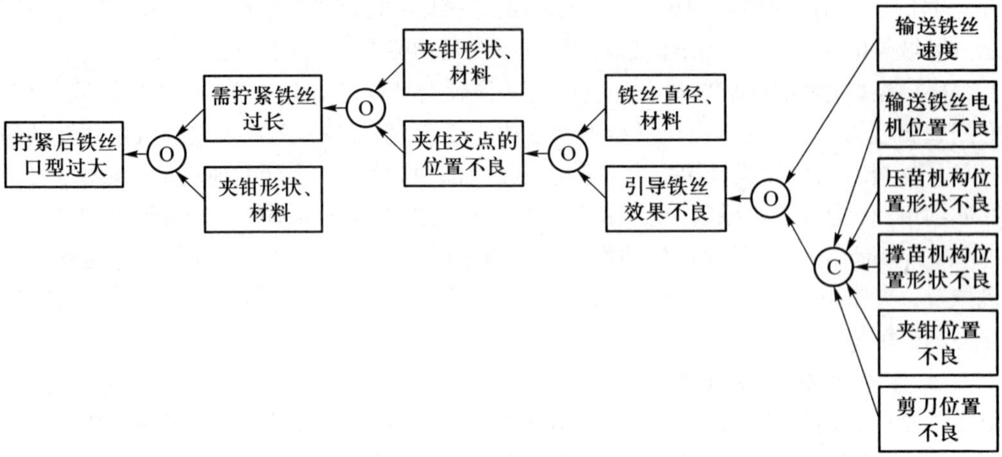

图 8.43 因果逻辑展开图

按照上述分析, 根据因果逻辑关系分析冲突区域内各功能元受约束情况, 构建主要功能元约束关系图, 如图 8.44 所示。确定冲突区域中受各种约束最多的功能元为“引导铁丝”, 是箸帚打结器功能结构中的困难功能元, 即为箸帚打结器创新设计中的关键和难点。

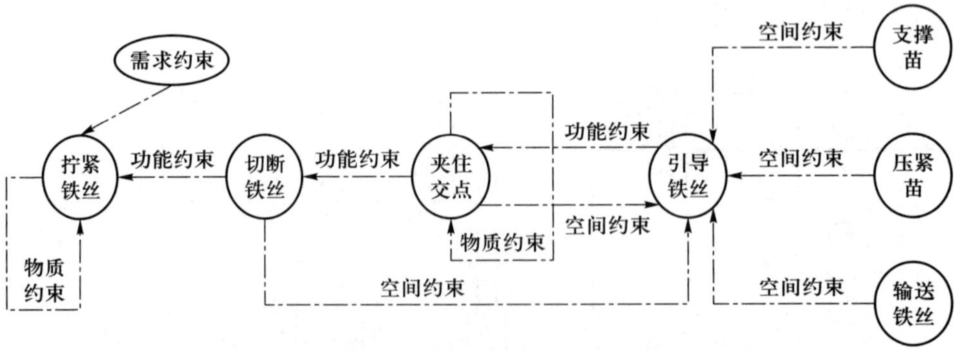

图 8.44 主要功能元约束关系图

(2) 勒紧打结器困难功能元求解。

根据困难功能元的识别过程, 最终确定勒紧打结器功能结构中的困难功能元为“引导铁丝”。其需求功能为引导铁丝, 通过对铁丝施加外作用力, 使得铁丝产生塑性形变, 输出形成圆圈的铁丝, 并缠绕在箸帚苗上, 实现对箸帚苗打结捆扎的准备工作。引导铁丝可以抽象为移动固体物质, 对铁丝施加外力可以抽象为产生力, 使铁丝产生塑性形变可以抽象为改变固体形状。

对于“移动固体物质”, 应用 InventionTool 3.0 软件, 浏览效应知识库中的“移动固体物质”功能, 可以快速确定与问题相关的效应, 用光、电、磁、液、热、气、声、化等效应都可以实现某些移动功能。为使移动系统结构简单、操作方便、降低成本, 可选用磁场力效应, 即通过电机输送铁丝。但只选用磁场力效应无法满足需求功能, 还需要摩擦效应与其结合成为效应链共同作用于铁丝, 使其产生运动, 如图 8.45 所示。

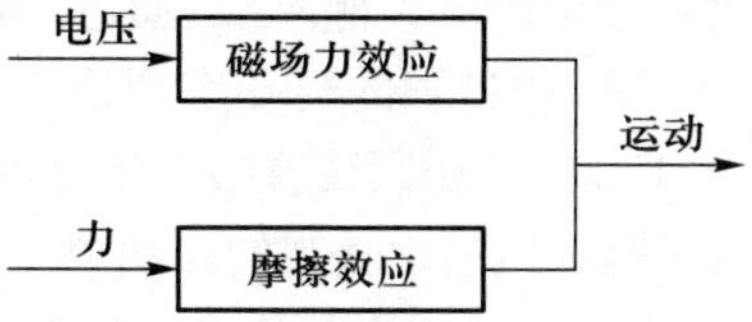

图 8.45 移动固体功能实现的效应链

对于“产生力”, 运用计算机辅助创新软件 Goldfire 进行查询, 首先要进行语义识别, 转化为“produce force”, 再输入到软件当中, 查询结果如图 8.46 所示。

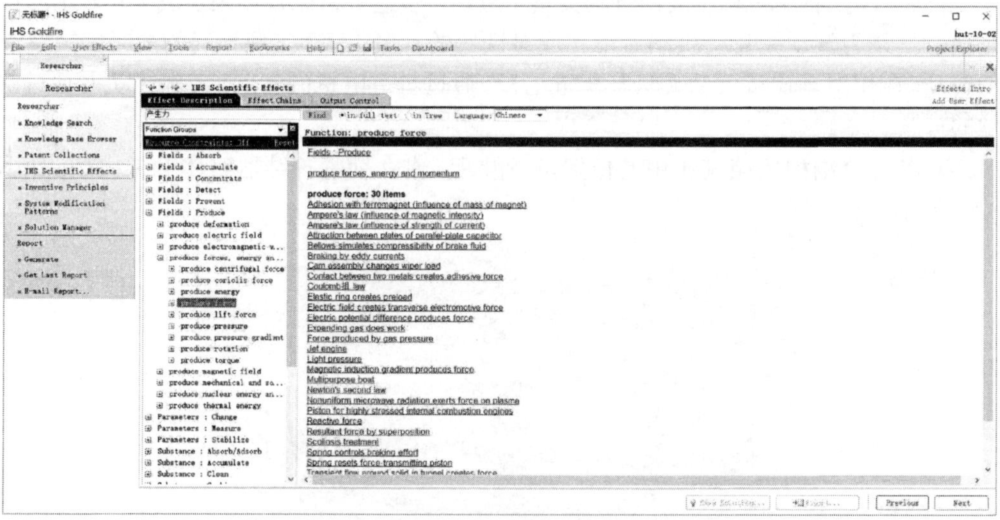

图 8.46 效应查询结果

根据困难功能元“引导铁丝”所受约束情况, 因其受到很多空间约束, 为使产生力的系统结构简单、操作方便, 可选取反作用力效应。同理, 对于“改变固体形状”, 通过查询, 结合困难功能元受约束情况, 选取塑性形变效应。根据实现引导铁丝的过程, 将所查效应按照效应链模式结合成为效应链, 如图 8.47 所示。

(3) 勒紧打结器技术设计。

依据前文中对勒紧打结器的功能分解, 要实现对笤帚苗的勒紧打结, 首先要将笤帚苗压紧, 之后通过送丝机送丝, 使铁丝通过导丝槽, 铁丝在导丝槽的作用下变形成为一定直径的铁丝圈, 并将笤帚苗缠绕起来, 最后通过拧紧装置将其拧紧打结。因此, 将勒紧打结器的设计主要分为 3 个部分: 压紧机构、导丝机构、拧紧机构。

图 8.47 引导铁丝功能实现的效应链

压紧机构: 压紧机构主要分为支撑苗装置和压紧装置。为实现笤帚苗的压紧, 首先要对苗进行支撑, 即需要放置笤帚苗的压紧槽, 之后通过压紧装置的下压实现对笤帚苗的压紧。支撑苗装置分为 6 个槽, 通过轴的转动实现槽的转动, 提高了捆扎笤帚的效率。槽型根据用户需求设计成 U 型, 与压紧装置啮合将笤帚苗压成一定尺寸的圆形, 且凹陷部分宽度较小, 使得苗在压紧之后呈现美观的“葫芦”状。

导丝机构: 功能元“引导铁丝”经过前文分析确定为勒紧打结器功能结构中的困难功能元, 并进行了求解。导丝机构的基本原理是通过步进电机及压紧铁丝装置输送铁丝, 将铁丝送入导丝结构, 铁丝在导丝槽中受到槽壁的反作用力, 使其产生塑性形变, 使得输出的铁丝为圆形的铁丝圈。

拧紧机构: 拧紧机构主要由气动夹具、滑环、步进电机以及气泵组成。其基本原理是通过气泵为气动夹具提供动力来完成对铁丝的夹紧; 滑环实现导气的同时完成整圈的转动, 应用滑环连接气动夹具与步进电机, 通过步进电机的转动, 实现气动夹具对铁丝的拧紧。

对各部分结构按照其作用及位置进行装配, 建立勒紧打结器整体三维模型, 如图 8.48 所示。

图 8.48 笤帚机勒紧打结器三维装配图

勒紧打结器功能的实现主要依靠压紧机构及导丝机构等关键部件, 为检验设计方案是否具有可行性, 需要对压苗装置的强度、刚度和稳定性做校核, 对铁丝在导丝槽中的运动受力及铁丝的输出情况进行分析。将用 UG 软件所做的压苗装置三维模型导入到 ANSYS 有限元软件中进行分析, 危险点的许用应力小于极限屈服强度; 允许的最大变形量不大, 在弹性形变内具有足够的刚度。由以上分析结果可知, 压板的结构强度完全满足使用负载要求。

案例设计过程小结: 上述设计过程是正向设计过程, 其特点是首先构建层次型功能模型, 之后求解该模型, 但由于存在困难功能元, 需要引入 C–TRIZ 中的功能综合过程, 经过该过程与正向设计过程的融合, 实现了笤帚机勒紧打结器的创新设计。在创新设计过程中, 功能综合的运用是成功设计的关键。

8.6 基于复杂性分析的冲突诊断方法

Suh 提出的设计过程复杂性理论 (design-centric complexity, DCC)[10−12] 将系统功能实现概率低所引起的复杂性定义为设计过程复杂性, 并对设计中会遇到的复杂性进行了分类。从设计过程复杂性的角度, 分析系统中存在的问题, 寻求降低系统设计过程复杂性、提高功能实现概率的方法。TRIZ 中的冲突会导致系统功能实现概率低, 功能实现概率低会导致系统的设计过程复杂性提高, 所以应用设计过程复杂性理论, 根据设计过程复杂性类型来确定系统中存在的问题与冲突, 成为一种新的问题与冲突确定方法。

从设计过程复杂性理论中对于复杂性的定义及不同种类设计过程复杂性分类方法入手, 根据复杂性及复杂性与信息含量之间的关系, 提出了设计过程复杂性统一表示方法, 并应用该方法进行设计过程复杂性类型判定, 形成一类设计过程复杂性问题与冲突确定方法; 分别讨论不同信息含量下系统所含设计过程复杂性的异同, 并将其与问题、矛盾和冲突等概念相对应, 形成设计过程复杂性问题与冲突确定原理。

8.6.1 设计过程复杂性理论

1. 复杂性定义

复杂性是实现功能需求的不确定性的程度[10,11], 由设计范围与系统范围相交的共用范围来表示, 如图 8.49 所示。

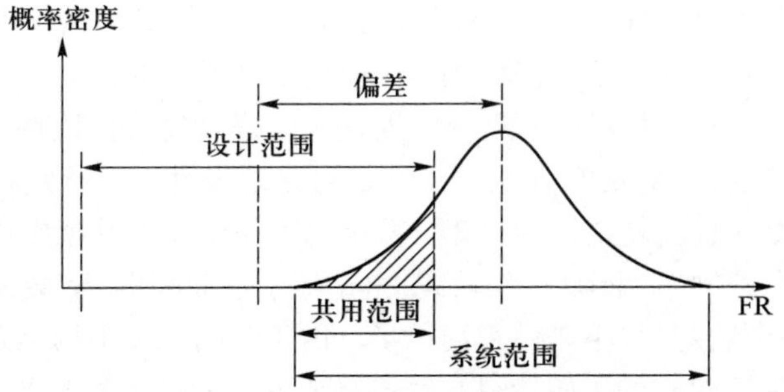

图 8.49 功能需求的概率密度函数

如果系统需要更多的信息 (共用范围) 才能满足它的功能需求, 那么系统的复杂性较高。若系统设计范围与系统范围相交的共用范围小, 那么该系统设计成功的概率低, 则该设计为复杂的设计。

2. 设计过程复杂性理论对复杂性的分类

Suh 认为存在复杂性的系统是由不良结构 (不良设计) 或对系统缺乏了解造成的。复杂性是系统范围和设计范围决定的函数, 即系统范围和设计范围所包含的信息含量。复杂性由给定设计范围内能够满足所有功能需求的能力来确定。设计过程复杂性理论把各种实践中遇到的复杂性归类为两大类: 时间无关复杂性和时间相关复杂性。复杂性可能是时间的函数, 也可能与时间不相关, 这取决于系统范围是否随时间发生变化[1]。当系统范围随时间移动, 即为时间相关复杂性, 若系统范围不随时间变化, 则为时间无关复杂性。时间无关复杂性又包括真实复杂性和虚构复杂性。时间相关复杂性包括组合复杂性及周期复杂性, 如图 8.50 所示。

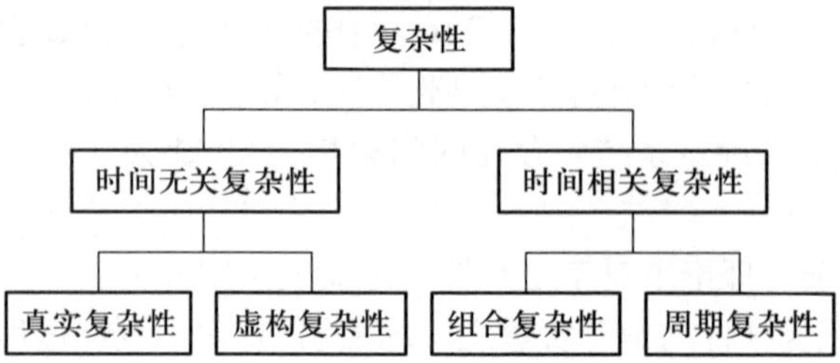

图 8.50 复杂性分类

时间无关真实复杂性定义为由于系统范围没有完全在设计范围内, 使满足功能需求的概率小于 1 时的不确定性程度。在图 8.49 中, 系统概率密度函数下的阴影面积为不确定性。设计中真实复杂性的存在是因为实际的设计方案在任何时间都不能在设计范围内满足功能需求。

实现给定功能需求的概率由设计范围和系统范围之间的重叠部分来确定。因此, 如果系统范围与设计范围不一致, 即使设计满足独立公理, 真实复杂性仍会存在。所以, 真实复杂性与信息含量有关。如果用 C_{R} 表示真实复杂性, 则有 $C_{\mathrm{R}} = I$。

与时间无关真实复杂性不同, 时间无关虚构复杂性定义为由于设计者缺乏对具体设计本身的了解而出现的非真实不确定性[3]。甚至, 当设计是一个满足独立公理和信息公理的优良设计时, 由于对设计的不了解, 时间无关虚构复杂性依然存在。时间无关虚构复杂性不是真的复杂, 它的存在是由于缺乏对系统设计、系统结构或系统行为的了解。即使在时间无关真实复杂性为 0 时 (系统范围完全在设计范围内), 时间无关虚构复杂性也可能存在。例如, 装配一个玩具, 由于不了解装配顺序, 装配第一个花费很多时间, 一旦完成一个装配, 接下来就很简单了。由于时间无关虚构复杂性装配第一个很困难, 换句话说, 缺乏对它的了解使得它变得复杂了。时间无关虚构复杂性仅仅存在于多个功能需求必须按一定顺序才能实现, 或者多个功能需求是耦合的, 改变一个功能需求需要调整所有其他的功能需求。当一个系统的功能需求完全相互独立, 即解耦设计, 时间无关虚构复杂性为 0。

当系统范围相对于设计范围随时间发生移动时, 系统中存在时间相关复杂性。时间相关复杂性包括时间相关组合复杂性和时间相关周期复杂性。

组合复杂性是指由于组合的数量随时间不断增加, 导致系统的复杂性增加的复杂性。组合是指导致系统的复杂性增加的一组事物, 这组事物可能是设计参数、物理过程, 也可能是噪声。组合复杂性最终导致一种混乱的状态或使系统出现故障。组合复杂性会随着时间的推移使系统的功能实现概率越来越小, 最终趋近于零。

与时间相关组合复杂性不同, 时间相关周期复杂性为在一个有限周期内, 有限组合产生的时间相关复杂性[2], 是一种比组合复杂性更容易减小的时间相关复杂性。时间相关周期复杂性在初始状态其功能实现概率高, 是可以满足功能需求的, 但是在有限的时间内系统的功能实现概率会经历先减小再增大, 并最终恢复到初始状态的过程。虽然在有限的时间内并不能完全实现功能需求, 但是最终恢复到初始状态, 恢复到了功能需求实现概率高的时刻。而系统最终能够恢复到功能需求实现概率高的时刻是时间相关周期复杂性的重要特征。

在一定的约束下实现系统所需的功能需求是一个成功设计所必需的。设计的失败是由于系统中含有设计过程的复杂性导致的。真实复杂性、虚构复杂性、组合复杂性和周期复杂性均等于零, 那么整个系统的复杂性为零。复杂性为零的设计是系统永远能够满足功能需求的设计, 具有零复杂性的设计是理想设计。由于设计者自身水平的局限, 无法保证每个设计的复杂性均为零。

3. 设计过程复杂性与冲突

设计过程复杂性理论从复杂性的视角, 审视系统中存在的各种问题, 这些问题中有一部分是通常问题, 这些问题比较好解决, 但是解决这些问题不能实现创新; 另一部分问题是发明问题, 这些问题是创新的障碍, 解决了这些问题就可以达到创新的目的。而冲突是发明问题中重要的一部分, 解决冲突也被视为进行创新设计的重要特征。首先需要明确问题、矛盾和冲突 3 个概念及其之间的关系。

1) 问题、矛盾和冲突间的区别与联系

问题是指系统当前状态和所希望的状态之间存在的距离。可以通过改变问题的一方或者两方来解决问题。与问题的概念不同, 矛盾是指反映事物内部或事物之间对立和统一及其关系的基本哲学范畴。矛盾是事物之间的关系, 也就是双方之间的关系。系统中存在的矛盾相对较缓和, 双方的矛盾客观存在或潜在, 但未引发正面交锋。而冲突是矛盾激化的结果, 而且达到非解决不可的地步。

通过改变事物的一方以缩短系统当前状态和所希望的状态之间的距离, 且改变这一方并不影响系统的其他部分, 并且解题的步骤已知, 那么系统中存在的问题属于常规问题, 不能称之为冲突。如果解决的步骤中, 至少一个步骤未知, 那么这时系统中存在的问题属于发明问题。

如果系统中事物的双方存在着对立统一的关系, 双方可以共处且不影响系统, 那么系统中可能存在矛盾, 但不是冲突。系统中的存在矛盾且矛盾未被激化时不需要加以解决。冲突是矛盾激化的产物, 是不可调和的矛盾。系统中存在冲突必须加以解决。消除冲突的设计是创新设计, 冲突是发明问题的重要特征之一。

2) 复杂性与冲突的关系

设计过程复杂性理论指出存在复杂性的系统其功能需求在某一时间或者空间无法被满足, 也就是系统当前状态在某一时间或者空间与所希望的状态之间存在一定的距离。所以, 所有复杂性不为 0 的系统均可以被认为存在问题。但是不是所有复杂性导致的问题都是发明问题, 当然更不可能都是冲突。

时间无关虚构复杂性是由于设计者对系统不了解造成的复杂性, 该类型的复杂性不是由于事物两个方面矛盾激化产生的, 所以时间无关虚构复杂性不会造成冲突, 降低系统虚构复杂性的设计不属于创新设计。

时间相关周期复杂性是由于有限的组合导致的时间相关复杂性, 时间相关周期复杂性会导致在有限的时刻系统范围会离开设计范围, 降低系统功能的实现概率, 随后系统的系统范围会再移入设计范围内, 提高系统的功能实现概率, 降低系统的复杂性。时间相关周期复杂性是由于事物两个方面相互斗争产生的, 但是由于其斗争的程度有限还没有达到激化的程度, 所以时间相关周期复杂性是由系统中存在的矛盾引起的, 时间相关周期复杂性不会造成冲突, 降低系统时间相关周期复杂性的设计不属于创新设计。

与时间无关虚构复杂性不同, 时间无关真实复杂性是由于设计方案不能保证其系统范围总在设计范围内造成的。如果不考虑科技水平的约束, 存在时间无关真实复杂性属于发明问题, 功能耦合是造成系统出现时间无关真实复杂性的主要原因之一。功能耦合是指两个或者两个以上的功能相互影响导致其功能需求无法被实现, 功能耦合是系统中矛盾激化的表现, 存在功能耦合的系统一定存在冲突。对于存在真实复杂性的系统可能存在冲突。

对于时间相关组合复杂性, 组合复杂性是指由于组合的数量随时间不断增加, 导致系统的复杂性增加的复杂性。时间相关组合复杂性是体现了系统中的矛盾不断累积并最终爆发出来的过程, 时间相关组合复杂性是被激发了的矛盾, 即冲突。

综上所述, 不同类型的设计过程复杂性与冲突存在一定的联系, 通过判定设计过程复杂性类型确定系统中存在的冲突是可行的, 但是设计过程复杂性理论中只能依靠不同类型设计过程复杂性的定义进行判断, 过程比较繁琐, 由于没有一个判断流程, 为设计过程复杂性的判定带来了一定的困难。

以设计过程复杂性理论中复杂性的概念和 4 种类型复杂性的定义为基础, 构造设计过程复杂性描述模型, 并建立设计过程复杂性类型判定过程, 通过进行设计过程复杂性描述及类型判定来确定系统中可能存在的冲突。

8.6.2 复杂性描述模型与类型判定

1. 设计过程复杂性描述模型

在设计过程复杂性理论中, 信息含量[13] 是衡量系统复杂性的重要指标。由于信息含量随时间的变化是区分不同种类复杂性的重要因素, 所以需要从系统信息含量随时间的变化入手建立 4 类复杂性的统一描述模型。用信息含量 I 对时间求和表示全时间周期总信息含量:

$$I_{\text{total}} = \sum_{t=0}^{\infty} I(t) \tag{8.1}$$

(1) $\forall t, I = 0$, 则 $I_{\text{total}} = I(t) = 0$。系统不存在复杂性。

(2) $\exists t_1, 0 < I_1 < 1$, 则 $I_{\text{total}} = I(t) = k$($k$ 为一个有限值)。系统存在时间相关周期

复杂性。

(3) $\exists t_1, I_1 \to \infty$, 则 $I_{\text{total}} = I(t) = \infty$。系统存在复杂性。

由于 $I(t) = \infty$ 时无法区分系统中具体所含的复杂性的种类, 定义了系统复杂性随时间变化的函数 $C(t)$:

$$C(t) = \frac{\sum_{t=0}^{\infty} I(t)}{t} \tag{8.2}$$

2. 复杂性类型判定方法

根据系统复杂性描述模型提出了一种 "三判据" 复杂性种类确定方法。

"三判据" 复杂性种类确定方法是指设计者最多只需要进行三次判断就可以确定系统中所含复杂性的种类, 这 3 个判据依次是:

(1) 判断是否存在时刻 t, 使 $I_t = 0$;

(2) 系统复杂性函数 $C(t)$ 是否趋于 0;

(3) 系统复杂性函数 $C(t)$ 是否趋于无穷。

对于一个存在复杂性的系统, 如果不存在时刻 t 使得 $I_t = 0$, 那么系统中存在时间无关的真实复杂性; 如果存在时刻 t 使得 $I_t = 0$, 且系统复杂性函数 $C(t)$ 趋于 0, 那么系统中可能存在时间无关虚构复杂性; 当系统复杂性函数 $C(t)$ 不趋于 0 时, $C(t)$ 趋于无穷, 那么系统存在时间相关组合复杂性, 否则系统存在时间相关的周期复杂性。系统复杂性判定过程如图 8.51 所示。通过对系统进行设计过程复杂性描述, 依照 "三判据" 可以判定系统设计过程复杂性的类型。

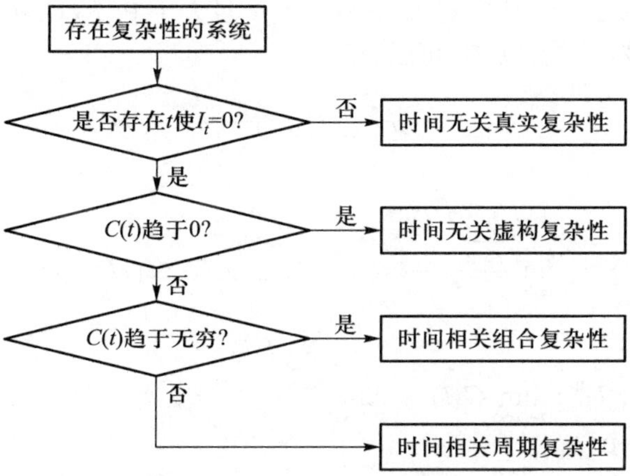

图 8.51 复杂性类型判定过程

8.6.3 基于设计过程复杂性冲突确定原理

1. 系统功能与复杂性类别

根据系统复杂性函数 $C(t)$ 极限取值的不同, 系统的功能可表示为

$$F_{\text{total}} = F_1 \cup F_2 \cup F_3 \cup F_4 \tag{8.3}$$

式中, $F_1: \lim_{t\to\infty} C(t) = \lim_{t\to\infty} \frac{\sum_{t=0}^{\infty} I(t)}{t} = 0$; $F_2: \lim_{t\to\infty} C(t) = \lim_{t\to\infty} \frac{\sum_{t=0}^{\infty} I(t)}{t} < 1$ 且 $\lim_{t\to\infty} C(t) = \lim_{t\to\infty} \frac{\sum_{t=0}^{\infty} I(t)}{t} > 0$; $F_3: \lim_{t\to\infty} C(t) = \lim_{t\to\infty} \frac{\sum_{t=0}^{\infty} I(t)}{t} > 1$; $F_4: \lim_{t\to\infty} C(t) = \lim_{t\to\infty} \frac{\sum_{t=0}^{\infty} I(t)}{t} = \infty$。

F_1 表示系统的复杂性函数 $C(t)$ 趋于 0, 在 F_1 类功能中存在 3 种不同的可能, F_1 可以表示为

$$F_1 = F_1^{\mathrm{I}} \cup F_1^{\mathrm{II}} \cup F_1^{\mathrm{III}} \tag{8.4}$$

式中, F_1^{I}: 至少 $\exists t_1, I_{t_1} \neq 0$, 且 I_{t_1} 为一有限值, 则 $\sum_{t=0}^{\infty} I(t) = m, m$ 为一个有限值, F_1^{I} 导致系统存在时间相关周期复杂性; $F_1^{\mathrm{II}}: \forall t, I_t = 0, \sum_{t=0}^{\infty} I(t) = 0$, 则 $C(t) = 0, F_1^{\mathrm{II}}$ 不会导致系统出现复杂性; $F_1^{\mathrm{III}}: \forall t, I_t = 0, \sum_{t=0}^{\infty} I(t) = 0$, 则 $C(t) = 0$, 与 F_1^{II} 相同, F_1^{III} 本来不会导致系统出现复杂性但是由于设计者自身认识不足, 认为 F_1^{III} 会导致系统出现复杂性, 所以 F_1^{III} 引起的复杂性不是真正的复杂性, 而是时间无关虚构复杂性。

F_2 表示系统的复杂性函数 $C(t)$ 总是小于 1 且大于 0, F_2 类功能所对应的设计过程复杂性类型并不唯一, 所以 F_2 可以表示为

$$F_2 = F_2^{\mathrm{I}} \cup F_2^{\mathrm{II}} \tag{8.5}$$

式中, $F_2^{\mathrm{I}}: \lim_{t\to\infty} C(t) = \lim_{t\to\infty} \frac{\sum_{t=0}^{\infty} I(t)}{t} = n < 1$, 且至少 $\exists t_1, I_{t_1} = 0, F_2^{\mathrm{I}}$ 导致系统存在时间相关周期复杂性; $F_2^{\mathrm{II}}: \lim_{t\to\infty} C(t) = \lim_{t\to\infty} \frac{\sum_{t=0}^{\infty} I(t)}{t} = I < 1$, 且 $\forall t_1, I_{t_1} \neq 0, F_2^{\mathrm{II}}$ 导致系统存在时间无关真实复杂性。

与 F_2 类似, F_3 可以表示为

$$F_3 = F_3^{\mathrm{I}} \cup F_3^{\mathrm{II}} \tag{8.6}$$

式中, $F_3^{\mathrm{I}}: \lim_{t\to\infty} C(t) = \lim_{t\to\infty} \frac{\sum_{t=0}^{\infty} I(t)}{t} = p > 1$, 且至少 $\exists t_1, I_{t_1} = 0, F_3^{\mathrm{I}}$ 导致系统存在时间相关周期复杂性; $F_3^{\mathrm{II}}: \lim_{t\to\infty} C(t) = \lim_{t\to\infty} \frac{\sum_{t=0}^{\infty} I(t)}{t} = q > 1$, 且 $\forall t, I_t \neq 0, F_3^{\mathrm{II}}$ 导致

系统出现时间无关真实复杂性。

与前两类功能类似, F_4 可以表示为

$$F_4 = F_4^{\mathrm{I}} \cup F_4^{\mathrm{II}} \tag{8.7}$$

式中, $F_4^{\mathrm{I}}: \lim\limits_{t\to\infty} C(t) = \lim\limits_{t\to\infty} \dfrac{\sum\limits_{t=0}^{\infty} I(t)}{t} = \infty$, 且至少 $\exists t_1, I_{t_1} = 0, F_4^{\mathrm{I}}$ 导致系统存在时间相关组合复杂性; $F_4^{\mathrm{II}}: \lim\limits_{t\to\infty} C(t) = \lim\limits_{t\to\infty} \dfrac{\sum\limits_{t=0}^{\infty} I(t)}{t} = \infty$, 且 $\forall t, I_t \neq 0, F_4^{\mathrm{II}}$ 导致系统出现时间无关真实复杂性。

通过上述分类方法, 根据系统复杂性函数 $C(t)$ 的极限取值对系统的功能进行分类, 与 4 类复杂性有如下的对应关系。

(1) 不会导致系统出现复杂性的功能类型: F_1^{II};

(2) 导致系统出现时间无关真实复杂性的功能类型: $F_2^{\mathrm{II}} \bigcup F_3^{\mathrm{II}} \bigcup F_4^{\mathrm{II}}$;

(3) 导致系统出现时间无关虚构复杂性的功能类型: F_1^{III};

(4) 导致系统出现时间相关组合复杂性的功能类型: F_4^{I};

(5) 导致系统出现时间相关周期复杂性的功能类型: $F_1^{\mathrm{I}} \bigcup F_2^{\mathrm{I}} \bigcup F_3^{\mathrm{I}}$。

其中, F_1^{II} 是能够实现功能需求的功能, 可以完成设计目标的功能, 是设计者所追求的功能。$F_2^{\mathrm{II}} \bigcup F_3^{\mathrm{II}} \bigcup F_4^{\mathrm{II}}$、$F_1^{\mathrm{III}}$、$F_4^{\mathrm{I}}$ 和 $F_1^{\mathrm{I}} \bigcup F_2^{\mathrm{I}} \bigcup F_3^{\mathrm{I}}$ 是无法实现系统的功能需求, 会导致系统出现复杂性。

综上所述, 可以应用系统的复杂性函数 $C(t)$ 作为统一的数学模型判断系统中可能含有的不同种类的复杂性。

2. 冲突确定原理

基于设计过程复杂性问题与冲突确定原理如图 8.52 所示, 可分为以下 5 个步骤。

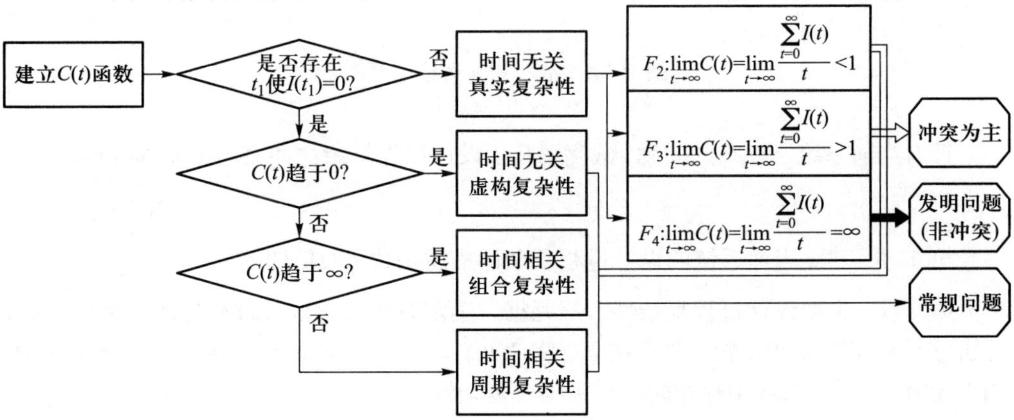

图 8.52 基于设计过程复杂性问题与冲突发现原理

第 1 步: 确定问题系统, 建立描述系统设计过程复杂性的 $C(t)$ 函数。

第 2 步: 根据设计过程复杂性“三判据”确定系统所含设计过程复杂性类型。

第 3 步: 若系统含有时间相关组合复杂性或者时间无关真实复杂性 $[\lim\limits_{t\to\infty} C(t) = \lim\limits_{t\to\infty} \frac{\sum\limits_{t=0}^{\infty} I(t)}{t} \neq \infty]$, 则可以确定系统含有冲突, 可以使用 TRIZ 中的冲突解决工具降低系统的设计过程复杂性; 若系统存在非冲突类的时间无关真实复杂性, 可以使用 TRIZ 中非冲突解决工具, 如效应、资源或者技术进化等工具降低系统的设计过程复杂性; 若系统中含有时间无关虚构复杂性或者时间相关周期复杂性, 可以选用常规问题解决方法降低系统设计过程复杂性。

第 4 步: 确定导致系统出现设计过程复杂性的关键技术参数, 并用其中的一个技术参数或者一组技术参数来表示系统中所含的设计过程复杂性, 以便用 TRIZ 中的冲突求解工具, 降低其设计过程的复杂性。

第 5 步: 对于已经应用冲突求解工具降低系统设计过程复杂性的系统, 建立其描述系统设计过程复杂性的 $C(t)$ 函数, 判断系统设计过程复杂性是否有效降低, 若效果不佳则返回第二步, 重复上述步骤。

例 8.4 散状物料运输过程创新。

某企业在进行散状物料 (比如煤块) 的运输过程中, 散装物料需要经过一个由钢板制成的斜面滑行运输到另一位置, 图 8.53(a) 所示为其理想情况下运输过程示意图。但是由于散装物料长时间与该斜面接触, 造成其磨损严重, 一旦将钢板磨透就会造成停产维修的严重后果, 图 8.53(b) 为传输斜面磨损后的示意图。

(a) (b)

图 8.53 散状物料运输示意图

针对当前系统所存在的问题, 试应用基于设计过程复杂性冲突确定原理分析之。

第 1 步: 建立当前系统的设计过程复杂性描述函数 $C(t)$, 即 $C(t) = \frac{\sum\limits_{t=0}^{\infty} I(t)}{t}$。

第 2 步: 根据设计过程复杂性“三判据”确定系统所含设计过程复杂性类型, 通过分析该系统不难看出, 系统中存在 t_1, 使 $I(t_1) = 0$, 且设计过程复杂性描述函数 $C(t)$ 趋于无穷大, 所以系统中存在时间相关组合复杂性。

第 3 步: 由于系统中存在时间相关组合复杂性, 所以系统中存在的问题可以认定为冲突, 可以应用 TRIZ 中的冲突解决工具降低系统所含的设计过程复杂性。

第 4 步: 确定导致系统出现设计过程复杂性的关键技术参数, 通过分析系统中所含设计过程复杂性不难看出, 由钢板制成的斜面“耐磨性”以及散装物料的“位移”是导致该系统出现设计过程复杂性的关键技术参数。

第 5 步: 降低系统的设计过程复杂性, 针对关键技术参数“耐磨性”, 很容易得到一个方案就是加大制成该斜面钢板的“耐磨性”, 即使用耐磨性更高的钢板制作该斜面, 如图 8.54(a) 所示。该方案提高了系统制造成本, 虽然对磨损有所减轻, 使用寿命有所延长, 但是不能比较彻底地解决物料与滑面磨损的问题, 依然会出现将滑面磨漏导致系统出现严重故障的情况如图 8.54(b), 所以针对关键技术参数“耐磨性”所得到的方案, 其设计过程复杂性依旧较高, 需返回重新寻找新方案。

(a) (b)

图 8.54 针对耐磨性得到的方案示意图

返回第 2 步继续进行分析, 其中第 2 步和第 3 步分析与之前相同, 这里不再赘述。按照第 4 步中关键技术参数“位移”进行求解, 关于技术参数“位移”, 一方面, 由于该斜面实现散装物料传输需要散装物料与斜面之间存在“位移”, 另一方面, 又希望减小散装物料与斜面的摩擦, 这需要散装物料与斜面之间不存在“位移”。即对于关键技术参数“位移”, 系统中出现了相反的要求, 既希望“位移大”, 又希望“位移小”, 这种由于系统出现相反要求导致发明问题的在 TRIZ 中称为物理冲突, 所以系统中的设计过程复杂性是由于物理冲突造成的, 实现了通过分析系统的设计过程复杂性确定系统中可能含有的冲突。上述物理冲突根据分离原理可以得到如图 8.55(a) 所示的方案, 采用空间分离原理将原来的斜面进行分割, 将原来平滑的表面分割为若干个单元, 系统开始运转的时候先加入较小体积的物料, 使其填满表面的各个单元, 系统正式运行后运输的散装物料不与斜面直接接触, 而是与先前加入的小体积散装物料接触, 最大限度地减小了散装物料与斜面的摩擦, 实现了系统中存在的设计过程复杂性的降低 [如图 8.55(b) 所示]。

(a) (b)

图 8.55 采用分离原理得到的方案示意图

8.7 小结

问题导向的发明过程是常用的发明过程, 而单冲突的发现及解决是渐进性创新过程首先要面对的发明过程。本章不仅给出了问题导向的渐进性发明过程, 而且详细阐述了基于层次型、关系型功能模型的渐进性发明过程, 特别又引入了基于复杂性理论的渐进性发明过程。技术系统或产品的发展过程普遍存在矛盾, 其中的主要矛盾升级变为冲突, 发现及解决冲突成为推动技术与产品创新的动力。本章所构建的发明过程模型充分体现了技术系统渐进性发展过程的哲学本质。

参考文献

[1] 张洪石, 卢显文. 突破性创新和渐进性创新辨析 [J]. 科技进步与对策, 2005, (2): 164-166.

[2] 张换高. 创新设计——TRIZ 系统化创新教程 [M]. 北京: 机械工业出版社, 2017.

[3] Tan R H. Contradiction-oriented problem solving for innovations: five opportunities for China's companies [J]. Journal of Innovation and Entrepreneurship, 2015, 4: 3. DOI 10.1186/s13731-015-0017-5

[4] Imoh M I, David P, Robert P. A review of TRIZ, and its benefits and challenges in practice [J]. Technovation, 2011, 33(2–3): 30-37.

[5] Takeuchi H, Osono E, Shimizu N. The contradictions that drive Toyota's success [J]. Harvard Business Review, 2008, 86(6): 96-104.

[6] Savransky S D. Engineering of creativity: Introduction to TRIZ methodology of inventive problem solving [M]. Boca Raton, Florida: CRC Press LLC, 2000.

[7] Ellen D. Finding the zones of conflict: tutorial [J/OL]. TRIZ journal, 1997. [2019-04-05]. https://triz-journal.com/finding-zones-conflict-tutorial/.

[8] 林娜. 冲突区域确定过程与方法研究 [D]. 天津: 河北工业大学, 2016.

[9] 牛晓伟. 困难功能元的发现与求解方法研究及其在勒紧打结器设计中的应用 [D]. 天津: 河北工业大学, 2018.

[10] Suh N P. Complexity: Theory and Applications [M]. New York: Oxford University Press, 2005.

[11] Lee T. Complexity theory in axiomatic design [D]. Massachusetts: Massachusetts Institute of Technology, 2003.

[12] Lu S, Suh N P. Complexity in design of technical systems [J]. CIRP Annals-Manufacturing Technology, 2009, 58(1): 157-160.

[13] Suh N P. A theory of complexity, periodicity, and design axioms [J]. Research in Engineering Design, 1999, 11(2): 116-131.

第 9 章　问题导向的发明过程：多冲突方法

9.1　概述

技术创新并不是随机的, 而是有其自身的规律, TRIZ、AD、基于层次型功能模型的正向设计等均是该类规律的总结。纵观技术创新方法的发展与应用, TRIZ 在世界范围内已成为广泛应用的技术创新方法。TRIZ 的基本思想是探究发明与创新最高级别的根源——冲突, 并通过彻底消除这一根源实现创新的方法。经典 TRIZ 通常解决单个冲突, 并给出了一系列行之有效的工具与方法。但技术系统通常是复杂系统, 包含多个学科、多种问题, 且问题之间相互交织, 相互影响, 从而构成多冲突问题。发明问题数量多、解决难等特点已长期困扰企业的发展, 寻找快速高效的解决方法已成为企业的迫切需求。应用于复杂系统中的问题求解理论及工具已成为创新设计理论研究的焦点。本章以强势思维一般理论 (OTSM, 俄文词头) 方法为基础并有所发展, 形成一种系统化的多冲突系统解决方案, 为企业工程师提供方法支持。

9.2　OTSM–TRIZ 简介

随着系统功能复杂程度急剧增加, 复杂设计问题中隐含的冲突数量也急剧增加, 现有 TRIZ 方法无法满足多冲突问题的求解, OTSM 多冲突问题分析和解决过程的管理成为 TRIZ 发展方向之一。

9.2.1　OTSM–TRIZ 基础

1. OTSM 的 4 项技术

OTSM 主要包括 4 项技术[1]: 新问题技术、典型解技术、冲突技术和问题流技术。新问题技术主要是对初始问题情景进行分析, 获得问题列表, 便于清晰地表达问题; 典型解技术是应用 TRIZ 与 OTSM–TRIZ 总结的已有解决方案和求解工具, 对问题求解并得到半效解的技术; 冲突技术中的冲突是用元素–名称–量值 (element–name–value model, ENV) 模型表达, 且利用 ARIZ 算法求解, 获得半效解及聚合解, 使得问题情景中的子问题及其根原因更清晰地表达, 以便于求解; 问题流技术主要用来处理问题在求解过程中分解得到的子问题流和半效解流, 对其进行管理与求解, 获得问题或冲突的可实施解决方案。

2. OTSM 的 4 个网络

问题流网络主要由 4 个网组成[1]: 问题网、冲突网、特定参数网和通用参数网。问题网是由初始问题列表得到的一个图, 其中问题和半效解作为图的节点, 连线则是这些问题或半效解之间的关系。冲突网中的冲突与经典 TRIZ 中的技术冲突相似, 因此又称技术冲突网, 其解决过程可应用 TRIZ 工具; 网络节点代表参数和元素, 连线代表在特定情境下, 一个参数对另一个参数的积极或消极影响。特定参数网类似于经典 TRIZ 中的物理冲突网, 对问题的根源有深刻的认识, 并将聚合解升级为满意解。将基于通用参数的网络解决方案添加到知识库中, 用于相似问题的求解方案构建以及满意解实验结果的预测。

3. OTSM 的 5 类解

OTSM 的解主要有 5 种: 半效解、聚合解、满意解、原型解和实施解。问题分析和解决过程中产生的待完善概念方案叫做半效解。在问题的解决过程中, 半效概念解逐渐实体化, 与其他半效解进行集成得到更具实体化的轮廓叫作聚合解。聚合概念解也有不良特性和不良影响, 但是负面影响总体上比积极影响小得多, 这种解成为满意解。选择某个满意解进行实体化, 得到原型并进行实验, 这种解叫做原型解。选定一个方案就可以把它实体化, 得到问题解决的最终目标即实施解, 它们之间的转化关系如图 9.1 所示。

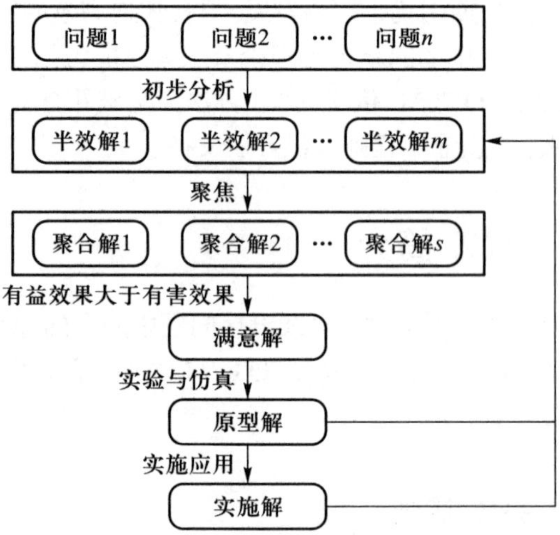

图 9.1 OTSM 5 种解之间的转化关系

OTSM–TRIZ 旨在提供一种由初始问题情境描述到概念方案的转化方法, 这也是 OTSM–TRIZ 的主要任务和求解过程。同时, 由于特定的问题既出现在原型方案中又出现在应用方案中, OTSM–TRIZ 可以用于问题解决的全过程——从初始问题情境描述到应用解的产生。

9.2.2 ENV 模型

在 OTSM 求解过程中, 采用 ENV 模型来描述冲突的内容。将问题分解为元素, 每个元素具有若干个参数, 每个参数又具有多个量值。参数分为控制参数 (control parameter, CP) 和评价参数 (evaluate parameter, EP)。控制参数与评价参数是 OTSM 的特色, 其用途如下。

控制参数: 用于描述设计对象, 不能对设计对象进行评估, 它的值由设计者根据特定问题情景来直接选择, 它与 TRIZ 中的物理冲突相对应。

评价参数: 用于评估设计任务的标准, 它与设计对象有关, 因而不能人为选择, 而是通过分析系统得出, 它可以表示约束功能评价值, 与 TRIZ 中的技术冲突相对应。

ENV 模型由元素、名称及其量值组成。控制参数和评价参数均由其各自的名称及其量值组成, 量值分为正值和负值。ENV 模型如图 9.2 所示, 它表示一个冲突由一个控制参数和两个评价参数组成, 如果改变控制参数的正值, 会导致一个评价参数 A 的正值变化和评价参数 B 的负值变化, 即改善了该评价参数 A, 同时恶化了评价参数 B。这样恰好构成了一个技术冲突。

例如改善汽车的油耗, 实现低碳环保节能减排的目的, 其中一个方案为减小发动机的排量, 并提高燃料利用率, 考虑减小发动机排量易于实现, 但该操作会减小汽车的动力性能, 燃油利用率的提高与动力性能的减小构成了一个技术冲突; 若考虑实施提高燃料利用率, 该方案将提高发动机的设计与加工成本, 也构成了一个技术冲突。

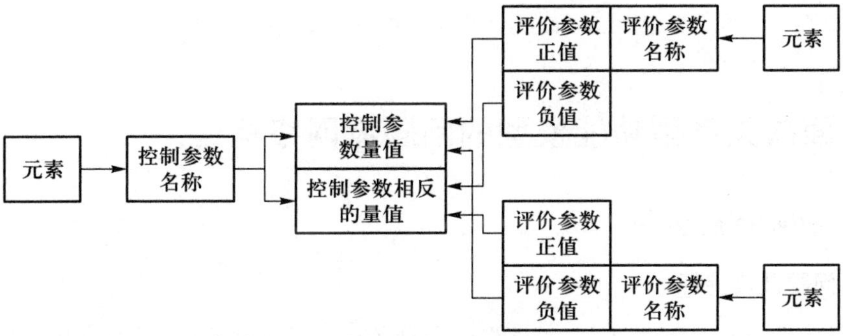

图 9.2 ENV 模型框图

9.2.3 OTSM–TRIZ 求解流程

OTSM 求解过程如图 9.3 所示。通过对初始问题的分析, 找到问题所在区域, 应用 OTSM 4 种技术, 逐步建立问题流的 4 个网络: 问题网、冲突网、一般参数网和特定参数网, 在每一步中进行试探性求解, 得出响应的半效解, 并搜集演绎推理分析, 将半效解进行综合, 获得聚合解, 评价后求得满意解, 通过对满意解进行评价筛选出原型解进行实验模拟, 成功者再经过评价, 即获得了该问题的实施解, 应用于工程实践中。这里的实施解即为 C–TRIZ 中的领域解或领域发明。

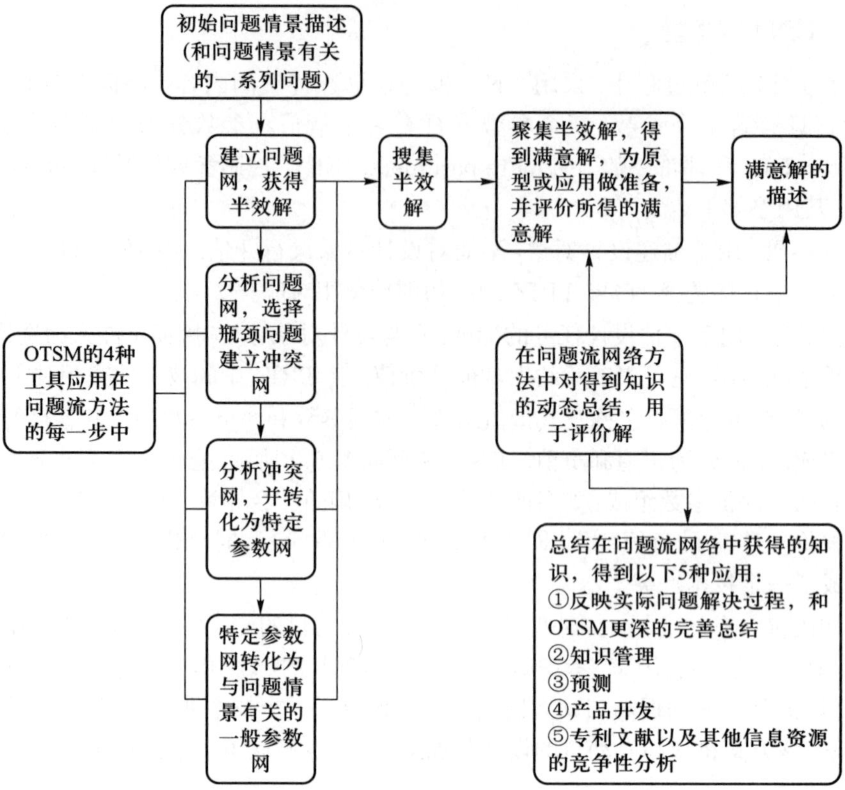

图 9.3 OTSM 应用于复杂问题求解过程[1]

9.3 面向关系型功能模型的问题流网络构建

9.3.1 初始问题分析

1. 问题及其特征

工程实践或是日常生活中, 总能遇到各种各样的不顺利的情况, 通常将这种阻碍人们目标实现的事件称为问题, 该事件发生的情景称为问题情景。问题就是目标状态与当前状态的差距, 问题具有以下特征。

(1) 问题在特定情境下发生。如摩擦、振动等, 只有在诸如高速精密等情景下才需减小或抵消它们的影响, 在汽车启动、破碎等工程应用中需要利用并控制它们。只有在这些情境下, 才出现所谓的问题。

(2) 危害性。问题都是使用者不希望产生的结果, 问题的产生对已有产品是一种缺陷, 需要及时克服解决, 避免产生更严重的后果。

(3) 可分解性。在复杂技术系统中, 一个问题的发生常常伴随其他连锁问题的产生。如果问题难于解决, 可将其分解为多个子问题, 如图 9.4 所示, 而后对问题进行逐个求解。

(4) 可求解性。对于所有的问题, 其解都是存在的, 但求解过程是一个不断探索的过程，可先对问题初步求解，获得半效解，该类解不是最后的结果，需要逐步完善成完备的解决方案，如图 9.5 所示。

(5) 问题间具有联系性。问题与问题之间、问题与子问题之间具有一定关联性，即解决一个问题会带来其他问题的改变。

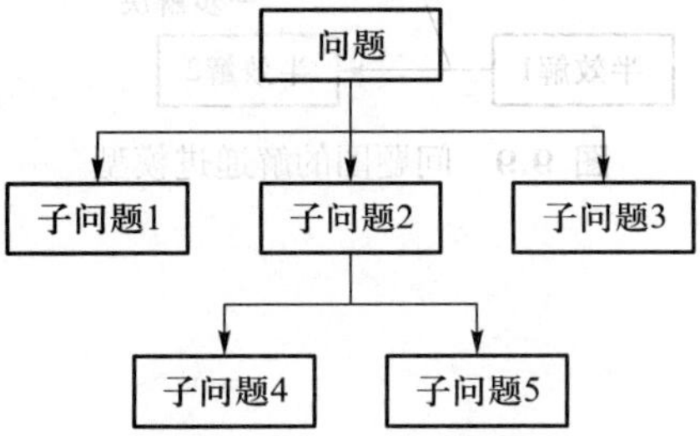

图 9.4 问题的可分解性

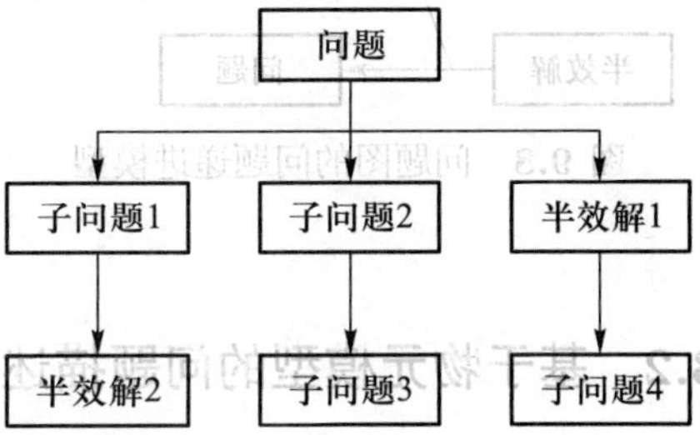

图 9.5 问题的可部分求解性

2. 功能模型的建立与问题发现

针对已有产品，需要对其进行功能分析后构建关系型功能模型，发现系统中存在的问题和缺陷。初始问题情境分析就是分析出问题发生的场合和环境，找到问题元件或子系统，并分析可能引起其发生的外部环境，包括其他元件和超系统等。

以功能模型为基础，问题的发现主要有两类。

(1) 基于产品当前不良效果的问题发现方法。分析当前系统中的不足、过剩或有害功能，并予以纠正。主要有根原因分析法、因果链分析法等。

(2) 基于产品未来目标预测的问题发现方法。分析未来产品具有的功能和特性，针对现有产品进行改进。主要有需求进化分析、技术进化分析等方法。

3. 基于问题图的初始问题分析模型

在 OTSM 的问题求解流程中，问题不断被分解和求解，得到了对应的下一级子问题和半效解。Cavalucci[2] 提出通过构建问题图的方式进行问题的分解或求半效解。问题图提供问题处理模型。现对 4 种模型介绍如下。

(1) 由问题到半效解的“可以采取如下措施尝试解决”模型，如图 9.6 所示。当问题发生时，人们总是在脑海中反映出一个或多个解决方案，但是这个方案是不完善的，仅仅是一种经验性的求解方向，需要进一步论证完善，它属于一种半效解。

(2) 由问题到子问题的“然后得到下列子问题”模型，如图 9.7 所示。对于一个相对复杂的问题，可以分解为多个子问题，通过对子问题的求解来解决上一级问题。

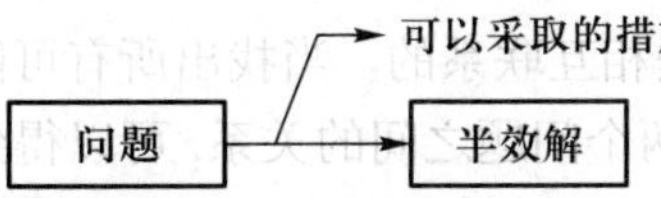

图 9.6 问题图的求解模型

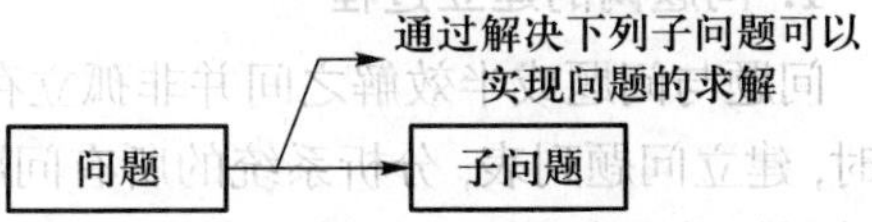

图 9.7 问题图的问题分解模型

(3) 由半效解到问题的“但是会有如下不足”模型，如图 9.8 所示。对于尚待完善的半效解而言，它自身会存在诸多的问题，也需要解决；如果按照该方案继续求解问题，则会产生新的问题。

(4) 由半效解到半效解的“可以采取下列措施进一步解决”模型，如图 9.9 所示。对于半效解的不完善性，结合实际问题，可通过对其进一步求解，消除新问题，完善半效解，则获得了新的半效解。

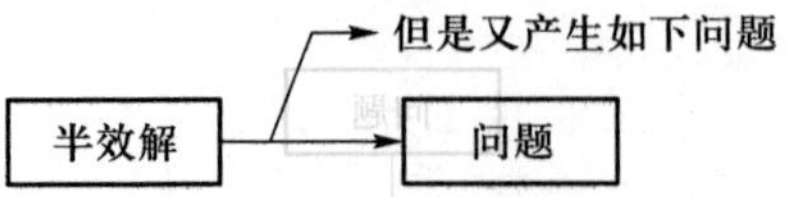

图 9.8 问题图的问题递进模型

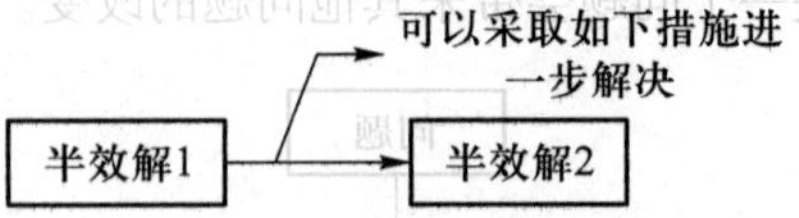

图 9.9 问题图的解递进模型

9.3.2 基于物元模型的问题描述

为了便于问题的分析与解决，问题的标准化描述非常重要，应当具备 3 个特征：完整性、准确性和清晰性。可拓学[3] 的物元模型将事物 N、事物的特征 c 及其相应的量值 v 综合考虑，以有序三元组作为描述事物的基本单元，简称物元，记为 $R=(N,c,v)$。一个事物往往具有多个特征，每个特征均有自己的量值，如 n 个特征 $c_1,c_2,\cdots,c_n$ 及相应的 n 个量值 $v_1,v_2,\cdots,v_n$，该物元模型为 n 维物元，表示为

$$\boldsymbol{R}=\begin{bmatrix} N & c_1 & v_1 \\ & c_2 & v_2 \\ & \vdots & \vdots \\ & c_n & v_n \end{bmatrix}=\begin{bmatrix} R_1 \\ R_2 \\ \vdots \\ R_n \end{bmatrix} \tag{9.1}$$

应用可拓论中的物元模型对问题进行描述能够准确体现问题的本质，是对不良效果的准确概括，而且物元模型的采用对于问题求解也具有一定的启示性作用。

物元模型的事物即为问题研究的对象，也是采取措施修改的对象；特征为问题研究对象具有的属性，是引发不良效果的具体位置，一个对象有一个或多个属性共同引起该问题；量值为问题研究对象中某属性的数量、程度或范围等，量值是解决方案作用的基础层面，可以通过修改量值来实现问题的创新性解决。量值的描述可以为具体的数值，也可以是非数值化的形容词。

9.3.3 问题流网络过程模型的建立

1. 问题网的建立过程

问题与问题或半效解之间并非孤立存在的，而是相互联系的。当找出所有可能的问题时，建立问题列表，分析系统的所有问题，找到每两个问题之间的关系，可以得到问题的关联矩阵。如图 9.10 所示为一个关联矩阵，图中 v_1 至 v_7 表示问题，它们之间存在着相互影响相互作用的关系，用 e_1 至 e_9 表示。其中“1”表示该问题对另一问题产生影响，“−1”表示该问题被另一问题影响，“0”表示无影响。

根据该关联矩阵，应用图论中的知识，可构建如图 9.11 所示的问题网，对复杂问题进行直观地表达。问题流网络是由问题和半效解按照彼此之间的关系组成的一个网络

图, 图中问题或半效解作为图的节点, 问题间的关系是节点之间的连线。如图 9.11 中的问题 v_1 影响问题 v_2、v_3 和 v_4, 问题 v_5 和问题 v_6 互相影响。

$$
\begin{array}{c}
 \\ v_1 \\ v_2 \\ v_3 \\ v_4 \\ v_5 \\ v_6 \\ \\
\end{array}
\begin{array}{c}
\left[\begin{array}{ccccccccc}
1 & 1 & 1 & 0 & 0 & 0 & 0 & 0 & 0 \\
-1 & 0 & 0 & 1 & 1 & 0 & 0 & 0 & 0 \\
0 & -1 & 0 & 0 & 0 & 1 & 0 & 0 & 0 \\
0 & 0 & -1 & 0 & 0 & 0 & 1 & 0 & 0 \\
0 & 0 & 0 & -1 & 0 & 0 & 0 & 1 & -1 \\
0 & 0 & 0 & 0 & -1 & -1 & 0 & -1 & 1 \\
0 & 0 & 0 & 0 & 0 & 0 & -1 & 0 & 0
\end{array}\right] \\
\begin{array}{ccccccccc}
e_1 & e_2 & e_3 & e_4 & e_5 & e_6 & e_7 & e_8 & e_9
\end{array}
\end{array}
$$

图 9.10 表示问题及半效解关系的关联矩阵

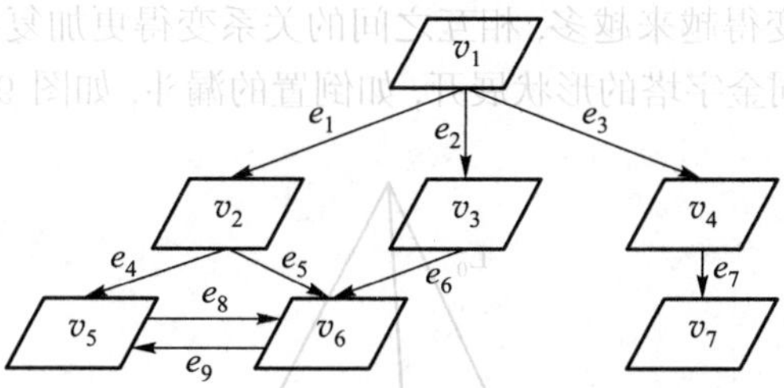

图 9.11 由关联矩阵得出的问题网

每一层问题网中的问题或半效解之间并不是孤立存在的, 而是都有着复杂的关系, 因而才使得技术系统变得复杂。在问题网中的问题关系主要分为以下 3 类。

(1) 独立 (independent): 该问题与其他问题没有关联或关联较小。

(2) 类似 (similar): 问题 A 与问题 B 的描述方法包含相同的参数, 且参数值相同, 可以用同一种解决方案实施。

(3) 耦合 (coupled): 问题 A 的解决会影响问题 B, 反之问题 B 的解决也会影响问题 A。

耦合问题又可以分为直接耦合 (direct coupled) 和间接耦合 (indirect coupled), 问题 A 的解决会直接影响问题 B 称为直接耦合, 问题 A 的解决通过影响问题 C 而间接影响问题 B 的解决称为间接耦合。

直接耦合也可分为单向耦合和双向耦合, 单向耦合即问题 A 的解决会影响问题 B 的解决, 而在解决问题 B 时, 问题 A 不受 B 求解的影响, 这种影响可以是有利的, 也可能有害的; 解决问题 A 可能会导致问题 B 的产生即在下一层问题网对应处增加新问题, 称为问题恶化; 若问题 A 的解决能带动问题 B 的消除, 称为问题优化。双向耦合即问题 A 的求解对问题 B 的求解有一定影响, 反过来, 在求解问题 B 时, 问题 A 也有对应的效果。

复杂技术系统中问题间的多种关系如图 9.12 所示, 但是针对一个具体的工程实际问题而言, 其中的耦合关系需要依据具体工况来确定。

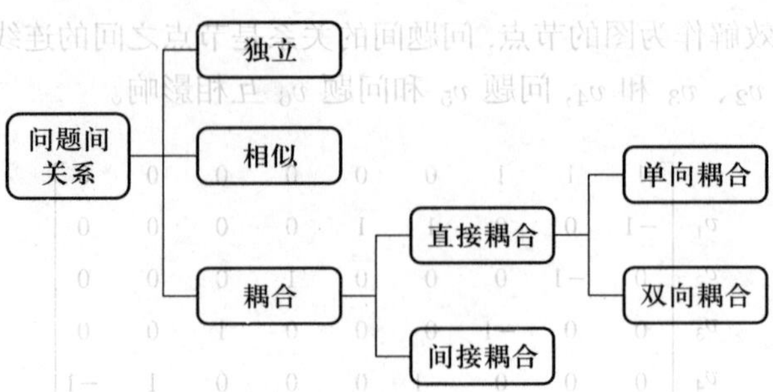

图 9.12 问题间的关系

2. 问题流网络过程模型构建过程

如前所述, 问题是随着解决过程的进行而流动动态变化的, 随着对复杂技术系统的深入理解, 隐性的复杂问题逐渐显现, 问题的可理解性和针对性比初始情况更加突出。问题和半效解的数量变得越来越多, 相互之间的关系变得更加复杂。因此, 问题的流动变化在某种程度上如同金字塔的形状展开, 如倒置的漏斗, 如图 9.13 所示。

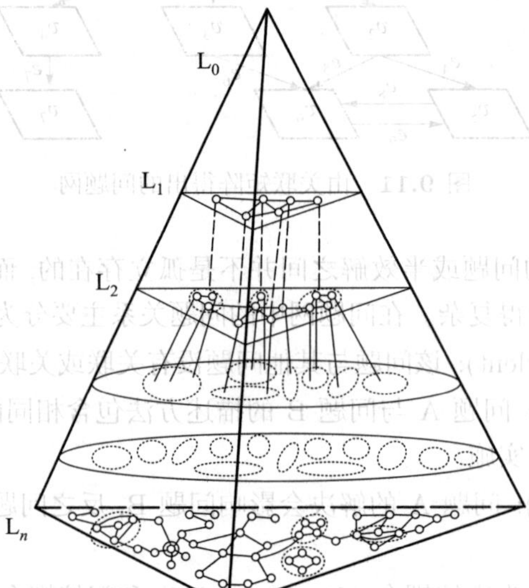

图 9.13 金字塔式问题流网络模型

金字塔式问题流网络过程模型是问题流的表现形式, 问题自金字塔顶端向下逐步分解或试探性解决, 得到了子问题和半效解, 再由它们组建新的问题网, 这样反复迭代。对问题的求解可应用 TRIZ 工具, 如发明原理和标准解等。问题流网络过程模型的建立过程如图 9.14 所示, 共分为 4 个阶段 14 个步骤。

阶段 1: 系统认知。

这一部分需要完成的任务是已有产品的选择, 设计原型的抽取, 相关资料包括论文、专利等文献的搜集, 以及工程实际现状的调查等工作。

第 1 步: 选择原型系统。选定一个目前待改进的技术系统作为研究对象。

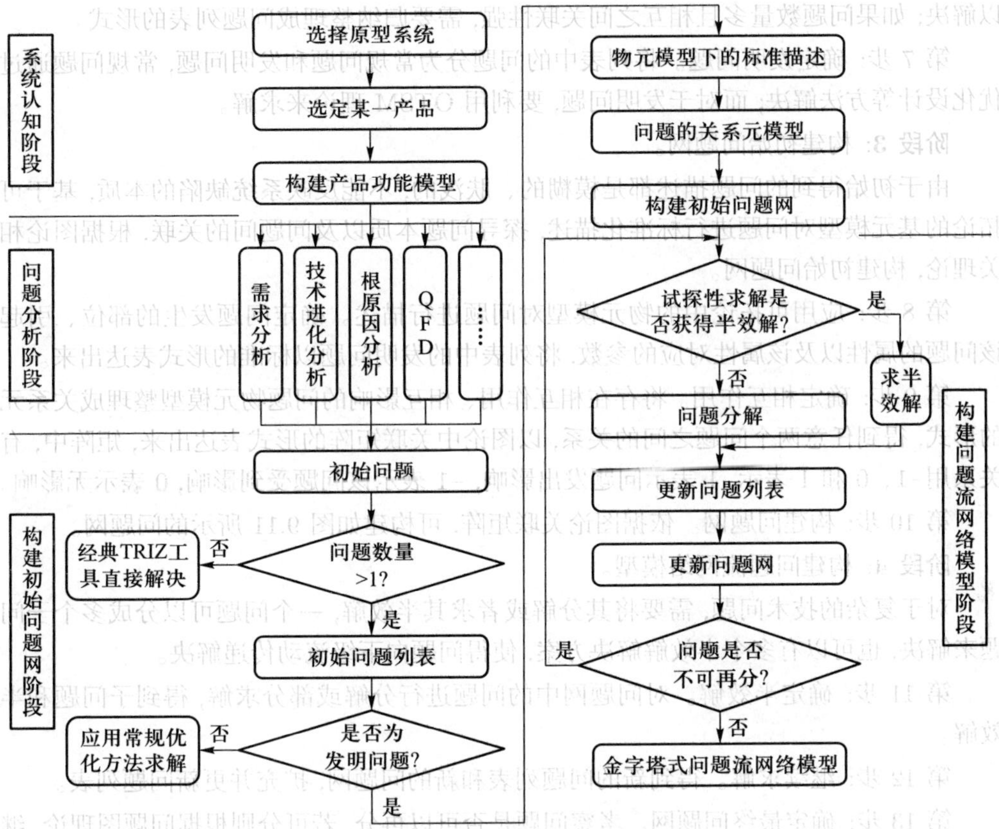

图 9.14　问题流网络模型构建流程图

第 2 步: 选定某一产品作为具体研究对象。原型技术系统中可能存在多种现实产品, 如在架桥机技术系统中, 就有多种架桥机产品, 有下导梁式架桥机、运架一体机等, 还有不同吨位及机型的架桥机产品, 无法同时对所有产品做出改进。因此, 需要选择其中一个作为具体研究对象。

第 3 步: 对选定的产品进行功能分析。为了全面了解系统元件的功能及元件间的关系, 需要建立该产品的关系型功能模型, 根据该模型, 可从中发现有害作用和不足作用, 予以改进。

阶段 2: 问题分析。

对系统中存在问题的部分进行深入分析。问题主要来源于未来目标需求的拉动和当前设计缺陷与不足, 采用需求进化分析、技术进化分析及根原因分析等方法挖掘深层原因和问题, 收集以上问题以备解决。

第 4 步: 采用问题分析方法分析问题。根据用户需求和设计目标, 发现当前系统存在的不足, 确定改进方向; 依据系统功能模型中的有害作用, 有针对性地分析系统中的缺陷和问题。

第 5 步: 将上述两类问题归纳整理得到初始问题。

第 6 步: 问题列表。如果初始问题数目很少, 且已有类似的解决方案, 可以直接予以解决; 如果问题数量多且相互之间关联性强, 需要归纳整理成问题列表的形式。

第 7 步: 确定发明问题。将列表中的问题分为常规问题和发明问题, 常规问题通过优化设计等方法解决; 而对于发明问题, 要利用 OTSM 理论来求解。

阶段 3: 构建初始问题网。

由于初始得到的问题描述都是模糊的、肤浅的, 不能反映系统缺陷的本质, 基于可拓论的基元模型对问题进行标准化描述, 探寻问题本质以及问题间的关联, 根据图论相关理论, 构建初始问题网。

第 8 步: 应用可拓论中的物元模型对问题进行描述。确定问题发生的部位、引起该问题的属性以及该属性对应的参数, 将列表中的发明问题以标准的形式表达出来。

第 9 步: 确定相互作用。将存在相互作用、相互影响的问题物元模型整理成关系元的形式, 得到任意两个问题之间的关系, 以图论中关联矩阵的形式表达出来, 矩阵中, 有关系用–1、0 和 1 表示, 1 表示问题发出影响, –1 表示该问题受到影响, 0 表示无影响。

第 10 步: 构建问题网。依据图论关联矩阵, 可构建如图 9.11 所示的问题网。

阶段 4: 构建问题流网络模型。

对于复杂的技术问题, 需要将其分解或者求其半效解, 一个问题可以分成多个子问题来解决, 也可以有多个半效解解决方案, 使得问题向下级流动传递解决。

第 11 步: 确定半效解。对问题网中的问题进行分解或部分求解, 得到子问题和半效解。

第 12 步: 继续求解。得到新的问题列表和新的问题网, 扩充并更新问题列表。

第 13 步: 确定最终问题网。考察问题是否可以再分, 若可分则根据问题图理论, 继续分解; 若不可再分, 便获得了最终的问题网。

第 14 步: 确定金字塔式问题流网络模型。将上述步骤逐级整理, 问题不断分解求解, 使得问题数量增加, 从而形成了金字塔式问题流网络模型, 如图 9.13 所示。

为了避免问题爆炸式增长, 提高问题求解效率, 对得到的子问题和半效解也应当予以一定的处理, 然后才能进一步解决。首先, 对于关联少的独立型问题, 应该单独解决; 其次, 对于相似的问题, 应视情景合并为同一问题予以解决; 最后, 在逻辑上存在与或关系的两问题或两个半效解, 根据问题图理论, 可以尝试合并解决。

9.4 面向关系型功能模型的问题流网络求解

9.4.1 冲突网和参数网的转化

1. 问题流网络中关键问题的识别

关键问题解决完之后, 问题网便会大大简化。因此需要根据关键问题的特点, 对所得到的问题进行识别, 确定关键问题, 并排除干扰问题和非关键问题, 再对关键问题进行求解。问题流网络中关键问题的识别方法可参考回答以下 5 个问题。

(1) 是否有较多的与之关联的问题?

(2) 是否影响系统主功能?

(3) 是否为本领域内的难题?

(4) 需求分析是否是设定的必达要求?

(5) 是否发生于问题密集区?

若对以上 5 个问题的回答至少有一个是肯定的, 就可认定该问题为关键问题。

2. 冲突网的转化

1) ENV 模型表示技术冲突

在复杂技术系统中, 系统中的问题具有很强的隐蔽性和关联性, 要想对这一类系统进行创新设计或者结构修改, 应先锁定关键问题并进行深入分析。根据 OTSM 问题流求解过程, 解决复杂系统中的问题主要就是解决关键问题, 关键问题的求解需要将其转换为技术冲突的形式。而此时的技术冲突应用 ENV 模型来表示, 如图 9.15 所示, 其中 E 为元素, CP 为控制参数, EP 为评价参数, v_{a} 表示参数的正值, $v_{\bar{\mathrm{a}}}$ 表示参数的负值。

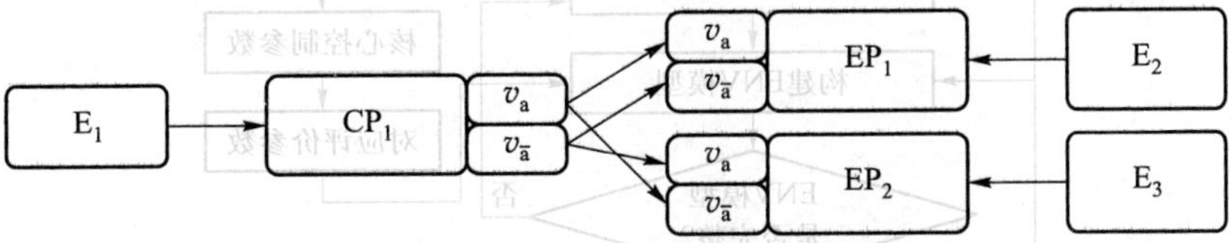

图 9.15 ENV 模型表示的技术冲突

在复杂产品中, 多冲突是广泛存在的, 它具有图 9.16 表示的 3 种形式。

(1) 一个控制参数可由多个评价参数评价, 即如图 9.16(a) 所示。

(2) 多个技术冲突的控制参数共用一个或多个评价参数, 即有公共的评价参数如图 9.16(b) 所示。

(3) 在一个技术冲突中的控制参数是另一个技术冲突中的评价参数, 如图 9.16(c) 所示。

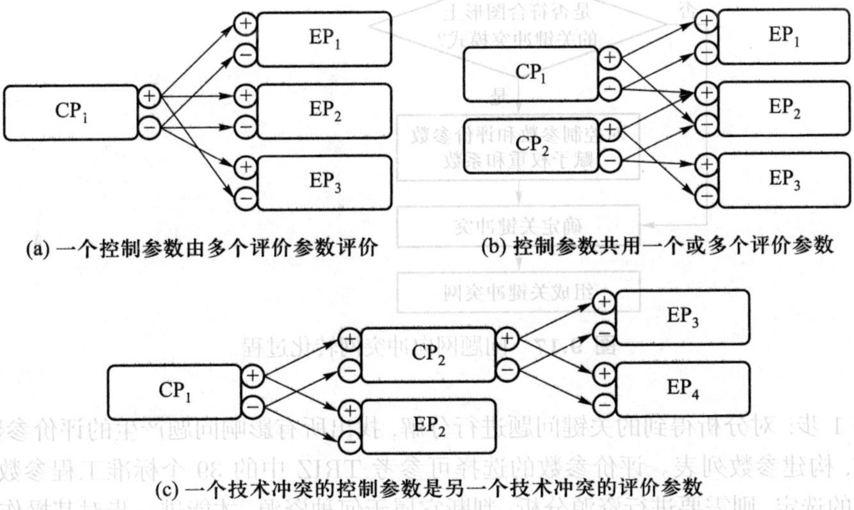

图 9.16 ENV 表达的多冲突模型

2) 问题网向冲突网的转化

由关键问题网到冲突网的转化是利用 TRIZ 基本过程进行求解的基础。冲突表达的优劣决定解决方案的优劣，关键问题涉及操作的核心结构问题，详细分析关键问题所涉及的结构与其他结构间的关联，待修改参数作为控制参数，修改后的性能效果等评价指标可作为评价参数，构建成标准的技术冲突形式，即 ENV 模型的表达形式。根据各冲突中控制参数和评价参数间的关联关系，来建立冲突网，建立的过程如图 9.17 所示。可分为以下 5 个步骤进行。

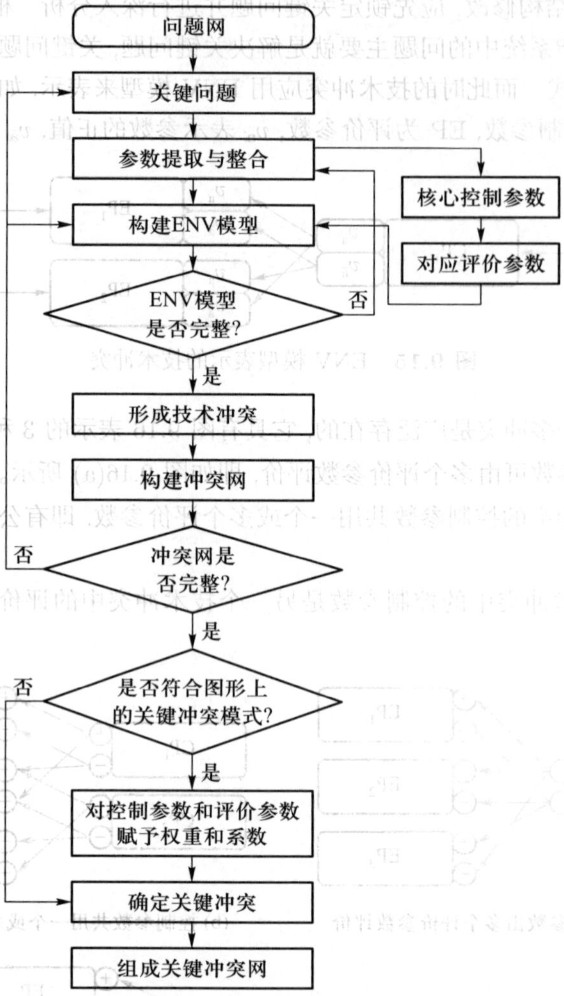

图 **9.17** 问题网向冲突网转化过程

第 1 步：对分析得到的关键问题进行分解，找出所有影响问题产生的评价参数和控制参数，构建参数列表。评价参数的选择可参考 TRIZ 中的 39 个标准工程参数；而控制参数的选定，则需要进行资源分析，判断它属于何种资源，才能进一步对其操作。

第 2 步：对关键问题 ENV 化，即转化为 ENV 模型的形式。根据 ENV 模型，选取适当的评价参数与控制参数，将问题分解成多个单冲突的形式。

第 3 步: 将单冲突连接成网。组网过程主要依据评价参数的关联性、控制参数的关联性以及元素之间关联特征。

第 4 步: 判断构建的冲突网是否完整, 如不完整需重复上述 3 步过程, 直至冲突网构建完整。

第 5 步: 分析出关键冲突, 根据定性和定量分析方法, 来确定关键控制参数, 判断关键冲突, 为参数网的转化提供参考依据。

冲突网是以图的形式展现出来的, 图中节点代表技术冲突, 将 ENV 模型作为整体来研究, 连线代表它们之间的关系, 通过参数的提取与整合探寻这些关系, 主要包括不同技术冲突中 CP 与 CP 间的关系、EP 与 EP 间的关系以及 CP 与 EP 间的关系。

3) 冲突网中关键冲突的判定[4]

在构建完成冲突网之后, 由于冲突之间关联较多, 而求解理论尚有不足, 因而解决起来仍然存在问题, 所以需要寻找冲突间的关联以及冲突的权重, 以权重大的冲突作为重要解决对象, 随着重点冲突的解决, 有些依赖于其的冲突或消失, 或同时也被解决。因此, 确定关键冲突是简化复杂技术系统创新设计的重要一步。

关键冲突有定性分析和定量计算两种确定方法。其中定性分析的方法主要是根据冲突的关系, 如果冲突之间满足如下两种关系, 可认定为关键冲突。

多输入型冲突: 即冲突 C_4 是由 3 个冲突导致, 如图 9.18 所示, 该类型的多冲突求解过程复杂, 也应归为关键冲突。

环形冲突: 如图 9.19 所示, 图中冲突 C_1、C_2、C_3 首尾相接, 互相影响, 互相作用, 利用经典 TRIZ 很难彻底解决, 应归为关键冲突, 转化为参数网进一步求解。

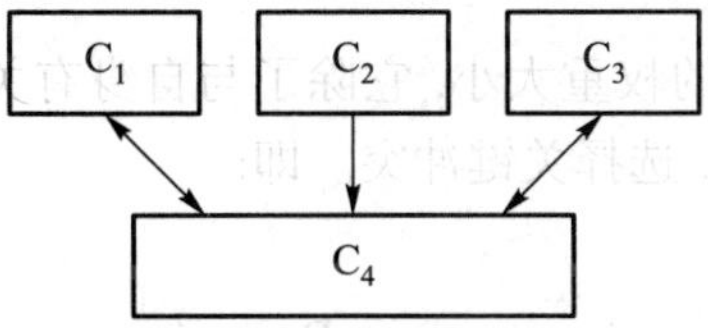

图 9.18 多输入型冲突

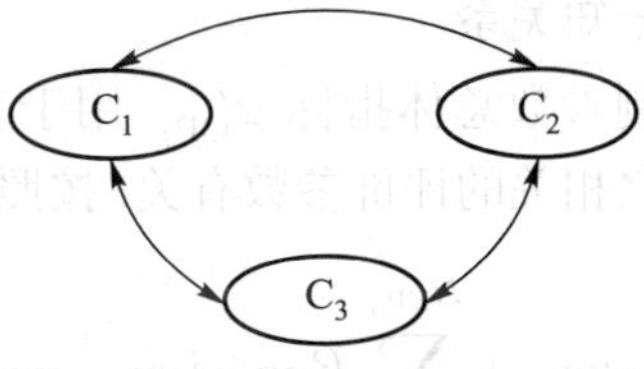

图 9.19 环型冲突

由于一个技术冲突由一个控制参数和两个评价参数组成, 然而评价参数的权重与控制参数的权重不存在关联, 对于一个技术冲突, 确定它的权重主要从以下 3 个方面对其进行赋值。

重要度: 即控制参数或评价参数自身的重要性。对于一个技术冲突而言, 控制参数是设计的核心, 控制参数的权重决定冲突的重要度。而评价参数是产品整体使用情况的表现参数, 用于评价设计的好坏, 它体现了设计要求, 评价参数的权重取决于用户对满足该需求的渴望程度。

横向涉及范围: 评价参数能够揭示隐藏的技术机会, 一个评价参数可以评价多个控制参数, 即参与多个冲突的构成, 它在冲突网中会多次出现。因此, 评价参数出现的次数是其影响广泛性的一个重要标志。

纵向广泛性: 在多冲突中, 有的控制参数仅与两个评价参数有关, 但是有的控制参数却和更多的评价参数有关, 从而组成了多冲突网络。因此, 与一个控制参数有关的所有评价参数的数目是影响冲突设计范围的重要因素。

根据 ENV 模型, 一个单技术冲突由控制参数和两个评价参数组成, 用如下公式表示:

$$\mathrm{TC}_k = (\mathrm{CP}_k, \mathrm{EP}_{j1}, \mathrm{EP}_{j2}) \tag{9.2}$$

对于一个设计而言, 每个技术冲突的重要度是不同的, 评价参数能够更好地描述问题的概况, 可以对评价参数进行定性描述, 通过对比确定其相对重要性指标。控制参数的重要度不依赖于与其相关的评价参数的重要度, 但是元素需要依赖于控制参数才能表现出相应的功能, 一个元素有多个控制参数, 同时每个控制参数对应两个或多个评价参数。

控制参数出现次数 N_{CP_k} 表示所有的单冲突中, 涉及某一控制参数 CP_k 的冲突数量, 数量越多, 该控制参数的重要性越高, 其纵向广泛性也越大。

评价参数出现次数 N_{EP_j} 表示所有的单冲突中, 涉及某一评价参数 EP_j 的冲突数量, 其数量越多, 该评价参数的重要性越高, 其横向涉及范围也越广。

控制参数自身的权重 ω_{CP_k}, 通过资源分析控制参数属于哪类资源, 如时间资源、空间资源、场资源等, 分析该控制参数自身对于问题的产生与解决的影响, 赋予其数值为由 1 至 5 变化的整数, 随着数值的增大, 权重增大, 该控制参数自身也就越重要。

EP 相关系数 (R_{EP}) 表示评价参数对于控制参数的重要性, 其数值取 1、2、3 共 3 档; 3 表示最重要, 依次递减。

影响因子 ($i_{\mathrm{CP}vs\mathrm{EP}}$) 表示改变控制参数对评价参数产生的影响, 其数值可取 2、0.5、0、1。其中 2 表示 CP 与 EP 强相关, 0.5 表示弱相关, 0 表示无关, 1 表示两者之间具有未知关系。

控制参数总体指标 ω'_{CP_k} 用于表示控制参数的权重大小, 它除了与自身有关之外, 还和与之相关的评价参数有关, 按照 ω'_{CP_k} 的大小, 选择关键冲突。即:

$$\omega'_{\mathrm{CP}_k} = \omega_{\mathrm{CP}_k} + \sum_{i=1}^{N_{\mathrm{EP}_j}} R_{\mathrm{EP}_i} \cdot i_{\mathrm{CP}_k vs \mathrm{EP}_i} = \omega_{\mathrm{CP}_k} + R_{\mathrm{EP}_1} \cdot i_{\mathrm{CP}_k vs \mathrm{EP}_1} + R_{\mathrm{EP}_2} \cdot i_{\mathrm{CP}_k vs \mathrm{EP}_2} + \cdots \tag{9.3}$$

技术冲突权重 TC_0 的权重是评价参数按照其影响因子的加权和:

$$\mathrm{TC}_0 = \sum_{i=1}^{2} R_{\mathrm{EP}_i} \cdot i_{\mathrm{CP}vs\mathrm{EP}_k} = R_{\mathrm{EP}_1} \cdot i_{\mathrm{CP}vs\mathrm{EP}_1} + R_{\mathrm{EP}_2} \cdot i_{\mathrm{CP}vs\mathrm{EP}_2} \tag{9.4}$$

式 (9.3)、式 (9.4) 为对控制参数和冲突进行定量表示的公式, 控制参数总体指标大者演化至参数网中, 评价参数系数大且出现次数多者, 也应演化至参数网中。对于控制参数和评价参数仅出现一次, 或多次出现仅一次权重较大的技术冲突, 应视为独立冲突, 用 TRIZ 工具予以单独解决。通过对系统的认知, 由领域专家参数进行赋权重, 量化参数对于整体系统的影响, 能够提高问题分析的精确性和针对性, 提高问题求解的效率。

根据上述定量和定性判别关键冲突的方法, 对所有冲突进行如表 9.1 所示的分析。

经过表 9.1 对关键冲突的判别, 获得了关键的控制参数和评价参数列表, 以及它们之间的关系, 即关键技术冲突及其之间的关联性。对于关联性较小的技术冲突可单独应用 TRIZ 工具解决。对于关联性强的多冲突, 应根据参数间的关系, 转化为参数网进一步分析求解。

表 9.1 关键冲突判定表

类型	是/否	数值	是否判定为关键冲突
属于环形冲突类型	是/否	—	是/否
属于多输入冲突类型	是/否	—	是/否
技术冲突权重 TC_o	—	较大/较小	是/否
控制参数总体指标 ω'_{CP_k}	—	较大/较小	是/否

3. 参数网的转化

在 TRIZ 中, 实现产品的创新设计最终大多是修改产品的工作原理, 而工作原理的改变往往会导致产品的物理量或设计参数的变化。因此, 通过将关键冲突网转化为参数网进行求解, 能够对复杂产品系统进行有针对性的改进, 对于关键问题的求解都有简化和导向作用, 便于设计者准确求解关键问题并得到高质量的解。

1) 参数网单元表达

参数网也是以图的形式表现出来, 图中节点代表控制参数, 连线代表它们之间的关系。由于控制参数是物元具有的本质属性, 设计者可以通过修改控制参数, 达到修改产品进行创新设计的目的。控制参数用阴阳鱼的形式表示[5], 如图 9.20(a) 所示。图中黑鱼表示该控制参数 CP 的量值为正值, 白鱼表示该控制参数 CP 的量值为负值。为了便于表达, 采用如图 9.20(b) 所示的图形表达控制参数。

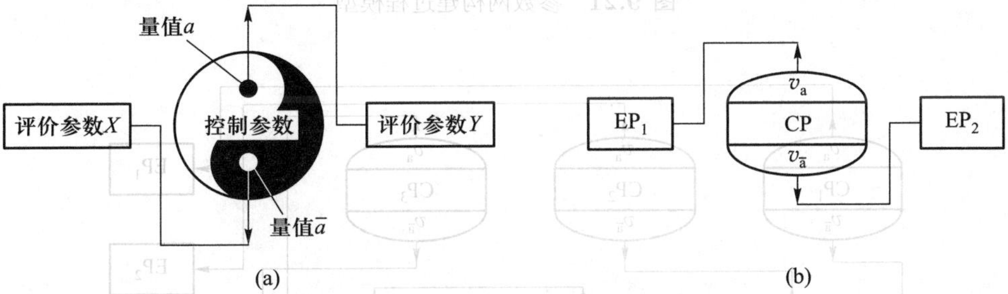

图 9.20 参数网单元表达控制参数[5]

2) 关键冲突网到参数网的转化过程

参数网由冲突网演化而来, 其转化构建过程如图 9.20 所示, 其转化过程主要遵循以下规则。

规则 1: 在技术冲突层, 选择冲突网中关键技术冲突, 剔除冗余冲突;

规则 2: 在 ENV 模型内, 根据冲突网, 选择关键冲突中的控制参数, 控制参数与物理冲突表达方式具有一致性, 且易于建立它们之间的关联;

规则 3: 在 ENV 模型内, 选择权重大并且与关键参数都有关联的评价参数, 按照一定的形式将其排列在右侧一列;

规则 4: 根据冲突网的关系, 连接控制参数之间、控制参数和评价参数之间的关系, 并优化成简单的图的形式。

根据这些规则, 可以构建参数网, 其过程如图 9.21 所示。建立的参数网模型如图 9.22 所示, 参数网也是图的形式, 该图中的节点表示控制参数, 连线表示控制参数之间的关系, 控制参数与各自的评价参数相连。

参数网的核心元素是由控制参数组成, 此处的控制参数相当于物理冲突; 参数网的右侧是评价参数, 它们是 ENV 表达的多冲突模型中权重最高或者出现频次最高的一组; 参数网表达了引起问题的最终原因, 并对改进做出了直观的提示, 只需要应用 TRIZ 工具, 结合实际问题, 对相应的控制参数进行操作即可。

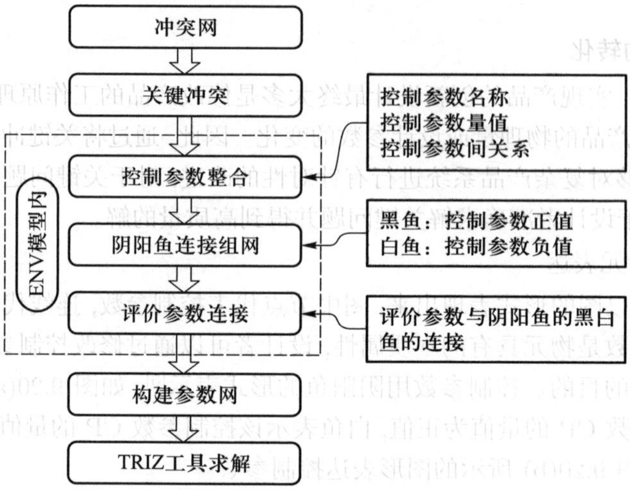

图 9.21　参数网构建过程模型

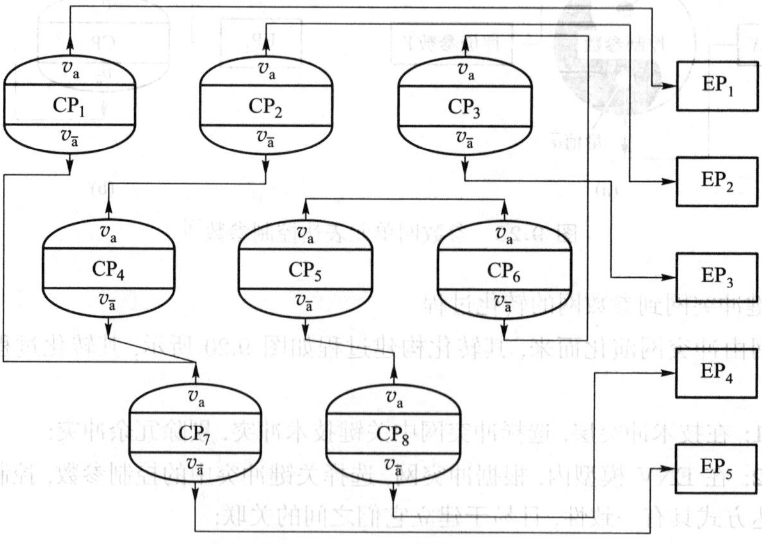

图 9.22　参数网模型

9.4.2 问题流网络的求解过程模型

TRIZ 理论的冲突求解过程首先将领域问题转化成 TRIZ 标准问题, 利用发明原理或标准解等工具进行求解映射, 得到 TRIZ 通解, 再结合工程实际问题, 将 TRIZ 通解工程化, 得到领域问题的解及领域解。然而在复杂技术系统中, 由于工程实际问题的复杂程度高, TRIZ 标准问题往往是由几个问题组合而成, 因此需要结合 OTSM 理论, 将 TRIZ 标准问题进行分解或部分求解得到子问题和半效解, 收集半效解并提取其有益作用, 剔除有害作用, 综合成为聚合解, 对聚合解进行理论和试验验证, 最终通过测试的解将成为 TRIZ 通解, 再结合工程实际问题转化为领域解, 如图 9.23 所示。

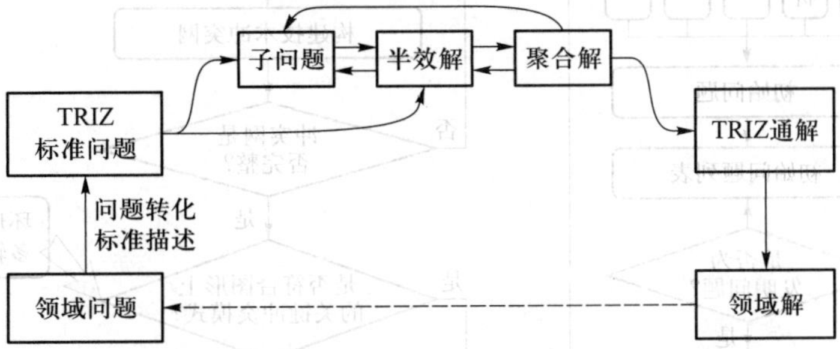

图 9.23 基于 OTSM–TRIZ 的发明问题求解过程

在上述过程中, 每个子问题的求解都要使用 TRIZ 工具。换言之, TRIZ 流程或基本发明过程贯穿于整个问题求解中, 对复杂技术系统的创新求解是 TRIZ 基本过程不断应用、迭代的过程, 直至问题得以解决。

上述的过程表明, 在问题繁多的复杂技术系统中, 问题的演变求解过程如图 9.24 所示。从问题中分离出发明问题, 对发明问题进行后续操作; 抽取关键问题, 并转化为冲突构建冲突网; 再次筛选关键冲突, 将控制参数组建成参数网, 利用 TRIZ 工具迭代求解, 最后评价获得高质量解。这一系列转化过程使问题不断得到优化, 同时伴随着解决方案的产生, 由问题到半效解, 经过半效解的聚合, 并在评价之后获得满意解。

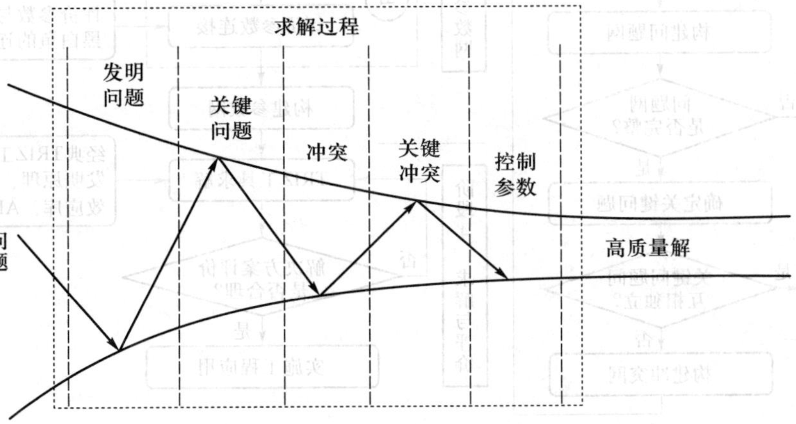

图 9.24 问题流网络求解原理过程

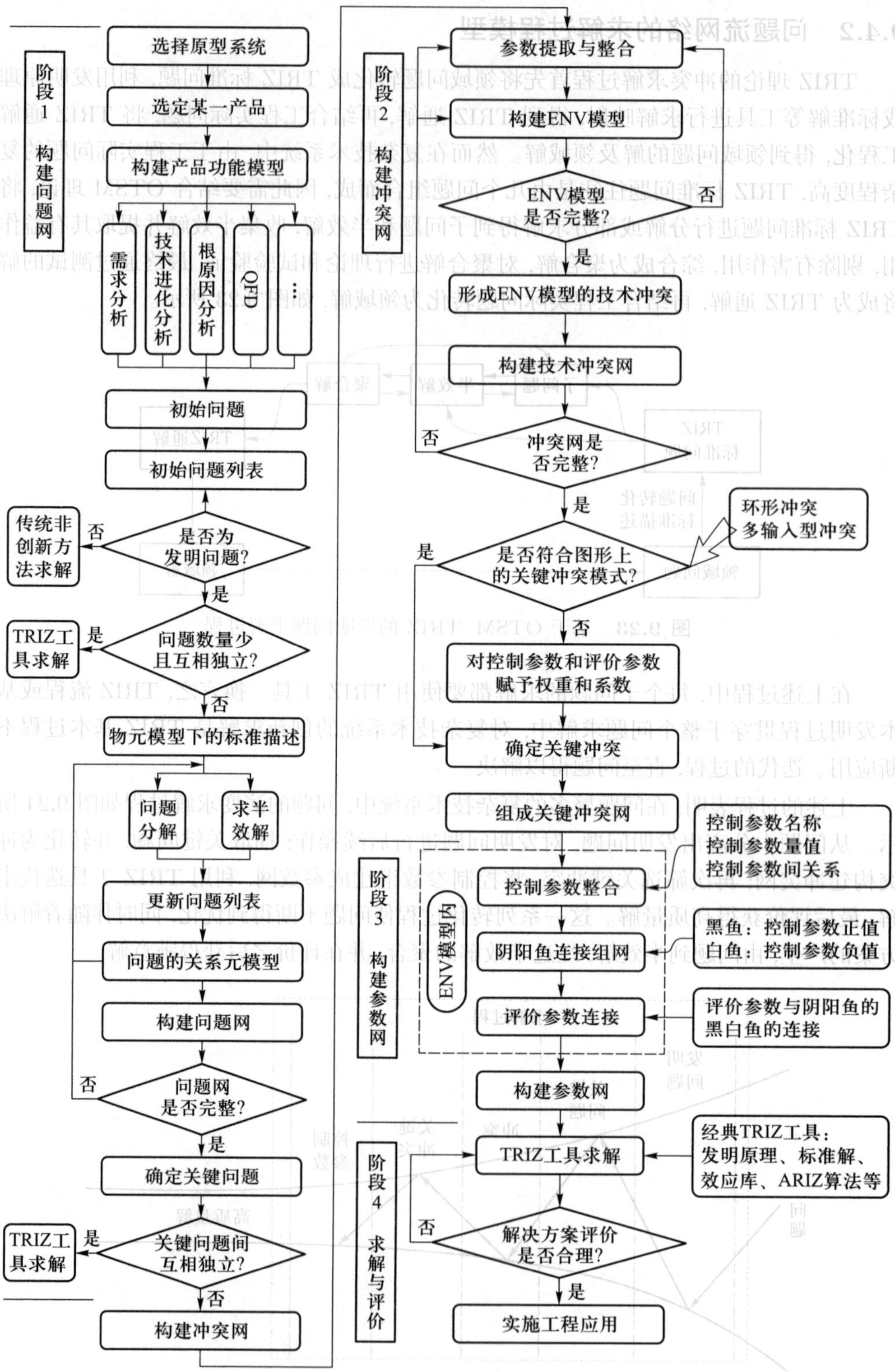

图 9.25 问题流网络构建与求解过程模型

将图 9.23 及图 9.24 具体化, 形成详细的问题流网络求解过程模型, 如图 9.25 所示。该过程分成 4 个阶段共 14 个步骤完成。表 9.2 详细介绍了问题流网络的求解步骤和过程。

第 1 阶段: 问题网构建。主要包括第 1 步至第 5 步。

第 2 阶段: 冲突转化与冲突网构建。主要包括第 6 步至第 9 步。

第 3 阶段: 参数转化与参数网构建。主要包括第 10 步至第 11 步。

第 4 阶段: 创新求解与评价。主要包括第 12 步至第 14 步。

表 9.2 问题流网络的求解过程

阶段	步骤	操作内容
1	1	选择待改进的系统
	2	系统认知, 对系统进行功能分析和根原因分析
	3	问题生成, 总结问题, 构建问题列表, 并进行标准化描述
	4	寻找问题间的关系, 根据图论构建问题流网络
	5	定性寻找关键问题
2	6	提取有用参数, 分类整合成控制参数和评价参数
	7	根据 ENV 模型, 构建技术冲突
	8	由技术冲突及其参数的关系, 构建冲突网
	9	定性定量分析关键冲突和关键参数, 组成关键冲突网
3	10	控制参数转化为阴阳鱼的形式
	11	根据控制参数间的关系, 将各阴阳鱼组成参数网的形式
4	12	应用 TRIZ 工具对参数网和冲突网进行求解
	13	对解决方案进行评价并确定领域解
	14	将最优方案或领域解实施

9.5 案例研究: 推梁型架桥机的创新设计

9.5.1 TTSJ900 型架桥机组的主要结构

架桥机是一种高速铁路建设的重要成套机械设备, 它将预制梁准确架设于桥墩之间, 能够快速高效地完成铁路桥梁的架设。TTSJ900 型架桥机是一种应用广泛的架桥设备, 主要由架桥机主机和配套的超低运梁车以及坦式吊梁天车组成, 如图 9.26 所示。架桥主机主要由双主梁及前中后横梁、前支腿、中支腿、后支腿、走行支腿和动力、液压及控制系统等组成。

该架桥机架梁的主要架设动作有: 运梁车喂梁, 天车提梁、移梁和落梁, 中支腿收缩、前移和下落, 前支腿收缩, 架桥机过孔, 前支腿下落等。

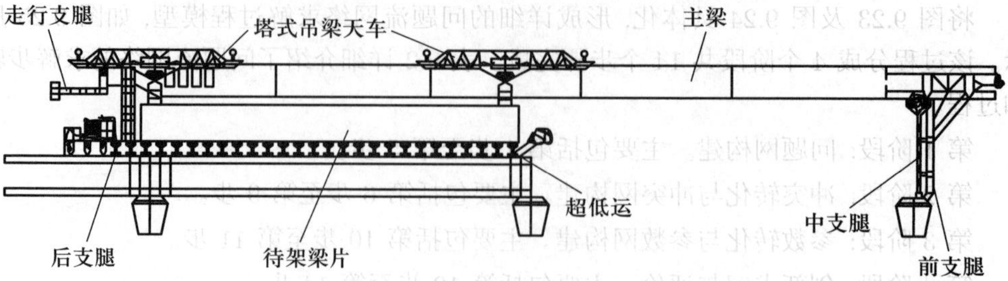

图 9.26　TTSJ900 型架桥机主要结构示意图

9.5.2　架桥机的问题流网络过程模型

1. TTSJ900 型架桥机问题分析

对 TTSJ900 型架桥机进行功能分析, 建立其功能模型如图 9.27 所示。

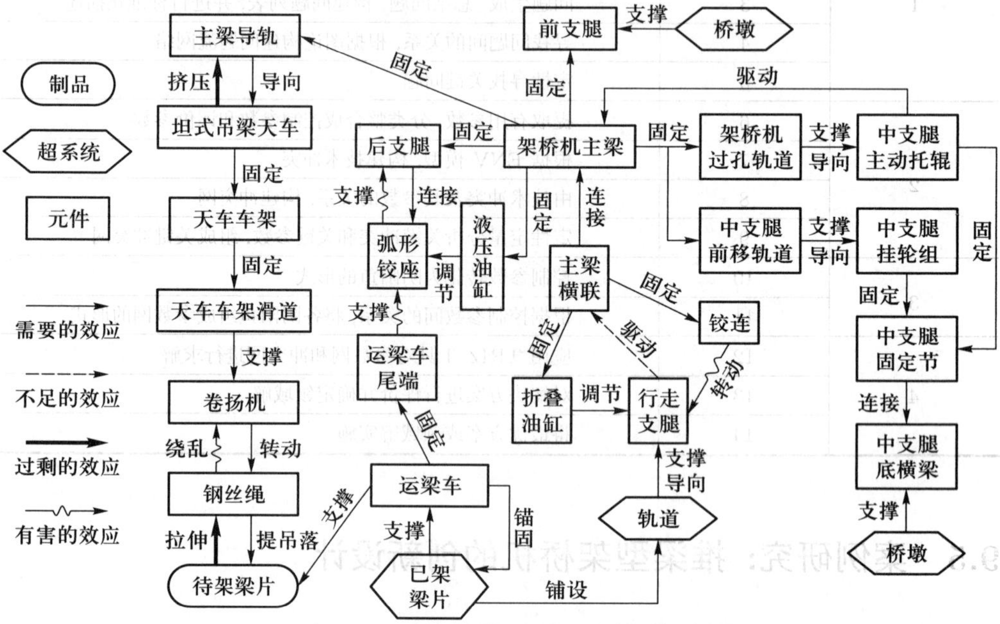

图 9.27　TTSJ900 型架桥机功能模型

经对 TTSJ900 型架桥机进行功能模型分析, 其不良效果主要集中在喂梁工况, 即喂梁时梁片的移动形式、支撑位置等对安全性能的影响。根据企业设计需求改进的有架设效率和节能性能。深入分析问题产生的主要部位、影响参数以及问题发生的情景等, 根据可拓论物元模型, 对问题进行标准描述, 得到如表 9.3 所示的主要初始问题列表。

对初始问题进行问题分解与求半效解, 获得了如表 9.4 所示的问题列表。

表 9.3 TTSJ900 型架桥机中问题的标准描述形式

序号	问题情景	标准描述
Pb1	喂梁时, 由前中支腿支撑, 后部无支撑	(主梁尾部, 弯曲变形, 大)
Pb2	吊梁天车提梁前移, 架桥机两跨简支支撑, 跨距大, 中间部分弯矩大, 变形严重	(主梁中部, 弯曲变形, 大)
Pb3	吊梁天车提梁前移, 高位喂梁, 移动速度缓慢, 对缆绳强度要求高	(移动梁片, 速率, 慢)
Pb4	架桥机过孔时, 行走支腿驱动, 中支腿托辊支撑前部, 主梁前一半长度处于悬臂状态	(主梁前部, 弯曲变形, 大)

注: Pb 表示 Problem, 问题。

表 9.4 TTSJ900 型架桥机的问题列表

问题序号		子问题	标准描述
Pb1	Pb1.1	后支腿无法起到支撑作用	(后支腿液压缸, 状态, 收缩)
	Pb1.2	行走支腿无法起到支撑作用	(行走支腿液压缸, 状态, 伸出)
	Pb1.3	后支腿两立柱间宽度不能容纳梁片和运梁车通过	(后支腿两立柱, 距离, 短)
	Pb1.4	主梁后半段太重	(主梁后半段, 质量, 重)
	Pb1.5	喂梁时吊梁行走	(喂梁, 方式, 非定点起吊)
Pb2	Pb2.1	前支腿与后支腿间距过大	(前后支腿跨距, 距离, 长)
	Pb2.2	天车自重太重	(天车, 质量, 重)
	Pb2.3	梁片质量太大	(梁片, 质量, 重)
	Pb2.4	主梁结构强度不足	(主梁, 强度, 不足)
	Pb2.5	钢缆磨损严重	(钢缆表面, 磨损程度, 大)
Pb3	Pb3.1	天车纵移动力不足	(天车, 动力, 小)
	Pb3.2	天车纵移距离太长	(天车纵移, 距离, 长)
	Pb3.3	梁片质量太大	(梁片, 质量, 大)
	Pb3.4	天车自重太大	(天车, 质量, 大)
	Pb3.5	钢缆抗拉性能不足	(钢缆, 抗拉强度, 小)
Pb4	Pb4.1	主梁前端重	(主梁前部, 质量, 大)
	Pb4.2	前支腿太重	(前支腿, 质量, 大)
	Pb4.3	过孔时前支腿无支撑	(前支腿, 支撑面反力, 0)

2. 推梁型架桥机的问题网的构建

对表 9.4 中的问题分解的子问题进行分析, 得到部分问题的初步解决方案即为半效解, 得到的半效解其本身存在一些问题, 问题分解与求半效解过程如图 9.28 所示。

3. 推梁型架桥机的金字塔式问题流网络模型

根据问题半效解及其关系, 构建金字塔式问题流网络过程模型如图 9.29 所示。图中点划线表示两问题间具有关联性。

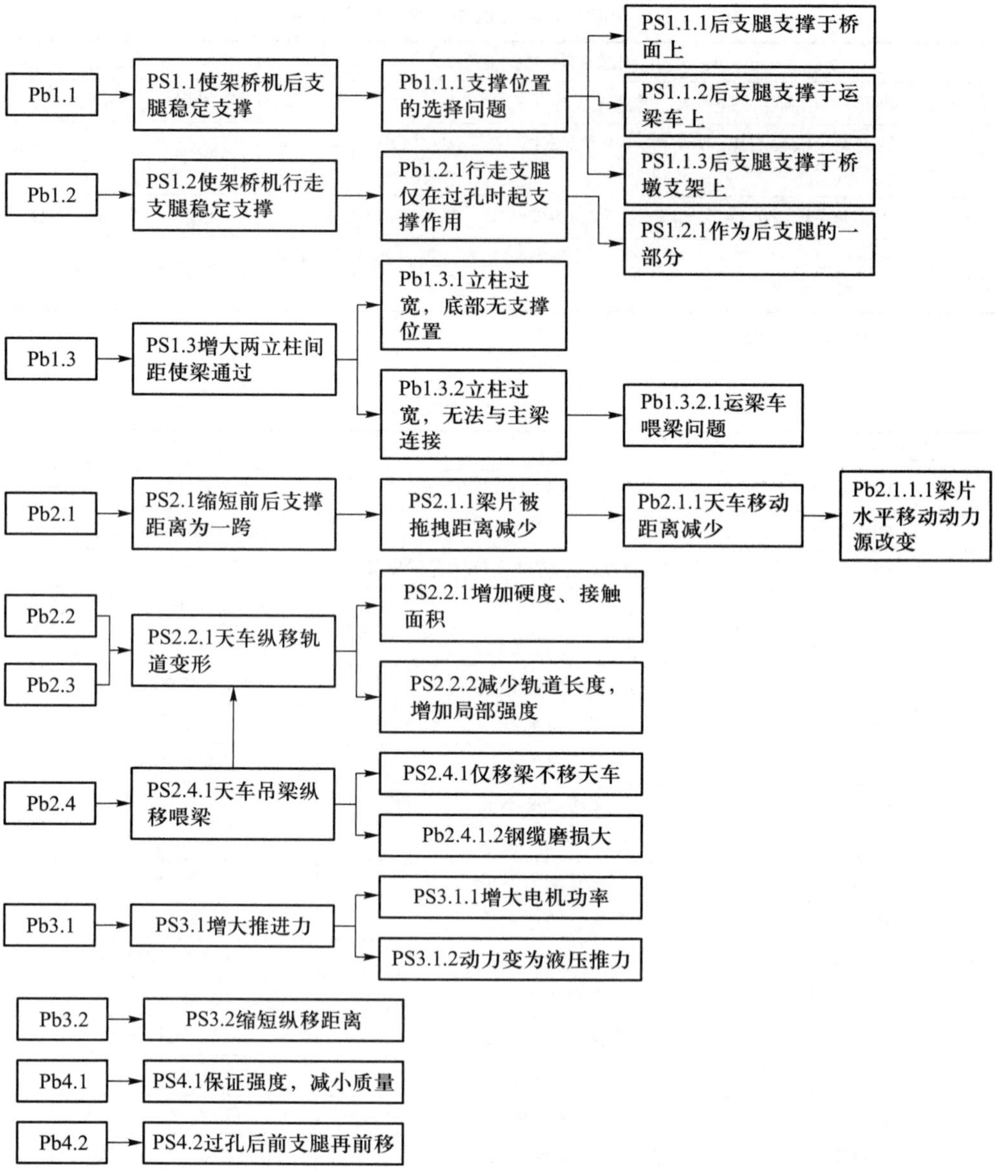

图 9.28 架桥机的问题分解与求半效解过程。其中, PS 表示 Partial Solution, 即半效解

9.5.3 推梁型架桥机创新设计中问题流求解过程

1. 推梁型架桥机设计中的关键问题

对问题流网络模型进行分析, 对其中的子问题按照关键问题的 5 个判定方法进行判定, 最终得到 4 个关键问题: Pb1.3.2.1 运梁车喂梁问题, Pb2.1.1.1 梁片水平移动动力源改变, PS1.1.3 后支腿支撑于桥墩支架上, PS4.1 保证强度、减少质量。

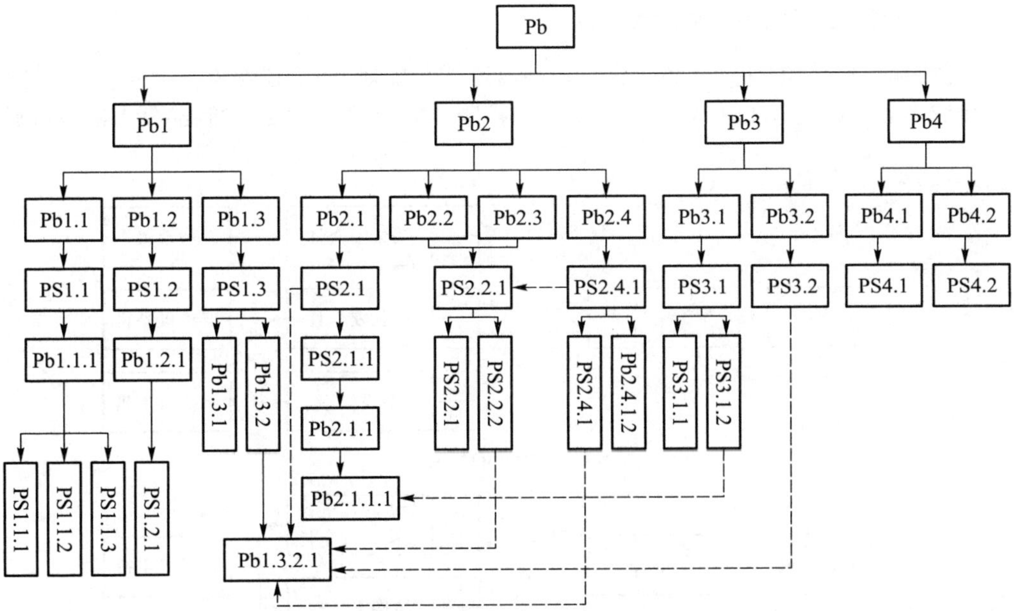

图 9.29 TTSJ900 型架桥机的问题流网络模型

2. ENV 表示的架桥机设计中的冲突

将上述关键问题中存在的冲突提取出来, 例如运梁车需要在下导梁上运行保证架设安全, 但是下导梁不与架桥机相连, 需要独立完成跨孔, 降低了架设效率形成冲突 C_1。将问题逐一分析, 关键问题 Pb1.3.2.1 中提炼出 C_1 到 C_3 和 C_6 到 C_9 7 个冲突, 关键问题 Pb2.1.1.1 中提炼出 C_4 一个冲突, 关键问题 PS1.1.3 中提炼出 C_5 一个冲突, 关键问题 PS4.1 中提炼出 C_{10}、C_{11} 两个冲突。将关键问题用 ENV 模型表示为技术冲突, 如图 9.30 所示。

3. 架桥机设计中的冲突网

根据各冲突中控制参数和评价参数的关系, 并根据图 9.16 中多冲突的 3 种表现形式, 构建了如图 9.31 所示的冲突网, 冲突网为图的形式, 图中节点 C_1 至 C_{10} 为技术冲突, 有向连线表示它们之间的相互关系, 它们组成了一个多冲突网络, 而 C_{11} 与该网络不存在关联, 是一个独立的冲突。

在冲突网中, C_1、C_2、C_3 构成了环形冲突, C_4 为多输入冲突的形式, 它们都作为定性分析优先解决的关键冲突来研究。然而其他冲突需要进行量化才能确定。

先由设计人员分析冲突网中所有涉及的控制参数, 并确定修改控制参数对评价参数的影响因子, 再计算出技术冲突权重和控制参数总体指标栏的数值, 其中 C_8、C_6 和 C_9 为权重值最高的 3 个冲突, 应优先对其求解。最后确定出关键冲突的解决顺序为 C_1、C_2、C_3、C_4、C_6、C_8 和 C_9, 下一步探寻它们的控制参数和评价参数之间的关系, 以便构建参数网。

4. 推梁型架桥机设计中的参数网

按照前面介绍的冲突网转化为参数网需遵循的规则, 将上述除 C_{11} 外的 7 个冲突转化成参数网如图 9.32 所示。图中节点为控制参数和评价参数, 左侧部分为架桥机喂

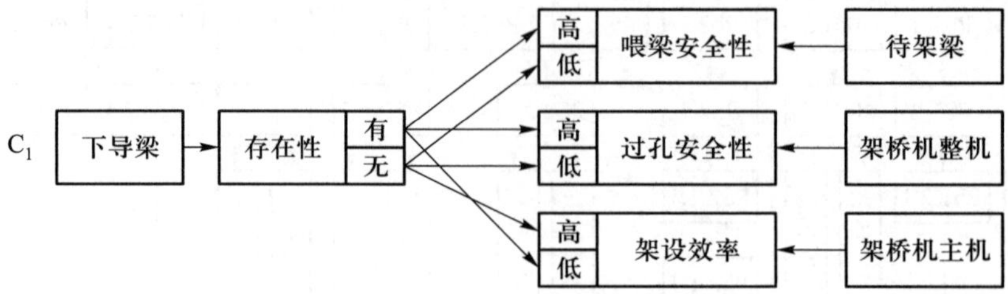

(a) ENV表示的冲突C_1

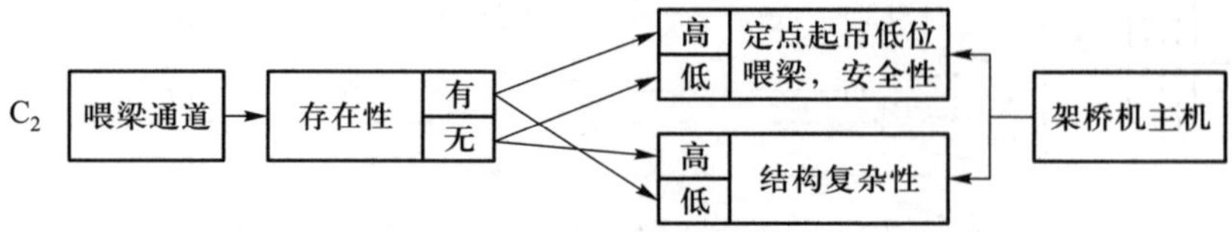

(b) ENV表示的冲突C_2

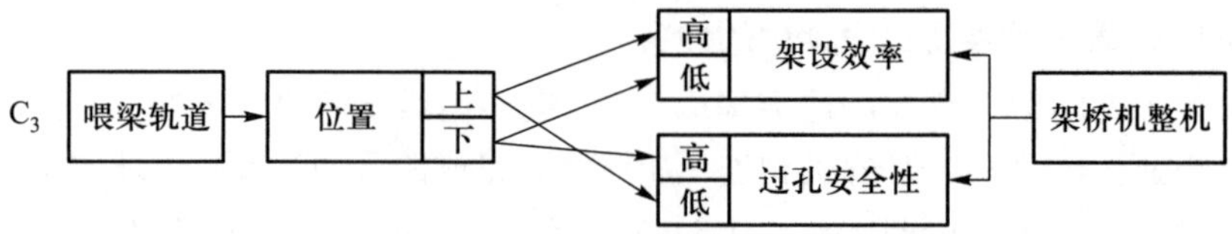

(c) ENV表示的冲突C_3

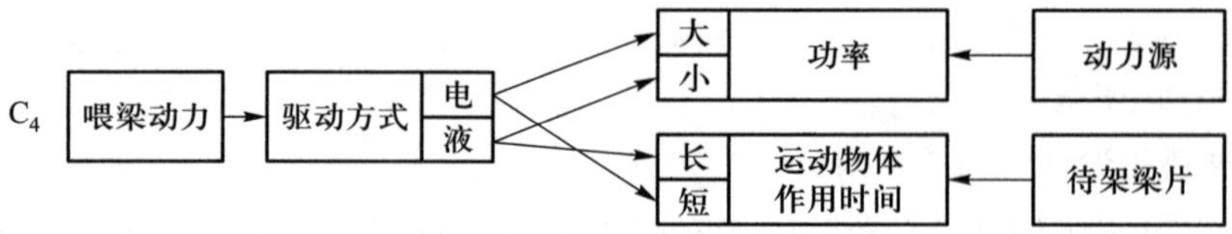

(d) ENV表示的冲突C_4

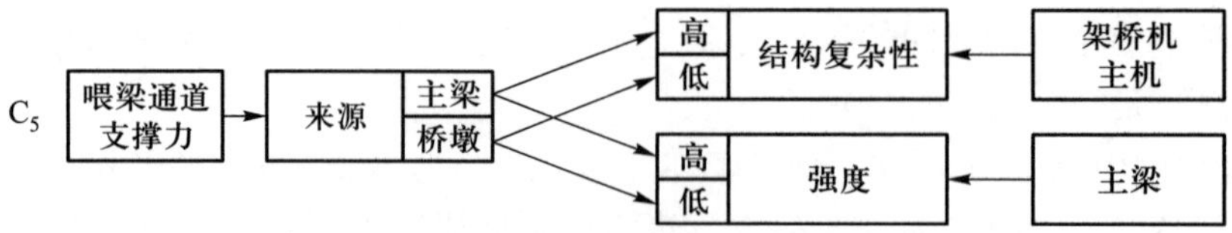

(e) ENV表示的冲突C_5

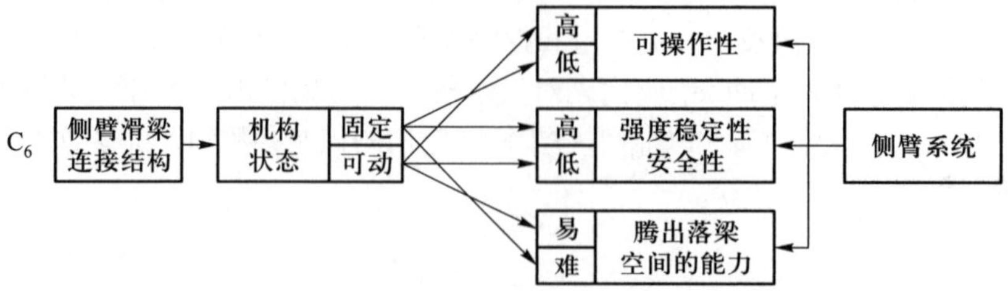

(f) ENV表示的冲突C_6

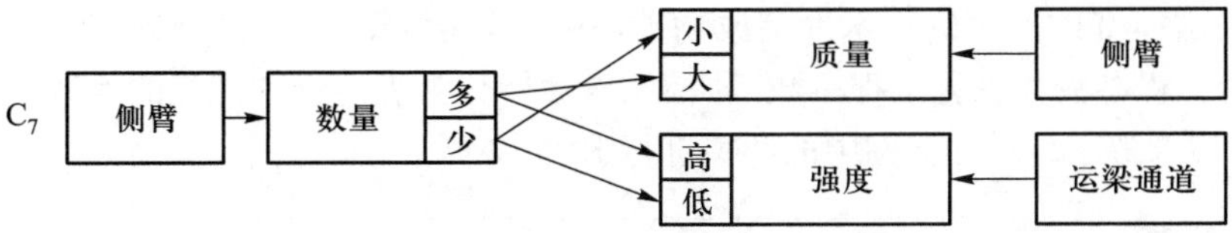

(g) ENV表示的冲突C_7

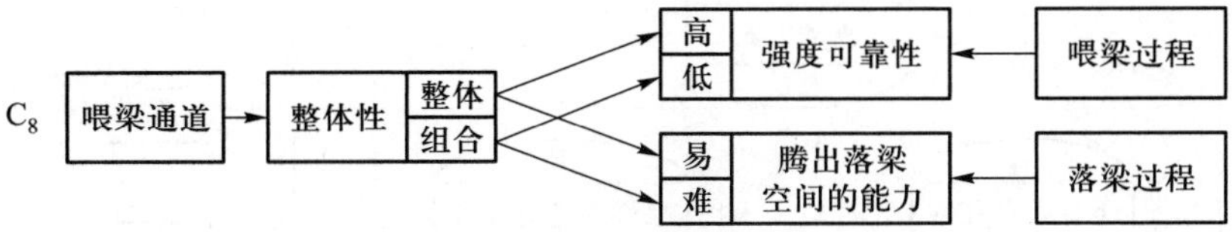

(h) ENV表示的冲突C_8

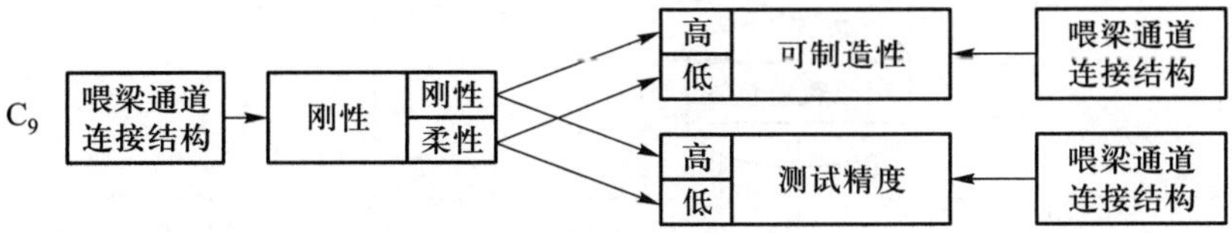

(i) ENV表示的冲突C_9

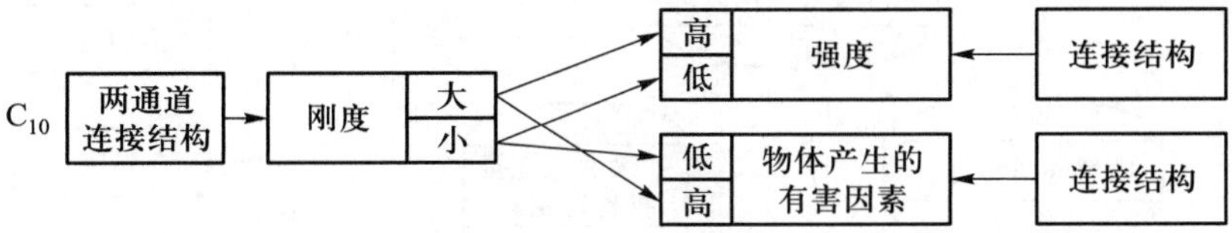

(j) ENV表示的冲突C_{10}

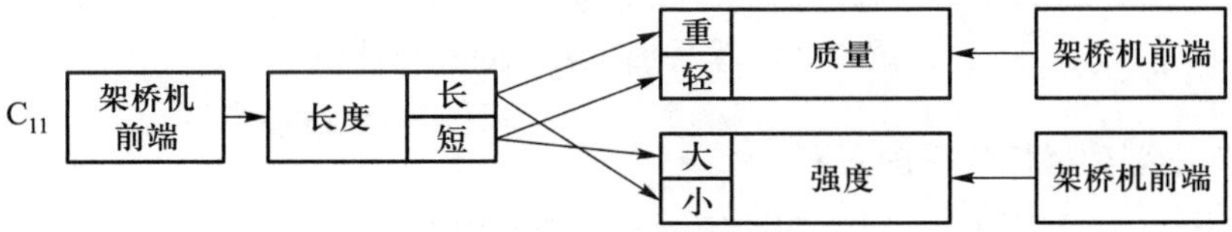

(k) ENV表示的冲突C_{11}

图 9.30 ENV 表示的技术冲突

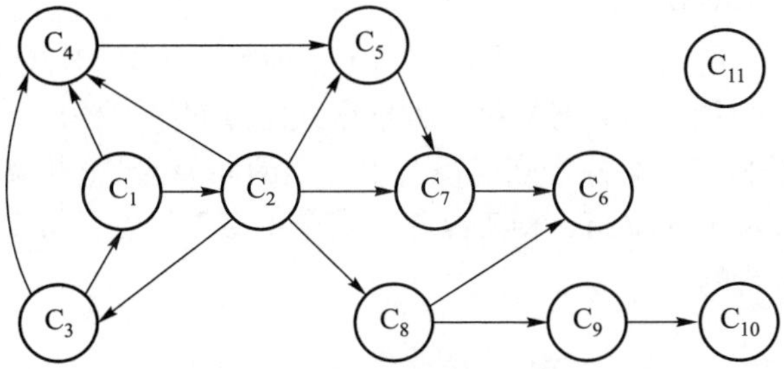

图 9.31 架桥机喂梁结构的冲突网

梁结构设计过程中需要操作或修改的 7 个控制参数，连线为控制参数及其量值间的相互影响；右侧一列为架桥机喂梁结构的评价参数。它们共同组成了架桥机喂梁结构问题流网络中的参数网。通过建立参数网，可以确定冲突参数之间的相互关系，参数网中的冲突可以描述 TRIZ 中的技术冲突或物理冲突, 从而可将评价参数转化为表达技术冲突的改善工程参数和恶化工程参数, 将控制参数转化为表达物理冲突的参数, 然后利用 TRIZ 冲突求解工具对冲突网中的冲突进行求解。

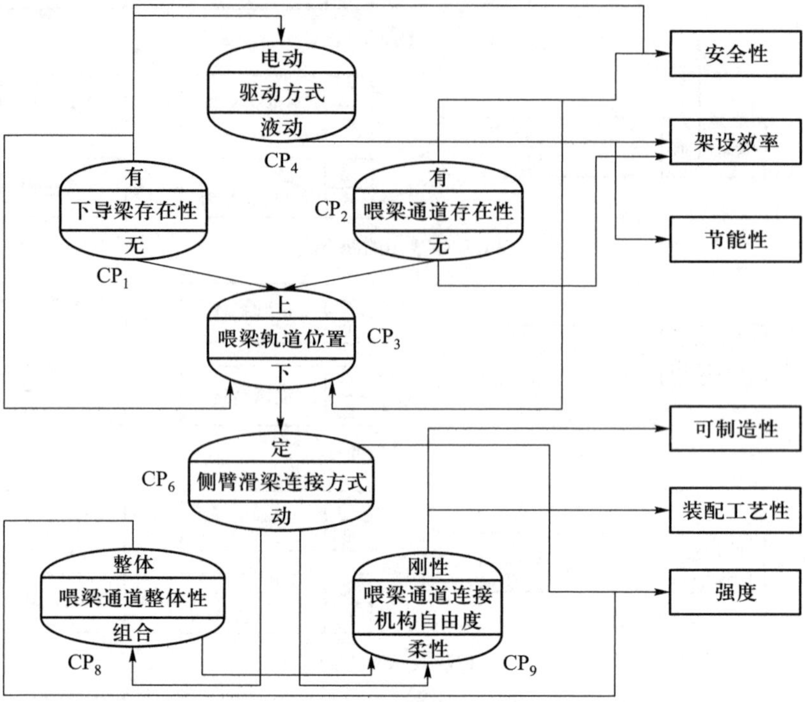

图 9.32 架桥机喂梁结构的参数网

5. 推梁型架桥机的概念方案

根据图 9.31 和图 9.32 所示的冲突网和参数网模型, 需要对其中各个冲突按顺序求解, 冲突网的演化过程如图 9.33 所示。首先解决独立冲突 C_{11}, 接着解决 C_1、C_2、C_3 环形冲突, 然后解决 C_4 多输入冲突, 最后依次解决 C_8、C_6 和 C_9 3 个冲突。

6. 推梁型架桥机的概念方案

根据上述求解过程, 综合工程实际, 得到了一种解决方案, 其概念模型如图 9.34 所示。针对现有技术的不足, 本方案提供一种推梁式定点起吊架桥机及架桥方法。在桥梁架设过程中, 该架桥机可以解决定点起吊与下导梁的冲突问题, 并减少电机数量以及能量消耗, 具有架梁步骤简单易行、便于操作、安全可靠等优点。仿真与原型实验均证明图 9.34 的方案是可行的。

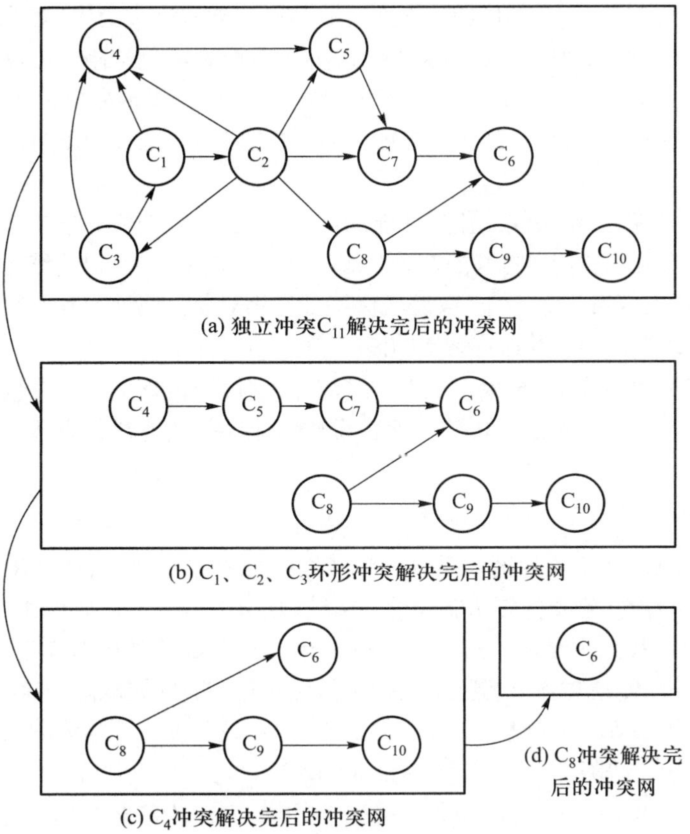

图 9.33 冲突网求解的迭代过程

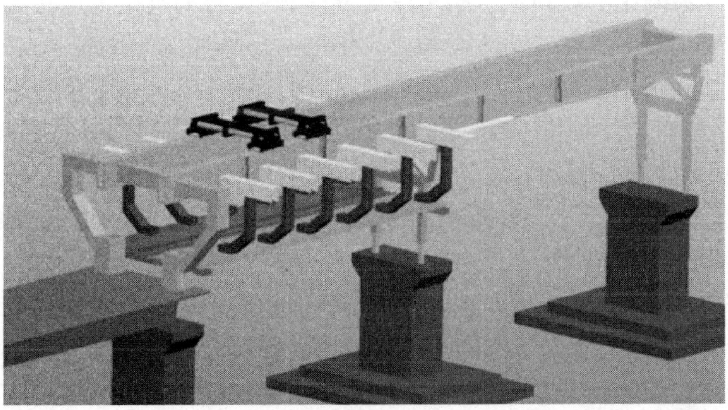

图 9.34 推梁型架桥机的概念模型

9.6 面向层次型功能模型的问题流网络构建与求解

9.6.1 功能结构中的问题流

1. 流的基本概念

层次型功能模型中的功能结构是由能量流、物料流、信息流与系统的各功能元组成的网络。技术系统在工作过程中, 3 种流不断地流入、转换、消耗与流出, 由于流与流、流与元件相互作用, 多流传递转换使流的属性及类型有所变化, 对功能实现过程中其他流造成负作用, 或使多流无法协同工作, 这些均造成功能缺陷。多流之间的这种负作用使某些功能无法实现, 并产生不期望的输出流, 如电线传导电流过程中的电能损失, 电能转换为机械能过程中产生的热能等, 研究这种流对系统的影响是 TRIZ 扩展的内容。

按照功能与流之间的关系, 流是功能的作用对象, 是将功能元连接起来形成一定功能和目标且具有流动和传递特性的客体。流的具体表现形式为, 以连续运动的多流为功能载体, 对作用对象发出了动作, 改变或保持了作用对象的属性或其参数。产品知识表达中不同层面的表达都涉及这些基本的流。

参照功能类型的分类, 技术系统中的多流分为有益流和有害流; 有益流又分为正常作用流、不足作用流、过度作用流。除正常作用流外的其他几种流属于问题流或有缺陷流。

2. 流分析

流分析是现代 TRIZ 理论体系具有创新性的分析方法, 能增加 TRIZ 的应用范围进而解决技术问题。流分析与功能分析和物质–场分析有类似的流程和方式, 即通过分析在技术系统中找到不足流、过度流和有害流。其方法是对技术系统建立表达物料、能量和信息的模型, 通过流分析把工程技术问题转化为有问题缺陷的流模型, 如不足流模型、过度流模型等, 然后进一步分析缺陷流模型, 找到发生缺陷流的最小问题的空间区域和时间区域。缺陷即为问题, 可结合 TRIZ 工具进行分析和解决。

流分析最早由 Litvin 和 Lyubomirskiy 提出[6], 并成为经典 TRIZ 之后研究的一个重要内容。虽然关于流分析的研究不多, 但也有少量成果。如文献 [7] 中提到流分析是要深入分析产品系统中的物料流、能量流或者信息流, 目的是确定这些流中可能存在的一些缺点, 比如流瓶颈、流过度转换和流产生的有害作用等。文献 [10] 提出流分析主要是识别 4 种流, 即有益的流、有害的流、浪费的流和中性的流; 流的缺陷有导通性缺陷、利用率缺陷和有害的流。文献 [8] 提出使用流分析解决问题时, 首先确立工程技术问题, 继而使用流分析将技术问题转变为缺陷流模型, 然后使用问题分析工具进行流分析, 分析缺陷流的结果, 最后在流进化定律中确定最终方案。其中缺陷流的类型分为导通性缺陷和利用率缺陷。

以上的研究表明, 流分析的核心是分析能量流、物料流、信息流技术系统中的变化及对系统的影响, 特别是不良影响以及消除方法。层次型功能模型中的功能结构与关系型模型中的功能模型相比, 更能体现 3 种流的作用。因此, 以功能结构作为流分析的技术系统的表征开展研究, 更有利于 TRIZ 的扩展。

9.6.2 问题流形成的诱因

多流问题在技术系统中广泛存在, 如复杂机电系统中的多流问题是由多流转换过程中的属性及类型的变化产生的, 由于耗能元件、能量转换元件、物料转换与处理元件和控制元件的存在, 使机电系统功能实现过程中的多流无法协同工作等因素也造成了功能缺陷。因此, 技术系统中的流损耗、不协调、不匹配等均是问题流产生的诱因[9],

如图 9.35 所示。

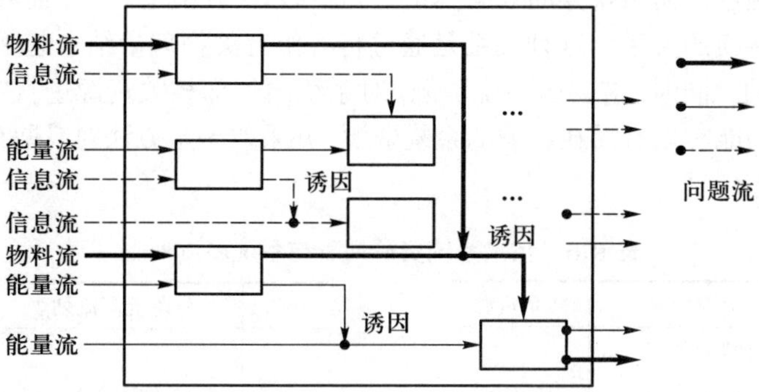

图 9.35 功能结构中问题流的形成

多流问题具有以下几个特征。

(1) 危害性。多流问题是不希望产生且难以追溯其根本原因的结果, 其造成多流之间不能高度协同的问题; 多流问题的产生对复杂系统是一种缺陷, 需要及时克服解决, 使其发挥应有功能, 避免产生更严重的后果。

(2) 流动性。问题流是多个流相互作用的结果, 且会沿着效应链的方向传递, 最终表现出不期望功能缺陷。

(3) 可求解性。对于所有的问题, 其解都是存在的, 但是求解过程是一个不断探索的过程, 可先对多流问题初步转换, 获得半效解, 逐步完善成完备的解决方案。

(4) 问题间具有联系性。多流之间相互作用、相互影响产生的多流问题在功能结构中表现出流交互作用, 多流问题之间是具有一定关联性的, 即解决一个问题会带来其他问题的改变。

(5) 强度可变性。问题流被某一个或几个流作用后, 其强度会发生变化。

技术系统的主要特征和功能均由物料流、能量流、信息流在系统中的流动体现, 通过功能与流之间的关系, 揭示流是表征功能是否实现的重要依据。因此, 从不同物理量多流之间的相互影响关系入手, 研究具有不同属性及类型的流之间的相互作用对其他流产生的负作用即促使多流问题产生的诱因, 挖掘并分析流之间导致的多流问题。多流问题的形成过程就是在其他流的负作用下诱发出问题流, 随着问题流的传递, 系统功能受到破坏, 从而达不到设计期望。

9.6.3 多流问题的挖掘方法

1. 基于资源分析的问题挖掘方法

资源分析法是解决复杂系统问题的必要基础。构建技术系统需要资源, 解决技术系统中的问题仍然依赖资源。在任何一个不理想的、有问题的系统内部, 都存在解决问题的资源。技术系统多流问题的求解同样依赖资源。

对于技术系统的资源分析, 首先, 确定系统中的物料资源、能量资源、信息资源, 并挖掘出功能实现过程中的冗余资源, 最终根据系统中的物料资源、能量资源、信息资源、冗余资源，确定系统中存在的物料流、能量流、信息流和冗余流，达到在产品设计初期对多流问题进行初步摒弃的效果，如表 9.5 所示。在此基础上，需要构建物料、能量和信息物理转换的关系。这种关系是通过将各个有关物理量结合起来的一个相应功能结构来表达的。同时，应遍历系统资源，对系统内外部相关资源进行考察，找出影响功能质量或对功能实现有潜在影响的系统资源，并采取一定方法对其隔离或消除，以保证系统的正常运行。

表 9.5　技术系统资源列表与系统多流列表

	系统资源列表	冗余资源
物料资源	自然资源 系统构成元件 系统引入物料资源 系统产生物料资源 超系统中物料资源	自然资源 超系统中 物料资源
能量资源	系统中能量 系统工作状态下产生的 能量 超系统中能量 系统废弃物提供的能量	系统废弃物 提供的能量
信息资源	系统中固有信息 系统运行引入的信息 系统运行产生的信息 超系统中信息	超系统中 信息

	系统多流列表	冗余流
物料流	系统引入物料流 系统产生物料流 超系统中物料流	超系统中 物料流
能量流	系统中能量流 系统工作状态下产生的 能量流 超系统中能量流 系统废弃物提供的能量流	系统废弃物 提供的能量流
信息流	系统中固有信息流 系统运行引入的信息流 系统运行产生的信息流 超系统中信息流	超系统中 信息流

利用资源的总目标就是要善于寻找整个系统及其周围环境中的资源，巧用资源，综合利用资源，特别要在实现“自服务”和“变害为益”上下功夫，要将资源充分利用起来，实现有用功能，消除有害的、不足的或过度的功能，增加辅助功能，逐步实现或接近系统理想化的最终结果。

2. 基于当前功能缺陷的多流问题挖掘方法

对技术系统中多流问题进行创新求解，就必须首先明确存在的多流问题，也就是要明确创新工具实施的对象，即在系统多流转换与传递实现功能的过程中，确定由于多物理量之间多流的属性及类型变化对其造成负作用并产生多流问题的流，这是问题求解的前提，同时决定了产品设计的方向。

问题的发现也可以通过分析当前技术系统功能实现中存在的缺陷予以纠正，同时分析未来产品具有的功能和特性，针对现有产品进行改进。在复杂技术系统中，根据系统资源分析确定功能流的类型，分析功能奇异问题发生的情景，再结合根原因分析方法找到造成功能缺陷的关键问题，然后将关键问题涉及的功能在功能结构中追溯到功能元，并在功能结构中标记出来，即为问题功能单元，如图 9.36 所示。

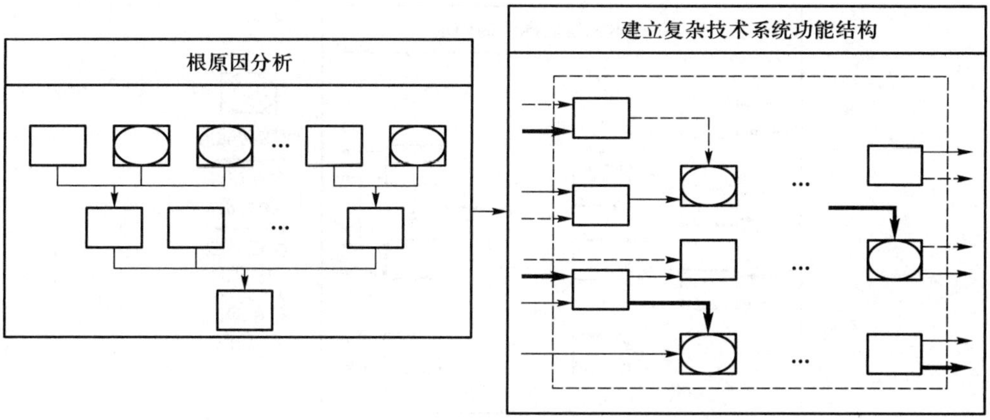

图 9.36 复杂技术系统问题功能单元挖掘模型

3. 基于功能结构的问题挖掘方法

技术系统多流问题是由于对不同子系统分别设计时, 未考虑不同物理过程间多流传递转换过程中流的属性及类型的变化对功能实现造成的负作用, 使多流无法协同工作等因素造成的一种功能缺陷。在针对功能结构的分析过程中, 建立功能结构能够使设计者很好地划分系统不同属性与类型多流的界限, 并且加以分别处理。对系统功能实现有影响的、现有的或潜在的问题进行系统的、深层次的分析, 并从系统功能结构层面进行改进, 从根本上找到问题原因之所在。这种分析是在物料流、能量流和信息流等层次上分解已有的系统, 充分利用已有的系统作为初步问题定位的出发点, 为深入的问题定位奠定基础。

对技术系统功能结构的分析首先要研究系统的流结构表达系统的功能。系统是各种流结构的组合, 流结构直接建立在部件的有序组合之上, 即部件通过多流连接作用形成相对完整的功能。系统功能结构分析的主要内容: 基于流的连接特性将功能定义为单一流从输入到输出的传递、消耗过程, 根据流的相关性描述各功能之间的相互影响、相互作用关系。按照系统不同的功能目标, 区分物料和能量以及信息的产生、传输和消耗过程, 初步确定系统可能存在的多流问题。

结合上述资源分析、根原因分析和功能结构分析方法, 可确定复杂技术系统中存在问题的功能元。问题功能元缺陷对其输入、输出流会造成影响, 可能会导致多流无法高度协同。将它们标记为问题流, 如图 9.37 所示。当这种流的有害强度超出其作用对象所能承受的范围时, 随着流的传递转换向系统内部延伸, 最终会导致功能缺陷等不良后果。

4. 基于流分析的问题挖掘方法

技术系统多流问题表现为不同物理过程间的多流传递与转换过程中流的属性及类型的变化对其他流造成的负作用使多流无法协同工作, 从而影响到系统功能的实现。因此, 定位对系统造成负作用的流是多流问题功能缺陷分析的关键, 是确定多流问题产生模式和问题类型的基础, 在系统功能分析中占有重要地位。流是最基本的系统组成, 是功能元的作用对象, 因此可以从系统中流入手, 分析系统存在的功能缺陷问题, 为从本

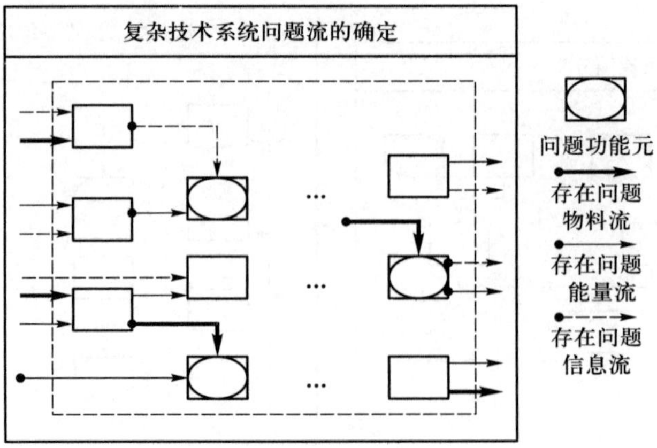

图 9.37 复杂技术系统问题流挖掘功能结构模型

质上解决问题提供可能。

使用流分析方法时, 首先要画出问题情境图; 其次在最小问题区域中, 用箭头线标出流的具体作用形式; 然后识别出有益流和有害流; 最终给出流分析的结论, 为下一步解决问题给做好准备。与此同时, 流分析把物料、能量和信息都更抽象地用一个"流"的概念来替代, 由此找到共性问题, 提出共性解决方案, 是流分析的独有特点。

9.6.4 基于流结构信息的多流问题分析模型

为了进一步研究多流问题的产生机理, 挖掘其内部相关性, 现提出一种能够对多流问题的具体表现形式进行描述的流结构信息模型。该模型是在流结构信息的基础上建立的多流问题衍生机理模型, 即基于流结构信息的多流问题分析模型, 采用符号化的表达方式, 可对多流问题由产生到形成的全过程进行系统分析。

为了便于对多流问题进行分析, 需要对功能流结构以及负作用的分析建立适用的模型符号, 以实现对各个对象的描述, 基本符号如表 9.6 所示。其中的负作用包括有害作用、不足作用及过剩作用。流结构模型中对功能的描述包含正常功能、缺陷功能, 其可以沿用现有模型的符号表示; 同时模型中增加了功能实现载体这一元素, 其既可能是负作用的作用对象又可能是负作用的产生来源。此外, 对流的表示也需要进一步细化, 包括多流问题类别的区分。最重要的是模型中确定给出了负作用的表示符号, 以利于分析负作用的来源与作用对象。

利用流结构模型符号对多流问题进行形式化表达。根据多流问题表现形式不同将其分为多种情况。故应用流结构模型以流结构为关键点研究负作用产生的根本原因。系统流之间的负作用影响功能流或功能实现载体, 多流问题的最终表现一般通过设计功能缺陷的形式表现出来, 其最后输出的为问题流。

以有害作用为例, 其造成的多流问题的情况有 4 种表现形式, 如图 9.38 所示。其中, 图 9.38(a) 表示功能之间, 流产生有害作用导致其他流过度, 造成最终的输出流过度; 图 9.38(b) 表示功能之间, 流产生有害作用导致其他流滞留, 造成最终的输出流滞留; 图 9.38(c) 表示功能之间, 流产生有害作用导致其他流损失, 造成最终的输出流损失;

图 9.38(d) 表示功能之间, 流产生有害作用导致其他流恶化, 造成最终的输出流恶化。

表 9.6 流结构模型符号系统

符号	名称	分类	作用
实线矩形	正常功能	节点符号	表示正常功能
虚线矩形	缺陷功能	节点符号	表示功能缺陷
凸边矩形	功能实现载体	节点符号	表示承载结构
六边形	超系统	节点符号	表示超系统
↕	承载连接	连接符号	表示承载关系
⟶	正常流	连接符号	表示正常流
—○⟶(粗箭头)	流过度	连接符号	表示流过度
(粗线)—○⟶	流损失	连接符号	表示流损失
—○-➤	流滞留	连接符号	表示流滞留
—○〰➤	流恶化	连接符号	表示流恶化
〰➤	有害作用	属性符号	有害作用
- - -➤	不足作用	属性符号	不足作用
粗箭头	过剩作用	属性符号	过剩作用

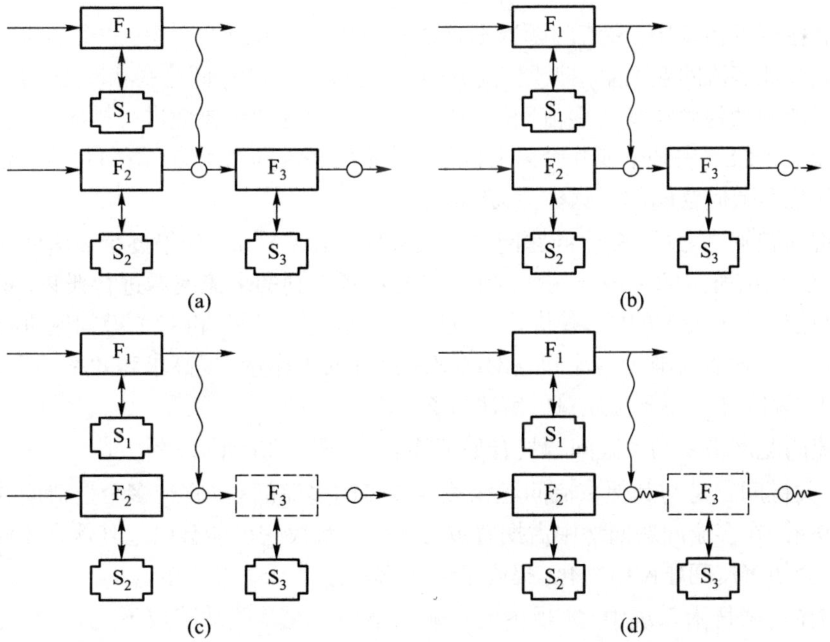

图 9.38 多流之间基于流结构信息的多流问题分析模型

多流问题的作用对象不同, 其表现出的功能缺陷不同。多流问题除了对其他流表现出负作用外, 一般还会以超系统或功能实现载体为作用对象对其造成损害, 产生某种不期望作用。如以有害作用为例, 可以构建 3 种模型, 如图 9.39 所示。其中, 图 9.39(a) 表示流会对超系统中的作用对象产生有害作用; 图 9.39(b) 表示流作用于功能实现载体会对其对应的功能实现过程产生有害作用; 图 9.39(c) 表示在功能的作用过程中, 流的有害作用使得功能输入流未按功能作用要求转变为所期望的功能输出流。

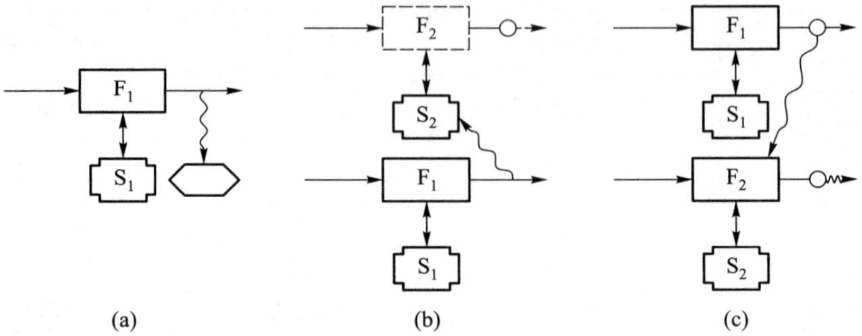

图 9.39 超系统与功能实现载体间基于流结构信息的多流问题分析模型

9.6.5 多流问题网络构建、转化与求解

多流问题网络模型是多流问题间错综复杂关系的表现形式, 搜索系统中的多流问题进行规范化描述, 经过反复迭代, 可以建立该类模型。其过程及步骤可参照图 9.13 进行。

在有些技术系统中, 多流问题繁多且之间的相互关系复杂交织, 一个多流问题的解决将引起其他多流问题产生, 抑或伴随其他多流问题的解决, 而这些状况是难以预料的。为了尽可能简便地解决所有多流问题, 应当对多流问题的重要性进行排序, 依据一定的重要度或优先级解决某个或几个多流问题, 来简化多流问题网络, 诸如此类问题解决之后能够简化多流问题网的问题称为关键问题。

关键问题解决之后, 多流问题网便会大大地简化。然而, 如果逐个多流问题试探求解, 将无法找出所需的关键问题。因此, 需要对所得到的多流问题进行辨识, 根据关键问题的特点, 确定关键问题, 并排除干扰问题和非关键问题, 再对关键问题进行创新性求解。这一过程能够减少多流问题网络解决过程的工作量, 提高求解效率, 而且使得解决方案更具针对性, 得到高质量的解决方案。

多流问题网络中的关键问题具有如下特点, 如图 9.40 所示。

(1) 关键问题是与其他多流问题相关性较多的多流问题, 它与多个多流问题之间存在一定联系, 在多流问题网络中占据着重要地位。解决它可能会引起其他多流问题的解决, 这样会使多流问题网络简化, 提高求解效率。

(2) 在复杂技术系统中, 实现主要功能的结构存在某些缺陷或不足时, 会导致主功能实现不完整甚至无法实现, 这一类问题也应归于关键问题。

(3) 在整个多流问题网中, 关键问题遍布在多流问题发生密集的区域, 此类关键问题的解决能简化这一区域的关系, 降低多流问题求解难度。多流问题高发区域是功能实现最薄弱的区域, 因此必须重视这一区域的改善, 以保证系统的完整性和可靠性。

(4) 在多流问题网中分析关键问题, 其表现为与其他多流问题的相关度较大, 联系较密切。利用多流问题的相关性这一特点, 其中总体相关性指标较大的多流问题为关键问题, 此多流问题在系统中所占权重较大, 处于关键地位。多流问题总体相关性指标指所有与该多流问题存在相关性的多流问题的对应相关度的代数和。

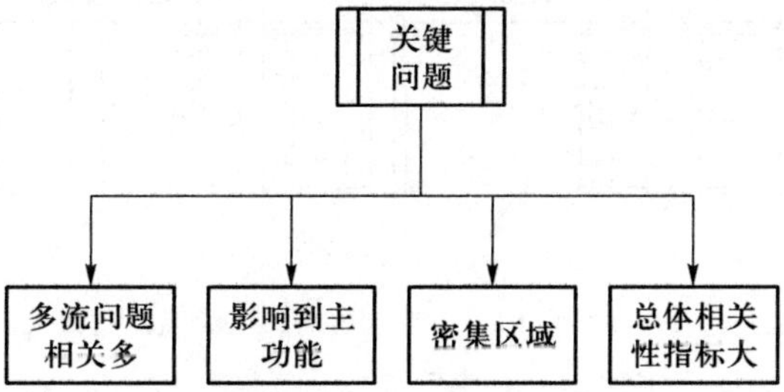

图 9.40 关键问题特点

针对多问题网络, 需要解决的问题复杂交织, 搜索出关键问题并解决是一种简捷的求解策略。寻找关键问题是对问题进行分析的过程, 根据相关网式多流问题网络模型搜索以下 4 类关键问题:

(1) 是否有较多多流问题与之存在相关性?

(2) 是否影响复杂机电系统主功能的实现?

(3) 是否发生于多流问题密集区?

(4) 是否与其他多流问题具有较多强相关性?

如对以上 4 类问题模式至少有两个是确定的, 就可认定该多流问题为关键问题。

冲突网的转化、关键冲突的判断与求解的过程与图 9.25 给出的过程与步骤基本相同。

9.6.6 案例研究: 线香自动捆扎机的创新设计

1. 线香捆扎机的研究背景

线香即无竹芯的香, 主要用于净化空气、净化环境、养生保健、缓解精神疲劳, 同时适用于宗教祭祀等民族习俗活动。线香捆扎机可以高效可靠地将线香进行自动捆扎, 它既可以单机使用, 也可以快捷地实现与生产线的对接, 其结构与传统的捆扎机有很大的不同。由于线香具有直径小, 易折断等特点, 因此线香捆扎机必须满足捆扎结实、捆扎力小的要求。而中国目前的捆扎手段仍是原始的手工捆扎方式, 效率极低。随着近几年线香需求的不断提高, 线香产量的瓶颈愈发明显, 而制约产量提高的最主要环节就是线香的包装环节。现阶段线香捆扎机存在的主要问题有包装精度不高, 易出现断香、缺香, 以及包装过程线香排列不整齐、六角结构不规范等情况。线香捆扎机主要由线香捆扎机机架、线香成型装置、线香对齐装置、振动装置、捆扎装置、传送装置和电气控制装置组成, 如图 9.41 所示。

捆扎机工作过程整体做往复运动, 首先将纸带传送到指定位置, 压紧装置、压紧纸

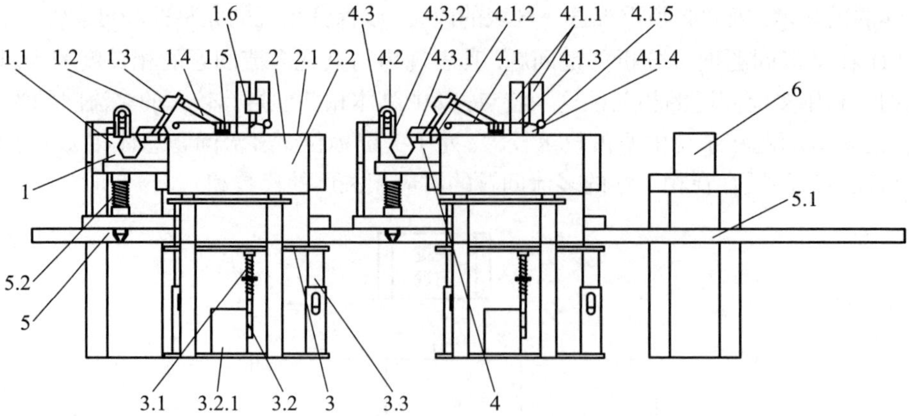

1—成型装置; 1.1—盛香容器; 1.2—容器盖; 1.3—柔性结构; 1.4—动力驱动曲柄机构; 1.5—气缸; 1.6—传感器; 2—对齐装置; 2.1—固定板; 2.2—移动板; 3—振动装置; 3.1—推动装置; 3.2—动力装置; 3.3—支腿; 4—捆扎装置; 4.1—送带装置; 4.2—压紧装置; 4.3—熔合切割装置; 5—传送装置; 5.1—丝杠导轨; 5.2—缓冲装置; 6—电气控制系统

图 9.41 线香捆扎机主要结构示意图

带; 其次成型装置接收从下料位置运输的线香, 同时纸带继续传送; 再次对齐装置和振动装置同时工作, 容器盖封闭线香, 使线香成型为圆形或正六边形; 最后导轨推动纸带使其成封闭的线圈, 进行线圈熔合、切断。

2. 线香捆扎机的多流问题网络过程模型

针对线香自动捆扎机多流之间动态演化现状, 利用资源分析、根原因分析和功能结构分析结合的方法, 挖掘出系统中可能存在相互影响、相互作用的多流, 并将这些流标记为可能导致系统出现功能缺陷的问题流, 如图 9.42 所示。

基于上述系统中的问题流, 利用流分析揭示流的缺陷, 转化为流缺陷模型, 根据线香捆扎机的市场需求, 对系统流类型进行分析, 继而确定流过度、流损失、流滞留、流恶化等多流问题产生的情景, 弥补功能分析的不足。流分析的最终目标是辨识上述问题流在最小问题区域中的物料流、能量流、信息流的实际状态, 清晰准确地找到多流问题的具体形式, 为消除这些不良作用做好准备。

基于流结构信息的多流问题分析模型, 获得线香捆扎机流结构信息模型如图 9.43 所示。该图反映了线香捆扎机多流问题的产生机理。

首先挖掘线香捆扎机中多流问题物元模型特征两两之间的关系, 并确定它们之间的关系权重系数, 基于对多流问题的相关度计算方法, 求得多流问题之间的相关度。再将线香捆扎机的多流问题利用用其对应的符号表示, 多流问题之间的相关关系利用有向连线表示, 由此构建多流问题网络如图 9.44 所示。

3. 线香捆扎机创新设计中多流问题求解过程

由多流问题网络分析结合关键问题的识别方法, 确定在现有线香捆扎机捆扎工况多流问题物元模型中, 共有 17 个符合关键问题模式, 其对应的多流问题分别为 M_3、M_4、M_5、M_6、M_7、M_8、M_{12}、E_4、E_5、E_6、E_8、E_{14}、S_1、S_2、S_4、S_5 和 S_6。

将关键问题用 ENV 模型表示为技术冲突, 以关键问题 M_3 为例, 问题表现为筛选

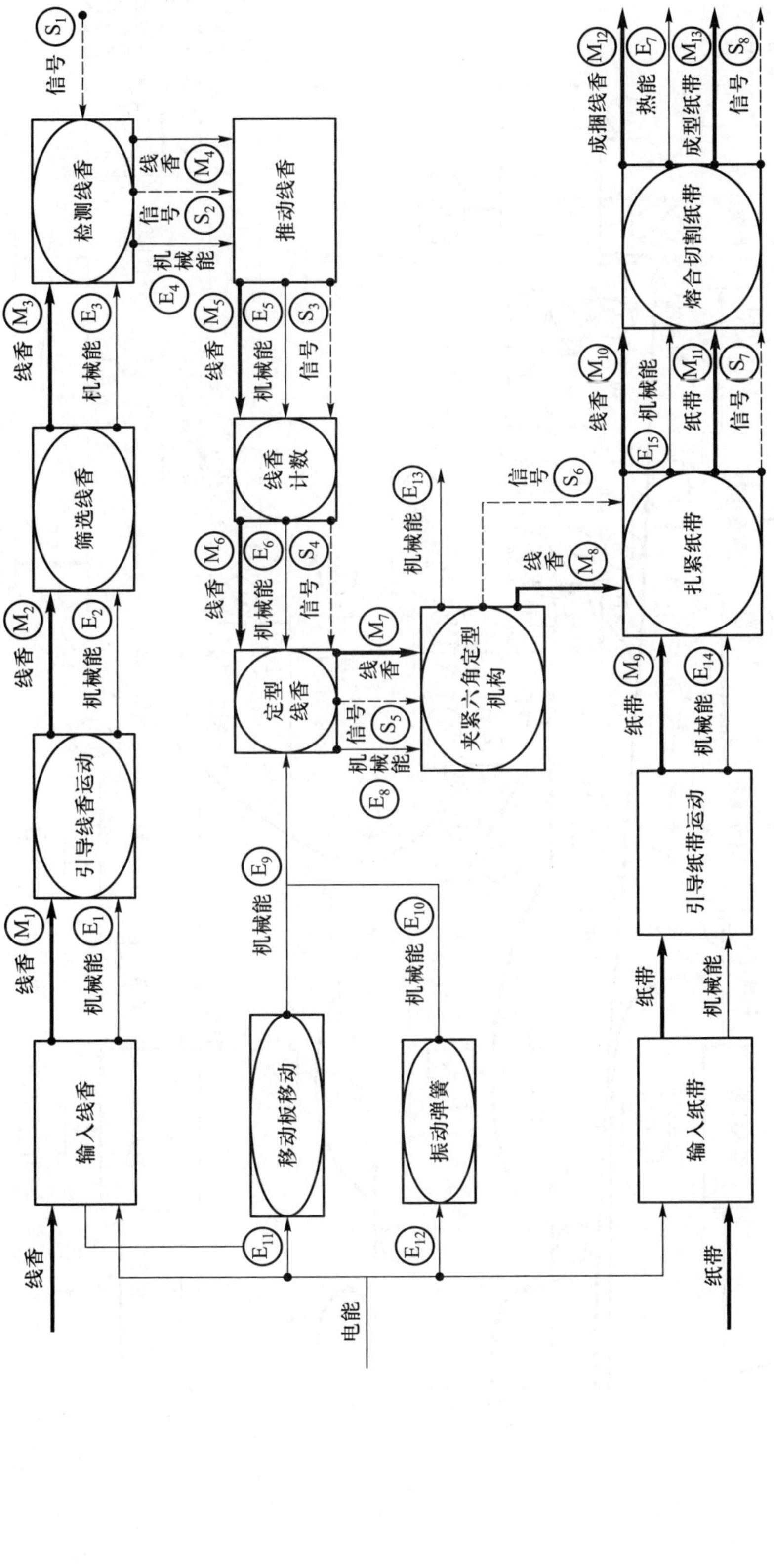

图 9.42 基于功能结构模型的问题流确定

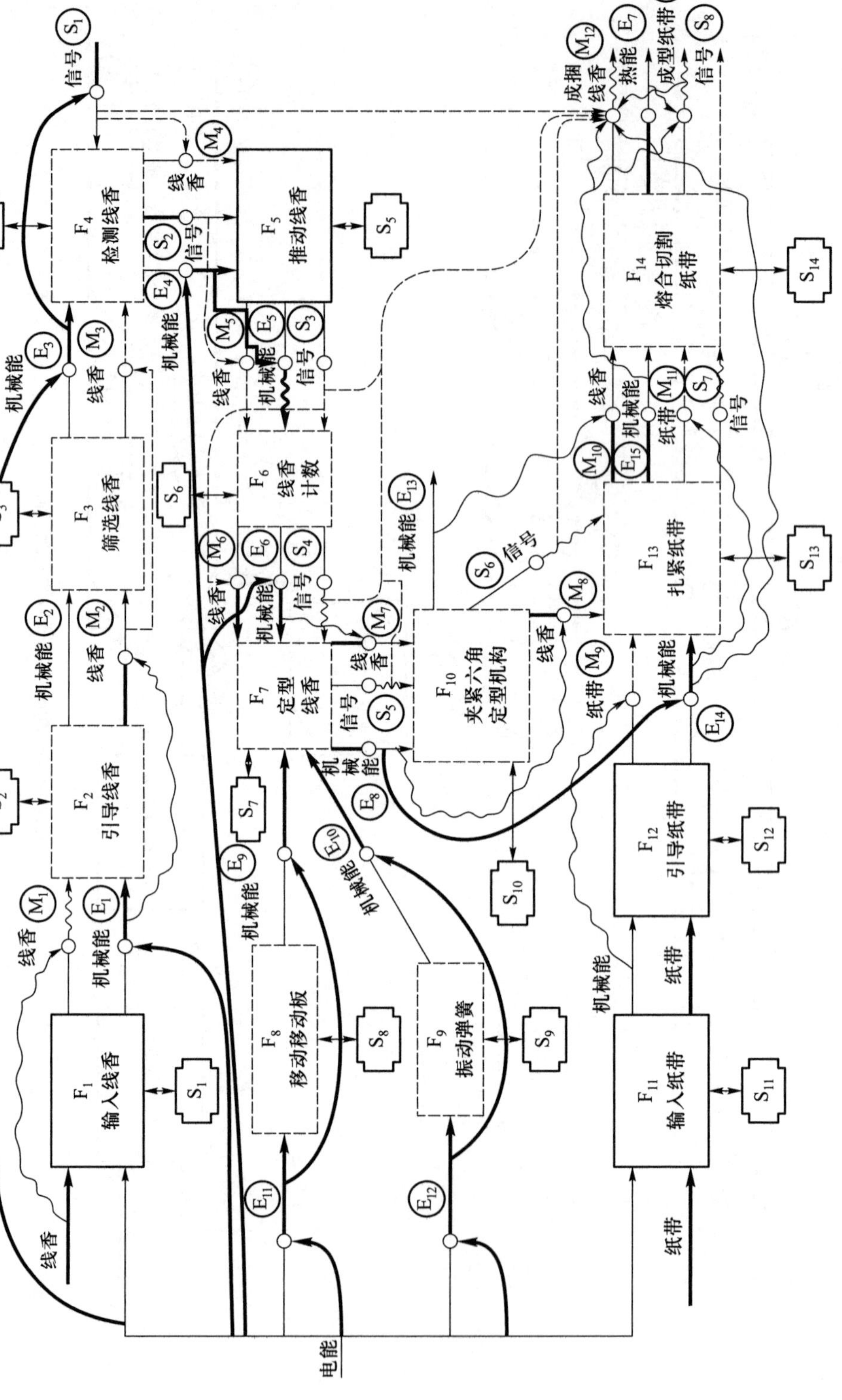

图 9.43 线香捆扎机的流结构信息模型

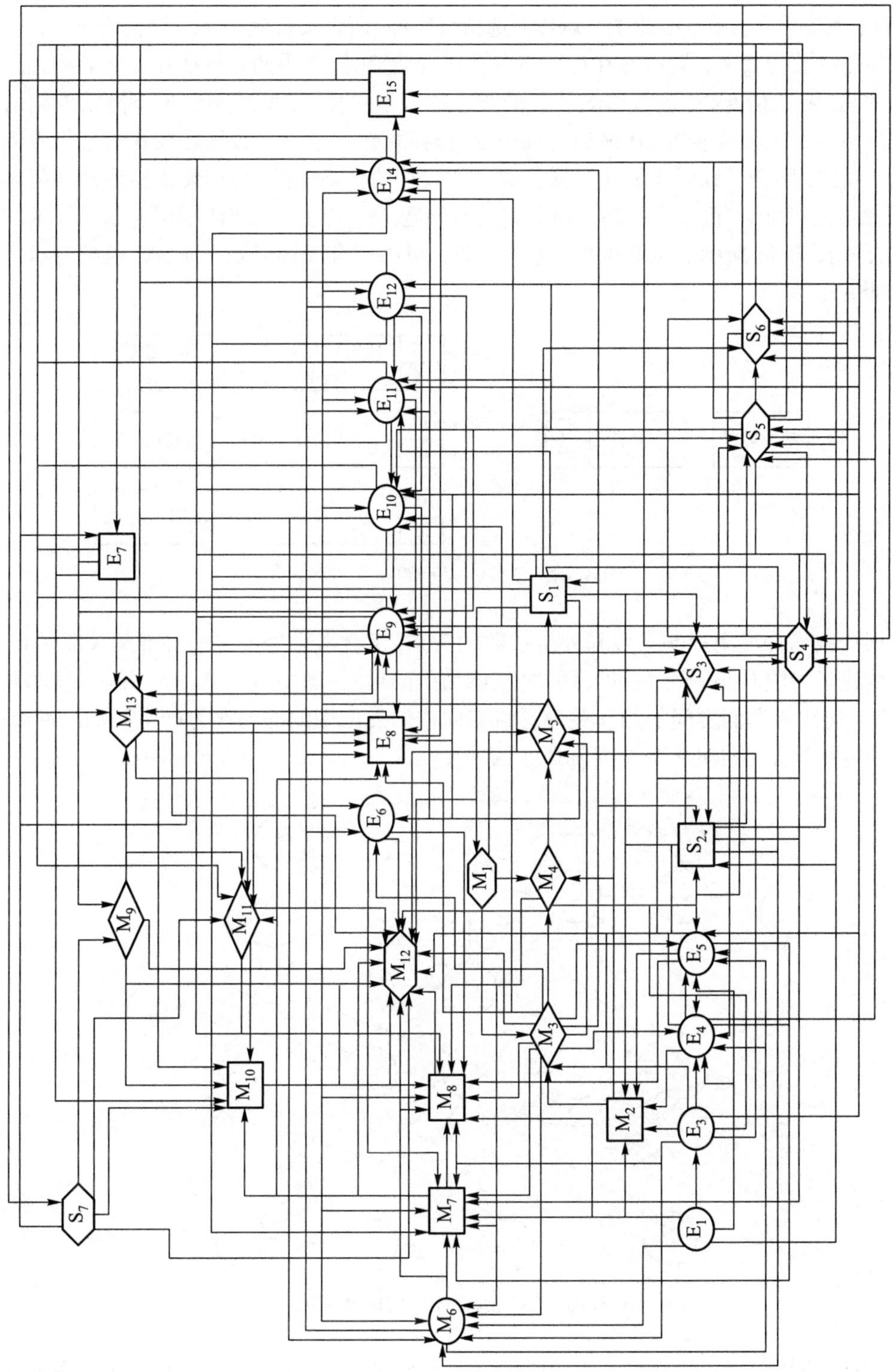

图 9.44 线香捆扎机的多流问题网络模型

装置的筛选精度低，使有害的物料流滞留。如果系统中存在筛选装置，则其筛选精度较高；如果系统中不存在筛选装置，则其筛选精度较低，所以关键问题 M_3 转化为 ENV 模型的控制参数为筛选装置的存在性。当存在筛选装置时，线香捆扎机捆扎成型的线香的合格率高，筛选精度高，进入检测装置的线香的合格率高，由此检测装置检测精度相对提高。由于引入筛选装置，在筛选过程中会有时间损失，故会导致线香捆扎机整机效率降低。反之，则会导致线香捆扎机捆扎成型的线香的合格率低，检测装置检测精度相对降低，线香捆扎机整机效率提高。由此将关键问题 M_3 转化为 ENV 模型表示的技术冲突 C_1，如图 9.45 所示。以此类推，将线香捆扎机中所有关键问题用 ENV 模型表示为技术冲突。

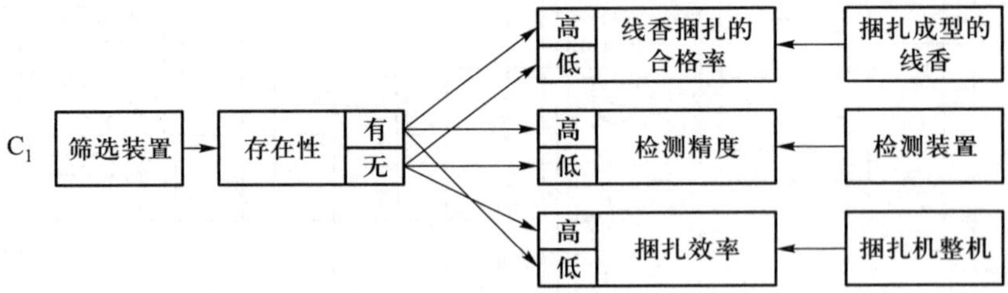

图 9.45 ENV 表示的冲突 C_1

根据技术冲突中控制参数和评价参数的关系，综合考虑冲突之间参数的关联关系，以此构建了如图 9.46 所示的冲突网，冲突网为图的形式，图中节点 C_1 至 C_{18} 为技术冲突，有向连线为它们之间的相互关系。将有向连线发出端的冲突作为产生影响的冲突，将有向连线终止端的冲突作为受到影响的冲突。

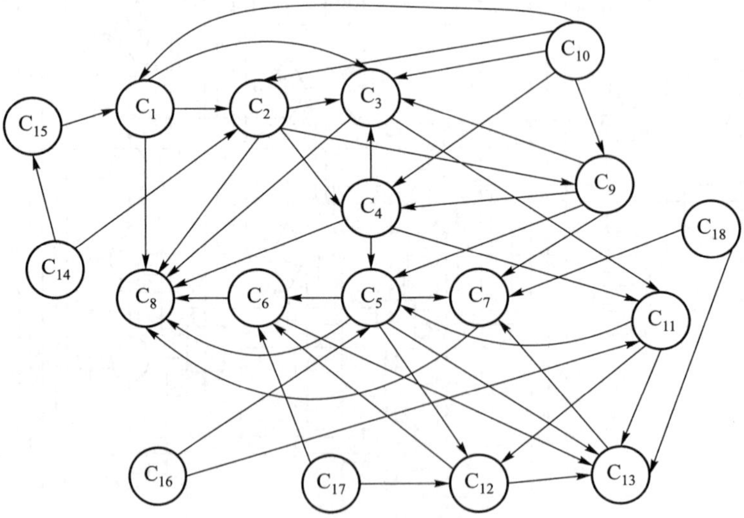

图 9.46 捆扎机整体结构的冲突网

在冲突网中，C_3、C_8、C_{13} 为关联密集型冲突，C_2、C_4、C_5、C_9、C_{11} 为相关度集中型冲突，而其他冲突需要进行量化才能确定。根据关键冲突判定方法，确定 C_7、C_{16} 和 C_{18} 为权重值最高的 4 个冲突，应优先对其求解。

因此, 在线香捆扎机捆扎工况创新设计过程中, 共有 11 个关键冲突, 分别为 C_2、C_3、C_4、C_5、C_7、C_8、C_9、C_{11}、C_{13}、C_{16} 和 C_{18}。进而根据关键冲突中控制参数和评价参数的关联关系, 构建如图 9.47 所示的关键冲突网。

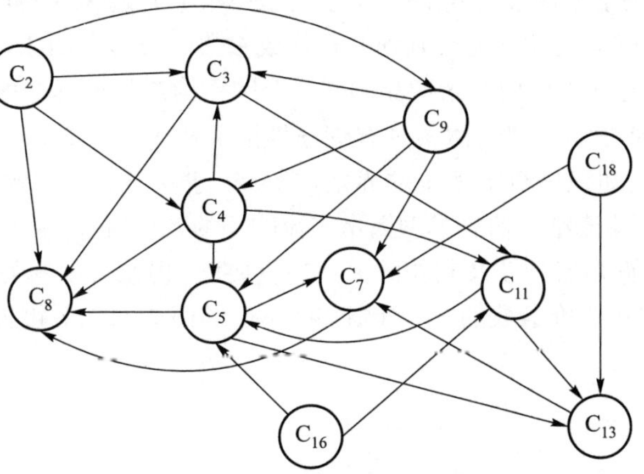

图 9.47 捆扎机整体结构的关键冲突网

以 TRIZ 理论中的技术冲突作为求解工具, 按顺序依次解决冲突 C_2、C_9、C_8、C_{16}、C_{11}、C_{13}。由于内在联系, 冲突 C_3、C_{18}、C_5、C_7、C_8 随之消失。然后综合上述原理解的优点, 形成完整的概念设计方案。

针对现有技术的不足, 本方案拟解决的技术问题是: 提供一种高包装精度捆扎机及捆扎方法, 该捆扎机在定型捆扎过程中可以解决断香和缺香以及包装过程线香排列不整齐、六角结构不规范等问题, 并减少电机数量以及能量消耗, 具有捆扎步骤简单易行、便于操作、安全可靠等优点。总体设计如图 9.48 所示。

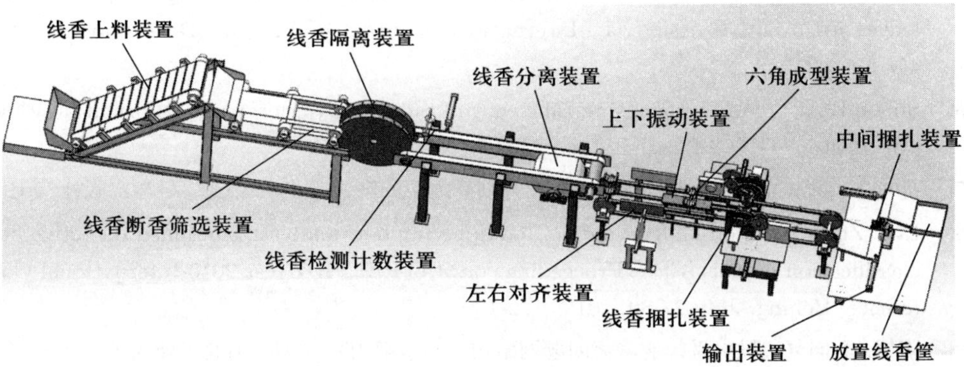

图 9.48 线香捆扎机整体结构总设计

9.7 小结

经典 TRIZ 理论工具解决复杂产品中多冲突问题具有局限性，以强势思维一般理论 (OTSM) 方法为基础通过对复杂产品构建问题网，从中选取关键问题，进而转化成冲突网，然后对其中的关键冲突进行判别并转化成参数网，应用 TRIZ 工具进行冲突解决并提出解决方案，建立了面向复杂产品的问题流网络构建与求解过程模型。

流分析是现代 TRIZ 理论体系具有创新性的分析方法，基于流分析对复杂技术系统多流问题的相关知识进行了系统的界定与解释，建立了多流问题网络构建及求解模型。该模型通过构建流结构信息模型揭示多流问题的产生机理，并利用特有符号与图形进行表达，然后根据多流问题及其相关关系的重要度，提取其中的关键问题并转化为冲突，根据控制参数和评价参数的关系组建冲突网，继而遴选出关键冲突进行解决，最终实现缺陷流的求解。

参考文献

[1] Khomenko N, De G R, Lelait L, *et al.* A framework for OTSM-TRIZ based computer support to be used in complex problem management [J]. International Journal of Computer Applications in Technology, 2007, 30(1/2): 88-104.

[2] Cavallucci D, Rousselot F, Zanni C. Initial situation analysis through problem graph [J]. CIRP Journal of Manufacturing Science and Technology, 2010, 2: 310-317.

[3] 蔡文, 杨春燕, 林伟初. 可拓工程方法 [M]. 北京: 科学出版社, 1997.

[4] 张建辉, 梁瑞, 韩波, 等. 面向复杂产品的问题流网络构建及求解过程模型 [J]. 机械工程学报, 2018, 54(23): 160-173.

[5] Cavallucci D, Khomenko N. From TRIZ to OTSM-TRIZ: Addressing complexity challenges in inventive design [J]. International Journal of Product Development, 2006, 4(1-2): 4-21, 18.

[6] Simon L A. Trend of Increasing Efficiency of Substance, Energy and Information Flows [M]. Boston: GEN3 Partners Inc., 2003.

[7] 孙永伟, 谢尔盖 · 伊克万科. TRIZ: 打开创新之门的金钥匙 [M]. 北京: 科学出版社, 2015.

[8] Li J, Zhao M. Deep understanding and applying flow analysis, simplified detective flow classification models [C]. //Proceedings of MATRIZ TRIZ fest 2016 International Conference, Beijing, July 27-30, 2016: 122-130.

[9] 王娟. 面向复杂机电系统的多流问题网络构建与求解 [D]. 天津: 河北工业大学, 2018.

第 10 章 目标导向的发明过程：突破性发明

10.1 概述

突破性发明能够显著改变人们的生产、生活方式，具有重大的现实意义。历史上人类每一次进步都离不开突破性发明，火的发明让人类能够享受更健康的饮食，拥有了抵御严寒和野兽的法宝，促进了人类走向文明；石器的发明让人类拥有了武器和生产工具，既可以同武装到了牙齿的猛兽搏斗，又可以研磨谷类的外壳，孕育人类最早的城邦文明；指南针和罗盘指引了大航海，开辟了人类的近代新航线；蒸汽机的发明更是把人类推举到了工业时代；互联网发明改变了人类世界的空间轴、时间轴和思想维度；空间站的发明使人类有了“太空研究基地”，人类可以在那里装配和发射大型火箭，踏上太空探索之旅，它是“世界间的新桥梁”。本章进一步揭示突破性发明的特征，提出突破性发明的产生原理，并归纳出突破性发明产生的几个关键阶段，同时结合案例来验证所论述方法。

10.2 突破性发明的特征及影响

10.2.1 突破性发明的特征

突破性发明是指具有突破性意义，能够大幅提升性能，降低成本甚至对市场和产业带来颠覆性变革的发明[1,2]。以突破性发明为基础的创新，既可以是全新的产品，也可以是新的工艺过程，甚至新的产品商业模式[3]。突破性发明具有如下特征。

(1) 突破性发明具有颠覆性。首先，基于突破性发明的创新能够带来全新的产品、新的服务模式，甚至能够产生颠覆已有市场竞争力的破坏性作用。因此，颠覆性是突破性发明的一个重要特征。从发明结果来看，提出全新的概念和核心部件间连接方式的重大改变是产生突破性发明的两个必要条件。此外，如果从发明结果的技术指标来看，突破性发明的主要功能指标需要提高至少 5 倍以上，产品的成本至少降低 30%[4]。因此，突破性发明的出现对于已有的产品、服务等市场营销过程将产生颠覆性的影响。例如图 10.1 中基于智能手机的移动支付，其对传统的纸币支付和信用卡支付造成了显著的颠覆性影响。

(2) 突破性发明产生及应用的高度不确定性。基于突破性发明的创新能够带来全新的产品甚至是产品生产组织根本上的变革。突破性发明差异程度的颠覆性也造成其产生过程的高度不确定性，这就造成了突破性发明市场化过程中的高风险[5]。虽然，突破

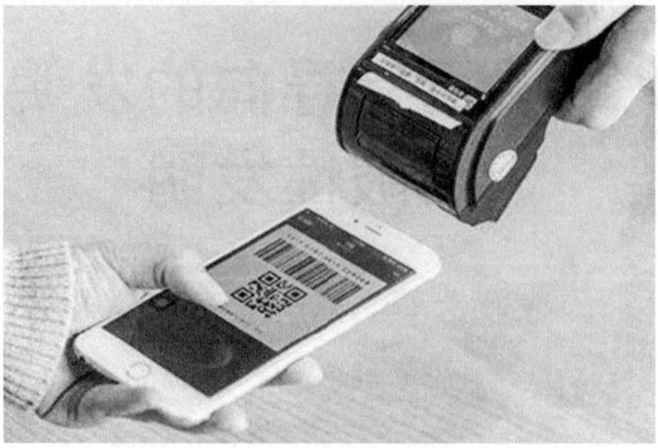

图 10.1 基于智能手机的移动支付方式

性发明的重要性已经成为领域内的共识, 但是突破性发明的形成具有偶然性并尚无规律可循。20 世纪六七十年代出现的协和式客机 (如图 10.2) 是由英法两国联合研制的中程超音速客机, 其具有两倍音速的巡航能力, 对传统亚音速民航产业造成了颠覆性影响。而作为一项突破性发明, 协和飞机在可靠性和成本方面具有显著劣势, 接踵而至的事故最终令其在 2003 年 10 月结束商务飞行业务。这也表明了突破性发明的产生和应用结果具有高度不确定性。

图 10.2 协和式客机

(3) 突破性发明过程的高度综合和复杂性。突破性发明的产生过程是一个复杂的自适应系统, 可以看作是多个创新要素通过复杂的非线性作用[6] 形成的动态协调过程。换言之, 产生突破性发明的过程是复杂的, 主要依赖多种因素的综合作用效果。与一般的发明创造相比, 突破性发明涉及了更为广泛的领域, 尤其是领域外知识的分析和利用为突破性发明灵感的产生提供了巨大的源动力。

10.2.2 突破性发明的社会意义

基于突破性发明的创新带来的直接结果是产品的更新换代。根据熊彼特的理论[7],首创发明能够建立一种新的生产函数, 其实现了生产要素的重新组合, 从而可以最大限度地获取超额利润。突破性创新具有首创发明的特征, 对其研究的现实意义主要有以下几个方面。

(1) 产生全新的产品或服务。突破性发明的直接结果就是产生了新的产品, 由于突破性发明与已有产品发明之间的显著差异性, 使突破性发明成果具有更为显著的新颖性。例如, 光电鼠标的发明对于此前的机械传感球鼠标就是一种全新的产品。除此, 突破性发明还容易催生新的产品系列甚至是以该突破性发明为核心的产品服务系统, 例如, 物联网车锁作为一种突破性发明是无桩共享智能单车这一新的产品服务系统的关键。

(2) 产生新的商业模式。突破性发明产生的全新产品或新的产品服务系统其商品化过程中可能会产生新的商业模式。还以无桩共享单车为例, 围绕着包含了物联网技术的共享单车这一突破性发明, 创造以共享单车服务提供为核心的新的商业模式。同样, 苹果公司以 iPod、iPhone 等电子消费品为核心, 开创了 iTunes 的音乐、软件共享服务平台这一新的商业模式。

(3) 产生跨域式经济增长。突破性发明尤其是装备制造业的突破性发明往往会成为产业技术革命, 最后带来跨域式的经济增长。18 世纪中晚期, 瓦特对蒸汽机的突破性改进发明大大提高了蒸汽机的热效率, 推动了第一次工业革命的产生, 让英国用 100 年的时间发展成为“日不落帝国”。同样, 电气领域内的一系列重要的突破性发明更是让美国、德国成为第二次工业革命的核心, 并让美国在 20 世纪初实现了对英国的经济超越。

(4) 显著改善生产与生活现状。突破性发明的成果能够极大地改善人们的生活、生产方式。福特生产线的发明大大降低了汽车的生产制造成本, 极大地提高了汽车的生产速度, 直接让美国成了世界上第一个车轮上的国家。此外, 数控技术在制造业装备中的应用尤其是数控机床的出现极大地提高了机器加工的效率, 特别是工业机器人的出现将科幻小说中的无人工厂变成了现实。

10.3 突破性发明的产生机理

突破性发明是突破性创新的前提。突破性发明形成过程的高度不确定性促进了对突破性发明产生机理的持续研究, 引入和应用新知识是突破性发明的产生机理之一。

10.3.1 负熵知识流驱动的突破性发明

自然系统演化过程可以用于揭示突破性发明产生的基本原理。热力学第二定律证实孤立系统总是自发地从有序向无序方向转化, 表现为一种“退化”的过程。然而, 达尔文生物进化论则指出生物系统总是从简单到复杂、从低级到高级、从无序向有序的进化过程。显然, 在这一点上物理学和生物学是根本对立的, 产生了不可调和的冲突。直到 1944 年, 奥地利理论物理学家、量子力学奠基人之一薛定谔在他的著作《生命是什么?》中指出生命体要维持自身发展必须从外部环境中汲取“负熵”。突破性发明与原有产品或技术相比具有更复杂、更高级和更有序的特点。根据比利时物理学家普利高津在负熵概念的基础上提出的耗散结构理论, 不论是物理的、化学的、生物的还是软科学的系统, 只要该系统与外部环境不断交换物质或能量, 为系统引入足够的“负熵流”来抵消系统内部的正熵增加, 就有可能将原来较为混乱无序的系统状态突变成一种在时间上、空间上或功能上的有序状态。换言之, 在一定条件下, 只要系统能够从外部环境中引入足够多的“负熵流”使系统的熵值减小, 系统就有可能从一种无序状态突变到一种新的更高级的有序状态[8]。因此, 突破性发明可以被视为是一种从外部环境引入大量的“负熵流”来抵消系统内部的熵产生, 从而形成的一种从低级有序到高级有序的系统。

1. 突破性发明的产生本质——熵变为负

以产品的突破性创新为例来说明突破性发明的产生本质。产品与它所处的外部环境发生着物料流、能量流和信息流的交换, 构成产品系统的输入流和输出流, 以完成技术系统的主功能。如图 10.3 所示, 完整的产品技术系统应该包含: 动力系统、传动系统、执行系统和控制系统。这 4 个子系统有机连接形成一个具有输入输出且内部包含多重反馈过程的复杂开放系统。随着时间的发展, 系统内部的不可逆过程将产生熵。与此同时, 产品系统与外界交换物质、能量和信息形成了熵的流动, 两方面作用共同影响系统的熵值。产品具有开放性, 它在内部系统熵增的同时, 也会从外界引入负熵流, 这些负熵流可以抵消系统内部由于不可逆转变造成的熵产生。当引入负熵流的熵值足够大, 不但可以抵消产品内部由于不可逆过程产生的熵, 还能降低系统的总熵。

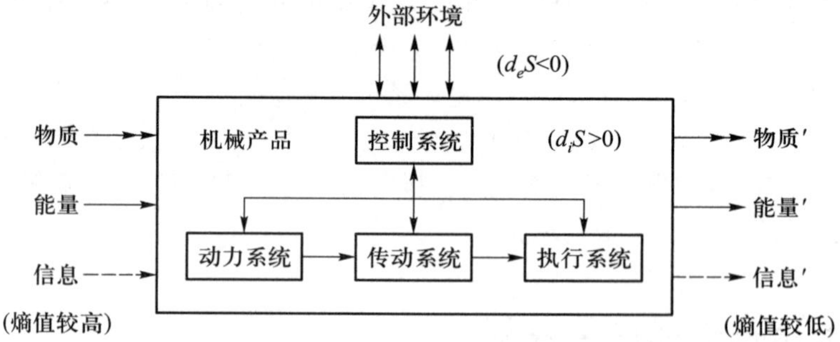

图 10.3 熵变视角下的产品技术系统与外部环境的相互作用

2. 负熵流的本质——实现核心功能的原理替代

功能是产品技术系统存在的根本目的。假设完整的产品由 n 个核心技术子系统组成, 系统的核心功能可以用式 (10.1) 表示。

$$F_n = f_n(y_i) = f_n(y_1, y_2, \cdots, y_n) \quad (i = 1, 2, \cdots, n) \tag{10.1}$$

式中, F_n 是产品的核心功能; y_i 是核心技术子系统; $f_n(i)$ 是功能函数。

由于系统随着时间具有耗散的特性, 只有不断引入与已有技术具有差异的新技术才能补偿产品技术系统所产生的熵。这种新原理和新知识的替换, 能够让产品更新换代, 形成突破性发明。

在设计过程中, 产品的主功能一般都需要分解成若干分功能, 每个分功能又可以继续分解直到不可再分解的功能元。各个功能元通过物质、能量和信息的转化关系组合形成功能结构。按照功能元实现的难易程度将其分为普通功能元和困难功能元。普通功能元可利用该领域内已有元件、子系统或依据设计者的经验和行业领域内的专业知识找到其对应的技术原理或结构, 而困难功能元的求解则属于解决发明问题的范畴, 突破性发明的关键依赖困难功能元的高质量解决方案。困难功能元的求解过程往往需要功能综合, 将来自不同领域的新原理、新知识通过功能综合形成满足要求的技术系统新原理。

10.3.2 突破性发明产生中的知识扩散

突破性发明产生的关键是以新知识为主的负熵流进入原技术系统, 并与技术系统内的其他元素进行有效组合。知识作为创新资源的重要性已被广泛证实, 然而由于知识的高度抽象性, 需要合适的方法来描述负熵知识流在突破性发明产生中所发挥的作用。本节以知识网络中各知识节点的流通为基础来描述产生突破性发明中负熵知识流的扩散。

1. 知识网络及知识扩散的主体

基于知识的创新过程依赖于知识网络, 知识网络中知识分布的不均衡造成了网络中不同节点间知识的流动和传递。知识通过取得、沟通、应用、接受和同化等多个阶段实现了知识网络或组织内整体知识水平的提升[9]。知识的流动需要知识具有创新的潜能。

知识创新潜能是描述知识网络中各知识元素启发产生创新的潜力, 是知识产生创新的潜力, 不同知识之间的知识势差造成了系统中知识资源的不均衡性, 是创新知识扩散的根本原因。产品创新尤其是新发明的创造是通过不断地将具有更高创新潜能的新知识融入产品系统进而提高设计结果的知识潜能值, 产品与消费市场中的知识势差越高, 其新颖性和理想化水平提升越显著, 市场竞争力越强。

知识是一类重要的创新资源, 产品创新往往需要工程师或设计师将新的知识融入已有技术系统或产品之中, 并产生新的技术系统或产品, 创新程度与引入知识的数量和质量正相关。发明过程中新知识构成的负熵流进入原有产品或技术系统, 该过程如同生命体的新陈代谢, 能够提高系统的理想化水平, 乃至使其进化到新一代的 S 曲线。

创新知识的耗散性和非均衡性不仅存在于由创新者构成的组织内部各节点之中, 而且还存在于更宏观的产品设计甚至是市场化的过程之中。新发明是具有较高知识潜能的新知识载体, 发明者通过设计活动将具有更高创新潜能的知识融合到这些新产品中。随着产品的市场化, 新产品进入到市场之中。市场是由众多的消费者构成的系统, 在市场中, 产品内涵的高创新潜能知识又会向市场中的消费者进行扩散和传播。因此, 围绕产品的设计与市场化过程存在着产品、设计者 (组织) 和消费者 3 类节点, 每类相同的节点相互联系, 构成了设计域、产品域和市场域 3 种知识领域。如图 10.4 所示, 分别用 E_d、E_p、E_m 来表示设计者或发明者 (组织) 构成的设计域、由诸多产品构成的产品域和由消费者组成市场域的知识创新潜能, 其平均值由高到低分别为 $E_d>E_p>E_m$。

2. 知识创新潜能扩散

在创新知识扩散过程中, 可将设计者、产品和消费者都视为一个扩展知识网络中的节点。由于知识创新潜能差值的存在, 通过扩散使不同域内的同类知识节点间的每个节

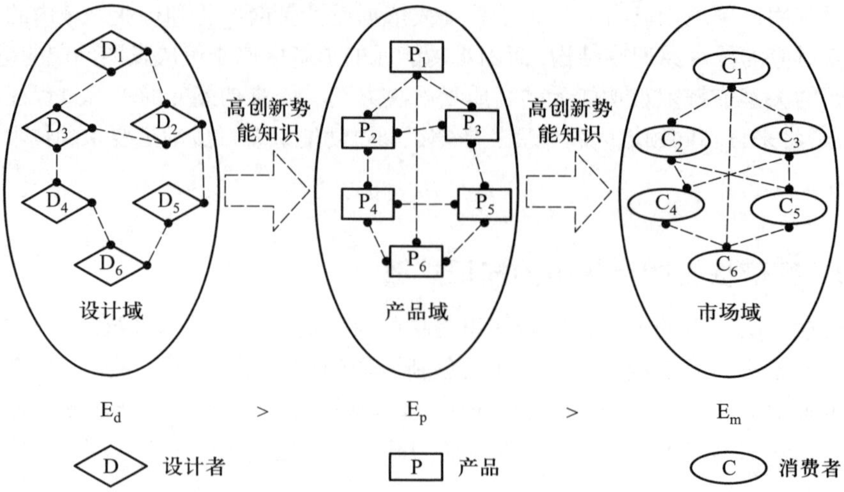

图 10.4 创新知识扩散过程中的各知识节点及构成要素关系

点知识创新潜能发生变化, 随着每个节点知识创新潜能的普遍增加, 该域整体知识创新潜能的平均值随之增加。该类现象对于由自主学习能力较强的人所构成的设计域和市场域更为显著。

在产品域内, 产品创新的本质可以看作是知识的流程和加工产生了具有更高知识潜能的新产品。新产品设计过程中, 需要产品的设计者将所掌握的知识通过设计活动融合在新产品之中, 并对原有方案进行改善。从知识创新潜能的角度来看, 随着新的知识在产品内部的固化, 产品的知识创新潜能得到提高。随着具备更高知识潜能的新产品不断替换具有较低知识潜能的已有产品, 平均知识创新潜能值不断增加。

根据知识潜能的扩散过程, 产品的创新设计过程分为 3 个阶段: 设计的预备阶段、设计阶段、市场化阶段。

(1) 设计的预备阶段。设计预备阶段的主要特征是设计者或组织者自身知识潜能的提升, 即通过自我认知和学习, 使知识节点的潜能值大于原潜能值。在进行产品创新设计之前, 设计者或组织者通过自我学习或者协同工作的形式来学习新的具有更高创新潜能的知识。无论是采用自我学习的方式还是协同工作, 都需要借助知识学习的认知模型, 通过获取、沟通、应用、接受和同化的 5 个阶段[10], 将新的知识融入设计者的知识体系中, 这是后续设计者将高潜能知识引入到产品域的关键。设计预备阶段的知识流动集中在设计域内部, 体现为设计者知识节点的潜能提升, 进而使设计者构成的设计域中的知识创新潜能增加。

(2) 设计阶段。设计阶段是设计者将自身的高创新潜能知识融合到所设计的产品之中。设计阶段内的知识是从设计者所在的设计域移动到产品所在产品域的过程中。产品不同于设计者或消费者, 设计者可以通过自主学习新的知识来提高自己的知识创新潜能, 消费者通过使用高创新潜能的产品来提升自己的知识创新潜能。然而在设计阶段中, 产品知识创新潜能的增加是一种被动提升的过程, 主要包含了知识的标准化、重组、应用、进化和再创造 5 个阶段。设计者将自身知识体系内的高创新潜能知识与产品自身的知识体系进行有机的结合, 还可能会将产品内过低的知识创新潜能部分进行剔除, 从而提升产品本身的知识创新潜能。

(3) 产品的市场化阶段。通常情况下, 新投入市场的产品知识创新潜能要高于市场域的知识创新潜能均值 E_m。现实中, 产品中更高的知识创新潜能以更新颖的产品特征而体现。例如新功能、更优的性能、新颖的人机交互界面等显性特征。在一定范围内, 产品的知识创新潜能与市场域内的消费者的知识势差越大, 则这种特征越显著。具有较高知识创新潜能的产品不但能满足用户的基本需求及期望需求, 而且能够满足其兴奋需求, 从而体现出更高的市场竞争力。

市场化阶段的知识流通是典型的跨域转移, 但由于产品知识创新潜能的被动性, 被投放到市场中的产品可以看作是市场域中特殊的具有较高知识创新潜能的节点, 由于消费者的自主性, 高创新潜能的知识流从产品到消费者的流通同样适用于知识的认知过程, 也可以分为获取、沟通、应用、接受和同化的 5 个阶段来实现。图 10.5 描述了产品知识创新潜能在设计预备阶段、设计阶段和市场化阶段中的扩散过程。

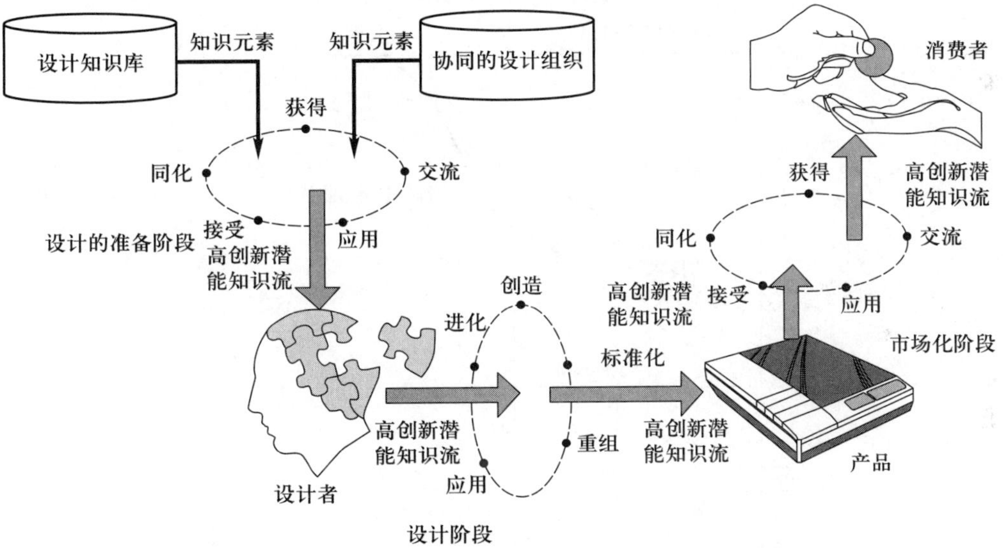

图 10.5 产品设计中的高创新潜能知识的扩散过程

10.3.3 基于知识创新潜能的突破性发明产生原理

突破性发明产生的本质可以被描述为产品从旧的 S 曲线到新 S 曲线的突变或跳跃。根据知识创新潜能的概念, 突破性发明是具有更高知识创新潜能的技术系统。结合 S 曲线, 突破性发明产生原理如图 10.6 所示。根据知识创新潜能的定义, 技术系统的知识创新潜能主要由两部分构成, 分别是构成系统的所有知识所具备的知识创新潜能的总和以及这些知识间拓扑关系的合理化程度。技术系统的知识创新潜能对应该系统 S 曲线中的理想化水平。从该角度来看, 突破性发明的产生是通过提升技术方案中的知识创新潜能的水平, 使其突破现有 S 曲线的瓶颈跨越到下一条 S 曲线。该过程可由图 10.6 中的 1~5 点细分为 4 个阶段。

阶段 1: 已有技术系统不断趋近其极限。

已有技术系统会不断成熟并趋近于其技术极限, 从图 10.6(b) 和 (c) 所表示的技术系统总的知识创新潜能值和知识间的拓扑关系的合理化程度来分析, 两者变化趋势影响着技术系统 S 曲线的变化。技术系统总的知识创新潜能值 [如图 10.6(b) 所示] 会随着时间不断耗散, 逐渐趋近于 0, 而知识间的拓扑关系的合理化程度 [如图 10.6(c) 所示] 逐渐趋近于其极限值即 1, 但系统总的知识创新势能的增加则由于前者已经随着耗散数值变得很低。因此, S 曲线的增长趋近于 0, 技术系统已不断趋近其极限。在该阶段内, 产品的创新策略集中为对知识结构间合理化程度的提升, 使其尽快接近于极限, 创造市场竞争的优势。因此, 如何提高产品知识结构的合理化程度成为技术系统成熟期阶段的主要创新应对策略, 当然这一措施体现为对 S 曲线的持续性发展, 其本质仍为渐进性创新。由于产品接近技术极限的一个重要指标就是产品知识结构的合理化程度趋近于极限, 因此, 对于此类产品应及早地进行预警, 并对产品的潜力状态进行发掘, 寻找并引入其他领域已存在且具备更高创新潜能的负熵知识流, 及早地创造突破性发明。

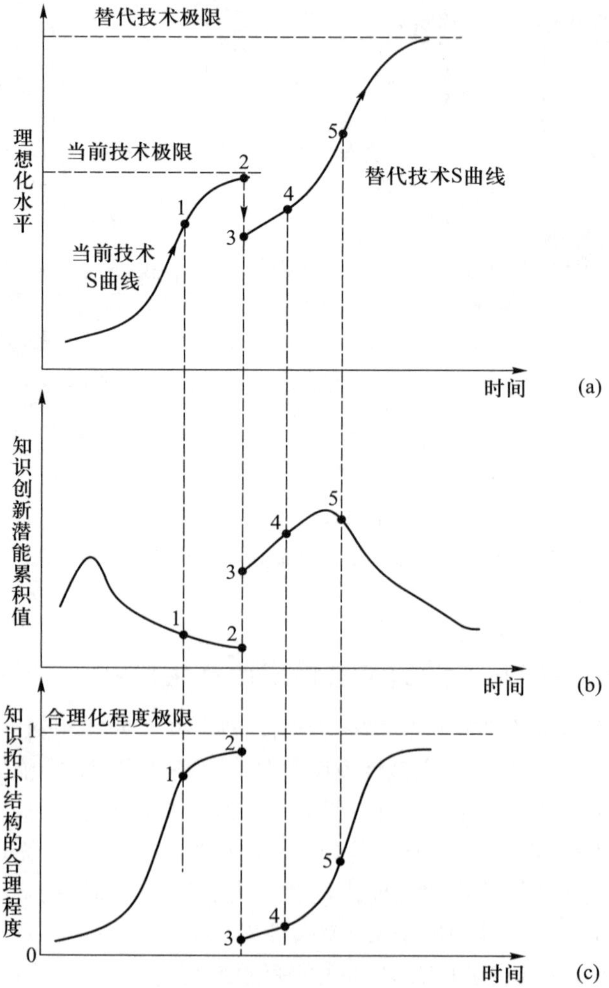

图 10.6 突破性发明产生的基本原理

阶段 2: 突破性发明的雏形初现。

图 10.6(a) 中从点 2 到点 3 的突变本质是通过跨域知识检索, 引入创新潜能更高的负熵知识到技术系统并替代系统中原有的知识。对应图 10.6(b) 中的关系可以看出, 点 3 在新的知识创新潜能值曲线上, 要比点 2 所在的原有创新潜能值高。然而, 跨域知识引入在初期必然会降低产品知识结构的合理化, 即图 10.6(c) 中知识结构的合理化值, 点 3 的数值远远低于点 2 中接近极限的值。因此, 在突破性发明形成的初始阶段, 技术系统的理想化水平表现为不升反降的特征, 最后产生的结果如图 10.6(a) 所示, 新技术理想化曲线点 3 的理想化水平要比原有 S 曲线中点 2 的水平要低。点 2 到点 3 跃变过程的本质体现在突破性发明的过程之中, 即通过突破性创新的机遇分析和高创新潜能知识的识别, 确定突破性发明的关键功能元, 并用负熵知识来替换该功能元原有的工作原理, 然而由于新产品的知识结构与原有知识的不协调, 新旧知识替换后, 导致了新知识同原有产品知识结构的冲突, 造成了产品知识结构与产品其他知识结构合理化程度的不协调, 其结果为创新成果初期的理想化水平不升反降。该阶段的核心任务是定位突破性发明中的关键功能元, 寻找或搜索解决突破性功能元更高创新潜能的替代知识或原理。

阶段 3: 突破性发明的快速成熟阶段。

经历了从点 2 到点 3 的跃变, 技术系统中的突破性功能元已经用新的知识或原理替代, 性能得到了大幅度的提升, 突破性发明初期结果得以显现。但由于知识结构合理化程度的不协调, 降低了突破性发明早期结果的理想化水平。点 3 到点 4 阶段的变化反映在图 10.6(b) 和图 10.6(c) 上, 主要体现在技术系统创新潜能总量的继续提升以及产品知识结构协调化程度的提升。在新产品的设计过程中, 跨域或新知识的引入实现了突破性功能元的工作原理替代, 而对技术系统中的其他相关功能元的知识也需要替代, 并进行跨域知识融合, 由于持续的负熵知识流的流入, 使得技术系统的创新潜能值总量不断提升。同时, 伴随着对突破性功能元相关的关键冲突的解决, 突破性发明知识结构的协调化程度也有了一定的提升。该阶段的显著特征是围绕突破性功能元及相关或辅助功能元高创新潜能的负熵知识流入, 因此, 称此阶段为突破性发明的知识爆炸阶段, 属于新一代产品的 S 曲线的成长期前期。该阶段通过功能组合的形式引入新功能元和对已有功能原理替换的方式实现, 改良和提升了产品的有用功能及产品的理想化水平, 但相对成本会显著提升。因此, 产品的总体理想化水平可能仍然低于上一代成熟产品。

阶段 4: 突破性发明的成熟阶段。

随着突破性发明的不断成熟, 引入外部负熵知识流来提高系统的创新潜能总值并使其趋近于饱和, 即创新潜能总值的峰值已过, 并且随着时间呈现出不断耗散衰减的趋势, 如图 10.6(b) 所示, 而产品的知识结构化参数却有了显著的提升, 如图 10.6(c) 所示。其综合作用的结果是在一个较短的时间内, 突破性发明的技术性能和理想化程度发生剧增, 超越了上一代产品的技术极限, 彰显了突破性发明的优越性。这个阶段属于新一代产品的 S 曲线的成长期的中后期, 正是产品的理想化程度发生剧烈变化的过程, 也是所流入的负熵知识潜能发挥最大作用的阶段。在实际的产品设计中, 这个阶段的产品创新主要途径不再是通过功能组合的形式向产品系统中引入新知识来进行创新, 而是对产品中已经存在的知识组合的创新潜能进行挖掘, 开发出新的功能, 甚至是通过裁剪等措施来降低产品的成本和简化或优化产品的知识拓扑结构, 降低产品的耦合性等方式, 使产品的结构、原理层面更为合理, 让技术系统知识结构的合理化程度快速增长, 形成突破性发明的成熟方案。

10.3.4 突破性发明中的跨域知识融合

突破性发明的产生可以看作是具有更高创新潜能的知识流进入到技术系统内, 并与技术系统原有知识结构进行融合。从负熵理论的角度来看, 来自外部的具有更高创新潜能的知识就是技术系统进行不断进化和发展的负熵流。这些不断进入到技术系统内的外部知识, 其中的大部分是来自非该领域的知识, 因此, 这些知识只有通过跨域融合才能和技术系统原有的知识体系性化作用, 并形成有效的突破性发明设想。

突破性发明形成中的跨域知识融合主要包含了 4 个关键方面: 关键功能元的定位、跨域知识的引入、跨域知识的融合、系统创新设计的优化。

(1) 确定关键功能元。在已有产品技术趋近于其技术极限的阶段, 需要首先利用突破性创新模糊前端的方法分析已有产品突破性创新的潜力状态, 建立及分析产品的知识拓扑结构的方法, 并且分析各个关键功能对应的知识创新潜能, 综合确定产品突破性发明产生的关键功能元。从知识创新潜能的角度, 可以将关键功能元分为两类: 一类为知识创新潜能值过低的功能元, 另一类为对产品知识结构产生严重负面作用的功能元。但关键功能元的确认还需要结合技术系统的进化定律, 以及技术系统的理想化水平, 在突破性发明产生的模糊前段进行分析。

(2) 确定引入的新知识。根据已确定的突破性创新关键功能元, 第一类关键功能元需要利用知识替换的方法, 通过可用资源搜索关键技术, 在跨学科知识领域内寻找满足设计要求且具有更高知识势能的新知识, 引入到原有技术系统中进行替换。这个过程的本质实现了突破性创新的奇点跃变, 通过可用资源搜索的关键技术选择最为合适的新知识是成功的关键。新知识引入的同时将体现突破性发明的知识爆炸阶段的主要特征, 即新旧知识替换和新知识不断地向产品系统中引入, 新的知识同已有的知识拓扑结构之间会产生不协调, 将产生一系列的冲突, 妥善地解决这些冲突, 实现知识的跨域融合, 进而形成突破性发明。

(3) 跨域知识的融合。突破性发明产生的前期, 产品系统中引入较多的来源于不同领域的新知识, 这些新知识与原有知识结构体系之间可能存在不相容性, 需要对已有知识结构体系进行调整, 使之适应新知识与旧知识结构之间的可融性, 实现新知识同已有知识体系的协调。在整合的同时, 产品的知识结构合理化程度不断优化与提升。这一阶段对应突破性发明的知识爆炸和突破性发明的优越性彰显阶段的初期。

(4) 技术系统的优化。随着新技术系统中主要冲突的解决, 相对完整可行的新的突破性发明方案已经形成, 但技术方案中仍然存在可提升的空间, 可利用 TRIZ 中的标准解和裁剪等方法对新技术系统进行优化, 使其理想化水平继续提升。这个阶段的设计构成了突破性发明优越性彰显的核心。

这些基础研究成了开发突破性发明产生关键技术和方法的重要基础和依据。

10.4 突破性发明产生的关键技术

突破性发明的产生依赖专门的技术创新方法, 这些方法从突破性发明的初始机遇发现、初步设想产生、技术原理解的形成、突破性发明的概念设计路径等多个阶段综合形成了突破性发明产生的关键技术。

10.4.1 系统进化过程的熵变化

突破性发明的产生首先依赖对发明机遇的确认。将技术系统进化的 S 曲线与负熵驱动的创新原理结合, 分析突破发明的初始机遇。

技术系统的 S 曲线包含了婴儿期、成长期、成熟期和退出期 4 个阶段。在婴儿期, 技术系统内部开始出现有序的组织形式, 系统与外界开始形成有效的交互作用, 具有更高创新潜能知识作为负熵流开始不断进入到系统。但是由于新知识与旧知识系统之间的不相容性, 造成系统内部的无序程度很高, 系统的总熵处于较高状态, 同时由于新知识创新潜能的不断耗散, 系统的总熵可能还会增加, 增长速度显著放慢。当产品进入成长期时, 随着用户对产品不断提出新的需求, 相应的企业对技术不断地加以改进和完善, 产品性能不断提高, 技术系统的理想化水平会迅速增长。随着与外界有效交互作用的不断强化, 越来越多的新知识进入到产品技术系统, 反映为负熵流不断增大, 系统的总熵增加变为负增长, 系统总熵开始呈现降低的趋势, 系统的有序状态不断增强。随着产品进化进入成熟期, 产品竞争日益激烈, 用户需求趋于饱和, 新知识的引入也趋近饱和, 而知识系统间的合理化水平则不断优化。因此在产品的成熟期阶段, 决定产品竞争优势的主导因素不再是产品技术性能, 而变成产品成本。所推出的产品性能只有少量增长, 产生的效益逐步减慢, 直至达到利润的最高点, 此时系统总熵达到了最小状态。此时, 系统的有序化程度最高。随着产品进化进入成熟期后期, 产品技术性能趋近极限, 效益明显减少, 利润急剧下降。同时随着新知识的创新潜能的不断耗散, 系统的总熵开始增加, 系统由有序向无序状态转变, 逐渐进入退出期。

当产品进入成熟期, 企业一方面依靠市场手段继续占领市场, 另一方面通过突破性创新, 促成在阈值点附近的有利突变, 避免进入退出期; 在成熟期中后期, 加快引入新知识, 使产品移入新的 S 曲线, 以便及早推出新一代产品, 使企业在未来市场竞争中取胜。所以突破性发明机会通常出现在产品技术系统生命周期的成熟期。

10.4.2 突破性发明的初步设想产生

突破性发明的结果体现在产品 S 曲线的更迭, 是新的 S 曲线替代原有 S 曲线的过程, 本质为产品从某一个技术阶段进化到下一个阶段。因此, 通过从需求到技术系统的进化潜力分析, 可以归纳形成突破性发明的初步设想。

1. 突破性发明产生的需求进化分析

Kano 需求模型将用户需求分为基本需求、期望需求和兴奋需求 3 类[11]。随着时间的推移, 兴奋需求逐渐转变为期望需求并最终成为产品的基本需求。如图 10.7 所示, 在渐进性创新过程中, 核心技术子系统沿着 S_{n-1} 进化到位于成熟期的当前状态 S_n。

由于核心功能所对应的技术子系统改进是产品渐进性创新过程中市场竞争的主要焦点，企业竞相提高核心技术子系统技术性能 T，进化到位于成熟期的当前状态处 S_n，核心技术子系统技术性能 T_1 已经满足用户期望需求，但是市场上还未出现用户兴奋需求；或者，在上述渐进性创新过程中，由于用户对核心技术子系统的期望需求一直处于较快增长期，但核心技术子系统技术性能 T_2 并未相应地快速增长，这就导致进化到位于成熟期的当前状态 S_n 处，核心技术子系统技术性能 T_2 还未满足市场上已出现的用户期望需求。

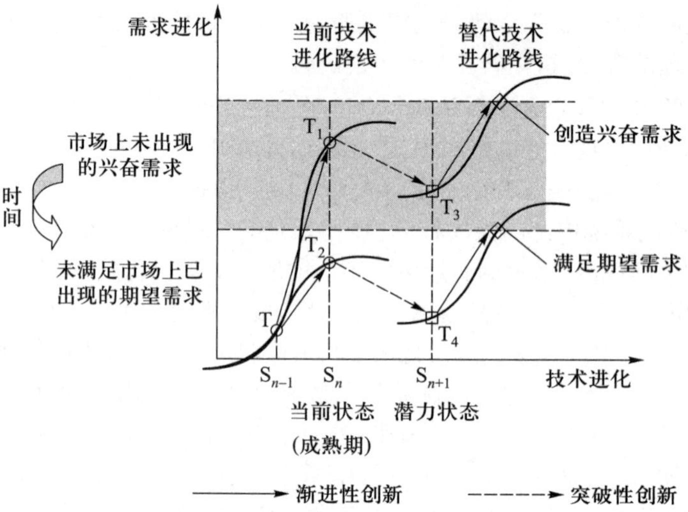

图 10.7 突破性发明中的核心技术子系统需求进化模型

渐进性创新过程中核心技术子系统技术性能趋近于极限，为了和其他企业竞争市场，需要超越原有技术性能极限，通过突破性创新，研发或寻找选择新的核心技术替代已有产品的核心技术，核心技术子系统进化到新的 S 曲线起始点 S_{n+1} 处，在 S_{n+1} 处分别出现两种技术进化目标。

目标 1：T_1 处通过突破性创新进化到潜力状态 T_3 处，目标是创造用户兴奋需求。

目标 2：T_2 处通过突破性创新进化到潜力状态 T_4 处，目标是满足用户期望需求。

2. 核心技术子系统的进化潜力分析

当产品核心技术子系统性能趋近技术性能极限时，子系统出现需要满足潜在用户需求的技术性能特征。因此，突破性发明的技术机遇研究与技术系统进化状态有密切关系。

根据 TRIZ 中对技术系统的完整性要求，一个完整的产品技术系统 E 应该由动力技术子系统、传动技术子系统、执行技术子系统和控制技术子系统 4 个核心技术子系统组成[12]。可用 $E = \{E_1, E_2, E_3, E_4\}$ 来表示构成产品的技术系统，其中 $E_1 \sim E_4$ 分别表示技术系统中的动力技术子系统、传动技术子系统、执行技术子系统和控制技术子系统。产品技术系统处在动态的进化过程之中，由于产品技术性能与用户需求之间可能存在不均衡，技术系统进化过程中存在 6 种典型状态，如图 10.8 所示。图中不同环代表着不同的含义，其中技术系统的极限状态 (technological limits state, TLS) 代表的是产品技术当前的极限, 主流系统的期望状态 (main technological expect state, MTES) 表示主流市场期望产品所能达到的状态, 技术系统的未来状态 (technological future state, TFS) 表示技术系统未来进化发展的状态。各图中的菱形实线区域代表技术性能, 菱形虚线区域代表用户需求, 每一类非均衡状态均对应相关的创新策略。

状态 1: 最优性能状态。各项核心技术子系统的性能刚好满足用户需求, 且都在 MTES 的范围之内, 此时技术性能已经能够满足用户需求 [如图 10.8(a) 所示]。

状态 2: 性能超前状态。当产品核心技术子系统性能超过 MTES 并趋近技术性能极限时, 某些核心技术子系统性能显著超出用户需求 [如图 10.8(b) 所示]。为了在未来市场中处于技术领先者的地位, 企业一般都会高估市场需求, 最大限度地提高产品核心技术子系统的某项技术性能指标, 从而超越原有技术性能极限, 使其达到一个新的技术性能极限之间的范围, 来创造用户兴奋需求。因此, 性能的超前状态是产生突破性发明的技术机会。

状态 3: 性能滞后状态。当产品核心技术子系统性能趋近技术性能极限时, 由于用户需求的增长或产品核心技术子系统进化不足, 用户需求已达到或超过 MTES, 但现有产品中的核心技术子系统性能却明显低于用户需求 [如图 10.8(c) 所示]。因此, 需要提高核心技术子系统技术性能使其接近原有技术系统的 TLS, 从而达到一个新的技术性能极限之间的范围, 才可以满足用户期望需求。因此, 这一状态也属于产生突破性发明的技术机会。

状态 4: 原系统性能极限状态。各项核心技术子系统的性能均达到原有技术系统性能极限 [如图 10.8(d) 所示]。当产品核心技术子系统性能趋近技术性能极限时, 企业继续进一步完善已有技术, 迫使产品技术性能基本达到极限, 预期结果属于渐进性创新的范畴。

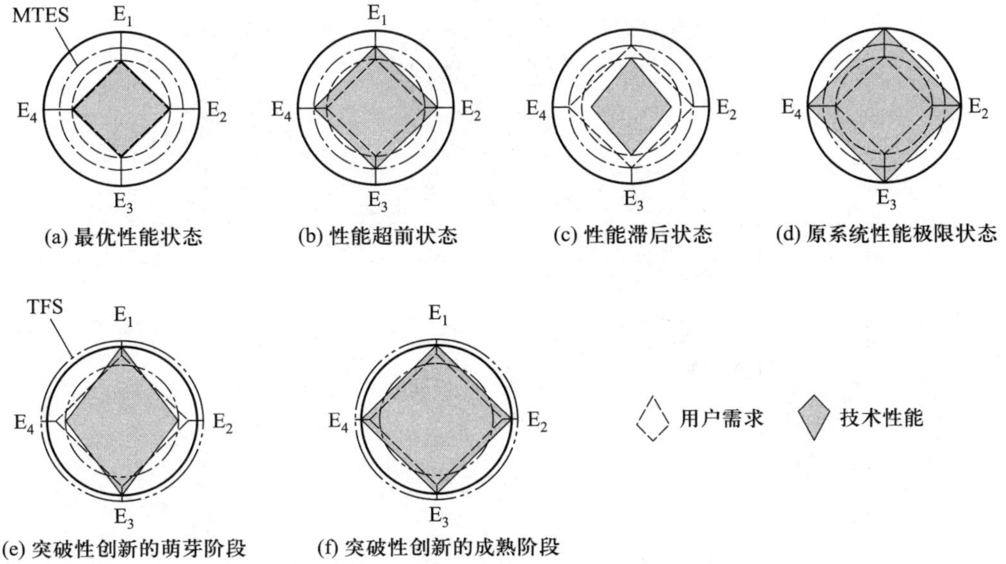

图 10.8 核心技术子系统的进化状态分析

状态 5: 突破性创新的萌芽阶段。部分先锋用户的需求已经超越了 MTES [如图 10.8(e) 所示]。此时, 通过引入新的知识, 形成的新的产品技术系统在某些方面的性能已超越了原有的技术系统极限 TLS, 然而在另外一些性能方面仍然未达到用户所需的接近 MTES 的标准。此时, 企业应积极研发寻找与所引入新知识相匹配的其他知识, 并通过合理的知识融合策略使产品的技术性能在各个方面有所均衡, 以便推出新一代产品能使企业在未来市场竞争中取胜, 这是产生突破性发明的主要潜力状态和关键机遇。

状态 6: 突破性创新的成熟阶段。各项核心技术子系统的性能均已超越原有技术系统性能极限, 达到一个新的技术系统性能极限 [如图 10.8(f) 所示]。此时, 企业应积极通过渐进性创新的方式来扩大自身的优势, 尽快地收割"创新溢价", 同时降低成本, 占据市场主动权。这是产生突破性发明收获市场价值的关键阶段。

3. 基于进化的突破性发明初步方案产生过程

产品或技术系统的进化可以看作是多个子技术系统进化产生的综合结果。突破性发明的产生过程中, 渐进性创新和突破性创新均始终贯穿在其中。基于技术系统进化的一般规律, 突破性发明初步方案产生的原理可通过图 10.9 进行表示。根据技术 S 曲线, 技术系统沿着渐进性创新的路径从 S_{n-2} 进化到位于成熟期的当前状态 S_n。通过对各技术子系统性能的观察可以看出, 在从 S_{n-2} 到 S_{n-1} 的渐进性创新过程中, 产品技术系统由 S_{n-2} 阶段内的均衡状态即图 10.9 中用户需求和产品的技术性能基本重合的阶段, 而到了 S_{n-1} 阶段, 随着渐近性创新的进行, 新产品系统各技术子系统的性能均有了持续性的提升, 其中 $E_2 \sim E_4$ 能够满足日益增长的用户需求。然而, 渐近性创新对 E_1 子系统的提升却十分有限, 并且在 S_{n-1} 到 S_n 阶段中这种情况显得更为明显, 此时需要进行突破性创新。从 S_n 到 S_{n+1} 阶段是突破性创新, 通过突破性创新使 E_{n+1} 系统有了更为显著的提升, 从而能够满足相应的用户需求。

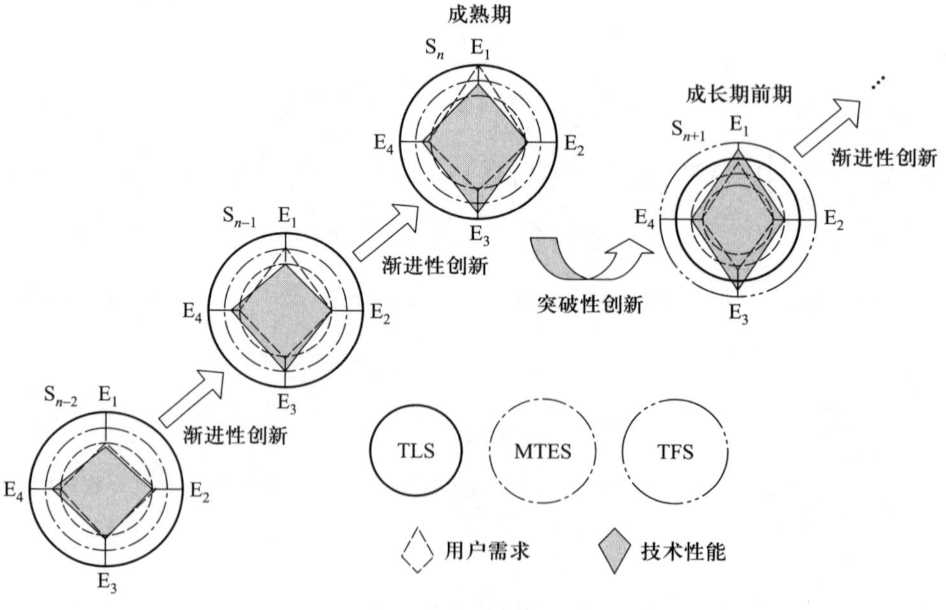

图 10.9 突破性发明初步方案的产生过程

通过上述过程可以看出, 技术子系统 E_3 是产品技术系统渐进性创新过程中市场竞争的主要焦点, 企业竞相提高 E_3 技术性能, 因此在产品进化到成熟期时, 出现了性能超前状态。另外, 在上述渐进性创新过程中, 用户对技术子系统 E_1 的需求 E_{n+1} 一直处于较快增长的过程中, 但子系统 E_1 技术性能并未得到相应的增长, 这就导致进化到位于成熟期的当前状态 S_n 时, $E_{n+1} \gg E_1$, 即技术系统进化出现性能滞后状态。渐进性创新过程中核心技术子系统性能趋近技术性能极限时, 为了和其他企业竞争市场, 需要超越原有技术性能极限, 产生突破性发明。通过突破性创新, 研发或寻找选择新的知识作为核心技术来替代已有产品的核心技术, 技术系统进化到新的 S 形曲线起始点 S_{n+1} 时, 在潜力状态 S_{n+1} 处, $E_1 > E_{n+1}$ 技术系统的性能满足了用户的需求。

10.4.3 突破性发明的技术原理解的形成

突破性发明的技术原理解的形成需要利用具有更高创新潜能的新知识, 检索和确定这些新知识要依据技术系统进化定律, 选择那些能够提高技术系统理想化水平的新知识。通过对已有技术系统的技术进化潜力状态进行分析, 进而选定可用的新知识, 然后通过合理的知识融合策略, 借助效应综合方法实现知识的跨域融合形成突破性发明的技术原理解。

1. 基于进化定律的新知识检索策略

TRIZ 中的技术系统进化定律是突破当前理想化水平限制的工具, 为突破原有技术系统性能极限提供了方法。技术进化定律描述了技术系统进化的一般方向, 每条进化定律之下有多条技术进化路线, 技术进化路线定性地指出了技术系统沿每一进化方向的具体进化阶段, 从结构进化的特点描述产品核心技术所处的不同状态序列, 其实质是产品如何从一种核心技术转移到另一种新的核心技术, 新旧核心技术所完成的基本功能相同, 但新技术的性能极限提高, 即理想化水平提高, 并不断趋向理想解 (ideal final result, IFR)[13], 如图 10.10 所示。因此, 基于产品核心技术所处的当前状态, 按照技术进化路线可以对产品进行突破性创新技术预测。

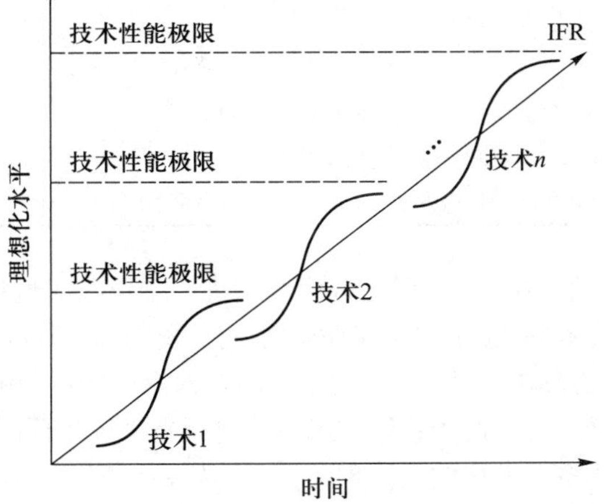

图 10.10 技术系统进化过程的理想化水平的提升

技术进化就是某个领域内多个突破性创新成果连续形成的一种状态。从诸多历史数据来看, 技术进化有其规律和模式, 是可被预测的[14]。其中 TRIZ 中技术进化理论[15] 发展得比较成熟, TRIZ 创始人 Altshuller 经过分析大量专利, 发现不同领域中技术进化过程的规律是相同的。如果掌握了这些规律, 就能主动预测未来技术的发展趋势。技术进化理论 (evolution theory, ET)[16]、技术进化引导理论 (guiding evolution theory, GET)[17] 和直接进化理论 (direct evolution, DE)[18] 都属于 TRIZ 中技术进化理论的表现形式。每种理论都包含了技术结构上的进化模式和进化路线, 能够引导设计人员尽快产生创新设想, 确定能够突破性创新的技术变化方向。

不同的模式所包含的技术进化模式和进化路线也略有区别。在 GET 中, 最初包含 6 条进化定律[17] 后又被完善形成了 9 条定律[19], DE 提供了 10 条进化定律[18] 和系统化创新方法中[12] 所述的 11 条技术进化定律。而不同的进化定律还可以对应多条技术进化路线, 例如在 DE 中已经明确了 350 条具体的技术进化路线。

相比技术进化路线, 技术进化定律对突破性创新设计更有引导意义。技术进化定律的内容和形式在不同的方法中有所差异, 但这些技术进化定律都可按照其所针对的改进层次分为 3 方面: 面向技术子系统改进、面向系统整体改进、面向系统各个层次改进。以 GET、DE 和系统化创新中技术进化定律为例, 按照本文的分类方法, 最后获得的技术进化定律的细分结果如表 10.1 所示。

表 10.1 不同模式下的技术进化定律细分表

方法模式	面向子系统改进	面向系统整体改进	面向系统各个层次改进
技术进化引导理论 (GET)[19]	3. 增加动态化 6. 能量转换路径最短 8. 增加系统的可控性	2. 增加系统的不均衡性 4. 向复杂系统进化 5. 向微观系统进化 7. 完整性	1. 提高理想化水平 9. 增加和谐性
直接进化理论 (DE)[18]	3. 提高资源的利用 5. 提高动态性和可控性 9. 增加场的使用 10. 减少人工参与的模式	4. 非均衡发展 6. 增加复杂性后简化 8. 向微观进化	1. 进化的阶段模式 2. 提高理想化程度 7. 元素间不匹配到匹配
系统化创新[12]	2. 增加动态性 6. 增加可控性 8. 增加几何体复杂性 9. 能量转化路径最短方向	3. 增加物质分割 4. 增加空间分割 5. 增加空间界面 7. 先增加复杂度后简化	1. 增加理想化程度 10. 增加动作协调性 11. 增加系统节奏和谐性

根据技术系统进化定律, 这些可用资源能够进一步形成实现核心功能的一种新技术, 该技术可以通过技术进化路线来进行技术预测。图 10.11 所示为基于技术进化理论的突破性创新技术潜力预测方法, 首先建立产品技术系统物质–场模型, 选择一个需要改进的核心技术子系统, 针对此子系统技术结构进行技术进化预测; 然后依据子系统当前技术状态, 利用可用资源考虑改变原理的方式, 选择一条相关的技术进化路线及在某条进化路线上所处的当前状态, 预测潜力状态, 其中, 具有技术潜力的状态应该有一个或多个; 最后应用知识资源匹配最为合理的知识。

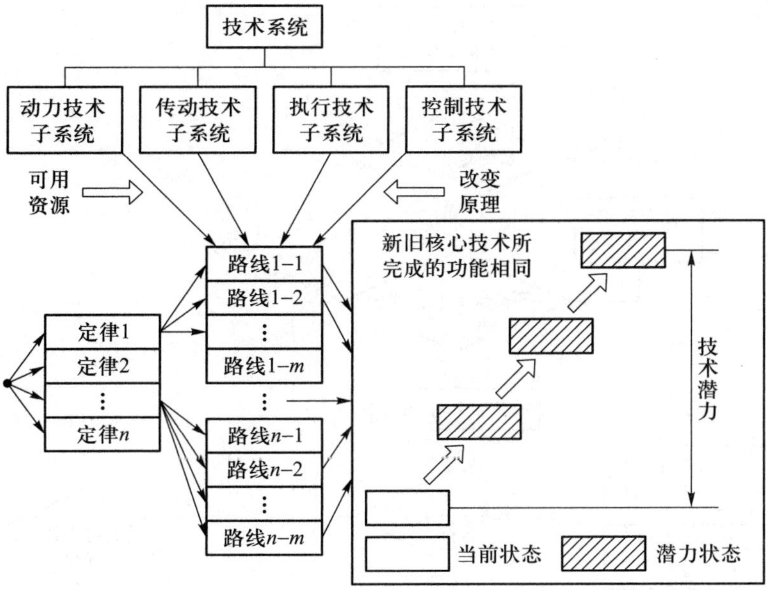

图 10.11 突破性发明的技术潜力预测模型

2. 基于技术进化定律的突破性发明设想产生

技术进化定律是对大量已有产品技术发展规律的归纳, 常作为创新设想产生的“触发点”。面向不同层次的技术进化定律由于其所指对象的差异, 在突破性创新中发挥作用也有所差异。图 10.12 构建了基于技术进化定律的突破性发明设想产生的过程模型。模型综合考虑各种技术进化定律的表征及其指向性的明确程度, 将其在突破性发明过程中的应用划分为 3 个优先级。

(1) 优先级 1: 面向子系统改进层次的进化定律。

这层次的进化定律具体包含如下内容。

No.1.1 “增加动态化”: GET 中的“3. 增加动态压”、DE 中的“5. 提高动态性和可控性”、系统化创新中的“2. 增加动态性”、DE 中的“9. 增加场的使用”和系统化创新中“8. 增加几何体复杂性”均可认为是对“增加动态化”定律的不同表征。该定律直接指向执行子系统, 指出执行元件在工作原理、技术特征方面的改进趋势, 可借助具体的技术进化路线来确定其潜力发展状态。

No.1.2 “增加系统的可控性”: GET 中的“8. 增加系统的可控性”、DE 中的“5. 提高动态性和可控性”“10. 减少人工参与的模式”、系统化创新中的“6. 增加可控性”均可认为是该定律的表征。该定律直接指向产品中控制子系统的优化和改进其性能。

No.1.3 “能量转换路径最短”: GET 中的“6. 能量转换路径最短”、系统化创新中的“9. 能量转化路径最短方向”、系统化创新中的“3. 提高资源的利用”均是该定律的表征。该定律直接指向传动子系统的改进和提升方向。

(2) 优先级 2: 面向系统整体改进的进化定律。

No.2.1 “增加系统的不均衡性”: GET 中的“2. 增加系统的不均衡性”、DE 中的“4. 非均衡发展”、系统化创新中的“3. 增加物质分割”“4. 增加空间分割”“5. 增

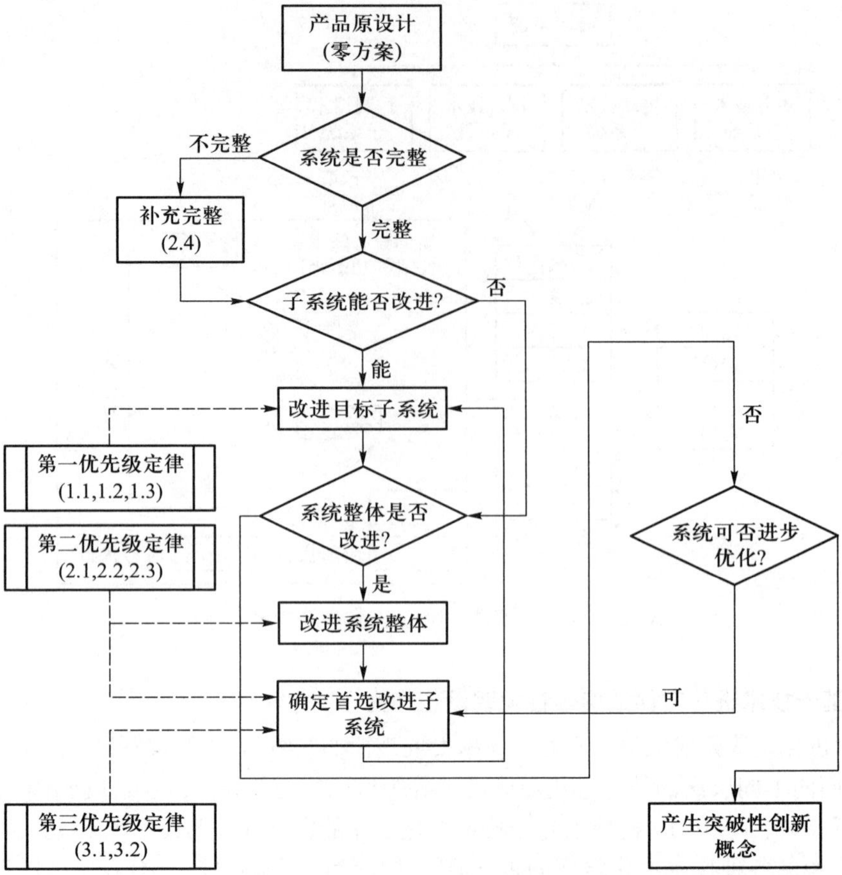

图 10.12 基于技术进化定律的突破性发明设想产生过程

加空间界面”都是增加系统不均衡性的途径。该定律指向技术系统整体的发展以及系统内各个子系统间的关系优化。

No.2.2 “向复杂系统进化后简化”：GET 中的“4. 向复杂系统进化”、DE 中的“6. 增加复杂性后简化”、系统化创新中的“7. 先增加复杂度后简化”是该定律的表征。该定律指向技术系统整体优化发展趋势。

No.2.3 “向微观系统进化”：GET 中的“5. 向微观系统进化”、DE 中的“8. 向微观进化”是该定律的表征都指出了技术系统通过向微观形态进化来进行优化的方向。

No.2.4 “系统的完整性”：GET 中的“7. 完整性”指向性更明确, 用以检验技术系统是否满足系统的完整性。

(3) 优先级 3: 面向各个层次改进的进化定律。

No.3.1 “提高理想化程度”：GET 中的“1. 提高理想化水平”、DE 中的“1. 进化的阶段模式”“2. 提高理想化程度”、系统化创新中的“1. 增加理想化程度”是该定律的不同表征。该定律既可用于对技术系统各子系统的优化, 亦可用于对整个系统的优化, 结合理想化水平, 确定技术系统改进的方向和途径。

No.3.2 “提高系统的和谐性”：GET 中的“9. 增加和谐性”、系统化创新中的

“10. 增加动作协调性”和“11. 增加系统节奏和谐性”是该定律不同的表征。与“提高理想化程度”相似, 该定律既可指向各个子系统内部的优化, 也可以用于指导整个技术系统的优化。

技术进化定律为产生突破性创新设想提供了一系列的“触发点”, 根据这些“触发点”, 技术子系统需要进化的位置差异如图 10.12。可以将突破性发明设想进行分类, 并且研究每一种类型所对应的跨域知识融合策略, 具体如下。

第 1 类: 突破性发明设想。在“系统是否完整”验证环节被触发。其特征是通过增加技术子系统将不完整的技术系统补充完整, 进而产生足够显著的技术差异, 形成突破性创新的结果。

第 2 类: 突破性发明设想。在“子系统能否改进”验证环节被触发。其特征是通过对确定的子系统进行优化或提升, 带动整个技术系统的升级与优化并实现突破性创新。

第 3 类: 突破性发明设想。在“系统整体是否可改进”验证环节被触发。其特征是技术系统完整, 同时看不出显著的子系统改进的机会, 通过挖掘技术系统整体优化定律中的潜力, 确定首要改进的技术子系统, 一般会以执行子系统作为首要改进的对象, 随后进行整体优化, 从而产生突破性创新设想。

第 4 类: 突破性发明设想。在“系统可否进一步优化”的验证环节中被触发。主要是从提高技术系统的理想化水平或和谐性为基本思路。根据技术进化定律, 首先判定技术系统内的薄弱环节, 确定需要替换和改进的目标子系统, 通过对该子系统的优化升级并协调其他技术子系统, 实现技术系统的整体优化和升级, 实现突破性创新目标。

10.4.4 突破性发明的概念设计路径

以图 10.12 所示的模型为基础, 构建基于负熵实现方法的产品突破性发明设想产生过程模型, 如图 10.13 所示。完整的设计过程模型包含以下 4 个主要模块。

(1) 机遇确认: 选择目标产品和技术成熟度预测。根据企业需要和市场环境状况, 选择一种目标产品, 对目标产品进行技术成熟度预测, 如可采用专利分析或市场特征分析的方法进行预测, 如果目标产品不在成熟期, 说明产品市场不成熟, 不符合突破性创新的时机, 需要重新考虑进行突破性发明的目标。

(2) 机遇分析: 技术系统突破性创新技术潜力预测。首先建立所选产品关系型功能模型, 根据元件间相互作用关系确定产品技术系统的主功能, 建立产品核心技术子系统物质–场模型, 确定主功能的工作原理, 选择一个需要强化的技术子系统, 针对此子系统技术结构进行技术进化预测。通过专利分析, 依据子系统当前技术状态, 对比 TRIZ 技术进化路线, 选择一条相关的技术进化路线, 预测潜力状态。具有技术潜力的状态应该有一个或多个, 这些潜力状态即为突破性发明的技术机会。

(3) 突破性发明设想产生: 潜力状态的实现会导致发明问题, 发明问题的求解需要应用标准解或查询效应解决冲突; 随后, 利用功能综合方法, 将不同来源、不同领域的创新知识进行有效地整合, 形成突破性发明的技术方案; 最后, 如果选择的技术潜力状态不可以实现, 需要返回机会分析阶段, 重新选择技术进化路线, 预测潜力状态, 如果可以实现, 确定的技术潜力状态即为突破性创新的可能设想。这些设想是领域问题的解。

(4) 设想评价和概念产生: 根据企业实际情况对可以实现的设想进行评价, 产生最终的创新设想; 再经过概念设计阶段的完善得到领域解, 即突破性创新的产品概念; 之后可以进入新产品开发阶段, 最后开发出满足市场需要的突破性创新产品。

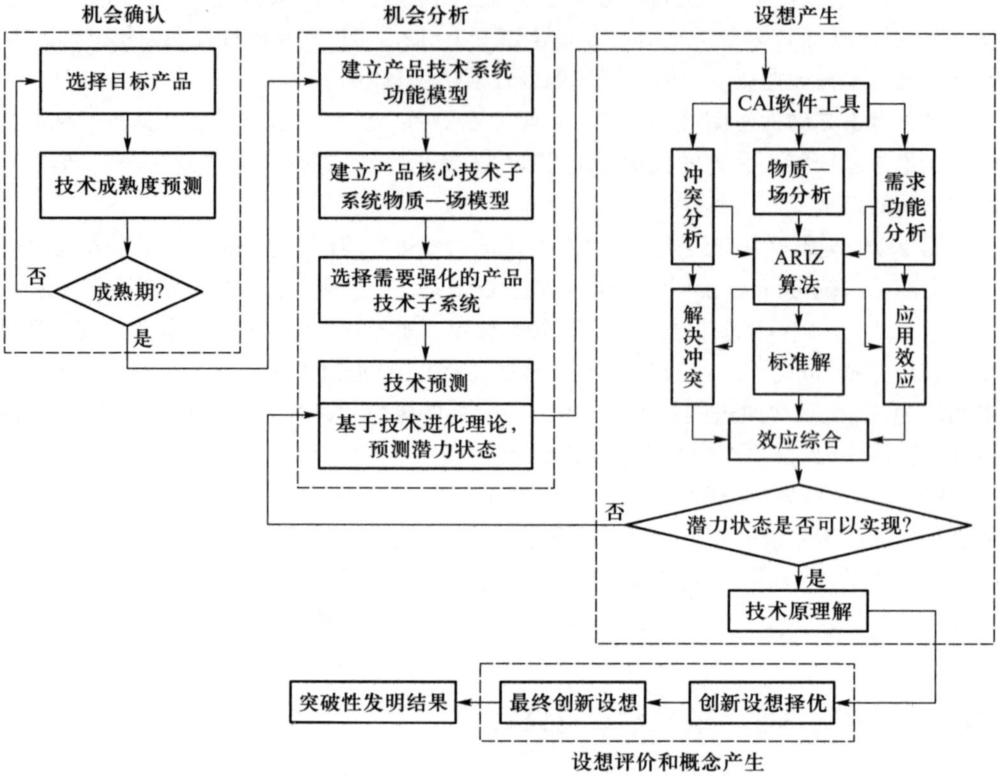

图 10.13　突破性发明设想产生的过程模型

10.4.5　基于 FPES 的概念设计模型

突破性发明主要通过概念设计实现, 应用功能综合的原理与方法是概念设计过程实现突破性的关键。在产品概念设计过程中, 设计者一般是从分析用户需求开始, 从中提取功能需求, 逐步从抽象到具体, 经过推理与决策, 最终获得满足实现功能需求的原理解, 也就是实现功能到结构的映射。在复杂的产品概念设计推理过程中, 其内在的基本规律和基本原理是不变的。物理定律和效应是产品技术系统完成一定功能必须遵循的基本原理。有效地利用物理定律和效应且实现功能到结构的映射对于产品概念设计十分重要。当判断技术系统是处于 S 曲线的成熟期时, 以已有系统为基础, 进行概念设计, 实现突破性发明, 并为后续的突破性创新提供技术系统基本原理。为此, 提出了如下新的模型与方法。

1. FPES 概念设计原理

技术系统功能的实现通常受物理定律的支配。即物理定律是技术系统或产品正确运行必须遵循的基本科学原理。功能可以定义为表示物质、能量、信息的物理量输入到输出的转换。而物理定律是物理量不同组合形式的数学表达, 因此, 功能与物理定律之间存在着关联, 功能可以通过物理量关联到物理定律。物理效应是物理定律的具体体现, 是产品功能和结构存在的依据, 物理效应可以依据所属物理定律进行分类, 并可以表示成物理量的输入与输出的形式。因此, 功能、物理定律、效应之间存在着内在关系, 而效应可以通过具体结构实现, 可以建立 "功能–物理定律–效应–结构 (function-physical law-effect-structure, FPES)" 的概念设计模型, 更有效地完成概念设计的推理过程。

"功能–结构 (FS)" 模型是概念设计中最基本的模型, FBS 模型是在 FS 模型的基础上结合了行为。这些模型都没有考虑其内在的原理和效应, 本研究是在这些模型的基础上, 结合物理定律和物理效应提出了 FPES 模型, 如图 10.14 所示。

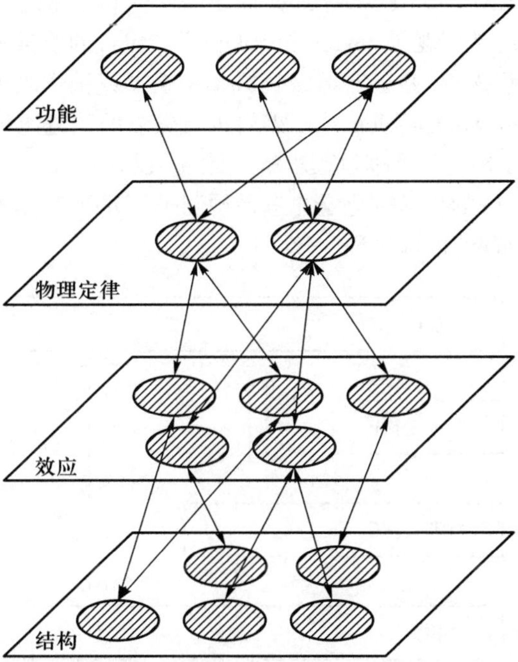

图 10.14 功能–物理定律–效应–结构 (FPES) 模型

在图 10.14 中, FPES 模型从功能到结构的映射包括下面这些映射模式。

FP 映射: "功能–物理定律" 映射模式。

PE 映射: "物理定律–物理效应" 映射模式。

ES 映射: "物理效应–结构" 映射模式。

FE 映射: "功能–物理效应" 映射模式。

FS 映射: "功能–结构" 映射模式。

在概念设计推理过程中, 根据问题的难易程度, 通过这些映射模式会有 FS 推理过程、FES 推理过程和 FPES 3 种不同的求解过程。

(1)FS 推理过程: 这种推理过程是实现功能到结构的直接映射, 这种方法适合结构良好 (well-structureed) 的概念设计问题求解, 也就是待设计问题相对简单, 存在功能和结构之间的直接映射, 为方便求解, 可以直接建立功能和结构之间的关系。

(2)FES 推理过程: 这种推理过程是不容易建立功能和结构之间的映射, 根据功能的物理量表述可以较方便地和效应之间建立映射, 再找到实现效应的相应结构, 从而完成概念设计的求解。

(3)FPES 推理过程: 这种推理过程是一个完整的求解模型, 功能的实现必须遵守一定的物理定律, 找到待设计功能所遵守的物理定律, 并进行推理, 找出实现功能所需的每个物理定律, 再根据物理定律和物理效应的对应关系找到实现功能的相应物理效应, 最后再由效应映射到结构。从而, 实现整个概念设计问题的求解。

在图 10.15 所示的 3 种推理过程中, 最左边的过程是完整的推理过程。在实际应用中采用哪一种推理过程需要考虑两方面的因素。首先是待设计问题的难易程度, 即待设计问题的功能是否存在明显的 FS 或 FES 简单映射; 其次, 根据 TRIZ 中问题的分类, 待设计问题如果是“通常问题 (routine problem)”, 包含的改进和创新性较少, 则可以考虑从简单的推理过程入手, 从已有的设计方案中选择或稍作改进即可; 如果待设计问题是“发明问题 (inventive problem)”, 需要进行较多的改进或创新, 则应该进行多层次的映射, 采用完整的 FPES 推理过程求解。此外, 设计者可以对待设计问题所依赖的核心技术, 采用 TRIZ 中的技术进化定律进行预测[12], 可以帮助设计者对所设计问题进行判断, 从而选取更合理的推理过程。

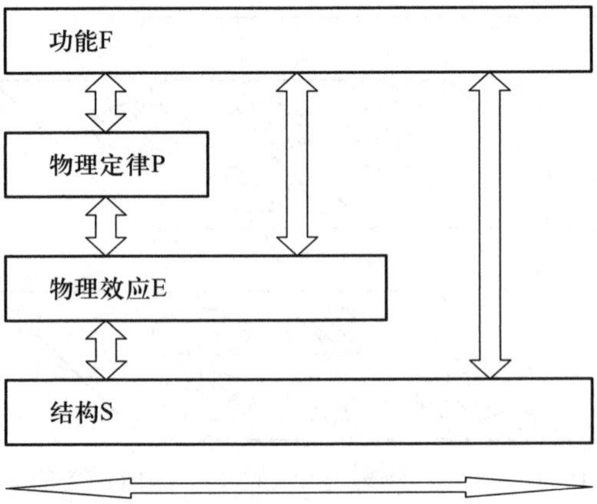

图 10.15 FPES 映射过程

2. 基于 FPES 模型的概念设计过程模型

基于 FPES 模型的概念设计是从产品的功能出发, 将物理原理和效应以定性的方式表示, 在一定的抽象层次上通过推理建立模型, 在模型中体现为物理定律层和效应层, 从而支持产品功能模型的建立; 或者通过一定的实例推理, 从已有的模型或设计实例中找到或组合出所求的设计方案, 生成待设计产品的原理结构模型。生成的设计方案由设计者再进行评价、决策或修改, 来满足所需求产品的功能。基于 FPES 模型的概念设计过程如图 10.16 所示。

基于 FPES 模型的概念设计过程推理, 可以概括为以下 4 步。

第 1 步: 根据待设计系统功能的需求以及其相应的物理量描述, 搜索与功能相关的

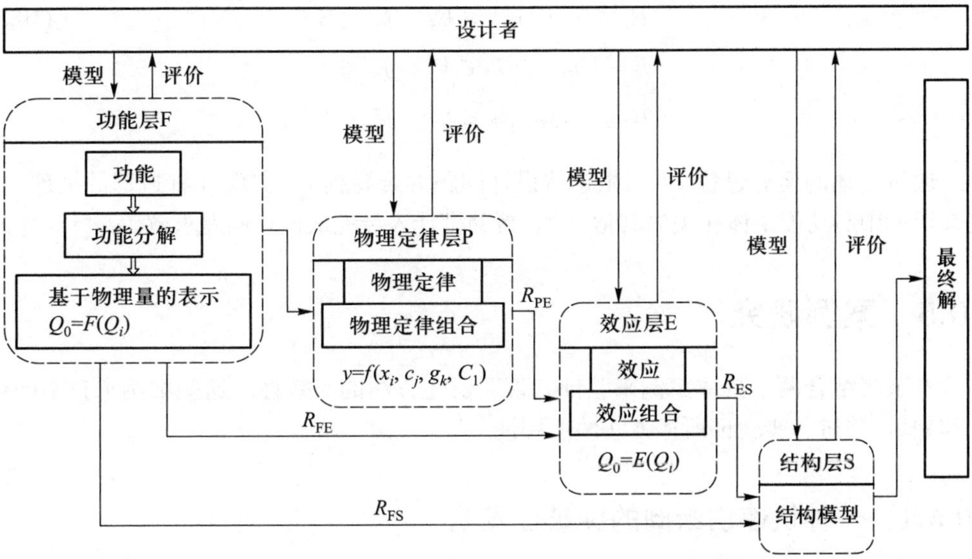

图 10.16 基于 FPES 模型的概念设计过程模型[20]

物理定律、物理效应和结构。

第 2 步: 若得到与功能相关的物理定律, 则进行推理求解; 若可以得到直接与功能相关的物理效应, 则直接进入第 4 步。

第 3 步: 根据功能的物理量描述和其对应的物理定律描述搜索相关的物理效应。

第 4 步: 根据某个物理效应搜索相应的结构。

根据上面的分析, 可以开发专门的概念设计计算机求解系统。该系统需要完成下面的一些运算。

假设所求个体 i, FPES 模型的模型空间是 $\mathbf{Z}$, 概念集合是 $\{\mathrm{F}, \mathrm{P}, \mathrm{E}, \mathrm{S}\}$, 关系集合是 $\{R_{\mathrm{FP}}, R_{\mathrm{FE}}, R_{\mathrm{FS}}, R_{\mathrm{PE}}, R_{\mathrm{ES}}\}$。其中, R_{FP} 是功能与物理定律之间的关系; R_{FS} 是功能与结构之间的关系; R_{PE} 是物理定律和物理效应之间的关系; R_{ES} 是物理效应和结构之间的关系; R_{FE} 是功能和物理效应之间的关系。

(1) 匹配运算。匹配运算是将设计者描述的模型转化为计算机系统标准的描述。设目标个体为 i, 匹配算子为 $\cong$, 匹配个体集为 $\mathbf{Z}$, 匹配运算表述为

$$\forall i, \exists i_k | i \cong i_k, i_k \in \mathbf{Z} \tag{10.2}$$

(2) 个体关系运算。要建立计算机概念设计系统, 需要进行个体关系运算。对于个体 i 和个体 j 是否存在关系 R, 也就是关系 $R(i,j)$ 是否成立。FPES 模型的概念设计过程就是搜索与个体 i 存在着一定关系 R 的关联个体 j 的过程, 从而实现从待设计问题个体到所求个体的映射。这也是计算机辅助概念设计所需完成的主要任务。个体关系运算可以表示为

$$R_{\mathrm{FP}}(i_k, j_m) | i_k \in \mathrm{F}, \quad j_m \in \mathrm{P}$$
$$R_{\mathrm{FE}}(i_k, j_m) | i_k \in \mathrm{F}, \quad j_m \in \mathrm{E}$$

$$R_{\mathrm{FS}}(i_k, j_m)|i_k \in \mathrm{F}, \quad j_m \in \mathrm{S} \tag{10.3}$$
$$R_{\mathrm{PE}}(i_k, j_m)|i_k \in \mathrm{P}, \quad j_m \in \mathrm{E}$$
$$R_{\mathrm{ES}}(i_k, j_m)|i_k \in \mathrm{E}, \quad j_m \in \mathrm{S}$$

通过上述的运算过程, 可以根据待设计问题的难易程度, 实现 3 种过程的推理, 找到知识库中与功能个体相关的其他个体, 帮助设计人员完成设计问题求解。

10.5 案例研究

本节将结合两个具体案例来验证和说明所述方法的有效性。这些案例来自不同行业和领域, 将进一步验证所述方法的适用性。

10.5.1 一种快速切断阀的突破性发明

快速切断阀是高炉煤气余压回收透平发电装置 (top gas pressure recovery turbine, TRT) 中的关键设备, 当 TRT 系统发生故障时完成阀口的紧急关闭动作, 可以确保透平机组的安全。快速切断阀的结构如图 10.17 所示。主要由液压系统和动力弹簧配合作用实现阀门的慢开和快关动作。当 TRT 系统发生故障时, 液压系统不工作, 动力弹簧提供弹力来实现阀门的快速关闭动作。在实际工作过程中, 快速切断阀快速关闭时, 只是由动力弹簧提供动力, 同时驱动液压系统及阀杆运动, 由于弹簧弹力随着弹簧形变的减小而减小, 在最后阶段可能会发生动力不足导致阀门不能完全关闭的情况。

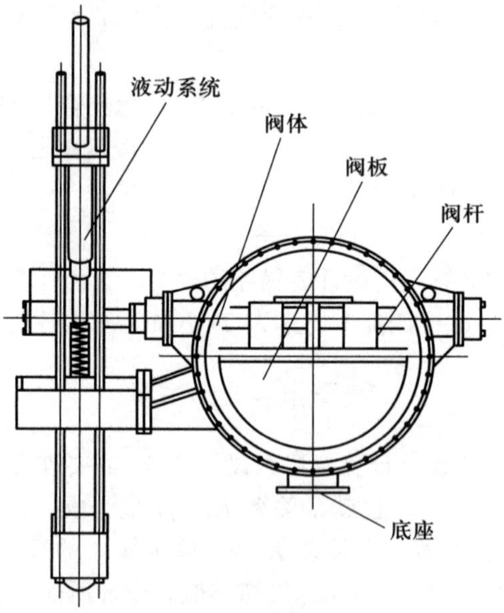

图 10.17 快速切断阀结构示意图

利用本章所述的方法, 一种新的快速切断阀的突破性发明的产生过程如下所述。

(1) 机会确认——选择目标产品和技术成熟度预测。

应用 CAI 软件 (例如 Invention tool 3.0) 对快速切断阀进行技术成熟度预测。查询国内专利数据库, 将筛选后得到的与快速切断阀有关的 610 份专利数据输入到相应软件中的技术成熟度预测系统来确定该产品已经处于成熟期阶段, 适合突破性创新的时机。因此, 选用快速切断阀作为突破性创新的目标产品。

(2) 突破性发明的机会分析——确定改进的技术子系统。

首先建立已有快速切断阀技术系统功能模型, 如图 10.18 所示。快速切断阀主功能开关阀门由驱动蜗杆蜗轮、转动阀杆阀板和调节高炉煤气 3 个基本功能组成。建立快速切断阀转动阀杆阀板主功能物质–场模型, 如图 10.19 所示。

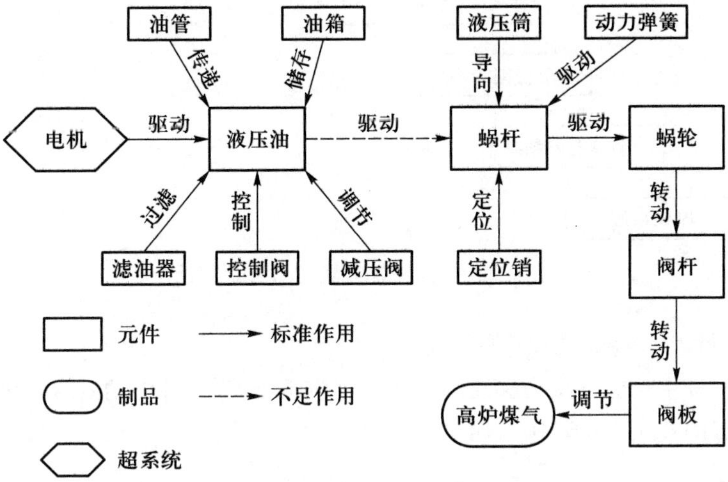

图 10.18 快速切断阀技术系统功能模型

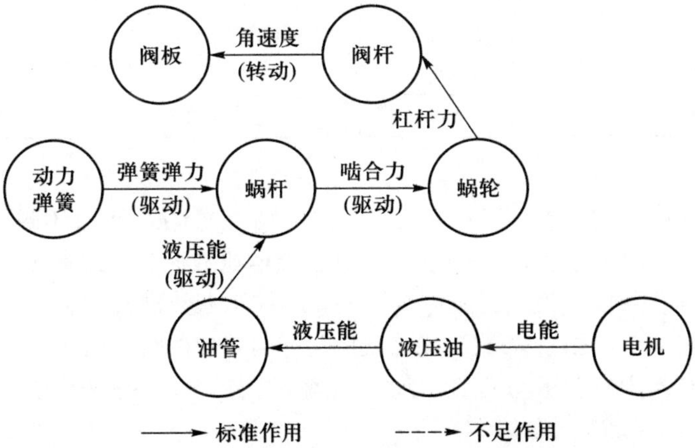

图 10.19 快速切断阀转动阀杆阀板主功能物质–场模型

从以上两图可以看出, 当 TRT 系统发生故障时, 由于液压系统不工作, 只是由动力弹簧依靠弹簧弹力驱动蜗杆, 在最后阶段可能会发生动力不足导致阀门不能完全关闭的情况。因此, 选择液压系统作为需要强化的技术子系统。

基于技术进化理论对液压技术子系统进行技术潜力预测。通过专利分析, 依据子系统当前技术状态, 对比 TRIZ 技术进化路线, 可以选择“动态化增长”技术进化定律下的“向流体或场”技术进化路线, 如图 10.20 所示。图中的技术潜力包括一个潜力状态: 基于场的系统。因此, 一种通过场作用的新型切断阀是快速切断阀突破性创新的技术机会。

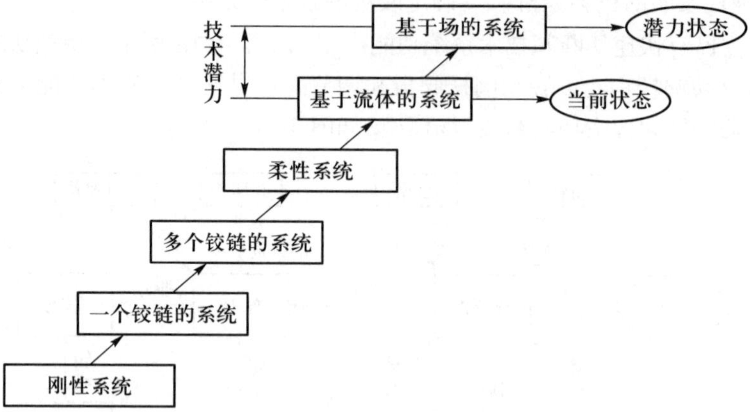

图 10.20 向流体或场技术进化路线

(3) 突破性发明创新原理解的形成。

将驱动蜗杆主功能抽象为移动固体物质。应用 CAI 软件中的效应知识库搜索移动固体物质相关的效应, 如表 10.2 所示。

表 10.2 效应知识库移动固体物质相关效应

摩擦起电现象	电致伸缩	电场	安培定则
库仑定律	电流变效应	电晕放电现象	电磁感应
欧姆定律	压电效应	电介体	磁场力效应
离子电导率	反压电效应	电泳现象	光生伏打效应

为使驱动系统结构简单、操作方便、可控性好、成本低, 可选用磁场力效应, 使固体在磁场力作用下产生运动, 而磁场力效应还需要欧姆效应、螺线管磁场效应和螺线管长度决定磁场强度效应对磁场力效应的输入量和控制参数进行控制。为使快速切断阀快关时间控制在 0.5 s 之内, 需要磁场力效应与弹力效应的合力效应实现快速关闭。再结合直线运动转换为旋转运动的啮合力效应, 驱动阀板转动的杠杆效应, 将这些效应结合成效应链, 如图 10.21 所示。

由此产生的一个创新设想为: 当电流通过线圈时, 线圈内部会产生磁场。控制线圈中电流大小可以产生不同强度磁场, 改变电流方向可以产生不同方向的磁场。产生的磁场会对连杆产生磁场力, 并与动力弹簧配合作用使连杆以不同的速度向不同的方向运动, 使驱动阀板实现慢开、慢关和快关动作。此创新设想可以实现, 即为快速切断阀突破性创新的可能设想。

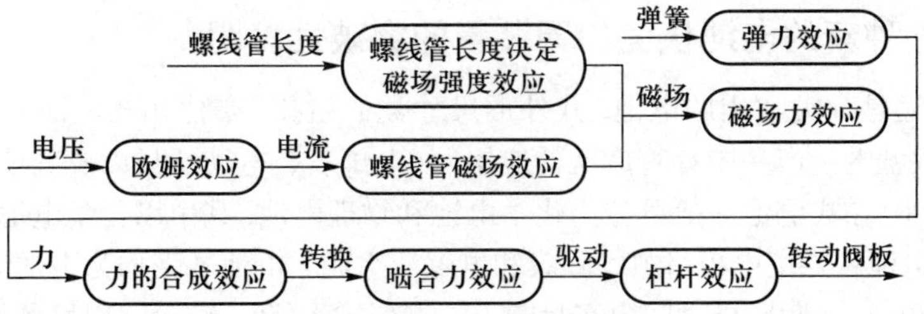

图 10.21　驱动系统效应链

(4) 突破性发明方案的产生及评价。

根据企业实际情况对可以实现的设想进行评价产生最终创新设想, 作为模糊前端阶段的输出, 由此可启动一种电控式快速切断阀开发项目, 在新产品开发的概念设计阶段提出了实现上述设想的新概念, 如图 10.22 所示。

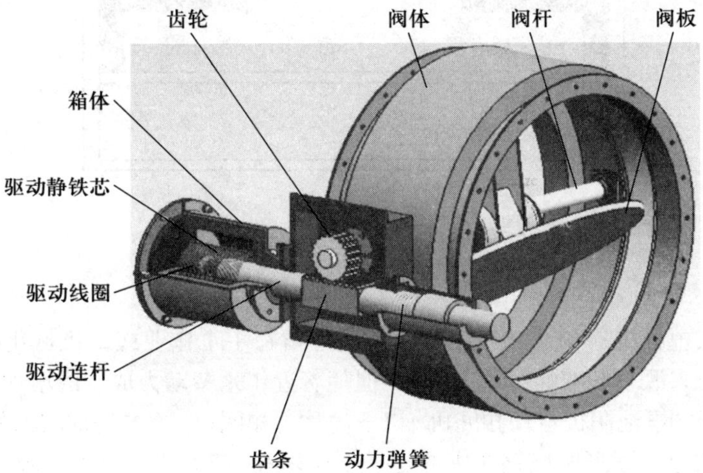

图 10.22　电控式快速切断阀突破性发明

电控式快速切断阀工作原理如下。

(1) 慢开动作: 驱动线圈通电, 产生电磁力吸引连杆运动, 通过齿条带动齿轮转动, 齿轮带动阀板转动, 阀门慢慢打开, 同时压缩动力弹簧, 到达位置后行程控制系统限制连杆运动。

(2) 慢关动作: 行程控制系统释放对连杆的限制, 弹簧弹力驱动连杆运动, 同时驱动线圈通电, 控制电流产生小于弹簧弹力的电磁力, 阻止连杆运动, 在两个力的作用下, 连杆运动, 实现阀门的慢关动作。

(3) 快关动作: 当 TRT 系统出现问题时, 行程控制系统释放对连杆的限制, 驱动线圈反向通电, 产生反向电磁力和弹簧弹力一起驱动连杆快速运动, 带动阀板转动, 实现阀门的快速关闭。

与原有结构相比, 电控式快速切断阀驱动系统用电磁装置代替液压系统, 消除了弹簧动力不足的问题。

10.5.2 一种新的电池极壳扣圈装置的突破性发明

纽扣电池是一类常用的电池, 其外形尺寸类似纽扣, 亦称扣式电池, 一般直径大、厚度薄, 在微型电子产品中有着广泛的应用, 如电子表、电动玩具以及其他的一些电子器件等。另外, 扣式电池一般可分为化学电池和物理电池, 其中以化学电池的应用最为普遍。化学电池主要由电极材料、隔膜和电解液组成。电池外壳均为不锈钢材料, 阴极为不锈钢的圆形盖, 阴阳极之间由密封圈 (绝缘胶圈) 隔开。密封圈用尼龙材料制成, 一方面起到绝缘作用, 防止短路; 另一方面起着密封的作用, 防止电极液的渗漏。扣式电池的结构图如图 10.23 所示。电池的极壳组件是扣式电池的一个重要部件, 其底面平整性的好坏和套圈质量的高低严重影响电池的外观一致性、放电时间以及电池在封口的瞬间是否短路。

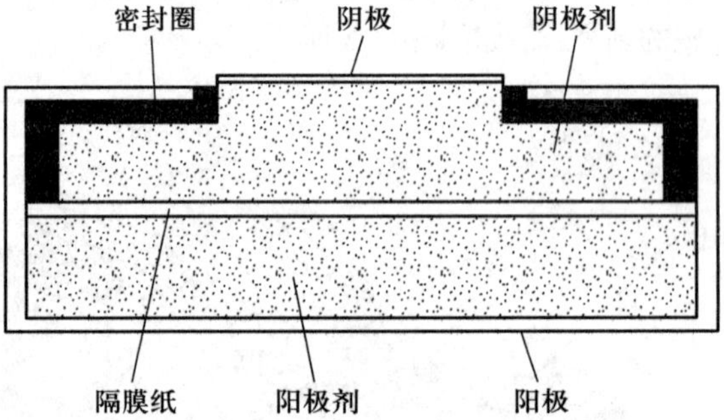

图 10.23 扣式电池结构图

我国扣式电池生产的现状是生产企业仍停留在手工作业或半机械化的程度, 行业竞争优势主要来源于低廉的劳动力成本, 但随着近年来劳动力成本的增加, 这种优势逐渐被削弱。纽扣电池阴极自动扣圈机 (以下简称为扣圈机) 主要完成将涂好密封胶的密封圈套入扣式电池圆形阴极钢圈中的这一工序内容, 产生符合要求的胶圈和阴极壳体组合体。图 10.24 所示是当前一种能够完成这一工序的样机设备的原理示意图。当前

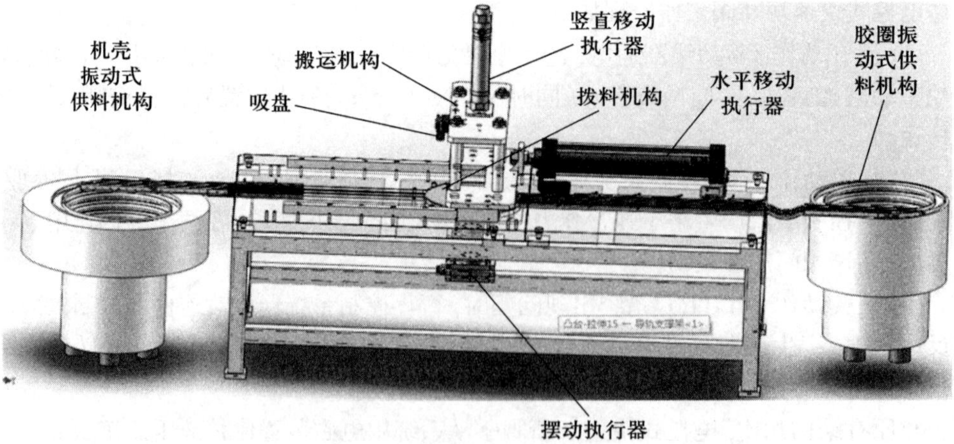

图 10.24 一种扣圈装置的原理结构示意图

方案中存在着生产效率低、单位生产能耗高、体积庞大、造价高、电气耦合装置控制复杂等多方面的问题[21]。

(1) 机会确认——选择目标产品和技术成熟度预测。

通过相关的专利查询, 当前电池扣圈装置已有多种样机或解决方案。能够完成电池极壳的自动化扣圈过程。然而在实际生产过程中, 对扣圈的生产率有更高的要求, 而当前的装置和设备在气缸等气动元件的使用中已基本趋近于其相应工作周期的技术极限。图 10.24 中的设备气缸每分钟往复运动 20 次, 但是其实际的扣圈速率为 40 ~ 50 个/min。因此, 当前需要进行突破性创新。

(2) 突破性发明的机会分析确定改进的技术子系统。

根据图 10.24 中设备的构成原理, 其系统模型如图 10.25 所示。建立电池扣圈装置主功能物质–场模型, 如图 10.26 所示。

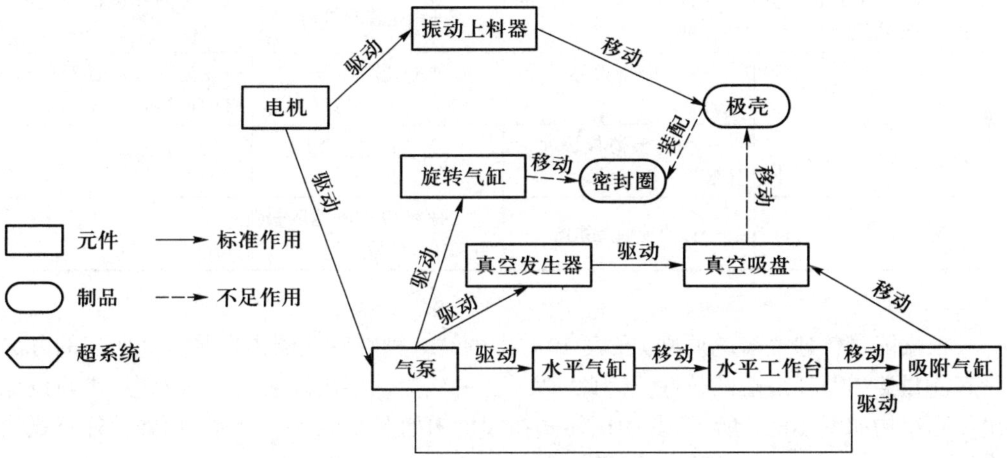

图 10.25 原有电池扣圈装置的系统模型图

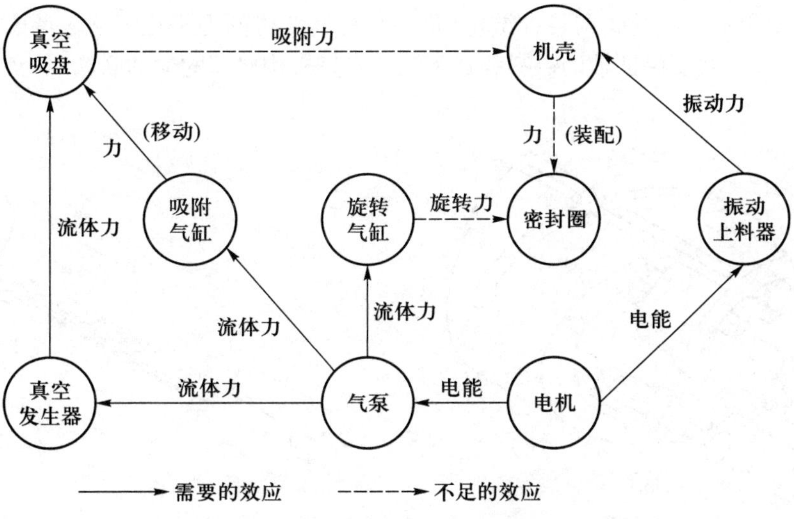

图 10.26 电池扣圈装置主功能物质–场模型

根据图 10.25 所示内容, 极壳的移动和吸放是完成扣圈动作的关键。然而, 这一动作的实现具有很长的能量传递路径。根据表 10.1 中的内容, 该产品系统存在着能量传递链过长的问题, 具体表现为电能通过气泵转化成为压力能, 压力能再通过气缸转化成为机械能, 因此根据图 10.13 所示的流程, 选择扣圈装置作为改进的主要对象。根据技术进化定律中的能量传递链最短原则, 其理想的方式是直接将电能转化成为机械能, 并且尽可能直接地进行极壳的扣圈动作。

(3) 突破性发明创新原理解的形成。

借助 CAI 软件以及专利知识库工具, 可以搜索到能够满足被替换子系统的方案或原理, 如表 10.3 所示。

表 10.3 可用的不同来源的创新知识列表

一种带有智能定位功能的新型冲压模具	一种汽车塑料饰件的冲孔机	一种快速装配机构	一种纽扣电池极壳扣圈机构
一种电池极片裁切机	一种转管武器击发装置	一种 O 形圈快速装配机构	花型地星通过双层球结构释放孢子
高频率冲压用冲床	一种五金薄板快速冲压装置	电池极片裁切机构	射水鱼捕猎方式
快速加盖机	一种快速装配系统	一种纽扣式电池阴极自动扣圈装置	

根据能量传递最短的原则, 在表 10.3 中的“一种转管武器击发装置”所述的方法具有能量传递路径最短的特性。因此, 以“一种转管武器击发装置”为原型, 重新设计出扣圈结构如图 10.27 所示, 其中回转式扣圈机构如图 10.27(a) 所示, 而弹簧往复式扣击杆结构如图 10.27(b) 所示。根据效应综合的方法, 由于转式扣圈机构技术背景是枪械技术, 因此其实现传输和运送极壳的技术方案选定了枪械中常用的弹链供弹和转轮供弹的原理, 并将其组合形成了与改进后扣圈结构配合的辅助输料装置, 其结构原理图如图 10.28 所示。通过微调装置结构, 进一步提高装置的理想化程度。考虑到扣圈机构的高速运转, 必须保证辅助供料装置和扣圈击打机构之间的运动联动, 避免可能的装

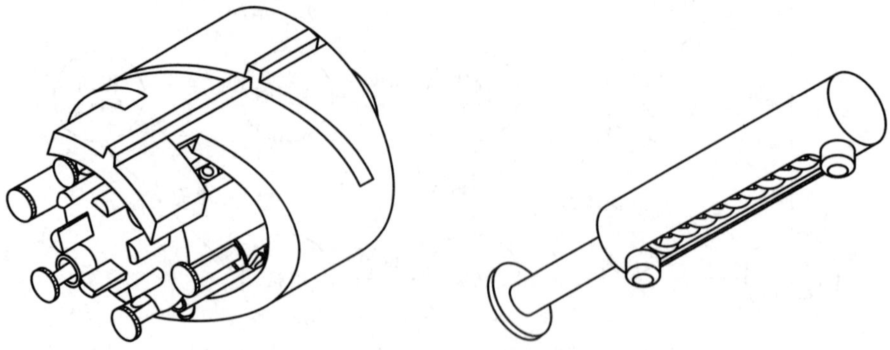

(a) (b)

图 10.27 改进后的回转式扣圈机构结构示意图

置间的干扰, 从而提高装置运转的可靠性, 最后选择的方案是通过运动联动结构 (如图 10.29 所示) 将两个装置之间运动进行了联动, 不但保证了扣圈动作与送料动作的同步, 而且减少了原动机数目, 只需要一台电机便可以完成扣圈和输料的动作。

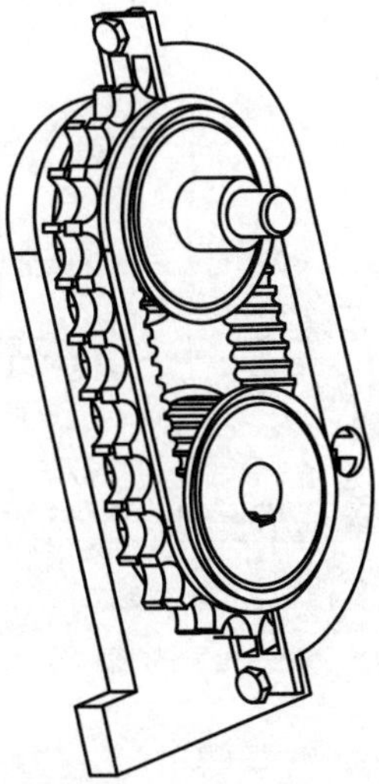

图 10.28 与改进后扣圈结构配合的辅助输料装置结构示意图

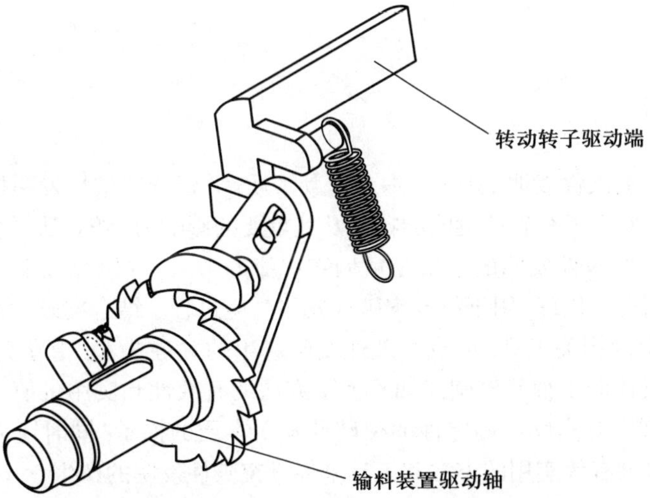

图 10.29 扣圈装置与输料装置的运动联动结构示意图

(4) 突破性发明方案的产生及评价。

最终经改进后的扣圈机扣圈子系统模块如图 10.30 所示。同此前的技术方案进行对比, 新方案具有以下几方面显著优势。

(1) 新方案在执行系统层面采用了新的物理原理, 替换原设计主要依赖真空吸附原理和气缸行程来实现扣圈动作的原理, 而新设计采用的转子转动带动弹簧击头来实现扣圈动作, 能够实现快速扣圈, 大幅提高生产效率。

(2) 在能量方面虽然双方都使用电能, 但原设计主要依赖电能转化成为压力能, 随后又转化成为机械能, 而改进后的设计则直接将电能转化成为机械能, 显著缩短了能量的传递路径。

(3) 联动结构的设计提高了技术系统的可控性, 降低了控制系统设计的复杂程度和附加成本。

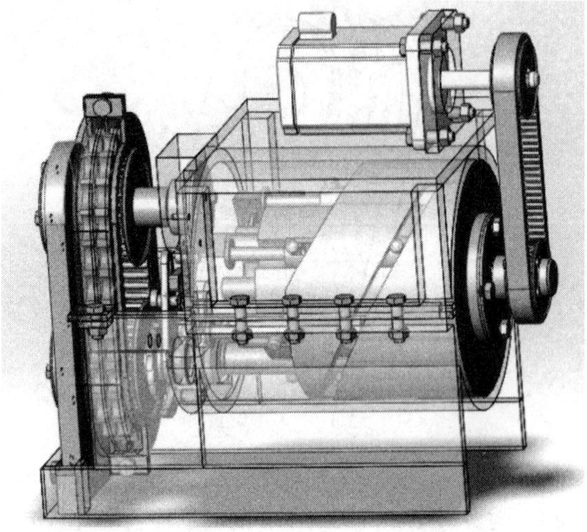

图 10.30 改进后的扣圈机的扣圈装置模块图

10.6 小结

本章研究了突破性发明的特征, 揭示了其本质, 并形成突破性发明构成目标导向的发明过程。首先研究了突破性发明的特征及其重要的影响力; 随后从系统动力学的新视角研究并揭示了突破性发明的本质是负熵知识流的引入, 并研究和丰富了基于知识负熵的突破性发明产生机理, 用于指导突破性发明产生过程。结合突破性发明本质及发明问题解决理论中的相关工具, 形成突破性发明产生的关键技术, 指导突破性发明过程; 最后利用两个具体的工程案例阐述和验证了方法的有效性和实用价值。本章方法的理论价值不仅体现在对高度不确定性的突破性发明本质的揭示, 同时还为突破性发明的阐述提出了一系列有效实用的方法和工具来促进突破性发明的产生。

参考文献

[1] 付玉秀, 张洪石. 突破性创新: 概念界定与比较 [J]. 数量经济技术经济研究, 2004, (6): 73-83.

[2] 赵息, 李文亮. 知识特征与突破性创新的关系研究——基于企业社会资本异质性的调节作用 [J]. 科学学研究, 2016, 34(1): 99-106.

[3] Colombo M G, Krogh G, Rossi C, *et al.* Organizing for radical innovation: Exploring novel insights [J]. Journal of Product Innovation Management, 2017, 34(4): 394-405.

[4] Richard L, Christopher M M, Gina C, *et al.* Radical Innovation—How Mature Company Can Outsmart Upstarts [M]. Boston: Harvard Business School Press, 2000.

[5] Brem A, Nylund P A, Schuster G. Innovation and de facto standardization: The influence of dominant design on innovative performance, radical innovation, and process innovation [J]. Technovation, 2016, 50: 79-88.

[6] Stopy V, Omalley L, Hart S. Role performance, and radical innovation competences [J]. Industrial Marketing Management, 2011, 40(6): 952-966.

[7] Schumpeter J A. The Theory of Economic Development [M]. Boston: Harvard University Press, 1934.

[8] 平恩顺, 檀润华, 孙建广. 基于 TRIZ 的机械产品突破性创新设想产生过程研究 [J]. 中国机械工程, 2014, 25(18): 2439-2446.

[9] 杨皎平, 侯楠, 王乐. 集群内知识溢出、知识势能与集群创新绩效 [J]. 管理工程学报, 2016, 3: 27-35.

[10] 杨柳, 于剑, 刘烨, 等. 面向认知的多源数据学习理论和算法研究进展 [J]. 软件学报, 2017, 28(11): 2971-2991.

[11] Sauerwein E, Bailom F, Matzler K, *et al.* The Kano model: How to delight your customers [C] //International working seminar on production economics, Innsbruck, Austria, February 19-23, 1996: 313-327.

[12] Mann D L. Hands-on Systematic Innovation [M]. Belgium: Creax Press, 2002.

[13] Domb E. Using the ideal final result to define the problem to be solved [J/OL]. TRIZ Journal, 1998, 6. [2019-04-05]. https://triz-journal.com/using-ideal-final-result-define-problem-solved/.

[14] Twiss B C. Managing Technological Innovation [M]. London: Financial Times Prentice Hall, 1986.

[15] 黄庆, 周贤永, 杨智懿. TRIZ 技术进化理论及其应用研究述评与展望 [J]. 科学学与科学技术管理, 2009, 30(04): 58-65.

[16] Savransky S D. Engineering of Creativity: Introduction to TRIZ Methodology of Inventive Problem Solving [M]. Boca Raton, Florida: CRC Press LLC, 2000.

[17] Fey V R, Rivin E I. Guided technology evolution (TRIZ technology forecasting) [J/OL]. TRIZ Journal, 1999,6. [2019-04-06]. https://triz-journal.com/guided-technology-evolution-triz-technology-forecasting/.

[18] Zlotin B, Zusman A. Directed Evolution: Philosophy, Theory and Practice [M]. Farmington Hills, MI: Ideation International Inc., 2001.

[19] Victor Fey, Eugene Rivin. Innovation on Demand [M]. New York: Cambridge University Press, 2005.

[20] 李志广. 基于功能和物理定律的概念设计研究 [D]. 天津: 河北工业大学, 2014.

[21] 曹国忠, 檀润华. 功能设计——原理及应用 [M]. 北京: 高等教育出版社, 2016.

第 11 章　目标导向的发明过程：破坏性发明

11.1　概述

破坏性创新[1] 的概念最早产生于技术管理 (management of technology, MOT) 领域。随着大量产品消耗资源的增加、人类环保意识的提高，低能耗、轻量化、绿色化等设计已成为产品创新追求的目标，而破坏性创新所提供的产品具有便捷性好、易操作、绿色化等特征，使产品的破坏性创新逐渐受到企业的关注。对于企业，破坏性创新是一类目标导向创新过程，该过程的前提是破坏性发明。作为破坏性创新的前提，破坏性发明包括低端破坏与新市场破坏两种基本类型。本章不仅介绍这两类发明过程的概念，也介绍发生的条件及实现这两类发明的过程。

11.2　破坏性发明产生的条件

11.2.1　新市场破坏性发明产生条件

Christensen 在 1997 年发表的著作中阐述了新市场破坏产生的市场条件为[2]：存在这样的潜在顾客群体，他们由于缺少资金、设备或技术来亲自完成某件事情，因此只能要么完全不做，要么花钱请专业人士替自己完成这些工作，或者去具有专业设备的场所完成这项工作。由此可以看出，新市场破坏需要存在主流用户 (mainstream customer) 和新市场用户 (latent new market customer) 群体。主流用户最重视产品性能的改进，是产品持续创新的直接推动者，而新市场用户可以承受“传统的”主流功能 (mainstream function) 的降低，但对产品某一非主流性能希望能得到改进。随着非主流技术的提高，产品越来越普及，吸引的用户群体越来越大，当新市场用户群体数量增大到一定程度时，新市场破坏就成为可能。

新市场破坏的根源是存在不同需求的用户群，该类用户群与其他用户对产品性能的需求存在差异。如图 11.1 所示，当主流技术进化到接近技术极限时，非主流技术还处于成长期，从当前技术状态到技术极限的距离称之为技术潜力 (technological potentiality)，可见非主流技术潜力 P_1、P_2 要远远大于主流技术潜力 P_{m1}、P_{m2}。这样，在破坏性创新发生后的一段时间内，作为新市场技术的非主流技术成为待提高的主流技术，而原有主流技术暂时停止进化，或者为了降低生产成本，人为降低主流技术性能。随着新的主流技术发展，当产品各项分功能技术基本进化平衡时，就可以重新规划主流进化技术, 利用现有的资源优势, 冲击原有产品的主流市场。

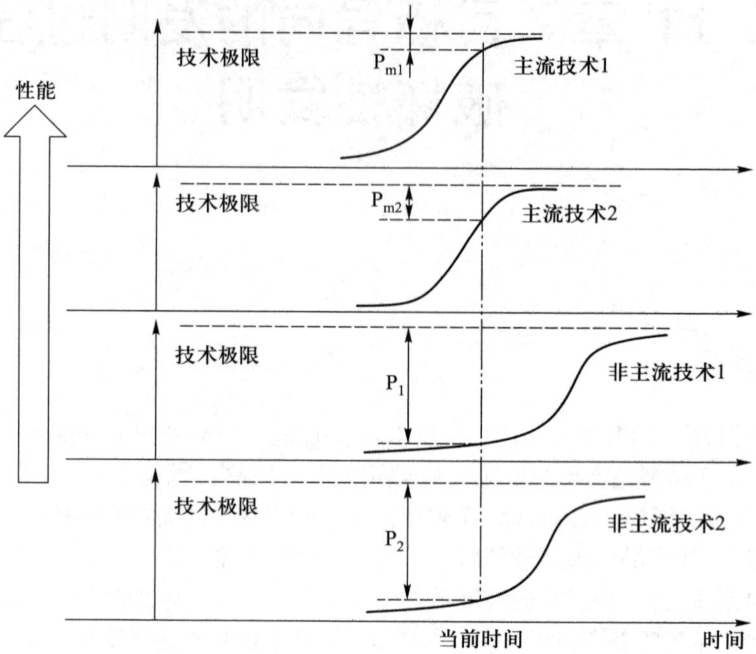

图 11.1 产品技术进化分布状态

综上所述, 形成新市场破坏需要满足一些技术条件, 这些条件是新市场破坏性发明产生的条件, 包括如下两条。

条件 1: 技术进化严重不平衡。处于超前位置的主流技术和处于滞后位置的非主流技术的潜力差 $\Delta P = P - P_m$ 越大, 实现破坏性发明后的技术增长越快。

条件 2: 存在新的用户群。存在一定规模的对进化滞后技术有需求的用户群。

11.2.2 低端破坏性发明产生条件

低端破坏性创新的市场条件为: 在低端市场上存在愿意以较低价格购买性能较差, 但质量很好产品的顾客, 在保障可观利润的前提下能够降低产品的价格。

持续性创新通过从不同角度对现有产品进行不断完善, 扩充了产品的价值和功能, 而破坏性创新却从另一角度建立了一种性能相对较低, 但更贴近产品基本使用价值, 更符合市场理性需求的新型创新范式。因此, 从市场角度分析, 破坏性创新是消费理性回归的产物。由破坏性创新的市场条件可以看出, 低端破坏具有的特点为: 产品价格低、性能较差、质量很好、保障可观利润。

产品价格低是低端破坏的主要特点, 降低产品价格可以采用多种方法, 比如降低利润、简化制造工艺、降低技术指标等。"产品性能较差"说明产品的主流技术水平较差, 这和产品价格低是一致的, 可以通过降低主流技术性能指标来降低产品价格。"质量很好"说明为了削减制造成本, 不能采用简化工艺、粗制滥造, 以及劣质低成本的原材料, 仍然要保证产品的质量。"保障可观利润"否定了以降低利润获得低价的途径。

综上所述, 低端破坏的实现主要依靠降低产品主流技术性能指标来降低价格, 从而吸引低端用户。

所谓的低端用户 (low-end customer) 是指可以承受产品主流技术指标下降的消费者。他们不是一个特殊的固定群体, 而是当产品技术进化到一定阶段, 产品技术性能超过一部分用户的需求性能时, 出现了需求过度满足用户 (over-satisfied customer), 这部分用户就成了低端用户。新兴企业以争取被主导企业忽视了的低端用户为破坏性创新的开始, 通过提前建立针对低端用户的市场营销机制, 慢慢蚕食市场份额, 同时利用逐步掌握的技术, 向高端市场进军。

综上所述, 形成低端破坏需要满足一些条件, 这些条件即为低端破坏性发明出现的条件, 包括如下两条。

条件 1: 一些用户需求过度满足。主流技术的增长相对于用户的需求出现了过度满足, 相应增加的产品价格因素也成了过剩产物。

条件 2: 存在低端用户群。对主流技术需求过度满足的用户群具备一定的规模。

11.3 基本破坏性发明过程

11.3.1 技术系统的分解

技术系统或产品是由相互联系、相互作用的子系统形成的一个整体, 是一个具有整体功能和综合行为的统一体[3]。技术系统由各级子系统组成, 每个子系统都具有自己的系统结构, 可以作为一个完整的技术系统进行分析。图 11.2 所示为采用树形分解方法对一个已知技术系统进行分解的示意图。为了避免技术系统分解层次过多, 分解的最小单元应为产品的模块, 或为产品生产时的外购单元。此外, 为了便于进行技术系统进化分析, 将设计约束作为技术子系统形象因素列入所有子系统之中, 如体积、质量、价格、操作方便性、能耗等为设计约束项。最终得到的分解项为 n 项, 表示为 $\mathrm{E_t} = \{\mathrm{E_{t1}}, \mathrm{E_{t2}}, \mathrm{E_{t3}}, \cdots, \mathrm{E}_{\mathrm{t}n}\}$。

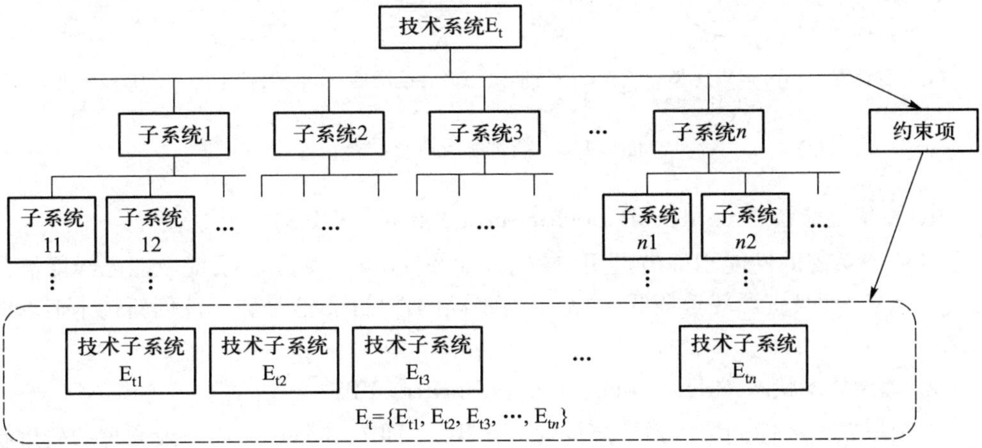

图 11.2 技术系统分解模型

产品进化可通过子系统的进化表现出来, 伴随着产品的进化, 用户需求和相关协同技术均处于进化状态。需求进化是由不同的用户群体需求组成的, 其中不同的用户群对产品各项技术需求是不同的。协同技术是指与某项分功能技术协同进化的技术, 一般是指影响产品某项技术水平的其他领域的技术。

11.3.2 技术系统进化状态

破坏性发明机遇来自产品性能的进化过度和新需求市场的出现, 扩展到技术系统进化领域, 实质上就是在用户需求约束的条件下, 子系统进化不平衡带来的技术机遇。因此, 破坏性发明机遇与技术系统进化状态有密切的关系。用图示的方法构建技术系统进化的状态对于系统分析是重要的一步。

如图 11.3 所示是将技术系统用雷达图表示的一种图示。其中虚线区域代表用户需求的性能 E_n, 实线区域代表技术子系统实际提供的性能 E_p。为了便于描述, 这里假设技术系统 E_t 由 6 个子系统组成, $E_t = \{E_{t1}, E_{t2}, \cdots, E_{t6}\}$, 对应的用户需求的性能为 $E_{n1} \sim E_{n6}$, 技术子系统实际提供的性能为 $E_{p1} \sim E_{p6}$。技术系统进化过程中有如下 6 种典型状态[4,5]。

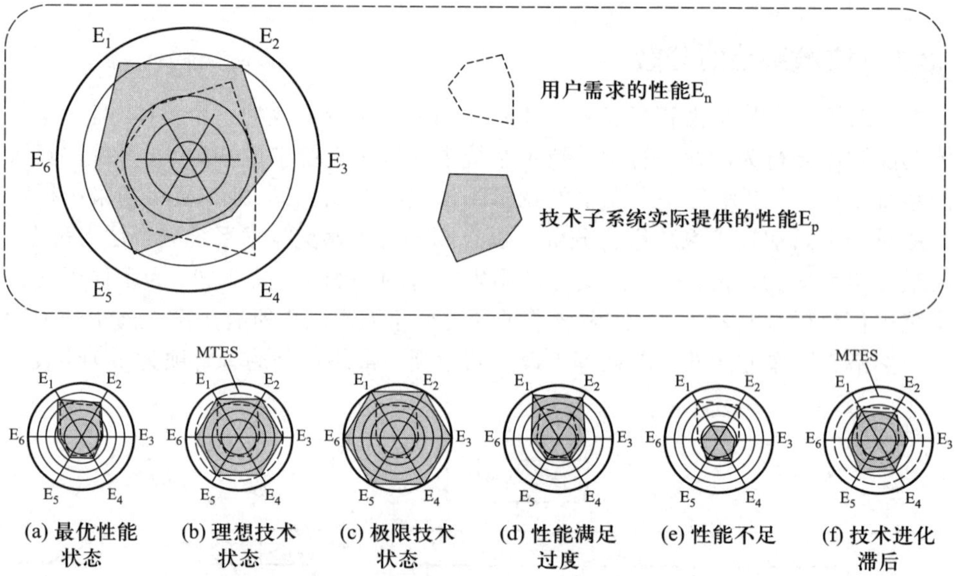

图 11.3 技术系统进化状态

1. 最优性能状态 (optimal performance state, OPS)

各项子系统的性能刚好满足用户需求, 如图 11.3(a) 所示。系统性能已经能够满足用户需求, 而且资源耗费最低, 产品具有最高的性价比, 这是破坏性创新技术追求的状态。

2. 理想技术状态 (ideal technological state, ITS)

各项子系统的性能均达到主流技术进化状态, 即 ITS 是产品当前最合理的先进状态, 如图 11.3(b) 所示。但是, 实际技术系统的各个子系统之间往往存在着冲突, 某个子系统性能的提高会导致另一个子系统性能的恶化, 即技术子系统之间存在 "相干性"。由于技术子系统的相干性和激烈竞争导致的成本限制, ITS 在现实产品技术系统中无法实现。

3. 极限技术状态 (limit technological state, LTS)

各项子系统的性能均达到技术极限, 如图 11.3(c) 所示, LTS 是持续性创新的目标。在持续性创新过程中, 企业为了应付残酷的市场竞争, 只能背离用户需求, 最大限度地提高产品各项性能指标。同样, 由于技术子系统的相干性和成本的限制, ITS 在现实产品技术系统中也无法实现。

4. 性能过度状态 (over-satisfied need state, ONS)

某些子系统性能显著超出用户需求, 如图 11.3(d) 所示, 在追求 ITS 的过程中, 盲目提高处于市场竞争热点的产品性能容易导致 ONS。ONS 通常认为是产生低端破坏的机遇。

5. 性能不足状态 (dissatisfied need state, DNS)

由于用户需求的徒增或产品子系统进化不足, 如图 11.3(e) 所示, 产品某些子系统性能明显低于用户需求。对 ITS 的追求和技术开发惯性会导致对用户需求监控不足, 日积月累, 造成某些子系统性能低于用户需求。通常认为 DNS 是产生新市场破坏的机会。

6. 技术进化滞后状态 (insufficient technology evolution state, ITES)

某项子系统的性能明显低于当前主流技术进化状态, 如图 11.3(f) 所示。子系统的这种状态有很大的技术潜力, 在付出不大的代价下可以得到性能的较大提升。

11.3.3 基于技术进化的破坏性发明过程

技术系统进化表现为各子系统进化的综合效应, 产品创新过程就是技术系统进化过程。如图 11.4 所示, 产品进入成熟期后, 沿着 $\mathrm{S}_{n-3} \Rightarrow \mathrm{S}_{n-2} \Rightarrow \mathrm{S}_{n-1} \Rightarrow \mathrm{S}_n$ 进化到当前状态 S_n, 由 S_n 可以看出, $\mathrm{E}_{\mathrm{n}1} < \mathrm{E}_{\mathrm{p}1}, \mathrm{E}_{\mathrm{n}2} < \mathrm{E}_{\mathrm{p}2}$, 可见子系统性能 E_1 和 E_2 是产品渐进性创新过程中市场竞争的热点, 在产品成熟期的进化的过程中, 已经出现了性能过度状态 (ONS); 另外, 在上述 SI 过程中, 用户对子系统 E_4 的需求 $\mathrm{E}_{\mathrm{n}4}$ 一直处于较快增长的过程中, 但子系统性能 E_4 并未得到相应的增长, 这就导致进化到当前状态 S_n 时, $\mathrm{E}_{\mathrm{n}4} > \mathrm{E}_{\mathrm{p}4}$, 技术系统进化出现性能不足状态 (DNS)。

根据上述对 S_n 状态的判定, 子系统进化的不平衡给系统带来破坏性发明的机遇。可以采取不同形式的破坏性发明策略。

策略 1: 低端破坏性发明 (LDI)。

降低子系统性能 E_1 和 E_2, 使其刚刚够满足用户需求, 此时在潜力状态 S_D 处 $\mathrm{E}_{\mathrm{n}1} \approx \mathrm{E}_1, \mathrm{E}_{\mathrm{n}2} \approx \mathrm{E}_2$; 由于 E_1 和 E_2 的降低, 可以节省一部分产品成本, 所以可以降低产品的价格, 实现针对部分用户的低端市场破坏性创新。

策略 2: 新市场破坏性发明 (NDI)。

增加子系统 E_4 性能, 使其满足用户需求。子系统 E_4 的增加意味着产品子系统功能的强化, 使得产品可能进入对此子系统功能感兴趣的用户群, 实现新市场破坏性创新。

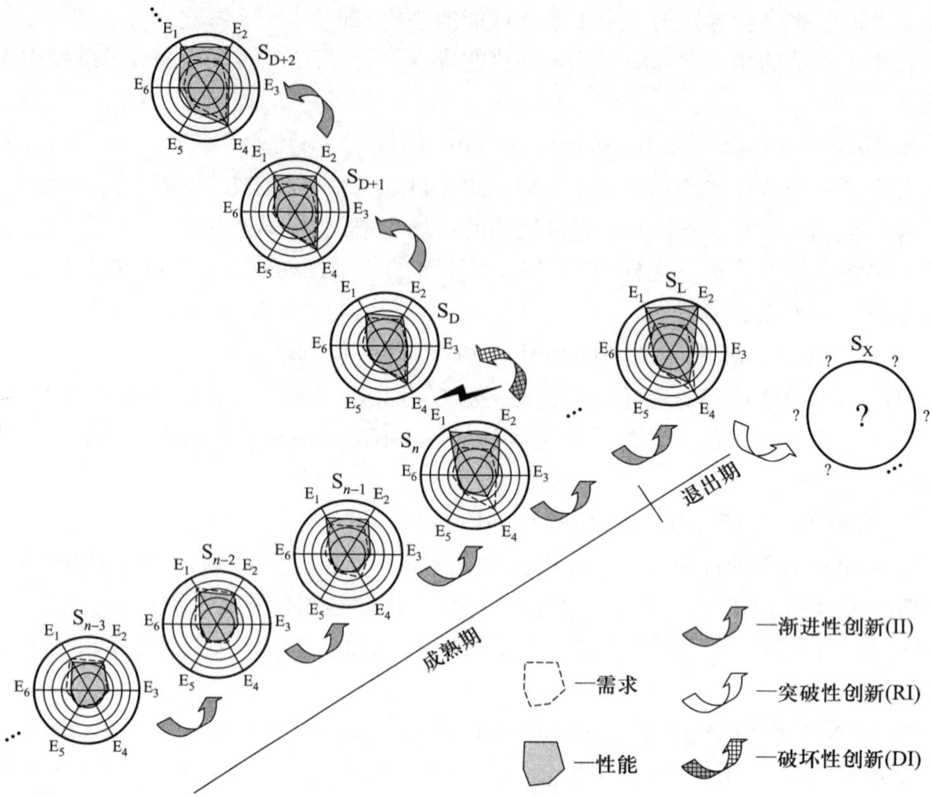

图 11.4　技术系统进化模型

根据图 11.3、图 11.4 所示的技术系统进化模型, 建立如图 11.5 所示的基于技术进化的或基本破坏性发明过程模型, 其实施步骤如下。

第 1 步: 选择目标产品。根据企业实际状况和市场环境状况选择一种待改进的产品为目标产品。

第 2 步: 技术成熟度预测。对目标产品进行技术成熟度预测, 产品性能随时间变化、专利数量随时间变化 4 组曲线可用于预测技术成熟度。如果目标产品不在成熟期, 说明产品市场不成熟, 不适合破坏性发明过程, 重新选择产品。

第 3 步: 产品技术系统进化分析。分析各子系统进化情况, 如果各子系统进化均衡, 不具备破坏性发明机遇, 可对产品进行持续创新或重新选择产品。

第 4 步: 产生创新策略。选择进化相对滞后的子系统性能, 进行新市场破坏。降低过度满足用户需求的子系统性能, 进行低端破坏。同时进行上述两过程, 进行混合破坏。

11.3.4　案例研究: 游戏机破坏性发明过程与创新

游戏机 (game console) 是一种以电视作为显示设备专门用于电子游戏的电子装置。20 世纪 50 年代出现了世界上第一款以计算机为载体的游戏, 1972 年, Magnavox 公司推出了世界上第一台电视游戏机 Magnavox Odyssey, 发展到现在, 游戏机已经成为世

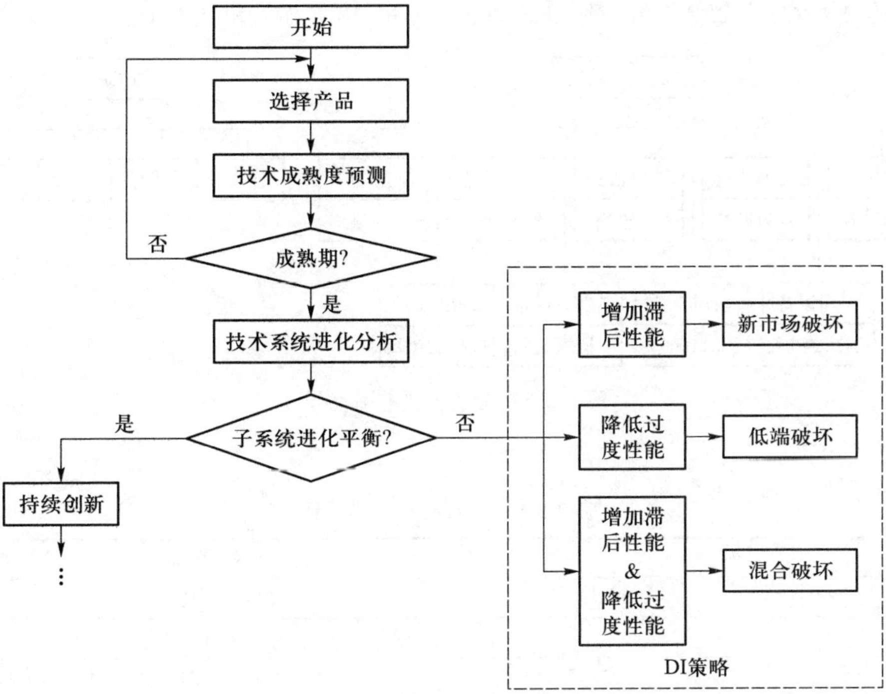

图 11.5 基本破坏性发明过程模型

界规模的大产业, 游戏机的性能也接近甚至超过个人计算机的性能。在游戏机的进化过程中, Wii 的出现具有典型的破坏性创新性质, 本节以此为例分析游戏机破坏性发明与创新的过程。

(1) 建立游戏机的功能结构。

图 11.6 所示为游戏机的功能结构。

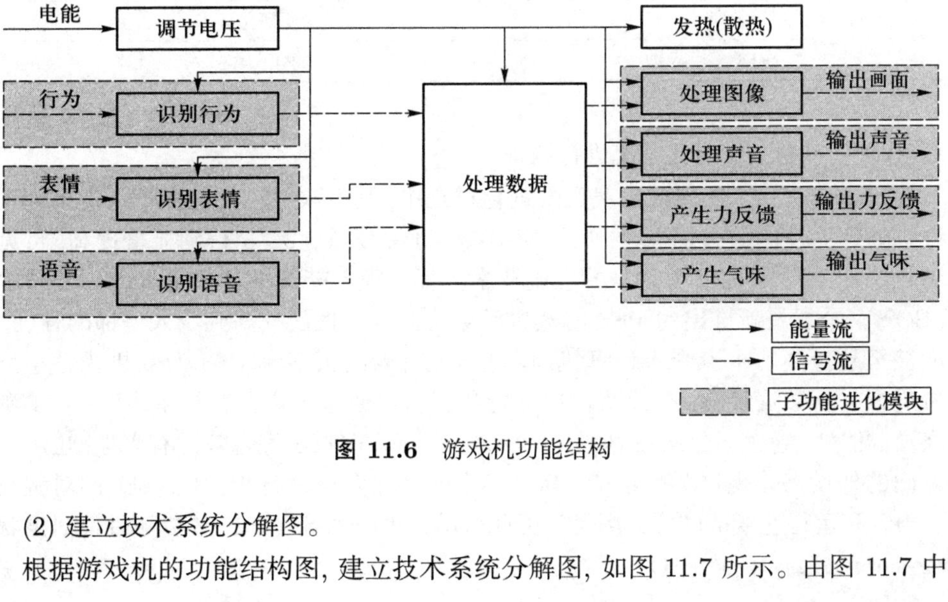

图 11.6 游戏机功能结构

(2) 建立技术系统分解图。

根据游戏机的功能结构图, 建立技术系统分解图, 如图 11.7 所示。由图 11.7 中游戏机的技术系统分解结果可得到如表 11.1 所示的 13 个游戏机技术子系统。

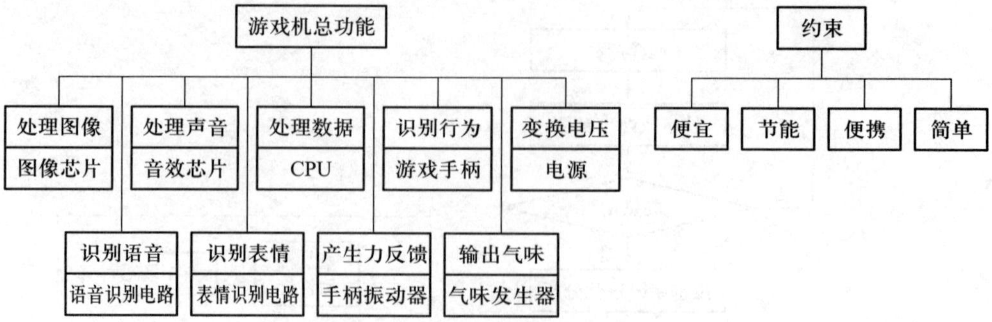

图 11.7 游戏机技术系统分解

表 11.1 游戏机技术子系统

序号	技术子系统
1	图像处理技术
2	声音处理技术
3	数据处理器技术
4	游戏手柄技术
5	电源技术
6	语音识别技术
7	表情识别技术
8	力反馈技术
9	输出气味技术
10	成本降低技术
11	节能技术
12	便携化技术
13	简化操作技术

(3) 对游戏机技术进化情况进行调查。

如图 11.8 所示, 发现在游戏机的进化过程中, 其每次更新换代都带来中央处理器和声音处理器性能的大幅提升, 从而使得技术子系统 1、2、3 得到显著提高, 可见技术子系统 1、2、3 是市场竞争的主流技术指标。随着持续性创新带来的狂热技术改进, SONY 公司最新推出的 PS3 游戏机已经将此技术性能提高到令人恐怖的程度, 其性能甚至超过当前主流个人计算机, 国外居然有人购买多台 PS3 游戏机代替小型计算机进行并行数据计算, 来预测行星运行状态。而通过用户调查结果表明, 除了游戏发烧友群体外, 绝大部分用户对超高的画面分辨率和 DTS 等音效没有兴趣, 也不会购买专门的外设来体现这些高性能 (高分辨率电视、多声道音响), 他 (她) 们对游戏画面、声音和运行速度都已感到满足。由此得出技术子系统 1、2、3 处于性能过度状态 (over-satisfied need state, ONS)。

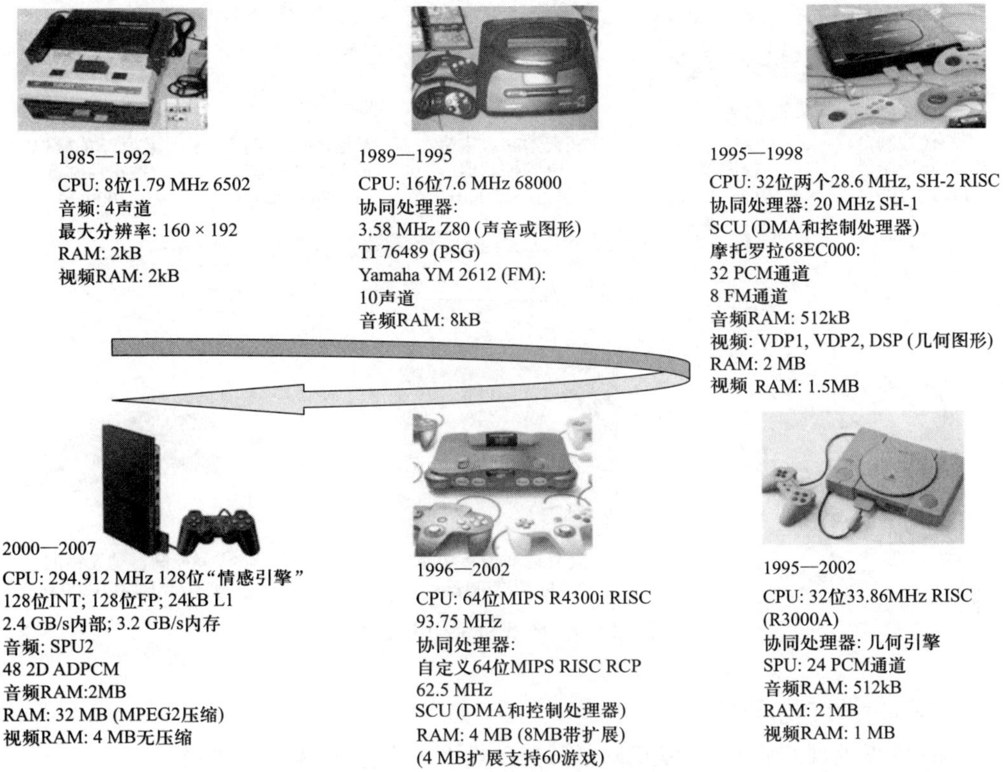

图 11.8 游戏机图像声音系统进化图

伴随着游戏机的进化，作为游戏机的主要输入设备，游戏控制器 (游戏杆、游戏手柄) 也在不断进化。但在 Wii 出现之前，其进化速度远远达不到上述技术子系统 1、2、3 的进化速度，其原理和结构几乎未发生变化。通过用户调查，大量用户希望能够实际模仿游戏中的动作，简化操作的复杂性，取代现有按键式游戏手柄的输入方式。另外通过其他相关技术领域的调查，虚拟现实的输入技术已经很成熟。因此得出结论，技术子系统 4、13 处于性能不足状态 (dissatisfied need state, DNS) 且具有技术潜力，如图 11.9 所示。通过考察其余技术子系统，得出其他子系统技术状态和需求状态基本吻合。

根据上述结论，得出如表 11.2 所示的游戏机技术子系统进化状态表。

表 11.2 游戏机技术子系统进化状态

性能过度状态 (over-satisfied need state, ONS)	1. 图像处理技术
	2. 声音处理技术
	3. 数据处理器技术
性能不足状态 (dissatisfied need state, DNS)	4. 游戏手柄技术
	13. 简化操作技术

(4) 破坏性创新技术预测。

根据图 11.5 预测 DI 技术的发展。降低性能过度技术，增加性能不足技术，得到如

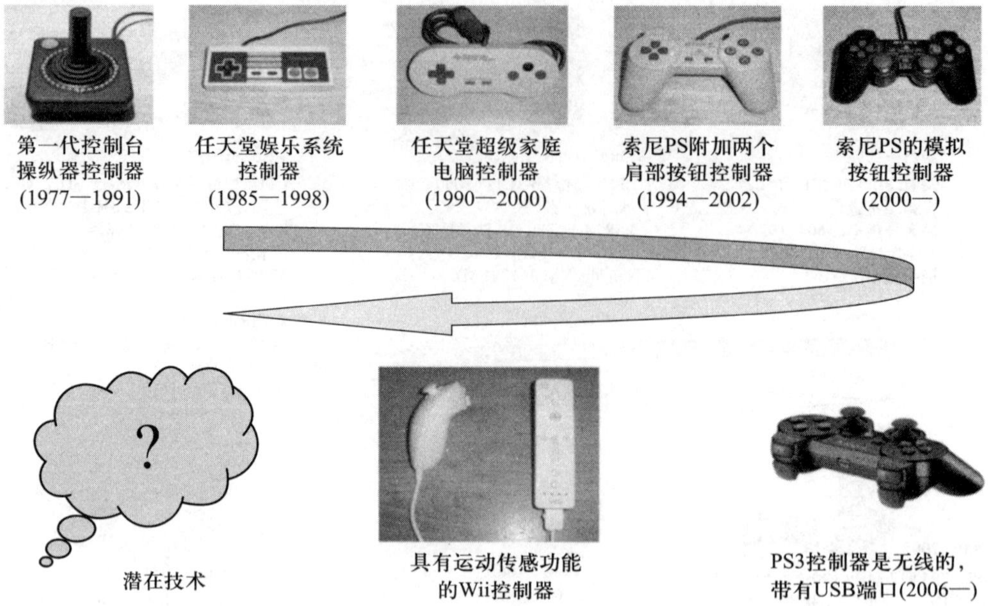

图 **11.9** 游戏机手柄进化图

下游戏机破坏性创新结果。

(a) 降低处理芯片等级: 从而降低部分游戏机运算性能, 减少硬件成本。

(b) 强化游戏控制器功能: 如图 11.10 所示, 针对游戏手柄的进化不足, 研究游戏控制器的进化路线, 发现游戏控制器按照图中所示两条进化路线进化 [如图 11.10(a) 所示], 所以将其进化到下一状态“场”和“双系统”, 具体采用的是无线传输技术和双单元的柔性连接技术, 这正是 Wii 游戏机革命性的发明——3D 空间位置跟踪点对点游戏

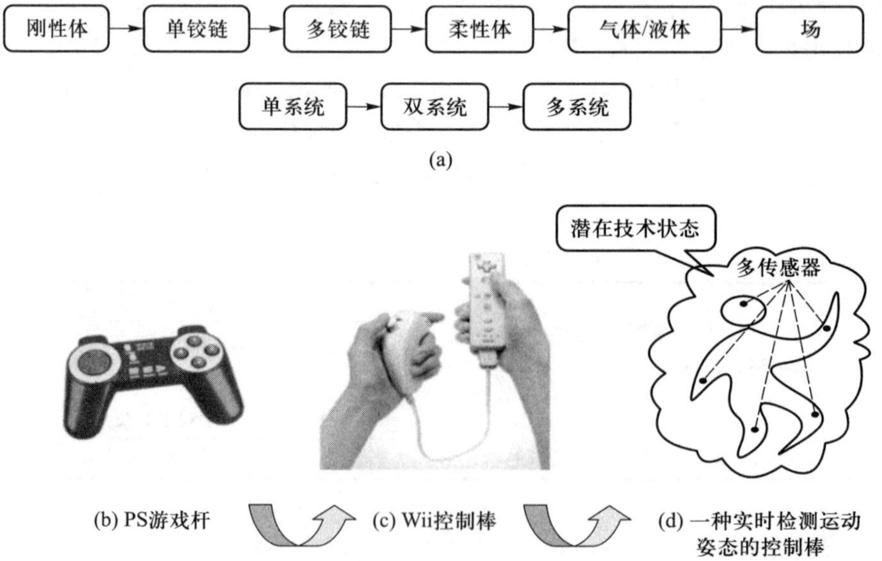

图 **11.10** 游戏机手柄进化路线

控制器 [如图 11.10(c) 所示]。

采用上述破坏性创新策略诞生的 Wii 游戏机取得了巨大的成功, 一举打破了 SONY 游戏机独霸天下的市场格局, 不但抢占了原有 SONY 游戏机的大部分市场份额, 还开拓了新的消费市场, Wii 独特的三维感应操作方式使得不同人群都对这种游戏机产生了兴趣, 从资深游戏发烧友到老人院的老人, 都成了这种游戏机的忠实用户, 一时间 Wii 风靡全球。

综上所述, 破坏性创新是新兴企业打破市场技术垄断格局的有效策略, 破坏性创新技术是打破市场技术垄断格局的有效技术方法。如图 11.11 所示, 在游戏机的进化链条中, Wii 的出现打破了整机主流性能持续上升的规律, 独辟蹊径占领市场, 体现了破坏性创新的创新有效性。

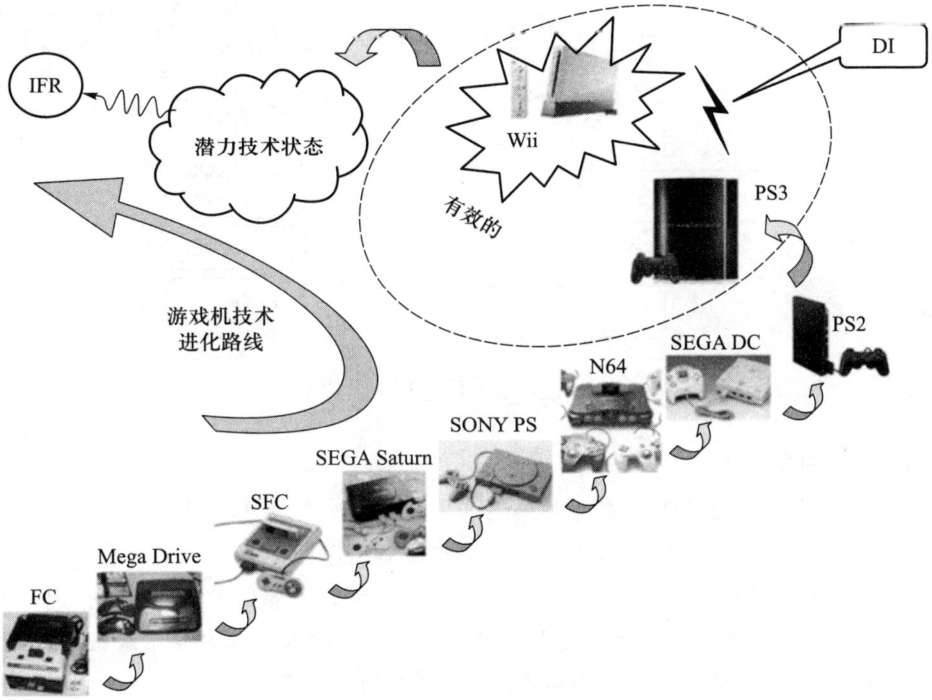

图 11.11 游戏机进化过程

11.4 基于冲突解决的破坏性发明过程

11.4.1 破坏性发明过程中的技术冲突

在破坏性发明过程的初期, 目标产品或技术系统产生的破坏性发明条件具有极大的不确定性, 发展路线和方向不明确, 市场情况模糊。在这个阶段, 破坏性发明特征可以有多种选择, 随之产生的冲突呈现多样性。不同的破坏性发明特征选择将导致不同设计冲突的产生, 因此, 正确选择破坏性发明特征是关键步骤。如图 11.12 所示, 在发明过程的开始, 根据用户需求和产品技术情况, 初步选择一种合适的发明特征, 这种发明特征的初期选择实际是对低成本、便携性、操作简便、绿色化、增加附加功能、强化附加功能 6 个破坏性创新技术特征的选择。可以选择一个或多个特征, 这些选择的结果产生了约束冲突与功能冲突, 解决这两类冲突的结果产生了破坏性发明。

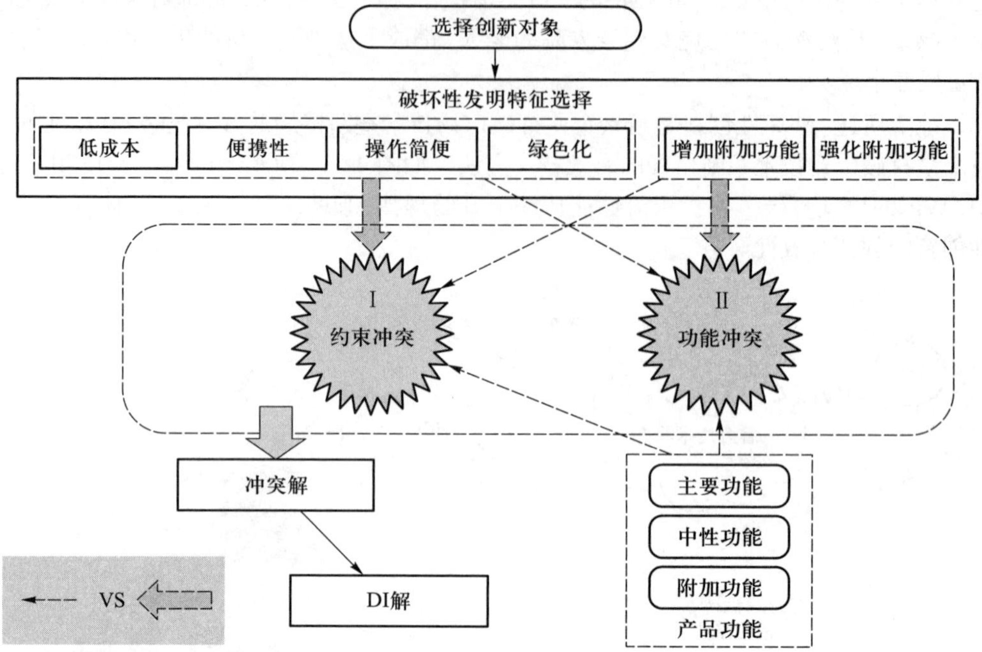

图 11.12 破坏性发明过程中的技术冲突

1. 约束冲突

该类冲突是选择 4 个约束技术特征后产生的设计冲突, 有以下几种情况。

(1) “改善的约束特征” VS “某项或多项系统功能变坏”。

例 1: 傻瓜相机的发明改善了相机的可操作性, 使得不懂摄影的人也能拍出令人满意的照片; 在发明的初期, 简化操作的一项措施就是取消人为设定曝光参数, 出现的设计冲突是: “简化的操作” VS “相机无法获得正确曝光参数”。

(2) “改善的约束特征” VS “某项或多项其余约束特征变坏”。

例 2: 傻瓜相机的发明实例中, 操作的简化要求相机能够脱离人而自动设置识别摄影参数, 这就增加了相机的复杂程度和成本, “简化的操作” VS “控制系统复杂程度的提高导致的体积的增大和质量、成本的增加”。

2. 功能冲突

该类冲突是选择两个功能特征后产生的设计冲突, 有以下几种情况。

(1) “增加用户需求的附加功能” VS “某项或多项系统功能变坏”。

例 3: 世界上第一部拍照手机发明初期, 存储器技术还没有现在发达, 而图像处理需要占用大量的存储空间, 导致原有设计方案存储器空间不足, 因而出现了设计冲突, 即 “增加了拍照功能” VS “存储器容量不足”。

(2) “增加用户需求的附加功能” VS “约束特征变坏”。

例 4: 手机增加拍照功能, 需要增加许多附加电路结构和元件, 这一问题之后通过与手机拍照功能共用大量结构而获得解决。因此拍照手机发明初期, 出现的设计冲突是 "增加了拍照功能" VS "电路复杂程度的提高导致的体积质量的增大和成本的增加"。

(3) "强化用户需求的附加功能" VS "某项或多项系统功能变坏"。

例 5: Wii 游戏机开发初期, 三维游戏控制杆的研制遇到的设计冲突是: "强化了游戏机的控制功能" VS "三维游戏杆的控制识别占用了大量 CPU 时间, 使得游戏处理速度变慢"。

(4) "强化用户需求的附加功能" VS "约束特征变坏"。

例 6: Wii 游戏机的开发初期, 复杂的三维输入识别系统导致游戏机结构复杂、体积庞大。出现的冲突是 "强化了游戏机的控制功能" VS "整机体积增大"。

上述冲突的出现不是唯一的, 随着所采用破坏性发明特征的复杂程度的提高, 出现的设计冲突会呈现多冲突的特点。

11.4.2 破坏性发明过程中的技术冲突解决方法

解决破坏性创新中的技术冲突与 TRIZ 冲突问题求解过程基本相似, 但 TRIZ 追求冲突问题的完美解决, 反对冲突问题的折中解决, 而破坏性创新由于具有用户对功能需求过剩的特点, 所以还可以采用让步方法来解决冲突问题。如图 11.13 所示, 上述技术冲突问题可以归结为 "破坏性创新策略" VS "产品功能和约束"。首先尝试用发明问题解决原理对冲突问题进行求解, 如果可以得到问题的完全解, 就采用发明原理方法进行求解, 否则进入冲突的折中解决过程。折中解决过程的开始, 首先判定冲突的产品功

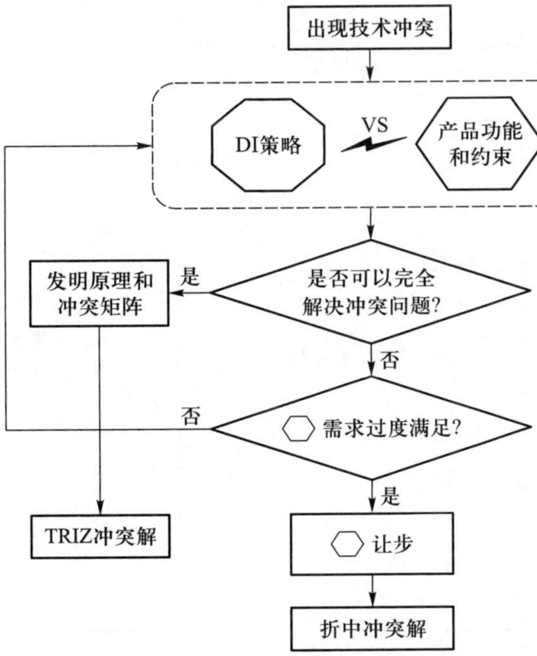

图 11.13 破坏性创新技术冲突解决流程

能和约束是否存在用户过度满足的情况, 需要注意的是用户不关心的产品功能按需求过度满足处理。如果条件不成立, 说明破坏性创新过程失败, 重新选择破坏性创新特征。如果条件成立, 则适当降低产生冲突的功能或约束, 实现破坏性创新特征。采用以下两种方式解决破坏性创新技术冲突问题。

1. 发明原理和冲突矩阵

如表 11.3 中所示, 对应 DI 技术特征, 对 39 个通用工程参数进行了分类, 可以根据采用的 DI 技术策略, 利用冲突矩阵检索到合适的发明原理, 尝试解决设计冲突。由于冲突矩阵是通过研究大量专利而人为归纳总结的结果, 所以具有一定的局限性和时效性。如果找不到合适的解, 可以遍历 40 个发明原理, 找出冲突的解。

表 11.3 冲突特征参数的破坏性创新分类

编号	特征参数	DI 技术特征
1	运动物体的质量	减小质量
2	静止物体的质量	
3	运动物体的长度	缩小体积
4	静止物体的长度	
5	运动物体的面积	
6	静止物体的面积	
7	运动物体的体积	
8	静止物体的体积	
12	形状	改变形状
31	物体产生的有害因素	绿色化
33	可操作性	简化操作
34	可维修性	
9,10, 11,13, 14,15, 16,17, 18,19, 20,21, 22,23, 24,25, 26,27, 28,29, 30,32, 35,36, 37,38, 39	其他工程参数	增加附加功能 强化原有附加功能

2. 折中解

TRIZ 采用标准工程参数和发明原理解决技术冲突, 实践证明是有效的, 它为解决发明问题提供了一个思维约束方法, 加快了解决问题的速度。实际上, TRIZ 研究的是冲突的理想化解决问题, 冲突解决的直接目的是创新的实现。但 TRIZ 中的一级发明也是创新, 该类创新并没有解决冲突, 因此, 不解决冲突的创新也应该考虑。

由于持续性创新追求的是产品性能的持续提高和改进, 针对产品的任何创新如果造成产品主要功能的性能参数降低, 都认为是失败的创新。而在破坏性创新过程中, 允许用户过度满足的主要功能性能的降低, 正是这一特点, 为新进入成熟市场的新兴企业提供了技术机会, 也就是为实现破坏性创新创造了条件。实际证明, 技术冲突的折中解更适合技术实力和市场知名度较低的新兴企业的破坏性创新。

例 7: 佳能复印机对施乐复印机的经典破坏。在佳能复印机普及之前, 复印机市场的主要占有者是施乐公司。当时市场主流复印机价格昂贵、体积庞大, 许多小公司或个人都希望能拥有一台价格便宜、体积小的复印设备, 避免为了少量的复印也要去专业的复印点。佳能公司注意到这个情况, 推出台式复印机, 但设计初期出现了设计冲突: "体积小、价格低" VS "复印速度变慢、复印纸幅面变小", 但冲突后者当时的性能已过度满足个人和小公司的日常需求, 所以设计者人为降低了后者性能参数, 成功推出了台式复印机。虽然这些机器的运行速度非常慢, 分辨率很低, 且无法放大、缩小或整理, 但是由于价格低廉、使用简单、维修方便而直接破坏了施乐原有的非常复杂的、需要专业人员操作并需要不断维修的复印机市场。

11.4.3 破坏性发明过程中的物理冲突解

在产品持续创新过程中, 产品开发的目标是其性能的提高, 市场调查的结果往往是产品各方面性能越高越好, 这就造成了设计过程中会出现物理冲突: 满足两种用户需求的产品特性具有相反的特点。以电脑的发展为例说明此类冲突的出现与解决。

在电脑发展的初期, 为了便于携带, 用户的一种需求是个人电脑的体积越小越好, 另外一种需求是电脑的速度越快越好, 而运算速度的加快意味着芯片频率的提高, 这就需要散热性能好, 良好的散热性能要求电脑体积越大越好, 以便加装散热风扇和散热器, 这就造成了如图 11.14 所示的物理冲突。

基于 TRIZ 的基本发明过程之一是通过解决物理冲突实现发明的, 物理冲突的解决概括为: 时间分离、空间分离、整体与部分的分离、基于条件的分离。可以采用分离原理解决图 11.14 中的物理冲突。

研究这些分离原理发现基于条件的分离是可行的。按市场条件分离, 将那些只关心电脑的便携性, 而对电脑运行速度要求不高的顾客划分为一类, 开发出一种破坏性创新产品——笔记本电脑, 该类电脑采用专用低功耗 CPU 和低转数、小尺寸硬盘, 与台式机相比, 降低了一定的运算性能, 但带来的是体积、质量的极大减小, 满足了这部分市场用户的需求, 产品的成功开发占领了这一市场。这就产生并实施了新市场破坏性创新策略。可见, 新市场破坏性创新的特点是市场分离, 实质上是产品进化过程中由用户需求和产品主流进化性能引起的物理冲突造成的, 其创新本身是采用分离原理解决产品

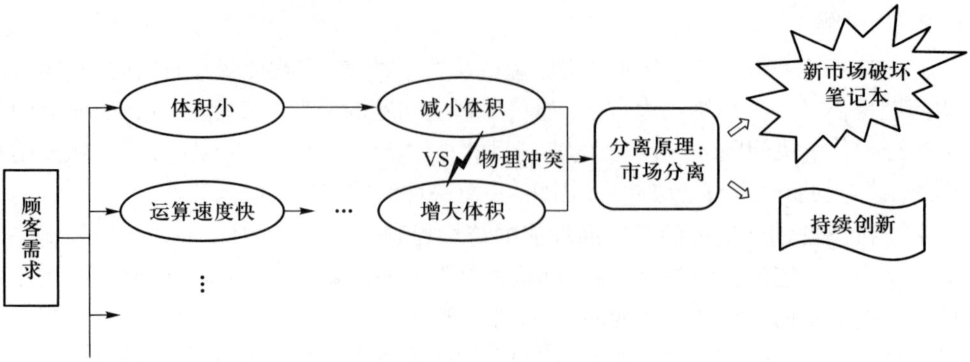

图 11.14 破坏性创新物理冲突解

开发初期物理冲突的结果。

市场分离的关键在于分离方法及分离界限，不理想的市场分离将导致破坏性创新目标市场过小，因而产品销量不足，造成破坏性创新效果不理想甚至失败。如果市场分离困难，可以考虑采用时间分离原理，从需求进化的角度考虑问题，今天的小市场可以发展为明天的大市场，选择具有进化潜力的市场进行分离，解决物理冲突。

11.4.4 基于困难功能元冲突求解的破坏性发明过程

1. 持续性创新产品的困难功能元

如图 11.15 所示，持续性创新的特点是以产品的主流功能作为市场竞争热点，这种市场热点竞争功能称之为 H 功能，如电视机的 H 功能是显示功能，对应的结构是显示屏。由于长期的市场竞争，各个厂家的技术重点都放在 H 功能的提高与研发上，因此 H 功能的创新资源几乎消耗殆尽，成为系统的困难功能元，此类困难功能元在现有约束的前提下很难得到解决。

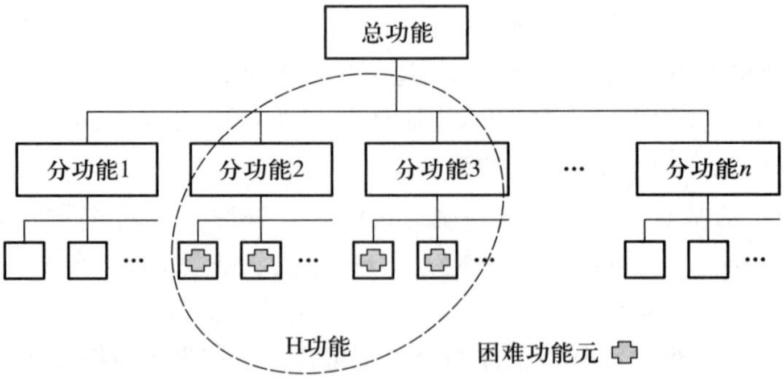

图 11.15 持续性创新产品的困难功能元

2. 基于困难功能元求解的破坏性技术事前产生模型

在持续性创新的前提下，困难功能元的解决是极为困难的，这就为破坏性创新的实现提供了方便。如图 11.16 所示，困难功能元 F_{D1}、F_{D2}、F_{D3} 分别与分功能 F_{A1}、F_{A2}、F_{A3} 存在冲突，困难功能元的技术难点来自冲突的解决。持续性创新的目标在于冲突的彻底解决, 因而问题的解很困难。而破坏性创新允许进行折中解, 因而可以通过 F_{D1}、F_{D2}、F_{D3} 的让步来获得困难功能元冲突的解。

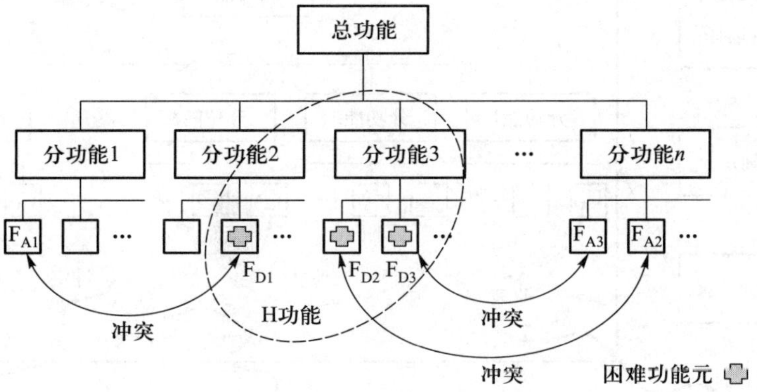

图 11.16 困难功能元的冲突

图 11.17 所示为电视机的功能分解图, 其中电视机的图像显示子功能为 H 功能, 显示面积是其困难功能元, 研究其冲突情况发现显示面积和电视机的便携性存在技术冲突。作为困难功能元, 既要增大显示面积, 又要增加便携性很困难, 可以通过缩小显示面积而增加便携性来获得问题的破坏性创新解, 进而得到相应的破坏性技术。

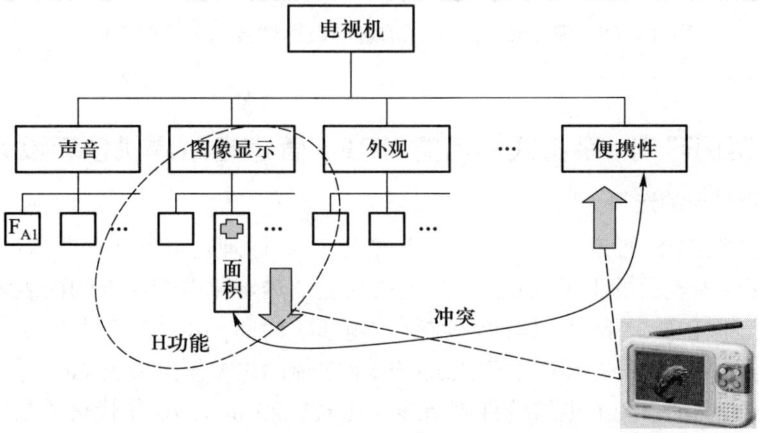

图 11.17 基于困难功能元求解的电视机破坏性创新

如图 11.18 所示为基于困难功能元求解的破坏性技术事前产生模型, 包括以下步骤。

第 1 步: 进行目标产品的选择。根据市场情况, 选择合适的目标产品, 进行破坏性创新。

第 2 步: H 功能元的确定。进行产品的功能分解, 通过市场调研, 得到系统的 H 功能组成, 由 H 功能得出本产品的困难功能元。

第 3 步: H 功能元的求解。研究困难功能元与其他功能元的冲突情况, 若其他功能元与破坏性创新的 6 个特征相关, 即可对此困难功能元进行折中解决, 得到破坏性创新解, 进而产生相应的破坏性技术。

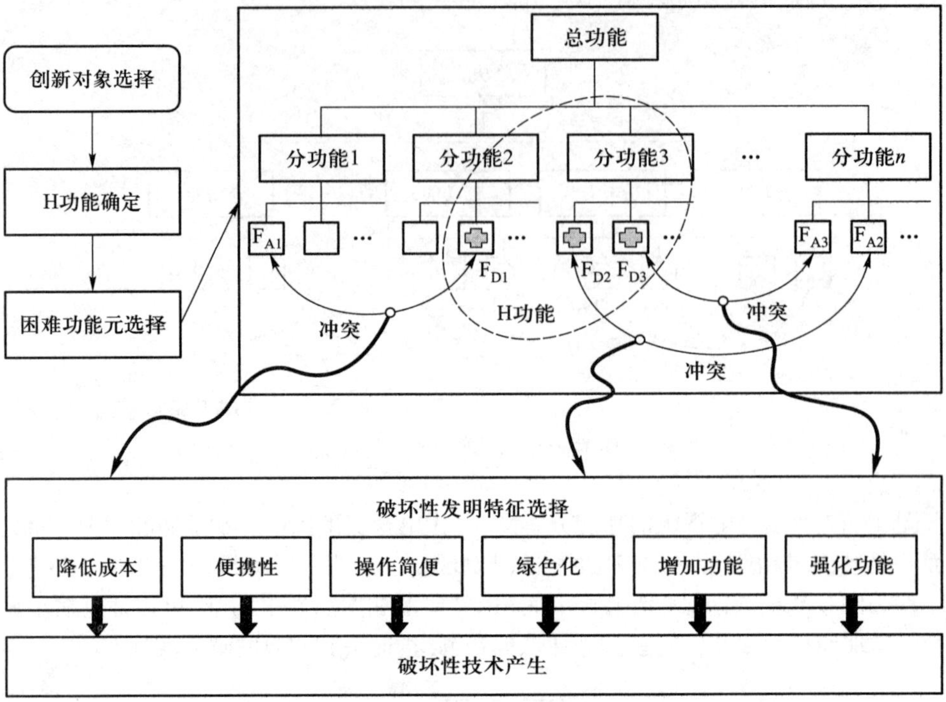

图 11.18 基于困难功能元求解的破坏性技术事前产生模型

11.4.5 案例研究: 手持式聚乙烯 (PE) 管道电熔焊机创新设计

1. 创新对象的选择

电熔连接是 PE 管道最主要的连接方式之一, 其原理是将电熔管件套在管材上, 给埋在电熔管件内表面的电阻丝通电, 产生的热能加热熔化电熔管件的内表面和与之承插的管材外表面, 使之融为一体, 焊接参数 (电压、时间) 由贴在管件上的条形码给出。关于电熔连接的第一项专利产生于 1954 年, 但直到 1975 年由瑞士 Georg Fisher 公司设计的适合于燃气系统的电熔管件制造线才出现。20 世纪 70 年代聚乙烯燃气管在一些欧洲国家如比利时、法国和英国等, 开始较大规模地使用。这些管道埋地使用, 且口径相对较小, 要求有一种较传统的热熔对接更安全、迅速的连接方法。发展到现在, 电熔焊机已经是一种成熟期的产品。图 11.19 所示为电熔焊机系统。

2. H 功能元的确定

如图 11.20 所示为电熔焊机的技术系统分解树图, 由功能树图和约束树图合并而成。经过对市场和用户的调研, 多年来电熔焊机的技术发展一直以功率密度的提高和人机界面的改善为目标, 因此确定 H 功能为 "产生焊接能量" 和 "人机对话"。

3. H 功能元的求解

考察两个 H 功能的下属功能元。"产生焊接能量" 下属的各个功能元中, 隔离功能的主变压器设计一直是限制功率提高的瓶颈, 而人机对话功能中条形码扫描器设计

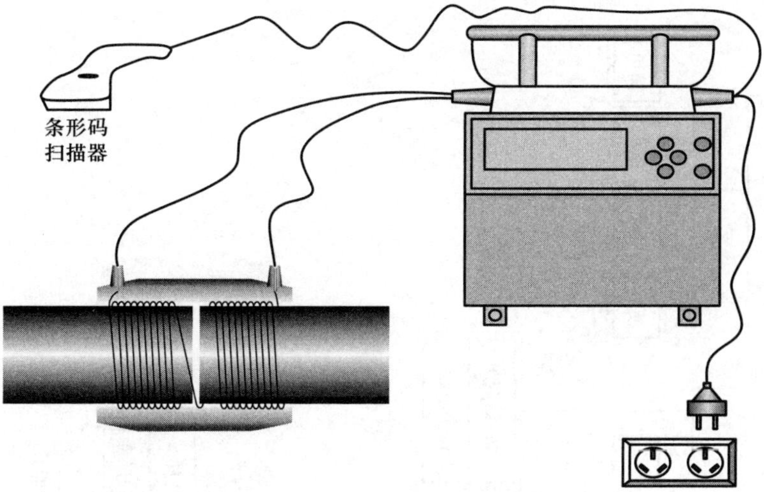

图 11.19　塑料管道电熔焊机系统

的一直与产品防护功能存在严重的冲突而无法解决。因此定义困难功能元为"变压器设计"和"条形码扫描器设计"。

现有的主要冲突是: 变压器的便携性和整机功率增大的冲突, 以及条形码扫描器和产品防护的冲突。在现有的技术条件下, 变压器和条形码扫描器技术都属于其他领域, 技术上没有突破性创新。因此, 不能选取突破性技术分支。

电熔焊机的用户均为各大燃气集团, 财力雄厚, 对产品的价格不敏感, 因此基于低端破坏性创新的回溯进化分支也不适用。由用户调查可知, 大部分的焊接场合使用的管件都是小功率管件, 焊接功率不到焊机最大输出功率的一半, 而焊机用户普遍希望焊机体积和质量大大减小。因此, 可以选择转移进化分支对此技术实现预测和事前产生, 实现方案如下: 用折中的方法解决变压器设计和便携性的冲突, 减小变压器的功率来换取体积质量的减小, 实现便携性的提高, 将原有的焊机转向手持设备市场。在此设计方案下, 条形码扫描器的设计也得到了解决, 由于焊机体积大大减小, 可以将条形码扫描器集成到焊机机壳中, 彻底解决了外置扫描器的损坏问题, 具体设计方案如图 11.21 所示。

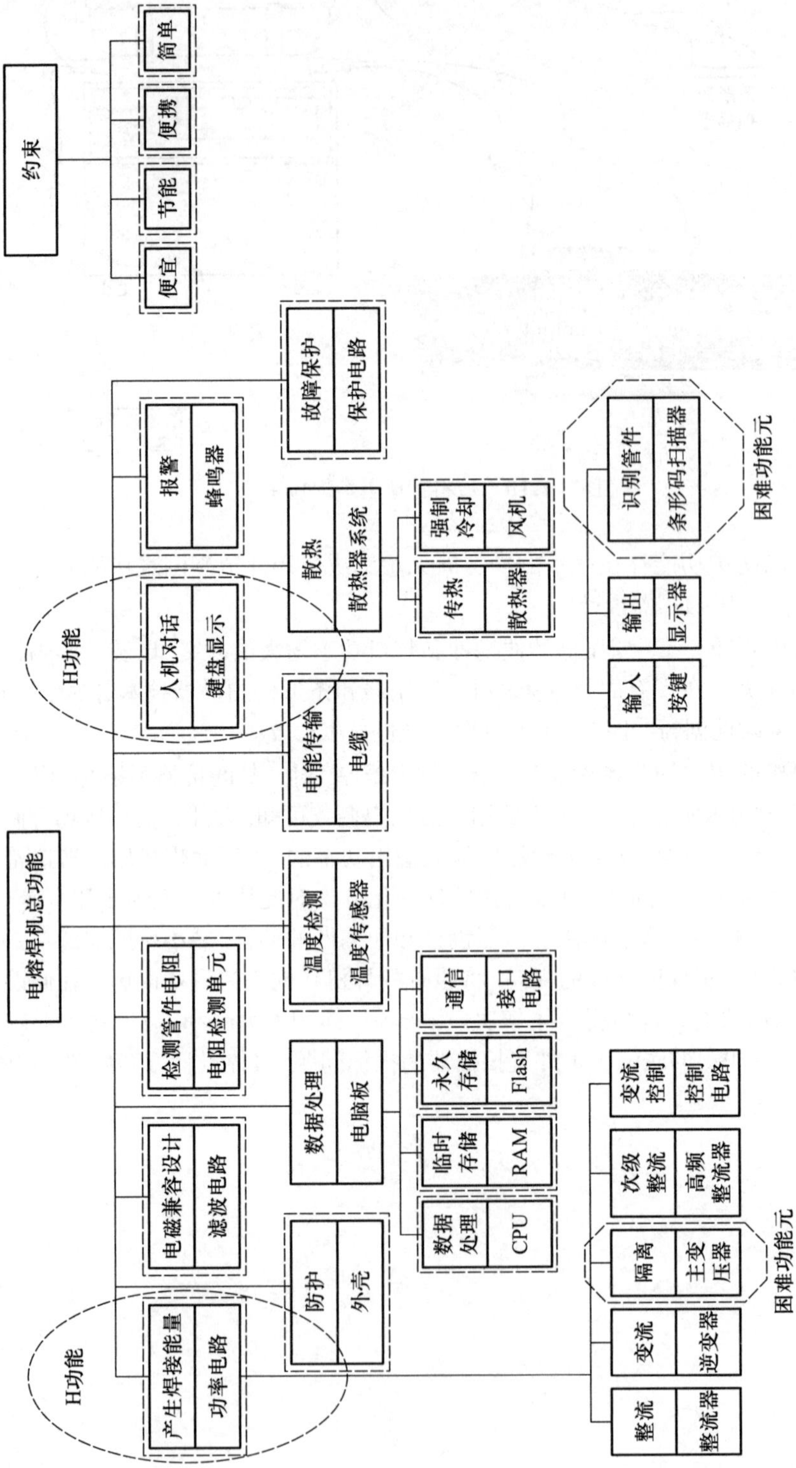

图 11.20　电熔焊机技术系统分解图

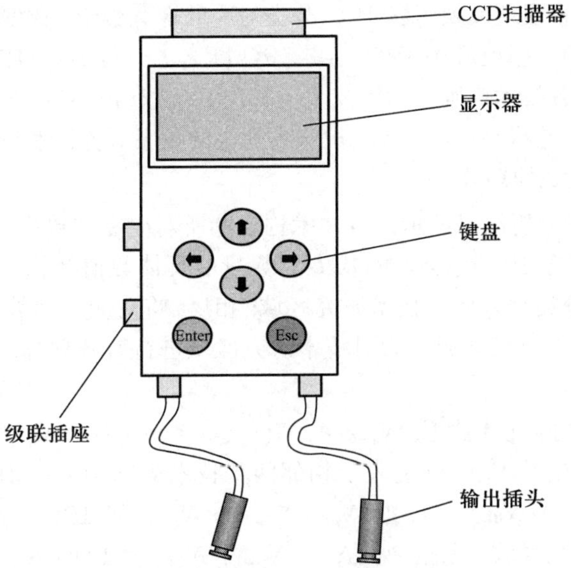

图 11.21 手持式电熔焊机

11.5 基于专利分析的新市场破坏性发明

专利数据中蕴含着丰富的技术信息, 据统计, 专利文件仅占期刊文献的约 10%, 但能够提供约 40% 的新产品信息, 并向公众展示了世界上 90%~95% 的新技术[6,7]。专利分析就是通过专利检索、筛选、分类、整理和处理专利文献中分散的专利信息, 通过定量和定性的分析使这些信息可作为技术趋势分析的重要方式[8]。专利信息的提取对产品创新具有指导意义[9], 但在对专利信息进行提取及分析时, 当某一技术主题的相关专利数量较大时, 若逐一阅读专利文献, 会造成工作量大, 不利于技术机会的有效分析。

本方法采用由面到线再到点逐步缩小新市场破坏性发明机遇分析区域的方式, 通过对专利的技术构成分析、产品的各组成技术装置研究密集程度的对比和技术–性能矩阵的建立, 最终在点域识别新市场破坏性发明机遇[10]。新市场破坏性发明机遇的识别为企业开发新市场破坏性产品提供了设计思路, 为增添产品的多样性提供了储备。

11.5.1 NDI 技术机会分析面域的筛选

1. 专利的技术构成分析

专利的技术构成分析是指对技术方案所涉及的国际专利分类 (international patent classification, IPC) 进行划分, 是通过对各 IPC 技术分类下的专利数量进行统计而获取的相关技术研究密集程度的专利分析方法。IPC 根据技术所属的不同领域范畴, 为从技术角度将专利区分提供了一套独立的符号描述分级系统。IPC 将整个技术领域分为部、大类、小类、大组、小组 5 个不同等级, 分解终止的等级越低, 则描述清晰度越高。根据技术主题及技术分析需求的不同, 在专利分析工作中, 可自行选择分解程度, 但通常情况下, 为进行详细分析, 将单一技术主题下的技术分析分解至小组。

技术构成分析直观地反映了各 IPC 分类对应的专利数量 (数据可通过专利检索与分析软件直接获取)。假设应用 $\mathrm{IPC}_1,\cdots,\mathrm{IPC}_i(1\leqslant i\leqslant m),\cdots,\mathrm{IPC}_m$ 分别表示与目标研究对象相关的各技术类别; 应用 $N_1,\cdots,N_i(1\leqslant i\leqslant m),\cdots,N_m$ 分别表示各技术分类下的专利数量, 并将 $N_1,\cdots,N_m$ 按从大到小的顺序对各技术类别进行排序。

2. 技术研究区域的划分

根据 IPC 构成分析结果显示的各技术构成的所对应专利数目, 对技术研究现状进行对比分析。根据各 IPC 分类所对应专利数量的具体数值及相互关系, 将对应专利数量相近的 IPC 分类划入同一技术研究区域; 相反, 将对应专利数量相差较大的 IPC 分类划入不同的技术研究区域。为对技术研究区域进行有效划分, 给出如下区域划分依据。

根据表 11.4 中的统计数据, $N_1,\cdots,N_i(1\leqslant i\leqslant m),\cdots,N_m$ 间存在关系: $N_1\geqslant N_2\geqslant\cdots\geqslant N_m$。$N_i$、$N_{i+1}$ 分别表示相邻两个技术类别 IPC_i、IPC_{i+1} 对应的专利数量, 若 $(N_i-N_{i+1})/N_{i+1}\geqslant 1$, 即 $N_i-N_{i+1}\geqslant N_{i+1}$, 则 IPC_i 与 IPC_j 从属于技术研究密度相同的研究区域; 反之, 当 $(N_i-N_{i+1})/N_{i+1}<1$, 即 $N_i-N_{i+1}<N_{i+1}$ 时, IPC_i 与 IPC_{i+1} 则属于技术研究密度相邻的技术研究区域。在分别对相邻的技术类别所对应的专利数量进行两两对比后, $\mathrm{IPC}_1,\cdots,\mathrm{IPC}_i,\cdots,\mathrm{IPC}_m$ 被划分入技术研究区域 $\mathrm{A}_1,\cdots,\mathrm{A}_k(1\leqslant k\leqslant m)$。假设, IPC_1、IPC_2 被划入同一区域 A_1; IPC_3、IPC_4、IPC_5 被划入同一技术研究密度区域 A_2; IPC_m 被划入研究区域 A_k, 结果如表 11.4 中所示。A_k 到 A_1 的技术研究密集度逐渐升高。

表 11.4　技术研究区域的划分

技术研究区域	技术构成	专利数量
A_1	IPC_1	N_1
	IPC_2	N_2
A_2	IPC_3	N_3
	IPC_4	N_4
	IPC_5	N_5
⋮	⋮	⋮
A_k	IPC_{m-1}	N_{m-1}
	IPC_m	N_m

3. NDI 技术机会分析面域的筛选

NDI 并不聚焦于当前技术研究的热点区域, 而是通过被当前市场忽略的产品特征开发吸引新用户的产品创新过程[11]。因此, 技术研究相对稀疏区域是 NDI 研究的集中区域。由于技术研究区域 $\mathrm{A}_1,\mathrm{A}_2,\cdots,\mathrm{A}_k$ 的技术研究密集度从 A_1 到 A_k 逐渐降低, 为减少专利分析的工作量, 有效识别 NDI 技术机遇, 应去除研究密集程度最高的技术研究区域 A_1, 最终获取技术区域 $\mathrm{A}_2,\cdots,\mathrm{A}_k$ 为目标研究区域。

为区分各目标研究区域的研究密集程度, 对 $\mathrm{A}_2,\cdots,\mathrm{A}_k$ 各技术区域赋予影响系数值: 由于 $\mathrm{A}_2,\cdots,\mathrm{A}_k$ 的技术研究密集度从 A_2 到 A_k 逐渐降低, 令技术区域 A_k 的

影响系数 $\Psi_{A_k}=1$, 影响系数依次以 0.5 的公差递增, 则技术区域 A_{k-1} 的影响系数为 $\Psi_{A_{(k-1)}}=1.5$, 依次增加, 直至技术区域 A_2 的影响系数值为 $1+0.5\cdot(k-2)$。由此可知, 对于任一技术区域 A_i $(2\leqslant i\leqslant k)$, 其影响系数可应用通式 $\Psi_{A_i}=1+0.5\cdot(k-i)$ 计算得出。

11.5.2 NDI 技术机遇分析线域的确定

1. 技术装置–功能间对应关系的建立

根据各 IPC 分类的含义, 一个技术构成 (IPC 技术分类) 包括一项或几项技术装置, 不同的 IPC 分类也允许涉及相同的技术装置, 而相同的技术装置对应着同一项功能。假设技术研究区域、IPC 分类、技术装置及产品的子功能四者之间的关系如图 11.22 所示。

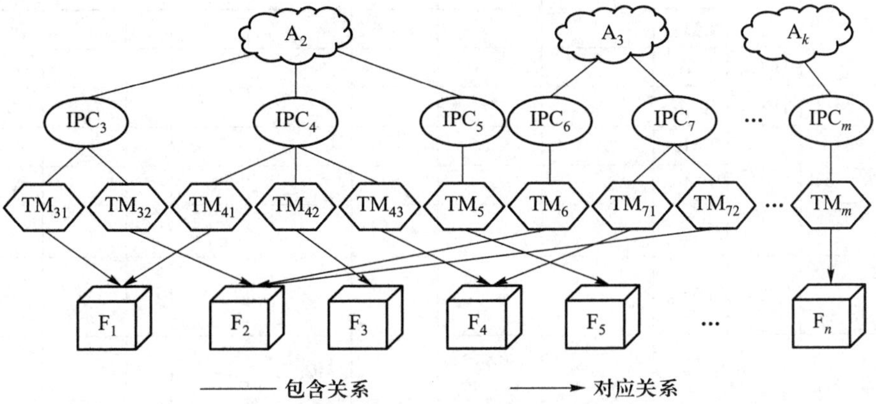

图 11.22 技术区域、IPC 分类、技术装置与功能四者之间的关系

2. 非主流功能的识别

专利信息直接反映技术装置的相关信息, 因此, 通过产品的技术装置与功能间的对应关系、IPC 下各技术装置的相关专利数量、各 IPC 所属的技术研究区域的不同, 通过加权求和的方式最终计算出各功能相关的虚拟专利数量, 进而通过对比识别出产品的非主流功能。

NDI 的各技术研究面域所涉及的 IPC 分类及所包括的技术装置分析结果如图 11.22 所示。不同的 IPC 分类包括相同的技术装置, 而相同的技术装置对应于同一项功能, 如 TM_{41} 与 TM_{31} 为同一技术装置, 两者对应于子功能 F_1, 因此在表 11.5 中使用 "√" 在行与列的交叉位置标示出; 同理, 根据技术装置与功能间对应关系, 在技术装置与功能的交叉位置进行标记。

通过筛选有效专利并提取技术信息, 对各 IPC 分类所包括的各技术装置所对应的专利数量进行统计, 结果分别为 $N_{TM_{31}},\cdots,N_{TM_m}$, 如表 11.5 中最后一列数据所示。针对各技术装置所属的技术区域及其所对应的有效专利数量, 分别以加权求和的方式计算各子功能的相关研究密度, 进而优选出非主流功能。例如, TM_{32}、TM_6、TM_{72} 为同一技术装置, 由于三者分别位于 IPC_3、IPC_6、IPC_7 下, IPC_3 属于技术区域 A_2,

IPC_6 与 IPC_7 属于技术区域 A_3, 而 A_2 与 A_3 的面域影响系数不同 [根据 A_i 面域的影响系数 $\Psi_{A_i}=1+0.5\cdot(k-i)$ 计算], 因此进行加权求和: 功能 F_2 的相关研究密度为 $\Psi_{A_2}\cdot N_{TM_{32}}+\Psi_{A_3}\cdot(N_{TM_6}+N_{TM_{72}})$。依次计算各项功能的相关研究密度, 结果如表 11.5 中最后一行结果所示。

表 11.5　功能相关研究密集度分析

技术研究区域	技术构成	装置	功能 F							有效专利数量统计
			F_1	F_2	F3	F_4	F_5	···	F_n	
A_2 [$\Psi_{A_2}=1+0.5\cdot(k-2)$]	IPC_3	TM_{31}	√							$N_{TM_{31}}$
		TM_{32}		√						$N_{TM_{32}}$
	IPC_4	TM_{41}	√							$N_{TM_{41}}$
		TM_{42}			√					$N_{TM_{42}}$
		TM_{43}				√				$N_{TM_{43}}$
	IPC_5	TM_5					√			N_{TM_5}
A_3 [$\Psi_{A_3}=1+0.5\cdot(k-3)$]	IPC_6	TM_6		√						N_{TM_6}
	IPC_7	TM_{71}				√				$N_{TM_{71}}$
		TM_{72}		√						$N_{TM_{72}}$
⋮	⋮	⋮	⋮	⋮	⋮	⋮	⋮	⋮	⋮	⋮
A_k ($\Psi_{A_k}=1$)	IPC_m	TM_m							√	N_{TM_m}
功能的相关研究密度 (N)			$\Psi_{A_2}\cdot(N_{TM_{31}}+N_{TM_{41}})$	$\Psi_{A_2}\cdot N_{TM_{32}}+\Psi_{A_3}\cdot(N_{TM_6}+N_{TM_{72}})$	$\Psi_{A_2}\cdot N_{TM_{42}}$	$\Psi_{A_2}\cdot N_{TM_{43}}+\Psi_{A_3}\cdot N_{TM_{71}}$	$\Psi_{A_2}\cdot N_{TM_5}$	···	$\Psi_{A_k}\cdot N_{TM_m}$	

功能相关研究密度计算结果为与此功能相关的虚拟专利数量值, 反映了功能的相关研究密集程度。数值越大, 表示产品子功能受关注程度越高。根据产品子功能受关注程度的不同, 将子功能划分为两类: 主流功能与非主流功能。假设此行数据中的数值 $\Psi_{A_2}\cdot N_{TM_{42}}$ 与 $\Psi_{A_2}\cdot N_{TM_5}$ 明显小于该行中的其他数据, 表明其所对应的功能 F_3 与 F_5 的相关研究密集程度较低, 受关注程度较低, 为此产品的非主流功能。

11.5.3　基于专利分析的 NDI 技术机遇分析

1. 非主流功能的技术–性能矩阵的建立

技术–性能矩阵是通过提取专利技术信息, 对技术装置与其改进的性能指标间的对应关系进行统计及表达的专利信息分析表格, 可将其理解为技术–功效矩阵[11] 中的一种类型。技术装置或性能作为表格的行或列数据, 而行与列的交叉项数值反映了某项技术装置在某一性能指标上进行改进的专利数量。

根据所确定的产品的非主流功能, 筛选出 NDI 技术机会分析的线区域。对于某一项非主流功能所对应的技术装置, 根据相关专利中所提方案的设计目标或应用效果, 找到技术实现装置与性能的交叉区域, 对所属某交叉区域的专利项数目进行统计, 并将数量填入相应的区域。由表 11.5 中数据可知, TM_{42}、TM_5 分别为 F_3、F_5 对应的技术装置, 通过对 $N_{TM_{42}}$、N_{TM_5} 所对应的专利逐一进行信息提取, 分别确定技术装置在各项性能指标下的专利数量为 $N_{TF_{31}}$、N_{TF32}、N_{TF51}、N_{TF52}, 建立非主流功能的技术–性能矩阵, 如表 11.6 所示。

表 11.6 非主流功能的技术–性能矩阵

非主流功能	技术装置	性能		
		FE_1	FE_2	···
F_3	TM_{42}	$N_{TF_{31}}$	$N_{TF_{32}}$	···
F_5	TM_5	$N_{TF_{51}}$	$N_{TF_{52}}$	···

2. NDI 技术机遇分析点域的确定

根据表 11.6 中技术装置与性能的交叉项的专利数量确定 NDI 技术机会分析的点域。专利数量为 0 的交叉项指在目前的技术现状下, 尚未有相关方面的研究, 则所对应的技术研究区域为技术研究空白点, 为潜在 NDI 技术机会的挖掘区; 由于专利数量不为 0 的交叉项从属于技术研究稀疏区, 说明该技术装置在此项性能指标下的相关研究较少, 同样为 NDI 技术挖掘提供了机会; 交叉项为“—”的区域为技术研究盲区, 即该技术装置的设计不涉及对此性能指标的要求, 因此不存在潜在技术机会。在此需强调的是, 技术研究稀疏区及空白区中蕴藏着 NDI 技术机会, 但并不是所有的技术机会均为 NDI 技术机会, 需根据 NDI 的定义及破坏性创新产品的特征最终识别出 NDI 技术机会。

3. 基于专利分析的 NDI 技术机会识别过程

通过对专利中所蕴含技术信息的提取与分析, 由面域、线域到点域, 逐步缩小 NDI 潜在技术机会分析区域, 最终识别 NDI 技术机会。此过程可概括为如下几个步骤 (参照图 11.23)。

第 1 步: 选择当前市场中处于成熟期的产品为研究对象[12−14], 确定技术主题, 选择专利数据库并检索相关专利。通常情况下, 技术主题涉及一个产品或一项技术, 通常产品涉及多样的描述形式, 因此首先通过网络检索相关信息, 最终确定专利的分析主题。

第 2 步: 通过对专利的技术构成分析结果技术研究区域的划分, 选择技术研究相对稀疏的区域作为 NDI 技术机会搜索区域, 缩小 NDI 技术机会搜索范围, 即确定 NDI 技术机会分析面域。

第 3 步: 建立技术装置与功能间的对应关系, 通过对技术区域划分、IPC 分类、各 IPC 分类所涉及的技术装置、技术装置与功能间对应关系的综合分析, 计算各项功能所对应的虚拟专利数量, 专利数量反映了各项功能的相关研究密集程度; 通过对功能相关研究密集度的对比分析, 确定产品的非主流功能。非主流功能的识别将 NDI 技术机会分析区域缩小至线域。

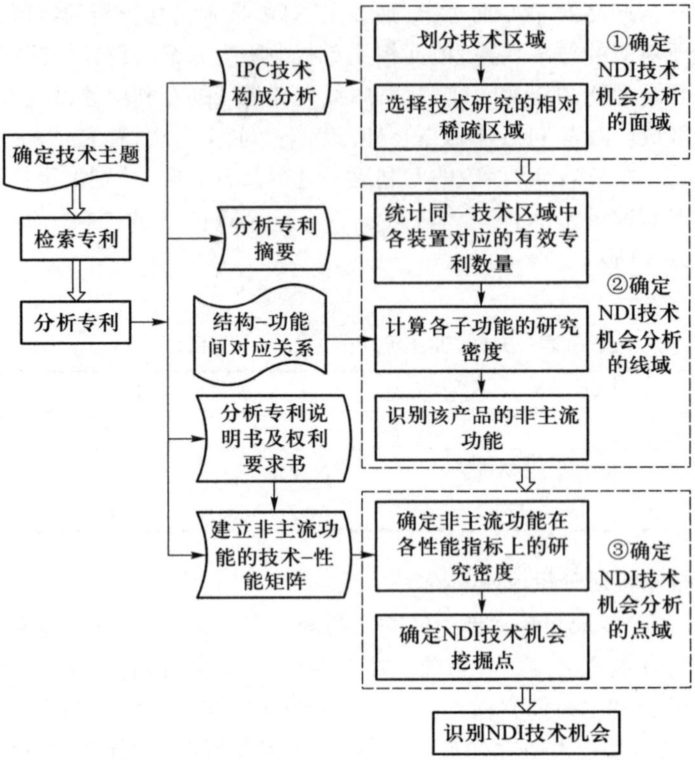

图 11.23 基于专利分析的 NDI 技术机遇分析过程模型

第 4 步: 通过提取专利中所蕴含的技术信息建立非主流功能的技术–性能矩阵, 确定某技术装置在各相关性能指标下的专利数量, 从而获知目前的技术研究空白点及稀疏点, 即为 NDI 潜在技术机会挖掘的技术点。

第 5 步: 新市场破坏性创新技术机会的识别[15]。非主流功能的技术–性能矩阵所确定的技术研究空白点及稀疏点为 NDI 技术机会识别的突破口, 技术研究空白点及稀疏点是 NDI 技术机会挖掘的区域, 但不是挖掘出的所有技术机会均为 NDI 技术机会。根据破坏性创新产品具有易操作、结构简单、体积小、节省能源等特征, 最终识别出 NDI 技术机会。

11.5.4 案例研究: 自动取款机的破坏性技术机遇分析

自动取款机 (automatic teller machine, ATM) 是一种高度精密的智能装置, 通过磁性代码卡或智能卡实现金融交易的自助服务以代替银行柜面人员的自动化设备。作为银行储蓄或信用卡终端设备, 持卡人可通过 ATM, 根据密码全天 24 h 内办理自动取款、查询余额、转账划拨、更改密码等业务, 如图 11.24 所示。以自动取款机为例, 应用基于专利分析的 NDI 技术机会识别过程对自动取款机的技术机会进行分析。

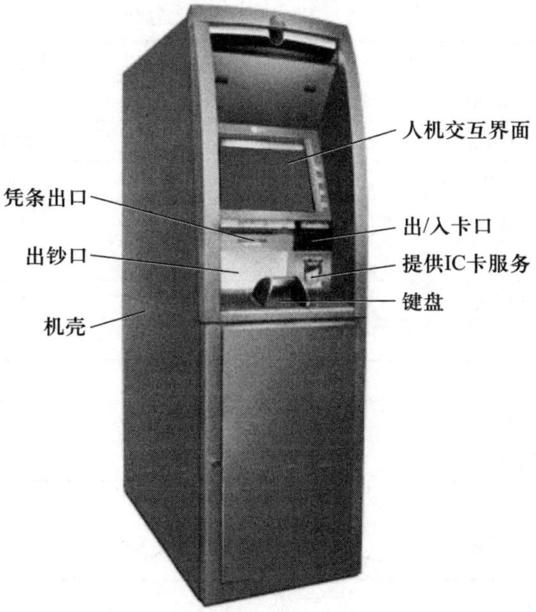

图 11.24　自动取款机

1. 确定技术主题

自动取款机也被称为自动柜员机, 通常在专利文献中, 被描述为一种传输、存储薄片类介质的装置, 因此确定技术主题为"自动取款机或者自动柜员机或者 ATM 或者薄片类介质"。由于实用新型的专利通常是对已有结构或方法的改进, 因此只检索最近 5 年, 法律状态为"正在申请"或"已授权"的发明专利, 并排除掉方法创新的相关专利。应用专利检索及分析系统在中国专利知识库中进行搜索, 检索语句为: (自动取款机 or 自动柜员机 or 薄片类介质 or ATM)AND (APD:[2009-1-1 TO 2014-10-1]) NOT (方法)。

2. NDI 技术机会分析面域的确定

1) ATM 的技术构成分析

应用专利检索与分析软件, 在上述检索语句下检索出申请或授权的发明专利共计 1084 项, 为在有限时间内有效寻找技术机会, 按照各 IPC 分类相关的专利数量从高到低的顺序, 在此仅选择 IPC 构成排名前 10 位的专利进行分析以检验方法的可行性。所选 IPC 技术分类、IPC 含义及与其相对应专利的数量如表 11.7 所示, 所选专利数量总计为 489 项。

2) ATM 相关研究技术区域的划分

由 ATM 机的专利技术构成分析结果, 根据技术研究区域划分规则, 通过计算, 将各 IPC 分类划分入 A_1、A_2、A_3 技术区域, 结果如表 11.8 所示。其中, 技术研究区域 A_1 包括 IPC 分类 G07D11/00 与 G07F19/00, 技术研究区域 A_2 包括技术分类 G07D9/00 与 G07D13/00, 技术研究区域 A_3 包括 G06F3/041、B65H5/06 等技术分类。技术区域 A_1、A_2、A_3 的研究密集度逐级降低。

表 11.7 IPC 技术构成分析

IPC 分类	专利数量统计
G07D11/00	176
G07F19/00	116
G07D9/00	54
G07D13/00	45
G06F3/041	20
B65H5/06	18
G07F7/08	17
G06K17/00	16
G07F9/00	14
B65H29/58	13

表 11.8 ATM 相关研究技术区域的划分

技术研究区域	技术构成	专利总数
A_1	G07D11/00	176
	G07F19/00	116
A_2	G07D9/00	54
	G07D13/00	45
A_3	G06F3/041	20
	B65H5/06	18
	G07F7/08	17
	G06K17/00	16
	G07F9/00	14
	B65H29/58	13

3) ATM 机 NDI 技术机会分析面域的确定

去除研究密集度最高的技术区域 A_1, 将 A_2、A_3 作为 NDI 技术机会挖掘区域, 缩小了搜索范围。各技术构成涉及一项或几项技术装置, 通过阅读专利摘要, 去除重复性专利技术文献的同时对各技术装置相关的专利数量分别进行统计, 结果如表 11.9 所示。

4) ATM 机非主流功能的识别

将 ATM 机进行技术系统分解, 得出各技术装置与子功能间对应关系如图 11.25 所示。

通过对各项技术装置所涉及的专利数量进行统计, 可获知各技术研究区域下各技术装置的相关专利数量, 结果如表 11.10 中最后一列数据所示。技术研究区域 A_2 与 A_3 中包含着相同的技术装置, 由于各技术装置与功能间存在一一对应关系, 因此在分析各项功能的研究密集度时, 需将其各对应技术装置的所有专利数量进行求和。利用技术研究区域 A_2 的系数 (A_2=1.5), 区域 A_3 的系数 (A_3=1), 并采用加权求和的方式分别计算各功能的相关专利虚拟数量, 结果如表 11.10 中最后一行数据所示, 此组数值反映了各项功能的相对研究密集程度。

表 11.9 ATM 机 NDI 技术机会分析区域的确定

技术研究区域	技术构成	对应装置	专利总数	专利数量
A_2	G07D9/00	读卡防盗装置	54	6
		传输介质装置		12
		堆叠介质装置		2
		监控装置		3
	G07D13/00	传输介质装置	45	12
		堆叠介质装置		11
		识别介质装置		2
A_3	G06F3/041	触控面板	20	17
	B65H5/06	分离介质装置	18	4
		传输介质装置		6
	G07F7/08	读卡装置	17	12
	G06K17/00	读卡装置	16	14
	G07F9/00	读卡器异物检测装置	14	3
		储币箱		1
		传输介质装置		2
		闸门		2
	B65H29/58	介质换向传输装置	13	8

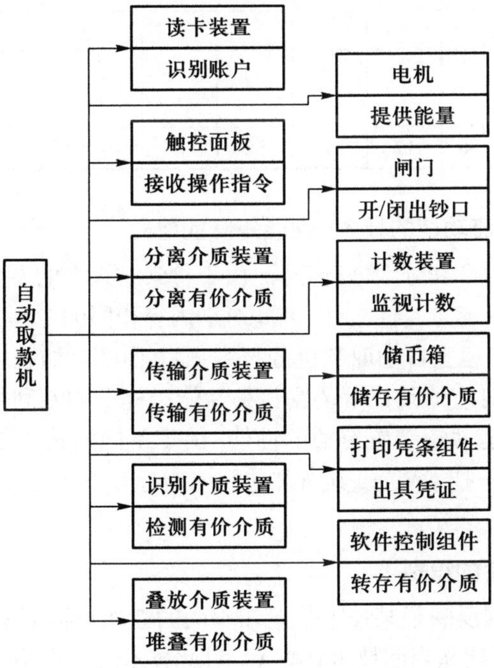

图 11.25 ATM 机技术装置–功能间对应关系

通过对比表 11.10 中各功能对应的虚拟专利数量可获知功能的相对研究密集程度，进而识别产品的主流功能与非主流功能。功能“F_1: 识别账户”与功能“F_4: 传输有价介质”对应的相关研究专利数量分别为 38、52，明显大于其他功能项所对应的数值；功能 F_2、F_3、F_5、F_6、F_7、F_8、F_9 的研究密集度相对较低，为产品的非主流功能。

表 11.10 ATM 机非主流功能的识别

技术研究区域	装置	功能									有效专利数量
		F_1: 识别账户	F_2: 接收操作指令	F_3: 分离有价介质	F_4: 传输有价介质	F_5: 检测有价介质	F_6: 堆叠有价介质	F_7: 储存有价介质	F_8: 开/闭出钞口	F_9: 监视计数	
A_2 (Ψ_{A_2}=1.5)	读卡防盗装置	√									6
	传输介质装置				√						12+12=24
	堆叠介质装置						√				2+11=13
	识别介质装置					√					2
	监控装置									√	3
A_3 (Ψ_{A_3}=1)	触控面板		√								17
	分离介质装置			√							4
	传输介质装置				√						6+2=8
	读卡装置	√									12+14=26
	读卡器异物检测装置	√									3
	储币箱							√			1
	闸门								√		2
	介质换向传输装置				√						8
功能研究相对密集度对比		38	17	4	52	3	19.5	1	2	4.5	

3. ATM 机非主流功能的技术–性能矩阵的建立

对各技术构成下的专利分别进行分析，由于检索结果中的专利包括内容相同、法律状态为申请或授权的内容重复性文件，因此对于内容相同的专利只保留一项。通过对专利中技术信息的提取，建立自动取款机的技术–性能矩阵，如表 11.11 所示。表格中的数值表示交叉区域所对应的某技术装置在某性能指标下的专利数量。表 11.11 第一行罗列了与各非主流功能对应装置有关的性能，由于不同的技术装置所涉及的性能指标有差别，因此，对于某一技术装置，其对某些性能指标并不产生要求，在其行与列的交叉项位置使用符号“—”表示。

4. NDI 技术机会的识别

表 11.11 中的数据反映了某技术装置在不同的性能指标下所对应的相关专利数量，通过数值的大小，可判断在当前技术状态下，对此技术装置在不同的性能指标下研究的热点情况。NDI 技术相比于当前技术，需具有易操作、结构简单、体积小等特征。通过

对交叉项的分析, 识别 NDI 技术机会。

表 11.11 ATM 机非主流功能的技术–性能矩阵

非主流功能	对应装置	性能									
		便于操作	效率	可靠性	整齐	易维护	结构简单	体积小	安全性	适应性	灵敏度
F2: 接收操作指令	触控面板	6	0	6	—	1	0	2	1	2	5
F3: 分离有价介质	分离介质装置	—	0	2	0	0	0	4	0	4	—
F5: 检测有价介质	识别介质装置	—	0	2	—	0	0	0	0	1	—
F6: 堆叠有价介质	堆叠介质装置	—	0	5	4	0	0	1	0	2	—
F7: 储存有价介质	储币箱	—	—	0	—	0	0	—	1	0	—
F8: 开/闭出钞口	闸门	0	0	0	—	0	1	—	1	0	0

(1) 触控面板的技术机会分析。触控面板主要为用户提供输入界面以接受用户操作指令, 由表 11.11 中 “触控面板” 所对应的行数据可知, 该行数据与 “效率” “结构简单” 性能指标的交叉项为技术空白区, 与 “易维护” “安全性” 的交叉项为技术研究稀疏区, 此两种区域为 NDI 技术机会挖掘区域。目前的触控面板主要为用户存取款、更改密码、转账及输入密码等指令提供操作界面, 但在输入密码的过程中仍需要借助键盘键入, 由于键盘中的数字具有固定位置, 因此为犯罪分子盗取密码提供了机会。鉴于此, 在 “安全性” 与 “结构简单” 这两项性能指标上进行改进, 将密码输入数字键以位置随机出现的形式呈现在触摸屏上, 提高用户在使用自动取款机过程中防止密码被盗取的安全性; 同时, 按键式键盘被裁剪掉, 简化了设备的结构, 符合破坏性创新产品的特征。如图 11.26 所示是触控面板设计前后的对比示意图。

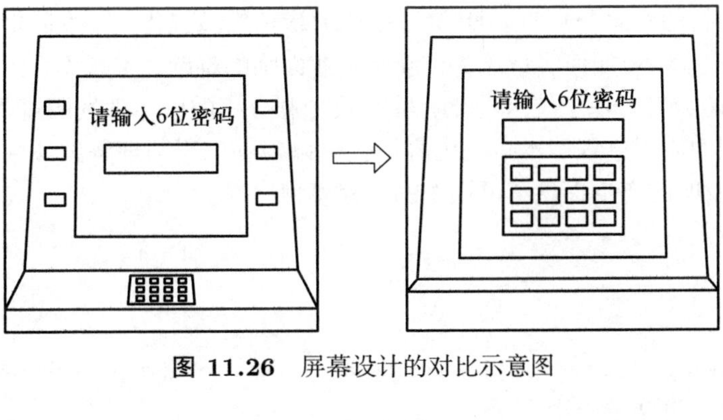

图 11.26 屏幕设计的对比示意图

(2) 分离介质装置的技术机会分析。由表 11.11 中 “分离介质装置” 对应的行数据可知, 该行数据与 “效率” “整齐” “易维护” “结构简单” “安全性” 性能指标的交叉项为技术研究空白区, 是 NDI 技术机会潜藏区域。随着日常生活节奏的加快, 大多数人的时间观念越来越强, 因此如何在更短的时间内为用户提供服务, 即提高 “效率” 指标以吸引新用户是潜在的 NDI 技术机会。目前的介质分离机构多采用机械式分离原理, 因此是否能够应用液压或气压等技术对介质进行分离, 同时简化结构, 是潜在的 NDI 技术机会。

(3) 堆叠介质装置的技术机会分析。由表 11.11 中“堆叠介质装置”所对应的行数据可知, 该行数据与“效率”“易维护”“结构简单”“安全性”性能指标的交叉项为技术研究空白区, 该行数据与“体积小”及“适应性”指标的交叉区域为技术研究稀疏区。为在堆叠介质的过程中既准确又高效地计算出介质的数量, 避免由于计数错误引起的用户与银行之间的纠纷, 设计一种新型堆叠介质的简单结构并提高工作效率为 NDI 研究的技术机会。

(4) 储币箱的技术机会分析。由表 11.11 中“储币箱”对应的行数据可知, 储币箱与“可靠性”“易维护”“结构简单”“适应性”几项性能指标的交叉项为技术空白区。由于目前的储币箱多为箱体式, 结构较为简单, 也较易维护, 因此“可靠性”与“适应性”是技术机会挖掘点。当存入介质的形状、形态发生变化时, 仍旧较好的储存介质且不增加结构的复杂性是潜在的 NDI 技术机会。

(5) 闸门的技术机会分析。由表 11.11 中“闸门”对应的行数据可知, 此行数据与“便于操作”“效率”“可靠性”“易维护”“适应性”“灵敏度”的交叉区域为技术空白区。目前的闸门机构开关动作执行速度慢, 提高了安全性, 但工作速率慢。设计一款新型的闸门机构, 在不增加结构复杂程度的基础上, 增加其灵敏度, 能够在无障碍物的情况下较快得开合为潜在的 NDI 技术机会。

由于识别介质装置涉及高精密研究技术, 在此不做描述。由以上 5 点对潜在的 NDI 技术机会的分析可知, 应用此法, 由面到线再到点逐渐缩小 NDI 技术机会分析区域, 减少了分析大量专利的工作时间, 便于有效寻找 NDI 技术机会。

11.6 小结

破坏性创新的概念与原理多年前已在技术管理领域提出, 一些企业将实现该类创新定为自己的战略, 但如何实现该类创新是企业面临的难题。本章不仅给出基本的破坏性发明过程, 还给出了基于技术进化、冲突及专利分析的破坏性发明过程模型, 通过案例说明各模型的应用过程。本章的内容不仅可以帮助工程师理解破坏性创新的基本概念, 也为该类发明的产生提供了可操作的过程模型。

参考文献

[1] Christensen C M, Overdorf M. Meeting the challenge of disruptive innovation [J]. Harv. Bus. Rev., 2000, 78 (2): 66-76.

[2] Christensen C M. The Innovator's Dilemma: When New Technologies Cause Great Firms to Fail [M]. Boston: Harvard Business School Press, 1997.

[3] Sun J G, Gao J Y, Tan R H, *et al.* Achieving disruptive innovation-forecasting potential technologies based upon technical system evolution by TRIZ [C]// The 4th IEEE International Conference on Management of Innovation and Technology, Singapore, 2008.

[4] 檀润华, 孙建广. 破坏性创新技术事前产生原理 [M]. 北京: 科学出版社, 2014.

[5] 邵波. 企业竞争与反竞争情报中的专利分析 [J]. 情报科学, 2006, 24(3): 361-372.

[6] 邓学欣, 张瑞红, 范肖凌, 等. 焊钳小型轻量化的专利分析和基于 TRIZ 的创新设计 [J]. 机械设计, 2014, 31(9): 14-19.

[7] 黎江. 基于专利文献的技术机会分析方法研究 [D]. 北京: 中国科学院文献情报中心, 2007.

[8] 张玲, 朱长宝. 基于专利技术知识的机械产品创新设计初探 [J]. 机械设计, 2005, 22(9): 4-6.

[9] Guo J, Tan R H, Sun J G, *et al.* An approach for generating design scheme of new market disruptive products driven by function differentiation [J]. Computers & Industrial Engineering, 2016, 102: 302-315.

[10] Christensen C M, Anthony S, Roth E. Seeing What's Next: Using the Theories of Innovation to Predict Industry Change [M]. Boston: Harvard Business School Press, 2004.

[11] 陈颖, 张晓林. 专利技术功效矩阵构建研究进展 [J]. 现代图书情报技术, 2011(11): 1-8.

[12] 孙建广, 檀润华, 江屏. 基于技术进化理论的破坏性创新预测与实现模型 [J]. 机械工程学报, 2012, 48(11): 11-20.

[13] 张换高, 赵文燕, 檀润华. 基于专利分析的产品技术成熟度预测技术及其软件开发 [J]. 中国机械工程, 2006, 17(8): 823-827.

[14] 百度百科——自动取款机 [EB/OL]. http://baike.baidu.com/link?url=7JxORi4PrHuoQ-MeP59DC7CWULwDPxfAGBdnSSnergaFSacgD_jHZadUVkOYhV5osJB6iA2Xb8A-p_mpeaa1Uz-MLJn4fcBlqwMsy-HXlmO3. [2015-01-25].

[15] 郭靖, 孙建广, 梁添才, 檀润华. 基于逻辑回归的破坏性创新设计方案评价模型 [J]. 计算机集成制造系统, 2015, 21(6): 1405-1416.

第 12 章　再设计过程创新方法

12.1　概述

企业外部与内部的变化是经济社会发展、技术发展、市场竞争的必然结果。这种变化不可避免地要影响到企业正在销售中的产品，企业必须通过这些已有的改进来满足变化的需求。再设计是产品改进的重要环节，通过增加附加发明过程改进已有的再设计过程，可以使企业通过该过程产生更多更好的发明来应对各种变化。本章给出 C–TRIZ 中的再设计过程模型，以帮助创新工程师将 TRIZ 与已有的再设计过程紧密融合。

12.2　变化引发的再设计

新产品投放市场一段时间后，一般都要进行再设计，其原因有很多，如通过产品的现场应用，用户发现了产品缺陷而改变需求；产品需要进一步提升质量、降低成本、延长或缩短生命周期、减少对环境的不利影响；经济社会发展及人口结构变化对产品提出了新要求；竞争产品与技术的发展等。这些原因均是由变化造成的，而变化是客观存在必定要发生的事件。因此，再设计已成为新产品开发过程或创新的重要组成部分[1]。

例 12.1　井口平台再设计需求[2]。

近年来我国海上油田的产能大幅度提升，且主产区从 20 世纪的南海北部油田逐渐过渡到渤海油田。渤海油区的地质条件为大型油田且以稠油为主。LD27-2 WHPB 井口平台是一座集简单钻井、完井、修井、生产、计量及生活为一体的四腿钢制导管架平台。目前，在稠油开采过程中，多使用蒸汽吞吐法进行生产。但蒸汽温度很高，最高可达到 350°C，高于海洋油田常用的排采设备——电潜泵的极限工作温度 250°C，故电潜泵采油已不能满足海上油田抽油、采油的要求。为了提高海洋油田的采收率，考虑将陆上的有杆采油技术——三抽人工举升系统引入到海洋油田开采中，实施“抽油蒸汽吞吐 + 三抽人工举升”的新工艺。由于海洋平台尺寸的限制，无法直接将陆上的三抽人工举升系统移植到海上，因此必须要对该系统进行再设计。

例 12.2　明清家具再设计需求[3]。

明清家具造型简练流畅、纹饰典雅优美、结构严谨、比例匀称、做工精细，体现了在中国传统文化思想下的当时社会的审美倾向，在中国家具发展史乃至世界设计史上都具有很高的地位。如今，虽然明清家具有着绝佳的市场潜力，但是也不能忽视将明清时代的生活用品引进当代消费市场的种种困难。明清家具在许多方面体现了儒家思想所强调的礼节与约束, 与当代家具生活的理念有一定的偏差。用料上, 明清家具所推崇的紫檀、黄花梨等硬木日益匮乏, 难以满足当今大规模生产的需求。虽然明清家具造型简洁, 一定程度上符合当今大众审美, 但是仍与当今所追求的轻松活泼氛围有一定出入, 此外建立在明清时期科技基础上的部分生产方式也难以满足当今的生产要求。从生活方式上探索明清家具再设计, 促使明清家具融入当代生活, 焕发新生命力已成为一种新需求。

再设计的目标是实现产品的再创新。产品存在有其需求或目的、功能、行为、结构与参数。需求是预先设想的行为目标和结果, 功能是产品运行的结果, 行为是实现功能的一系列动作, 结构是组成系统的零部件及各种连接, 参数是结构的详细表征。图 12.1 所示表示了各种表征之间的关系。

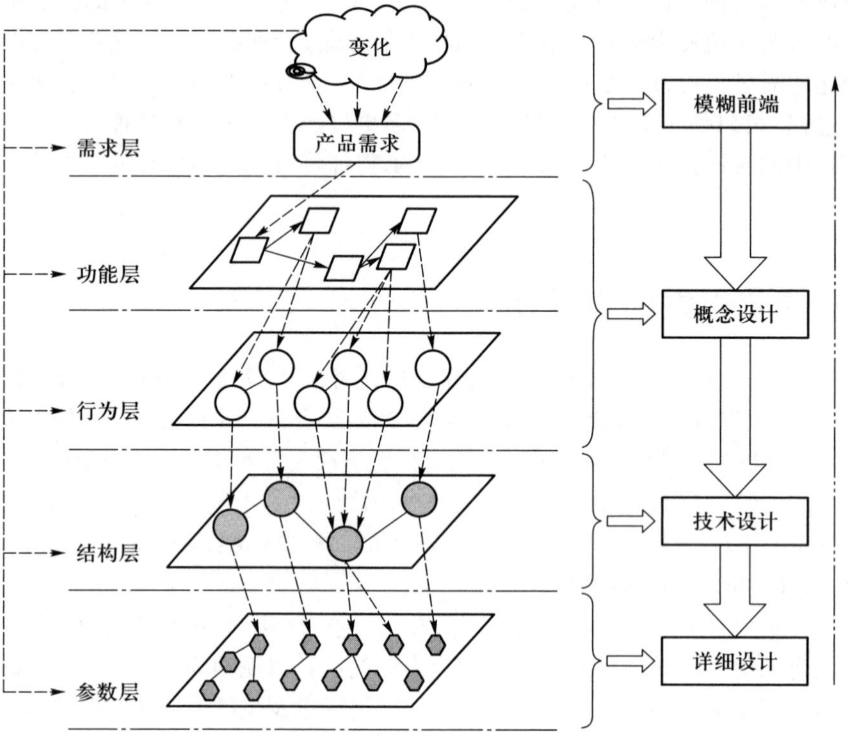

图 12.1 变化引发的再设计模型

产品再设计由企业外部或内部某种变化引发。与原始设计不同, 变化出现后所引发的可能是原设计过程的任何一个阶段, 与该阶段的后续过程一起构成再设计过程。图 12.1 表明, 再设计可以从模糊前端、概念设计、技术设计、详细设计的任何一个阶段开始。工程师们要根据变化的类型与具体要求等确定再设计的起始阶段。如变化分别导致新需求、新原理、新结构或新参数的改变, 则再设计的起始阶段分别是模糊前端、概念设计、技术设计、详细设计。

在例 12.1 中, 目前油田的生产目标从正常黏度的原油过渡到稠油开采为主, 井口平台不适应该类原油开采, 需要再设计。其再设计的基本思想是将陆上的有杆采油技术——三抽人工举升系统引入到海洋油田开采中, 实施“稠油蒸汽吞吐 + 三抽人工举升”的新工艺。该过程的起始阶段是概念设计，因再设计的过程要改变已有井口平台的功能和原理。例 12.2 中主要涉及家具的结构设计，因此再设计的起始阶段是技术设计。

工程师们在企业工作多年，熟悉本企业的各种业务流程及相关产品。根据自身的知识与经验，可以判断变化所引发的再设计起始阶段。

12.3 再设计中的发明过程

再设计过程虽然可以从主创新过程的任何一阶段开始，但其过程中依然存在一些发明问题需要应用 TRIZ 解决。将 TRIZ 与再设计主过程融合形成新的过程模型，对再设计过程的创新及再设计对象的创新都很重要。如图 12.2 所示是一种 TRIZ 与再设计融合的过程模型。

图 12.2 中的变化由企业外部或内部的事件引发。工程师可以通过变化发现或确认创新场景，即需要改变已有产品或开发全新产品的新需求。之后要判断这些新需求应在产品设计的哪一阶段实现，工程师需要根据自己的专业知识及产品特点进行选择。对于选中的设计阶段进行诊断并发现发明问题，应用基本发明过程解决问题，形成领域问题的解。之后将该解返回到出现问题的设计阶段，完善此阶段的设计工作并形成领域解或领域发明。由于产品的状态已改变，后续的设计阶段应继续完善产品设计。最后形成创新设计，并将新设计推向后续的制造阶段。

图 12.2 表明再设计过程包含了发明过程，或发明过程是再设计过程必要性的体现。对已有产品通过再设计推出新产品，实现提质增效或降低成本或增加用户满意度等，提高了产品的市场竞争力。

再设计中的发明过程由如下 5 步组成。

第 1 步：确定创新场景。

经济社会发展及产品的现场应用引发了很多变化，这些变化成为创新的初始机遇。工程师应根据企业与产品的发展现状，确定一些初始机遇并引发后续的产品再设计过程。这些初始机遇即为创新场景。

第 2 步：确定再设计起始阶段。

面对创新场景，工程师要根据已有产品特点，确定产品再设计起始阶段。模糊前端、概念设计、技术设计、详细设计 4 个阶段的任何一个阶段均可能成为起始阶段。

第 3 步：确定发明问题。

工程师要通过功能模型的建立、裁剪、根原因分析等方法对存在的问题进行诊断，以确定其中的领域问题。这些领域问题应以发明问题的形式表征，如技术冲突、物理冲突等。

第 4 步：求解发明问题。

按照基本发明过程解决发明问题，获得发明问题的解，即领域问题的解。

第 5 步：形成发明。

将领域问题的解反馈到再设计起始阶段，应用领域知识完善该解，形成领域解，即

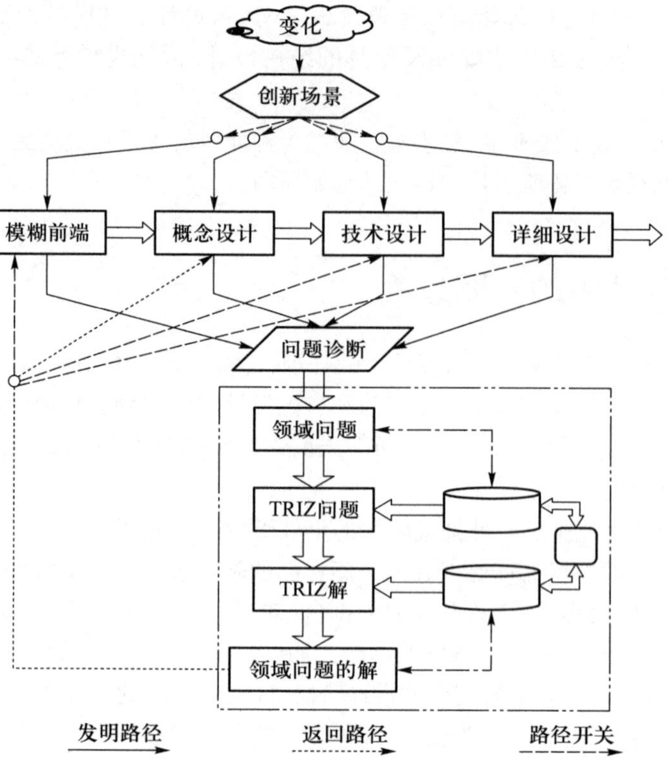

图 12.2　再设计与 TRIZ 融合

发明。

上述的步骤 1~5 形成了再设计过程中的发明过程。由于再设计起始阶段可以是模糊前端、概念设计、技术设计、详细设计中的任何阶段, 因此, 再设计发明过程分为 4 类, 分别为再设计新创意发明过程、新概念发明过程、新结构发明过程、新参数发明过程。各发明过程的目标分别为: 产生新创意、新原理、新结构、新参数, 并为后续设计与创新奠定基础。

4 类再设计发明过程更详细的解释如下所述。

第 1 类: 再设计新创意发明过程。

再设计过程的起点是模糊前端, 根据企业内外部变化, 产品最初的创意必须改变, 之后按照设计过程开发全新的产品。该过程的目标是产生新的创意。

第 2 类: 新概念发明过程。

再设计过程的起点是概念设计。企业内外部对产品提出的新要求是改变其工作原理, 以提高其性能指标, 通过再设计过程需要选择新的物理的、化学的、生物的原理, 替代已采用的原理, 并提高产品的性能极限。该过程的目标是新原理的产生。

第 3 类: 新结构发明过程。

再设计过程的起点是技术设计。产品的工作原理不需要改变, 但是实现该原理的结构, 如零部件及其之间的连接关系需要改变, 以适应企业内外部变化对产品的新需求。该过程的目标是创造新结构。

第 4 类: 新参数发明过程。

再设计的起点是参数设计。产品的工作原理、结构不需要改变, 但一些零部件的参数需要重新设计, 以满足新的需求。该过程的目标是产生新参数。

例 12.3 小曲线架桥机再设计需求。

近年来, 随着国内外高速铁路的飞速发展, 900 t 整孔箱梁运架设备已经比较成熟, 同时国内的设备水平也已达到国际先进水平, 并应用在当前的高速铁路、城际铁路施工中。但是, 现有国内外的运架设备都是为标准的高速铁路研制的, 能够架设的最小曲线半径为 2 500 m, 且只适用于架设单箱单室梁型。个别类型如尼古拉的运架一体机理论上增加临时支撑后能架设 600 m 小半径曲线, 但还没有进行工程设计, 且工作效率低, 不能满足工期要求。我国高铁建设需要架桥机能够架设的最小曲线半径为 400~500 m, 因曲线半径过小, 国内外还没有合适的架桥机可以应用。因此, 需要研究一种新型架桥机以满足小曲线桥梁架设的要求。

工程师根据多年的工作经验可以判断新型架桥机的设计应以目前应用的架桥机为基础, 少量改变其工作原理, 使其能用于小曲线桥梁的架设。因此, 再设计的起始阶段应为概念设计。再设计发明过程的结果应为新概念发明。

12.4 问题诊断方法

问题诊断是发现企业内外部变化后的重要步骤。这些变化对企业已有产品产生了负面或不利影响, 需要改变已有产品设计, 从而克服负面与不利影响, 促使企业的进一步发展。问题诊断是分析内外部变化对已有产品的影响, 采用因果分析法、技术预测法、裁剪法等发现关键问题[4−6], 以便解决这些问题。但这些研究主要是应用 TRIZ 及近年来发展的一些方法确定待改进系统中存在的问题, 没有考虑企业主创新过程及关键创新子过程与存在问题的关系, 使得发现问题的过程脱离了主创新过程, 不利于形成后续企业创新机遇。

大量的创新工程师项目表明, 问题诊断方法不仅要应用根原因分析法、裁剪法、技术预测法、观察法、约束理论法 (theory of constraint, TOC) 或质量功能布置 (quality function deployment, QFD) 等方法确定领域问题, 重要的是考虑企业主创新过程中的关键创新子过程, 即问题出现的关键设计阶段, 认为该子过程与各种分析方法的有机融合是找到正确问题的关键。工程师根据企业内外部变化, 首先应确定可能出现问题的关键设计阶段, 即关键子过程, 之后采用不同的方法构建已有产品或技术系统的建模, 并发现其中存在的问题。问题诊断的过程如图 12.3 所示。

问题诊断有如下 4 个步骤。

第 1 步: 识别企业内外部变化。

国家政策变化引起的高增长区域的出现、新技术的出现、人口增长的变化、审美观的变化、新知识的出现等是企业的外部变化。而未达到工作的预期目标、未预测到的失败、未预测到的外部事件、过程瑕疵、市场变化对企业的直接影响等是企业内部变化。工程师要识别这些变化中的一些特定内容, 并建立其与企业已有产品之间的影响

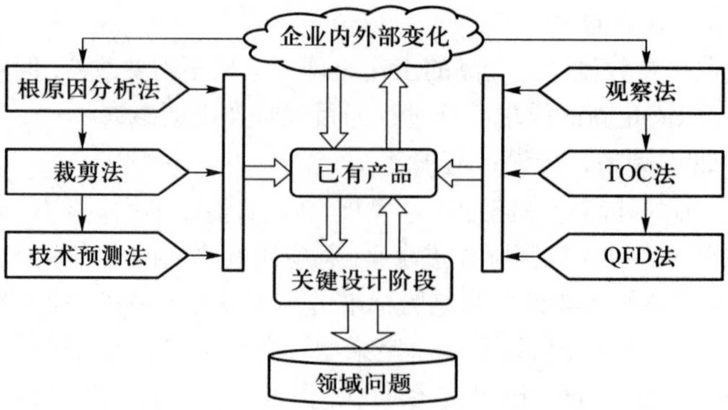

图 12.3 问题诊断过程

关系, 确定初始创新机遇。

第 2 步: 关键设计阶段识别。

关键设计阶段属于企业主创新过程中设计过程的一个阶段, 应判断初始创新机遇可能引起变化的设计阶段。识别过程的依据如下:

如果需要改变已有产品的初始创意, 则关键阶段是模糊前端;

如果需要改变产品组成的 4 个主要子系统的工作原理, 则关键设计阶段是概念设计;

如果需要改变产品的结构, 包括部分结构及之间的连接关系, 则关键设计阶段是技术设计;

如果需要改变某些零部件参数设计, 则关键设计阶段是参数设计阶段。

第 3 步: 方法的选择。

可以采用不同的方法诊断问题, 图 12.3 中给出了 6 种, 还有其他方法, 如类比法、TOC 法、公理设计 (axiomatic design, AD) 法等。选择不同的方法应构建不同的已有产品模型, 经常采用的模型为层次型与关系型功能模型。如果工程师对已有产品深度理解, 对于新的变化, 他/她们可以直接判断领域问题。

第 4 步: 领域问题的表征。

领域问题可以有不同的表征形式, 如冲突图区域、冲突、困难功能元、问题流、技术进化潜力等。在后续的求解过程中, 不同的领域问题可以选择不同的求解方法, 获得不同的领域问题的解, 再经评价及改进得到领域解, 即领域发明。

例 12.4 TOC 方法识别发明问题。

目前, 一些高档汽车的密封性很好, 为保证乘客的安全与舒适, 汽车内通常安装空气排气阀, 当打开通风系统或安全气囊膨胀时, 排气阀可以释放汽车内部高的空气压力。尽管排气阀能够满足上述要求, 但同时也产生了有害作用——灰尘进入车内。排气阀由固定在车身通风口处的一个盒子构成, 盒内有 6 个塑模门固定在垂直平面上。阀门开和关分别由车内的空气压力和自身的重力平衡实现。图 12.4 所示是空气排气阀的当前现实树, 其核心问题是“机械振动使阀门打开, 让灰尘浸入, 制造噪声”这一有害功能。

从图 12.4 中可以看出, 阀门在机械力作用下释放内部高的空气压力, 却导致灰尘

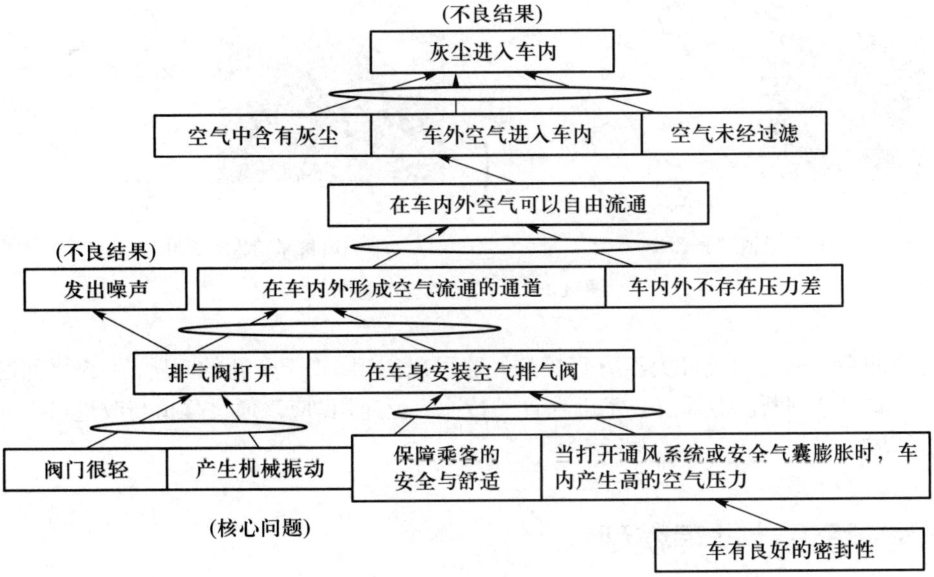

图 12.4 冲突解决图表

的进入, 这说明, 原设计中存在冲突。下面用冲突解决图表确定当前状况下的冲突。理想解即冲突解决图表中的共同目标是: “空气阀释放高的空气压力, 同时防止灰尘进入车内”。冲突的先决条件是: 阀门必须易打开和必须难打开, 或者阀门必须轻和重。图 12.5 是空气阀的冲突解决图表。如图 12.5 所示, 在空气排气阀设计中, 出现的物理冲突是: 阀门应易打开, 以释放稍高的车内压力, 但同时门必须难打开, 以防止灰尘的进入和产生噪声。

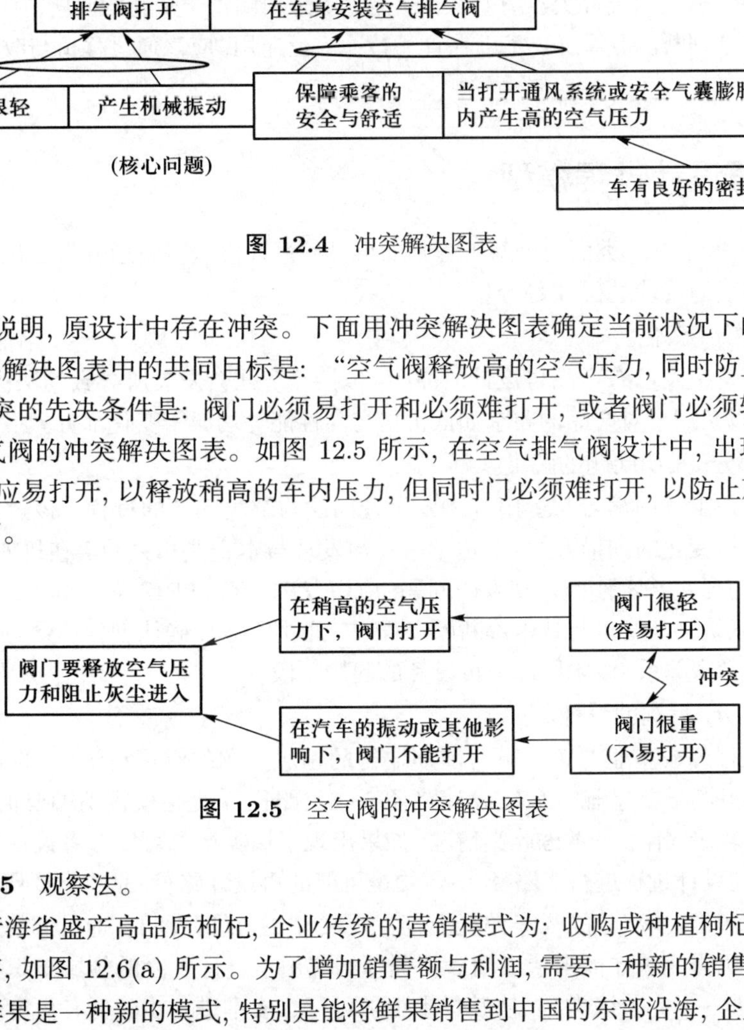

图 12.5 空气阀的冲突解决图表

例 12.5 观察法。

我国青海省盛产高品质枸杞, 企业传统的营销模式为: 收购或种植枸杞, 晒干后到市场上销售, 如图 12.6(a) 所示。为了增加销售额与利润, 需要一种新的销售模式。

销售鲜果是一种新的模式, 特别是能将鲜果销售到中国的东部沿海, 企业将获得较大的经济效益。但将鲜果销售到东部的技术问题如何解决?

该问题属于商业模式创新问题。创意的产生应在项目的起始阶段: 模糊前端。工程师与管理团队可依据经验及自身的知识, 通过观察提出创意。

销售枸杞干果没有什么技术难题。但销售鲜果必须解决的难题是保鲜。枸杞运输过程中较长时间的保鲜操作没有人尝试过, 保鲜的需求与实现该需求的技术和系统难

(a) 干果销售示意图　　(b) 鲜果销售示意图

图 12.6　枸杞销售示意图

度构成冲突。解决该类冲突没有直接的经验可以应用, 属于全新的问题, 解决该问题的关键步骤很难判断。但保鲜技术已在食品行业广泛应用, 应该通过移植与改进可以应用到本领域。

12.5　再设计过程模型

图 12.7 所示是一类面向创新工程师的再设计过程模型。模型分为变化、发明问题的解决与后续的设计过程 3 部分。

第 1 部分: 变化。

该部分是引发已有产品再设计的原因, 包括经济社会发展所导致的法律法规变化、技术变化, 以及用户对产品的要求如低价格与高性能等均属于变化部分。

第 2 部分: 发明问题的解决。

该部分是工程师学习与运用 TRIZ 发现问题与解决问题的过程。该过程从企业或工程师对环境变化的扫描开始, 一边学习一边发现与本企业相关的潜在机遇, 即确定创新场景; 同时通过技术诊断发现发明问题; 应用 TRIZ/C–TRIZ 解决问题, 形成领域问题的解; 在确认创新场景与技术诊断的过程中, 通过路径 L 确认创新场景与设计过程哪一个阶段有紧密关系, 该阶段即为再设计的起始阶段。

第 3 部分: 后续的设计。

首先工程师或企业有关人员对前期取得的领域问题的解进行评估, 选出有可能可行方案的解并将该类解输入后续设计路径 0~3。路径 0 是指模糊前端要彻底改变, 该类在设计中较少, 本书不考虑此类情况; 如果出现了该类情况可以参考设计方法学有关著作, 按正向设计过程进行。路径 1~3 均是可能的再设计路径, 是本章要研究的路径。

图 12.7 中第 3 部分的 4 条路径上存在领域解 0~3, 即发明。通过评估后选出的领域问题的解仍需完善才能形成发明。工程师们应用本设计阶段的领域知识与领域问题的解结合, 进一步完善该类解, 使其技术更加可行、成本进一步降低、更容易加工装配及运输等, 完善后的解为领域解。继续后续的设计工作, 最后形成创新设计。

经常遇到的再设计 3 条路径表征如下[7]。

路径 1: $\mathrm{CD}_0 \dashrightarrow \mathrm{CD}_1 \rightarrow \mathrm{ED}_1 \rightarrow \mathrm{DD}_1 \rightarrow \mathrm{DO}$。

该路径起始为概念设计 CD_1, 其结果是已有产品概念设计 CD_0 过程及结果的改进。由于 CD_1 输出的结果是已有产品工作原理的改进, 即新工作原理, 其结构设计与

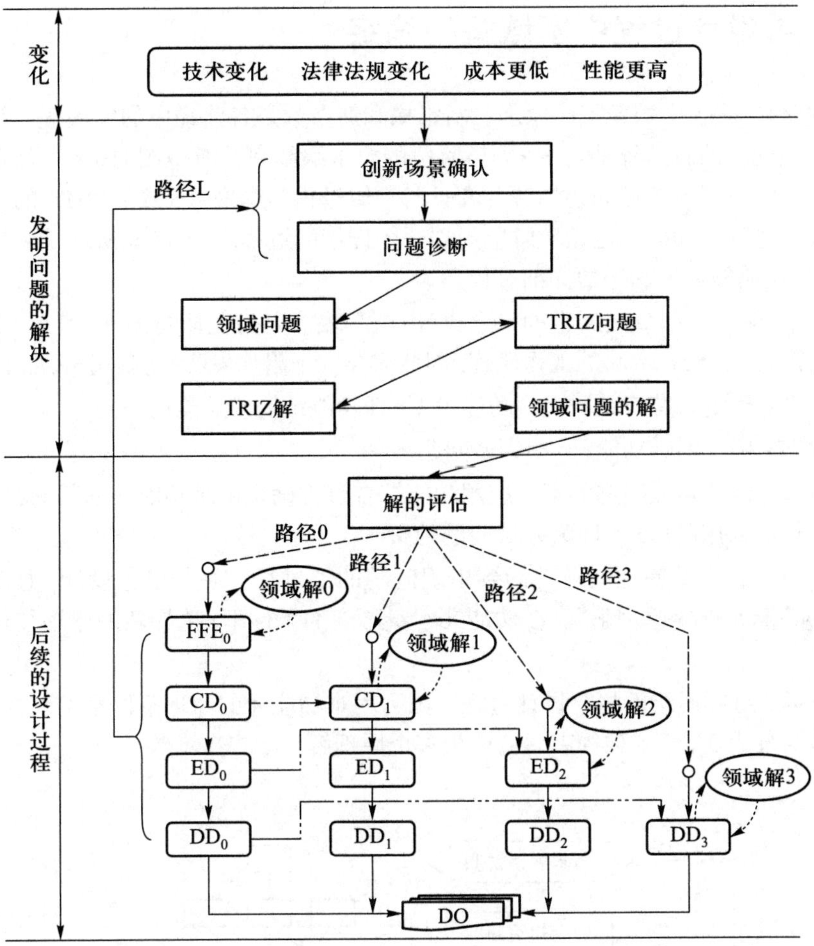

FFE—模糊前端; CD—概念设计; ED—技术设计; DD—详细设计; DO—设计

图 12.7 面向创新工程师的再设计过程模型

参数设计均应做相应的改进。因此, CD_1 之后是 ED_1 与 DD_1, 最后的输出是 DO, 即设计文件。DO 作为再设计的结果, 成为制造阶段的输入。

路径 2: $ED_0 \dashrightarrow ED_2 \rightarrow DD_2 \rightarrow DO$。

该路径起始为技术设计 ED_2, 其结果是已有产品技术设计 ED_0 过程及结果的改进。由于 ED_2 输出的结果是已有产品结构设计的改进, 即新结构的产生, 其后续参数设计应做相应的改进。因此, ED_2 之后是 DD_2, 最后的输出是 DO, 即设计文件。DO 作为再设计的结果, 成为制造阶段的输入。

路径 3: $DD_0 \dashrightarrow DD_3 \rightarrow DO$。

该路径起始为详细设计 DD_3, 其结果是已有产品详细设计 DD_0 过程及结果的改进。由于 DD_3 输出的结果是已有产品参数设计的改进, 即参数的产生, 其输出是 DO, 即设计文件。DO 作为再设计的结果, 成为制造阶段的输入。

12.6 再设计过程中领域解的确定

上述路径 1~3 中的新工作原理、新结构和新参数是各路径中的领域解。领域解是经过对领域问题的解的评估, 是按领域阶段的要求继续完善所得到的结果, 是企业的创新机遇。将领域解与领域问题的解分开且与领域过程紧密融合是 C–TRIZ 的一个创新点。再设计过程中如何确定领域解应规划一个详细的过程。图 12.8 所示是以概念设计阶段为例, 说明领域解确定的详细过程。

图 12.8 的左半部分是通常的概念设计过程, 右半部分是附加发明过程。由于需求的变化, 需要改变已有产品的工作原理, 因此需要实施附加发明过程。分为如下几步。

第 1 步: 确定已有产品层次型功能模型, 即功能结构或功能树。

第 2 步: 确定困难功能元, 即领域问题。

第 3 步: 确定领域问题的解。应用功能综合过程确定困难功能元的新的原理, 这些原理要替代已采用的原理, 即为领域问题的解。

第 4 步: 将领域问题的解返回到出现问题的子过程。对于概念设计, 通常该子过程是"为功能元选择原理解"。在功能元本身不变的条件下, 选择新的原理往往是解决方案。

第 5 步: 继续后续的概念设计过程。因为困难功能元的原理解发生了改变, 系统的原理解也要发生变化, 增加约束后应产生多个原理解。

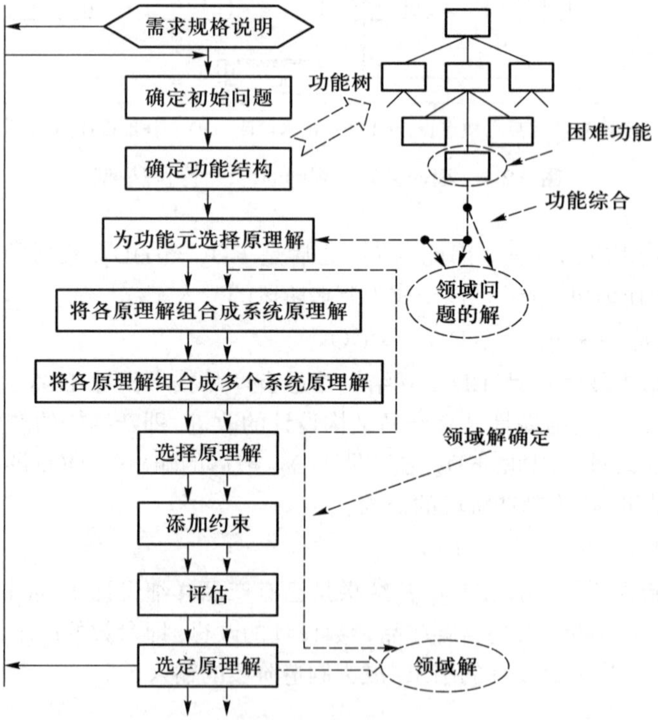

图 12.8 再设计过程中概念设计阶段领域解的确定

第 6 步：确定领域解。对多个原理解进行评估，最后得到的最好的原理解即为领域解。

其中的步骤 5、6 为从领域问题的解向领域解转化的过程。该过程为领域解确定的路径。

对于再设计路径 2 及 3，同样可以给出确定领域解的详细步骤。这些步骤均与设计过程的详细步骤紧密融合。因此，要求工程师或设计人员不仅要熟悉待改进的产品，还要非常熟悉设计过程，之后才是将附加创新过程与原设计过程的紧密融合，应用跨学科的知识解决本领域的问题，并形成再设计过程模型与领域解。

12.7 小结

工程师的创新项目中很多通过再设计实现的技术创新，再设计过程创新的核心是发现并解决发明问题，形成领域解。本章给出了将 TRIZ 与已有设计过程融合的一系列模型，能帮助工程师们通过问题诊断确定发明问题，并通过 3 条再设计路径解决问题，获得领域问题的解。本章还专门给出了从领域问题的解向领域解转化的过程模型，已形成企业希望的创新机遇。

参考文献

[1] Smith S, Smith G, Shen Y T. Redesign for product innovation [J]. Design Studies, 2012, 33: 160-184.

[2] 张芬娜, 薛鑫, 余焱群, 等. 基于海上有杆采油的 LD27-2 WHPB 平台再设计研究 [J]. 中国造船, 2017, 58(3): 159-167.

[3] 汪晓春, 宋建洲. 明清家具的再设计 [J]. 包装工程, 2010, 31(10): 99-102.

[4] Oleg Y A, Stéphane S. Identifying key problems and conceptual directions using the analytical tools of modern TRIZ [C]//Proceedings of TRIZ fest 2018, Lisbon, Portugal, September 13-15, 2018: 55-68.

[5] Christoph D. On the identification of contradictions using cause effect chainanalysis [J]. Procedia CIRP, 2016, 39: 221-224.

[6] 张换高. 创新设计——TRIZ 系统化创新教程 [M]. 北京: 机械工业出版社, 2017.

[7] Tan R H, Dong Y F, Yang B J, *et al.* Research on opportunity-driven redesignprocess to cooperate with training innovative engineers in China [J]. Chinese Journal of Mechanical Engineering, 2018, 31: 75.

第 13 章 面向企业的技术转移模式

13.1 概述

C–TRIZ/TRIZ 是一类技术创新方法, 是方法类的发明, 是关于发现并解决工程中发明问题的知识系统, 是形成发明的使能技术 (enabling technology), 能在各行业推广应用或技术转移。C–TRIZ/TRIZ 是跨学科的研究结果, 如果一定要将其归为某一行业, 按照国民经济行业分类与代码 (GB/4754—2011), 可以将其归类为科学研究与技术服务业, 代码为 M。但如何使 C–TRIZ/TRIZ 更好地服务于国民经济的其他行业, 特别是如何服务于制造业的创新驱动发展, 需要研究与探讨其技术转移模式。本章给出一种技术转移模型, 国家技术创新方法与实施工具工程技术研究中心已成功应用该模式, 将 C–TRIZ/TRIZ 转移到国内的很多企业, 不仅为企业培养了创新工程师, 也创造了一批新技术、新工艺与新产品。

13.2 技术转移一般过程

13.2.1 技术转移基本原理

C–TRIZ/TRIZ 属于使能技术, 该类技术的技术转移过程能在企业产生一批新技术、新工艺, 即衍生技术或发明。通过企业后期的开发, 这些发明有可能形成一批新产品。但如何确定 C–TRIZ/TRIZ 技术转移过程和其中的关键路径等仍然需要研究与解决。

随着经济的发展, 目前高校所承担的促进技术进步和经济发展的责任更大。其促进的方式或主要途径便是进行技术转移, 即将所研发的技术向企业转移, 并由企业所掌握、拥有、使用, 最终产生经济效益。即技术从科学技术领域必须向生产力领域或实体领域转移。在该类技术转移过程中, 技术的起源地点或技术源是高校, 实践或应用地点是企业。

技术转移源于英文 “technology transfer”, 是指制造某种产品、应用某种工艺或提供某种服务的系统知识通过各种途径从技术供给方向技术需求方转移的过程。这一定义包含两层含义: 一是技术被界定为 “制造某种产品、应用某种工艺或提供某种服务的系统知识” , 也可理解为应用技术成果, 包括方法类成果; 二是转移被限定为从技术供给方向技术需求方转移, 包括技术归属权或技术使用权的转移, 以及技术知识的应用与推广等。按照该定义, C–TRIZ/TRIZ 属于能提供某种服务的系统知识, 可以作为技术源由高校向企业实施的技术转移。

技术转移作为促进技术创新的重要途径，受到越来越多的关注。在 1964 年的第一届联合国贸易发展会议上，提出技术转移是为制造某种产品、应用某种工艺流程或提供某种服务而进行的系统知识的转移，不包括只涉及货物出售或只涉及出租的交易。技术转移需要 4 个阶段，即搜索技术、学习掌握源技术、改动源技术以适应新环境、实际运用源技术。梅元红、孟宪飞[1] 以清华大学为例，从产学研合作角度，将我国高校技术转移分为 4 大类型，即点对点的高校与企业直接合作模式、点对线的过程推进模式、点对面的中介平台服务模式和点对体的高科技企业创业模式。同时，在我国多个有关地方促进条例中，普遍认为技术转移是关于制造产品、应用工艺或者提供服务的系统知识，是从技术供给方向技术需求方的转移过程，是技术在需求方的获得、吸收和掌握的完整过程。

这些关于技术转移过程的研究有一个共同特点，即他们都是以技术需求方为中心，将技术转移过程等同于技术需求方对技术的学习、消化和吸收过程。但是，技术转移作为一个过程实际上是由技术供给方与需求方共同努力才能实现的。在技术转移过程中，技术的供给方与需求方既相互联系，又相互制约。

技术转移区分为“移植型”和“嫁接型”两种模式。“移植型”技术转移是指转移技术的全部内容，这种模式对技术吸纳主体原有技术系统依赖性极小。“嫁接型”技术转移是指技术的部分内容如某一单元技术或关键工艺设备等流动而实现的技术转移，它以技术需求方原有技术体系为母本，与外部先进技术嫁接融合，从而引起原有技术系统功能和效率的更新，这种技术转移模式对技术受体原有技术水平的依赖性较强。

从技术载体的差异性上，可以将技术转移区分为“实物型”“智能型”和“人力型”技术转移 3 种模式。“实物型”技术转移是指由实物流转而引起的技术转移。“智能型”技术转移模式是指由一定的专门的科学理论、技能、经验和方法等精神范畴的知识传播和流动所引发的技术转移。“人力型”技术转移是由人的流动而引起的技术转移。

通过技术转移提升创新能力是企业的迫切需求。满足这种需求的本质是将技术源中的知识变为企业智慧，即转变为创新能力的过程。知识与智慧及形成知识之前的数据与信息之间的关系如图 13.1 所示。数据是客观世界中的事实、数量、属性、位置及相互关系的表示，也包括未经组织的数字、词语、图像等。信息是具有时效性的、有一定含义的、有逻辑的、经过加工处理的、对决策有价值的数据流。对大量的信息进行归

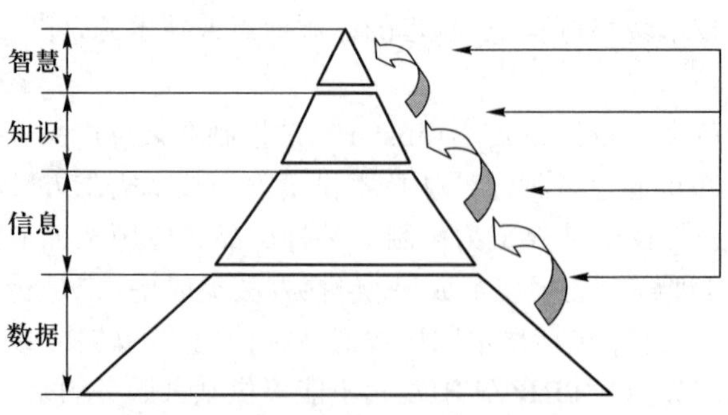

图 13.1 数据、信息、知识、智慧的形成

纳可以发现一些规律, 这些规律就是知识。智慧是基于知识基础上的一种判断、谋略或行动, 是把知识应用于活动并产生新知识的过程。通过技术转移, 企业应用技术源所提供的知识与自身主创新过程融合, 产生发明与新产品, 同时创造创新知识。通过这一过程, 企业提升了自身的创新能力。

图 13.2 所示是使能技术转移的一般过程[2], 分为两个子过程, 第一个子过程是从使能技术源即高校向企业部分人员的转移技术, 目的是使这部分人员首先掌握来自使能技术源的技术; 第二个子过程是企业内部不同层级间的技术转移, 目的是实现少数人所掌握的使能技术向企业总体知识与技术系统的共享。

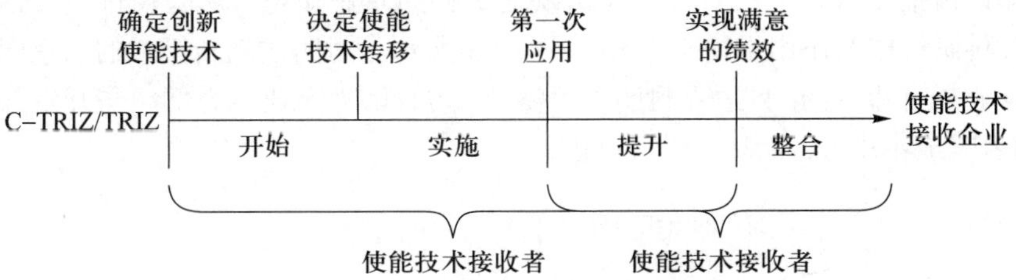

图 13.2 使能技术转移的一般过程[2]

技术转移的第一个子过程又分为开始、实施与提升 3 个阶段。开始阶段主要是企业确定或发现有价值的创新使能技术及知识系统, 并对是否转移该类技术进行决策, 即识别和决策。第二个阶段为实施, 即通过企业选定某些合适的人员, 如关键岗位上的工程师, 进行系统培训与学习, 由使能技术源向技术接受者传授知识。第三阶段是提升, 其特征是使能技术接受者在实践中运用新知识, 独自发现与解决发明问题; 在该阶段, 接受培训的人员通过运用所学知识发现及解决实际问题, 加深对知识的理解, 最终实现满意的绩效, 掌握了新知识, 实现了个体创新能力的提升。

技术转移的第二子过程是企业内部整合。经过前 3 个阶段的知识转移, 使能技术接受者已经对新知识达到了融会贯通的程度, 这些个体从所在企业的不同内部各层级开始向同层及纵横向之间转移所学知识, 该过程以提升企业总体创新能力为主要目标。为了实现该目标, 将获得的新知识融入企业的研发与经营之中, 成为该组织日常运作的一种规范或习惯是关键。由于组织中的知识转移依靠的是个人的互动, 即新获得的知识由个人掌握, 那么整合阶段的本质就是实现个人知识向组织知识的转变。

技术转移的第一个子过程实现了技术创新使能技术向企业内部的转移, 是企业向外部学习的过程, 目标是实现外部知识的内部化。第二个子过程实现了使能技术向企业内部各层级的转移, 是组织内部人员、不同部门之间互相学习的过程, 目标是实现知识共享与共同提升。技术转移过程中, 处于使能技术源的高校与愿意接受转移企业的良性互动也是实践中非常重要的活动。

13.2.2 企业开放式创新模式

企业是 C–TRIZ/TRIZ 技术转移的接受方, 选择什么类型的企业成为技术转移成败的关键因素之一。企业创新分为封闭式创新 (closed innovation) 与开放式创新 (open innovation) 两类 [3]。前者是指企业创新过程将内部和外部的知识有机地结合，并同时利用内部和外部两条市场通道进行商业化推广，实质是不再明确区分创新源于企业内部还是外部，对外部创意和外部商业化推广与内部创意及内部商业化推广给予同等重视，其目的是以最小的成本和最快的速度实现创新成果转化，以期获得最大利润。该类企业显然是技术转移的目标企业。

封闭式创新是指企业依靠内部持续高强度技术研发获得竞争优势，即企业通过自身基础和应用研究产生新发明和开发新产品，通过内部渠道确保对技术、知识产权的控制和垄断，以维持其核心竞争力。该模式依据的条件或背景是技术外溢困难、员工流动性低、知识传播不快、消费者和供应商缺乏足够的专业知识、风险投资不发达、企业对高校及科研机构的作用重视不够等。图 13.3 所示是封闭式创新模式的示意图。该模式中的企业是有边界的，且边界封闭不可渗透，同时认为企业研究部门与开发部门是隔离的，前者是成本中心，后者是利润中心。

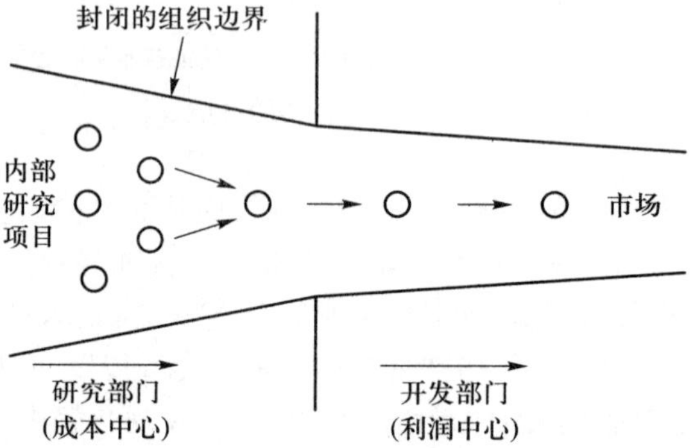

图 13.3 封闭式创新模式[4]

在相当长一个时期内，封闭式创新模式在企业发展中起着至关重要的作用，并获得过巨大的成功。这主要归因于企业内部研发的“良性循环”。然而，在信息技术和知识飞速发展和广泛传播的背景下，封闭式创新的良性循环逐渐被打破。其原因是知识员工数量的骤增、高流动性和风险投资市场的兴起、外部思想的可用性、大学等机构研究能力的提高、供应商能力的不断增强、网络信息技术的变革等外部因素的变化，以及诸多行业和企业面临着创新复杂性提升、创新投入和风险增大、创新能力不足等现实困境。因此，传统创新模式的有效性日益受到严重挑战，在这种背景下，受开放源软件 (OSS) 成功开发的启发，Chesbrough 率先提出了开放式创新模式 (open innovation, OI)，如图 13.4 所示[4]。

开放式创新依据的条件和前提是员工流动性增加，信息技术、互联网及高等教育的发展，知识和技术溢出速度加快，产品和服务商业推广加速，技术生命周期变短，研发风险加大，企业利用专业知识壁垒获利的能力减弱等。开放式创新模式的实质是：不再明确区分创新源于组织内部还是组织外部，对外部创意和外部商业化推广与内部创意及内部商业化推广给予同等重视。其目的是以最小的成本和最快的速度实现创新成果转化，以期获得最大利润。该模式强调组织的无边界化，认为组织边界是松散的、可渗透的，从而允许组织内外部资源的双向流动，并将企业的研究部门与开发部门看作是战略

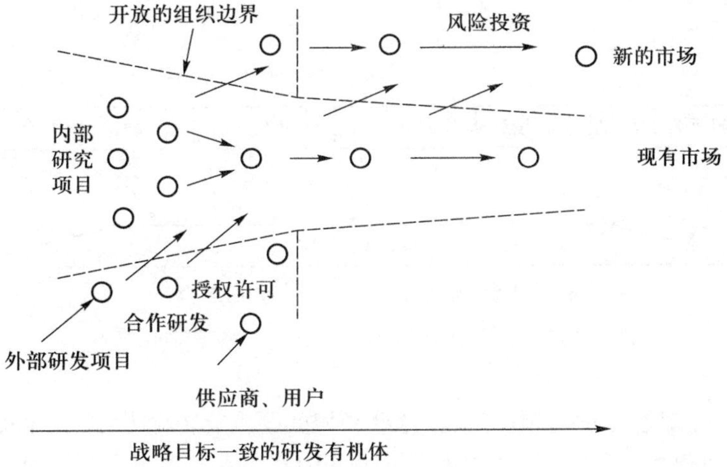

图 13.4 开放式创新模式[4]

目标高度一致的有机体。

开放式创新分为两种类型: 内向型开放式创新 (inbound open innovation) 和外向型开放式创新 (outbound open innovation)。前者是指企业利用外部的知识资源, 将外部有价值的创意、知识、技术整合到企业中来进行创新和商业化过程; 后者是指企业成为其他组织的知识源, 将内部有价值的创意、知识、技术输出到组织外部, 由其他组织来进行商业化过程[5]。

内向型开放式创新的主要特征包含几个方面的因素。一是技术需求因素, 表现为内部创新能力不足, 核心技术难以开发; 由于内部研发能力限制, 企业内部既有知识基础难以推进前瞻技术以及突破性产品的研发, 需要引进、吸收和利用外部知识, 弥补研发能力的短板。二是创新过程需要改善, 在开放的过程中, 企业要与大学、科研院所等组织合作, 获取、购买前瞻性知识与技术; 很多企业还成立了项目管理机构、研究院、产学研合作室等协调推进开放式合作的进程。

13.2.3 C–TRIZ/TRIZ 技术转移定位

显然, 将 C–TRIZ 转移给企业是高校输出技术创新方法或创新使能技术的过程, 对接受转移的企业要采用内向型开放创新模式, 充分吸收与利用新知识, 培养创新工程师, 提升企业的自主创新能力。

企业主创新过程包括模糊前端、设计、制造及商业化几个阶段, 设计又分为概念设计、技术设计、详细设计 3 个阶段。创新主过程的每一个阶段都可能存在发明问题而不能应用常规方法解决, 向企业转移 C–TRIZ/TRIZ 成为解决这些困难问题的新路径。图 13.5 所示是向企业实施技术转移过程示意图, 通过转移要实现 C–TRIZ/TRIZ 与主创新过程的融合。由于 C–TRIZ/TRIZ 存在于企业外部, 因此采用内向型开放式创新是企业应采用的创新模式。该类企业应成为技术转移的目标企业。

向企业转移 C–TRIZ/TRIZ 是通过企业的工程师进行的。工程师们应用经典

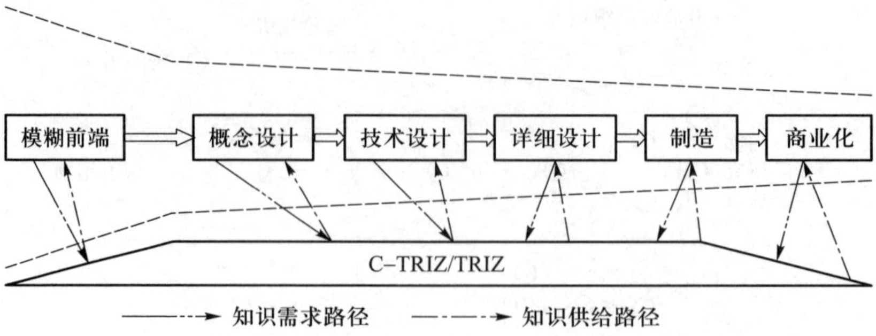

图 13.5 C–TRIZ/TRIZ 与企业创新主过程的融合

TRIZ 的第一个难题是确定领域问题, 这些领域问题应能转化为 TRIZ 问题, 无论工程师们遇到的问题来自何处, 将其转化为符合 TRIZ 要求的领域问题是困难的。第二个难题是将 TRIZ 解通过类比变成的领域问题的解只是发明问题的解, 将此解返回到出现问题的子过程, 经过完善才能成为领域解, 即发明经过后续的过程才能实现创新, 该过程对任何一个工程师都是困难的。因此, 将 TRIZ 与企业主创新过程融合成为 TRIZ 理论研究的一个重要方向, 这也正是 C–TRIZ 构建的特色。将经典 TRIZ 的基础理论及 C–TRIZ 的过程特色紧密结合也是成功实施技术转移的要素。

13.3 国际 TRIZ 的技术转移模式

过去几十年, 世界一些著名的企业通过实施 TRIZ 技术转移, 已培养了成百上千的工程师并创造了很多成果。典型的企业如三星、波音、欧洲航天局、福特、通用电气、现代、英特尔、LG、宝洁、西门子等。在这些企业中, 三星在 TRIZ 技术转移过程中取得了最为杰出的成果, 该企业已建立了 TRIZ 大学, 所有的工程技术人员都要学习 TRIZ, 并给予 TRIZ 工程师相应的地位, 激励工程师学习运用 TRIZ 解决企业难题。

除了向大企业进行技术转移外, 面向公众的开放式等级认证也是 TRIZ 技术转移的一种模式。但世界范围内, 该类认证没有达到在大企业实施技术转移的显著水平。其原因为召集一批人在一起学习 TRIZ 本身就是一个难题, 关于 TRIZ 的完整准确信息或知识系统不够完善, 职业培训竞争激烈等都是影响该类技术成功转移的因素。

已有的文献中有少量关于技术转移的详细介绍, 不同国家、不同企业均有自己特定的模式。通过这些模式的分析研究, 可以总结成功的经验与不太成功的教训, 借鉴这些经验教训将有利于构建 TRIZ 在我国的技术转移模式。

13.3.1 日本的 TRIZ 技术转移模式

日本的 TRIZ 研究与技术转移以大阪学院大学 (Osaka Gakuin University) 的 Nakagawa 为代表。Nakagawa 认为经典 TRIZ 过于复杂, 需要重新组织, 以适应容易学习与应用的需求。为此, 他以 Sickafus 开发的 USIT (unified structured inventive thinking) 为基础, 融入 TRIZ 形成新的 USIT, 自 1999 年起在日本实施技术转移。新

USIT 的体系为 6–方块模型, 如图 13.6 所示[6]。

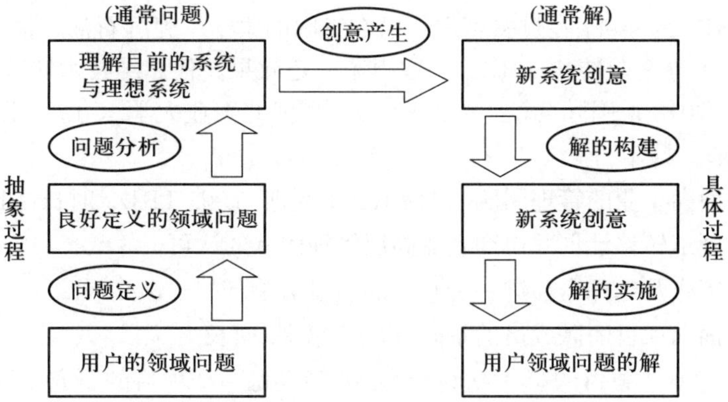

图 13.6 USIT 6–方块模型[6]

自 1999 年起, Nakagawa 开始在日本培训企业的工程师, 时长为 3 d 或 2 d, 2003 年后, 培训时长为 2 d。培训的特点为带题、分组 (4~7 人一组), 一边学习 TRIZ/USIT 一边通过小组讨论解决所带题目并掌握所学内容。培训对象是对 TRIZ/USIT 未知的工程师。

对于 2 d 的培训, 其课程安排为: 首先是内容讲解, 分别各用 60 min 讲解 TRIZ 和 USIT, 之后小组研讨, 并解决各组所选定的题目。小组解决问题分为定义问题、已有系统分析、理想系统分析、解的确定等几个阶段, 最后选出能在企业应用的解作为培训的成果及技术转移完成的标志。

13.3.2 捷克的 TRIZ 技术转移模式

布尔诺工业大学 (Brno University of Technology) 的 Bohuslav Bušov 发表文章[7]介绍了 TRIZ 在捷克共和国企业的技术转移情况。TRIZ 在捷克的学术期刊上最早出现于 1980 年, 自 1996 年起一些高校开始开设 TRIZ 课程, 1997 年起 TRIZ 开始在企业实施技术转移。

面向企业的 TRIZ 技术转移模式通过培训实现: 首先是 3 个小时的信息及励志课程, 之后是 2 天的教学研讨及 1 天的 TRIZ 应用指导。2+1 天的课程是在 3 个小时信息与励志课之后进行的。

2+1 课程安排如下。

第 1 天: 讲解 TRIZ 的基本分析方法、问题情景建模及形成创新任务或难题。

第 2 天: 讲解及讨论以 ARIZ 为核心的问题解决方法, 通常穿插多个案例。

第 3 天: 前两天课程之后 1 或 2 周后开始。该天的任务是讲师作为教练与多个工程师小组讨论、修改并完善他/她们解决问题的过程及结果。这些问题或任务是第 1 天的学习构建的。

自 1997 年至 2015 年, 已有 2 260 多个工程师按上述模式学习了 TRIZ。统计表明, 绝大多数工程师对培训的效果是满意的。

13.3.3 12 步技术转移模式

ISAK(TRIZ master) 在过去若干年已在美国的康宁、壳牌石油、福斯、德布易矫形公司、高乐士等企业转移 TRIZ, 并取得了一定效果。他总结技术转移的经验, 并在 AI TRIZCON-2018 Ⅱ 国际会议 (2018 年, 天津, 河北工业大学承办) 上提出了一种 12 步技术转移模式, 具体如下。

第 1 步: 面向企业的管理团队, 包括 R&D 经理, 宣讲 TRIZ, 时长 4 h;

第 2 步: 制定转移计划并得到企业高层管理团队的认可;

第 3 步: 审查及选择需要进一步开发的项目清单, 时长 1~2 天;

第 4 步: 面向项目团队成员的基础 TRIZ 培训, 时长 5 天;

第 5 步: 对所选项目的第 1 次讨论会, 要确定每一个项目的研究或开发过程方案, 每个项目耗时 1~2 天;

第 6 步: 面向项目团队成员的高级 TRIZ 培训, 时长 5 天;

第 7 步: 所有项目讨论会, 每个项目时长 5~10 天;

第 8 步: 项目结果评估, 时长 1 天;

第 9 步: 精通 TRIZ 班培训, 参加成员为选出的高水平人员、领导、企业未来咨询人员或培训师, 时长 6 天;

第 10 步: 对于咨询师的培养, 步骤 3~8 需要重复 3~4 次;

第 11 步: 为企业构建基础及高级 TRIZ 培训教材, 必须包括本企业案例, 这些案例来自前期对工程项目的总结;

第 12 步: 为决策是否构建企业创新中心提供所有资料。

13.3.4 结构化技术转移模式

在大企业实施 TRIZ 技术转移与面向中小企业及社会公众的模式不同, 需要结构化的模式。该类模式的特点是通过系统化的培训, 使企业的工程师与管理人员在服务、设计、生产与销售中立即获得 TRIZ 经验。图 13.7 所示是 Kalevi 和 Ellen 给出的一种结构化技术转移模式[8]。

按图 13.7 所示, 结构化的技术转移分为如下 3 个阶段。

阶段 1: 企业确认创新是必需的行为。

由于市场竞争的加剧, 企业意识到必须通过创新来应对竞争, 引入 TRIZ 应该是一种提升企业创新能力的可行路径。过去实施 TRIZ 技术转移的一些大企业已取得了令人信服的创新成果, 提升了这些企业的竞争能力, 目前的企业应学习这些已经成功的企业经验。

阶段 2: 启动试点项目。

为了使得企业相信 TRIZ 的应用是有效的, 首先要启动一个或几个试点项目, 通过实施该类项目验证 TRIZ 应用的有效性。项目的来源可能是企业外部与内部变化, 如竞争环境与监管环境的变化、产品在应用现场出现的不协调等。这些项目将作为首批参加 TRIZ 培训工程师们需要研究和解决的实际难题, 通过培训过程要获得创新解。

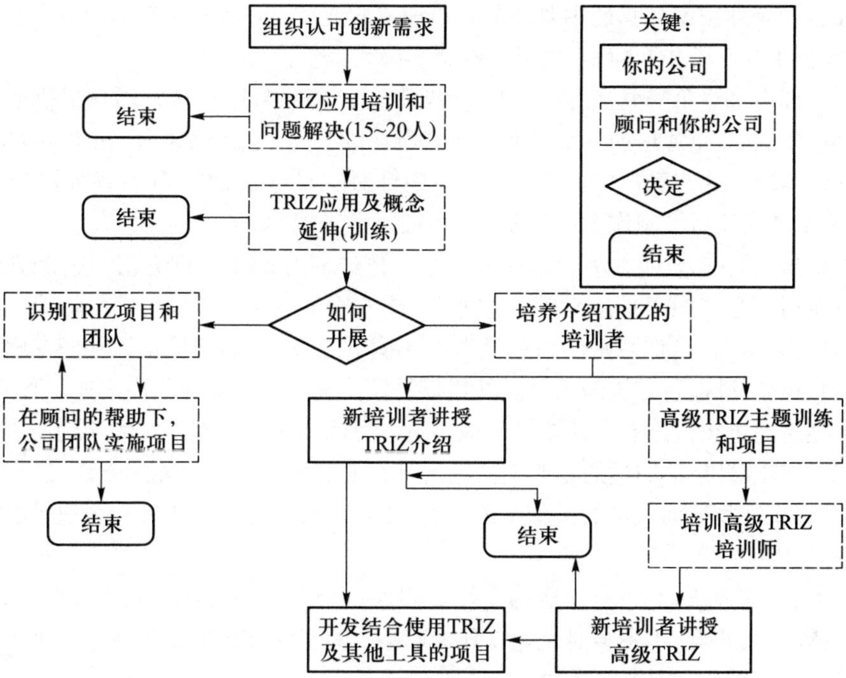

图 13.7 结构化技术转移过程[8]

阶段 3: 企业接受 TRIZ。

通过试点项目的实施, 企业不仅培养了第一批掌握 TRIZ 的工程师, 还产生了一些创新成果, 这使企业对实施 TRIZ 充满信心。后面的流程分为两类, 一类是借助于外聘 TRIZ 专家帮助企业解决研发中的难题并实现创新; 另一类是本企业组织更多且深层次的培训, 在培养工程师的同时, 不断发现及解决难题并形成创新。这两类流程实施的结果均可以提升企业的创新能力。

13.3.5 TRIZ 技术转移中存在的问题

在世界范围内, 经过多年的技术扩散与转移工作, TRIZ 的作用在学术界已达成共识[9]: TRIZ 是一种结构化解决发明问题的系统化方法或使能技术, 应用 TRIZ 通常不仅能给出有用且创新的解决方案, 而且还加快了解决问题的速度。但 TRIZ 本身也存在一些问题, 如 TRIZ 提供的解决问题的各种方法是刚性的, 很难适应所有情景; 理解及灵活应用 TRIZ 均很难; 学习 TRIZ 需要很多时间; 缺乏标准等。

技术转移的结果证明[10], 通过技术转移过程的学习与运用, 工程师的创造能力确实得到提高。但一些企业试验应用 TRIZ 解决问题时未取得令人满意的结果, 其中缺少适当时长的培训是应用 TRIZ 失败的原因。企业认为工程师通过自己学习 TRIZ 书籍即可应用的观点是错误的。企业成功应用 TRIZ 的前提是经过 TRIZ 专业人员的培训与训练, 在培训与学习的过程中, 应用 TRIZ 解决企业存在的实际问题是掌握 TRIZ 的关键步骤, 从而提升解决实际问题的能力是学习及掌握 TRIZ 的唯一途径。

TRIZ 向企业技术转移的主要环节是培训或职业教育。从职业教育的观点看, TRIZ 培训进入企业或市场并不顺利, 而且存在诸多障碍, 其原因如下[11]。

(1) 培训市场竞争异常激烈。现代世界职业教育发展迅速, 能为市场提供的职业教育项目很多。企业通常培训一个专业工作者所花的时间为每年 20~40 h, 但市场上能提供多种培训选择, 这些竞争的课程不仅有专门针对发明与创新的, 还有各种提升素质的, 如还有关于讲演技巧、制作 PPT 的专业培训。

(2) 传统 TRIZ 培训方法并不十分有效。传统的 TRIZ 培训方法可追溯到苏联时期, 其基本过程是“白天理论—晚上作业”。该方法不适应西方及美国的情况。今天的培训以时间为基础, 培训教师的角色是学术环境下的教练, 即训练工程师们在解决实际问题时如何应用过程、方法与工具。其目标是使工程师们在短时间内掌握过程与工具。

(3) 缺乏与组织行之有效活动的集成。对学过的知识与所在组织的活动应用及集成缺乏理解。其结果是培训过的专业人员返回到企业后继续沿用原先的方法, 新知识与新方法很快就在这些被训人员的头脑中消失了。因此, 必须克服 TRIZ 与企业已有研发与商业过程集成中的障碍。

(4) TRIZ 培训缺乏企业高层的支持。假如一个企业的 TRIZ 培训是基层倡议的, 培训不会有什么效果, 也不会对企业有什么影响。为了使 TRIZ 培训在企业上下均取得一定效果, 高层的支持是必要条件。

(5) 缺乏高水平的 TRIZ 培训师资。培训市场是开放且不受约束的, 有的培训教师只学过少量基本 TRIZ 书籍, 或听过几次课程, 解决过一两个问题, 就成了 TRIZ 培训教师, 其授课的水平与质量难以保障。过不了多久, 这些教师在市场竞争的环境中就被淘汰出局, 但他/她们对市场创造了一种不良扰动。

所列国际 TRIZ 技术转移模式虽然取得了很多成果, 但确实存在一些问题。按技术转移的观点可以提出如下的改进思路。

(1) 实施 TRIZ 技术转移应采用“嫁接型”模式。国际上将 TRIZ 向企业技术转移的模式大多属于“移植型”模式, 即试图通过培训让接受培训的工程师们掌握 TRIZ 或其中的部分。但由于技术转移过程即培训过程没有涉及企业已有的创新流程, 受训人员回企业后继续按原有的方式工作, 没有出现所期望的改变, 所以不能达到预期效果。如果技术转移按照“嫁接型”模式进行, 将 TRIZ 技术转移过程与企业的研发或设计制造流程紧密结合, 使接受转移的工程师们回到企业后能按一种“新流程”工作, 将达到永久提升其个人及企业创新能力的目的。

(2)TRIZ 技术转移要考虑“智能”与“人力”型相结合的模式。“实物型”“智能型”和“人力型”技术转移模式中的任何一种均不完全适用于 TRIZ 技术转移, 而将其中的“智能型”与“人力型”相结合, 更适用于面向企业的 TRIZ 技术转移。

(3) 实施 TRIZ 技术转移应采用一种复合模式。将“嫁接型”与“智能型”“人力型”3 种模式复合, 形成一种新模式, 可能更适合向企业实施 TRIZ 技术转移。

总之, 国际 TRIZ 技术转移虽然已进行了多年, 成果很多, 但没有创造出向企业技术转移的最佳模式。由于企业创新的巨大需求, 该类模式仍有待研究、发展与创新, 与新模式相适应的 TRIZ 理论也需要进一步发展。

13.4 C–TRIZ 技术转移模式

国际上多年的实践证明, TRIZ 向企业的技术转移对提升企业创新能力很有效, 但缺乏典型或公认的模式。我国是发展中的大国, 创新驱动发展已成为国策, 我国又是全世界工业链最完整的国家, 行业与企业众多, C–TRIZ/TRIZ 向企业的技术转移没有最适合的经验借鉴, 而需要根据我国及企业创新发展的迫切需求创造新的更适用的模式。

13.4.1 C–TRIZ 技术转移系统

企业面临市场的激烈竞争。竞争的出现是市场新需求或创新机遇不断出现的结果, 这种新的需求或机遇是企业创新动力的来源。但仅有动力是不够的, 创新过程还需要应用跨学科、跨领域的知识, 如专利库或某些数据库存在的知识。C–TRIZ/TRIZ 这类使能技术的运用是企业突破核心技术障碍并实现技术跨越式发展的重要基础, 企业只有掌握这些使能技术并突破核心技术, 才能更好更快地开发新产品并实现创新, 真正提高创新能力与市场竞争力。因此, 如果企业能够理解该类技术的价值, 它们应有接受技术转移的积极性。

C–TRIZ/TRIZ 向企业成功技术转移模式应有的特点如下。

(1) “智能型”模式。C–TRIZ/TRIZ 本身包含基本概念、问题分析方法、问题解决方法与工具, 是由结构化知识系统构成的发明与创新方法或使能技术, 提供应用跨学科与跨领域知识解决发明问题的系统化方法, 已经形成一种专门用于企业创新各阶段引导发明的使能技术, 这是其能在企业广泛推广应用的原因, 但该类使能技术由知识系统组成, 而不是一类“实物”组成, 所以“智能型”技术转移模式是其特点之一。

(2) “人力型”模式。向企业转移 C–TRIZ/TRIZ 的主要目标是培养创新工程师, 即选拔并提升部分有潜力的人的创新能力, 使他/他们在创新方面能展现特长, 并长期为创新驱动发展贡献力量。

(3) 必须产出一定数量的发明与创新。接受技术转移的企业很关注其结果或产出, 产出一定数量的新技术、新工艺, 形成知识产权或新产品往往是企业对第一次参加技术转移的评价基础。如果评价很好, 企业会继续接受及组织后续的技术转移, 并积极创造条件在企业形成良性循环; 如果评价一般或较差, 企业一般会停止该类技术转移活动, 再启动需经历很长时间的准备使其变得非常困难。因此, C–TRIZ/TRIZ 输出机构及接受技术转移的企业必须有良好的准备, 确保第一次技术转移取得较好结果。

(4) “嫁接型”模式。为了保证技术转移的结果能产生一定数量的发明与创新, 将应用 C–TRIZ/TRIZ 的流程与企业的研发或设计制造流程紧密结合是基础, 即必须采用技术转移的“嫁接型”模式, 而且使接受转移的工程师们回到企业后能按一种“新流程”工作, 将达到永久提升其个人及企业创新能力的目的。

国际上同时具备这几个特点的技术转移模式是不存在的, 必须进行模式创新。为此, 可以构造面向企业的 C–TRIZ/TRIZ 技术转移系统, 如图 13.8 所示。技术转移系统的目标是各类企业通过技术转移要产生一批创新工程师, 同时还要产生一批新技术、新工艺, 对于一些企业还要产生一些新产品。技术转移的过程中, 接受转移企业的工程师们要学习 C–TRIZ/TRIZ 的基本理论、方法与工具, 通过知识融合界面感知及引入跨学科、跨领域的知识, 通过市场界面感知企业外部或内部各种变化, 发现及确认新的市场需求或创新机遇。

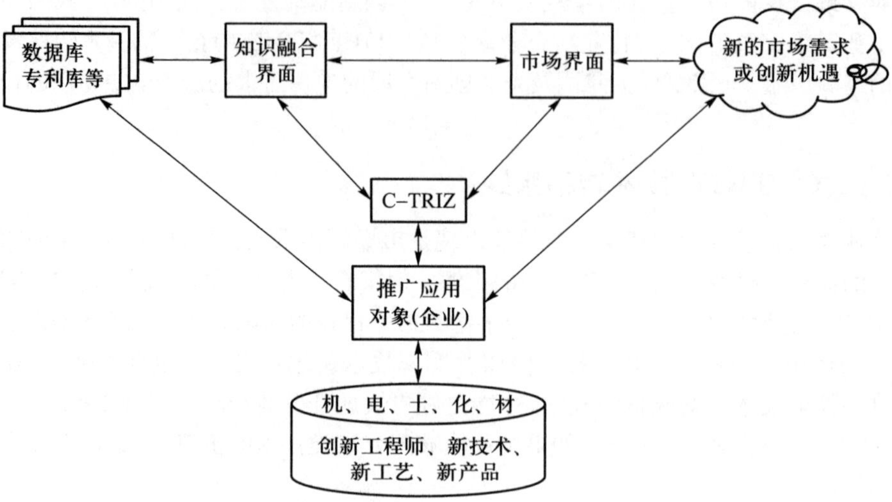

图 13.8 面向企业的 C–TRIZ 技术转移系统构成

图 13.8 中的知识融合界面与市场界面不是独立的, 而是隐含在 C–TRIZ 各过程模型之中, 分别与外界的知识系统、市场进行交互, 从而发现创新机遇或有用的知识。同时, 发明过程与企业的主创新过程融合形成一体化的发明过程, 即发明过程与企业主创新过程实现了 "嫁接"。

为了使图 13.8 所示系统更好地运行, 需要借助于政府及中介机构的力量。图 13.9 是支持该系统运行的 "三螺旋" 组织示意图。图中的大学存在 C–TRIZ/TRIZ 专门研究机构, 通过研究不断积累相关知识, 其功能是作为向企业技术转移的技术源; 工业界是指接受技术转移的各类企业; 政府及与政府相关的中介机构的功能是构建大学与工业界的紧密合作关系。通过三方的共同努力, 推进 C–TRIZ/TRIZ 向企业的技术转移顺利进行。其结果是为企业培养一批创新工程师, 产出一批新技术、新工艺, 或新产品。

在中国, 与各级政府紧密相关的中介机构很多, 如可以帮助高校实现 C–TRIZ/

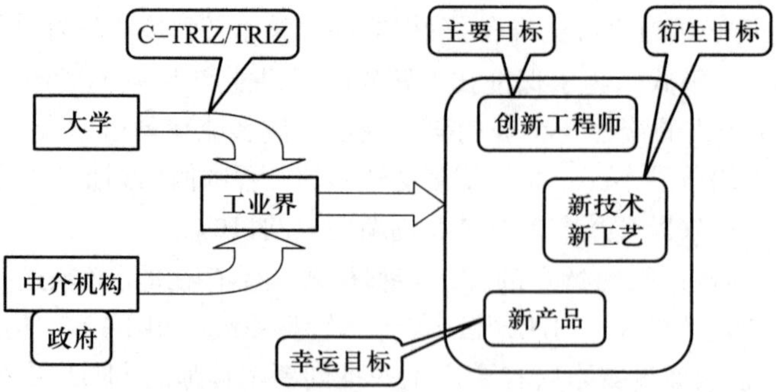

图 13.9 支持技术转移的 "三螺旋" 组织

TRIZ 技术转移的中介机构有各级生产力促进中心、科技服务中心、信息技术研究院等, 他们均可以帮助政府实现将大学的理论成果转移到企业的目标。

13.4.2 技术转移路径

以“三螺旋”组织为基础规划出图 13.10 所示的技术转移路径。该路径构建了以政府及与之相关的中介机构为纽带连接大学与企业之间的技术转移关系。选择参加技术转移的企业是形成路径的重要环节, 这些企业首先是管理层认为迫切需要创新的, 或企业未来的发展依赖创新, 因此, 特别重视技术转移活动, 愿意选派优秀的工程师参加培训活动, 并在后续工程师选择项目及项目的实施等方面给予大力支持, 甚至认为技术转移是企业研发过程的一部分。参加技术转移的大学应对参加技术转移的企业提出建议, 中介机构与相关政府应合作建立一种选择企业的机制, 如企业申报与政府组织评选就是一种选择。图中 A、B、C 是通过三方选择与评价确定的参加技术转移的企业。

有了选定的参加技术转移的企业、企业选出的优秀工程师、大学的专门师资, 还需要一种专门的技术转移模式, 将 TRIZ/C–TRIZ 使能技术转移给工程师并后续能转移到整个企业。技术转移的预期结果是为企业培养一批创新工程师, 同时产出一批新技术、新工艺, 还有可能开发出若干新产品。对于大多数企业, 如果第一期技术转移并没有取得预期效果, 后续的技术转移活动将会取消。所以在任何一个区域或企业, 第一期技术转移对大学、中介机构及企业都十分重要。其模式应有的特点应为“嫁接”“智能”与“人力”型的复合。

图 13.10 中的 MEIM(mass “engineer-invention” technology transfer mode) 是专门设计具有上述特点的技术转移模式, 称为批量“创新工程师–发明”技术转移模式。

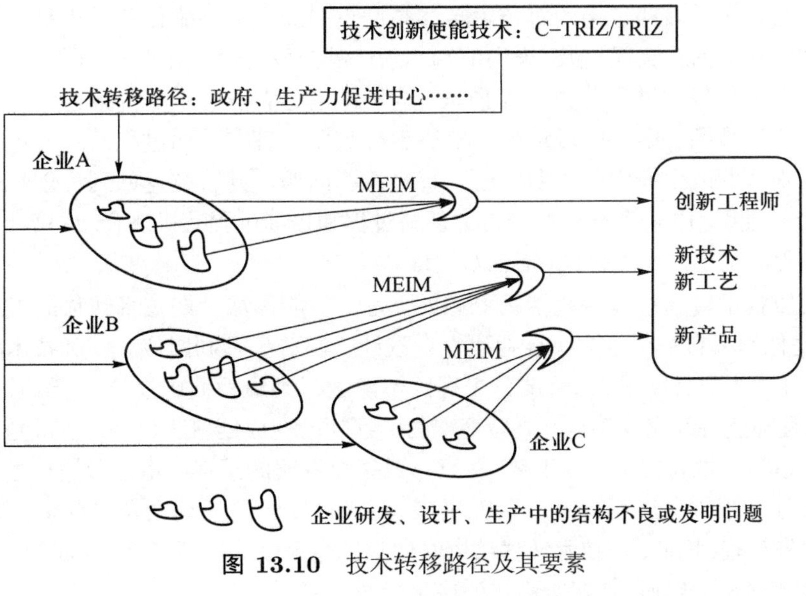

图 13.10 技术转移路径及其要素

13.4.3 批量“创新工程师–发明”技术转移模式

在研究技术转移原理的基础上, 根据企业需求与现状, 提出了如图 13.11 所示的面向批量工程师的技术转移模型 MEIM, 该模型是一个交互式七阶段技术转移过程模型, 或称批量“创新工程师–发明”技术转移模式。

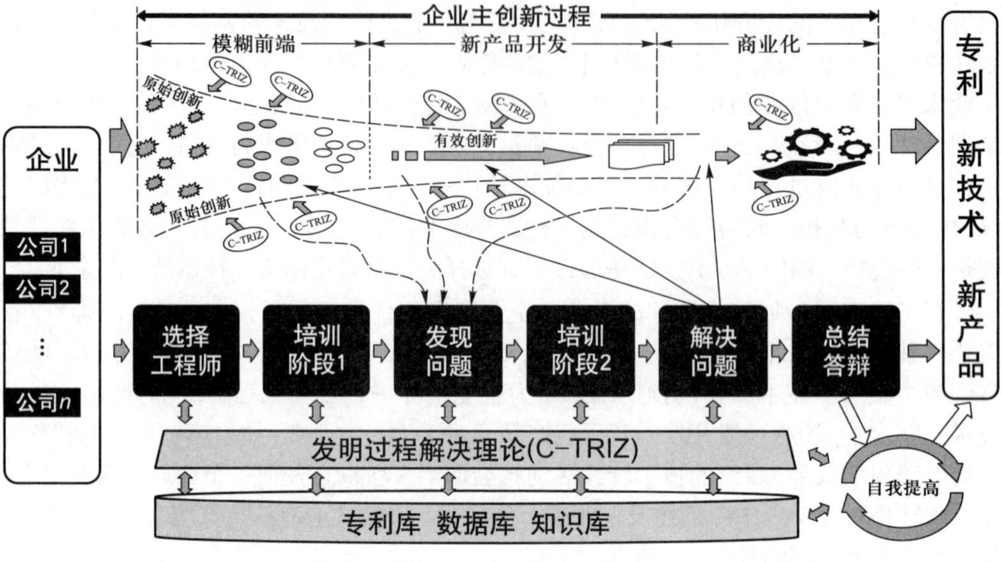

图 13.11 批量“创新工程师–发明”模式 (MEIM) 图示

此模型包含 4 个主要部分: 参与企业、主创新过程、培训与咨询过程、两过程的融合。参与企业是前期选出的对技术转移高度重视的企业。主创新过程是目前制造企业所采用的基本创新流程, 包含模糊前端、新产品开发、商业化 3 个阶段, 构成了企业创新链。培训与咨询过程分为 7 个阶段: 按条件遴选企业、工程师筛选、第一阶段培训、确定工程难题、第二阶段培训、解决工程难题、答辩。两过程的融合包括参训工程师们发现研发或生产中的发明问题、解决发明问题、并将解返回到主创新过程产生发明 3 个子过程, 这 3 个子过程使得主创新过程和培训过程有机融合, 或培训过程遵循了创新过程的基本内涵, 并完成了创新过程。

七阶段技术转移过程一般持续 8~12 个月。一般参加一期技术转移的工程师人数为 60 人, 他们来自一个或多个企业研发、设计、制造等不同岗位。因为技术转移过程时间长, 自主选题难度很大, 一部分工程师不能学习到最后而中途退出, 最后一般会有 2/3 的工程师坚持并完成答辩。最后答辩的工程师已变成创新工程师。答辩是工程师们展示所创造的一批新技术、新工艺, 并已形成企业发明的过程。由于参加技术转移的企业非常关注工程师们工程课题的研究进展, 对于进度快的项目会及时评估并投资继续后续的开发过程, 因此, 在技术转移结束时偶尔也会诞生一些新产品, 即成为幸运结果。

批量“创新工程师–发明”模式的详细内容如下。

阶段 1: 遴选企业。

对于面向区域的技术转移, 区域内与政府有直接关系的中介机构负责遴选企业; 对于直接面向企业的技术转移，高校可自主选择企业，也可与企业所在区域内的相关中介机构共同选择企业。无论采用何种方法遴选企业，承接技术转移的企业的管理层高度重视且有强烈的需求是基本条件。

阶段 2: 企业遴选工程师。

C–TRIZ/TRIZ 广泛适用于各类企业，但培训中应针对不同企业制定相适应的培训方案与内容，满足技术转移的要求。为了确保技术转移的效果，对直接参训的工程师也有技术素养、求知欲、创新潜力等方面的要求。一般建议选拔有一定学历、年富力强、有丰富工作经验、乐于探索的工程师参加技术转移培训。

阶段 3: 基础课程学习阶段 (培训阶段 1)。

培训师资团队向工程师传授 C–TRIZ/TRIZ 基础知识与技术。该阶段的培训着重于基本概念和基本方法，以经典 TRIZ 的方法与基本发明过程为主，主要包括系统建模、功能分析、根原因分析、技术进化、技术成熟度预测、冲突解决理论、物质–场分析与标准解、效应等。讲授中辅以大量实例提高对发明过程的理解，使得工程师具备发现问题、分析问题和解决问题的基本能力。同时，该阶段的学习过程特别强调系统思维、冲突思维、资源思维与进化思维的运用，以便后续工程师们发现发明情景或创新机遇，并有助于他/她们确定工程难题。本阶段的学习一般为连续 7 d，参加的工程师们全脱产。

阶段 4: 确定工程难题或课题。

工程难题又称工程课题或项目，是 C–TRIZ 过程中的发明机遇。在完成第 1 阶段培训后，工程师可以从技术创新的新观点重新审视企业的工程实践，要发现工作中需要解决的技术难题，而非沿袭企业习以为常的发现问题流程。该类难题是领域问题，即发明问题，是发明机遇，可分为如下 3 类。

(1) 行业世界难题：选择该行业国际上公认的未发现或未解决的难题作为工程选题。

(2) 行业国内难题：选择该行业国内公认的未发现或未解决的难题作为工程选题。

(3) 本企业难题：选择本企业未发现或未解决的难题作为工程选题。

这些难题一般是设计、制造工艺或专配中的一部分。工程师选题的过程可以在企业高层管理人员的协调下进行，也可独立进行，可以征求培训师资的意见，但最后选择的结果不仅要得到企业的认可，也要得到培训师认可。该类难题的特点是不宜太大，以便工程师自身可以单独完成。独立地选择工程难题是技术转移的关键阶段之一，通过该阶段的学习与训练，工程师要运用所学 C–TRIZ/TRIZ 基本原理，第一次发现实践中应该解决的工程难题，这些难题正是 TRIZ 所述的发明问题，这不仅可以加深对所学知识的理解，也为后续培训过程的深入开展提供实践载体。本阶段一般需要 1 个月，工程师们与自己的本职工作同步开展。

阶段 5: 提高课程学习阶段 (培训阶段 2)。

该阶段为定制课程学习阶段。师资团队根据企业需求与工程师们所选课题类型，决定应该学习的知识体系。课程包括 ARIZ 及 C–TRIZ 中的破坏性创新、突破性创新、集成创新、专利规避等方法。第 2 阶段的学习使得工程师具备解决工程难题的系统思维与方法的知识体系。本阶段的学习一般为 5 d，参加的工程师们全脱产。

阶段 6: 工程课题研究解决过程。

完成阶段 3 及阶段 5 的学习后, 工程师应综合运用所学知识, 系统解决所选择的工程课题, 从产生的设想转化为技术发明, 如产出新的设计原型、新的工艺过程或者被企业接受的新概念, 一般还要验证所产出的结果。该过程是技术转移成败的关键, 为了确保成功, 高校要为每个接受技术转移的工程师配备一名指导教师, 以指导研究生的方式指导工程师进行专门研究。期间工程师需要与指导教师多次交流与研究, 实现知识融合, 完成创新知识转移。根据工程师们的研究进展及实际需要, 相关教师要开展专题讲解, 如计算机辅助创新软件及使用方法、设计方法学等是经常需要继续讲解的内容。本阶段的研究一般需要 6~10 个月, 工程师们要与自己的本职工作同步开展。

阶段 7: 总结答辩。

工程课题的解决要形成新技术或新工艺, 以申请专利、发表论文、形成效益或其他成果形式为测量指标, 偶尔也有一些成果已形成了企业的新产品, 并已销售。工程师详细汇报问题发现与解决过程及成果, 接受专家质询, 用以评价工程师掌握 C–TRIZ/TRIZ 的程度与运用情况, 给出创新能力水平结论。本阶段一般需要 1 个月准备, 答辩环节需脱产。

阶段 4 与阶段 6 要求参加技术转移的工程师不仅熟悉企业的主创新过程、企业研发与生产的问题, 还要将学到的 C–TRIZ/TRIZ 与主创新过程融合, 不仅确认初始机遇、发明机遇, 还要确定领域问题的解及领域解, 为企业提出明确的创新机遇, 供企业选择与决策。

13.4.4 企业对技术转移的过程管理

为了保证技术转移的质量, 接受技术转移的企业对过程进行管理很有必要。图 13.12 是技术转移过程的七阶段技术转移过程与管理过程的相互关系。管理过程包括 6 道门, 其中的 4 道门为评估, 另 2 道为考核。

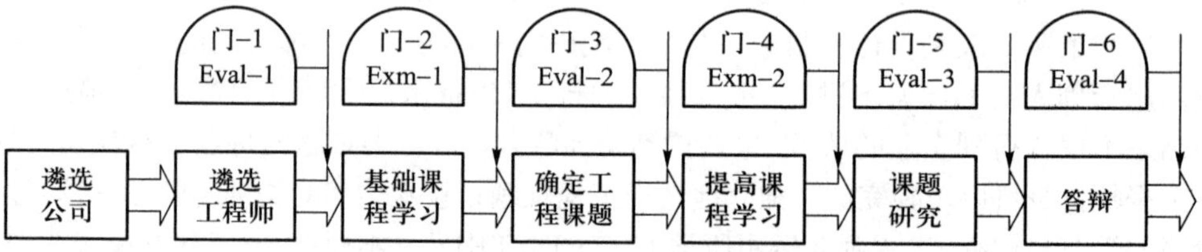

图 13.12 培训与咨询过程的管理[12]

现将 6 道门的功能介绍如下。

门 1: 评估门 1, 称为 Evalu–1。

企业管理层评估所选择的参加技术转移的工程师人选是否合理, 如果均合理则通过; 如果不合理则返回并修正, 进行再评估, 一直到通过为止。该道门的评估活动在技术转移的第 2 阶段结束时进行。

门 2: 考核门 1, 称为 Exam–1。

培训教师考核工程师们的学习结果, 参训的所有的工程师均应合格。该道门的考核在技术转移的第 3 阶段结束时进行。

门 3: 评估门 2, 称为 Evalu–2。

企业管理层评估参训工程师所选工程难题是否对企业有意义, 如果均有意义则通过; 如果一些没有意义则返回并修正, 进行再评估, 一直到通过为止。如果一些工程师不能选出合适的工程难题进行研究, 则提前退出技术转移过程。该道门的评估活动在技术转移过程的第 4 阶段结束时进行。

门 4: 考核门 2, 称为 Exam–2。

培训教师考核工程师们的学习结果, 参训的所有的工程师均应合格。该道门的考核在技术转移的第 5 阶段结束时进行。

门 5: 评估门 3, 称为 Evalu–3。

企业管理层与培训教师共同参与, 评估所有参训工程师是否正确地解决了所选工程难题。如果均正确解决则通过; 如果一些没有正确解决则返回并修正, 进行再评估。如果一些工程师确实不能解决工程难题, 该部分工程师则退出该过程。该道门的评估活动在技术转移的第 6 阶段结束时进行。

门 6: 评估门 4, 称为 Evalu–4。

企业管理层与培训教师共同参与, 通过对每一个工程师的答辩评估所有参训工程师解决所选工程难题的水平, 并给出每一位创新工程师的级别。通过答辩的工程师均为创新工程师, 其水平由级别区分。

图 13.11 与图 13.12 所示的 C–TRIZ/TRIZ 技术转移过程完成了图 13.2 所示一般过程中的第一子过程, 第二子过程可由企业内部自行进行。但第一子过程的结果仍需深化, 以达到更好的技术转移效果。第一子过程已产生了一批新技术与新工艺, 但需要企业管理层通过一定的程序决定哪些应该继续支持, 以形成产品创新并为企业带来效益, 最终通过技术转移提升企业的创新能力与竞争力。图 13.13 所示为企业对技术转移第一子过程结果评估后可能的 5 种创新机遇。

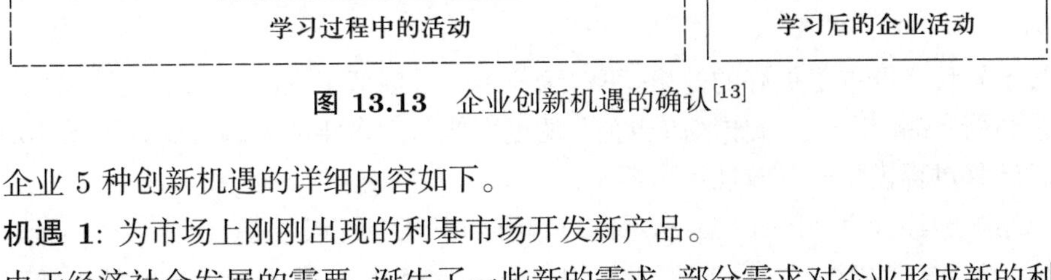

图 13.13 企业创新机遇的确认[13]

企业 5 种创新机遇的详细内容如下。

机遇 1: 为市场上刚刚出现的利基市场开发新产品。

由于经济社会发展的需要, 诞生了一些新的需求, 部分需求对企业形成新的利基市场。如果某位创新工程师敏感地发现了该利基市场, 并为此开发了新技术并形成了发明, 该类发明即为企业创新的一类机遇。企业应推进该发明后续的创新, 可以开发出满足刚刚出现的利基市场需要的新产品。

机遇 2: 开发与目标产品性能相似的新产品。

一些创新工程师所选项目是开发与市场上的标杆产品相类似的关键技术, 以其发明为基础, 可以开发与目标产品性能相似的产品。

机遇 3: 开发目前行业存在技术障碍的新产品。

一些工程师选择目前行业的技术障碍作为研究的突破口, 实现了技术突破并形成了发明, 企业继续这些发明的后续开发, 并实现产品创新。

机遇 4: 开发企业存在技术障碍的新产品。

发现及解决企业存在的技术障碍是创新工程师的一类选题, 该类选题的结果形成发明, 企业继续这些发明的后续开发, 可以形成新产品。

机遇 5: 克服企业正在开发中产品的技术障碍形成创新产品。

企业正在开发中的产品经常存在技术障碍, 工程师选择该类技术障碍也是一类选题, 其研究结果用于已有产品的开发, 可以形成新产品。

技术转移结束时, 企业管理层应尽快实施创新工程师发明的评估工作, 对通过评估的项目应尽快推进后期的开发并形成产品创新。这些结果将有助于 C–TRIZ/TRIZ 在企业的后期技术转移, 加快提升企业创新能力的步伐。

13.5 批量“创新工程师–发明”技术转移模式的实践

1. 面向企业与行业的技术转移实践

过去的若干年, 按照图 13.11 所示的模式组织多期技术转移。根据以往的组织方式特点, 将技术转移分为如下几种类型。

(1) 面向区域的技术转移: 一直与各地方政府的中介机构合作, 已在河北、天津、广东、青海、内蒙古等实施 C–TRIZ/TRIZ 技术转移, 接受技术转移的产业包括装备制造、钢铁、新能源等不同类型; 按企业类型包括大、中、小及微型企业。

(2) 面向大企业的技术转移: 直接由大企业组织本企业工程师进行技术转移, 如在中船重工、中车唐车、广电运通、长城汽车、中国化工集团、开滦煤矿、新奥能源、三一重工等组织的技术转移属于该类。

(3) 面向特色行业的技术转移: 如在北京市科学技术研究院、河北省科学院、洛阳耐火材料研究院、中国科技馆系统、国家“863”及仪器重大专项等实施的技术转移属于该类。

技术转移已取得了很好的效果, 不仅培养了一批创新工程师, 还产出了一批新技术、新工艺与新产品, 提升了合作区域与企业的创新能力。多年的实践已验证了图 13.11 所示技术转移过程模型的有效性。

总结实践经验发现图 13.11 所示的过程有如下几个特点。

(1) 技术转移周期长。一期需要 8~12 个月的时间, 这与国际上该类技术转移周期相比是最长的。周期长的优点是参加技术转移的工程师有充分的时间系统消化吸收 C–TRIZ/TRIZ 的相关知识。

(2) 工程师自主选题。参加技术转移的工程师必须应用所学知识自主选择工程难题, 并解决难题形成发明。对所有的工程师, 该过程均是艰难的学习与实践过程。但正是经过这样的过程, 才使他/她们较好地掌握 C–TRIZ/TRIZ 部分或全部内容。

(3) 具备“嫁接型”“智能型”“人力型”的复合模式。技术转移过程与企业技术或产品主创新过程紧密融合, 以发现及解决其中的难题为突破口, 实现了外部知识与内部过程的嫁接。技术转移的过程不仅要传授 C–TRIZ/TRIZ 知识系统, 更重要的是将选出的工程师培养成为创新工程师, 使他/她们成为企业未来创新的引领者。

(4) 产出多。每一期的技术转移均产生了较多的成果, 接受技术转移方对其效果均给出了正面评价。因此, 很多区域与企业已接受了图 13.11 的技术转移模式。应用该模式的技术转移活动目前仍然非常活跃。

(5) 技术转移难度大。需要较大的师资团队, 每位团队成员均应有较高的业务水平, 即对 C–TRIZ/TRIZ 有深刻理解; 师资团队应与企业及中介机构很好的合作, 与参加技术转移的所有工程师应建立良好的互动学习关系。

2. “T”型工程师培养的新模式

目前一些高校提出要培养具有“T”型职业技能的毕业生, 以使学生更好地适应社会需求。为此, 正在诞生一种新的培养模式, 即“T”型职业技能的人才培养模式。“T”型职业技能要求学生对一个学科及该学科至少一个工程系统有一定的理解, 同时要能跨越学科边界, 能对多个相关学科有一定的理解。由于纵、横向知识及技能的支持, 该类学生应能更好地适应社会。

美国雪城大学 (Syracuse University) 能源系统工程学科已开发了燃料电池科学与技术专门课程[14], 目标是培养学生在该领域的“T”型职业技能。该课程包括燃料电池科学和技术两方面的内容, 同时涉及燃料电池在不同工业领域的应用; 在标准课程之外有实验室实验内容, 还要求每个学生完成一个具有实际需求的项目。

荷兰代尔夫特理工大学 (Delft University of Technology) 在水利学科方向面向研究生开展了“T”型职业技能教育[15]。教育的过程主要考虑提升学生知识应用能力、行动能力、个人适应环境的能力、价值判断与感知能力。通过这些能力的培养, 提升学生适应社会的能力。

这些高校“T”型职业技能培养的课程与模式对在校本科生与研究生的培养已有一定的效果, 但显然不适合培养企业经验丰富的创新工程师。如果认为创新工程师应具备如下能力: 发现并解决新问题的能力、应用跨学科知识的能力、引领企业创新的能力, 那么国际上将不存在行之有效的培养模式。借鉴“T”型职业技能教育或“T”型人才的概念, “T”型工程师或创新工程师是企业急需的创新型人才, 但需要一种职业培训体系专门培养该类人才。

图 13.11 ~ 图 13.13 已构建批量“创新工程师–发明”模式 (MEIM) 及其过程管理模式, 合称批量“创新工程师–发明”技术转移模式。该模式的实践已为企业培养了一批合格的创新工程师。可以认为该模式是一类通用“T”型工程师或创新工程师培养模式。

该模式有如下 4 个特点。

(1) 纵向知识深厚: 参加技术转移的工程师是企业通过选拔确定的, 他们不仅熟练掌握本学科的专业知识, 而且至少对一个工程项目非常熟悉。

(2) 横向知识面拓宽: C–TRIZ/TRIZ 是关于发明与创新的跨学科知识。

(3) 项目是载体: 每个工程师必须自主选题, 应用 C–TRIZ/TRIZ 实现技术创新。

(4) 纵横向知识深度融合: 通过项目的实施过程, 工程师能熟练应用 C–TRIZ/TRIZ 发现解决企业的发明问题并实现技术创新, 该过程提升了工程师的创新能力。

作为一类面向企业 "T" 型工程师的培养模式——批量 "创新工程师–发明" 技术转移模式是人才培养模式的创新, 通过今后实践与发展的不断完善, 可以在更广泛的工业领域推广应用。

13.6 小结

本章构建了 C–TRIZ/TRIZ 向企业的批量 "创新工程师–发明" 技术转移模式, 该模式的显著特点是参加技术转移的工程师自主选择工程难题, 并要解决这些难题, 形成发明。该模式具备技术转移的 "嫁接型" "智能型" "人力型" 3 种模式的共同特点。多年来的技术转移实践表明应用该模式的实践是成功的, 可在更多的区域及企业应用, 也为世界各国提供了一种 C–TRIZ/TRIZ 成功技术转移及 "T" 型工程师培养的参考。

参考文献

[1] 梅元红, 孟宪飞. 高校技术转移模式探析——清华大学技术转移的调研与思考 [J]. 科技进步与对策, 2009, 26(24): 1-5.

[2] 周建, 周蕊. 论战略联盟中的知识转移 [J]. 科学学与科学技术管理, 2006(05): 84-89.

[3] Chesbrough H. Open Innovation [M]. Boston: Harvard Business School Press, 2006.

[4] 周立群, 刘根节. 由封闭式创新向开放式创新的转变 [J]. 经济学家, 2012(06): 53-57.

[5] 盛济川, 吉敏, 朱晓东. 内向和外向开放式创新组织模式研究 [J]. 科学学研究, 2013, 31(08): 1268-1274.

[6] Nakagawa T. Education and training of creative problem solving thinking with TRIZ/USIT [J]. Procedia Engineering, 2011, 9: 582-595.

[7] Bohuslav B, Jan Z, Milada B. TRIZ already 35 years in the Czech Republic [J]. Procedia CIRP, 2016, 39: 216-220.

[8] Kalevi R, Ellen D. Simplified TRIZ [M]. 2rd ed. New York: Auerbach Publications, 2008.

[9] Imoh M I, David P, Robert P. A review of TRIZ and its benefits and challenges in practice [J]. Technovation, 2013, 33:30-37.

[10] Smith H. What innovation is: How companies develop operating systems for innovation [J/OL]. TRIZ Journal, 2006 [2019-04-05]. https://triz-journal.com/innovation-companies-develop-operating-systems-innovation/.

[11] Souchkov V. TRIZ in the world: History, current status, and issues of concern [EB/OL]. The Netherlands, Enschede: ICG Training & Consulting, 2016 [2019-04-05]. http://www.xtriz.com/publications/ValeriSouchkov-TRIZ-in-the-World.htm.

[12] Tan R H, Dong Y F, Yang B J, *et al.* Research on opportunity-driven redesign process to cooperate with training innovative engineers in China [J]. Chinese Journal of mechanical engineering, 2018, 31:75 https://doi.org/10.1186/s10033-018-0274-x.

[13] Tan R H. Contradiction -oriented problem solving for innovations: Five opportunities for China's companies [J]. Journal of Innovation and Entrepreneurship, 2015, 4: 3. https://doi.org/10.1186/s13731-015-0017-5.

[14] Ryan L, Milcare R J, Michael J G, *et al.* Exploring T-shaped professional skill development in graduate students in an advanced energy systems course [C]//ASEE's 123rd Annual Conference & Exposition, New Orleans, LA, June 26-29, 2016.

[15] Uhlenbrook S , De Jong E . T-shaped competency profile for water professionals of the future [J]. Hydrology and Earth System Sciences, 2012, 16(10): 3475-3483.

附录 1　扩展的功能基与流基

表 A1.1　扩展的功能基

功能	二级功能	同义词
产生	合成	聚合, 繁殖, 复制
	生产	生成, 引发, 激发, 制造, 发出
变化	增加	放大, 增殖, 加速, 变大, 丰富, 扩大, 加大
	减少	削弱, 减弱, 缩小, 压缩, 降低, 紧凑, 简化, 减速, 扣除, 减去
	转变	改变, 转化, 换向, 整流, 矫正, 调制, 调谐, 修复, 反转, 偏离, 解调, 改正, 修改, 湿润, 分配, 变动, 更换, 磁化, 消磁, 电离, 极化, 变换, 转换
	相变	熔化, 融化, 冻结, 固化, 凝固, 升华, 蒸发, 凝结, 冷却, 液化, 蒸馏
	变形	压缩, 扩展, 平整, 弯曲, 变形, 扭曲, 凝结, 塑造, 平坦, 尖锐, 泡沫, 平滑, 扭转, 切断, 剪切, 起皱, 崩溃, 拉紧, 伸直, 软化, 雕刻, 粒化, 造粒, 挤压, 压榨, 形变, 应变, 冲压, 模压
	控制	关闭, 打开, 切换, 调节, 隔绝, 通知, 调整, 同步, 平衡, 引导, 切断闭合, 接通, 开关, 排列, 整流, 中断, 启动, 停止
结合	混合	聚接, 联合, 调配, 扩散
	嵌入	注入, 插入, 灌注, 围绕, 装入, 封入
	装配	匹配, 密封, 覆盖, 堆叠, 包围, 包裹
	连接	焊接, 联结, 联合, 接合, 编织, 印刷, 链接
分离	分开	分配, 拆卸, 裁剪, 分级, 锯开, 隔离, 分散, 散开, 喷射, 解开, 散射, 分割, 拆开, 断开, 解开, 拆接, 拆分, 劈开, 划分, 放开, 切断, 干燥
	分解	剖解, 分裂, 剥蚀, 研磨, 碾磨, 裂变, 蜕变, 衰变, 变质, 剖析, 瓦解, 破碎
	抽取	过滤, 拣选, 真空, 抽吸, 筛选, 取出, 浓缩, 压榨
	净化	提纯, 纯净, 纯化, 精制, 清洗, 冲洗, 洗涤, 洗刷, 杀菌, 消毒, 滤出, 清除
积聚	吸收	接受, 吸取, 吸入, 吸引, 容纳, 承受
	存储	储存, 储藏, 贮存, 贮藏, 存入, 记录, 提供, 供给, 储蓄, 积储, 堆积, 存放, 沉淀, 沉积
	聚集	聚焦, 集中, 采集, 收集, 搜集, 输入, 汇聚
运动	移动	进入, 推动, 冲进, 拉动, 牵引, 拖曳, 驱动, 跑动, 位移, 飞行, 漂浮, 浮动, 迁移, 平动
	传输	传导, 导电, 运输, 传递, 传送, 转运, 转移, 传达, 转送, 传播, 搬运, 转让, 运送, 携带
	旋转	偏转, 转向, 回转, 转动, 滚动, 滚转, 卷起, 卷拢, 卷动
	振动	振荡, 摆动, 摇摆, 摇动, 颤抖, 震动, 抖动, 搅动
	提升	举起, 升高, 抬起, 抬高, 提高, 上升

续表

功能	二级功能	同义词
运动	引导	定向, 定位, 导向, 指引, 指导, 反射, 折射, 开导, 通道, 导引, 通路, 信道, 沟槽, 固定, 矫直
测量	检测	扫描, 读取, 分析, 解析, 陈列, 显示, 探测, 勘探, 调查, 研究, 探索, 透射, 透照, 检查, 核对, 检验, 对照, 比较, 相比
	度量	测度, 丈量, 估量, 感觉, 传感, 感知, 称重
	测定	计量, 计算, 鉴别, 确定, 识别, 计数, 读数, 辨别, 辨认, 指示, 表明, 证明, 表示, 论证
保持	预防	保护, 约束, 限制, 限定, 延迟, 延缓, 延期, 封闭, 限定, 抑制, 镇压, 停滞, 制动, 防护, 防止, 庇护
	维持	支持, 持续, 持有, 保留, 保存, 保养, 维修, 抵偿
	稳定	相等, 补偿, 均衡, 均匀, 稳固, 赔偿
消除	破坏	损坏, 弄坏, 消灭, 毁坏, 摧毁, 打破, 破碎, 消耗, 撕裂, 撕碎, 燃烧, 消毒, 磨光, 破除, 炸裂, 爆破, 毁灭, 歼灭, 烧光, 爆炸, 粉碎, 崩溃, 消失
	去除	发射, 辐射, 放电, 输出, 流出, 排放, 抹掉, 擦掉, 清除, 抹去, 擦去, 驱散, 射出, 释放, 放出, 免除, 遗弃, 排斥, 排出, 喷射, 驱逐, 除去, 去掉, 钻孔, 摩擦, 取出, 释放

表 A1.2　扩展的流基

一级流	二级流	三级流
物料	固体	半导体, 物体, 弹性体, 铁磁性物质, 薄膜, 晶体, 电解质, 爆炸性物质, 形状记忆物质
	液体	磁性液体, 油, 水, 纯净液体, 液流, 混合液体成分, 液滴, 海水, 液体杂质
	气体	溶解气, 顺磁性气体, 气流, 混合气体, 水蒸气, 气泡, 气体混合物成分, 纯净气体, 蒸气
	几何体	椭圆体, 球体, 螺旋体, 圆环体
	松散物质	电解质粉末, 铁磁性粉末, 松散物质杂质, 松散物质混合物, 粉末
	多孔物质	多孔物质
	结构物质	气溶胶, 晶体管, 微生物, 浆料, 溶液, 喷雾剂, 悬浊液, 泡沫, 胶溶液, 乳状液
	技术物体或物质	电池, 传送带, 毛细管, 光纤
	粒子	传导性粒子, 非传导性粒子, 铁磁粒子, 粒子流, 电子束, α 粒子流, 离子流, 中子流, 质子流
	分子和亚分子	DNA, 原子, 离子, 氮, 氧, 氢
	等离子体	等离子体
	化合物	氢氧化物, 氧化物, 盐, 酸,
	混合物	气–气混合物, 液–液混合物, 固–固混合物, 固–液混合物, 气–液混合物, 气–固混合物, 气–液–固混合物, 胶体, 气溶胶, 空气
能量	力	重力, 浮力, 向心力, 冲击力, 惯性力, 滑动摩擦力, 滚动摩擦力, 最大静摩擦力, 拉伸力, 切向力, 推力
	运动	旋转, 振动, 共振, 机械运动, 机械碰撞, 势能, 滚动, 动能, 振动, 阻尼振动, 受迫振动

续表

一级流	二级流	三级流
能量	形变	脉冲形变, 扭转变形, 毛细管压力, 疲劳应力, 脉冲压力, 压差, 微小形变, 热膨胀, 体积形变, 剪切形变
	热能	热流, 温度梯度, 热辐射
	机械波和声波	声振动, 次声波, 声音, 声能, 超声波, 冲击波, 恒波, 超声波, 声辐射, 可闻声
	电场	电流, 电能, 涡流, 交流电, 电晕放电, 电弧放电, 电能, 电火花放电, 气体放电
	磁场	洛伦兹力, 交变磁场, 非均匀磁场, 磁场力, 安培力
	电磁感应	电磁振荡, 电磁能, 感应电流, 反电动势, 感应电动势, 调频
	电磁波和光	激光, 微波, 无线电波, 紫外线, X 射线, 调幅, 可见光, 光能, 光流
	核能与放射性	中子能, 质子流, 放射性, 红外线辐射, 激光辐射, 可见辐射
参数	固体参数	栅格常数, 各向异性, 密度, 渗透性, 重心, 物体的多孔性
	表面参数	硬度, 粗糙度, 黏附力, 湿度, 弹性, 曲率, 纯净度
	几何参数	面积, 体积, 位置, 形状, 厚度, 长度, 尺寸, 形状
	形变参数	长度变化, 线应变, 扭转角, 线性形变, 线性热膨胀, 体积热膨胀, 剪切
	流体参数	密度, 雷诺数, 表面张力, 浮力, 深度, 流速, 流动性, 黏度, 变湿角
	气体参数	气密性, 密度
	浓度参数	浓度梯度, 浓度, 湿度, 成分
	量参数	有效质量, 数量, 质量, 重量, 大小, 多少
	化学参数	pH, 化学势, 十六烷值, 腐蚀性, 可溶性, 反应速度, 气味
	力参数	摩擦系数, 摩擦热, 转矩
	运动参数	位移, 速度, 加速度, 振幅, 角速度, 角加速度, 速率, 线速度, 向心加速度, 阻尼系数, 共振频率, 共振振幅, 简谐运动的周期
	过程参数	持续时间, 比率
	热参数	耐火性, 潜伏热, 热容, 温度
	机械波与声波参数	频率, 周期, 共振频率, 声强, 声速, 波长, 波速, 共振频率
	电场参数	交变电流, 电荷, 电场能, 电动势, 静电功率, 电容, 电压, 电流强度, 静电力, 电位 (势) 差, 电阻, 电子浓度
	磁场参数	磁化, 磁阻, 磁流
	电磁感应参数	电磁损耗, 感应系数, 频率, 电容容抗, 变比, 感应电流, 感应电抗, 磁通量, 自感应电动势
	电磁波和光参数	焦距, 照度, 折射系数, 强度, 入射角, 反射角, 折射率, 折射角, 发光效率, 光流, 光辐射压力, 全反射, 临界角, 表面深度, 偏振角, 放大倍率
	放射性参数	耐辐射性, 辐射硬度, 衰变周期, 放射性

附录 2 标 准 解

表 A2.1 76 个标准解

类	小类	序号	内容
第 1 类	1.1 改进具有非完整功能的系统	No.1 (1.1.1)	完善具有不完整功能的系统: 假如只有 S_1, 增加 S_2 及场 F
		No.2 (1.1.2)	假如系统不能改变, 但可接受永久的或临时的添加物, 可以通过在 S_1 或 S_2 内部添加来实现
		No.3 (1.1.3)	假如系统不能改变, 但永久的或临时的外部添加剂改变 S_1 或 S_2 是可接受的
		No.4 (1.1.4)	假定系统不能改变, 但可用环境资源作为内部或外部添加剂
		No.5 (1.1.5)	假定系统不能改变, 但可以改变系统所处的环境
		No.6 (1.1.6)	微小量的精确控制是困难的, 但可以通过增加一个附加物并在之后除去来控制微小量
		No.7 (1.1.7)	一个系统中场强度不够, 而增加场强度又会损坏系统, 可以将强度足够大的一个场施加到另一个元件上, 该元件再连接到原系统上。同理, 一种物质不能很好地发挥作用, 但连接到另一种可用物质上则能发挥作用
		No.8 (1.1.8)	同时需要大的/强的及小的/弱的效应时, 小效应的位置可由物质 S_3 保护
	1.2 消除或抵消有害效应	No.9 (1.2.1)	在一个系统中有用及有害效应同时存在, S_1 及 S_2 不必直接接触, 引入 S_3 消除有害效应
		No.10 (1.2.2)	与 No.9 类似, 但不允许增加新物质, 通过改变 S_1 或 S_2 消除有害效应。该类解包括增加“虚无物质”, 如: 空位、真空、空气、气泡、泡沫等, 或加一种场, 场的作用相当于增加一种物质
		No.11 (1.2.3)	有害效应是由一种场引起的, 引入物质 S_3 吸收有害效应
		No.12 (1.2.4)	在一个系统中有用及有害效应同时存在, 但 S_1 及 S_2 必须处于接触状态。增加场 F_2, 使之抵消 F_1 的影响, 或得到一个附加的有用效应
		No.13 (1.2.5)	在一个系统中, 由于一个元件存在磁性而产生有害效应, 将该元件加热到居里点以上, 磁性将不存在, 或引入一个相反的磁场消除原磁场

续表

类	小类	序号	内容
第 2 类	**2.1 传递到复杂物质–场模型**	No.14 (2.1.1)	串联物质–场模型: 将第一个模型的 S_2 及 F_1 施加到 S_3, S_3 及 F_2 施加到 S_1
		No.15 (2.1.2)	并联物质–场模型: 一个可控性很差的系统需要改进, 但已存在的部分不能改变, 并联第二个场, 并作用到 S_2 上
	2.2 加强物质–场	No.16 (2.2.1)	对于可控性差的场, 用一个易控场代替, 或增加一个易控场。如由重力场变为机械场, 由机械变为电或电磁场。其核心是由物体的物理接触到场的作用
		No.17 (2.2.2)	将 S_2 由宏观变为微观
		No.18 (2.2.3)	改变 S_2 成为允许气体或液体通过的多孔的或具有毛细孔的材料
		No.19 (2.2.4)	使系统更具有柔性或适应性, 通常的方式是由刚性变为一个铰接, 到连续柔性系统
		No.20 (2.2.5)	使一个不能控制的场具有永久或临时确定的模式
		No.21 (2.2.6)	将单一物质或不可控物质变成确定空间结构的非单一物质, 这种变化可以是永久的或临时的
	2.3 控制频率使其与一个或两个元件的自然频率匹配或不匹配, 以改善性能	No.22 (2.3.1)	使 F 与 S_1 或 S_2 的自然频率匹配或不匹配
		No.23 (2.3.2)	与 F_1 或 F_2 的固有频率匹配
		No.24 (2.3.3)	两个不相容或独立的动作可以一个接一个地完成
	2.4 铁磁材料与磁场结合	No.25 (2.4.1)	在一个系统中增加铁磁材料和/或磁场
		No.26 (2.4.2)	将 No.16 与 No.25 结合。利用铁磁材料与磁场增加场的可控性
		No.27 (2.4.3)	磁流体的应用。磁流体是 No.26 的一个特例
		No.28 (2.4.4)	利用含有磁粒子或液体的毛细结构
		No.29 (2.4.5)	利用附加物如涂层使非磁性物体永久或临时具有磁性
		No.30 (2.4.6)	假如一个物体不能具有磁性, 将铁磁物质引入到环境之中
		No.31 (2.4.7)	利用自然现象, 如物体按场排列, 或在居里点以上物体将失去磁性
		No.32 (2.4.8)	利用动态、可变或自调整的磁场
		No.33 (2.4.9)	加入铁磁粒子改变材料的结构, 施加磁场移动粒子。通过这种途径, 使非结构化系统变为结构化系统, 或反之
		No.34 (2.4.10)	与 F 场的自然频率相匹配。对于宏观系统, 采用机械振动增强铁磁粒子的运动。在分子及原子水平上, 材料的复合成分可通过改变磁场频率的方法用电子谐振频谱确定
		No.35 (2.4.11)	用电流产生磁场并可以代替磁粒子
		No.36 (2.4.12)	电流变流体具有被电磁场控制的黏度。它们可以与其他方法一起使用

续表

类	小类	序号	内容
第 3 类	**3.1 传递到双系统或多系统**	No.37 (3.1.1)	系统传递 (a): 产生双系统或多系统
		No.38 (3.1.2)	改进双系统或多系统中的连接
		No.39 (3.1.3)	系统传递 (b): 在元件之间增加其不同性质
		No.40 (3.1.4)	双系统及多系统的简化
		No.41 (3.1.5)	系统传递 (c): 整体与部分之间的相反特性
	3.2 传递到微观水平	No.42 (3.2.1)	系统传递 (d): 传递到微观水平
第 4 类	**4.1 间接法**	No.43 (4.1.1)	替代系统中的检测与测量, 使之不再需要
		No.44 (4.1.2)	假如 No.43 不可能, 测量一复制品或肖像
		No.45 (4.1.3)	假如 No.43 及 No.44 不可能, 利用两个检测量代替连续测量
	4.2 将零件或场引入到已存在的系统中	No.46 (4.2.1)	假如一个不完整物质–场系统不能被检测或测量, 增加单一或双物质–场, 且一个场作为输出。假如已存在的场是非有效的, 在不影响原系统的条件下, 改变或加强该场。加强了的场应具有容易检测的参数, 这些参数与设计者所关心的参数有关
		No.47 (4.2.2)	测量引入的附加物。引入的附加物在原系统中变化, 测量附加物的这种变化
		No.48 (4.2.3)	假如系统中不能增加其他附加物, 在环境中增加附加物, 使其对系统产生场, 检测或测量场对系统的影响
		No.49 (4.2.4)	假如附加物不能被引入到环境中去 (No.48), 分解或改变环境中已存在的物质, 使其产生某种效应, 测量这种效应
	4.3 加强测量系统	No.50 (4.3.1)	利用自然现象。如利用系统中出现的已知科学效应, 通过观察效应的变化, 决定系统的状态
		No.51 (4.3.2)	假如系统不能直接或通过场测量, 通过测量系统或元件被激发的固有频率来确定系统的变化
		No.52 (4.3.3)	假如 No.51 不可能, 测量与已知特性相联系的物体的固有频率
	4.4 测量铁磁场 (Fe–场)	No.53 (4.4.1)	增加或利用铁磁物质或系统中的磁场以便测量
		No.54 (4.4.2)	增加磁性粒子或改变一种物质成为铁磁粒子以便测量, 测量所导致的磁场即可
		No.55 (4.4.3)	假如 No.54 不可能, 建立一个复合系统, 添加铁磁粒子附加物到系统中去
		No.56 (4.4.4)	假如系统中不允许增加铁磁物质, 将其加到环境之中
		No.57 (4.4.5)	测量与磁性有关的现象
	4.5 测量系统的进化方向	No.58 (4.5.1)	传递到双或多系统。假如单一测量系统不能给出足够的精度, 可应用双系统或多系统
		No.59 (4.5.2)	代替直接测量, 可测量时间或空间的一阶或二阶导数

续表

<table>
<tr><th>类</th><th>小类</th><th>序号</th><th colspan="2">内容</th></tr>
<tr><td rowspan="26">第 5 类</td><td rowspan="13">5.1 引入物质</td><td rowspan="10">No.60 (5.1.1)</td><td colspan="2">间接方法</td></tr>
<tr><td>(5.1.1.1)</td><td>使用无成本资源, 如空气、真空、气泡、泡沫、空洞、缝隙等</td></tr>
<tr><td>(5.1.1.2)</td><td>利用场代替物质</td></tr>
<tr><td>(5.1.1.3)</td><td>用外部附加物代替内部附加物</td></tr>
<tr><td>(5.1.1.4)</td><td>利用少量但非常活化的附加物</td></tr>
<tr><td>(5.1.1.5)</td><td>将附加物集中到一特定的位置上</td></tr>
<tr><td>(5.1.1.6)</td><td>暂时引入附加物</td></tr>
<tr><td>(5.1.1.7)</td><td>假如原系统中不允许附加物, 可在其复制品中增加附加物。这包括仿真器的使用</td></tr>
<tr><td>(5.1.1.8)</td><td>引入化合物, 当它们起反应时产生所需要的化合物, 而直接引入这些化合物是有害的</td></tr>
<tr><td>(5.1.1.9)</td><td>通过对环境或物体本身的分解获得所需的附加物</td></tr>
<tr><td>No.61 (5.1.2)</td><td colspan="2">将元件分为更小的单元</td></tr>
<tr><td>No.62 (5.1.3)</td><td colspan="2">附加物被使用完后自动消除</td></tr>
<tr><td>No.63 (5.1.4)</td><td colspan="2">假如环境不允许大量使用某种材料, 使用对环境无影响的东西</td></tr>
<tr><td rowspan="3">5.2 使用场</td><td>No.64(5.2.1)</td><td colspan="2">使用一种场来产生另一种场</td></tr>
<tr><td>No.65 (5.2.2)</td><td colspan="2">利用环境中已存在的场</td></tr>
<tr><td>No.66 (5.2.3)</td><td colspan="2">使用属于场资源的物质</td></tr>
<tr><td rowspan="5">5.3 状态传递</td><td>No.67 (5.3.1)</td><td colspan="2">状态传递 1: 替代状态</td></tr>
<tr><td>No.68 (5.3.2)</td><td colspan="2">状态传递 2: 双态</td></tr>
<tr><td>No.69 (5.3.3)</td><td colspan="2">状态传递 3: 利用状态转换过程中的伴随现象</td></tr>
<tr><td>No.70 (5.3.4)</td><td colspan="2">状态传递 4: 传递到双态</td></tr>
<tr><td>No.71 (5.3.5)</td><td colspan="2">部件或物质之间的相互作用。引入系统中元件或物质之间的相互作用使系统更有效</td></tr>
<tr><td rowspan="2">5.4 应用自然现象</td><td>No.72(5.4.1)</td><td colspan="2">自控制传递。假如一物体必须具有不同的状态, 应使其自身从一个状态传递到另一个状态</td></tr>
<tr><td>No.73 (5.4.2)</td><td colspan="2">当输入场较弱时, 加强输出场。通常在接近状态转换点处实现</td></tr>
<tr><td rowspan="3">5.5 产生高等或低等结构水平的物质</td><td>No.74 (5.5.1)</td><td colspan="2">通过分解获得物质粒子</td></tr>
<tr><td>No.75 (5.5.2)</td><td colspan="2">通过结合获得物质</td></tr>
<tr><td>No.76 (5.5.3)</td><td colspan="2">应用 No.74 及 No.75 时, 假如高等结构物质需要分解, 但又不能分解, 由次高一级的物质状态代替。反之, 如果物质是通过低结构物质组合而成, 而该物质不能应用, 则采用高一级的物质代替</td></tr>
</table>

附录 3　通用工程参数、发明原理与冲突矩阵

表 A3.1　冲突特征参数

序号	特征参数	特征参数意义
1	运动物体的质量	在重力场中运动物体的质量。如物体作用于其支撑或悬挂装置上的力
2	静止物体的质量	在重力场中静止物体的质量。如物体作用于其支撑或悬挂装置上的力
3	运动物体的长度	运动物体的任意线性尺寸, 不一定是最长的, 都认为是其长度
4	静止物体的长度	静止物体的任意线性尺寸, 不一定是最长的, 都认为是其长度
5	运动物体的面积	运动物体内部或外部所具有的表面或部分表面的面积
6	静止物体的面积	静止物体内部或外部所具有的表面或部分表面的面积
7	运动物体的体积	运动物体所占有的空间体积
8	静止物体的体积	静止物体所占有的空间体积
9	速度	物体的运动速度、过程或活动与时间之比
10	力	力是两个系统之间的相互作用。对于牛顿力学, 力等于质量与加速度之积, 在 TRIZ 中力是试图改变物体状态的任何作用
11	应力或压力	单位面积上的力
12	形状	物体外部轮廓, 或系统的外貌
13	结构的稳定性	系统的完整性, 系统组成部分之间的关系。磨损、化学分解、拆卸都降低稳定性
14	强度	强度是指物体抵抗外力作用使之变化的能力
15	运动物体作用时间	物体完成规定动作的时间、服务期。两次误动作之间的时间也是作用时间的一种度量
16	静止物体作用时间	物体完成规定动作的时间、服务期。两次误动作之间的时间也是作用时间的一种度量
17	温度	物体或系统所处的热状态, 包括其他热参数, 如影响改变温度变化速度的热容量
18	光照强度	单位面积上的光通量, 系统的光照特性, 如亮度、光线质量
19	运动物体的能量	能量是物体做功的一种度量。在经典力学中, 能量等于力与距离的乘积。能量也包括电能、热能、核能等
20	静止物体的能量	能量是物体做功的一种度量。在经典力学中, 能量等于力与距离的乘积。能量也包括电能、热能、核能等
21	功率	单位时间内所做的功。利用能量的速度

续表

序号	特征参数	特征参数意义
22	能量损失	做无用功的能量。为了减少能量损失, 需要不同技术来改善能量的利用
23	物质损失	部分或全部、永久或临时的材料、部件或子系统等物质的损失
24	信息损失	系统中数据或使用数据的机会部分的或全部的, 永久的或暂时的损失
25	时间损失	时间是指一项活动所延续的间隔。改进时间的损失指减少一项活动所花费的时间
26	物质或事物的数量	系统中可能被部分地或全部地、永久地或暂时地修改的材料、物质或子系统
27	可靠性	系统在规定的方法及状态下完成规定功能的能力
28	测试精度	系统特征的实测值与实际值之间的误差。减少误差将提高测试精度
29	制造精度	系统或物体的实际性能与所需性能之间的误差
30	物体受外部有害因素作用的敏感性	物体对受外部或环境中的有害因素作用的敏感程度
31	物体产生的有害因素	有害因素将降低物体或系统的效率或完成功能的质量。这些有害因素是由物体或系统操作的一部分而产生的
32	可制造性	要完成的操作应需要较少的操作者、较少的步骤、使用尽可能简单的工具, 一个操作的产出要尽可能多
33	可操作性	要完成的操作应需要较少的操作者、较少的步骤、使用尽可能简单的工具, 一个操作的产出要尽可能多
34	可维修性	对于系统可能出现失误所进行的维修要时间短、方便、简单
35	适应性或多用性	物体或系统响应外部变化等能力, 或应用于不同条件下等能力
36	装置的复杂性	系统中元件数目及多样性, 如果用户也是系统中的元素将增加系统的复杂性。掌握系统的难易程度是其复杂性的一种度量
37	监控与测试的困难程度	如果一个系统复杂、成本高、需要较长的时间建造及使用, 或部件与部件之间关系复杂, 都使得系统的监控与测试困难。测试精度高增加了测试的成本, 也是测试困难的一种标志
38	自动化程度	是指系统或物体在无人操作的情况下完成任务的能力。自动化程度的最低级别是完全人工操作。最高级别是机器能自动感知所需的操作、自动编程、对操作自动监控。中等级别的需要人工编程、人工观察正在进行的操作、改变正在进行的操作、重新编程
39	生产率	单位时间内所完成的功能或操作数

表 A3.2 发明原理

序号	名称	发明原理内容
1	分割	① 把一个物体分解成为几个独立的部分 ② 使一个物体容易拆卸 ③ 增加分离的程度
2	分离	① 将一个物体中的“干扰”部分或属性分离出去 ② 只提取一个物体中的必需部分和属性

续表

序号	名称	发明原理内容
3	局部质量	① 把物体的结构由单一结构变为非单一结构或者把外部环境从单一环境变为非单一环境 ② 使物体的每部分都在自己合适的环境下工作 ③ 使物体的不同部分具有不同的有用的功能
4	不对称	① 改变物体的形状使其由对称变为非对称 ② 假如物体是不对称的, 增加其不对称的程度
5	合并	① 在空间上合并相似的物体或相近的操作 ② 在时间上合并相似或相近的操作
6	多用性	使一个物体或一种结构执行多种功能, 从而可以去除其他零部件
7	套装	① 将第一个物体放在第二个物体中, 将第二个物体放在第三个物体中, ……
		② 使一个物体穿过另一个物体的空腔
8	质量补偿	① 为了补偿物体重力的影响, 使其与另一个能提供升力的物体结合使用 ② 为了克服物体重力的影响, 使物体与它周围的环境相互作用
9	预加反作用	① 预先施加反作用 ② 如果一物体处于或将处于受拉伸状态, 预先增加压力
10	预操作	① 预先使物体局部或全部产生所需的变化 ② 预先安置物体以便它们能从最方便的位置立即开始作用
11	预补偿	预先准备好应急措施以补偿物体相对较低的可靠性
12	等势性	改变物体的工作条件, 但物体不需要被升高或降低
13	反向	① 采用相反的作用 ② 使物体的运动部分静止, 静止部分运动 ③ 使物体倒置
14	曲面化	① 用曲线、曲面部件代替直线、平面部件, 由在平面上移动改为在球面上移动, 由立方体结构变为球体结构 ② 利用辊子、球、螺旋等 ③ 旋转运动代替直线运动; 利用离心力
15	动态化	① 使物体或外部环境在操作的每一个阶段都能自动调整, 以达到优化的性能 ② 把一个物体分离成能够相对运动的几部分 ③ 让静止的物体运动
16	未达到或超过作用	假如给定的解决方案很难达到 100% 的目的, 稍微未达到或稍微超过预期的效果将大大简化问题
17	维数变化	① 在二维或三维空间移动或放置物体 ② 用物体的多层排列代替单层排列 ③ 将物体倾斜或放在规定位置 ④ 利用给定表面的另一面 ⑤ 将光线投射到物体相邻的区域或相反的方向

续表

序号	名称	发明原理内容
18	振动	① 使物体振动或振荡 ② 增加振动频率 ③ 利用物体的共振频率 ④ 用其他形式的振动代替机械振动 (结合电磁场的超声、压电、电磁等振动)
19	周期性作用	① 用周期性作用代替连续作用 ② 假如周期性作用已经存在, 改变周期性频率 ③ 在两个脉冲之间使用暂停以获得额外的作用
20	有效作用的连续性	① 不停地执行一个作用, 使所有部件连续满负荷工作 ② 消除所有惰性的或间歇的作用 ③ 用旋转运动代替往复运动
21	紧急行动	迅速执行某个有害的或危险的操作
22	变有害为有益	① 利用有害因素, 特别是对环境有害的因素, 获得有益的结果 ② 两个有害因素结合消除一个有害因素 ③ 把有害因素夸大到不再有害的程度
23	反馈	① 引进反馈来改善某个过程或作用 ② 如果反馈已经存在, 增加反馈强度
24	中介物	① 利用媒介物改变或开始一个作用 ② 将一容易移动的物体与另一物体暂时接合
25	自服务	① 物体必须自服务且能辅助、补救操作 ② 利用浪费的资源和能量
26	复制	① 用简单的、低廉的复制品代替复杂的、昂贵的、易碎的或不易操作的物体 ② 用光学拷贝或图像代替物体本身, 可以放大或缩小图像 ③ 如果已使用了可见光拷贝, 用红外线或紫外线代替
27	用低成本、不耐用物体替代昂贵、耐用的物体	用一些低成本物体代替昂贵物体, 用一些不耐用物体代替耐用物体, 有关特性作折中处理
28	机械系统的替代	① 用光、声、热或嗅觉系统替代机械系统 ② 用电、磁、电磁场与物体相互作用 ③ 把静态场转化为动态场, 从无序场到有序场, 使场在时间上变化 ④ 结合场活性粒子 (如铁磁粒子) 使用场
29	气动或液动结构	用气体或液体部件代替固体部件, 这些部件就可以利用空气或水膨胀, 或使用气动或液动的缓冲作用
30	柔性壳体或薄膜	① 用柔性的外壳或薄膜替代普通结构 ② 用柔性的外壳或薄膜将物体与外部环境隔离
31	多孔材料	① 使物体多孔或通过插入、涂层等方法增加多孔元素 ② 如果物体已是多孔的, 预先用这些孔引入有用的物质或功能

续表

序号	名称	发明原理内容
32	改变颜色	① 改变物体颜色或外部环境的颜色 ② 改变物体或外部环境的透明度 ③ 采用有颜色的引入物, 使不易被观察到的物体或过程被观察到 ④ 如果已增加了颜色引入物, 则采用发光的轨迹或跟踪原子
33	同质性	采用相同或相似的物质制造与某物体相互作用的物体
34	抛弃与修复	① 当一个元件完成了其功能或变得无用时, 将其抛弃或在工作工程中修改它 ② 在工作期间应该修复用旧的零部件
35	参数变化	① 改变系统的物理状态 ② 改变浓度或密度 ③ 改变灵活性 ④ 改变温度或体积
36	状态变化	利用物质状态变化过程中出现的某些现象 (如体积变化、热释放或吸收等)
37	热膨胀	① 利用温度变化时物体的膨胀或收缩效应 ② 使用具有不同热膨胀系数的材料
38	加速强氧化	使氧化从一个级别转变到另一个更高的级别: ① 用含氧比例较高的气体代替普通气体 ② 用纯氧代替含氧成分较高的气体 ③ 电离氧代替纯氧 ④ 用臭氧代替电离氧气
39	惰性环境	① 用惰性环境代替正常环境 ② 在物体中加入中性成分或惰性引入剂 ③ 在真空中进行操作
40	复合材料	将单一材料变为复合材料

表 A3.3

正向参数 \ 负向参数		运动物体的质量	静止物体的质量	运动物体的长度	静止物体的长度	运动物体的面积	静止物体的面积	运动物体的体积	静止物体的体积	速度	力	应力或压力	形状	结构的稳定性	强度	运动物体作用时间	静止物体作用时间	温度	光照强度	运动物体的能量	静止物体的能量
		1	2	3	4	5	6	7	8	9	10	11	12	13	14	15	16	17	18	19	20
1	运动物体的质量	+	—	15, 8, 29,34	—	29, 17, 38, 34	—	29, 2, 40, 28	—	2, 8, 15, 38	8, 10, 18, 37	10, 36, 37, 40	10, 14, 35, 40	1, 35, 19, 39	28, 27, 18, 40	5, 34, 31, 35	—	6, 29, 4, 38	19, 1, 32	35, 12, 34, 31	—
2	静止物体的质量	—	+	—	10, 1, 29, 35	—	35, 30, 13, 2	—	5, 35, 14, 2	—	8, 10, 19, 35	13, 29, 10, 18	13, 10, 29, 14	26, 39, 1, 40	28, 2, 10, 27	—	2, 27, 19, 6	28, 19, 32, 22	19, 32, 35	—	18, 19, 28, 1
3	运动物体的长度	8, 15, 29, 34	—	+	—	15, 17, 4	—	7, 17, 4, 35	—	13, 4, 8	17, 10, 4	1, 8, 35	1, 8, 10, 29	1, 8, 15, 34	8, 35, 29, 34	19	—	10, 15, 19	32	8, 35, 24	—
4	静止物体的长度		35, 28, 40, 29	—	+	—	17, 7, 10, 40	—	35, 8, 2,14	—	28, 10	1, 14, 35	13, 14, 15, 7	39, 37, 35	15, 14, 28, 26	—	1, 10, 35	3, 35, 38, 18	3, 25	—	
5	运动物体的面积	2, 17, 29, 4	—	14, 15, 18, 4	—	+	—	7, 14, 17, 4		29, 30, 4, 34	19, 30, 35, 2	10, 15, 36, 28	5, 34, 29, 4	11, 2, 13, 39	3, 15, 40, 14	6, 3	—	2, 15, 16	15, 32, 19, 13	19, 32	—
6	静止物体的面积	—	30, 2, 14, 18	—	26, 7, 9, 39	—	+	—		—	1, 18, 35, 36	10, 15, 36, 37		2, 38	40	—	2, 10, 19, 30	35, 39, 38		—	
7	运动物体的体积	2, 26, 29, 40	—	1, 7, 4, 35	—	1, 7, 4, 17	—	+	—	29, 4, 38, 34	15, 35, 36, 37	6, 35, 36, 37	1, 15, 29, 4	28, 10, 1, 39	9, 14, 15, 7	6, 35, 4	—	34, 39, 10, 18	2, 13, 10	35	—
8	静止物体的体积	—	35, 10, 19, 14	19, 14	35, 8, 2, 14	—		—	+	—	2, 18, 37	24, 35	7, 2, 35	34, 28, 35, 40	9, 14, 17, 15	—	35, 34, 38	35, 6, 4		—	
9	速度	2, 28, 13, 38	—	13, 14, 8	—	29, 30, 34	—	7, 29, 34	—	+	13, 28, 15, 19	6, 18, 38, 40	35, 15, 18, 34	28, 33, 1, 18	8, 3, 26, 14	3, 19, 35, 5	—	28, 30, 36, 2	10, 13, 19	8, 15, 35, 38	—
10	力	8, 1, 37, 18	18, 13, 1, 28	17, 19, 9, 36	28, 10	19, 10, 15	1, 18, 36, 37	15, 9, 12, 37	2, 36, 18, 37	13, 28, 15, 12	+	18, 21, 11	10, 35, 40, 34	35, 10, 21	35, 10, 14, 27	19, 2		35, 10, 21	—	19, 17, 10	1, 16, 36, 37
11	应力或压力	10, 36, 37, 40	13, 29, 10, 18	35, 10, 36	35, 1, 14, 16	10, 15, 36, 28	10, 15, 36, 37	6, 35, 10	35, 24	6, 35, 36	36, 35, 21	+	35, 4, 15, 10	35, 33, 2, 40	9, 18, 3, 40	19, 3, 27		35, 39, 19, 2	—	14, 24, 10, 37	
12	形状	8, 10, 29, 40	15, 10, 26, 3	29, 34, 5, 4	13, 14, 10, 7	5, 34, 4, 10		14, 4, 15, 22	7, 2, 35	35, 15, 34, 18	35, 10, 37, 40	34, 15, 10, 14	+	33, 1, 18, 4	30, 14, 10, 40	14, 26, 9, 25		22, 14, 19, 32	13, 15, 32	2, 6, 34, 14	
13	结构的稳定性	21, 35, 2, 39	26, 39, 1, 40	13, 15, 1, 28	37	2, 11, 13	39	28, 10, 19, 39	34, 28, 35, 40	33, 15, 28, 18	10, 35, 21, 16	2, 35, 40	22, 1, 18, 4	+	17, 9, 15	13, 27, 10, 35	39, 3, 35, 23	35, 1, 32	32, 3, 27, 16	13, 19	27, 4, 29, 18
14	强度	1, 8, 40, 15	40, 26, 27, 1	1, 15, 8, 35	15, 14, 28, 26	3, 34, 40, 29	9, 40, 28	10, 15, 14, 7	9, 14, 17, 15	8, 13, 26, 14	10, 18, 3, 14	10, 3, 18, 40	10, 30, 35, 40	13, 17, 35	+	27, 3, 26		30, 10, 40	35, 19	19, 35, 10	35
15	运动物体作用时间	19, 5, 34, 31	—	2, 19, 9	—	3, 17, 19	—	10, 2, 19, 30	—	3, 35, 5	19, 2, 16	19, 3, 27	14, 26, 28, 25	13, 3, 35	27, 3, 10	+	—	19, 35, 39	2, 19, 4, 35	28, 6, 35, 18	
16	静止物体作用时间	—	6, 27, 19, 16	—	1, 40, 35	—		—	35, 34, 38	—				39, 3, 35, 23		—	+	19, 18, 36, 40		—	
17	温度	36,22, 6, 38	22, 35, 32	15, 19, 9	15, 19, 9	3, 35, 39, 18	35, 38	34, 39, 40, 18	35, 6, 4	2, 28, 36, 30	35, 10, 3, 21	35, 39, 19, 2	14, 22, 19, 32	1, 35, 32	10, 30, 22, 40	19, 13, 39	19, 18, 36, 40	+	32, 30, 21, 16	19, 15, 3, 17	
18	光照强度	19, 1, 32	2, 35, 32	19, 32, 16		19, 32, 26		2, 13, 10		10, 13, 19	26, 19, 6		32, 30	32, 3, 27	35, 19	2, 19, 6		32, 35, 19	+	32, 1, 19	32, 35, 1, 15
19	运动物体的能量	12,18,28,31	—	12, 28	—	15, 19, 25	—	35, 13, 18	—	8, 35, 35	16, 26, 21, 2	23, 14, 25	12, 2, 29	19, 13, 17, 24	5, 19, 9, 35	28, 35, 6, 18	—	19, 24, 3, 14	2, 15, 19	+	—
20	静止物体的能量	—	19, 9, 6, 27	—		—		—		—	36, 37			27, 4, 29, 18	35				19, 2, 35, 32	—	+
21	功率	8, 36, 38, 31	19, 26, 17, 27	1, 10, 35, 37		19, 38	17, 32, 13, 38	35, 6, 38	30, 6, 25	15, 35, 2	26, 2, 36, 35	22, 10, 35	29, 14, 2, 40	35, 32, 15, 31	26, 10, 28	19, 35, 10, 38	16	2, 14, 17, 25	16, 6, 19	16, 6, 19, 37	
22	能量损失	15, 6, 19, 28	19, 6, 18, 9	7, 2, 6, 13	6, 38, 7	15, 26, 17, 30	17, 7, 30, 18	7, 18, 23	7	16, 35, 38	36, 38			14, 2, 39, 6	26			19, 38, 7	1, 13, 32, 15		
23	物质损失	35, 6, 23, 40	35, 6, 22, 32	14, 29, 10, 39	10, 28,24	35, 2, 10, 31	10, 18, 39, 31	1, 29, 30, 36	3, 39, 18, 31	10, 13, 28, 38	14, 15, 18, 40	3, 36, 37, 10	29, 35, 3, 5	2, 14, 30, 40	35, 28, 31, 40	28, 27, 3, 18	27, 16, 18, 38	21, 36, 39, 31	1, 6, 13	35, 18, 24, 5	28, 27, 12, 31
24	信息损失	10, 24, 35	10, 35, 5	1, 26	26	30, 26	30, 16		2, 22	26, 32						10	10		19		
25	时间损失	10, 20, 37, 35	10, 20, 26, 5	15, 2, 29	30, 24, 14, 5	26, 4, 5, 16	10, 35, 17, 4	2, 5, 34, 10	35, 16, 32, 18		10, 37, 36,5	37, 36,4	4, 10, 34, 17	35, 3, 22, 5	29, 3, 28, 18	20, 10, 28, 18	28, 20, 10, 16	35, 29, 21, 18	1, 19, 26, 17	35, 38, 19, 18	1
26	物质或事物的数量	35, 6, 18, 31	27, 26, 18, 35	29, 14, 35, 18		15, 14, 29	2, 18, 40, 4	15, 20, 29		35, 29, 34, 28	35, 14, 3	10, 36, 14, 3	35, 14	15, 2, 17, 40	14, 35, 34, 10	3, 35, 10, 40	3, 35, 31	3, 17, 39		34, 29, 16, 18	3, 35, 31
27	可靠性	3, 8, 10, 40	3, 10, 8, 28	15, 9, 14, 4	15, 29, 28, 11	17, 10, 14, 16	32, 35, 40, 4	3, 10, 14, 24	2, 35, 24	21, 35, 11, 28	8, 28, 10, 3	10, 24, 35, 19	35, 1, 16, 11		11, 28	2, 35, 3, 25	34, 27, 6, 40	3, 35, 10	11, 32, 13	21, 11, 27, 19	36, 23
28	测试精度	32, 35, 26, 28	28, 35, 25, 26	28, 26, 5, 16	32, 28, 3, 16	26, 28, 32, 3	26, 28, 32, 3	32, 13, 6		28, 13, 32, 24	32, 2	6, 28, 32	6, 28, 32	32, 35, 13	28, 6, 32	28, 6, 32	10, 26, 24	6, 19, 28, 24	6, 1, 32	3, 6, 32	
29	制造精度	28, 32, 13, 18	28, 35, 27, 9	10, 28, 29, 37	2, 32, 10	28, 33, 29, 32	2, 29, 18, 36	32, 23, 2	25, 10, 35	10, 28, 32	28, 19, 34, 36	3, 35	32, 30, 40	30, 18	3, 27	3, 27, 40		19, 26	3, 32	32, 2	
30	影响物体的有害因素	22, 21, 27, 39	2, 22, 13, 24	17, 1, 39, 4	1, 18	22, 1, 33, 28	27, 2, 39, 35	22, 23, 37, 35	34, 39, 19, 27	21, 22, 35, 28	13, 35, 39, 18	22, 2, 37	22, 1, 3, 35	35, 24, 30, 18	18, 35, 37, 1	22, 15, 33, 28	17, 1, 40, 33	22, 33, 35, 2	1, 19, 32, 13	1, 24, 6, 27	10, 2, 22, 37
31	物体产生的有害因素	19, 22, 15, 39	35, 22, 1, 39	17, 15, 16, 22		17, 2, 18, 39	22, 1, 40	17, 2, 40	30, 18, 35, 4	35, 28, 3, 23	35, 28, 1, 40	2, 33, 27, 18	35, 1	35, 40, 27, 39	15, 35, 22, 2	15, 22, 33, 31	21, 39, 16, 22	22, 35, 2, 24	19, 24, 39, 32	2, 35, 6	19, 22, 18
32	可制造性	28, 29, 15, 16	1, 27, 36, 13	1, 29, 13, 17	15, 17, 27	13, 1, 26, 12	16, 40	13, 29, 1, 40	35	35, 13, 8, 1	35, 12	35, 19, 1, 37	1, 28, 13, 27	11, 13, 1	1, 3, 10, 32	27, 1, 4	35, 16	27, 26, 18	28, 24, 27, 1	28, 26, 27, 1	1, 4
33	可操作性	25, 2, 13, 15	6, 13, 1, 25	1, 17, 13, 12		1, 17, 13, 16	18, 16, 15, 39	1, 16, 35, 15	4, 18, 39, 31	18, 13, 34	28, 13 35	2, 32, 12	15, 34, 29, 28	32, 35, 30	32, 40, 3, 28	29, 3, 8, 25	1, 16, 25	26, 27, 13	13, 17, 1, 24	1, 13, 24	
34	可维修性	2, 27 35, 11	2, 27, 35, 11	1, 28, 10, 25	3, 18, 31	15, 13, 32	16, 25	25, 2, 35, 11	1	34, 9	1, 11, 10	13	1, 13, 2, 4	2, 35	11, 1, 2, 9	11, 29, 28, 27	1	4, 10	15, 1, 13	15, 1, 28, 16	
35	适应性及多用性	1, 6, 15, 8	19, 15, 29, 16	35, 1, 29, 2	1, 35, 16	35, 30, 29, 7	15, 16	15, 35, 29		35, 10, 14	15, 17, 20	35, 16	15, 37, 1, 8	35, 30, 14	35, 3, 32, 6	13, 1, 35	2, 16	27, 2, 3, 35	6, 22, 26, 1	19, 35, 29, 13	
36	装置的复杂性	26, 30, 34, 36	2, 26, 35, 39	1, 19, 26, 24	26	14, 1, 13, 16	6, 36	34, 26, 6	1, 16	34, 10, 28	26, 16	19, 1, 35	29, 13, 28, 15	2, 22, 17, 19	2, 13, 28	10, 4, 28, 15		2, 17, 13	24, 17, 13	27, 2, 29, 28	
37	监控与测试的困难程度	27, 26, 28, 13	6, 13, 28, 1	16, 17, 26, 24	26	2, 13, 18, 17	2, 39, 30, 16	29, 1, 4, 16	2, 18, 26, 31	3, 4, 16, 35	30, 28, 40, 19	35, 36, 37, 32	27, 13, 1, 39	11, 22, 39, 30	27, 3, 15, 28	19, 29, 39, 25	25, 34, 6, 35	3, 27, 35, 16	2, 24, 26	35, 38	19, 35, 16
38	自动化程度	28, 26, 18, 35	28, 26, 35, 10	14, 13, 17, 28	23	17, 14, 13		35, 13, 16		28, 10	2, 35	13, 35	15, 32, 1, 13	18, 1	25, 13	6, 9		26, 2, 19	8, 32, 19	2, 32, 13	
39	生产率	35, 26, 24, 37	28, 27, 15, 3	18, 4, 28, 38	30, 7, 14, 26	10, 26, 34, 31	10, 35, 17, 7	2, 6, 34, 10	35, 37, 10, 2		28, 15, 10, 36	10, 37, 14	14, 10, 34, 40	35, 3, 22, 39	29, 28, 10, 18	35, 10, 2, 18	20, 10, 16, 38	35, 21, 28, 10	26, 17, 19, 1	35, 10, 38, 19	1

冲突矩阵

功率	能量损失	物质损失	信息损失	时间损失	物质或事物的数量	可靠性	测试精度	制造精度	影响物体的有害因素	物体产生的有害因素	可制造性	可操作性	可维修性	适应性及多用性	装置的复杂性	监控与测试的困难程度	自动化程度	生产率	发明原理	
21	22	23	24	25	26	27	28	29	30	31	32	33	34	35	36	37	38	39	No.1	分割
12, 36, 18, 31	6, 2, 34, 19	5, 35, 3, 31	10, 24, 35	10, 35, 20, 28	3, 26, 18, 31	1, 3, 11, 27	28, 27, 35, 26	28, 35, 26, 18	22, 21, 18, 27	22, 35, 31, 39	27, 28, 1, 36	35, 3, 2, 24	2, 27, 28, 11	29, 5, 15, 8	26, 30, 36, 34	28, 29, 26, 32	26, 35 18, 19	35, 3, 24, 37	No.2	分离
15, 19, 18, 22	18, 19, 28, 15	5, 8, 13, 30	10, 15, 35	10, 20, 35, 26	19, 6, 18, 26	10, 28, 8, 3	18, 26, 28	10, 1, 35, 17	2, 19, 22, 37	35, 22, 1, 39	28, 1, 9	6, 13, 1, 32	2, 27, 28, 11	19, 15, 29	1, 10, 26, 39	25, 28, 17, 15	2, 26, 35	1, 28, 15, 35	No.3	局部质量
1, 35	7, 2, 35, 39	4, 29, 23, 10	1, 24	15, 2, 29	29, 35	10, 14, 29, 40	28, 32, 4	10, 28, 29, 37	1, 15, 17, 24	17, 15	1, 29, 17	15, 29, 35, 4	1, 28, 10	14, 15, 1, 16	1, 19, 26, 24	35, 1, 26, 24	17, 24, 26, 16	14, 4, 28, 29	No.4	不对称
12, 8	6, 28	10, 28, 24, 35	24, 26	30, 29, 14		15, 29, 28	32, 28, 3	2, 32, 10	1, 18		15, 17, 27	2, 25	3	1, 35	1, 26	26		30, 14, 7, 26	No.5	合并
19, 10, 32, 18	15, 17, 30, 26	10, 35, 2, 39	30, 26	26, 4	29, 30, 6, 13	29, 9	26, 28, 32, 3	2, 32	22, 33, 28, 1	17, 2, 18, 39	13, 1, 26, 24	15, 17, 13, 16	15, 13, 10, 1	15, 30	14, 1, 13	2, 36, 26, 18	14, 30, 28, 23	10, 26, 34, 2	No.6	多用性
17, 32	17, 7, 30	10, 14, 18, 39	30, 16	10, 35, 4, 18	2, 18, 40, 4	32, 35, 40, 4	26, 28, 32, 3	2, 29, 18, 36	27, 2, 39, 35	22, 1, 40	40, 16	16, 4	16	15, 16	1, 18, 36	2, 35, 30, 18	23	10, 15, 17, 7	No.7	套装
35, 6, 13, 18	7, 15, 13, 16	36, 39, 34, 10	2, 22	2, 6, 34, 10	29, 30, 7	14, 1, 40, 11	25, 26, 28	25, 28, 2, 16	22, 21, 27, 35	17, 2, 40, 1	29, 1, 40	15, 13, 30, 12	10	15, 29	26, 1	29, 26, 4	35, 34, 16, 24	10, 6, 2, 34	No.8	质量补偿
30, 6		10, 39, 35, 34		35, 16, 32 18	35, 3	2, 35, 16		35, 10, 25	34, 39, 19, 27	30, 18, 35, 4	35		1		1, 31	2, 17, 26		35, 37, 10, 2	No.9	预加反作用
10, 35, 38, 2	14, 20, 19, 35	10, 13, 28, 38	13, 26		10, 19, 29, 38	11, 35, 27, 28	28, 32, 1, 24	10, 28, 32, 25	1, 28, 35, 23	2, 24, 35, 21	35, 13, 8, 1	32, 28, 13, 12	34, 2, 20, 27	15, 10, 26	10, 28, 4, 34	3, 34, 27, 16	10, 18		No.10	预操作
19, 35, 18, 37	14, 15	8, 35, 40, 5		10, 37, 36	14, 29, 18, 36	3, 35, 13, 21	35, 10, 23, 24	28, 29, 37, 36	1, 35, 40, 18	13, 3, 36, 24	15, 37, 18, 1	1, 28, 3, 25	15, 1, 11	15, 17, 18, 20	26, 35, 10, 18	36, 37, 10, 19	2, 35	3, 28, 35, 37	No.11	预补偿
10, 35, 14	2, 36, 25	10, 36, 3, 37		37, 36, 4	10, 14, 36	10, 13, 19, 35	6, 28, 25	3, 35	22, 2, 37	2, 33, 27, 18	1, 35, 16	11	2	35	19, 1, 35	2, 36, 37	35, 24	10, 14, 35, 37	No.12	等势性
4, 6, 2	14	35, 29, 3, 5		14, 10, 34, 17	36, 22	10, 40, 16	28, 32, 1	32, 30, 40	22, 1, 2, 35	35, 1	1, 32, 17, 28	32, 15, 26	2, 13, 1	1, 15, 29	16, 29, 1, 28	15, 13, 39	15, 1, 32	17, 26, 34, 10	No.13	反向
32, 35, 27, 31	14, 2, 39, 6	2, 14, 30, 40		35, 27	15, 32, 35		13	18	35, 24, 30, 18	35, 40, 27, 39	35, 19	32, 35, 30	2, 35, 10, 16	35, 30, 34, 2	2, 35, 22, 26	35, 22, 39, 23	1, 8, 35	23, 35, 40, 3	No.14	曲面化
10, 26, 35, 28	35	35, 28, 31, 40		29, 3, 28, 10	29, 10, 27	11, 3	3, 27, 16	3, 27	18, 35, 37, 1	15, 35, 22, 2	11, 3, 10, 32	32, 40, 25, 2	27, 11, 3	15, 3, 32	2, 13, 25, 28	27, 3, 15, 40	15	29, 35, 10, 14	No.15	动态化
19, 10, 35, 38		28, 27, 3, 18	10	20, 10, 28, 18	3, 35, 10, 40	11, 2, 13	3	3, 27, 16, 40	22, 15, 33, 28	21, 39, 16, 22	27, 1, 4	12, 27	29, 10, 27	1, 35, 13	10, 4, 29, 15	19, 29, 39, 35	6, 10	35, 17, 14, 19	No.16	未达到或超过作用
16		27, 16, 18, 38	10	28, 20, 10, 16	3, 35, 31	34, 27, 6, 40	10, 26, 24		17, 1, 40, 33	22	35, 10	1	1	2		25, 34, 6, 35	1	20, 10, 16, 38	No.17	维数变化
2, 14, 17, 25	21, 17, 35, 38	21, 36, 29, 31		35, 28, 21, 18	3, 17, 30, 39	19, 35, 3, 10	32, 19, 24	24	22, 33, 35, 2	22, 35, 2, 24	26, 27	26, 27	4, 10, 16	2, 18, 27	2, 17, 16	3, 27, 35, 31	26, 2, 19, 16	15, 28, 35	No.18	振动
32	13, 16, 1, 6	13, 1	1, 6	19, 1, 26, 17	1, 19		11, 15, 32	3, 32	15, 19	35, 19, 32, 39	19, 35, 28, 26	28, 26, 19	15, 17, 13, 16	15, 1, 19	6, 32, 13	32, 15	2, 26, 10	2, 25, 16	No.19	周期性作用
6, 19, 37, 18	12, 22, 15, 24	35, 24, 18, 5		35, 38, 19, 18	34, 23, 16, 18	19, 21, 11, 27	3, 1, 32		1, 35, 6, 27	2, 35, 6	28, 26, 30	19, 35	1, 15, 17, 28	15, 17, 13, 16	2, 29, 27, 28	35, 38	32, 2	12, 28, 35	No.20	有效作用的连续性
		28, 27, 18, 31			3, 35, 31	10, 36, 23			10, 2, 22, 37	19, 22, 18	1, 4					19, 35, 16, 25		1, 6	No.21	紧急行动
+	10, 35, 38	28, 27, 18, 38	10, 19	35, 20, 10, 6	4, 34, 19	19, 24, 26, 31	32, 15, 2	32, 2	19, 22, 31, 2	2, 35, 18	26, 10, 34	26, 35, 10	35, 2, 10, 34	19, 17, 34	20, 19, 30, 34	19, 35, 16	28, 2, 17	28, 35, 34	No.22	变有害为有益
3, 38	+	35, 27, 2, 37	19, 10	10, 18, 32, 7	7, 18, 25	11, 10, 35	32		21, 22, 35, 2	21, 35, 2, 22		35, 32, 1	2, 19		7, 23	35, 3, 15, 23	2	28, 10, 29, 35	No.23	反馈
28, 27, 18, 38	35, 27, 2, 31	+		15, 18, 35, 10	6, 3, 10, 24	10, 29, 39, 35	16, 34, 31, 28	35, 10, 24, 31	33, 22, 30, 40	10, 1, 34, 29	15, 34, 33	32, 28, 2, 24	2, 35, 34, 27	15, 10, 2	35, 10, 28, 24	35, 18, 10, 13	35, 10, 18	28, 35, 10, 23	No.24	中介物
10, 19	19, 10		+	24, 26, 28, 32	24, 28, 35	10, 28, 23			22, 10, 1	10, 21, 22	32	27, 22				35, 33	35	13, 23, 15	No.25	自服务
35, 20, 10, 6	10, 5, 18, 32	35, 18, 10, 39	24, 26, 28, 32	+	35, 38, 18, 16	10, 30, 4	24, 34, 28, 32	24, 26, 28, 18	35, 18, 34	35, 22, 18, 39	35, 28, 34, 4	4, 28, 10, 34	32, 1, 10	35, 28	6, 29	18, 28, 32, 10	24, 28, 35, 30		No.26	复制
35	7, 18, 25	6, 3, 10, 24	24, 28, 35	35, 38, 18, 16	+	18, 3, 28, 40	13, 2, 28	33, 30	35, 33, 29, 31	3, 35, 40, 39	29, 1, 35, 27	35, 29, 25, 10	2, 32, 10, 25	15, 3, 29	3, 13, 27, 10	3, 27, 29, 18	8, 35	13, 29, 3, 27	No.27	用低成本、不耐用的物体代替
21, 11, 26, 31	10, 11, 35	10, 35, 29, 39	10, 28	10, 30, 4	21, 28, 40, 3	+	32, 3, 11, 23	11, 32, 1	27, 35, 2, 40	35, 2, 40, 26		27, 17, 40	1, 11	13, 35, 8, 24	13, 35, 1	27, 40, 28	11, 13, 27	1, 35, 29, 38	No.28	机械系统的替代
3, 6, 32	26, 32, 27	10, 16, 31, 28		24, 34, 28, 32	2, 6, 32	5, 11, 1, 23	+		28, 24, 22, 26	3, 33, 39, 10	6, 35, 25, 18	1, 13, 17, 34	1, 32, 13, 11	13, 35, 2	27, 35, 10, 34	26, 24, 32, 28	28, 2, 10, 34	10, 34, 28, 32	No.29	气动与液压结构
32, 2	13, 32, 2	35, 31, 10, 24		32, 26, 28, 18	32, 30	11, 32, 1		+	26, 28, 10, 36	4, 17, 34, 26		1, 32, 35, 23	25, 10		26, 2, 18		26, 28, 18, 23	10, 18, 32, 39	No.30	柔性壳体或薄膜
19, 22, 31, 2	21, 22, 35, 2	33, 22, 19, 40	22, 10, 2	35, 18, 34	35, 33, 29, 31	27, 24, 2, 40	28, 33, 23, 26	26, 28, 10, 18	+		24, 35, 2	2, 25, 28, 39	35, 10, 2	35, 11, 22, 31	22, 19, 29, 40	22, 19, 29, 40	33, 3, 34	22, 35, 13, 24	No.31	多孔材料
2, 35, 18	21, 35, 2, 22	10, 1, 34	10, 21, 29	1, 22	3, 24, 39, 1	24, 2, 40, 39	3, 33, 26	4, 17, 34, 26		+					19, 1, 31	2, 21, 27, 1	2	22, 35, 18, 39	No.32	改变颜色
27, 1, 12, 24	19, 35	15, 34, 33	32, 24, 18, 16	35, 28, 34, 4	35, 23, 1, 24		1, 35, 12, 18		24, 2		+	2, 5, 13, 16	35, 1, 11, 9	2, 13, 15	27, 26, 1	6, 28, 11, 1	8, 28, 1	35, 1, 10, 28	No.33	同质性
35, 34, 2, 10	2, 19, 13	28, 32, 2, 24	4, 10, 27, 22	4, 28, 10, 34	12, 35	17, 27, 8, 40	25, 13, 2, 34	1, 32, 35, 23	2, 25, 28, 39		2, 5, 12	+	12, 26, 1, 32	15, 34, 1, 16	32, 26, 12, 17		1, 34, 12, 3	15, 1, 28	No.34	抛弃与修复
15, 10, 32, 2	15, 1, 32, 19	2, 35, 34, 27		32, 1, 10, 25	2, 28, 10, 25	11, 10, 1, 16	10, 2, 13	25, 10	35, 10, 2, 16		1, 35, 11, 10	1, 12, 26, 15	+	7, 1, 4, 16	35, 1, 13, 11		34, 35, 7, 13	1, 32, 10	No.35	参数变化
19, 1, 29	18, 15, 1	15, 10, 2, 13		35, 28	3, 35, 15	35, 13, 8, 24	35, 5, 1, 10		35, 11, 32, 31		1, 13, 31	15, 34, 1, 16	1, 16, 7, 4	+	15, 29, 37, 28	1	27, 34, 35	35, 28, 6, 37	No.36	状态变化
20, 19, 30, 34	10, 35, 13, 2	35, 10, 28, 29		6, 29	13, 3, 27, 10	13, 35, 1	2, 26, 10, 34	26, 24, 32	22, 19, 29, 40	19, 1	27, 26, 1, 13	27, 9, 26, 24	1, 13	29, 15, 28, 37	+	15, 10, 37, 28	15, 1, 24	12, 17, 28	No.37	热膨胀
18, 1, 16, 10	35, 3, 15, 19	1, 18, 10, 24	35, 33, 27, 22	18, 28, 32, 9	3, 27, 29, 18	27, 40, 28, 8	26, 24, 32, 28		22, 19, 29, 28	2, 21	5, 28, 11, 29	2, 5	12, 26	1, 15	15, 10, 37, 28	+	34, 21	35, 18	No.38	加速强氧化
28, 2, 27	23, 28	35, 10, 18, 5	35, 33	24, 28, 35, 30	35, 13	11, 27, 32	28, 26, 10, 34	28, 26, 18, 23	2, 33	2	1, 26, 13	1, 12, 34, 3	1, 35, 13	27, 4, 1, 35	15, 24, 10	34, 27, 25	+	5, 12, 35, 26	No.39	惰性环境
35, 20, 10	28, 10, 29, 35	28, 10, 35, 23	13, 15, 23		35, 38	1, 35, 10, 38	1, 10, 34, 28	18, 10, 32, 1	22, 35, 13, 24	35, 22, 18, 39	35, 28, 2, 24	1, 28, 7, 10	1, 32, 10, 25	1, 35, 28, 37	12, 17, 28, 24	35, 18, 27, 2	5, 12, 35, 26	+	No.40	复合材料

索　引

HEP 机械工程前沿著作系列
MEF HEP Series in Mechanical Engineering Frontiers

制造业技术创新过程与方法丛书

已出书目

- TRIZ 及应用——技术创新过程与方法
  檀润华　编著

- 理想化六西格玛原理与应用——产品制造过程创新方法
  陈子顺　檀润华　著

- 功能设计原理及应用
  曹国忠　檀润华　著

- 基于 TRIZ 的机械系统失效分析
  许波　檀润华　著

- 专利规避设计方法
  李辉　檀润华　著

- C-TRIZ 及应用——发明过程解决理论
  檀润华　著